高等学校软件工程专业系列教材

UML 2 面向对象分析与设计（第2版）

谭火彬 编著

清華大學出版社
北京

内 容 简 介

分析和设计是软件开发中至关重要的一环，面向对象的方法是主流的软件开发方法，UML是用于面向对象分析设计的标准化建模语言。本书围绕这3个方面展开，以论述分析设计建模过程为最终目标，以面向对象方法作为建模的理论基础，以UML作为建模支撑语言。全书从面向对象和UML的基本概念入手，循序渐进地讲解业务建模、需求建模、需求分析、设计原则和模式、架构设计、构件设计和代码生成等分析设计中的各个知识点，并通过多个贯穿全书的案例将各个知识点串联起来，形成一套完整的面向对象分析设计方法论。

本书是作者多年从事软件工程教学和软件项目开发实践的总结，书中并没有太多抽象的概念，主要关注实际软件开发中所需要的知识和实践技能，力求做到通俗易懂。

本书既可作为高等院校软件工程专业及计算机相关专业高年级本科生或研究生的教材，也可供软件开发人员阅读和参考。

图书在版编目(CIP)数据

UML 2面向对象分析与设计/谭火彬编著. —2版. —北京：清华大学出版社，2019(2024.8重印)
(高等学校软件工程专业系列教材)
ISBN 978-7-302-50698-0

Ⅰ. ①U… Ⅱ. ①谭… Ⅲ. ①面向对象语言—程序设计 Ⅳ. ①TP312.8

中国版本图书馆CIP数据核字(2018)第163071号

策划编辑：魏江江
责任编辑：王冰飞
封面设计：刘 键
责任校对：胡伟民
责任印制：丛怀宇

出版发行：清华大学出版社
网　　址：https://www.tup.com.cn，https://www.wqxuetang.com
地　　址：北京清华大学学研大厦A座　　**邮　　编**：100084
社 总 机：010-83470000　　**邮　　购**：010-62786544
投稿与读者服务：010-62776969，c-service@tup.tsinghua.edu.cn
质量反馈：010-62772015，zhiliang@tup.tsinghua.edu.cn
课件下载：https://www.tup.com.cn，010-83470236

印 装 者：大厂回族自治县彩虹印刷有限公司
经　　销：全国新华书店
开　　本：185mm×260mm　**印　张**：23.25　**字　　数**：580千字
版　　次：2013年5月第1版　2019年1月第2版　**印　　次**：2024年8月第13次印刷
印　　数：44001～46000
定　　价：59.50元

产品编号：071387-01

FOREWORD

第2版前言

自2013年出版后，本书第1版被多所高校选用，得到了大家的认可。随着UML语言自身的发展和广泛应用，以及在这期间部分使用者反馈的意见，我们发现有必要对书中的内容进行修订。本次修订除了修改书中的差错外，对书中的部分内容也进行了调整，主要包括以下几个方面。

(1) 增加了200道练习题。在每一章的最后新增了数量不等的练习题，题型包括选择题、简答题和应用题。这些习题主要来自编者多年来的教学实践积累。其中，选择题主要涉及书中的重要概念和典型应用，可用于课堂教学过程中的随堂测试；简答题涵盖了每个章节的核心知识点，可用于学生课后复习；而应用题则为案例实践和部分课外调研，可用于学生课外综合实践。读者可联系出版社或编者本人获取习题答案。

(2) 更新部分内容。结合UML 2.5和建模领域的新发展与应用，更新了书中的部分内容，包括第2章UML组成结构、第3章UML活动图等内容。

(3) 更新有关建模工具的使用。本书第1版中建模实践的内容主要是围绕Rational Rose工具开展的。新版在保留原有的内容基础上，增加了目前流行的Enterprise Architect 12工具使用的介绍，对书中涉及的案例模型同时提供了这两个工具的版本。

(4) 增加了多媒体教学资料。除了第1版提供的教学PPT和课程案例模型外，新版还配套录制了一些教学视频，主要讲解各类建模操作实践，欢迎读者观看。

当然，书中还难免存在一些不足或者疏漏之处，欢迎各位读者批评指正；如有疑问或问题，请随时与编者联系，编者在博客园上的个人博客主页会发布图书相关信息，网址为http://www.cnblogs.com/thbin/。

编者

2018年9月

FOREWORD

第1版前言

毋庸置疑，面向对象的方法已成为现代软件开发中最主流的方法，即便是 SOA、云计算等概念也均是建立在面向对象方法基础之上的进一步抽象。与此同时，自 1997 年 UML 正式诞生，到 2011 年发布的 UML 2.4.1，经历了多个版本的发展和完善，UML 已成为建模语言的国际标准（ISO 19501 和 ISO 19505），基于 UML 的面向对象分析设计方法也日益成熟。然而，UML 只是提供了一种标准的表示法，在分析设计过程中，什么时候以什么方式使用什么 UML 模型等具体的建模实践并没有在 UML 中定义，而这才是广大软件开发人员所要掌握的实践技能，也是本书所关注的内容。

本书目标

本书系统地介绍了利用 UML 2 进行面向对象分析与设计的过程，主要目标包括以下 3 个方面。

- OO（面向对象）：建立对象的思维方式，对面向对象思想和理论有深入的理解。
- UML（统一建模语言）：能够熟练地使用 UML 表达面向对象的设计思想。
- Model（建模）：运用面向对象的一般原则和模式进行应用系统的分析和设计建模。

组织结构

本书总体结构可以分为三大部分。

第一部分为基础概念，包括第 1 章和第 2 章。其中，第 1 章为上升到面向对象，通过案例引出面向对象的方法，并重点介绍了对象技术中的几个核心概念；第 2 章为可视化建模技术基础，全面介绍了有关 UML 2 的组织结构和内容。这些基础概念将在后续的分析设计中被广泛使用。

第二部分为面向对象的分析，包括第 3～5 章。其中，第 3 章为业务建模，原始业务是需求分析的出发点，本章简要地介绍了业务建模的基本概念和方法，并提供了一些实践指南；第 4 章为用例建模，系统地介绍了利用 UML 用例模型进行需求定义的过程和实践；第 5 章为用例分析，介绍了如何围绕第 4 章所建立的用例模型进行面向对象分析的方法和实践。

第三部分为面向对象的设计，包括第 6～10 章。其中，第 6～7 章为设计基础，分别介绍了有关面向对象设计的基本原则和模式，这些原则和模式将有效地指导后续的设计过程；第 8 章为架构设计，介绍了如何在系统的全局范围内，基于分析活动的成果定义设计元素、设计机制等内容，从而构造系统的组织结构；第 9 章为构件设计，介绍了如何在系统的局部设计各个细节，包括用例设计、子系统设计、类设计和数据库设计等方面的内容；第 10 章为从模型到代码，简单地介绍了设计模型和代码之间的映射，为后续编码做准备。

在案例设计方面，本书设计了两个贯穿全书的案例：旅店预订系统和旅游业务申请系统。这两个案例各有侧重，通过它们，读者不仅可以掌握 UML 建模的基本方法，还可以全面了解在整个系统开发过程中从分析模型到设计模型不断演化的过程。此外，在各个章节中，针对一些特定的知识点，设计了各种小的案例进行阐述，这些案例包括第 1 章开篇的素数问题、第 2 章的图书馆管理系统、第 3 章的饭店系统、第 6 章的咖啡机系统、第 7 章的可复用按钮等。

有关 UML 内容，本书从两个层面进行介绍：首先在第 2 章中对 UML 基本概念、组织结构和各种模型进行了系统、初步的介绍；然后在后续的分析设计实践中针对一些重点 UML 模型的使用进行详细、深入的论述，使读者在掌握 UML 基本概念后，能够在需要的地方进行应用。有关各章节中涉及的 UML 模型和核心概念如下表所示。

章　节	章节名称	章节性质	UML 模型	核心概念
第 1 章	上升到面向对象	基础		面向对象技术、类、对象
第 2 章	可视化建模技术	基础	*（全部）	UML 组织结构
第 3 章	业务建模	业务	活动图	业务参与者、业务用例、活动
第 4 章	用例建模	需求	用例图	用例、参与者、用例关系
第 5 章	用例分析	分析	顺序图、类图	用例实现、分析类（边界类、控制类和实体类）
第 6 章	面向对象的设计原则	设计基础	通信图	设计原则
第 7 章	面向对象的设计模式	设计基础		模式、设计模式、GRASP
第 8 章	架构设计	设计	包图、部署图	构架、设计元素、设计机制、进程、线程
第 9 章	构件设计	设计	类图、状态机图、构件图	接口、子系统、组合结构操作、方法、状态、关系
第 10 章	从模型到代码	实现		正向工程、逆向工程

有关 UML 工具的选择，也是读者所关心的问题。市面上有很多商业的或开源的 UML 工具，这些工具各有特点，但核心建模功能都相差不大。工具本身只是一种实现手段，选择哪款 UML 工具，并不影响对本书概念的理解和实践。本书中的 UML 模型绘制主要采用 IBM Rational Rose 2003 和 Sparx Systems Enterprise Architect 7.5 工具，都不算最新的工具，够用即可。选择 Rose 是因为编者从最早学习 UML 开始就一直使用该工具，虽然有点老，但能满足大部分建模需求；不过由于 Rose 2003 不支持最新的 UML 2，因此针对 UML 2 中的新概念选择了 Enterprise Architect（没有选择 IBM Rational 的后续版本 RSA 是因为

这个工具集过于庞大，更倾向于一个集成开发平台，不适合作为一个普通的 UML 工具进行介绍；此外，其默认的图形样式颜色较淡，不适合放在书中展示）。当然，这两个工具也无法覆盖到所有的 UML 概念，因此书中有些模型是选择其他的 UML 工具或一些绘图工具完成的。

致谢

本书是编者在北京航空航天大学软件学院近 10 年的研究生面向对象分析与设计课程教学基础上编写而成的，非常感谢软件学院的领导、教师和学生提供这样的交流平台，书中大部分内容和案例都是通过此课程的教学不断形成和完善的。在此，还要特别感谢在课程教学和教材编写过程中提供帮助的姚淑珍教授、林广艳副教授、杨文龙教授、孟岩老师等学院教师和企业导师。此外，编者还曾参加过 IBM 组织的面向对象分析与设计课程培训、UML China 公开课等，也曾为一些软件企业进行过有关方面的培训，这些来自企业的经历也充实了课程和教材内容，在此一并表示感谢。最后，还需要感谢我的家人，正是因为她们无私的奉献才使得我有更多的精力投入到课程教学和教材编写中。

编　者

2012 年 10 月

CONTENTS

目　录

课程介绍

CHAPTER 1

第 1 章

上升到面向对象

从早期的手工开发阶段到软件工程的出现，从传统的结构化开发方法到面向对象的方法，软件开发方法正逐渐扮演着更加重要的角色。而面向对象的方法也已取代了传统的软件开发方法，成为软件开发方法的主流。对象、类、封装、继承和多态等概念也已被广泛接受。

本章从一个简单案例入手，分析面向对象方法的特点，并对对象技术中的各类关键概念进行详细介绍，从而帮助读者建立面向对象的思维方式，为后续的分析和设计打下理论基础。

本章目标

本章是基础章，通过对本章的学习，读者能够快速地掌握面向对象领域的核心概念，了解面向对象技术、系统分析与设计及它们与UML之间的关系，并建立面向对象的思维方式。

主要内容

(1) 从结构化到面向对象：理解传统结构化方法与面向对象方法之间的思维差异，掌握它们在具体应用中的区别和联系。

(2) 面向对象技术：掌握面向对象技术的定义，了解面向对象技术的发展历史，对面向对象技术的优势要有一定的认识。

(3) 对象和类：掌握并理解对象和类的定义及它们之间的关系。

(4) 面向对象技术相关原则：掌握抽象、封装、分解、分层、复用等面向对象的基本原则，掌握并理解泛化和多态机制的作用。

(5) 上升到面向对象：了解面向对象、建模和UML之间的关系，并对面向对象的建模要有一定的认识。

1.1 从素数问题看面向对象

视频讲解

随着C++、Java、C#等面向对象编程语言的日益普及，面向对象技术已经得到了广泛的应用。从面向对象的编程语言到面向对象软件工程方法也日益被人们重视起来。面向对象的更进一步应用(如面向构件、面向服务、面向模式等)也逐步发展起来，而这些新方法都是建立在面向对象的思维方式上的。由此可见，深入理解面向对象的思维方式不仅可以帮助我们理解当前面临的应用模式，还是我们进一步学习和发展的必经之路。

很多人都经历过传统的结构化思维方式，让我们先通过一个经典的数据结构中的算法问题来探讨如何走出传统的思维模式。利用面向对象的思维方式来解决问题，进而理解到底什么是面向对象思维方式，为后续的对象建模热身。

1.1.1 问题的提出

这里，我们所面临的是一个求素数的问题。素数(也叫质数)是指除了 1 和它本身外，不能被其他正整数整除的数。按照习惯规定，1 不算素数，最小的素数为 2，其余的有 3、5、7、11、13、17、19 等。

根据上面的定义可以推导出判断素数的算法：对于数 n，判断 n 能否被 i($i=2,3,4,5,\ldots,n-1$)整除，如果全部不能被整除，则 n 是素数，只要有一个能除尽，则 n 不是素数。事实上，为了压缩循环次数，可将判断范围从 2 ~ $n-1$ 改为 2 ~ sqrt(n)。

筛选法是一个经典的求素数的算法，它的作用并不是判断某个数是否为素数，而是求小于数 n 的所有素数。下面通过一个简单的例子来说明筛选法的求解过程。

我们需要求解 50 以内的所有素数 i($2<i<n$)，为此需要进行如下的筛选(见图 1-1)。

筛掉 2 的倍数：	2	3	*4*	5	*6*	7	*8*	9	*10*	11	*12*	13	*14*	15	*16*	17	*18*	19	*20*	…
筛掉 3 的倍数：	2	3	5	7	*9*	11	13	*15*	17	19	*21*	23	25	*27*	29	31	*33*	…		
筛掉 5 的倍数：	2	3	5	7	11	13	17	19	23	*25*	29	31	*35*	37	41	43	…			
筛掉 7 的倍数：	2	3	5	7	11	13	17	19	23	29	31	37	41	43	47	*49*				
留下素数序列：	2	3	5	7	11	13	17	19	23	29	31	37	41	43	47					

图 1-1 筛选法求素数示意图

为了利用程序实现此算法，需要进行算法设计。考虑分别采用结构化方法和面向对象的方法实现此算法，并将设计方案以合适的方式记录下来。下面将通过对两种不同方法的比较，讲解结构化方法和面向对象方法在本质上的区别。

1.1.2 传统的结构化解决方案

按照传统的结构化方法，算法的执行过程如下所示。

(1) 以当前最小的数(即 2)作为因子，将后面所有可以被 2 整除的数去掉(因为它们肯定不是素数，参见图 1-1 的第 1 行，去掉后面的 4、6、8 等，剩余结果见第 2 行)。

(2) 取剩余序列中第二小的数(即 3)作为因子，将后面所有可以被 3 整除的数去掉(参见图 1-1 中的第 2 行，去掉后面的 9、15、21 等，剩余结果见第 3 行)。

(3) 如此继续，直到所取得最小数大于 sqrt(n)(图 1-1 中第 4 行为最后一次筛选，此时的因子为 7，因为下一个因子即为 11，大于 sqrt(50))。

(4) 剩余的序列即为 n 以内的所有素数。

为了更清楚地描述该算法，可以采用流程图来阐述算法流程，该算法的流程图如图 1-2 所示。

需要说明的是，上述的流程图和前面描述的算法有所出入。在具体实现时，考虑到算法的执行效率，并没有将当前因子的倍数直接删除(因为如果采用数组存储当前数字序列，则

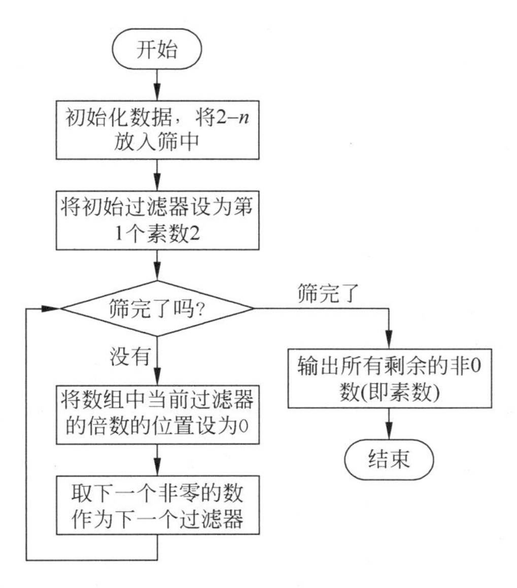

图 1-2 筛选法求素数流程图

删除过程的算法复杂度都为 O(*n*)),而是将相应的位置设为 0,表明该位置已经没有数据了。

设计出这样一个算法后,后面的实现过程就是“水到渠成”的事了,我们可以选择一种合适的编程语言来实现。下面列出了该算法的 C 语言实现[①]。

```
int main(){
      int * sieve, n;
      int iCounter = 2, iMax, i;
      printf("Please input max number:");
      scanf("%d", &n);
      sieve = (int * )malloc((n - 1) * sizeof(int))
      for(i = 0;i < n - 1;i++) { sieve[i] = i + 2; }
      iMax = sqrt(n);
      while (iCounter <= iMax) {
          for (i = 2 * iCounter - 2; i < n - 1; i += iCounter)
              sieve[i] = 0;
          iCounter++;  }
      for(i = 0; i < n - 1; i++)
          if sieve[i]! = 0 printf("%d ",sieve[i]);
      return 0;
}
```

1.1.3 面向对象的解决方案

在上面的问题中,可以很容易地从算法描述中构造目标程序。很自然,这也似乎很符合人们的思维习惯。那么这种方法是面向对象的方法吗?也许读者都会说不是。因为很明

① 需要说明的是,本书提供的代码主要是便于读者理解设计方案,多数代码只是一个片段,并不完整,而且很多示例性的代码语法也较不严格。另外,这些代码大多数采用了 C++或 Java 语法表示。

显,我们采用的是C语言实现的,而C语言显然是结构化的。什么才算是面向对象的方法呢?如果现在需要用面向对象的方法来解决这个问题,那么又应该怎么做呢?

有人也许会说:“这很简单,Java语言是一门真正的面向对象的语言,用Java语言去实现这个算法是不是就是面向对象呢?”那么,下面就看看该算法的Java语言实现。

```
import java.lang.Math;
public class PrimerNumber{
    public static void main(String args[]) {
        int n = 50;
        int sieve[] = new int[n-1];
        int iCounter = 2, iMax, i;
        for(i = 0;i < n - 1;i++) {sieve[i] = i + 2;}
        iMax = (int)Math.sqrt(n);
        while(iCounter <= iMax){
            for (i = 2 * iCounter - 2; i < n - 1; i += iCounter)
                sieve[i] = 0;
            iCounter++;
        }
        for(i = 0; i < n - 1; i++)
        if (sieve[i]! = 0) System.out.println(sieve[i]);
    }
}
```

在这个程序中,可以看到一个面向对象的关键特征——类。为了能够使程序正确地通过编译并运行,我们需要利用Java的关键字class定义一个类,并为该类定义相应的成员函数(main()函数),这不就是面向对象吗?原来这么简单。

真的是这样的吗?我们再仔细看看程序的内部实现,怎么这么面熟?这不是和前面的C程序很类似吗?定义数组、利用for循环初始化、利用while循环控制因子,只不过将语法从C换成了Java。整个算法实现的思维方式完全没有变化,这显然不是面向对象,这只不过是披着“面向对象”皮的结构化程序,可把它称为“伪面向对象”。

那么怎样才算面向对象的思维方式呢?到底要怎样去做才是一个面向对象的程序呢?在这里暂不讨论面向对象的概念或理论(我们在后续章节中会陆续介绍这些内容),先来看看这个例子如何通过面向对象的方法实现。

人们都知道,在面向对象的方法中,最重要的概念是类和对象,这些算法所要求的功能是通过各个对象之间的交互实现的(这就像人们日常生活一样,为了完成某一件事,需要和各种不同的人、物打交道,这些人和物就是对象,而打交道的过程就是交互)。因此在面向对象的思维方法中,我们并不是关注算法本身,而需要关注为了完成这个算法,需要什么样的“人”和“物”(即对象),再定义“人”和“物”之间的关系,从而明确两者是如何“打交道”(即交互)的。把这个过程明确后,事就自然办成了(即实现了算法)。

按照这种思维模式,再来看前面的筛选法求素数的问题是怎样的一个过程。在这个算法中,我们看到了什么?

(1) 看到了一堆需要处理的整数,这些整数构成数据源,这个数据源就是一个待处理对象,针对这个对象即可抽象出一个类:筛子Sieve(存储数据源)。

(2) 看到了一个过滤因子，通过这个因子筛选后面的数，这个因子也是一个对象，针对这个对象即可抽象出一个类：过滤器 Filter(记录当前的过滤因子)。

(3) 还看到了一些其他方面，例如为了能够对数据源进行遍历，需要一个计数器记录当前正在访问的数据值，这个计数器对象即可抽象成类：计数器 Counter(记录当前正在筛选的数据)。

到此为止，就从业务场景中找出了为了实现该算法所需要的对象，这些对象就可以满足基本的业务需求。然而，这还不是面向对象方法的全部，还需要进行进一步的抽象。

如果仅仅找到具体的业务对象，还不算真正的面向对象，这只不过是"基于对象"罢了。要做到真正的面向对象，还需要执行最关键的一步——抽象。这一步是面向对象技术中最难的一步，只有做好了这一步，程序(或软件)才会获得那些面向对象"广告语"中所谓的面向对象的各种好处(如稳定性、复用性等)，否则这一切都是空谈。至于如何对这个例子进行抽象，则是一个非常复杂的问题，在这里并不展开讨论(关于抽象，后面会有专门的章节进行论述)。下面让我们直接看结果，图 1-3 即为筛选法求素数问题的类图。

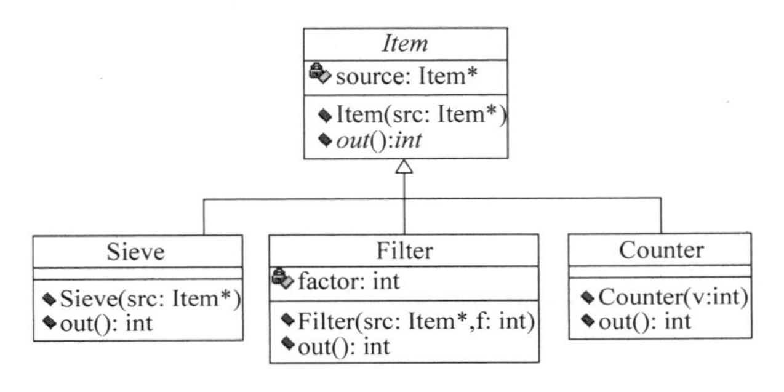

图 1-3 筛选法求素数的类图

从图 1-3 中可以看出，除了前面所找出的 3 个对象的类外，还定义了一个新的抽象类 Item(在图中类名用斜体字表示)，作为这 3 个类的公有基类。通过该抽象层次，为成员函数 out()提供了多态(在 3 个子类中分别定义不同的实现)。

类图用于描述系统所需要的类及它们之间的静态关系。而为了实现具体的算法，还需要通过 UML 中的交互图描述它们之间的交互过程(关于交互过程的描述，后面章节会详细论述)，从而实现算法所需要的操作。下面给出了该算法的面向对象的实现(采用 C++语法)。

```
//基类：Item
class Item{
public:
    Item * source;
    Item (Item * src) {source = src;}
    virtual int out() {return 0;}
};
//计数器类：Counter
class Counter: public Item{
    int value;
public:
    int out() {return value++;}
```

```
    Counter(int v):Item(0){value = v;}
};
//过滤器类: Filter
class Filter:public Item{
    int factor;
public:
    int out(){
        while(1){
            int n = source -> out();
            if (n % factor) return n;
        }
    }
    Filter(Item * src, int f):Item(src) {factor = f;}
};
//筛子类: Sieve
class Sieve: public Item{
public:
    int out(){
        int n = source -> out();
        source = new Filter(source, n);
        return n;
    }
    Sieve(Item * src):Item(src){}
};
//主函数, 构造类的对象演绎应用场景
void main(){
    Counter c(2);
    Sieve s(&c);
    int next, n;
    cin >> n;
    while(1){
        next = s.out();        //关键代码只有一行, 类知道自己的职责
        if(next > n) break;
        cout << next <<" ";
    }
    cout << endl;
}
```

1.1.4 从结构化到面向对象

看完面向对象的结果,有什么体会?

(1) 程序更复杂了。的确,原来 40 多行的程序,用面向对象方法却写出了 100 多行。

(2) 程序更难写了。原来的思路很清楚,现在程序的结构却不是简简单单就可以写出来的,它需要经过一个复杂的分析和设计过程。

这是为什么呢? 这样做有必要吗? 目标是什么?

软件工程思想的出现是为了解决软件危机,而软件危机出现的原因并不是写不出程序,而是写出来的程序无法修改、无法稳定运行。因为社会在进步,软件的需求也在不断发展,

这就要求程序也能够随着需求的变化而变化，而传统的结构化方法很难应对此类问题。面向对象方法的出现就是为了解决变化的问题，使软件能够适应变化。为了适应变化，就需要为程序建立更合理、更稳定的结构，程序也就不可避免地变得更加复杂。不过，这种复杂性却是很合理的，因为现实世界本身就具有这种复杂性，面向对象在实现功能的同时，还在模拟着这个现实世界。

当然，用这样一个算法问题来讲解面向对象的优点是很笨拙的。因为算法是很稳定的，它关注的是底层的实现，这些没有必要、也不会随着需求变化而变化。编者曾经问过某计算机学院的一位非常有名的数据结构方面的教师："为什么到现在讲解数据结构时还是用C语言来实现，而不是面向对象的数据结构呢?"那位老师说："因为数据结构关注的是底层算法，并不是程序的高层结构，用面向对象的方法会使得程序更复杂，这样编程人员必须投入更多的精力去关注程序结构，而不是数据结构。"

正是因为面向对象技术有这种复杂性，所以面向对象设计和开发的难度非常大，我们将面临着对象的识别、职责分配等一系列问题。这就要求学习更多的知识和技术，并掌握一系列面向对象的设计原则和模式，同时灵活利用各种图形化工具(如UML)来帮助我们表达和交流设计思想，从而简化设计和实现过程。

1.2 面向对象技术基础

视频讲解

什么是面向对象技术？不同人从不同角度考虑就有不同的理解。可以认为，面向对象技术是一种处理计算机软件系统的观点；也可以说是一种系统分析和设计的思想，或是一种编程方法；又或者说是一组设计原则和模式。

面向对象技术是一系列指导软件构造的原则(如抽象、封装、多态等)，并通过语言、数据库和其他工具支持这些原则。从定义可以看出，从本质上讲，对象技术是对一系列相关原则的应用。有些书中采用"面向对象技术＝类＋对象＋抽象＋封装＋继承＋多态＋消息……"这样更直观的形式定义面向对象技术。因此如果在应用过程中没有很好地利用这些思想，那么就不是面向对象。就像第1.1节中的Java实例，虽然定义了类，但是目标不是为了抽象、不是为了封装、不是为了多态，这就不是面向对象技术。

1.2.1 面向对象技术的发展历史

在掌握对象技术的应用之前，有必要介绍一下面向对象技术的发展历史，特别是几个标志性事件。

(1) Simula语言：面向对象技术最早起源于1962—1967年出现的Simula 67语言，该语言是由Ole-Johan Dahl和Kristen Nygaard在挪威奥斯陆的国家计算中心设计实现的，它是世界上公认的第一种面向对象语言，在该语言中第一次提出了类、对象、封装等基本思想。

(2) Smalltalk语言：使面向对象技术进入实用化的标志则是1970年诞生的Smalltalk语言，它是由美国施乐公司的恪洛阿尔托研究中心(PARC)的Alan Kay设计实现的，是第一个成熟的面向对象语言，在这个语言中提供了完整的面向对象技术解决方案(诸如类、对象、抽象、封装、继承、多态等)。该语言的很多思想到现在还被广泛应用(如MVC、重构等)。

(3) C++语言：对象技术能够发展到今天这个地步，离不开1983年诞生的C++语言。

正是因为C++语言的广泛应用,面向对象技术才真正从实验室阶段走到了商业化阶段,当今流行的Java、C#等面向对象的编程语言都有C++语言的影子。

(4) UML:面向对象技术发展初期成果还主要体现在面向对象编程语言的应用领域。然而随着软件工程技术的日益成熟和受到重视,在20世纪80年代末、90年代初,面向对象的软件工程也得到了迅速发展。在此期间,各种面向对象的方法层出不穷,这给普通用户的使用带来了很大的困扰。而1997年统一建模语言(Unified Modeling Language,UML)的产生则标志着面向对象方法学的统一,从而为面向对象技术的应用扫清了最后一个障碍。此后,所有的软件工程师都可以使用他们的通用语言——UML来表达面向对象的思维。

1.2.2 面向对象技术的优势

作为一种区别于传统结构化方法的开发技术,面向对象技术被广泛认可和应用是因为它自身的优势,这些优势体现在很多方面。

1. 沟通——在计算机中模拟现实世界的事和物

和传统结构化方法更侧重于计算机表达问题的能力不同,面向对象技术更顺应人类思维习惯,让软件开发人员在解空间(计算机环境)中直接模拟问题空间(现实世界)中的对象及其行为。这一特点使得开发人员能够更有效地在用户环境和实现环境之间进行转换,从而能够更加快速、有效地解决用户问题。

下面的这段代码采用最早的计算机语言(汇编语言)编写而成,它的目标是表达一件现实世界所发生的事情。然而,它到底要表达什么呢?对于普通用户来说,这段代码简直是一段"天书",恐怕只有专业的技术人员才能对它进行有效的应用和维护了。

```
PUSH EBX
MOV EBX,EDX
MOV EDX,EAX
SHR EDX,16
DIV BX
⋮
```

而同样的这件事情,采用面向对象技术来描述就变得非常形象和生动了。原来它是在描述一件动物世界发生的故事,很形象且很容易理解。

```
AHare.Run;
ALion.Catch(AHare);
ALion.Kill(AHare);
AHare.Dead;
ALion.Eat;
ALion.Happy;
```

2. 稳定——较小的需求变化不会导致系统结构大的改变

在软件开发过程中,需求的不稳定性是影响软件工程的一个非常重要的因素。社会在发展,用户的要求也在提高,软件开发人员不可能要求用户不进行任何需求变更。那么,如何面对这样的变更呢?面向对象技术的核心思想就是用稳定的元素将不稳定的元素封装起来，从而将变更的影响降到最低。在现实应用中，功能是最易变的，数据是较易变的，而对象则是较稳定的。为此，软件开发人员就用较稳定的对象将易变的功能和数据进行封装，从而保证了系统的稳定性。这好比一枚鸡蛋，因为有了蛋壳这层封装，蛋清（功能）和蛋黄（数据）才能够稳定存在。

3. 复用——提高质量，降低成本

随着计算机应用的日益广泛，软件规模越来越庞大，开发人员如何能够快速、有效地构造软件呢？作为一种智力劳动，构造软件的过程并不是简单的加减法问题。一个人需要10个月时间才能够完成的工作，并不等同于10个人用一个月时间就完成了，此种情况下必须采用有效的方法才可能在一个月内完成。Borland公司创始人Philippe Kahn曾经说过："软件开发组越大，组中每个成员的生产率就越低"，他还提出了这样一个公式：

$$L_n = \frac{15\,000}{\sqrt[3]{n}}(\mathrm{LOC/year})$$

该公式的含义：一个人一年单独能够编写15 000行有效代码（L_n），但随着项目组的人数n的不断增加，其有效代码的数量会下降。由此可见，构造大型的软件不能仅靠堆人，而需要采取有效的方法——复用。LOC是Line of Code的缩写，即软件规模性代码行。

面向对象技术通过封装、继承、聚合等手段，提供了各种不同层次的复用（如基于类库、框架等的代码层复用，基于抽象、多态、模式等设计层的复用），开发人员应该可以切身体会到面向对象复用所带来的好处。例如Java开发者通过调用庞大的Java类库，可以快速实现很多业务功能，而不需要进行太多的编码。这种基于复用的开发方法极大地提高了软件的开发效率，也大大降低了软件开发的难度。

除了上面所提到的3个优势外，面向对象技术还有其他优势，如改善软件结构、提高软件灵活性、增加可扩展性、支持增量式开发、支持大型软件开发等。这些优势使面向对象技术得到了更广泛地应用。

1.3　对象和类

视频讲解

面向对象技术是由一系列的概念和原则组成的，而这些概念和原则中的两个最基础、最重要的就是对象和类。

1.3.1　对象

对象（Object）可以是一个实体、一件事、一个名词，也可以是可获得的某种东西，还可以是可想象为有自己标识的任何事物。对象的实体可以是物理存在的、也可能是一个概念，或是软件中的实体。例如，一辆卡车是一个物理上存在的实体；而一个化学反应过程则是一个概念中的实体；数据结构中的一个链表则是软件领域的实体。

结合前面的描述，可以对对象进行一个正式的定义：对象是一个实体，这个实体具有明确定义的边界（Boundary）和标识（Identity），并且封装了状态（State）和行为（Behavior）。这里关于对象的定义有两方面重要特征。

（1）对象具有明确定义的边界和标识。边界意味着对象是一个封装体，通过封装来与其他对象分隔。而标识则表明每一个对象都是唯一的，虽然有时候某个对象的状态有可能与其他对象一样。每个对象都是独一无二的,通过明确的边界与其他对象区分;同时,这个边界应该是研究该对象的用户可以清晰定义的。比如杯子里的一杯水,对于普通用户来说,杯体就是其边界,这一杯水就是一个对象,区别于另外一个杯子里面的一杯水;但对于化学老师来说,如果他/她现在要研究水的分子结构,那这杯水就不是一个对象,而是包括一系列的水分子的对象,甚至还可以进一步包括氢原子、氧原子这样的对象。

(2) 对象封装了状态和行为。对象的状态通过对象的属性(Attribute)和关系(Relationship)来表达。在实际应用中,对象的状态反映了现实世界的一系列属性,如属性的值(即与对象有关系的数据)、与其他对象的关系、任意一个时刻的历史状态。而对象的行为通过对象的操作(Operation)、方法(Method)和状态机(State Machine)来表达,它由对象定义的一系列操作来决定。它定义了当其他对象发出请求时,该对象如何反应。

在UML中,对象用矩形框表示,对象的名称写在矩形框内部,并加上下画线。UML中的对象有命名对象和匿名对象之分,如图1-4所示。

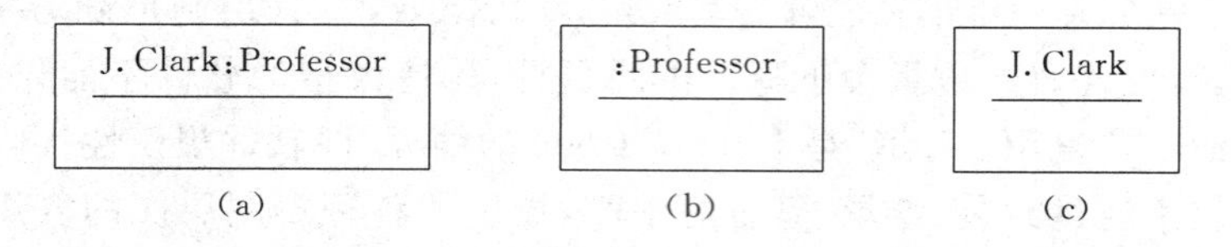

图1-4 UML中的对象

图1-4(a)为命名对象,对象的名称为J. Clark,":"后面为对象所属的类名Professor,表示J. Clark对象是Professor类的一个实例;而图1-4(b)展示的是匿名对象,该对象没有名称,只有所属的类名Professor,表示Professor类的某个对象;图1-4(c)是一个J. Clark对象,没有指定其所属的类,严格来说,这种只有对象名、没有类名的对象是错误的(因为在对象世界中,任何对象都来自类的实例化),但在早期的分析模型中可以使用,说明已知存在这样的一个对象,但尚未最终确定它所属的类。

1.3.2 类

在现实世界中,对象是具体存在的,可以准确反映问题空间的概念。但是,现实世界的对象常常和其他对象很相近。例如,教授都有一些相似的特性(他们做同样的事情,用同样的方式被描述),学生也有相似的特征,课程也有相似的特征等。如果要对每一个对象都进行建模(编程),那会是很繁重的工作,应该只定义一次教授对象、学生对象、课程对象等,在实际需要该对象时再创建出具体的实体。这就是为什么会需要类的原因。

类(Class)就是这一系列对象的抽象描述,这些对象共享相同的属性、操作、关系和语义。与此对应,一个具体的对象是该类的一个实例。由此可见,类是一种抽象,它将相似的实体抽象成相同的概念,这种抽象过程强调相关特征而忽略其他特征。例如,每位教授虽然有不同的特征(如年龄、身高、体重等),但在一个选课系统中,他们所扮演的角色是相同的,在我们只关注这些相同的特征时,他们就属于同一个类。

类抽象的过程就是将具体对象的特征和行为进行参数化,分别用类的属性和操作表示。

- 属性代表类的特征或特性,它表达了类所知道的事情。属性的值是某一特定对象的属性值。在类中，属性名必须是唯一的，同时每一个类的实例（即对象，下同）都有为这个类定义的所有属性的值。

◆ 操作代表类知道和做的事情，它用于访问或修改对象的属性值。而对象的行为是由为此对象定义的一系列操作决定的。

对于一个类，其属性和操作并不是固定的，它们取决于类的应用场景，不同的使用目的决定了不同的抽象方式。例如，针对一个汽车类，从销售人员的角度，他只关注型号、价格、颜色、里程数等属性，以及处理客户订单、准备销售合同、加入清单、从清单中删除等操作；而从维修人员的角度，他只关注发动机类型、传动类型、维修记录等属性，以及测试刹车、修理刹车、转动轮胎、检查转速等操作。

类和对象之间是紧密相关的，每一个对象都是某一个类的实例（类是生成对象的模板，类的定义中包含创建和删除对象的操作）；而每一个类在某一时刻都有零个或更多个的实例存在。一个类通过一系列操作来定义行为，而该类的所有实例都可以使用在这个类中定义的操作。同时，类定义了使用哪些数据描述属性，每一个实例都需要定义具体的属性值。

在 UML 中，同样采用矩形框表示类，该矩形框可以划分为 3 个区域，分别表示类名、属性和操作，如图 1-5 所示。

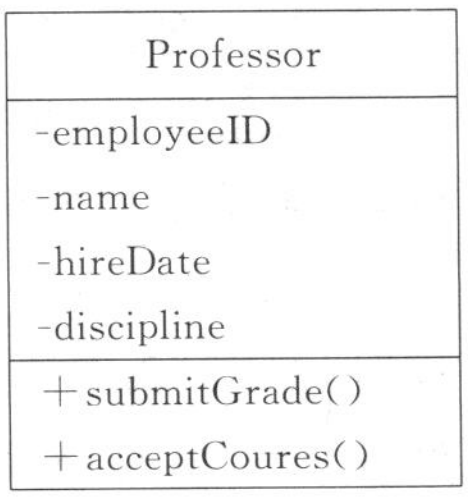

Professor
-employeeID -name -hireDate -discipline
+submitGrade() +acceptCoures()

图 1-5 UML 中的类

此外，类是静态的，它的存在、语义和关系在执行前就已经定义好了。而对象是动态的，在程序执行时可以被创建和删除。

1.4 面向对象技术的相关原则

视频讲解

在介绍完对象和类的基本概念后，本节将介绍面向对象技术的几个重要的相关原则。对象和类作为面向对象技术的核心，存在着很多与之相关的原则，这些原则决定了面向对象技术的本质特征，只有遵循了这些原则，才是一个符合面向对象技术的方案。

1.4.1 抽象

世界是复杂的，为了处理这种复杂性，需要将其中的内容抽象化。抽象（Abstraction）的过程就是揭示事物区别于其他事物的本质特征的过程，是一个分析和理解问题的过程，这个过程取决于使用者的目的，它应该包括使用者所感兴趣的那些职责问题，而忽略掉其他不相关的部分。从对象到类的过程就是抽象的过程，即将所见到的具体实体抽象成概念，从而可以在计算机世界中进行描述和对其采取各种操作。

抽象过程并没有唯一的答案，同一个实体在不同的业务场景中可能有不同的抽象。同样是一批人，根据使用选课系统的目的不同，可以将其中的一部分人抽象为老师，而将另一部分人抽象为学生，这个过程与具体应用场景密切相关。这也是面向对象系统中最难应用的一个关键技术。

关于抽象的概念，这里可以举一个简单的例子。例如，针对“我想买一斤水果”这件事，根据不同人的喜好，会产生不同的实例（有人可能买了一斤香蕉，有人可能买了一斤苹果，或买了一斤橘子，这都是满足要求的）。在这里，“水果”就是一个抽象，通过这个抽象概念，可以代表很多种不同的情况，从而适应不同人的胃口，而实际上并不存在水果这个实体(即对象)。面向对象的系统也是这样的，通过抽象技术，可以使软件能够快速适应不断变更的需求。

1.4.2 封装

封装(Encapsulation)是指对象对其访问者隐藏具体的实现，它是软件模块化思想的体现。

通过封装实现信息隐藏和数据抽象。信息隐藏的出发点是对象的私有数据不能被外界存取，从而保证外界以合法的手段(对象所提供的操作)访问。同时，将数据抽象为一组行为，而不是内部的具体数据结构，把用户隔离在实现细节之外，从而使得软件各个部分依赖于抽象层，各模块获得自由。

通过封装还可以保证数据的一致性。使用传统的结构化方法，是很难保证这一点的。例如，邮政地址由地址和邮政编码两部分组成，而这两部分信息应该是一致的，北京市市区的邮政编码应该为100×××，上海市市区的邮政编码应该为200×××，如果一个北京的地址对应的邮政编码为200001，这肯定是不正确的，会造成系统异常。因此，为避免这种情况出现，所有操作这个数据结构的程序员必须严格遵守一系列业务逻辑规则；否则，很容易破坏数据的一致性。而这在处理大型项目、多人协同开发项目时，是很难保证的。面向对象的封装就能够保证这一点，外部用户并不直接操作这些属性，而是通过特定的操作来完成指定的运算，外界只知道操作的接口，而不关注具体的业务逻辑规则，从根本上杜绝了数据的不一致问题(见下面的代码)。

```
class ShippingAddress {
    private long cityCode;
    private string address;
    public long ModifyAddress(String address)
}
```

1.4.3 分解

分解(Decomposition)是指将单个大规模复杂系统划分为多个不同的小构件。分解后的构件通过抽象和封装等技术形成相对独立的单元，这些单元可以独立地设计和开发，从而实现化繁为简、分而治之，以应对系统的复杂性，降低软件开发成本。

在传统的结构化方法中，开发人员可以通过函数、模块等进行功能分解，实现模块化设计，可以通过耦合和内聚来判断分解的合理性，将系统分解为多个高内聚、低耦合的模块。而面向对象的分解则更为复杂，在基于类和对象分解的基础上，还需要进一步考虑类之间依赖程度、复用问题和稳定性问题等，进行合理的打包和分层，从而形成更加复杂的分解结构。

抽象、封装和分解是系统设计中3个最基本的原则，它们相辅相成。一个对象围绕着单一的抽象概念建立了一个封装体，而系统则可以被分解为多个对象，并对这些对象进行进一步打包，从而形成更高层的抽象概念。

1.4.4 泛化

泛化(Generalization)是类与类之间一种非常重要的关系,通过这种关系,一个类可以共享另外一个或多个类的结构和行为。为了实现泛化关系,我们引入了继承(Inheritance)机制。一个子类(Subclass)继承一个或多个父类(Superclass),从而实现了不同的抽象层次。这些层次之间所建立的 is a 或 is kind of 关系,即为泛化关系。通过这种关系可以很容易地复用已经存在的数据和代码,并实现多态处理。根据父类的个数不同,存在着单一继承和多重继承两种情况。

单一继承(Single Inheritance)是指一个类继承另外一个类,图 1-6 展示了两个单一继承的实例,类 Saving 和类 Account、类 Checking 和类 Account 通过单一继承构成两个泛化关系,表明一个存储账户(Saving)是一种账户(Account),一个支出账户(Checking)也是一种账户;它们都包含账户的信息(账号 no、用户名 name、余额 balance),也都可以进行取款(Withdraw)操作。

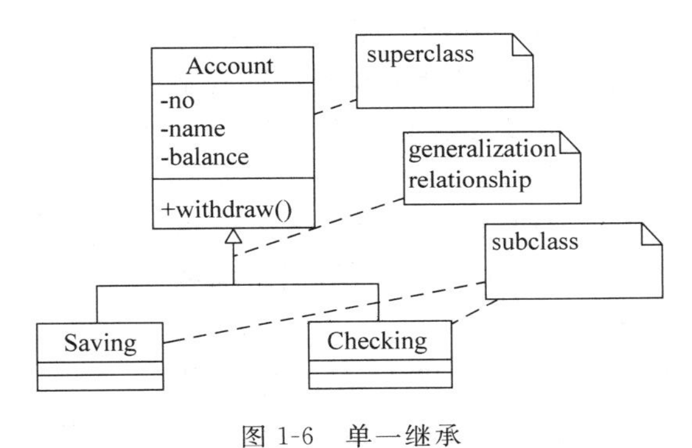

图 1-6 单一继承

多重继承(Multiple Inheritance)是指一个类继承另外多个类的属性和行为。如图 1-7 所示,类 Bird 同时继承类 FlyingThing 和类 Animal,这是一个多重继承,表明鸟(Bird)即是一种飞行物(FlyingThing),又是一种动物(Animal)。

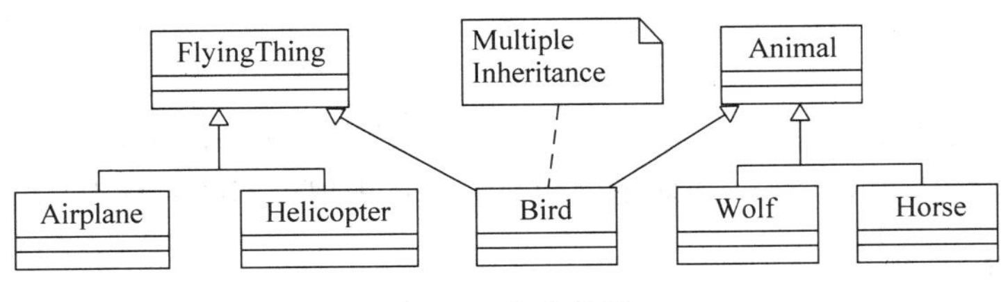

图 1-7 多重继承

在实际系统应用中,对多重继承的使用一定要谨慎。因为有些编程语言(如 Java)不支持多重继承,这会造成设计方案无法被实现。此外,即使像 C++这样支持多重继承的语言,在实际应用过程中也会存在诸如名称冲突、二义性等问题。

泛化关系提供了有效的复用手段,那么在实际应用中,一个子类到底继承了父类的什么元素呢?继承后的子类又可以进行什么样的操作呢?

可以这样认为,一个子类会继承父类所有的元素(可能有些元素对于子类不可见),这包括属性、操作和关系。此外，子类还可以根据自己的需要添加额外的属性、操作或关系，还可对父类已有的操作进行重新定义。

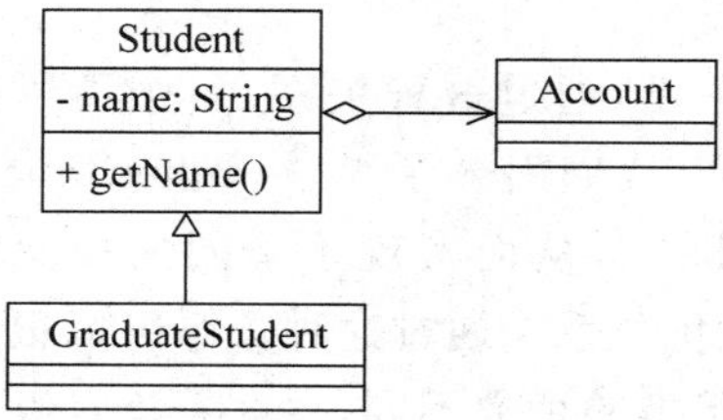

图 1-8 继承层次关系

图 1-8 展示了一种继承层次关系，其中子类(GraduateStudent)从父类(Student)继承，它继承了父类全部属性和操作，所以即使 GraduateStudent 中没有定义 getName()，其也会从 Student 中得到 getName()方法的全部实现。此外，子类也会继承父类中的关系，因此 GraduateStudent 与 Account 也有聚合关系。

1.4.5 多态

多态(Polymorphism)是在同一外表(接口)下表现出多种行为的能力，它是对象技术的根本特征，是将对象技术称为面向对象的原因所在。对象技术正是利用多态提供的动态行为特征，来封装变化、适应变更，以达到系统的稳定目标。

图 1-9 展示了一个多态的应用案例。面向对象的多态必须要有泛化关系的支持(有的文献会把模板这种机制也称为多态，这种参数化多态不需要泛化关系支持)，如 Rectangle(矩形)和 Circle(圆形)均继承自 *Shape*(Shape 以斜体字表示，表明该类是一个抽象类)。通过 *Shape* 提供的接口 draw()实现画图功能的多态性，即根据目标的不同画出不同的形状。

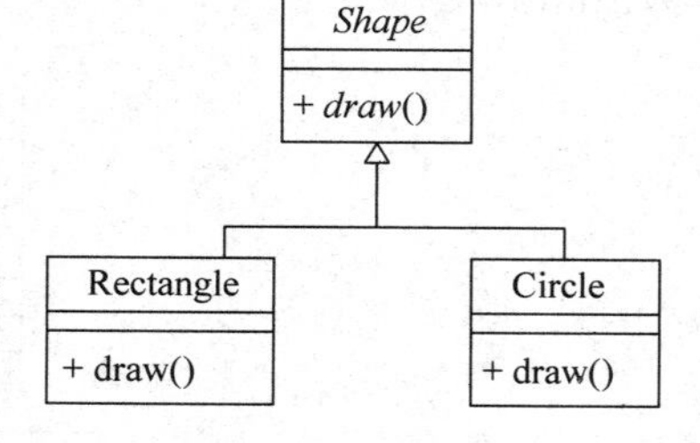

图 1-9 通过泛化支持多态

现在假设有一个数组 sharr，其中放着一排形状 *Shape*，但不知道哪些是矩形，哪些是圆形。利用多态性，完全可以不关注这些细节，而直接画出目标形状(见下面代码)。

```
for (int i = 0; i < sharr.length; ++i) {
    Shape shape = (Shape)sharr[i];
    shape.draw();
}
```

在遍历整个数组的过程中，各个 *Shape* 知道应当如何在画布上绘制自己的形状。shape. draw()这行代码在 *Shape* 指向不同的对象时将表现出不同的行为，这就是所谓多态。

1.4.6 分层

通过分解和抽象可以很容易对系统进行划分。然而即使是简单的应用，也可能很难一次性地完成系统的分解——无法想象一次性地将系统分解为几十个，甚至上百个类。人们往往首先将系统分解成几个独立的部分(如先划分为若干层或若干模块)，然后在此基础上对每个部分再进一步分解小的部分，这些小的部分有的还可以进一步分解，直至形成最小的独立单元(如类或函数)。这种逐级分解的思想就是分层。

分层(Hierarchy)是指面向不同的目标建立不同的抽象级别层次，从而在不同的抽象层次对系统进行分解，进一步简化对系统的理解。在面向对象系统中，主要有两种层次结构：

类层次结构和对象层次结构。

类层次结构是指在不同的抽象级别进行对象的抽象，高层的类抽象层次更高，其描述能力也越强，而越往下抽象层次越低，底层的类则最具体，代表具体的事物。这些类之间通过泛化关系形成一种层次结构，也称为继承层次结构。此外，在这种层次结构中，一般同一层次的抽象级别是一样的。图 1-10 展示了一个继承层次结构的实例，最高层的父类(Food)抽象层次最高，代表所有类型的食物(Food)；第二层的类(Fruit、Vegetable 和 Meat)则相对要具体一些，代表某一类食物，如水果(Fruit)；而最低层的类抽象层次最低，为具体类，可以实例化对象，本图中代表具体的食物类型，如苹果(Apple)、橙子(Orange)等。前两层的类都是抽象类，不能构造具体的对象(UML 类图中用斜体字表示)。

类的继承层次结构是面向对象系统中最普遍的结构，通过这种层次结构，可以分门别类地描述各类事物。很多设计良好的面向对象系统都是基于这种层次结构而构造的。

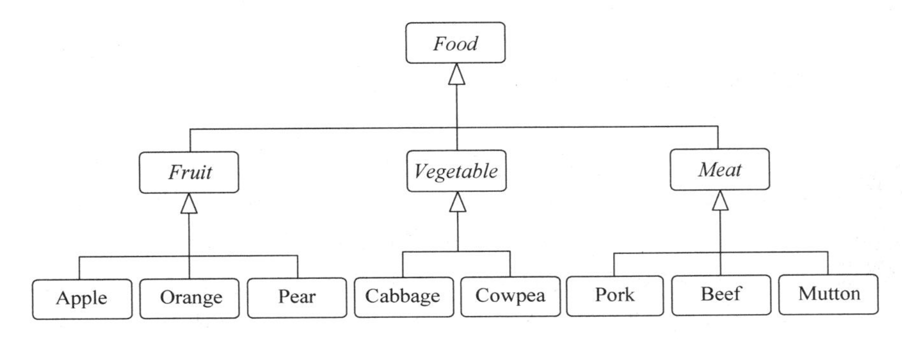

图 1-10 类的继承层次结构

对象层次结构是指对象间的组成结构，即大的对象由小的对象组成(即分解成小的对象)。这种结构是通过类之间的聚合关系来实现的[①]，也称为聚合层次结构。这一种整体和部分的关系是逐层分解思想的具体体现。图 1-11 给出了一个对象的聚合层次结构的实例，大学(University)由学院(School)和管理部门(Administration)组成，而学院又包含多个系(Department)，每个系又由班级(Class)组成；管理部门则包括多个办公室(Office)。

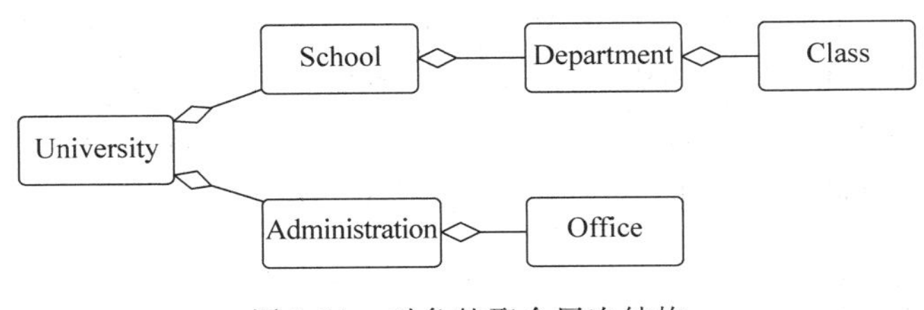

图 1-11 对象的聚合层次结构

① 有关类之间聚合关系的概念。参见本书第 5.5.3 小节。

1.4.7 复用

复用(Reuse)是借助于已有软件的各种有关知识建立新的软件的过程,以缩减新软件开发和维护的成本。将软件看成是由不同功能部分的构件所组成的有机体,每个构件在设计编写时可以被设计成完成同类工作的通用工具,如果完成各种工作的构件被建立起来以后,编写特定软件的工作就变成了将各种不同构件进行组合的简单问题,从而对软件产品的最终质量和维护工作都有本质性的改变。第1.2.2小节把“复用”视为面向对象所带来的优势之一,而事实上要获得这种优势,在设计时就需要遵循复用的原则,设计可复用的构件。

在系统开发的各个阶段都可能涉及复用,如从最低层的代码复用到设计复用、架构复用,再到需求复用,甚至于延伸到特定业务领域的复用。复用原则要求设计者不仅针对当前的业务需求开展设计,还需要考虑业务的通用性和可扩展性等问题,从而设计抽象层次高、复用粒度大的组件。本书将在第6~7章中介绍一些具体用于可复用设计的原则和模式。

1.5 建立面向对象思维

视频讲解

本节将通过简单、通俗的案例来阐释对象建模的基本概念,使读者初步认识UML模型,并在开阔视野的基础上,轻松建立面向对象的思维,同时使读者掌握用面向对象方法分析问题的要领,为学习对象建模方法“热身”。

在学习案例前,我们先区分几个概念:对象技术、建模和UML。作为一种软件开发思想,对象技术是理论基础。引入对象技术的目的是能够有效地分析和设计软件系统,这个过程就是建模(关于建模的概念,将在第2章中做详细介绍)。为了表达建模结果,开发人员需要一种语言作为工具,这个工具就是统一建模语言(Unified Modeling Language,UML)。总的来说,建模是最终目的,对象技术是一种建模理论,而UML是一种体现面向对象思维的建模语言,它是将对象理论转换为实践的工具。

为了更好地理解面向对象思维方式,先来看一段个人简介:tanHuobin是类OOTeacher的一个实例,这个类是基于beiHangUniversity的softwareSchool的工作;类GraduateStudent的所有实例都可以通过Course类的对象OOTechnology建立关联,并可发送phone消息或email消息。

在该个人简介中,我们看到了类、实例、关联、消息等面向对象的词汇,这是建立面向对象思维的基础。当然,在实际应用中,这些概念并不是一次就能够定义清楚的,它需要经历一个分析和设计的过程。在本节的最后,我们将利用面向对象思维方式描述一件在日常生活中发生的事情,并借此引入后面将要学习的各种UML模型。

1.5.1 引入案例

我的一位朋友结婚了

这是人们日常生活中一件很普通的事情,但这只是事情的结果,结果背后还隐藏着很多活动和过程。这就需要经过有效地分析和设计过程来描述,下面我们将从不同的角度进行探讨。

A. 这里面有什么事物？

要分析问题，首先要找到问题中所包含的事物。在本案例中，可能存在月老、小伙、姑娘、恋人、玫瑰花等各种人/物或事件。

B. 每个事物看上去是什么样的？

找到这些事物后，本步就要分析每个事物的特征，以认识和理解事物本质。在本案例中，每个事物可能的特征为：月老——看上去有些年纪了、挺热心；小伙——看上去很强壮、很诚实；姑娘——看上去很漂亮，还很温柔；恋人——看上去很黏糊，最终结婚了；玫瑰花——火红火红的。

C. 每个事物能做什么？

认识这些事物后，本步要分析这些事物的能力，以完成特定的事情。在本案例中，每个事物的能力有：月老——牵线搭桥，介绍两人认识；小伙——献花追求，表达爱意；姑娘——仰慕倾情，以身相许；恋人——交往，结婚；玫瑰花——令姑娘心动，传情示爱。

D. 这些事物都在什么地方？

分析完这些事物本身的特征和能力后，本步就要安排这些事物出场，为此还要定义每个事物所处的位置。在本案例中，月老可能在婚介所或交友网站；小伙可能在软件园工作；姑娘可能在医院工作；而恋人则可能出现在电影院；玫瑰花可以在花店，也可以在小伙或姑娘的手中。

E. 这些事物之间有什么关系？

安排好所有事物后，为了能够有效地完成事情，还需要分析他们彼此之间的关系，以便彼此合作。在本案例中，可能的关系如表 1-1 所示。

表 1-1　各元素之间的关系

关　系	月　老	小　伙	姑　娘	恋　人	玫　瑰
月　老		干妈	舅妈	撮合者	没关系
小　伙	干儿子		男友/老公	男主角	买家
姑　娘	外甥女	女友/太太		女主角	受主
恋　人	被撮合者	组成	组成		使用者
玫　瑰	没关系	信物	被接受信物	信物	

F. 这些事物是怎么完成整件事情的？

最后就是我们的重头戏——要利用前面的那些事物及事物之间的关系，完成整件事情。完成本案例的过程如下所示。

(1) 月老牵线搭桥，介绍小伙和姑娘认识。

(2) 姑娘和小伙一见钟情，成为一对恋人。

(3) 一对恋人开始交往。

(4) 小伙用献花表达对姑娘的爱意。

(5) 姑娘收到 999 朵红玫瑰，心情无比激动。

(6) 小伙真心求婚，姑娘以身相许。

(7) 一对恋人终于走入婚姻殿堂。

1.5.2 用面向对象思维分析案例

第1.5.1小节中用通俗的语言展示了分析问题的6个方面(A～F)。而在面向对象的方法中,分析问题的思路还是一样的,只是引入了相应的术语来表达分析维度。

A. 这里面有什么事物?(类和对象)

本案例中的类为:小伙、姑娘、月老、恋人、玫瑰花。

B. 每个事物看上去是什么样的?(类的属性)

每个类都有自己的属性,每个对象都有一个相应的属性值。小伙属性:体格,属性值:强壮;姑娘属性:性情,属性值:温柔;月老属性:年纪,属性值:较大;恋人属性:关系,属性值:初恋。玫瑰花:颜色;属性值:红色。

C. 每个事物能做什么?(类的操作)

每个类都具备操作功能,而其对象利用这些操作完成相应的行为。小伙:追求、送花、娶亲;姑娘:爱慕、相许、出嫁;月老:牵线搭桥;玫瑰花:示爱。

D. 这些事物都在什么地方?(类的状态、部署)

每个类的对象都会有它合理的或者必需的空间位置和逻辑位置。尤其当这些位置对对象的行为造成重要影响的时候,表明它们的位置极其重要。在本案例中,列出的位置对故事主要情节没有太大的影响,系统可以不予考虑。

E. 这些事物之间有什么关系?(类之间的关联)

类之间的关系非常多,根据面向对象的观点,一般将类之间的关系主要分为三类:协作关系(关联),甲会对乙做什么(如月老和小伙、姑娘的关系,小伙和玫瑰的关系,小伙和姑娘的关系);整体—部分关系(聚合和组合),甲是乙的一个组成部分(如恋人和小伙的关系,恋人和姑娘的关系);抽象—具体关系(泛化),甲是乙的一个特例(如人和小伙的关系,人和月老的关系,人和姑娘的关系)。

F. 这些事物是怎么完成整件事情的?(类之间的交互)

每个类都会尽量利用伙伴的能力;类之间分工协作,互通信息,共同完成整体的目标,这是面向对象的分析和设计的核心。第1.5.3小节我们将通过特定的工具(UML)表达整个完成事件的过程。

1.5.3 利用UML表达分析结果

前面两小节是通过文字的形式呈现了分析问题的过程。而在面向对象的方法中,还有更好的方式呈现这个过程,这就是建模——采用UML进行建模。

- 为了描述整个系统中的静态关系,采用UML类图。图1-12中的类图则代表了完整故事情节的静态模型。
- 为了理解整个事情的业务流程,可以采用UML活动图。图1-13中的活动图描述了整个事情的发生经过。
- 为了对每个活动的细节进行详细分析,可以采用UML顺序图。图1-14中的顺序图描述了初次见面的情节。
- 为了能够理解在活动系统中各个参与对象之间的关系,可以采用UML通信图。图1-15中的通信图还是描述了初次见面的情节,不过它更关注参与对象之间的协作。
- 为了了解某个对象内在的变化过程,可以采用UML状态图。图1-16的状态图展示了恋人关系的发展历程。

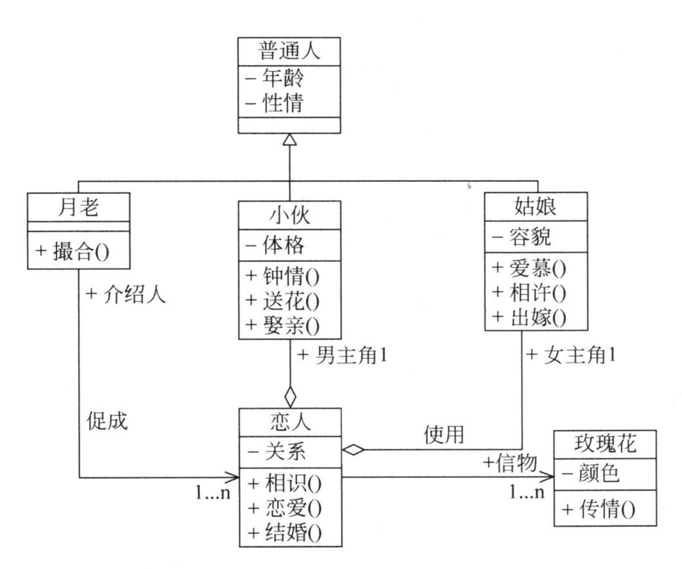

图 1-12　反映结婚过程的静态类图

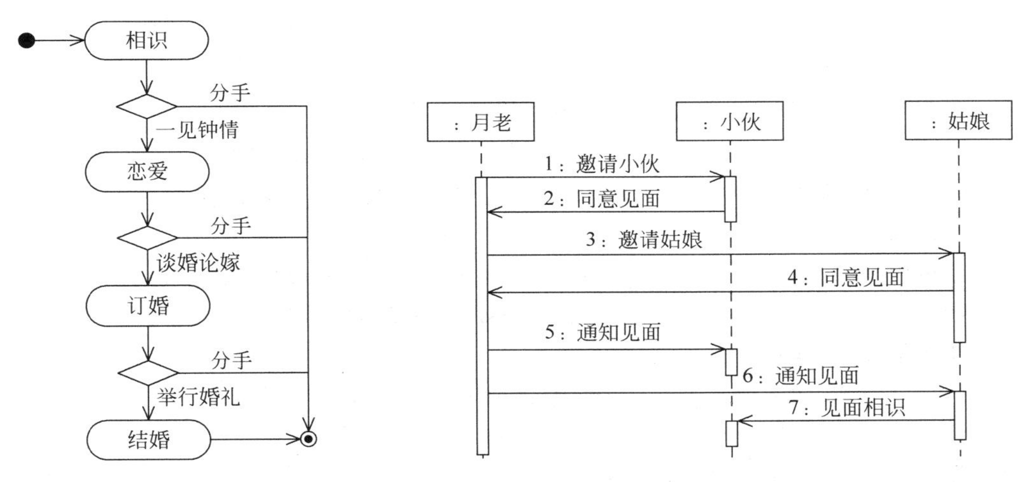

图 1-13　反映结婚过程的活动图

图 1-14　初次见面的顺序图

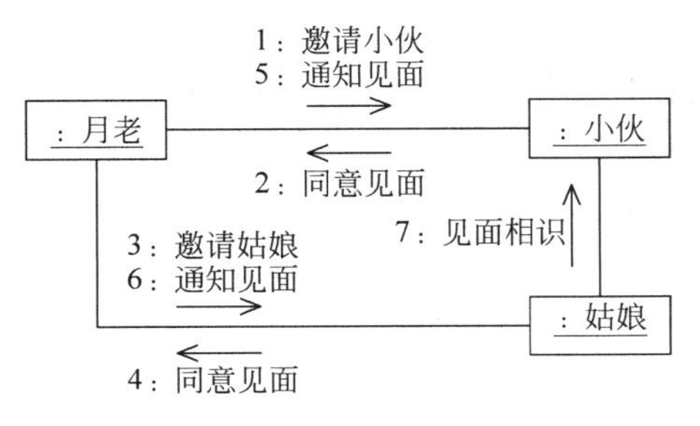

图 1-15　初次见面的通信图

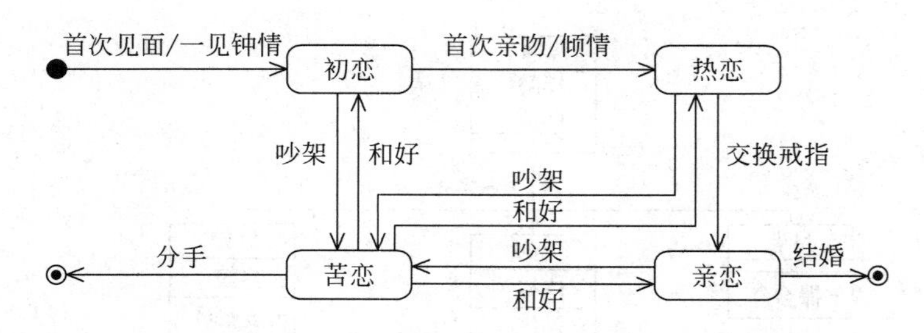

图 1-16　恋人关系发展的状态机图

1.6　练习题

一、选择题

1. 对象技术是(　　)。

A. 一系列指导软件构造的原则　　B. 一种新的已被认可的理论

C. Booch 发明的一种新的设计语言　　D. 一种使用 UML 建模的思想

2. 下列有关类的定义,正确的是(　　)。

A. 对象的抽象　　B. 多个对象的集合

C. 对象的实例　　D. 描述对象层次结构

3. 下列(　　)之间的关系是类和对象之间的关系。

A. 老师和学生　　B. 老师和张老师

C. 张老师和王同学　　D. 张老师和李老师

二、简答题

1. 与传统的结构化方法相比,面向对象技术的优势主要体现在哪些方面?

2. 什么是对象,什么是类,它们之间的区别和联系是怎样的?

3. 什么是抽象,如何进行抽象?

4. 什么是封装,如何通过封装实现信息隐藏和数据抽象?

5. 什么是分解,结构化分解和面向对象分解有何不同?

6. 什么是泛化,什么是多态,它们之间有什么关系?

7. 什么是分层,分层和分解有何不同?

8. 什么是复用,在软件开发的哪些阶段可以进行复用?

三、应用题

1. 采用面向对象技术设计类结构,用来描述计算机中的文件和目录之间的关系(即目录由文件和子目录组成),并提供计算文件和目录大小的功能。

2. 结合个人的实践经历,举例说明在实践项目中运用了哪些面向对象技术的基本原则。

CHAPTER 2

第 2 章

可视化建模技术

随着软件工程技术的发展，软件开发已经不仅仅是需要编码，而更多的是需要关注分析和设计过程。软件开发者为了能够有效地进行分析和设计活动，就需要相应的技术和工具来支持，它就是建模的技术。

传统的结构化方法提供了数据流图(Data Flow Diagram, DFD)、实体关系图(Entity Relationship Diagram, ERD)、结构图(Structure Chart, SC)、流程图(Flow Diagram,FD)等各种建模技术来支持结构化分析(Structure Analysis, SA)和结构化设计(Structure Design, SD)。同样，为了支持面向对象的分析和设计过程，业内相继推出了很多相关的建模技术，如 Booch 方法、OMT(Object Modeling Technique)方法、OOSE(Object-Orient Software Engineering)方法等。幸运的是，在 20 世纪 90 年代初，这些方法最终得到了统一，并最终形成了统一建模语言(Unified Modeling Language, UML)。UML 也迅速成为面向对象分析和设计的标准表示法，并被广泛应用。

本章将从可视化建模技术入手，介绍 UML 的发展历程和组成结构，并通过一个简单的案例全面介绍 UML 2 的各种组成要素，为后续的分析和设计打下基础。

本章目标

本章是基础章，通过对本章的学习，读者能够快速掌握可视化建模领域的核心概念，了解可视化建模技术、UML 2 基本概念和上层结构，并掌握 UML 2 所提供的 14 种模型。

主要内容

(1) 模型、可视化建模技术基本概念，以及可视化建模的基本原则。

(2) UML 基本概念和 UML 的统一历程。

(3) UML 2 的组成结构和概念模型。

(4) UML 2 的两大类 14 种模型。静态图(7 种)：类图、对象图、构件图、部署图、包图、组合结构图、外廓图；动态图(7 种)：顺序图、通信图、时间图、交互概览图、活动图、状态机图、用例图。

2.1 可视化建模基础

视频讲解

可视化建模技术是随着软件工程的发展而被日益重视起来的，并已经成为开发优秀软件的必备条件。其目的是将要构造的软件系统的结构和行为表示出来，并进行合理的控制，从而为更好地理解和开发系统提供保障。

模型是对现实世界的简化。一个好的模型包含了人们需要关注的主要元素，而忽略那些不相关的次要特征。例如，一架飞机是由成千上万个部件组成的，我们很难一次性完整地描述这样的一个实物，为此设计师需要通过不同的视图（如主视图、俯视图、侧视图、仰视图等）表示该飞机不同的方面。而这些视图就是对飞机这个现实世界实物的简化，就是模型。

在软件世界中，模型就是对目标系统进行简化，提供系统的蓝图。模型可以仅列出系统高层的组织结构，也可能包含各个组成部分的细节信息。每个系统都可以从不同的方面分析构建不同的模型，可能是静态的结构，也可能包含动态的信息。

2.1.1 建模的目的

建模的根本目的是能够更好地理解待开发的系统。当我们不能够完整地理解一个复杂的系统时，就需要对其进行建模。开发人员通过建模，可以把一个复杂系统划分成一系列易于理解的小的组成部分，分而治之。通过建模，可以达到以下 4 个目的。

(1) 模型有助于按照所需的样式可视化(Visualize)系统。模型可以为开发团队提供待开发系统的可视化表示，从而使团队成员对系统有统一的理解。

(2) 模型能够描述(Specify)系统的结构和行为。模型允许用户在构造系统前准确地描述其结构和行为。

(3) 模型提供构造(Construct)系统的模板。模型为开发人员提供了开发实现的依据，开发人员可以根据模型(而不是原始的需求)构造目标系统。

(4) 模型可以文档化(Document)设计决策。开发人员通过模型，可以将开发过程中的设计决策记录成文档，并长期保存，便于以后参考和使用。

建模并不只是针对大型系统，甚至像“计算器”这样一个很简单的软件也能从建模中受益。然而，可以明确的一点是，系统规模越大，模型的重要性级别就越高。例如，当构造一架大型客机时，必须要事先构造各种不同的模型；而当叠一架纸飞机时，显然就没有必要花太多的精力去提前构造模型了。

2.1.2 建模的基本原则

模型的应用拥有着悠久的历史，丰富的历史经验形成了建模的基本原则。在建模过程中，只有遵循这些原则，才可能得到所需的模型。

(1) 选择合适的模型。所要创建的模型将对解决方案的形成具有重要的影响，正确的模型可以清楚地表明最棘手的开发问题，提供不能轻易地从别处获得的洞察力；而错误的模型可能使人误入歧途，把精力花在不相关的问题上。

(2) 模型具有不同的精确程度。面向不同的用户，开发人员需要提供不同抽象层次的模型。有时一个简洁且可执行的用户界面模型正是用户所需要的，而有时则需要耐心地描述每一个细节。

(3) 好的模型是与现实相联系的。模型是对现实的简化,但最关键的是简化不能掩盖掉任何重要的细节。

(4) 需要从多个视角创建不同的模型,单一的模型是不够的。为了更好地解读系统,我们经常需要添加几个互补/连锁的视图,例如用例视图,揭示系统需求;逻辑视图,揭示软件内部设计逻辑。这些视图从整体上描绘了软件开发蓝图。

2.2 统一建模语言

可视化建模技术在软件开发中正日益扮演着越来越重要的角色。为了便于交流,选择一种合适的建模语言就显得至关重要。统一建模语言就是一种最佳的选择。

统一建模语言是由对象管理组织(Object Management Group, OMG)制定的一个通用的、可视化的建模语言标准,可以用来可视化、描述、构造和文档化软件密集型系统的各种工件。它是由信息系统和面向对象领域的3位著名的方法学家Grady Booch、James Rumbaugh和Ivar Jacobson(three Amigos,三友)提出的。这种建模语言已经得到了工业界的广泛支持和应用,并已被ISO确立为国际标准。在选择UML建模时,需要注意以下几个方面的问题。

(1) UML不是一种程序设计语言,而是一种可视化的建模语言。它比C++、Java这样的程序设计语言抽象层次更高,可以适用于任何面向对象的程序设计语言。

(2) UML不是工具或知识库的规格说明,而是一种建模语言规格说明,是一种模型表示的标准。

(3) UML不是过程,也不是方法,但允许任何一种过程和方法使用它。

2.2.1 选择UML

在面向对象的软件开发中,选择UML已经成了必然的趋势。面向对象专家Martin Flower曾经这样说过:“如果正在使用其他的旧技术,我强烈建议您马上转用UML,因为它明显地将成为符号系统的统一标准。如果正在考虑开始使用设计符号来工作,UML是一个好的选择,因为它已经统治业界了。”在很多情况下,开发人员都应该选择UML作为建模语言。

(1) OO方法是项目决定采用的方法论,是整个项目或产品成功的关键。

(2) 开发人员感觉用源码说明不了真正的问题,希望利用可视化建模语言简化文档,提高交流效率,准确抓住问题本质。

(3) 系统的规模和设计都比较复杂,需要用图形抽象地表达复杂的概念,增强设计的灵活性、可读性和可理解性,以便暴露深层次的设计问题、降低开发风险。

(4) 组织希望记录已成功项目、产品的公共设计方案,在开发新项目时可以参考、复用过去的设计,以节省投入,提高开发效率和整体成功率。

(5) 有必要采用一套通用的图形语言和符号体系描述组织的业务流程和软件需求,促进业务人员与软件开发人员之间一致且高效的交流。

当然,UML并不是万能的。在以下情况下,选择UML并不适合。

(1) 传统的做法已完全适用,对面向对象技术的要求也不高,项目非常成功,无任何改进的必要。

(2) 开发的系统比较简单,直接用源码配上少量的文字就能解决问题,软件开发文档也无须添加图形进行辅助说明。

(3) 开发的系统本身不属于 OO 方法、UML 适用的范围。

2.2.2 UML 统一历程

UML 的诞生经历了一个漫长的历程。从 20 世纪 80 年代初期开始,众多的方法学家都在尝试用不同的方法进行面向对象的分析与设计。当时,许多方法开始在一些项目中发挥作用,如 Booch、OMT、Shlaer/Mellor、Odell/Martin、RDD、Objectory 等方法。到了 20 世纪 90 年代中期出现了比较完善的面向对象方法,知名的有 Booch 94、OMT 2、OOSE、Fusion 等方法,那时面向对象方法已经成为软件分析和设计方法的主流。

当时 Booch 方法和 OMT 方法都已经独自、成功地发展成为主要的面向对象方法,随着 OMT 方法的创始人 Jim Rumbaugh 加入 Grady Booch 所在的 Rational 公司,他们在 1994 年 10 月共同合作,将这两种方法统一起来,到 1995 年形成"统一方法"(Unified Method, UM)版本 0.8。随后,OOSE 方法的创始人 Ivar Jacobson 也加入 Rational 公司,并引入他的用例思想,于是该公司于 1996 年发布了 UML 0.9 版本。1997 年 1 月,UML 1.0 版本被提交给 OMG 作为软件建模语言标准化的候选标准。在之后的半年多时间里,一些重要的软件开发商和系统集成商相继成为"UML 联盟"成员,如 Microsoft、IBM、HP 等公司积极地使用 UML 并提出反馈意见。1997 年 9 月,UML 1.1 被提交给 OMG,并于 1997 年 11 月正式被 OMG 采纳作为业界标准。之后,UML 在 OMG 的管理下不断发展,相继推出了 1.2、1.3、1.4、1.5、2.0、2.1.1、2.1.2、2.2、2.3、2.4、2.4.1、2.5 等多个版本,并最终成为经 ISO 认证的国际标准,其中 UML 1.4.2 对应于 ISO/IEC 19501—2005 国际标准,而 UML 2.4.1 及后续版本对应于 ISO/IEC 19505-1—2012(基础结构)和 ISO/IEC 19505-2—2012(上层结构)。图 2-1 展示了 UML 的产生和发展历程。

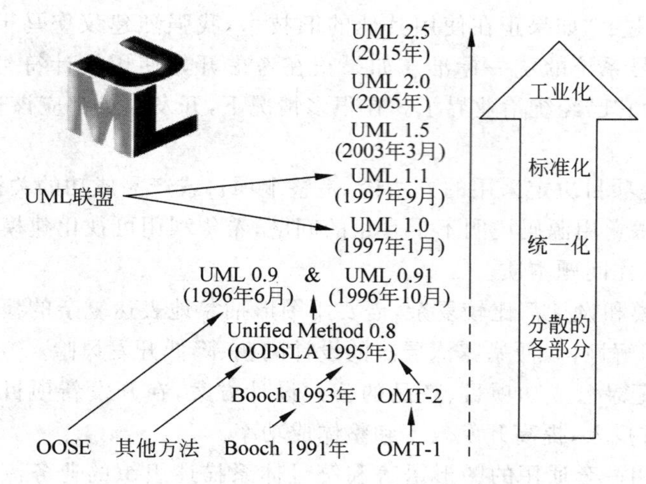

图 2-1 UML 的产生和发展历程

目前,UML 主要存在 UML 1.x 和 UML 2 两个大的版本系列。UML 1.x 主要是指 UML 1.0～UML 1.5 的这几个版本,版本之间有一些差别,但总体差别不大。而 UML 2 则是指从 2005 年正式发布的 UML 2 之后的各个版本。相比 UML 1.x,UML 2 的变化很大,首先是结构的调整,从 UML 2 开始,UML 标准被划分为两个相对独立的部分:基础结构和上层结构;其次内容上也有很大的变化,包括底层概念的统一、各种图形的改进和增加等。目前,UML 2 已经成为发展趋势,本书采用最新的 UML 2.5 作为建模语言。

作为一种统一建模语言,UML 的统一并不仅仅是三大面向对象方法的统一,还合并了许多面向对象方法中被普遍接受的概念,对每一种概念,UML 都给出了清晰的定义、表示法和有关术语。此外,UML 还尝试统一几种不同领域等,具体包括以下内容。

(1) 开发生命周期:UML 对于开发的要求具有无缝性,即在软件开发生命周期的各个阶段都可以采用 UML。开发过程的不同阶段可以采用相同的一套概念和表示法,在同一个模型中它们可以混合使用。在开发的不同阶段,不必转换概念和表示法。这种无缝性对迭代的增量式软件开发至关重要。

(2) 应用领域:UML 适用于各种应用领域的建模,包括大型复杂分布式系统、实时嵌入式系统、集中式数据或计算系统等。当然,也许用某种专用语言来描述一些专门领域更有用,但在大部分应用领域中,UML 不比其他的专用语言逊色,甚至更好。

(3) 实现语言和平台:UML 可应用于各种不同的编程实现语言和开发平台系统。无论是采用 Java、C++、C# 等程序设计语言和开发工具,还是使用 Windows、Linux 等不同的操作系统,均可以采用 UML 进行建模。

(4) 开发过程:UML 是一种建模型语言,不是对开发过程的细节进行描述的工具。就像通用程序设计语言可以用于许多风格的程序设计一样,UML 适用于大部分现有的或新出现的开发过程,尤其适用于类似敏捷过程、统一过程等迭代增量式开发过程。

(5) 自身的内部概念:在构建 UML 元模型的过程中,特别注意揭示和表达各种概念之间的内在联系,并试图用多种适用于已知和未知情况的办法去把握建模中的概念。这个过程会增强用户对概念及其适用性的理解。这不是统一各种标准的初衷,却是统一各种标准所得到的最重要的结果之一。

2.3　UML 2 组成结构

视频讲解

与 UML 1.x 不同,为了更清楚地表达 UML 的结构,从 UML 2 开始,整个 UML 规范被划分成基础结构和上层结构两个相对独立的部分,基础结构(Infrastructure)是 UML 的元模型,它定义了构造 UML 模型的各种基本元素;而上层结构(Superstructure)则定义了面向建模用户的各种 UML 模型的语法、语义和表示。然而,从 UML 2.5 开始,为了消除冗余并简化 UML 规范,基础结构部分不再作为 UML 规范的一部分,UML 元类在 UML 规范相应的部分中被完整地定义。

2.3.1　UML 语法结构

UML 的抽象语法使用 UML 元模型来定义,而这个元模型本身也是用 UML 来定义的(准确地说,是一个受限的 UML 子集,这个子集符合 OMG 的 MOF 规范)。这在严谨的数学家眼里可能是一件不可思议的事情(一个新的概念是用它自己的语法结构来定义的),但工程师认为,只要能够表达清楚所需要的语法概念即可。在UML规范中,主要采用UML类图来描述各元素的抽象语法,采用约束机制和自然语言(文本)来描述模型语义。有关UML语法结构的具体内容,本书将在第2.4节中以概念模型的方式来介绍。下面仅以"类"这个最基本概念为例,介绍其在UML规范中是如何被定义出来的。

图2-2是UML规范中"类"的抽象语法结构。该图清晰地描述了一个类的组成结构,还通过端点名(关联关系两端的文字)和约束规则(大括号中的文字)限定语法和语义。通过该图,可以看出类(Class)是EncapsulatedClassifier和BehavioredClassifier两个抽象分类器的具体实现。类的目的是描述对象的分类,并定义了那些刻画对象结构和行为的特征。类由内部分类器(nestedClassifier)、属性(ownedAttribute)、操作(ownedOperation)和响应(ownedReception)四部分组成;此外,可以指定其父类(superClass)、定义其扩展(extension),还可以指定其是否为抽象类(isAbstract)、是否为主动类(isActive)。

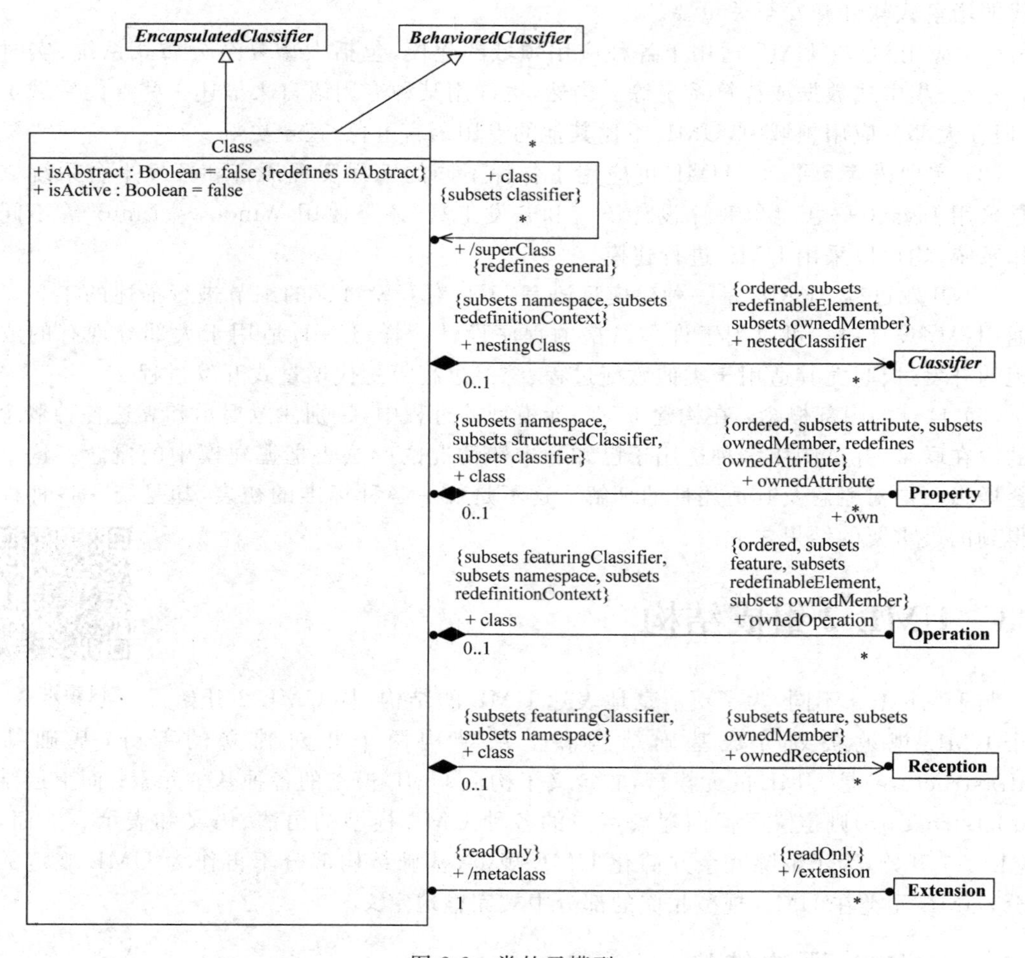

图2-2 类的元模型

需要注意的是，此处类的元模型结构比第 1 章介绍的类结构更复杂，第 1 章只介绍了类最常用的属性和操作两个部分；此处描述的是完整的类组成结构，包括 4 个组成部分，除了属性和操作之外，还包括内部分类器和响应。内部分类器是指这个类的内部包含其他类或分类结构，如汽车由发动机、车轮等部件组成，则在建模汽车类时，发动机、车轮等就是其内部分类器，这些内部分类器间的关系可以通过组合结构图进一步描述。类的响应是指类中用于响应异步事件处理的操作函数，这个概念在之前的 UML 版本中并没有，最早是出现在 UML 的扩展语言 SysML 中的，后来被引入 UML 2.5 中。在界面处理程序中，按钮的单击响应事件(Click)函数就可以建模成界面类的响应。

2.3.2 UML 语义结构

UML 自身的语义与被建模系统的 UML 模型上所声明的标准含义有关，有时被称为 UML 运行时语义。通常，我们可以把 UML 模型划分为两类语义域。

(1) 结构语义(Structural Semantics)定义了在建模域中关于个体的 UML 结构化模型元素的含义，这个含义可能只在某个特定的时间点是正确的。该类别有时也称为静态语义。

(2) 行为语义(Behavioral Semantics)定义了在建模域中关于个体如何随着时间变化而做出不同行为的 UML 行为模型元素。该类别有时也称为动态语义。

图 2-3 来自 UML 2.5 规范，列出了 UML 语义域分层的详细分解结构。UML 2.5 规范文本的主体内容就是按照该结构组织的。

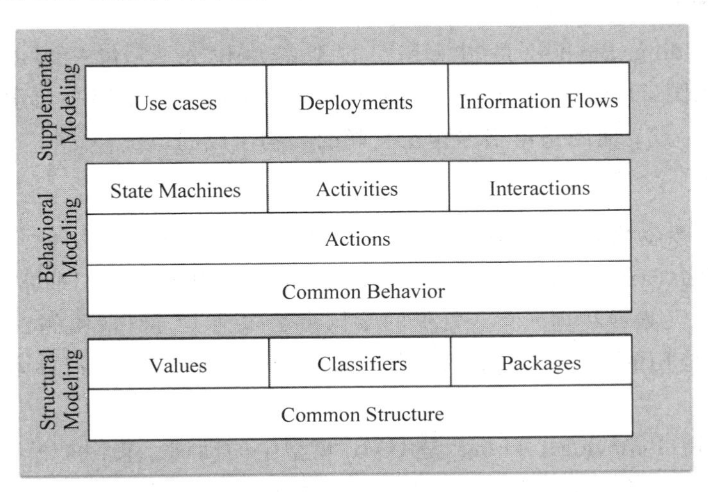

图 2-3 UML 语义域

UML 结构语义为行为语义提供基础，通过结构化建模所规定的模型元素的状态变化而形成行为语义的概念。UML 结构模型建立在一个通用的基础结构(Common Structure)之上，包括类型、命名空间、关系和依赖等概念。Common Structure 具体的建模元素包括不同的分类器(Classifiers)，这包括数据类型、类、信号、接口和构件等；此外还包括简单的值类型(Values)和包(Packages)等。

构建在基础结构之上的 UML 基本行为语义为行为的执行提供了一个基本框架，通用行为(Common Behavior)语义还定义了结构化对象之间通过相关行为产生的通信。动作

(Actions)是 UML 中的基本行为单元,用于定义细粒度的行为;在此基础上形成高层次的行为机制,包括状态机(State Machines)、活动(Activities)和交互(Interactions)等。

此外,还提供了一些既有结构化又有行为的辅助建模结构,包括用例(Use Cases)、部署(Deployments)和信息流(Information Flows)。

2.4 UML 2 概念模型

UML 2 规范按照语义结构组织,详细阐述了各类模型元素的语法结构,然而规范中的介绍面面俱到,普通用户很多时候只使用那些最常用的属性,例如图 2-2 中有关类结构中的内部类就很少使用。因此,对于普通建模用户来说,更多的还是从业务角度考虑问题,例如为目标系统建模,需要哪些建模元素、涉及哪些基本概念等。这些核心概念形成了 UML 的概念模型。开发人员通过概念模型掌握 UML 建模的基本思想,从而能够读懂并建立一些基本模型;当有了丰富的应用 UML 的经验时,开发人员就能够在这些概念模型之上理解 UML 2 结构,从而使用更深层次的语言特征开展构造工作。

UML 概念模型主要由三部分组成:基本的构造块、运用于这些构造块的通用机制和组织 UML 视图的架构。每个部分又包含不同的子部分,具体的组成结构如图 2-4 所示。

2.4.1 构造块

构造块(Building Blocks)是指 UML 的基本建模元素,包括事物(Thing)、关系(Relationship)和图(Diagram)3 个方面的内容。事物是对模型中核心要素的抽象;关系把事物紧密联系在一起;而图是由很多相互关联的事物组成的。

1. 事物

在 UML 中,事物代表了基本的面向对象构造块,主要包括以下 4 种类型的事物。

(1) 结构事物(Structural Thing)是 UML 模型中的名词。它们通常是模型的静态部分,用于描述概念元素或物理元素。常见的结构事物包括类、接口、用例、协作、构件、工件、节点等。在以后应用的时候,我们会对大部分概念做详细讲解,也可以参考其他 UML 参考书籍。

(2) 行为事物(Behavioral Thing)是 UML 模型中的动词。它们是模型的动态部分,代表了跨越时间和空间的行为。常见的行为事物包括交互、状态机、活动等。

(3) 分组事物(Grouping Thing)是 UML 模型的组织部分,用于将模型元素组织在一起。主要的分组事物是包,还有其他的诸如子系统、层等基于包的扩展事物。

(4) 注释事物(Annotational Thing)是 UML 模型的解释部分,用来描述、说明和标注模型的任何元素。最重要的注释事物就是注解(Note),它是依附于一个元素或一组元素之上对元素进行约束或解释的简单符号,所有的 UML 图形元素均可以用注解来说明。

2. 关系

关系将 UML 的事物连接起来,构造出结构良好的 UML 模型。在 UML 中有 4 种基本关系:依赖、关联、泛化和实现。图 2-5 列出了这 4 种关系的图形表示符号。

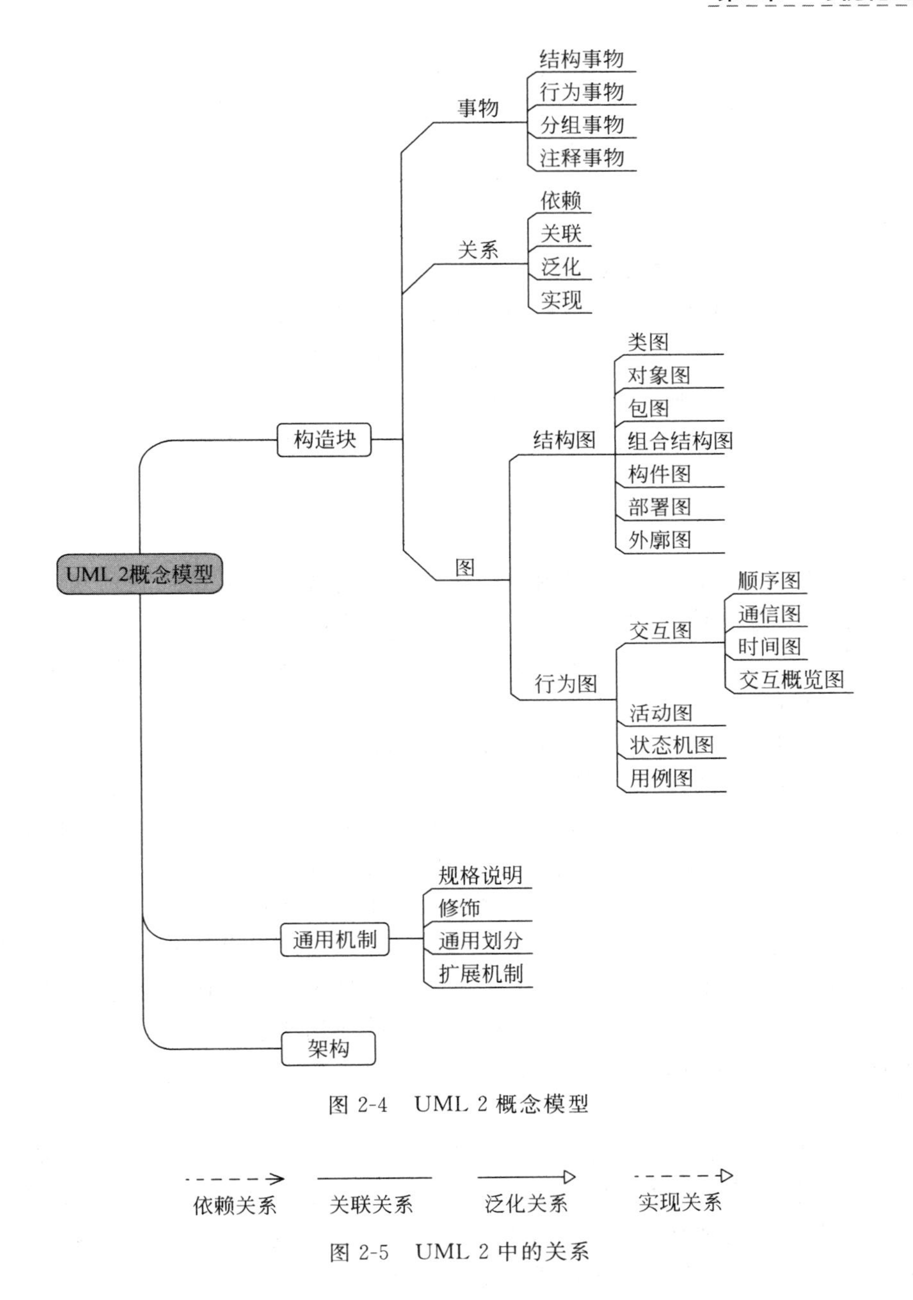

图 2-4　UML 2 概念模型

图 2-5　UML 2 中的关系

(1) 依赖(Dependency)是两个事物间的弱语义关系,表明两个事物之间存在着一种使用关系,其中一个事物(独立事物)发生变化会影响另一个事物(依赖事物)的语义。依赖关系的箭头表明了依赖的方向,即没有箭头端的事物依赖于有箭头端的事物。

(2) 关联(Association)是一种强语义联系的结构关系,表明两个事物之间存在着明确的、稳定的语义联系。它描述了一组链接(link),链接是事物的具体实例之间的关联(如类之间的关联,则意味着类的对象之间存在链接)。聚合(Aggregation)是一种特殊类型的关联,它表明关联的两个事物之间还存在一种整体和部分的语义联系。图 2-5 中的关联关系两端都没有标注箭头,这并不意味着关联关系没有方向,默认情况下关联的方向是双向的,也就是说,两个关联的事物之间互相依赖。如果要标注单方向的依赖,则需要在关联的一端标注箭头。有关关联关系的方向问题,将在第9.3.7小节进行详细介绍。

(3) 泛化(Generalization)是一种特殊——一般关系,特殊元素(子元素)的对象可替代一般元素(父元素)的对象。通过这种关系,子元素共享了父元素的结构和行为(参见第1.4.3小节)。

(4) 实现(Realization)是两个事物之间的一种契约关系,其中的一个事物(箭头指向的事物)描述了另一个事物必须实现的契约。在两种位置会遇到实现关系:一种是在接口和实现它们的类或构件之间;另一种是在用例和实现它们的协作之间。

这4种元素是UML模型中可以包含的基本关系事物。它们也有扩展和变体,例如,依赖关系就可以扩展为包含、扩展、精化、跟踪等关系,而关联关系还有聚合、组合等变体的形式。

3. 图

在所有UML CASE工具中,当用户创建了新事物或者新关系时,它们就被加入模型中。模型是所有事物和关系的知识库,创建模型有助于描述正在设计的软件系统的所需行为。模型中有很多元素、元素之间有很多关系,这些都需要展示给用户,这种展示就是通过UML的图来实现的。

图(Diagram)是一组元素的图形表示,它是模型内的视图,可以通过图将模型展示给用户。图不是模型本身,有的模型元素可以出现在所有图中,有的模型元素可以出现在一些图中(很常见),还有的模型元素不能出现在图中(很少见)。此外,事物或关系可能从图中被删除,甚至从所有的图中被删除,但是它们仍然可以存在于模型中。

UML 2提供了14种不同类型的图(UML 1.x中为9种),如图2-4所示。需要说明的是,此处图的分类是根据UML 2.5规范的附录A给出来的。在UML 2.5中还给出了信息流图(Information Flow Diagram)的元模型,但目前这种图形并没有被确定为一种独立的图形而放入这个分类中。此外,还有诸如行为状态机图、协议状态机图、模型图、内部结构图等一些现有图的子图,这些图形也都没有放入分类。因此,本书还是围绕UML 2之前版本的14种图来介绍。

针对这14种图,按照UML 2.5的分类方法可以划分成两类:一类描述系统的静态结构模型;另一类描述系统的动态行为模型。结构模型捕获事物及事物之间的静态关系,而行为模型则捕获事物是如何交互以产生软件系统所需的行为。有关各类UML图的使用,我们将在第2.5节中结合具体的案例进行系统的介绍,并且在后续章节中会对一些重要图形的使用方法进行详细论述。

2.4.2 通用机制

UML提供了4种通用机制,它们被一致地应用到模型中,描述了达到对象建模目标的4种策略,并在UML的不同语境中被反复运用。这4种机制如下所示。

(1) 规格说明(Specifications):文本维度的模型描述。

(2) 修饰(Adornments):描述建模元素的细节信息。

(3) 通用划分(Common Divisions):建模时对事物的划分方法。

(4) 扩展机制(Extensibility Mechanisms):用于扩展 UML 建模元素,包括构造型、约束和标记值 3 类机制。

1. 规格说明

UML 不仅仅是一种图形语言,实际上,在 UML 表示法的每部分背后都有一个文本维度的规格说明,这个规格说明提供了对构造块的语法和语义的文字叙述。例如,在一个类图符背后就有一个规格说明,它提供了对该类所拥有的属性、操作(包括完整的特征标记)和行为的全面描述;而在视觉上,类图符可能仅展示了这个规格说明的一小部分。此外,还可能存在着该类的另一个视图,其中提供了一个完全不同的部件集合,但是它仍然与该类的基本规格说明相一致。

UML 的规格说明承载模型的语义背板,它包含了一个系统的各模型的所有部分,而且各部分相互联系,并保持一致。因此,UML 的图只不过是对背板的简单视觉投影,每一个图展现了系统的一个特定的方面。

使用 UML 建模,通常是开始于一个主要的图形模型,它允许用户可视化系统;然后,随着模型演化,向背板中加入越来越多的语义。然而,对于任何一个有价值的或者完整的模型,在背板中必须存在模型语义,否则这些图形仅仅是由线所连接的无意义方框的集合。实际上,新手所犯的常见错误可能被称作"因图形而死亡"——模型被过度图形化而没有文本说明。

2. 修饰

UML 表示法中的每一个元素都有一个基本符号,可以把各种修饰细节添加到这些符号上。这意味着,能够仅使用带有一个或两个修饰的基本记号来构造非常高级的模型。然后,可以精化模型,添加越来越多的信息,直到模型元素对于目标来说是足够详细的。

在使用修饰时,需要注意的是,任何 UML 图仅是模型的视图,只有在修饰增强了图的整体清晰性和可读性或者突出模型的某些重要特征时,才应该表示那些修饰。图 2-6 展示了一个没有修饰元素和有部分修饰元素的类。这两个元素都表示一个 Window 类,它们内部含义是一样的,只不过在当前视图中展示了不同的信息。

3. 通用划分

在对面向对象系统建模中,通常有以下 3 种对元素进行分类的通用方法。

第一种是类元(Classifier)和实例的划分。类元表示一种抽象,实例则是这种抽象的一个具体表现。在 UML 中,很多概念都是基于这种划分方法建立的,例如,类和对象、用例和场景、构件和构件实例等。

第二种是接口和实现的分离。接口声明行为的契约(做什么),实现表示对该契约的具体实现细节(如何做)。例如,接口和子系统、用例和用例实现、操作和方法等。

第三种是类型和角色的分离,这是 UML 2 新增的划分方法。类型声明实体的种类(如对象、属性、参数),而角色描述实体在语境(如类、构件、协作、组合结构)中的含义。任何作为其他实体结构的一部分实体(如属性)都具有两个方面的特性:从固有类型派生出来的含义和在语境中的角色派生出来的含义。图 2-7 展示了组合结构中的 customer 对象,作为 Person 类,customer 对象具有 Person 类所提供的属性和行为;同时,作为组合结构 TickOrder(订票系统)中的角色,customer 是一个订票的顾客。

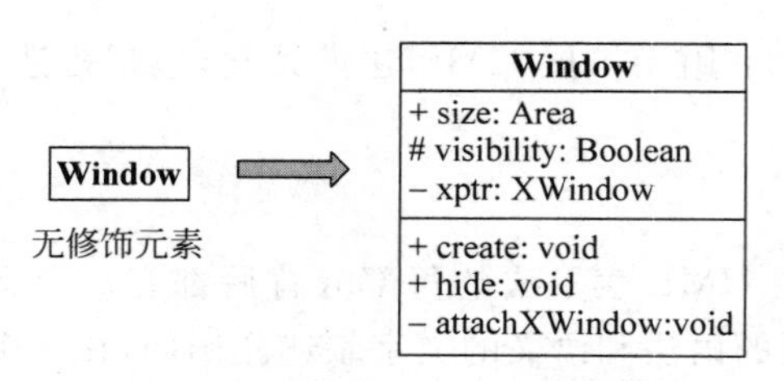

图 2-6　UML 元素中的修饰

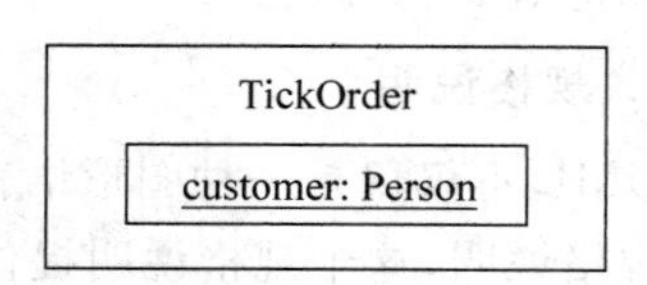

图 2-7　具有角色和类型的部件

4. 扩展机制

UML 提供了一种绘制软件蓝图的标准语言，但是不可能简单地设计一种能满足现在和将来所有人需要的完全通用的建模语言。为此，UML 提供了灵活的扩展机制，可以以受控的方式扩展该语言。UML 提供了 3 种扩展机制。

(1) 构造型(Stereotype)：基于已有的建模元素引入新的建模元素。

(2) 标记值(Tagged Value)：扩展 UML 构造型的特性，可以用来创建构造型的详细信息。

(3) 约束(Constraint)：扩展 UML 构造块语义，可以用来增加新的规则或修改现有规则。

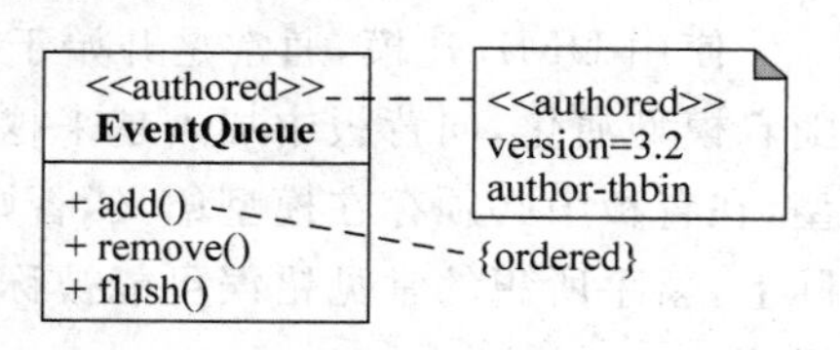

图 2-8　扩展机制的使用

图 2-8 展示了在类 EventQueue 上添加这 3 种扩展机制。其中类名前面的"<< authored >>"是构造型(名称被放在"<<　>>"里面)，表明该类不同于其他的类，它具有版权信息(具体的含义在扩展时定义)；信息的细节通过注解框中的标记值来表示；该类的 add()操作添加了{ordered}约束(名称被放在"{　}"里面)，表明在插入数据时需要排序。

构造型是一种应用非常广泛的扩展机制，而且 UML 标准自身也提供了一些预定义的构造型。它是建立在 UML 已定义的模型元素基础上，其目标是根据模型中的其他元素定义一个新元素。构造型可以用于所有的 UML 模型元素，如类、关联、用例、构件等。此外，为了更形象地表示构造型，很多建模工具也以可视化的形式来表示不同的构造型。例如"<< entity >>"构造型，这是一个在分析建模过程中被大家广泛认可的针对类的扩展概念，表示分析模型中的一个实体类。图 2-9 展示了该构造型可能的 3 种表现形式。其中第一种是标准表示(在类名前面用"<<　>>"表示)，第二种是在类的右上角用特殊的图标表示，第三种是直接采用全新的图形符号表示。

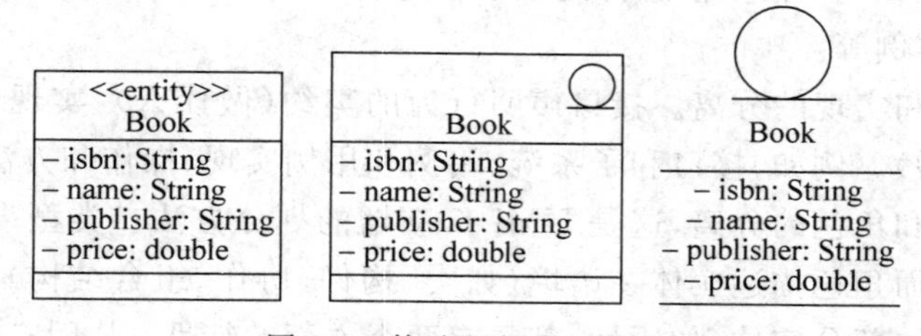

图 2-9　构造型的表示方法

5. 外廓和外廓图

随着 UML 应用的日益广泛，UML 2 标准所定义的元素不一定能够满足特定应用场景的需求，为此需要利用扩展机制对 UML 2 进行扩展或裁减。而在不同的应用领域，可以有不同扩展，例如针对实时嵌入式领域，可以定义一组特定的构造型、元类等，以描述实时、安全、可靠性等一般应用中不需要考虑的特征。这一组扩展机制就形成了 UML 的外廓。

外廓(Profile)是基于 UML 元素的子集为特定领域定义 UML 的一个特定版本，即定义了一组对 UML 已有模型的扩展和限定机制，以用于某个特定领域。这些扩展和限定机制包括：预定义的构造型、标记值、约束、基类等。外廓是建立在普通的 UML 元素基础上，是对 UML 标准的裁剪和扩展，并不代表一种新的建模语言。针对一些常用的应用领域，OMG 推出了一些标准的扩展，如用于实时嵌入式建模的 MARTE(UML Profile for Modeling and Analysis of Real-time and Embedded Systems)、用于测试的 UML Testing Profile、用于硬件设计的 UML Profile for System on a Chip 等。

为了便于用户定义外廓，自 UML 2.3 起，UML 标准新增了外廓图。外廓图(Profile Diagram)是一种用于描述 UML 扩展机制的结构图。用户可以针对不同的平台(如 Java EE、.NET 等)或领域(如实时嵌入式领域、业务建模领域、测试领域、硬件设计领域等)定义符合 UML 元模型的扩展内容。表 2-1 列出了外廓图中的主要元素及其图形表示。

表 2-1 外廓图的主要元素

元素	图形符号	含义
构造型 (Stereotype)	<<stereotype>> Name	定义了针对已存在元模型的扩展，可以定义属性
元类 (Metaclass)	<<metaclass>> Name	定义了该 profile 中的基本元模型
外廓 (Profile)	<<profile>> Name	定义了一个 profile 包结构，其内部可以包括构造型、元类等
扩展 (Extension)	——▶	构造型到元类之间的关系，表明该构造型可以针对哪些元类进行扩展
外廓应用 (ProfileApplication)	<<apply>> - - - - - ->	用户模型到外廓包之间的依赖关系，表明用户模型可以应用外廓包中的扩展
引用 (Reference)	<<reference>> - - - - - ->	外廓包和外部其他包之间的关系，表明该外廓包引用了外部元素

为了便于理解外廓图的应用，下面以扩展 UML 类图以用于数据库建模为例，说明具体的扩展过程。

数据库建模的核心概念是表、字段和关系等，这些概念在 UML 标准规范中并没有定义，无法直接利用 UML 建模。为此，我们需要通过扩展 UML 类图中的相关概念，如可以利用 UML 类建模表，利用类的属性建模表的字段，利用类之间的关联关系来建模实体间的关系。这里，我们利用外廓图定义了 3 个构造型 MyTable、MyColumn 和 MyRelationship，分别表示数据库表、字段和关系，它们各自从 UML 元类中的类(Class)、属性(Attribute)和关联关系(Association)上扩展而来；此外，对于 MyColumn 构造型，我们还添加了两个布尔类型的标记值 PK 和 IsNULL，分别表示该字段是否为主键(默认值为 false)、是否可以为空(默认值为 true)。定义这套扩展机制的外廓图如图 2-10 所示。需要说明的是，该图采用

Enterprise Architect 绘制，图中 3 个扩展的构造型没有采用表 2-1 中的标准表示形式(即名称前面加“<< stereotype >>”的方式)，而是采用右上角添加“《》”的方式表示，这是该建模工具所提供的特定图形符号。

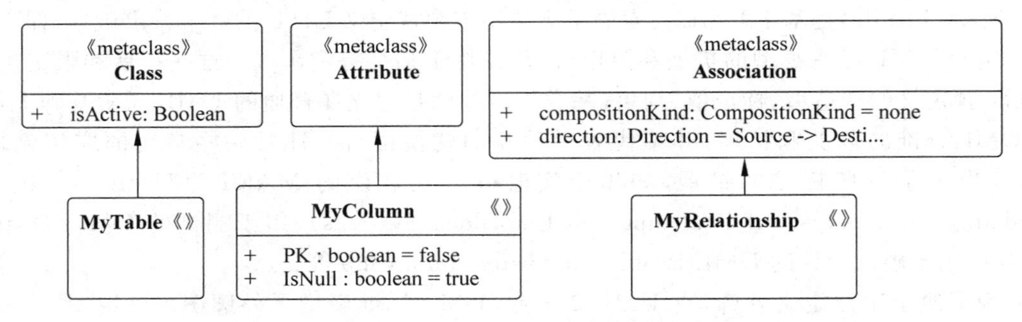

图 2-10 用于数据库建模的外廓图

在定义这个用于数据库建模的外廓后，即可以借助 UML 类图进行数据库建模。图 2-11 列出了两个简单的数据库表的建模示例，这是一个 UML 类图，但通过前面定义的 3 个构造型即可以进行数据库表结构和关系的表示。需要注意的是，MyColumn 构造型的标记值可以通过建模工具提供的手段设置相应的值，但该图中并没有可视化展现出来(这依赖于建模工具的支持)。例如在 Enterprise Architect 中，通过属性设置中单独的标记值(Tagged Values)属性也可以设置具体的标记值，图 2-12 列出的是 Student 表中 StuNo 字段的两个标记值的设置情况截图，可以看出，其 PK 设置为 true，IsNull 设置为 false，这表明 StuNo 字段是这个表的主键，同时不允许为空。

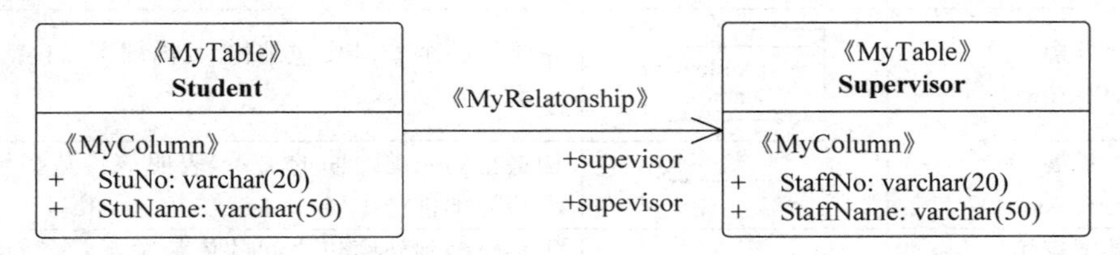

图 2-11 利用自定义的外廓进行数据库建模

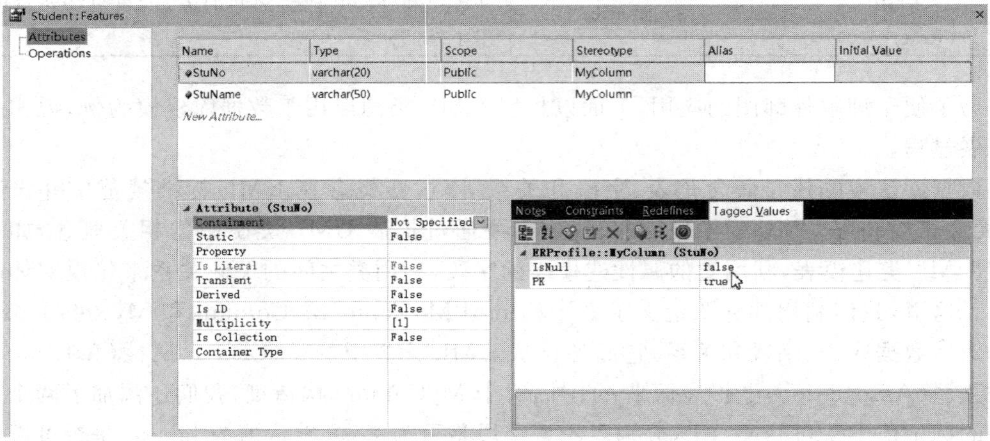

图 2-12 设置构造型的标记值

2.4.3 架构

UML 提供了丰富的模型图来表达系统的各个方面，这些图形之间并不是完全独立的，它们之间存在着千丝万缕的联系。在软件开发的各个阶段，每种图形都有不同的用法和侧重点，这就给普通用户的使用带来了很大的困扰。

UML 标准只是提出了这些图形的语法模型和语义模型，并没有针对这些图形的使用提供很好的支持。为了有效地利用这些模型，我们就需要结合不同的软件工程过程，定义组织图形的架构。

一种被大家广泛接受的 UML 架构是源自统一过程中所提供的"4＋1"架构模型，该架构如图 2-13 所示。

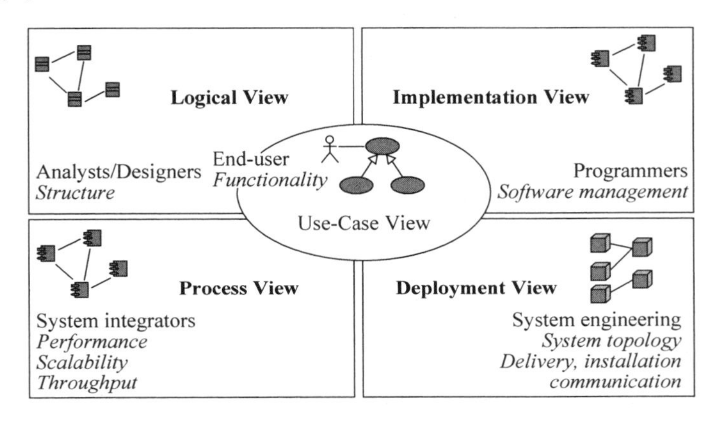

图 2-13 UML 架构

在这种架构中一共提供了 5 个视图(View)来组织 UML 模型，每个视图面向不同的用户，提供不同的 UML 模型，以实现不同的建模目标。视图可以理解为系统在某个视角的模型，正如前面在"建模的基本原则"中提到的，往往需要从多个视角建立不同的模型，而这些视角就构成了 UML 建模的基本架构，也将知道后续的建模活动。

- 用例视图(Use-Case View)：建模过程的起点和依据，面向最终用户，描述系统的功能性需求。所有其他视图都是从用例视图派生而来的，该视图把系统的基本需求捕获为用例并提供构造其他视图的基础。
- 逻辑视图(Logical View)：面向系统分析和设计人员，描述软件结构。它来自功能需求，用于描述问题域的结构。作为类和对象的集合，它的重点是展示对象和类是如何组成系统、实现所需系统行为的。
- 进程视图(Process View)：面向系统集成人员，描述系统性能、可伸缩性、吞吐量等信息。其目标是为我们系统中的可执行线程和进程建模，使它们作为活动类。事实上，它是逻辑视图面向进程的变体，包含所有相同的工件。
- 实现视图(Implementation View)：面向编码人员，描述系统的组装和配置管理。其目标是对组成基于系统的物理代码的文件和构件进行建模。
- 部署视图(Deployment View)：面向系统工程师，描述系统的拓扑结构、分布、移交、安装等信息。建模的目标是把组件物理地部署到一组物理的、可计算的节点(如计算机)上。

使用 Rational Rose 建模工具的用户，在开始一个新项目后，在默认情况下将提供这些视图(有些细节并不一致，如默认不提供进程视图，因为这些视图本质上是逻辑视图的变体)，用户按照这些视图的组织结构逐步完成整个建模过程。

除了"4+1"架构视图外，很多 UML 工具还提供了其他的模型组织架构。例如，当使用 Enterprise Architect 新建 UML 模型时，建模向导可以帮助开发人员建立基本的模型结构，并提供相应的视图。有时候，甚至可以按照系统的开发阶段或活动来组织模型。按照在第 3.1.1 小节中所定义的 UML 分析设计过程，可以定义如图 2-14 所示的 UML 架构。

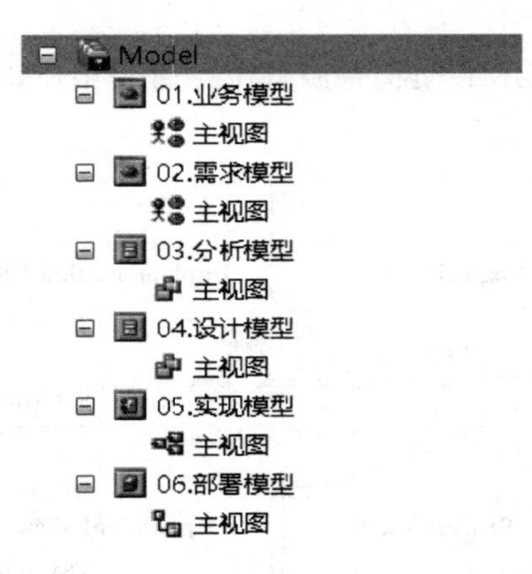

图 2-14 遵循 UML 分析设计过程组织的 UML 架构

该架构采用 Enterprise Architect 建模，按照开发阶段划分模型(其中"06.部署模型"在设计阶段的架构设计中完成，在开发后的部署阶段使用)，与本书后面的章节内容对应。读者也可以参照这个架构组织自己的模型。

2.5 应用 UML 2 建模

视频讲解

在系统地介绍 UML 2 概念模型后，本节将结合具体的应用实例，详细介绍各类 UML 模型图中核心的建模元素及基本建模方法。正如前文所述，UML 2 提供了两类(结构图和行为图)14 种图形用于系统建模。

- 类图：描述类、接口、协作及它们之间的关系。
- 对象图：描述对象及对象之间的关系。
- 包图：描述包及包之间的相互依赖关系。
- 组合结构图：描述系统某一部分(组合结构)的内部结构。
- 构件图：描述构件及其相互依赖关系。
- 部署图：展示构件在各节点上的部署。
- 外廓图：展示构造型、元类等扩展机制的结构。
- 顺序图：展示对象之间消息的交互，强调消息执行顺序的交互图。
- 通信图：展示对象之间消息的交互，强调对象协作的交互图。
- 时间图：展示对象之间消息的交互，强调真实时间信息的交互图。

◆ 交互概览图：展示交互图之间的执行顺序。
◆ 活动图：描述事物执行的控制流或数据流。
◆ 状态机图：描述对象所经历的状态转移。
◆ 用例图：描述一组用例、参与者及它们之间的相互关系。

需要说明的是，早期的 UML 1.x 只提供了 9 种图形。包图、组合结构图、外廓图、交互概览图、时间图这 5 种是在 UML 2 中新增的(外廓图是在 UML 2.3 之后才有的)；而通信图则是由 UML 1.x 的协作图改名而来，其他的一些图形也做了适当的调整和扩充。

当然，为了能够有效地画出这些图形，还需要采用相应的 CASE 工具。目前，市面上有很多种 CASE 工具用于 UML 建模。其中比较有名的如 IBM 公司的 Rational 系列产品(包括 Rational Rose 2003、Rational Software Architect、Rational Rhapsody 等)、Sparx Systems 公司的 Enterprise Architect、Change Vision 公司的 Astah UML、MKLab 公司的 StarUML、SAP Technologies 公司的 PowerDesigner、Microsoft 公司的 Visio 等，此外还有数以百计的各类共享/开源工具。作为 UML 的创始人，IBM Rational 的产品对 UML 的支持比较全面，本书中部分案例采用早期 Rational Rose 2003 作为建模工具；然而由于 Rational Rose 2003 版本较老，而新版的 Rational Software Architect 又过于庞大、功能过于复杂，不适合教学用途，因此本书中的另一部分案例采用 Enterprise Architect 12.0 绘制，该工具对 UML 标准支持非常全面，基本上能满足本书大部分建模需求。读者可以根据自己的情况，选择一种合适的建模工具。

为了能够系统地讲解各类 UML 图的应用，本节以一个图书馆管理系统为例，对 13 种 UML 图(外廓图在第 2.4.2 小节中已经介绍)的应用进行详细介绍。该图书馆管理系统的原始需求如下所示。

◆ 该系统是一个基于 Web 的计算机应用系统。
◆ 读者可以查询图书信息及借阅信息。
◆ 读者可以通过系统预约所需的图书。
◆ 图书馆工作人员利用该系统完成读者的借书、还书业务。
◆ 图书馆工作人员可以对图书信息、读者信息等进行维护。
◆ 对于到期的图书，系统会自动向读者发送催还信息。
◆ 管理员会定期进行系统维护。

2.5.1 用例图

对于该图书馆管理系统，首先需要描述其功能。将在 UML 中采用用例模型(包括用例图和它的规格说明)来进行描述。

用例图(Use Case Diagram)是被称为参与者的外部用户所能观察到的系统功能的模型图，其主要功能如下所示。

◆ 列出系统中的用例和参与者。
◆ 显示哪个参与者参与了哪个用例的执行工作。

用例图中的核心概念包括以下几个。

◆ 用例(Use Case)：系统中的一个功能单元，可以被描述为参与者与系统之间的一次交互作用。

◆ 参与者(Actor)：通过系统边界与系统进行有意义交互的外部实体。

◆ 泛化：参与者与参与者之间的关系。

◆ 关联：用例与参与者之间的关系。

◆ 扩展、包含、泛化：用例之间的关系。

用例图的推荐使用场合：包括业务建模、需求获取和定义等场合。

表 2-2 列出了用例图中的主要建模元素(用例图的详细使用将在第 4 章中介绍)。需要说明的是,由于注解和注解链接在所有的 UML 图中均可使用,因此本章后面各类图形的建模元素讲解中将不再包含这两个元素。

表 2-2　用例图中的主要建模元素

结 构 元 素	图 形 符 号	关 系 元 素	图 形 符 号
用例(Use Case)	Use Case	关联(Association)	——
参与者(Actor)	Actor	扩展(Extend)	<<extend>>
系统边界(System Boundary)	System	包含(Include)	<<include>>
注释(Note)	Note	泛化(Generalization)	——▷
		注释链接(Note Link)	-----

在图书馆管理系统中,读者、工作人员、管理员等作为参与者,可以利用该系统完成借书、还书、预约图书、查询图书、维护图书/读者信息、维护系统等功能单元操作,这些功能单元便构成了一个个的用例。此外,系统定期检测到期图书并发送催还消息,也可以构成一个用例,该用例由系统时间自动启动。该系统的用例图如图 2-15 所示。

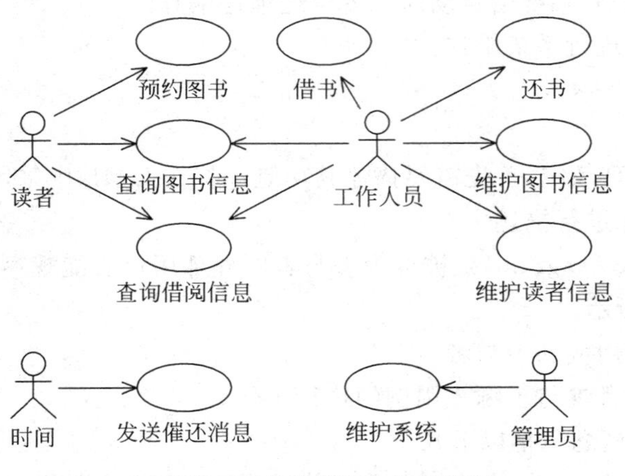

图 2-15　图书馆管理系统用例图

通过用例图，我们可以获得用户使用系统的情况，但是具体的使用过程又是怎样的呢？例如，读者到底是怎么预约图书的、工作人员又是如何为读者完成借书操作过程的，用例图中没有展示这些流程信息，这时候开发人员需要编写该用例图文本维度的规格说明——用例文档。用例模型中的每一个用例都需要开发人员为其编写相应的用例文档，有关用例文档的编写规则请参见第 4 章。

2.5.2 活动图

用例文档描述了用例的业务流程，有些用例的流程比较复杂（如存在分支、循环等复杂结构），只用文本描述这个流程并不直观，且不利于用户之间的沟通。此时，开发人员可以采用活动图来描述该用例内部的执行流程。

活动图（Activity Diagram）是一种动态行为图，将业务流程或其他计算的结构展示为内部一步步的控制流和数据流，主要用于描述某一方法、机制或用例的内部行为。活动图中的核心概念包括以下几个。

- 活动、组合活动：表示某个内部的控制逻辑。
- 对象、对象流：与活动相关的数据对象。
- 转移、分支：控制活动之间的先后顺序。
- 并发、同步：支持活动间的并发和同步。
- 分区：描述活动的不同参与者。

活动图的推荐使用场合：包括业务建模、需求、类设计等场合。

表 2-3 列出了活动图中的主要建模元素，活动图的使用细节将在第 3 章中介绍。

表 2-3 活动图中的主要建模元素

元素	图形符号	元素	图形符号
活动/动作（Activity/Action）	Activity	起点（InitialNode）	●
对象（Object）	Object	终点（FinalNode）	◉
发送事件（SendEvent）	Event	流结束（FlowFinal）	⊗
接收事件（AcceptEvent）	Event	分叉/合并（Fork/Join）	——
分区（Partition）		控制流（ControlFlow）	⟶
决策点（Decision）	◇	对象流（ObjectFlow） （在 UML 1.x 中为虚线）	⟶

图书馆管理系统用例模型中的用例，特别是复杂的用例，均可以用活动图来表示。图 2-16 展示了借书用例的活动图，开发人员可以把该活动图放在用例文档的“相关图”部分。

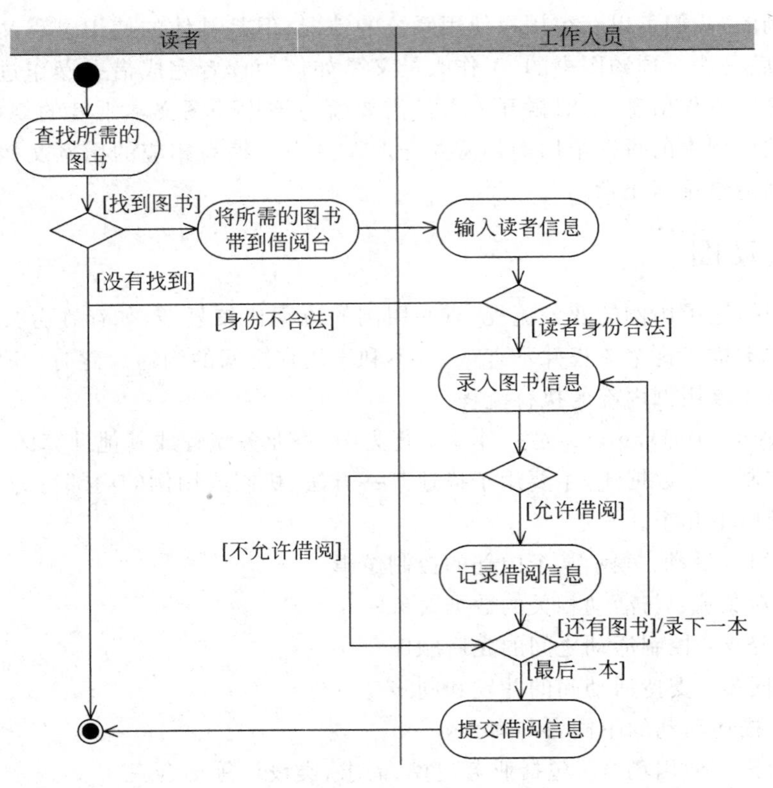

图 2-16 借书用例活动图

2.5.3 类图、对象图、包图和组合结构图

描述完需求后，本小节对系统进行分析和设计。UML 提供了 4 种静态结构图来描述系统。其中，类图(Class Diagram)是软件的蓝图，用于详细描述系统内各个对象的相关类，以及这些类之间的静态关系；对象图(Object Diagram)用于表示在某一时刻，类的对象的静态结构和行为；包图(Package Diagram)用于展现由模型本身分解而成的组织单元(包)及它们的依赖关系；组合结构图(Composite Structure Diagram)用于描述系统中某一部分(组合结构)的内部结构，包括该部分与系统其他部分的交互点。

静态结构图中的核心概念包括以下几个。

- 类图：类、接口、依赖、关联、泛化、实现。
- 对象图：对象、链接、多重性。
- 包图：包(框架、层、子系统)、依赖。
- 组合结构图：组合结构、部件、端口、角色绑定。

静态结构图的推荐使用场合：包括业务建模、分析、设计、实现等场合。

表 2-4 列出了类图、对象图和包图中的主要建模元素。类图的使用细节将在第 5 章和第 9 章中介绍；对象图的使用细节将在第 5 章中介绍；包图的使用将在第 8 章中介绍。

表 2-4 类图、对象图和包图中的主要建模元素

结构元素	图形符号	关系元素	图形符号
类(Class)	Class	依赖(Dependency)	
包(Package)	Package	关联(Association)	
接口(Interface)	<<interface>> Interface 或 Interface	聚合(Aggregation)	
		组合(Composition)	
对象(Object)	Object: Class	泛化(Generalization)	
		实现(Realization)	

表 2-5 列出了组合结构图中的主要建模元素。作为 UML 2 新增的模型图,目前组合结构图被应用得并不是很广泛。

表 2-5 组合结构图中的主要建模元素

结构元素	图形符号	关系元素	图形符号
部件(Part)	Part: Class	连接(Connector)	
端口(Port)	Name: Type	角色绑定(Role binding)	
协作(Collaboration)	Collaboration		

对于图书馆管理系统,通过类图可以反映该系统内部的静态结构特征(类和类之间的关系)。图 2-17 所示的类图就展示了图书类(Book)、借阅信息类(BorrowInfo)、读者类(Reader)之间的静态关系。其中,图书分为不同的类别(Catalog),如科技书(TechBook)、文学书(LitBook)、新书(NewBook),而读者分为学生(Student)和教职工(Faculty)。

对象图则用于展示某一时刻对象之间的关系。图 2-18 所示的对象图展示了一名教职工(thbin)的个人借阅信息(myInfo),他一共借了 4 本书:一本新书(book1)、两本科技书(book2、book3)和一本文学书(book4)。

包图展示了软件系统的分层结构。在图书馆管理系统中,如图 2-19 左半部分所示,系统高层分为 3 层,其中界面层负责用户交互;数据访问层负责访问底层信息;业务逻辑层负责协调界面层和数据访问层间的访问逻辑。此外,对于数据访问层内部,又可以采用分包的方式进行逻辑划分,如图 2-19 右半部分所示,分为借阅包、读者包、图书包。

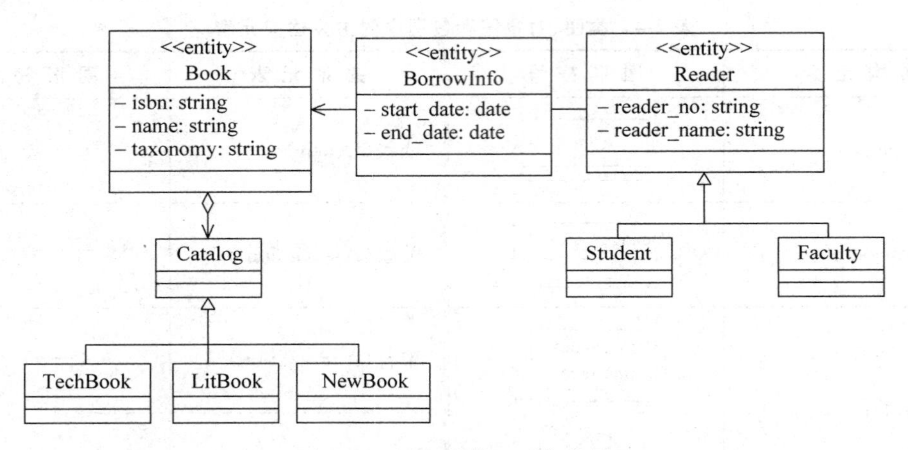

图 2-17　图书馆管理系统类图

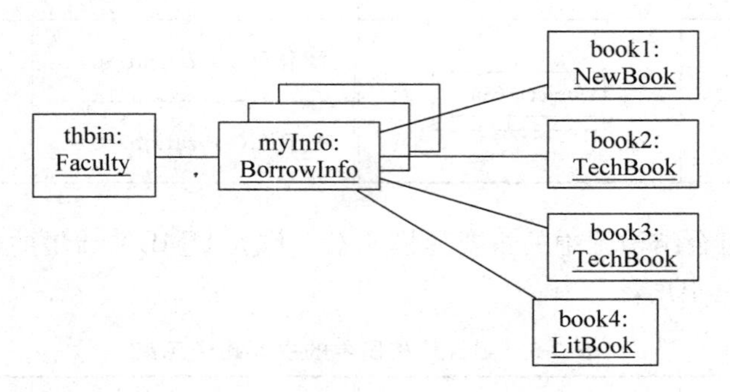

图 2-18　某教职工借阅信息对象图

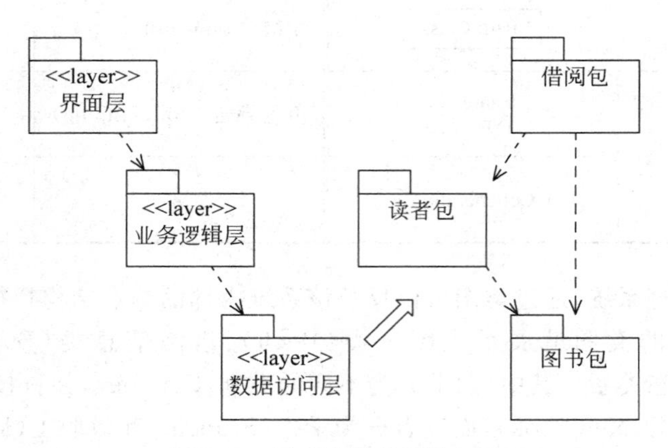

图 2-19　图书馆管理系统包图

作为一种新增图形，组合结构图主要反映的是系统某一部分内部结构的组成。为了完成系统所需的某些功能（如借书），需要几个类之间进行相互协作，而这几个类就构成了一个组合结构。为了完成借书的功能，这些类之间存在着一定的接口（组合结构图中称为端口）和连接，这些信息即可通过组合结构图来反映。图 2-20 展示了借书过程的组合结构图，为了完成借书的过程，在该图中需要设置借阅用户界面类（BorrowUI）、借阅控制类

(BorrowCtrl)、借阅信息类(BorrowInfo)、读者类(Reader)和图书类(Book)。

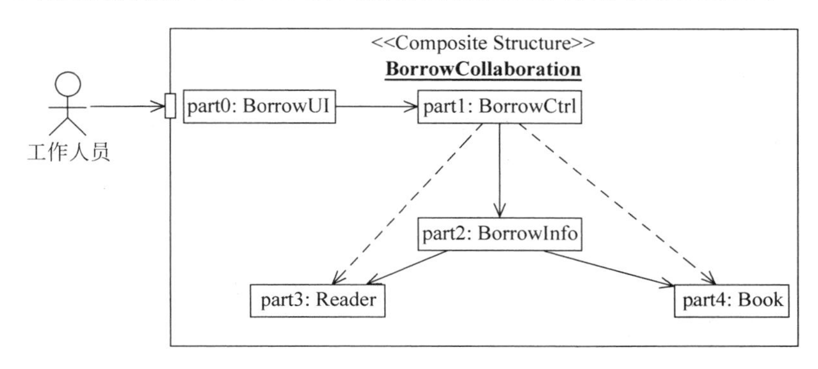

图 2-20 借书过程的组合结构图

2.5.4 顺序图

分析完静态结构后，本小节描述对象之间的动态交互行为，需要用到动态交互图，而顺序图就是一种最常用的动态交互图。顺序图(Sequence Diagram)用于显示对象间的交互活动，它关注对象之间消息传送的时间顺序。顺序图中的核心概念包括以下几个。

- 对象、生命线、执行发生、消息。
- 交互片段(Interaction Frame)：UML 2 中的新增概念，用于封装交互图中的片段，并可对片段施加一定的操作(如选择、循环、并行等)，从而使 UML 支持复杂的交互建模。

顺序图的推荐使用场合：包括用例分析、用例设计等场合。

表 2-6 列出了顺序图中的主要建模元素，顺序图的使用细节将在第 5 章中介绍。

表 2-6 顺序图中的主要建模元素

元 素	图 形 符 号	元 素	图 形 符 号
对象/生命线 (Object/Lifeline)	Object1: Class	同步消息 (Synchronous Message)	
交互片段 (Interaction Frame)	alt [Condition1] [Condition2]	异步消息 (Asynchronous Message)	
执行发生 (Execution Occurrence)		返回消息 (Return Message)	
状态不变式 (State Invariant)	{State Invariant}	创建消息 (Create Message)	Object

图 2-21 所示的顺序图描述的是为了完成借书的过程，系统中的对象是如何进行交互的。

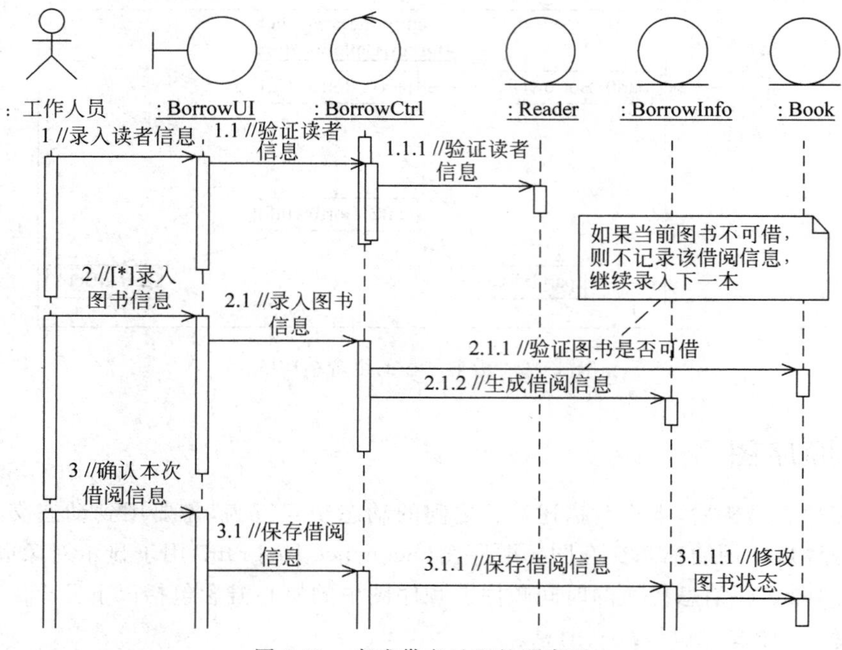

图 2-21 完成借书过程的顺序图

图 2-21 是 UML 1.x 版本的顺序图，可以看到，其中的第 2 步"录入图书信息"是一个循环的过程，第 2.1.1 步存在一个选择(如果失败了该怎么做)，而这些信息无法直接在图中描述(只能通过注解或标记的方式表示)。为此，UML 2 引入了交互片段的概念来解决这个问题，通过交互片段可以很方便地实施各种复杂的逻辑，如图 2-22 所示(loop 操作表示循环、alt 操作表示选择)。

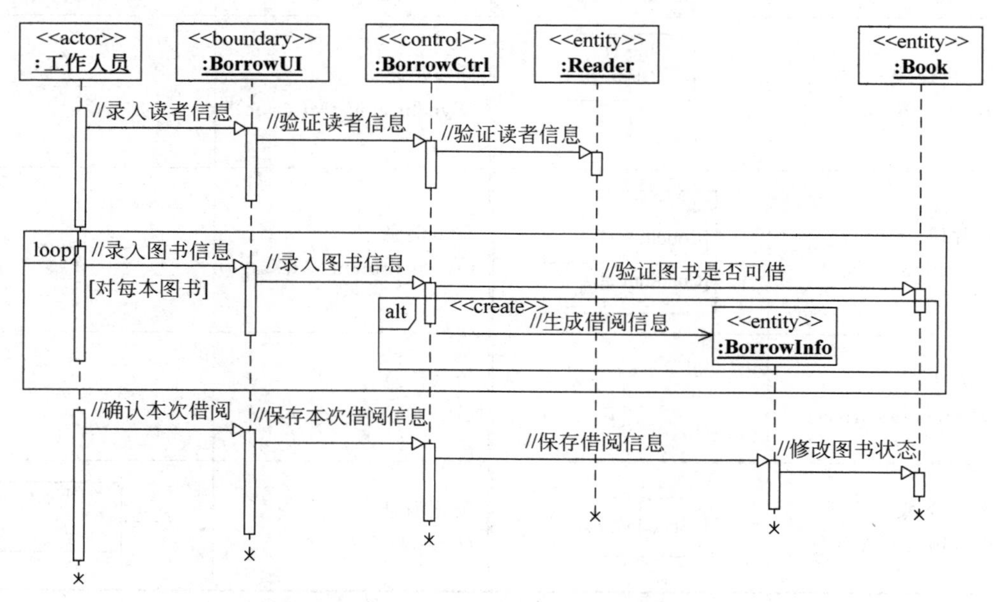

图 2-22 使用交互片段后的借书过程顺序图

2.5.5　交互概览图

当一个用例内部的交互行为非常复杂时，通过一个顺序图可能无法很好地表示出来，这时候可能会把该用例的行为拆分成几个顺序图。此时，这几个顺序图之间的关系就可以通过交互概览图来描述。交互概览图(Interaction Overview Diagram)是活动图和顺序图的混合体，它将直观地表达一组相关顺序图之间的流转逻辑。交互概览图中的核心概念包括以下几个。

- 交互片段。
- 起点、终点、决策、转移。

交互概览图的推荐使用场合：包括用例分析、用例设计等场合。

表 2-7 列出了交互概览图中的主要建模元素。

表 2-7　交互概览图中的主要建模元素

元　　素	图 形 符 号	元　　素	图 形 符 号
片段(Frame)	sd interaction	起点(InitialNode)	●
交互引用(Interaction Use)	ref Sequence Diagram	终点(FinalNode)	⦿
决策点(Decision)	◇	控制流(ControlFlow)	⟶

作为 UML 2 新增的模型，交互概览图的使用场合并不多，而且目前许多支持 UML 2 建模的工具也不支持该图的建模。图 2-23 展示了某读者使用系统的一段流程，其中每个交互片段内部对应另外一个顺序图，通过 ref 算子来引用。

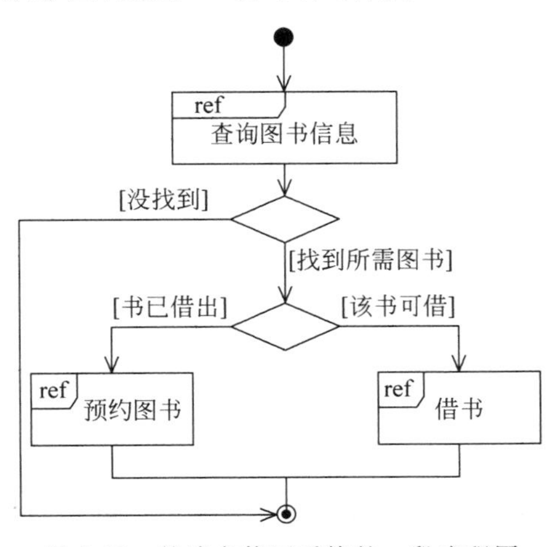

图 2-23　某读者使用系统的一段流程图

2.5.6　通信图

在展示对象交互图时，顺序图侧重描述交互的先后顺序，而交互对象之间的关系并不能体现出来，通信图则是从另外一个视角来描述对象交互的交互图。

通信图(Communication Diagram),在 UML 1.x 中称为协作图(Collaboration Diagram),表示一组对象之间的关系及交互活动。通信图和顺序图是同构的(描述的能力相同,很多工具提供了自动相互转换功能),只是侧重点不同。通信图中的核心概念包括以下几个。

- 对象、协作角色。
- 协作、交互、消息。

通信图的推荐使用场合:包括用例分析、用例设计等场合。

表 2-8 列出了通信图中的主要建模元素,通信图的使用细节将在第 6 章中介绍。

表 2-8 通信图中的主要建模元素

元素	图形符号	元素	图形符号
对象/生命线(Object/Lifeline)	Object: Class	同步消息(Synchronous Message)	——▶
链接(Link)	————	异步消息(Asynchronous Message)	——>
		返回消息(Return Message)	<- - - -

图 2-24 所示的通信图描述的是为了完成借书的过程,系统中的对象是如何进行交互的(该图与图 2-21 的顺序图所描述信息完全相同,可以体会一下它们的不同点)。

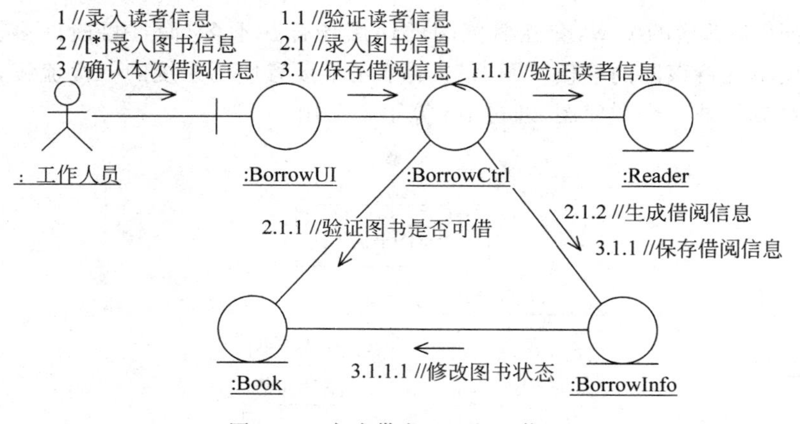

图 2-24 完成借书过程的通信图

2.5.7 时间图

对于一些特定的系统(如实时系统),有时候真实的时间信息非常重要(如某个消息在发送出去后,在 1s 之内必须返回),UML 2 引入了新的时间图来描述时间信息。

时间图(Timing Diagram)是一种交互图,用于展现消息跨越不同对象或角色时真实的时间信息,可描述单个或多个对象状态变化的时间点及维持特定状态的时间段。此外,顺序图作为表示交互的主要手段,也可以在其中增加时间约束来表明对象状态变化的时间点及维持特定状态的时间段。时间图中的核心概念包括以下几个。

◆ 时间约束、持续时间约束、生命线。

◆ 状态、条件、事件。

表 2-9 列出了时间图中的主要建模元素。作为一种新增的 UML 图形，目前大部分建模工具都不支持时间图的建模。

表 2-9　时间图中的主要建模元素

元　　素	图 形 符 号	元　　素	图 形 符 号
状态/条件时间线 (State/Condition Timeline)	state1 state2 state3 state4	生命线(Lifeline)	Obj1 Obj2
取值生命线 (General Value Lifeline)	state1　state2	消息(Message)	↑

作为一种全新的 UML 模型，目前时间图还没有得到广泛推广。此处以打电话的场景为例，说明时间图的使用方法。在打电话的过程中，电话机处于不同的状态(如空闲、拨号音、拨号、连接、通话等)；当用户拿起电话后，电话提示拨号音，之后必须在一段时间内完成拨号动作(如 30s)，否则电话会自动挂起。为了表示这 30s 的时间顺序，可以通过在顺序图中添加约束来表示，如图 2-25 所示。

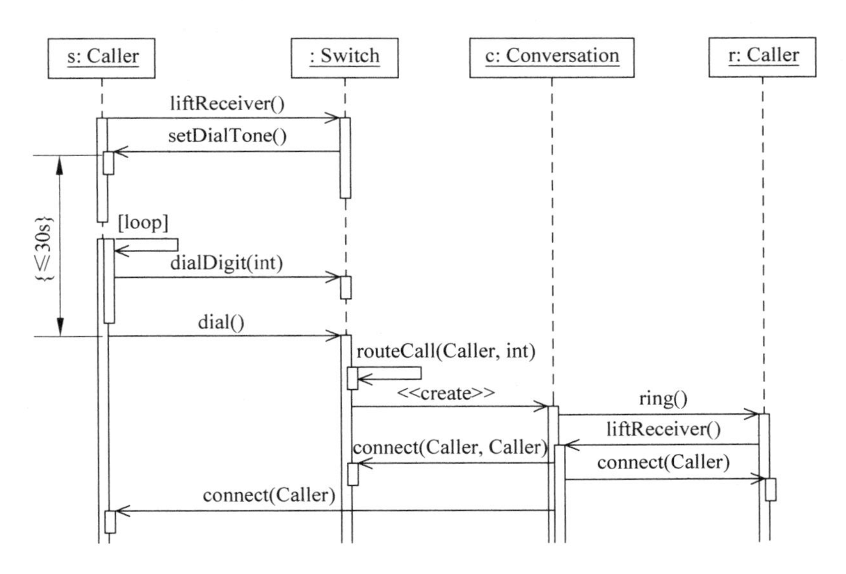

图 2-25　添加时间约束的顺序图

涉及这种真实时间信息的交互，采用时间图可以更方便地描述。时间图有两种表示状态的方法，一种是通过直线的方式，另一种是通过区域的方式，分别如图 2-26 和图 2-27 所示。

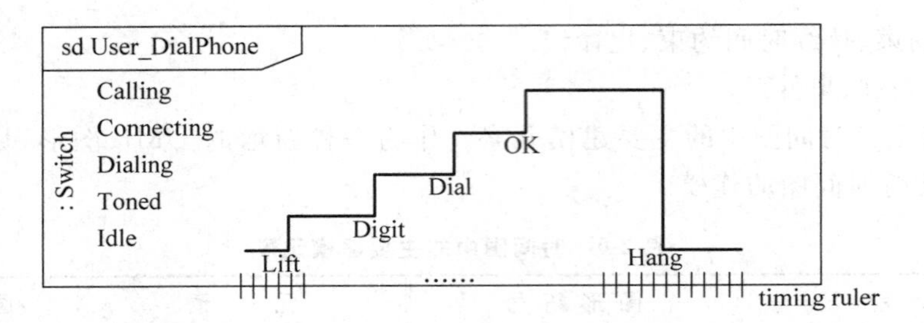

图 2-26 打电话过程的时间图(采用直线方式)

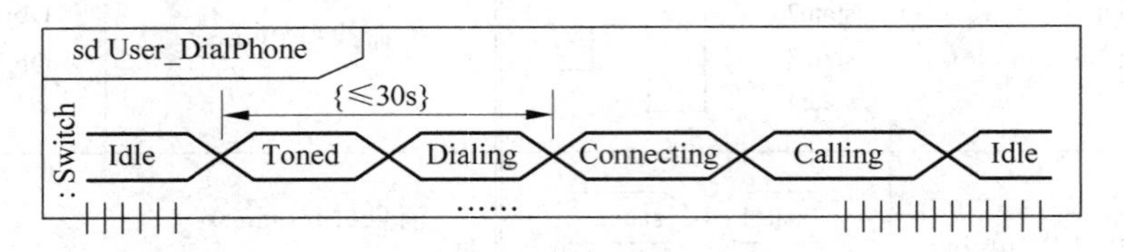

图 2-27 打电话过程的时间图(采用区域方式)

2.5.8 状态机图

顺序图和通信图都是交互图的一种,它们侧重于描述对象之间的交互过程。然而,有时候对象本身也是很复杂的,它可能涉及不同的状态和行为,此时需要通过状态机图来表示。

状态机图(State Machine Diagram),就是 UML 1.x 中的状态图(Statechart Diagram),利用状态和事件描述对象本身的行为。它是一种非常重要的行为图,强调事件导致的对象状态的变化。状态机图中的主要概念包括以下几个。

- 状态、初态、终态。
- 事件、转移、动作。
- 并发状态机。

状态机图的推荐使用场合:包括类设计场合。

表 2-10 列出了状态机图中的主要建模元素,状态机图的使用细节将在第 9 章中介绍。

表 2-10 状态机图中的主要建模元素

元 素	图形符号	元 素	图形符号
状态(State)	State	初态(Initial State)	●
浅度历史(Shallow History)	H	终态(Final State)	◉
深度历史(Deep History)	H*	转移(Transition)	e[g]/a →
选择(Choice)	◇	分叉/合并(Fork/Join)	—

在图书馆管理系统中,图书涉及不同的状态:新采购的图书处于“待入库状态”,当工作人员完成新书入库的操作后(如登记图书信息等),该图书的状态就转为“待借状态”,图书借

出后即转为“借出状态”，归还后又转为“待借状态”，如此循环。图 2-28 展示了整个状态演变过程，而这些状态同时会影响它的行为，如在“借出状态”的图书就不允许再借出了。

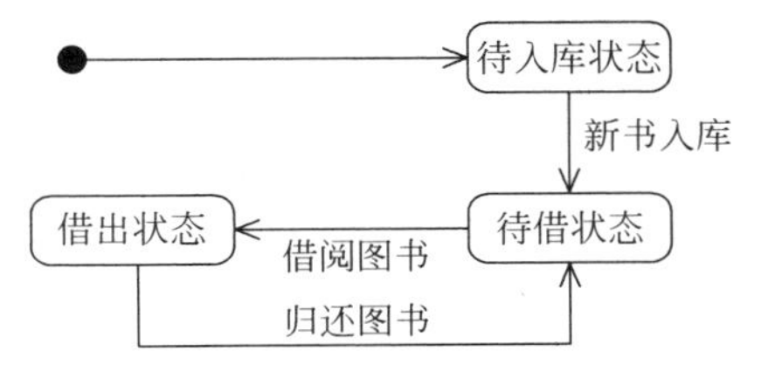

图 2-28 借书对象的状态机图

UML 中的动态图主要可以分为交互图和行为图两大类，它们都是非常有价值且容易混淆的，此处简单总结几种动态图的使用方法。它们的共同点有以下几个。

- 描述系统中单个或多个事物动态行为特性。
- 交互图(顺序图、通信图、交互概览图、时间图)侧重描述事物间的交互过程。
- 行为图(活动图、状态机图)侧重描述事物本身的行为特征。

它们的区别主要体现在每种图形的侧重点不同。

- 交互图(顺序图、通信图)：适合描述单个用例中多个对象之间的协作行为。
- 交互概览图：用于描述复杂用例多个顺序图间的控制流程。
- 时间图：用于描述时间受控的单个或多个对象间状态交互。
- 状态机图：适合描述跨越多个用例的单个对象的行为如何影响该对象的状态。
- 活动图：适合描述多个对象跨越多个用例时的总貌。

对于那些常用的 UML 图形，在后续的章节中，将结合具体的应用场景做更详细的介绍。

2.5.9 构件图和部署图

最后介绍两种实现图，用于描述系统编码和部署时的软件结构。

构件图(Component Diagram)将封装类作为构件，描述在系统实现环境中的软件构件和它们之间的关系。构件图中的主要概念包括以下几个。

- 构件、工件、接口(所供接口、所需接口)。
- 装配连接、委托连接、依赖。

构件图的推荐使用场合包括系统设计、实现、部署等。

表 2-11 列出了构件图中的主要建模元素。

表 2-11 构件图中的主要建模元素

元素	图形符号	元素	图形符号
构件 (Component)	Component	装配连接 (Assembly Connector)	
所供接口 (Provided Interface)	ProvidedInterface	委托连接 (Delegate Connector)	
所需接口 (Required Interface)	RequiredInterface	依赖 (Dependency)	

在图书馆管理系统中，可以定义5个构件(界面、业务逻辑、借阅、读者、图书)，这些构件代表实现时的概念(如源代码、目标文件等)。在这些构件中可实现那些设计时的类，其构件图如图2-29所示(由于采用Rose绘制，因此图中的构件采用UML 1.x语法，构件的图符有所不同)。

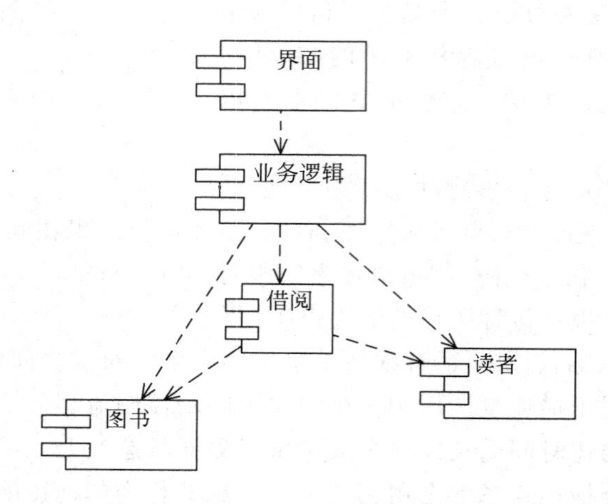

图2-29 图书馆管理系统构件图

在构件图中，所供接口和所需接口的概念是在UML 2中新引入的(UML 1.x只有接口的概念，特指所供接口)，图2-30展示了UML 2中构件的扩展。

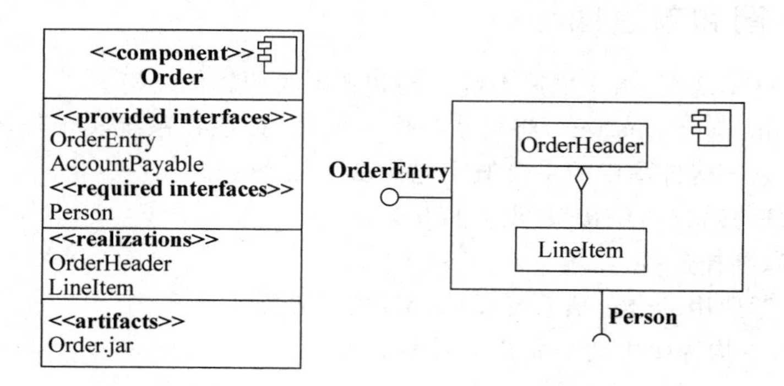

图2-30 UML 2中构件的扩展

部署图(Deployment Diagram)描述系统所需的硬件环境的物理结构，以及软件资源在硬件环境中的部署方案。部署图中的主要概念包括以下几个。

- 节点、工件、部署规范。
- 连接、依赖。

部署图的推荐使用场合：包括系统设计、实施、部署等场合。

表2-12列出了部署图中的主要建模元素，部署图的使用细节将在第8章中介绍。

表 2-12 部署图中的主要建模元素

元　　素	图 形 符 号	元　　素	图 形 符 号
节点(Node)	Node	通信路径(Communication Path)	——
工件(Artifact)	Artifact	依赖(Dependency)	········>
部署规范(Deployment Specification)	<<deployment spec>> DeploymentSpecification	部署(Deploy)	<<deploy>> - - - - - ->
		承载(Manifestation)	<<manifest>> - - - - - ->

图 2-31 是图书馆管理系统的部署模型,从图中可以看到,该系统共有 4 类不同的节点。其中读者客户端面向普通读者提供查询、预约等功能;工作人员前置机面向工作人员用于实现具体的借书、还书业务;后台数据库用于运行系统数据库环境;管理员后台用于帮助管理员实现各种系统维护功能。

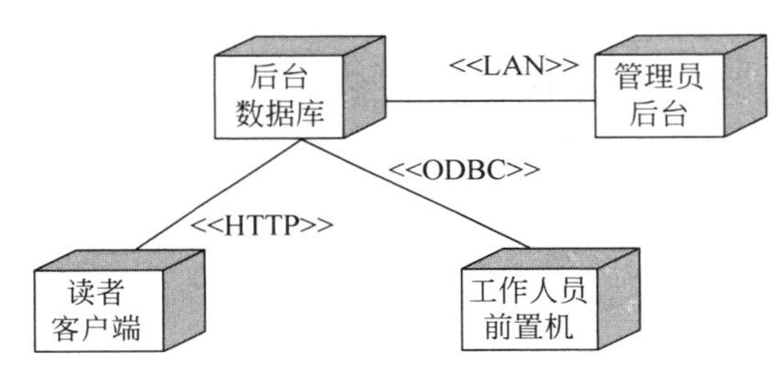

图 2-31 图书馆管理系统部署图

2.6 练习题

一、选择题

1. 模型是(　　)。

　A. 现实世界的简化　　　　B. 现实世界的图形化描述

　C. 现实世界的具体化描述　　D. 现实世界的封装

2. 下列关于 UML 的论述,错误的是(　　)。

　A. 将几个面向对象方法统一起来

　B. 可作为与软件开发人员之间的通用语言

　C. 可作为一种指导软件开发的通用过程

　D. 可用于通用领域,也可用于嵌入式领域

3. UML 中的"统一"体现在很多方面,下列选项(　　)不是 UML 统一的内容。

　A. 开发生命周期　　　　B. 软件开发过程

　C. 应用领域　　　　　　D. 实现语言和平台

4. 和 UML 1.x 相比,UML 2 进行了比较大的改动,对于普通用户来说,主要的改动体现在对一些图进行了调整。下列 4 个选项中,(　　)是 UML 2 新增的用于描述静态结构的图。

A. 类图　　B. 交互概览图　　C. 时间图　　D. 组合结构图

二、简答题

1. 通过建模技术,可以达到哪些目标?
2. 在系统建模过程中,需要遵循哪些基本原则?
3. 在哪些情况下,适合使用 UML 进行系统建模?
4. UML 的语法结构使用什么方式来定义,如何定义?
5. UML 的语义结构主要包含什么内容?
6. UML 中的事物之间主要存在哪些基本关系?
7. 什么是构造型,UML 中如何利用构造型进行扩展?
8. 什么是外廓,如何利用外廓图扩展 UML 模型?
9. 什么是 UML 架构中的视图,和 UML 图有什么区别和联系?

三、应用题

1. 利用 UML 建模工具,绘制本章第 2.5 节中所给出的图书馆管理系统的各个 UML 模型。
2. 调研目前市面上有哪些主流的 UML 建模工具。

CHAPTER 3

第 3 章

业务建模

软件开发的最终目标是为了满足业务需求，以帮助用户解决业务中的问题。早期的软件开发方法并没有充分意识到业务的重要性，而随着 RUP 中将业务建模作为软件开发的第一个工作流，业务建模的重要性也日益被人们所认识；良好的业务建模可以为软件的成功开发奠定坚实的基础。UML 主要用于软件系统的分析和设计，但是其强大的扩展机制使得利用 UML 进行业务建模成为可能。本章从基本的业务建模概念入手，重点介绍利用 UML 进行业务建模的全过程。

本章目标

业务建模是项目的起源，是描述项目开发的依据，还是后续需求建模的基础。通过对本章的学习，读者能够了解业务建模的概念，掌握利用用例技术进行业务建模的方法和实践过程，并对从业务模型转换到系统模型的过程有一定的了解。

主要内容

(1) UML 与软件工程过程的区别和联系。

(2) 业务建模的基本概念：业务参与者、业务用例、业务工人、业务实体和业务用例实现。

(3) 基于用例技术的业务建模方法和实践：业务用例图和业务活动图。

(4) 从业务模型到系统模型的映射。

3.1 分析设计过程简介

视频讲解

为了能够有效地进行软件系统的分析和设计，需要将各个技术层次合理地、适时地结合在一起，这就需要遵循一定的过程，也就是软件工程过程所要求的内容。虽然 UML 提供了有效地表达分析和设计思想的手段，但是如何合理地、适时地利用这些手段去进行分析和设计是 UML 所不能提供的。因此，从本质上来讲，UML 仅仅是一种标准的表达形式，它提供了统一的符号体系，使人们摆脱了符号之间的困扰，从而可以专心面对业务问题。而用好 UML 除了需要掌握面向对象分析和设计的基本原则和方法外,还需要借助一定的软件开发过程。

与UML配套的软件工程过程很多,其中应用最广的还是与UML同出一门的Rational统一过程(Rational Unified Process,RUP)。Rational统一过程是一个庞大的、应用于企业应用开发的工程过程,它提供了如何在开发组织中严格分配任务和职责的方法,其目标是按照预先制定的时间计划和经费预算,开发高质量的软件产品以满足用户的需求,其核心思想是用例驱动、以架构为中心的迭代增量开发。本书并不是一本介绍过程的书,但是为了能够有效地进行分析和设计,还必须采纳一定的过程,而RUP过程本身过于复杂,并不符合本书的学习要求。因此本书在借鉴RUP思想的基础上,定义了重点关注分析和设计的简化过程,这样既保证能够按照有效的过程进行分析和设计,又不会因为过于复杂的过程而影响到对分析和设计方法的学习。

3.1.1 UML分析设计过程解析

本书所讨论的UML分析设计过程起始于业务建模,接下来是需求建模、用例分析、架构设计和构件设计,最后终止于代码实现。本书的后续内容将按照这个过程展开。当然,这个过程并不是完整的软件开发过程(如缺少计划、管理、测试、维护等方面的内容),这里重点关注的是分析和设计。此外,书中对于这些阶段的描述是线性的,但在实际应用过程中它应该是一个迭代增量的过程。这个过程如图3-1所示,框内的图示是相关阶段所要使用的主要的UML图例。

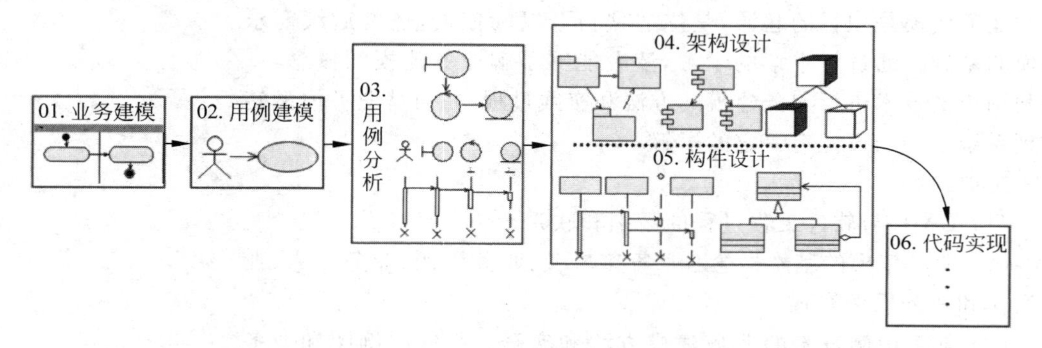

图3-1 UML分析设计过程

(1) 业务建模:采用软件建模方法分析和理解待开发的业务,描述业务流程;其目标是认识业务本质,该业务本质是后续用例建模的基础。此部分内容对应本书第3章。

(2) 用例建模:采用UML用例建模技术描述软件需求,该需求模型将为后续用例分析提供输入。此部分内容对应本书第4章。

(3) 用例分析:采用UML用例分析技术分析软件需求,建立软件系统的分析模型。此部分内容对应本书第5章。

(4) 架构设计:在系统的全局范围内,以分析模型为基础,设计系统的架构。此部分内容对应本书第8章(第6章和第7章是设计的基础理论)。

(5) 构件设计:根据架构设计的成果,将分析模型细化,设计系统构件的实现细节。此部分内容对应本书第9章。

(6) 代码实现:将系统构件映射到目标语言上。此部分内容对应本书第10章。

3.1.2 结合过程应用 UML

UML 和过程本身并不存在严格的对应关系，它们之间是一种多对多的关系；不同的过程、不同的阶段对 UML 使用有不同的要求。如 RUP 方法中提供了 4 个阶段 9 个工作流的二维过程模式，但是在某个特定的阶段、对于特定的工作流采用何种 UML 模型进行建模，这些在 RUP 中并没有做强制的规定。不过 RUP 却提供了很多最佳实践，这些最佳实践提醒用户只有合理地利用 UML，才能发挥 RUP 方法的特点。

关于 UML 和过程的关系可以采用一个形象的比喻：过程是一种“战术”，它决定了项目团队如何去合理地安排资源、进度或人员；而 UML 则是一种“作战技能”，是团队成员的使能技术，再好的战术缺少合适的人去执行也是空谈。这两者之间是相辅相成的。

本书在定义 UML 分析设计过程时，给读者提供了一些可参考的最佳实践。正如图 3-1 所示，每个阶段都有不同的 UML 模型去支撑。在业务阶段，采用扩展的业务用例模型进行业务建模，采用活动模型进行业务流程的细化。在用例建模阶段，采用用例模型进行需求建模，采用用例文档来详述需求。在用例分析阶段，采用扩展的类模型表示静态关系，采用交互模型表示动态交互。在设计阶段则采用包、构件、部署等模型表示软件架构，采用静态类图、动态交互图、状态模型来进行详细的类设计。在代码实现阶段，则根据设计类图、设计交互图生成代码。这些模型的细节和使用方式将在本书的后续章节中详细展开讨论。

图 3-1 给出的是一个相对完整的在系统开发过程中使用 UML 的示意图。在项目实践过程中，团队可以根据自身的实际情况逐步引入不同的 UML 模型。早期，可以只在需求阶段采用用例建模技术，后续过程仍沿用以前传统的方式进行分析和设计。在此基础上，下一步可以利用 UML 类图进行静态分析和设计。最后，可以更进一步使用 UML 交互模型进行动态分析和设计，从而使用 UML 模型覆盖项目的全生命周期。

3.2 业务建模基础

视频讲解

与以前大多数软件应用程序是由程序设计奇才设计出来的不同，现在的软件系统正日益成为人们日常生活中的基本工具。这些软件系统是按照实际业务中的工作方式去设计和运行的，而不是按照程序员规定的模式去工作。这就要求应用程序能非常直观地适合于使用它的组织或个人，为了更好地达到这一需求，新的方法则要求在进行软件系统开发之前或者同时要力图了解业务领域，而这个过程就是业务建模所要达到的目标。

业务建模是一种建模方法的集合，目的是对现有业务进行分析和理解，从而建立相应的业务模型。这一过程不仅有助于开发人员理解业务本质，而且这些模型将作为后续软件系统模型的输入。具体的工作包括对业务流程建模、对业务组织建模、改进业务流程、领域建模等方面。

业务建模的基本思想是使用软件建模技术来描述企业管理和业务所涉及的对象和要素，以及它们的属性、行为和彼此关系。这有助于理解在业务领域中描述的事物是如何与软件领域中的事物相联系的，从而建立业务模型和系统模型之间的对应关系，以保证系统模型是能够满足业务需求的。

当然，对于一个软件工程师来说，业务建模只是辅助环节，并不是每个项目、每个软件人员都需要去实施该过程。当开发人员对所要处理的业务非常熟悉，而且业务本身没有改进的必要时，就没有必要进行业务建模。当然，在很多软件项目开发的初期，通过业务建模可以帮助开发团队理解业务现状，从而能够更好地发现软件需求，因此业务建模在软件开发中还是具有非常重要的意义的。RUP 中是这样描述业务建模目标的。

- 理解将要实施系统的目标组织结构和动态特性。
- 理解当前目标组织中的问题，并明确改进的潜力。
- 确保客户、最终用户和开发人员就目标组织有统一的理解。
- 获取用于支持目标组织的系统需求。

为了达到这些目标，业务建模的主要任务就是：拟定目标组织对新系统的远景(Vision)，并根据该远景来定义业务模型中组织的过程、角色和职责。而该业务模型包括业务用例模型和业务对象模型。

3.3 业务用例模型

业务用例模型(Business Use-Case Model)是说明业务预期功能的模型，是业务建模阶段的核心模型，用于确定组织的各个角色和可交付工件。业务用例模型由业务用例和业务参与者构成，主要目的是说明客户和合作伙伴是如何开展业务的。为了完成业务用例模型的建模，需要从以下 3 个方面来实施。

(1) 识别业务参与者(Business Actor)：为了充分理解业务目的，必须了解业务与谁进行交互，即业务为谁提供服务；而这个“谁”就是业务参与者，是业务活动的服务对象。

(2) 识别业务用例(Business Use Case)：业务用例是对组织内部业务流程的说明，它定义一组业务用例实例，其中每个实例都是业务执行的一个操作序列，对于特定的业务参与者来说，这些操作序列所产生的结果是可见的。

(3) 描述业务用例：作为业务流程的封装体，业务用例是一个抽象的表示，业务建模过程还需要详细描述业务用例的内部流程，并将它用软件建模的方法表示出来。

3.3.1 识别业务参与者

业务参与者代表了与业务有关的角色，此角色由业务环境中的某个人或物扮演。识别业务参与者的关键在于明确业务边界：业务参与者是在业务边界之外的、与业务进行交互的人或组织，它接受业务所提供的服务，并关注业务所产生的结果。

在实际业务建模过程中，业务参与者可以是与业务进行交互的任何个人、组织、公司或计算机，我们可以从以下类别中查找参与者。

(1) 客户：接受目标业务所提供服务的客户，这是最常见的一类业务参与者。例如在银行业务中，储户接受银行所提供的存款、取款等服务，他们即为银行业务的业务参与者。

(2) 供应商：为目标业务提供资源和服务的第三方组织。例如在银行业务中，为银行提供安保服务的保安公司。

(3) 合作伙伴：与目标业务存在各种合作关系的第三方组织。

(4) 潜在客户(“市场”)：目前还没有接受业务所提供的服务、但将来可能会接受服务的用户，业务可能需要面向这类用户提供一些“市场”方面的服务，以将潜在客户发展为最终客户。

(5) 政府：目标业务可能会受到地方政府或法律、政策等约束，这些约束将会对业务本身造成影响，此时这些约束也可能会成为业务参与者。

(6) 在业务中未建模部分的人或组织：业务建模可以针对整个业务，也可以只针对某部分关键业务，当那些没有建模的部分与已建模部分之间存在交互时，它们也会成为目标业务模型的业务参与者。

可以看出，虽然业务参与者通常都是由某个人类角色（如客户、潜在客户）来承担的，但是在某些情况下，组织或其他事物（如供应商、未建模部分）也可以担任业务参与者的角色。例如对于某公司工资管理业务的建模，由于工资的最终发放需要通过银行来完成，因此，此时发放工资业务与"银行"之间存在交互，而"银行"作为合作伙伴也成为该业务用例的业务参与者。

此外，还需要注意的是，业务参与者表示的是特定类型的业务用户，而不是实际的某个用户。在现实业务中，某个业务参与者可由该业务的多个实际用户来担任，即他们充当同一个角色的不同实例。此外，对于某个特定的用户也可能承担多个不同的角色，这意味着同一个人可以代表不同业务参与者的实例。

关于业务参与者的命名也需要注意，业务参与者应该有一个能反映其在业务中所承担角色的名称，这个名称应该适用于承担该角色的任何个人或外部事物。

识别业务参与者并不是一个单一的过程，很多情况下可能还需要与后续的识别业务用例、业务对象建模结合起来综合考虑，可以从以下几个方面来评判本阶段是否成功地完成。

(1) 所有业务参与者都已找到。业务与外部环境交互时所涉及的一切（包括人员、外部事物等）都用业务参与者进行了建模。需要注意的是，该动作需要在找到并详细说明每一个业务用例后，才能得到确认。

(2) 每个业务参与者都代表了某个业务外的实体，即是对业务外的某些对象进行建模。

(3) 每个人类业务参与者都代表一个角色，而与具体的某个人无关，不同的人均可承担该角色。因此，一般情况下，能为每个角色指定至少两个可担任该角色的人员；否则，就有可能是为某个人（而非角色）进行了建模。当然，在某些情况下，只能找到一个可以担任某个角色的人员。

(4) 每个业务参与者都至少要涉及一个业务用例。如果某个业务参与者没有和任何一个业务用例进行交互，则它就是多余的，没有任何存在的价值，应将其删除。

(5) 一个特定的业务参与者不会以多种完全不同的方式与业务进行交互。如果某个业务参与者以多种完全不同的方式进行交互，那么很可能需要将该业务参与者按照角色进行分解，定义多个不同的业务参与者，让每个业务参与者只代表一种不同的角色。

(6) 每个业务参与者都有一个明确的名称和简要的说明。业务参与者的名称应该代表其在业务中所承担的角色，并能被业务建模团队之外的人员理解。

3.3.2 识别业务用例

业务用例展示了业务的外部视图，它确定了业务为了向业务参与者交付期望结果，需要执行什么流程；同时还确定了在执行业务用例时，业务与业务参与者之间需要进行哪些交互。业务用例是对业务过程的抽象，它包含一组业务用例实例，每个业务用例实例代表了在业务中执行的一系列动作，这些动作执行后可以为该业务的参与者输出可观测的、有价值的结果。

为了能够有效地识别主要的业务用例，可以从业务参与者的角度来考虑，即业务参与者通过业务用例从业务中获取价值。从最重要的业务参与者(如客户)开始,考虑"业务为客户提供哪些主要服务",这些服务即构成业务用例。例如对于银行业务,银行为主要客户(储户)提供"存款""取款""贷款"等业务,这些业务就可以作为业务用例而存在。这是一种从外到内的识别思路,即从业务外部的业务参与者角度来推导业务内部的业务用例。还有一种有效的识别手段是从业务流程内部封装业务用例:在领域专家的帮助下,研究业务内部的各类活动和流程,分析活动的目标,从而确定这些活动是为外部业务参与者提供怎样的服务,这些服务即可表示为业务用例。

除了上面提到的识别典型业务用例的思路外,还需要注意的是不要遗漏其他方面的业务用例,如一些支撑性业务流程(包括不直接使客户受益的活动)背后的业务用例。这些支撑性活动可以从以下几个方面考虑。

- 内部人员的发展与维护。如组织公司员工参与各种活动、培训等。
- 业务内部 IT 的开发与维护。如公司内部与当前业务相关的其他信息系统。
- 办公室的设立与维护。
- 安全性。
- 法律活动。

此外,还有一些具有管理特征的流程也可以用业务用例来表示,尽管有时这些流程对于信息系统不具有重要的意义。这种流程通常会与业务参与者进行交互,开发人员应考虑这些业务参与者将从业务中得到什么。为了识别这些流程,可以先查找与业务的整体管理相关的活动,查找以下种类的活动来获得相应类型的业务用例。

- 为拥有者与投资者开发并提供有关业务的信息。
- 设定长期的预算目标。
- 协调业务中的其他用例,并确定其优先级。
- 在业务中创建新的流程。
- 监测业务中的流程。

识别出这些业务用例后,需要为其指定一个合适的名称,可以从外部业务参与者的角度来评价业务用例的名称是否合适。一般而言,业务用例的名称为动宾结构,将与其关联的业务参与者作为主语,则可构成一项实际业务。例如在银行业务中,将业务用例"取款"与其业务参与者"储户"连接起来,则构成了"储户取款"这一银行的关键业务。图 3-2 就是一个简单的银行业务的业务用例图,从图中可以看出,该银行业务的业务参与者是储户,为该业务参与者提供的业务服务有存款、取款、转账等业务。图 3-3 展示的是某饭店业务的用例图,业务参与者"食客"享受业务提供的业务用例"吃饭"服务,该用例模型直观、清晰地反映了该业务的本质特征。

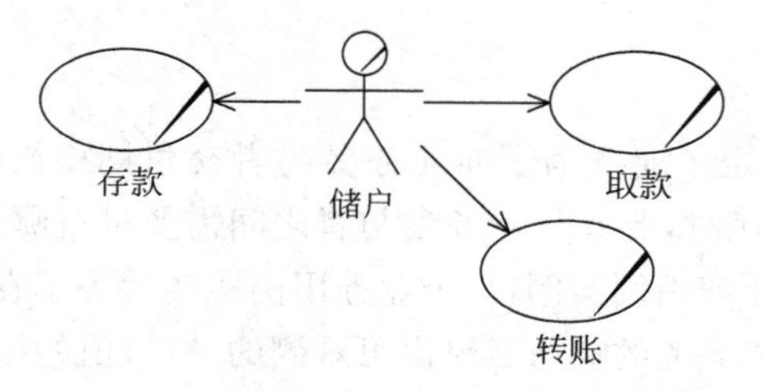

图 3-2 银行业务用例图

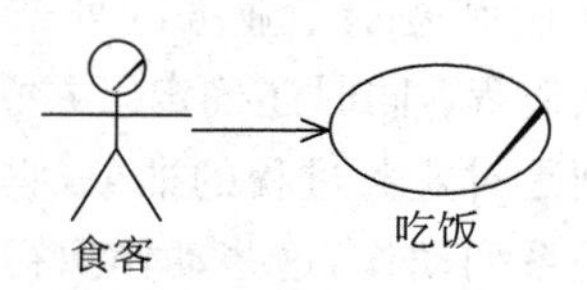

图 3-3 饭店业务用例图

通常,可以从以下两个方面来识别业务用例过程是否成功完成。

- 业务用例是否完整,是否有与其关联的业务参与者,并为该业务参与者提供有价值服务。不对外提供有价值的业务用例是没有存在意义的。
- 业务用例的名称是否简单明了,并且对于所有的业务相关人员(如用户、业务团队、第三方人员等)而言都易于理解。

最后还需要说明的是,在识别业务用例时,还可以引入用例模型中的用例关系(如扩展、包含、泛化)或抽象用例等高级的用例建模技术。这些技术的使用方法和思路与用例建模时基本相同。本书将在第 4 章中详细阐述这些高级用例建模技术,业务团队也完全可以将其应用到业务建模中。

3.3.3 利用活动图描述业务用例

业务用例是业务对外所提供服务的抽象,是业务的外部视图。而对于整个业务建模来说,识别业务用例只是这个过程的开始,后续的关键步骤就是要分析业务用例内部的结构和流程,以确定整个业务的实施细节,这一过程就是详细描述业务用例。

详细描述业务用例的过程将给出业务用例的内部视图,它确定了如何组织和执行工作流来获得期望的结果。其主要目标是通过详细说明业务用例的内部工作流程,以便于客户、用户及相关人员达成统一的理解。我们可以采用两类不同的技术进行业务用例的详细说明。

(1) 文档。按照相关文档模板(如 RUP 中的"业务用例规约")的要求,编写业务用例的详细文档,通过文档阐述业务流程。

(2) UML 模型。利用 UML 模型来详细描述业务用例的业务流程。在 UML 2 提供的模型中,活动图和顺序图都可以用于描述业务流程。

这两类技术各自都有优缺点。采用文档的方式可以非常详细地描述业务用例的各个细节,但文档过于琐碎、难以突出重点,文档撰写和使用效率都不够高;而且文档本身不够生动,不便于和客户的沟通。采用图形的方式则比较直观和形象,可以突出系统中的关键步骤,当然图形难以表达出所有的细节。因此在详细描述业务用例的过程中,本书采用文字和图形相结合的方式,以图形为主,辅以必要的文字说明。至于图形的选择,可以选择活动图和顺序图两种 UML 模型,这两种模型也有各自的优缺点。活动图从本质上说是一种流程图,展现从活动到活动的控制流;与传统的流程图不同的是,活动图还能够展示并发、对象流、分区等高级概念。而顺序图则是一种交互模型,侧重于描述对象之间的交互顺序,在业务建模时则可以用来描述业务参与者、业务工人(Business Worker)和业务实体之间的交互,这些模型可以为分析模型提供依据。采用顺序图描述业务用例时,首先需要定义各种业务对象,因此这种方式并不适合业务建模的早期工作(此时还没有业务对象模型),而且也不利于和业务用户进行沟通(用户难以理解对象等概念,他们更关注工作流程)。早期的业务建模更适合采用活动图来描述业务用例,而随着建模过程的深入,也可以考虑采用顺序图来表示,这会使得后续的分析过程变得简单。本小节将在介绍活动图的基本使用技巧基础上,说明利用活动图描述业务用例的具体方法。

活动图(Activity Diagram)是一种行为模型,用于对系统的动态方面进行建模。它描述了活动或动作之间的流程,强调行为的执行序列和条件,主要用于描述某一方法、机制或用例的内部行为特征。活动(Activity)是业务流程中一个执行单元的参数化行为规范,这种行为包括了一组动作(Action)的执行序列。活动的每一次执行都包含一系列内部动作的执行,其中每个动作可能执行0次或多次,并按照一定的次序执行,每个动作将导致系统状态的改变或消息传送,通过控制流或对象流来协调内部行为执行逻辑。活动图可以用于以下几个场合。

(1) 描述业务用例或系统用例,实现对业务流程、工作流和系统处理流程的建模。

(2) 描述算法,实现对系统内部类方法的建模。

(3) 对复杂信息系统建模,以确定系统处理信息的层次关系和流程。

UML 2 中的活动图借助于有向图的思想,包括一组不同类型的活动节点(Node),并通过一系列的活动边(Edge)连接起来。

1. 动作节点

动作节点(Action Node)是活动图最基本的元素,一个动作表示一个原子的操作,是最小的行为单位,不可再分解,是一种可执行节点。当动作节点所有的对象流和控制流的前提条件都满足时,才创建动作的一次执行。根据动作执行所涉及的功能不同,可以划分为不同类别的动作。

- 基本功能:如算术运算等原子动作。
- 行为调用:如调用另一个活动或操作。
- 通信动作:如发送一个信号,或等待接收某个信号、等待某个时间点。
- 对象处理:如对属性值或关联值的读写。

图 3-4 列出了各种动作节点的示例。

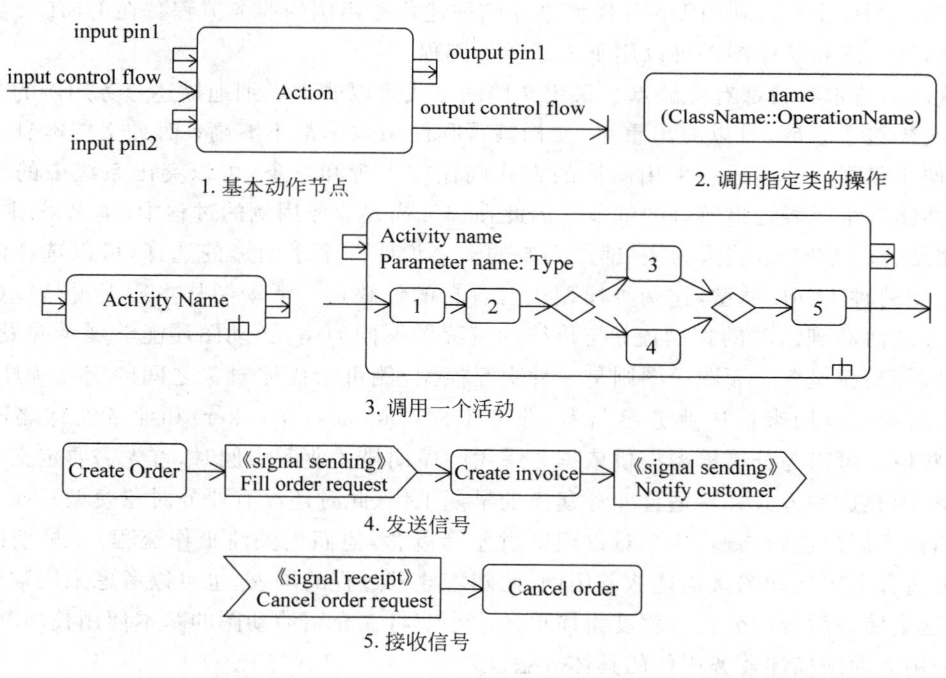

图 3-4 各种动作节点的示例

图 3-4 中第 1 个图例描述了一个“Action”的基本动作节点,该节点包括 1 个输入控制流(input control flow)和 2 个输入引脚(input pin1,input pin2),当这 3 个输入条件全部满

足后，即可引发动作的执行。执行完成后，产生一个输出控制流(output control flow)和输出引脚(output pin1)。第2个图例描述了一个名为“name”的调用指定类操作(ClassName类的OperationName操作)节点。第3个图例的左边描述了一个调用名为“Activity Name”的活动节点，而右边的子图则描述了该活动内部的动作序列。通过这种方式，可以实现活动的分层建模。将一组相对独立且业务逻辑较为复杂的动作序列封装为一个独立的活动，之后在上层直接调用该活动。在实际业务建模过程中，对于复杂的业务用例可以先从较高层次的抽象画出顶层活动图，再针对顶层活动图中的主要活动进一步画下层活动图来描述。这种逐层分解技术有助于对复杂业务的逐步理解和细化，还可以简化高层活动图的结构，并有利于低层活动的复用。第4个图例描述了两个异步的发送信号动作，首先执行第一个基本动作(Create Order)，执行成功后发送一个异步信号(Fill order request)；信号发送完成后，继续下一个动作(Create invoice)，最后发送第二个异步信号(Notify customer)。第5个图例则描述了一个异步接收信号动作(Cancel order request)，接收到这个信号后，执行下一个基本动作(Cancel order)。

2. 控制节点

控制节点(Control Node)是一种特殊的活动节点，用于在动作节点或对象节点之间协调流程，表示某一种控制动作。根据不同的控制功能，有不同的控制节点。

1) 起点、终点和流结束节点

起点(Initial Node)代表活动图的开始，只有离开的控制流，在同一个层次的活动图中只有一个。终点(Final Node)表示整个活动图的结束，只有进入的控制流，可以存在多个终点，表示活动图有不同的结束路径。流结束节点(Flow Final Node)表示活动图中某个控制流的结束。当存在多个并发的控制流时，其中一个流的结束并不意味着整个活动的终止，其他并发流仍可正常执行。图3-5给出了一个示例，该示例中包含1个起点(最左边的实心圆圈)、2个终点(右下角的两个实心圆圈外套空心圆圈)和1个流结束节点(右上角的空心圆圈里面有一个叉)。

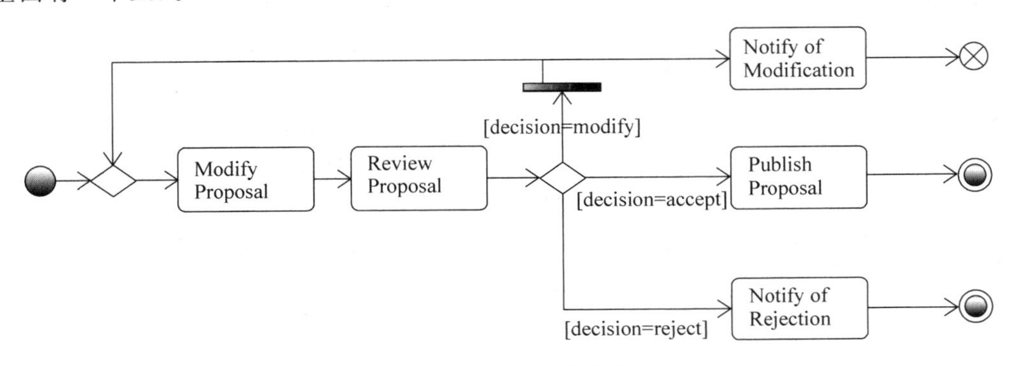

图3-5 起点、终点和流结束节点

2) 决策和合并

决策节点(Decision Node)用于实现控制流的选择，有一个输入流和多个输出流，在多个输出流上设置不同的事件或条件，按照设定的逻辑选择不同的输出流，而且活动的每一次执行都只能选择一个输出流。合并节点(Merge Node)与决策节点对应，将决策节点分出的多个可选流合并起来，有多个输入流和一个输出流，活动的每一次执行都是从一个输入流进入合并节点，再转换为输出流。需要说明的是，由于合并节点一般不涉及任何后续的选择操作，只是简单地将来自多个分支的输入流合并为一个输出流，因此在实际建模过程中，有时为了简化图形，可能会省略掉合并节点。

通过这两个节点可以实现对条件分支的建模（if、switch 结构均可）。这两个节点的图形符号是一样的，根据输入流和输出流的情况可区分是哪类节点。图 3-6 中左边为决策节点，其存在两个输出流，根据不同的条件（即 cost<=50 和 cost>50）选择不同的控制流；选择完成后，通过右边的合并节点转换为一个输出流。

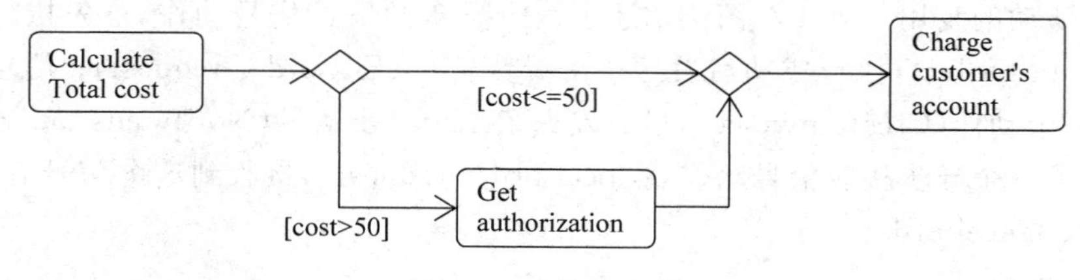

图 3-6　决策和合并

需要注意的是，与传统的流程图类似，活动图中的决策节点也是用菱形框建模。然而，不同于流程图中直接将判定条件写在菱形框里面，活动图中的菱形框只是作为一个控制节点，表明需要进行分支决策，具体如何决策则需要在后面的输出控制流中进行建模（细节请参见后面"活动边"中有关控制流的介绍）。

3）分叉和汇合

分叉和汇合用来对并发执行和同步控制行为进行建模。分叉节点（Fork Node）也有一个输入流和多个输出流，然而，不同于决策节点，分叉节点不是选择不同的输出流，而是同时并发执行这多个输出流，从而引发多个并发流程。而汇合节点（Join Node）则是将多个并发流汇合成一个输出流，需要等待所有的并发输入流都执行完成后才触发该节点，并通过单一的输出流进入下一个动作节点。图 3-7 中的实心矩形条即为分叉节点（左边）和汇合节点（右边），我们可以通过添加约束规则来表明分叉和汇合的条件。

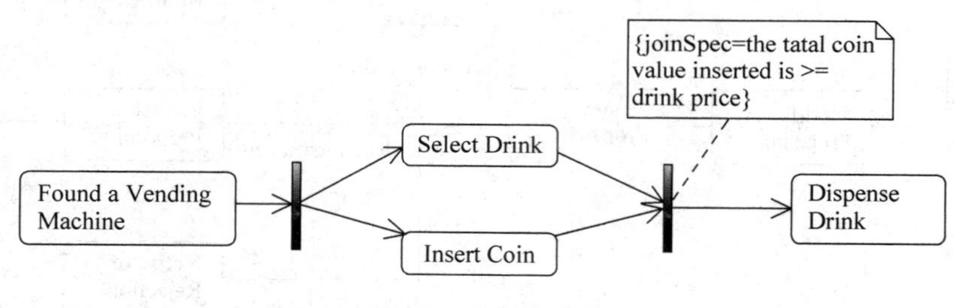

图 3-7　分叉和汇合

3. 对象节点

对象节点（Object Node）用于定义活动图中与动作相关的数据对象，其本质上是一个对象实例或一组同类型的实例，可以指定对象的名称、类型、状态等各种特征信息。对于一组对象实例的节点还可以设置一个上界，以限制节点允许驻留实例的最大数量，同时可以设定实例的排序方式等细节。图 3-8 给出了一个对象节点的示例，图中的"name"对象，其类型为“type”，可以处于两个不同的状态（state1 和 state2）（在中括号中描述），同时这个对象实例最多可存储 10 个对象，对象排序方式为先进先出（FIFO）（在大括号中，通过约束机制进行限定）。

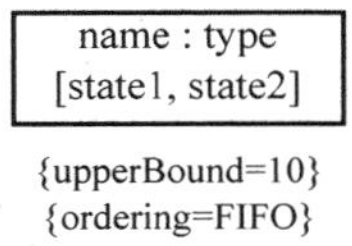

name : type
[state1, state2]

{upperBound=10}
{ordering=FIFO}

图 3-8　对象节点

除了这种标准的对象节点外，活动图的对象节点还可以以一种简化的方式表示。引脚（Pin）是一种特殊的对象节点，连接在动作之上，表示该动作的输入参数（输入引脚）或输出值（输出引脚）。对于调用动作，可以定义多个引脚表示调用操作所需要的实参，引脚数目和类型应与被调用的活动或操作的形参一致。图 3-4 中的第 1 个子图中的“Action”动作需要 2 个输入引脚（input pin1，input pin2），并最终产生一个输出引脚（output pin1）。

当然，通过引脚表示的输入或输出对象也可以转换为单独的对象节点表示。图 3-9 左边和右边两个活动图表示的信息是一样的，“Fill Order”动作生成“Order”对象，该对象作为“Ship Order”动作的输入。图 3-9 左边的图采用普通对象和对象流表示，而右边的图则采用对象引脚和对象流的方式表示。

图 3-9　对象和引脚

4. 活动边

活动边（Active Edge）是活动图中各类节点间的有向连接，从一个源节点指向一个目标节点。根据连接的节点类型不同，可以分为控制流和对象流。控制流（Control Flow）用来连接两个动作或控制节点，前一个节点动作执行完成后，通过控制流进入下一个动作。控制流不传递对象或数据，只传递控制令牌，源节点所有令牌都将会传递给目标节点。图 3-5、图 3-6 和 3-7 中的活动边都是控制流。对象流（Object Flow）连接一个动作节点和一个对象节点（或直接连接两个对象引脚），用来传递对象或数据，表示源动作“生产”对象，或由目标动作“消费”对象。图 3-9 中的活动边都是对象流。

对于活动边而言，还可以为其设定执行条件、关联动作和权重等信息。图 3-6 中决策节点后面的两个输出流中，通过中括号在活动边上设置两个不同的守卫条件（Guard Condition），只有该守卫条件为真时才能通过该活动边进入下一个动作。活动边上关联的动作表示在进入下一个动作节点之前需要提前执行的动作。活动边上的权重（Weight）规定了转移发生时输入对象的最小数量（常量或表达式），默认为输入全部对象。图 3-10 给出了两个设置权重的示例，左图中需要 11 名（weight＝11）的足球运动员（Football Player）才能组成一个足球队（Form Football Team），右图表示当已完成的任务（状态为 completed 的 Task）数量达到某个特定值（no_of_job_tasks）后，即可发送任务清单（Send Job Invoice）。

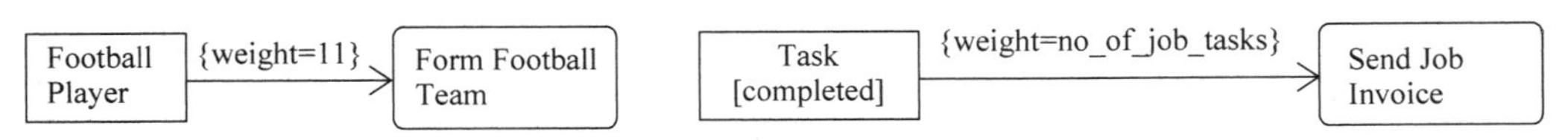

图 3-10　活动边的权重

5. 活动分组

UML 2 还提供了不同的机制,用于对活动节点进行分组。对于复杂的活动图,合理的利用分组机制可以使图形描述更加合理。在图 3-4 第 3 个图例中描述的分层机制就可以认为是一种活动分组方式,而更常用的活动分组方式是分区。活动分区(Partition)用于识别具有相同特性的一组动作,这些动作被放入相同的区间。我们可以使用不同的分区规则进行分区,并没有严格的规范。在业务模型或需求中,往往按照组织机构的单位或系统角色进行分区,一个单位或角色负责分区中所有节点的行为。而在设计模型中,可以按照不同的类(或构件)进行分区,一个类(或构件)负责执行该分区中所有节点的行为。分区条可以水平或垂直放置,各个动作按照其执行主体放到相应的分区中,这样可以很清楚地界定动作的执行主体。

图 3-11 列出了一个相对完整的活动图,该活动图描述了饭店业务中食客吃饭业务流程。图中首先通过分区机制将整个活动图划分为 4 个区域(食客、领位员、服务员和厨师),名称代表该区域的动作主体(即由指定的角色执行该区域的动作)。

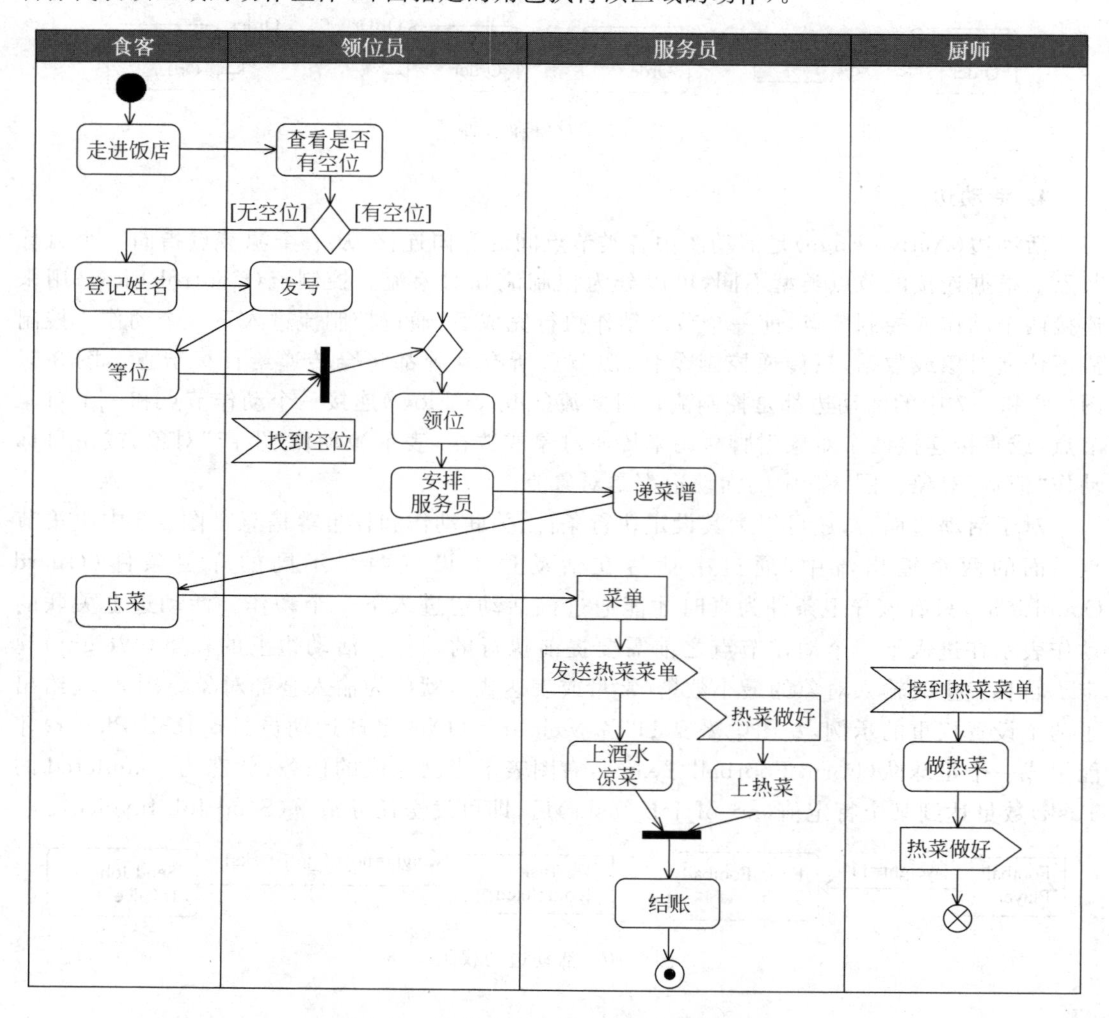

图 3-11 表示食客吃饭业务流程的活动图

具体的业务流程如下。

首先，从起点开始，通过控制流进入第一个动作，即食客走进饭店，饭店领位员帮忙查看是否有空位。该动作执行完成后，会产生有无空位的分支，通过决策节点描述，两种分支情况分别放置在决策节点的输出控制流上。如果有空位则直接领位，进入后续动作；反之，如果无空位，则食客登记姓名后，领位员发号表明等待的顺序，食客等位。在等位期间，领位员会频繁检查是否有空位(图中没有建模该动作)，如果有空位，则发送找到空位的信号给对应的食客(这是一个领位员执行的独立控制流)，这时这两个控制流汇合，并通过合并节点与有空位的分支流合并进入领位动作。领位完成后，领位员安排服务员点菜，服务员递菜谱，食客根据菜谱点菜。点菜完成后，通过对象流形成菜单对象，服务员将菜单中的热菜发送给厨师(异步发送事件)，从而通知厨师做热菜，之后安排上酒水凉菜。厨师接到热菜菜单后(异步接收事件)，即启动独立的做热菜流程，热菜做好后发送信号通知服务员上热菜，当前厨师的控制流结束。服务员接收到热菜做好的信号后，为食客上主菜，这是与之前上酒水凉菜的控制流相对独立的一个新流程。在酒水凉菜和主菜都上完后，汇合在一起进入后续的结账环节(省略了中间的食客吃饭的过程)。结完账后，进入终点表明整个流程结束。

3.4 业务对象模型

业务对象模型(Business Object Model)从业务人员内部的观点定义了业务用例。该模型为产生预期效果确定了业务人员及他们处理和使用的对象("业务类和对象")之间应该具有的静态和动态关系。它注重业务中承担的角色及其当前职责。将这些模型类的对象组合在一起可以执行所有的业务用例。业务对象模型的核心元素包括以下几个。

(1) 业务工人(Business Worker)：表示在业务内部承担一系列职责的人。注意其和业务参与者的区别，业务参与者是在业务外面与业务进行交互的角色，而业务工人则在业务内部。在饭店业务中，食客在饭店业务之外，是业务参与者；而饭店内的工作人员(如领位员、服务员和厨师)则都是业务工人。

(2) 业务实体(Business Entity)：表示业务内部使用或产生的可交付工件、资源和事件。与业务工人相同，业务实体也在业务内部；而不同的是，业务工人一般是人类角色，而业务实体则是业务内部所访问和操纵的事物，如饭店业务中厨师所做的菜肴。

(3) 业务用例实现(Business Use Case Realization)：显示了协作的业务工人和业务实体如何执行某个工作流程。这一部分是对描述业务用例工作的进一步细化，从实现角度来展示业务用例如何得到满足。开发人员可以使用以下几类图来记录业务用例实现。

- 类图显示参与的业务工人和业务实体之间的静态结构。
- 活动图中的泳道用于显示业务工人的职责，而对象流用于显示如何在工作流程中使用业务实体。
- 顺序图描述业务工人和业务参与者之间交互的详细情况，并显示如何在业务用例执行过程中访问业务实体。

业务对象模型主要分为两个部分：静态模型和动态模型，分别用来表示业务用例实现的两个方面。本章主要介绍静态类图的构建，即定义业务工人和业务实体及它们之间的关系。至于动态模型中的活动图则是对第3.3.3小节中描述业务用例的细化，而顺序图的建模与第 5 章用例分析中的建模过程类似。

业务对象模型中的静态类模型主要关注业务工人和业务实体，开发人员需要根据用户所描述的业务细节来寻找相关的角色，并定义它们之间的关系（这些关系也就是类之间的关系，在业务建模时主要考虑关联、聚合和泛化关系，具体的关系细节将在第 5 章和第 9 章中进行详细描述）。图 3-12 展示了饭店业务的业务对象模型的静态类图。在该业务中，主要有领位员、服务员和厨师 3 类业务工人。而考虑他们之间的共同点，定义了一个抽象基类“雇员”；该业务的业务实体有菜肴（最主要的实体，事实上还有其他实体，如桌子、椅子、菜单等），它和厨师之间存在着关联关系。该类图中的类采用了 RUP 提供的构造型，因此其图标与普通图标有所区别，这些构造型将在第 3.5 节中详细讲解。

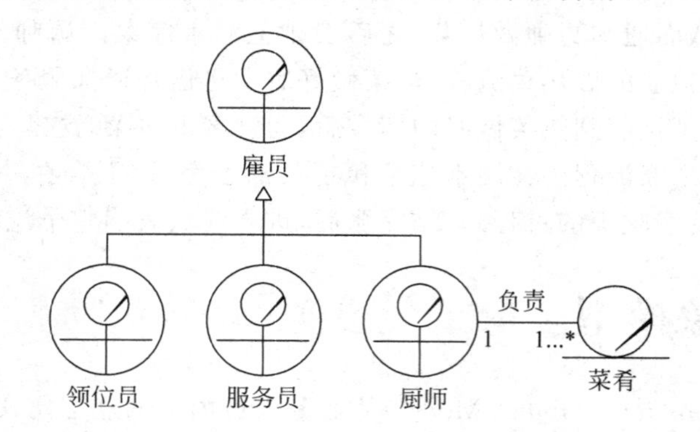

图 3-12 饭店业务的业务对象模型

业务对象模型将业务的结构和行为结合起来。它主要的作用体现在以下几个方面。

- 作为一个纽带，它用于对业务关系进行清晰的表述，表述方式与软件开发人员的思考方式类似，同时仍保留一些纯粹的业务内容。将所知道的有关业务的信息按照对象、属性和职责进行了合并，这将使得后续的分析工作更加简单。
- 探索业务领域知识的本质，所采用的方式使开发人员能够从对业务问题的思考转变到对软件应用程序的思考上来，这便于业务模型到系统模型的过渡。
- 是一种确定需求的方法，使需求能够为待开发信息系统使用，并得到该系统的支持。
- 确定业务对象、对象间关系等过程使开发人员能够以一种可被业务领域专家理解和验证的精确方式来表达业务领域知识。

3.5 业务建模实践

视频讲解

3.5.1 建模前的准备

作为一种软件建模语言，UML 并不能直接支持业务建模过程，但是其良好的扩展机制可以很方便地支持业务建模过程。很多厂商和研究机构都针对业务建模提出了 UML 的扩展机制，而这其中得到广泛认可的扩展机制还是来自 RUP。RUP 中提出了一套用于业务建模的 UML Profile 扩展机制，如表 3-1 所示。

表 3-1 用于业务建模的 UML Profile 扩展机制

名　称	构　造　型	描　述	UML 表示
业务用例模型	≪Business Use Case Model≫	◆ 面向业务功能的模型 ◆ 被用作基本的输入来识别组织中的角色和交付产物	模型 (Model)
业务对象模型	≪Business Object Model≫	描述业务用例实现的对象模型	模型 (Model)
业务用例	≪Business Use Case≫	定义了业务用例实例的集合；每一个实例是一个业务执行的动作序列，该业务产生一个对特定业务参与者有价值的结果	用例 (Use Case)
业务用例实现	≪Business Use Case Realization≫	描述一个特定的业务用例是如何根据协作的对象(业务工人和业务实体的实例)在业务对象模型中被实现的	协作 (Collaboration)
业务参与者	≪Business Actor≫	代表在业务环境中与业务相关的人或者组织的角色	参与者 (Actor)
业务工人	≪Business Worker≫	◆ 代表业务内部完成业务的人 ◆ 与其他业务工人交互，参与业务用例实现，并操作业务实体	类 (Class)
业务实体	≪Business Entity≫	◆ 不能发起与自身交互的被动类 ◆ 可能会参与多个不同的业务用例实现 ◆ 在业务建模中，代表业务工人访问、操作或产生等的对象 ◆ 提供在不同的业务用例实现中，业务工人之间共享信息的基础	类 (Class)
组织单元	≪Organization Unit≫	◆ 业务工人、业务实体、关系、业务用例实现、图和其他组织单元的集合 ◆ 通过划分成更小的部分被用来组织业务对象模型	包 (Package)

在该扩展中，业务用例模型主要是建立在 UML 用例模型基础上的；而业务对象模型则是建立在 UML 对象模型基础上的。因此，按照 UML“4＋1”视图的要求，业务用例模型建立在用例视图中，而业务对象模型则建立在逻辑视图中，通过包来组织模型的层次结构。业务模型的具体组织方式如图 3-13 所示。

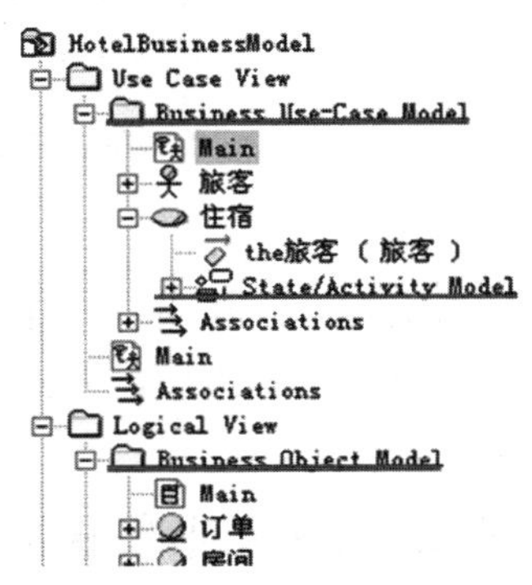

图 3-13 业务模型的组织方式

具体建模过程：在用例视图(Use Case View)中建立业务用例模型(Business Use-Case Model)包，在此包的主视图中绘制业务用例图，而为了描述每一个业务用例，则需要在状态活动模型(State/Activity Model)中绘制活动图；在逻辑视图(Logical View)中建立业务对象模型(Business Object Model)包，在此包的主视图中绘制展示业务对象静态关系的类图。当然，如果采用图 2-14 中按照分析设计过程组织的架构，则业务用例模型和业务对象模型都放在“01. 业务模型”下面，作为业务模型视图的两个子模型。

当使用 Rational Rose 作为建模工具时，这些扩展机制被直接支持，并且为不同的模型元素提供了不同的可视化显示（目前也有一些建模工具支持这些构造型，不过图符和使用方式可能有所不同）。对这些模型元素的使用方式有以下两种。

- 先添加已有元素，再将这些元素的构造型修改为业务模型的构造型。例如构建业务用例图时，先绘制用例图，再将图中参与者和用例的构造型修改为业务参与者和业务用例。修改构造型的方法如图 3-14 所示。

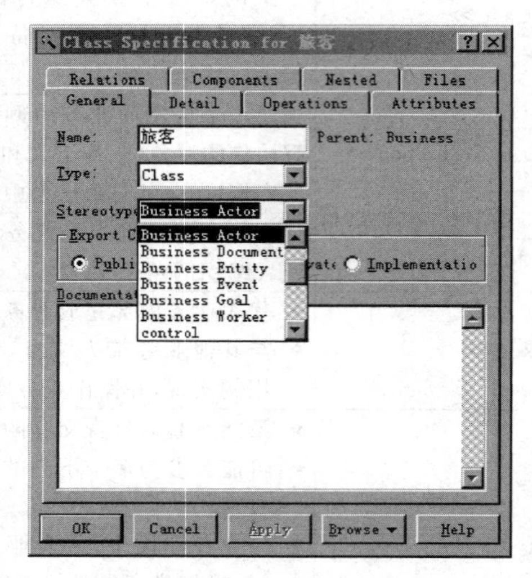

图 3-14　使用业务模型构造型

- 定制 Rose 的工具栏，将业务模型的所有元素也放置到工具栏上，以后即可直接使用工具栏中的业务模型元素。定制工具栏的过程如图 3-15 所示。

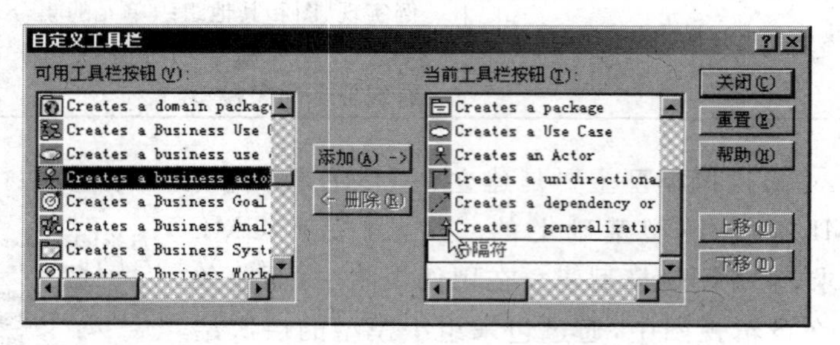

图 3-15　定制增加业务建模元素工具栏

Enterprise Architect 建模工具也直接提供了业务建模的扩展。在添加图形时，选择扩展(Extended)类别中的业务建模(Business Modeling)，就可以直接使用本书中提到的各种业务建模元素。

3.5.2　旅店业务建模案例

本小节将引出一个贯穿全书的案例，在本小节主要讨论该案例的业务建模过程。这是一个关于旅店业务的案例，具体的业务现状如下所示。

某旅店可对外开放 50 个双人间和 20 个单人间，房间费用视情况、按季节调整，但周一到周五提供半价折扣(周末全价)。旅客可以直接入住房间(如果有空房)，也可提前预订；入住和预订都需要登记个人信息。旅客提前预订房间时，需提交一定的订金；在入住时间 24 小时之前，旅客可以取消预订房间，并退回所有订金，而 24 小时以内则不退还订金。旅客入住时先预交一笔住宿费用，待退房时，再对住宿费用进行结算。此外，为了考查旅店的业务情况，服务员每月为经理提供房间的预定情况和入住情况的详细信息。

首先是建立该业务的用例模型，这个过程其实很简单。对于旅店来说，它的客户是需要住宿的旅客，因此旅客自然就成为其业务参与者。而对于业务用例的提取，可以从旅客的角度来看业务提供了什么服务，很显然旅店为旅客提供的是住宿服务，因此该业务的业务用例图如图 3-16 所示。该图采用 Rational Rose 2003 绘制。对于业务模型的构造型采用不同的图示表示，注意这些图示与 UML 基本模型的区别。

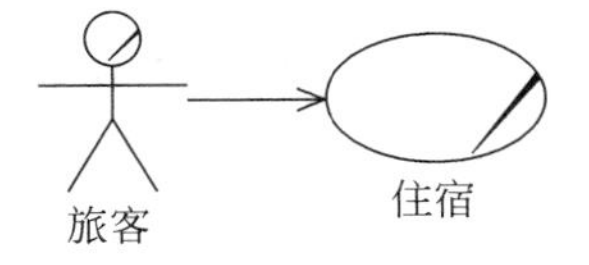

图 3-16 旅店业务用例图

描述业务用例的过程是业务用例建模的核心，本业务场景中的住宿业务可以采用如图 3-17 所示的活动图来表示。该活动图展示了整个住宿的全部流程，包括从用户最开始预订房间到入住，直到退房的整个流程，这其中还有其他一些分支(如取消预订的房间等流程)。需要说明的是，由于图形本身大小的限制，该活动图的很多细节都被做了简化，在实际业务建模过程中可以采用分层技术详细描述各业务流程细节(如在入住、预订之前都需要判断是否有房间，如果没有则直接结束)。

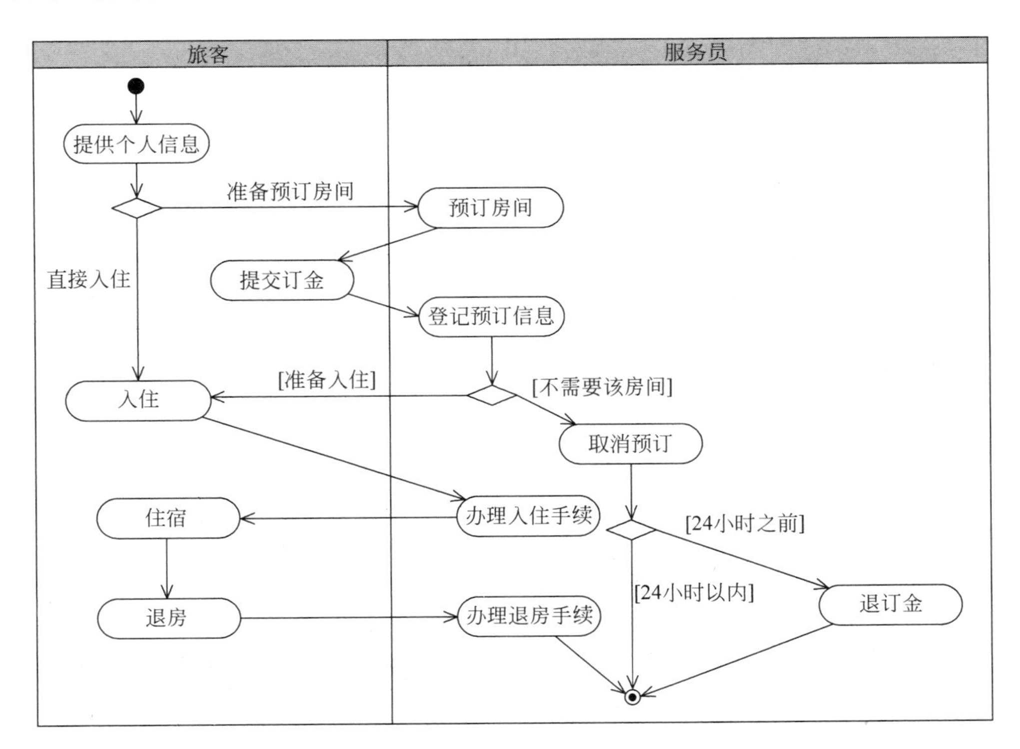

图 3-17 住宿业务用例活动图

完成业务用例模型建模后,开发人员需要对该模型进行评估,考虑是否覆盖了整个旅店的业务需求。例如,可以考虑在“服务员每月为经理提供房间的预定情况和入住情况的详细信息”业务中经理的角色是什么,该业务又如何体现在业务建模过程中?这是一个旅店内部业务,其本质可能是为了提高旅店业绩,该业务难以在业务用例模型中体现。作为一个人物角色,经理是业务参与者还是业务工人?如果作为业务参与者,则经理应该是业务之外的,接受业务提供的服务,这显然不符合实际的业务需求;而如果作为业务工人,经理是完成该业务的责任人。这两种方案体现了不同的思维差异,将经理作为业务工人显然更接近现实业务。因此本系统对象模型中包含两类业务工人:经理和服务员。在此基础上可以进行抽象,定义一个雇员类作为这两类业务工人的直接基类。而本系统中涉及的业务实体类主要有两个:房间和预订信息。该系统的业务对象模型如图 3-18 所示。

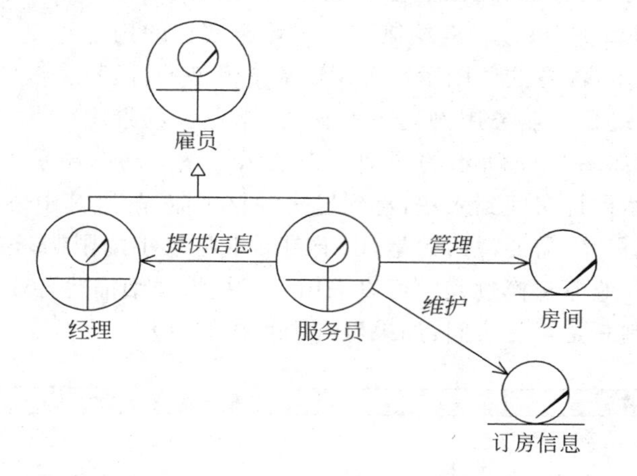

图 3-18 旅店业务对象模型

从这个案例可以看出,业务用例模型和业务对象模型分别从不同的角度来描述业务本质。业务用例模型关注业务对外所提供的价值,而业务对象模型则关注业务内部的实现机制。在业务建模过程中,需要把这两类模型结合起来,才能够有效地完成业务建模过程。

3.6 从业务模型到系统模型

正如本章一开始所说的,对于软件开发而言,业务建模只是辅助环节,并不是最终目标。软件工程师的最终目标是要构造软件系统,而业务建模则是一种定义系统模型的辅助手段。业务模型可以为系统模型中的用例视图和逻辑视图提供输入,还可以为系统架构提供一些重要的架构机制,具体可以从以下几个方面考虑。

(1) 对于业务用例模型中每个将被系统实现的业务用例,在用例视图中确定一个系统用例或用例包来实现该业务(也有可能作为一个单独的系统来实现该业务)。例如,在银行业务中,对于“存款”业务用例,可以确定一个“存款”系统用例来实现该业务,而对于相对复杂的“转账”业务,可能需要多个用例来实现,它们可构成一个用例包(有的资料中也把它称为一个子系统,本书中的子系统概念主要用于设计阶段,用于支持封装)。

(2) 为需要支持自动化业务确定相应的用例。例如,在旅店系统中,考虑“服务员每月为经理提供房间的预定情况和入住情况的详细信息”业务，该业务可以由系统自动实现。

(3) 对于业务对象模型中的业务实体，可以在系统模型中定义对应的实体类。而其中的另外一部分可能作为核心架构机制来实现。例如，在旅店业务中，“房间”和“订房”信息均可能在分析模型中作为实体类存在。

(4) 在软件架构中定义专用层来实现复杂的业务逻辑。

业务模型和系统模型之间可能存在的对应关系如表 3-2 所示。需要说明的是，该表只是一个参考的对应关系，在实际系统开发过程中需要结合实际业务特点和用户需求来综合考虑，本书将在第 4 章中介绍从业务模型获取用例模型的方法，而在第 5 章中将介绍从业务模型中获取逻辑对象的方法。

表 3-2 业务模型和系统模型之间可能存在的对应关系

业务模型	利用业务模型查找系统要素的基本思路	系统模型
业务用例	复杂的业务用例可以作为一个单独的系统(或某个系统中独立的子系统)而存在	系统(子系统)
业务参与者	在直接使用系统的不同业务参与者(客户、厂商)中找到其他备选参与者	参与者
业务工人	在业务工人中找到备选参与者	参与者
业务工人的操作(所负责的活动)	在业务工人的操作中找到备选用例：查找操作和职责区，这些操作和职责应该涉及与信息系统进行的交互；理想情况下，一个信息系统用例可以支持一个业务模型用例实现中的所有业务工人的操作	用例
业务实体	在业务实体中找到备选实体类：查找应该在信息系统中维护或表示的业务实体	实体类
属性	在业务对象模型的属性中找到备选实体类：查找应该在信息系统中维护或表示的属性	实体类
业务实体之间的关系	业务实体之间的关系常常可表示信息系统模型中的类之间存在的相应关系	实体类之间的关系

3.7 练习题

一、选择题

1. 下列有关业务建模的概念和方法的论述中，错误的是(　　)。

   A. 业务建模是软件开发的必备环节　　B. 可以采用用例技术进行业务建模

   C. 可以通过活动图详细描述业务流程　　D. 业务模型可以映射到系统模型

2. 下列有关业务模型的相关概念中，错误的是(　　)。

   A. 业务参与者在业务之外　　B. 业务工人在业务内部

   C. 业务用例为业务工人提供价值　　D. 业务实体在业务内部

3. 下列关于活动图的论述中，错误的是(　　)。

   A. 可以包括多个起点

B. 分区用来表示该分区内的活动是由谁负责的

C. 活动可以简单,可以复杂

D. 可以使用活动图描述业务用例流程

4. 下列选项中,(　　)不会出现在活动图中。

A. 活动　　B. 用例　　C. 对象　　D. 分叉

5. 业务模型中的业务实体,在系统模型中最有可能成为(　　)。

A. 系统用例　　B. 参与者　　C. 控制类　　D. 实体类

6. 以某海鲜酒家为研究对象,下列选项中,(　　)是业务工人。

A. 服务员　　B. 菜单　　C. 食客　　D. 菜

7. 以某医院为研究对象,下列业务用例图中,正确的是(　　)。

A. 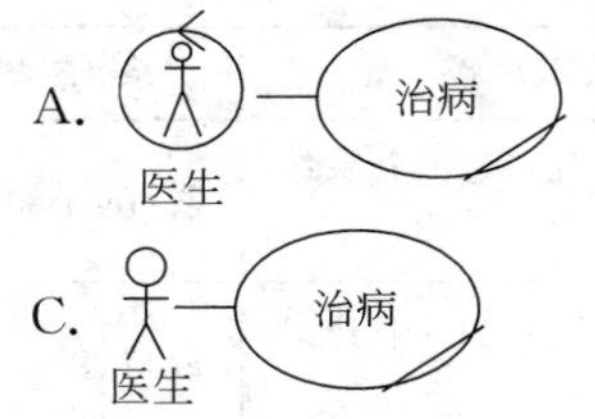

B. 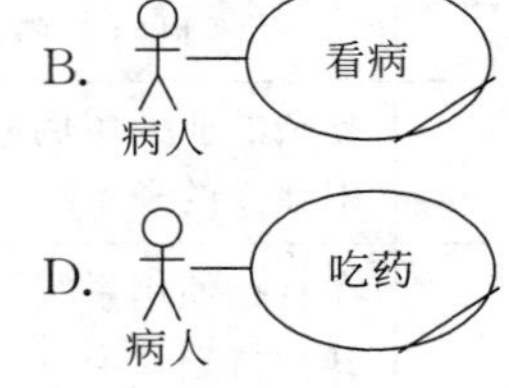

C. 治病
医生

D. 吃药
病人

二、简答题

1. 本书讨论的 UML 分析设计过程主要包括哪几个阶段?
2. 什么是业务建模,软件开发过程中为什么要进行业务建模?
3. 什么是业务用例模型,业务用例模型主要包括哪些内容?
4. 什么是业务参与者,如何识别业务参与者?
5. 什么是业务用例,如何识别业务用例?
6. 活动图中的动作节点在什么条件下可以执行,有哪些种类的动作节点?
7. 什么是活动图中的控制节点,通过哪类控制节点可以进行并发行为建模?
8. 活动图中的对象节点有哪两种表示方式,有何不同?
9. 活动图中的边可以设定哪些执行参数?
10. 什么是活动分区,一般什么情况下对活动进行分区?
11. 什么是业务对象模型,业务对象模型主要包括哪些内容?
12. 业务模型和系统模型之间有什么区别和联系?

三、应用题

1. 某公司接待访客的流程如下所述。

(1) 公司接待室的使用由专门的管理员来管理,申请人首先进行预约申请。管理员确认是否有空余的接待室,如果有,则预约该接待室;如果没有,则预约不成功。预约结束后,管理员告知申请人预约结果。

(2) 预约成功后,申请人告知公司前台预约和来访信息,由公司前台负责登记来访者姓名、时间和使用的接待室等来访信息。

(3) 如果取消预约,则申请人分别与管理员和公司前台进行联系,由管理员取消接待室的预约,公司前台删除已登记的来访信息。

根据该业务流程描述,完成的活动图如图 3-19 所示,请补充完善图中(1)～(12)的内容。

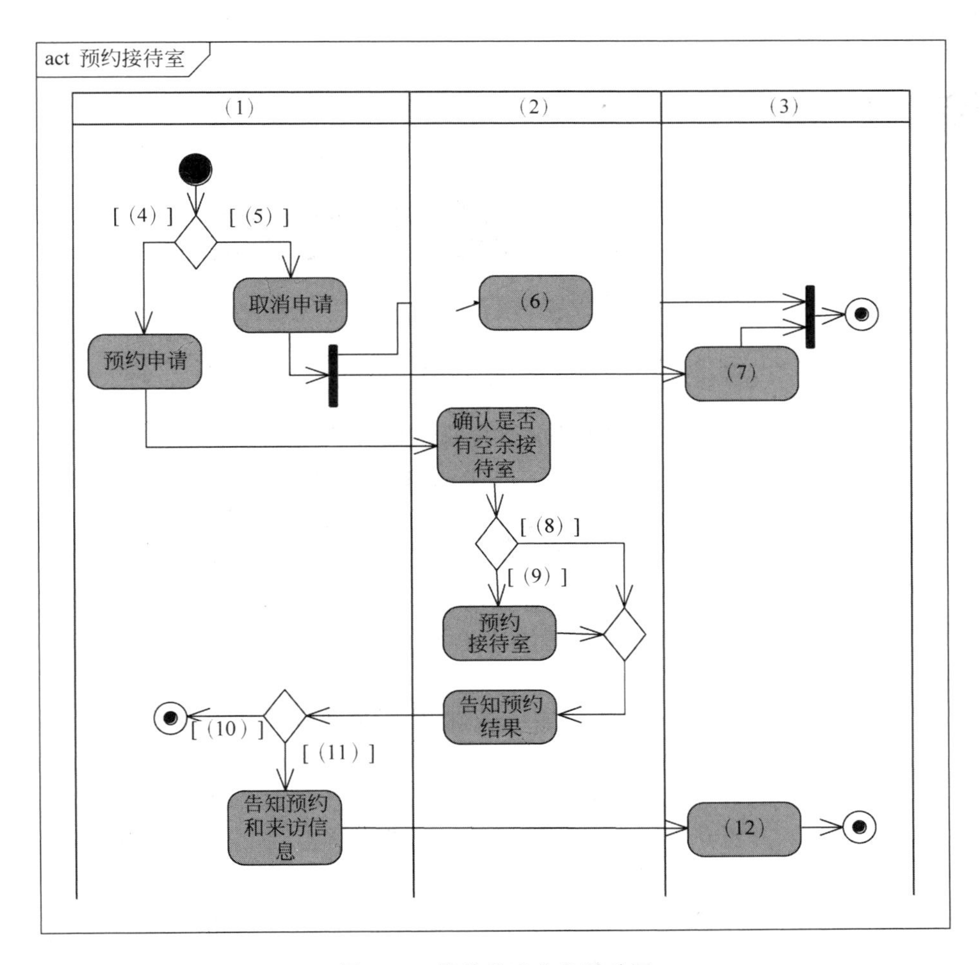

图 3-19 接待访客业务活动图

2. 某公司的图书采购申请业务描述如下。

(1) 申请人制作购书申请单,然后交给项目经理进行审查。

(2) 项目经理审查是否所有图书都需要购买,如果有不需要购买的图书,则通知申请人修改申请;如果所购图书金额超过 2000 元,则需要部门经理审批,否则直接提交采购部门。

(3) 部门经理批准后提交采购部门进行采购,如果不批准,则通知申请人不能进行采购。

请根据该业务流程描述,绘制该业务的活动图。

CHAPTER 4

第 4 章

用例建模

业务模型描述的是现状，而待开发系统所要解决的问题并不等同于业务，而是从业务中抽取出来的系统需求，这个抽取过程就是需求建模的过程。传统的需求建模主要采用文字形式的需求规格说明书，并适当辅助一些功能分解图、IPO 图等机制。UML 提供的用例则是另外一种有效的需求建模手段，用例建模的过程就是需求定义的过程，最终通过用例模型来表示目标系统的需求。

本章目标

需求是项目开发的基础，用于描述系统必须满足的条件或具备的能力，而用例建模技术则是一种非常有效的需求定义手段。通过本章的学习，读者能够了解需求的基础概念，掌握利用用例技术进行需求建模的方法和实践过程，并能够动手完成某一给定系统的用例模型。

主要内容

(1) 了解需求的基本概念和需求定义的难度。

(2) 掌握从业务模型获取系统需求的基本方法。

(3) 掌握用例模型的基本概念和组织结构，并能够利用用例建模技术定义需求模型。

4.1 理解需求

视频讲解

需求是客户可接受的、系统必须满足的条件或具备的能力。在软件开发中，用户常有不同类型的软件需求，RUP 中给出了 FURPS+的需求模型，该模型将需求分为以下几种类型。

(1) 功能性(Functionality)：详细描述了系统必须有能力执行的动作，通过详细说明所期望的输入和输出条件来描述系统行为。

(2) 可用性(Usability)：人为因素(审美学、易学性、易用性)和用户界面、用户文档、培训资料的一致性。

(3) 可靠性(Reliability)：主要包括故障的频率和严重性、输出结果的精确性、故障平均时间(Mean-Time-To-Failure，MTTF)、故障恢复能力和程序的可预见性。

(4) 性能(Performance)：在功能性需求上施加的条件，如需求详述了交换率、速度、有效性、准确性、响应时间、恢复时间和内存使用，同时还加上了必须执行某个活动的条件。

(5) 可支持性(Supportability)：综合了可扩展性、适应性和耐用性等方面的能力，以及可测试性、兼容性、可配置性和其他在系统发布以后维持系统更新需要的质量特性。

(6) FURPS＋中的"＋"是指还包含其他类型的需求，这些需求包括设计约束、实施需求、接口需求、物理需求等。

在这些需求中，功能性需求一般是需求定义的重点。而功能性需求之外的需求(即URPS＋)也称为非功能性需求，它们主要说明系统或系统环境所应具备的属性。

为了能够有效地定义所构造系统的需求，软件工程师提出了需求工程的概念。需求工程主要包括两个方面的活动[①]。

- 定义需求：理解用户的需要，建立用户可理解的系统需求模型。
- 分析需求：根据需求模型，建立开发者无二义性解释的分析模型。

在这两个活动中，定义需求更具有挑战性，因为定义需求需要在多个具有不同背景的参与者团队之间进行协作。客户和用户都是各自领域的专家，对该系统应该如何做会有总体考虑，但是这些客户和用户在软件开发方面的经验通常非常少；而与此相反，开发者在构建系统方面具有充分的经验，但对用户的日常工作环境知之甚少。这两方面的差异造成了需求定义的过程存在很大代沟，如何正确地、有效地定义需求成为人们日益重视的话题。而UML提供的用例建模技术可以有效地跨越这个代沟，为需求定义过程提供有效的技术保障。关于分析需求的内容，将在本书的第5章中进行详细介绍。

关于需求定义的难处，可以通过一个简单的例子来说明。某用户需要一块石头，这就是一项需求——"我要一块石头"；当开发人员为他找到这块石头后，该用户可能又有新的想法——"差不多，但我要小一点的"；为此，开发人员需要扔掉原来的石头，重新去找一块，这时用户又可能注意到颜色不符合要求——"很好，不过我要蓝色的"；开发人员只得又推倒重来，这时用户可能又发现新的石头太小了——"啊，怎么那么小"；到最后，用户可能无奈地接受这个事实——"咳，还是原来那块好了"。

从这个案例可以看到，用户的需求在不断变化，这些变化可能是开发人员一开始没有意识到的(即"难捕获")，也可能是因为用户看到新系统(或原型)后又发现原来的想法存在问题而产生的变化(即"易变")。事实上，我们应该意识到，用户提出的要求会随时变化，开发人员必须找到应对的方法。因此，对于用户的这些要求，开发人员不应该把它直接作为软件需求，而应该针对这些要求进行进一步的开发和探讨，从而发掘最本质的需求，这些才是相对稳定的。正如"石头问题"，开发人员应该一开始就要去发掘用户需要怎样的石头，如它的大小、颜色、形状等问题。这种定义需求的过程也是一个开发过程，从用户的原始要求中开发软件需求的这个开发过程使用的技术就是用例。图4-1阐述

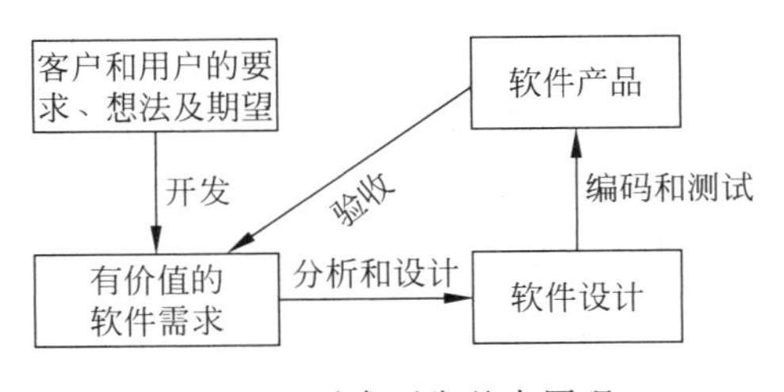

图 4-1 需求开发基本原理

---

① 准确地说，需求工程还应包括需求管理的内容，由于本书主要关注分析和设计，因此管理的内容并不在本书讨论范围内。

了需求也需要开发的基本原理。

对于最终的软件产品来说,其面对的是经过开发的有价值的软件需求,而不是用户原始的要求;而这个有价值的软件需求采用了合理技术来组织,具有稳定的结构,这保证了后续的分析、设计和产品实现的稳定性。这种组织软件需求的工具就是用例。

基于用例的需求定义过程是以用例为中心,来组织各类软件需求。通过用例来解决需求定义过程中出现的问题,针对需求的"难捕获"特点,开发人员需要从用户的角度去理解问题,而针对"易变"的问题,则是通过用例来建立合理的需求结构,以适应变更。

用例的概念很早就提出来了,其创始人Ivar Jacobson博士曾于2003年在The Rational Edge发表了一篇*Use Cases: Yesterday, Today and Tomorrow*的文章来介绍用例的起源、发展和演进过程。用例的发展历史可以分为以下3个阶段。

(1) 萌芽期(1967—1987年):用例的出现源于Ivar Jacobson从1967年开始在爱立信公司所从事的近二十多年对大量不同电话呼叫类型建模的工作。当时他把各种不同类型的电话呼叫情况(电话用户对电话交换系统的需求)称为traffic case,完成所有呼叫则需要交换机具备各种不同的"功能"(Function)或"特性"(Feature)。在1986年,他在研究把traffic case映射到功能的过程中,提出了use case这个术语。当时他把这两者都称为用例,而traffic case就是后来的具体用例,功能则变成了抽象用例。在提交给OOPSLA的一篇会议论文中,Jacobson首次正式提出了用例的概念,这篇论文最终在1987年的OOPSLA大会被录取,标志着用例的正式诞生。

(2) 成熟期(1987—1992年):Jacobson通过自己创办的公司Objectory AB展开了大量的用例实践,并以用例内容为核心提出了Objectory Process(对象工厂过程)概念。

(3) 发展期(1992年至今):用例得到广泛认可,随着1995年Jacobson加入了Rational公司,用例技术随之融入了UML,并与Objectory过程、Rational方法结合而产生了RUP。

由此可见,用例技术虽然并不是源于面向对象的环境,但是随着UML的诞生而被广泛认可和接受。也正是用例技术的广泛应用,才使面向对象技术得到进一步完善,并进入一个真正产业化的阶段。本书所介绍的面向对象分析和设计思想也是基于用例驱动的,本章将介绍如何使用用例建模技术来定义软件需求;第5章将论述用例分析技术来分析需求的方法;第9章将介绍用例设计的内容。

4.2 从业务模型获取需求

视频讲解

4.2.1 寻找业务改进点

正如第3章所述,通过业务模型可以获得系统模型的要素,而这其中最主要的就是软件需求;软件开发人员可以从业务用例模型中发掘系统需求,来构建系统用例模型。业务模型描述了业务现状;在这些现状中,有些业务可能一直运转得很好,不需要改进,也就没有必要作为软件需求来由系统实现;而其他更多的业务可能在运转过程中存在这样或那样的问题,这些问题就成为业务待改进的改进点,也就很可能作为软件需求而存在。开发人员可以从以下 4 个方面来寻找业务的改进点。

1. 流程控制

该业务涉及复杂的控制流程，并在多个用户或部门之间流转。手工的信息流转方式难以满足业务需求，而且容易出错。因此需要引入新的系统来解决此类问题，这类问题也将作为新系统的需求而被提出。

为了便于阐述寻找业务改进点的问题，本节将引入一个小型的顾客购物案例，手工的购物系统流程如图 4-2 的活动图所示。顾客首先查询产品目录，以选择自己中意的产品；之后通过电话向销售人员下订单，销售人员根据顾客的购买要求选择合适的产品供应商，并向供应商确认库存情况，当确认有足够的产品可以供货后，销售人员提交订单给销售经理；销售经理审核订单，审核通过的订单直接由供应商进行发货，审核不通过的订单再退回给销售人员重新修改；顾客接收到产品后支付相应的费用。需要说明的是，该活动图只说明了主要情况，并没有涉及所有的异常情况（如销售人找不到合适的供应商、顾客不认可收到的产品等流程）。

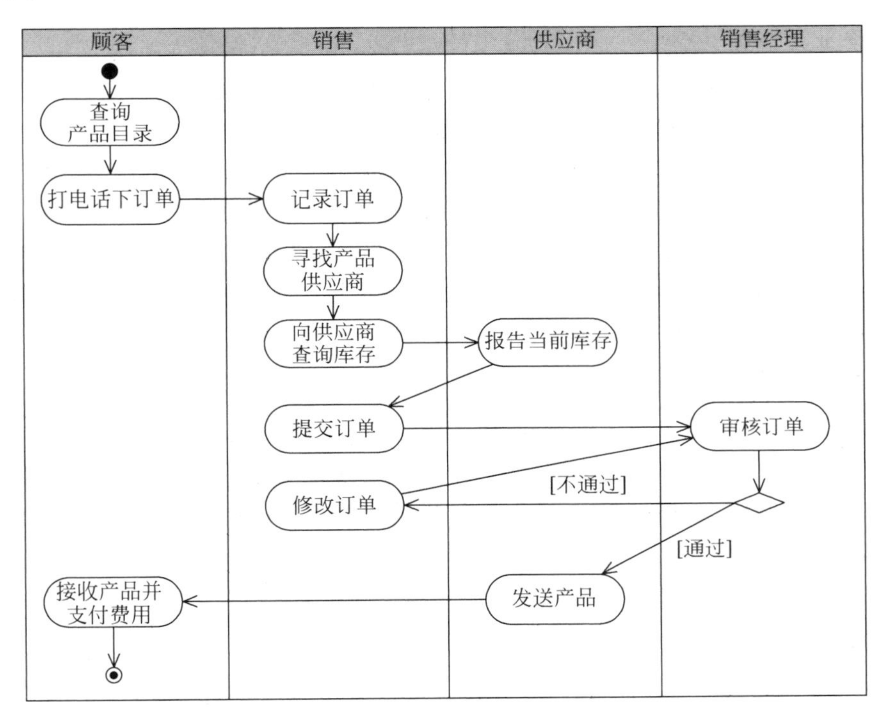

图 4-2 顾客电话购物流程

从该业务的活动图中可以看到，从打电话下订单到销售记录订单、寻找产品供应商、向供应商查询库存，再到供应商报告当前库存，最后销售员提交订单，这 6 个活动最终为顾客建立了一个电话订单。后续的活动均基于该订单进行。这 6 个活动所构成的业务即可成为一项重要的软件需求——“顾客下订单”，该项需求即可构成用例模型中一个单独的用例。这个获取用例的过程如图 4-3 所示。

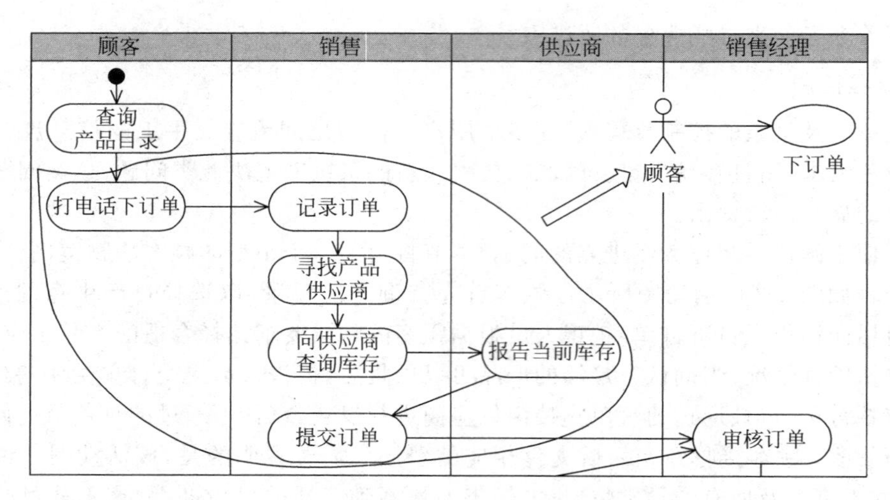

图 4-3 从业务流程中发现系统用例

2. 复杂业务逻辑

某些活动涉及一些复杂的业务逻辑,手工完成有很大的难度或工作量过大。这些活动可以由系统负责完成,相应地,它们也会作为系统的一项需求而存在,其在用例模型中可能作为单独的一个用例,也可能作为某个用例的一个活动。如在图 4-3 的用例"下订单"中,销售员需要为顾客"寻找产品供应商";该活动在传统的手工操作模式下,非常复杂,销售员需要查询大量的文件资料了解供应商资质、供货量、供货周期等情况。而如果由系统来实现则相对简单,销售人员只需要设定一些查询条件即可完成查询工作。因此,该活动即可作为系统需求而存在,它将在用例"下订单"的流程中体现。

3. 使用业务对象

某些活动主要是对业务对象的操作,手工方式难以保证操作方式的合法性,并难以记录操作的历史等信息。在顾客购物案例中,对于订单数据需要进行频繁操作,例如顾客生成订单、销售完善订单内容、销售经理审核订单、供货商根据订单供货,这些操作由手工完成不仅涉及纸张订单的频繁交接,而且对于修订的历史和过程也难以体现;而通过软件系统就可以很方便地实现这些针对订单的各项操作。

4. 自动化业务

某些业务要求定期、实时进行处理,其操作过程也不涉及复杂交互,手工方式难以保证按时完成。这些操作可以通过系统提供的一些即时消息、定时器等提醒机制来及时地提醒用户完成所需的操作,并且对于一些简单的例行操作则可由系统自动完成,从而大大提高业务的运转效率。在顾客购物案例中,销售经理需要完成订单的审核工作,当销售提交一个订单后,销售经理应该及时地审核订单,以避免订单长时间的积压,而降低工作效率。原始的手工方式难以实现这种实时审核;而采用软件系统则完全可以实现。对于一些没有问题的订单,可以通过系统自动审核,而对于存在问题的订单,系统可以产生即时消息提醒销售经理进行审核,这种操作模式不仅可以降低销售经理审核订单的工作量,而且可以加快审核的效率。

4.2.2 定义项目远景

找到业务改进点只是需求定义的第一步，并不是所有的系统改进点都会作为软件需求而存在。用户可能会由于自身的工作特点和支付能力决定应该改进哪些部分，不需要改进哪些部分；这就是用户的远景，它表明用户希望改进的目标，这也将成为项目的目标。

远景(Vision)包含了为待开发系统设定的目标和约束，它代表了项目涉及的所有人之间达成的第一个共识，是项目核心需求的概览，为更详细的技术需求提供了契约性的依据，并最终指导团队实现具体的业务目标。最初，根据项目的远景目标来决定项目是否值得继续；而在项目被批准后，团队根据项目远景来指导后续的需求和设计。

远景可以作为一个单独的文档存在，RUP 中提供了该文档的模板。而这其中最重要的部分就是关于远景目标的说明，它建立了一个项目涉及的所有人的共同目标，保证整个团队对项目的未来有一致的意见。因此，远景说明应该是精确、清晰和激励性的描述，以便激励所有的团队成员为达成该远景而努力。一个好的远景应该具有以下 5 个特点。

(1) 具体的(Specific)。远景应该是具体的，并包括业务问题的理想状态，以确保最后的结构有意义。

(2) 可测量的(Measurable)。通过创建可测量的远景，项目团队可以确定项目的成功及项目是否满足业务目标。

(3) 可实现的(Achievable)。在给定资源、时间期限和团队成员技能的条件下，远景应该是可以实现的。一个可实现的远景能够激励团队完成项目。

(4) 相关的(Relevant)。远景应该与待解决的问题相关。如果远景与问题不相关，项目团队可能发现他们正在试图解决不存在的业务问题，而且项目可能会失去资助。

(5) 基于时间的(Time-based)。远景应该清楚地指出交付最终系统的估计时间期限，无限期的远景只能使团队缺少动力。

这 5 个远景的特点简称为 SMART(取首字母的缩写)，SMART 特性是评价一个远景是否合适的依据。例如一家网上书店在分析订书记录时发现，某大学学生的订书和送书数量及种类近 4 个月直线上升且居高不下。为了解决该业务问题，可能提出这样的远景目标“我们在下个月中旬在该学校附近，设一中转站，将送书时间由隔天递送，改为两小时内递送”。这个远景目标度是具体的、可测量的、可实现的、与业务问题相关的，并且有一个估计的可用时间，完全符合 SMART 特性。

4.2.3 导出系统需求

找到了业务改进点，并且确定了项目远景，即可结合这两者导出系统需求。基本思路是这样的：对于每一个业务改进点，明确是否是为了达到远景目标的需要，如果是，则作为软件需求而存在，并把相应的模型转换为系统模型；如果不是，则不作为需求而存在，可能作为一项潜在的需求考虑，也可能直接抛弃。本小节将结合第 3 章中旅店业务模型的实例，详细讲解系统需求的导出过程。该系统的业务现状如下所述。

随着旅店声誉日益提高，住宿人员越来越多，旅客为了能够获得好的房间，均会提前预订房间。然而，随着预订的增多、预订周期的拉长，前台服务员的工作压力也日益增大，还经常出现工作失误，使得已经预订好房间的旅客不能按期入住，这给旅店的声誉带来不好的影响。

为此，旅店老板希望能够通过计算机系统来自动管理这些预订业务。不过由于资金问题，目前只开发了一个单机版的系统，不能提供网上业务；并且旅店方面的其他业务暂不考虑信息化问题。旅店老板委托某计算机公司开发该系统，并承诺如果系统运转良好，将会考虑进一步的合作事宜。

作为该项目的负责人，项目经理被要求在两个月之内发布系统的第一个版本，同时还被要求为后续的开发提供必备的接口。为了熟悉该旅店的业务流程，首先应对该旅店业务进行简单的业务建模，其模型如第 3.5.2 小节所示。之后，结合旅店的业务现状和老板的要求，并充分考虑到项目可扩展的需求，可将项目的远景目标定义为“在未来两个月内，实现旅店预订系统，能够准确、快捷地为旅客预订所需的房间”。由此，远景说明可以定义具体的产品特性，如下所示。

- 提前准确地为旅客预订所需的房间。
- 旅客可以在规定的时间内方便地取消预订的房间。
- 旅店老板能够定期地获取预订的信息，根据这些信息可以及时调整房间的价格。
- 及时且快速地计算房间费用、预订费用、取消预订后退款金额等信息。
- 预留接口可以为以后的网络版及其他业务系统的开发提供支持。

结合项目远景和产品特性的描述，重新分析业务模型中的住宿用例的业务流程模型。根据远景的说明可以发现，针对预订房间的控制流程(从请求预订房间到提交订金，再到登记预订信息)，可以定义为目标系统的“预订房间”用例，而由于目标系统为单机版系统，因此该用例应该是由前台服务员执行的，即参与者为服务员。相应地，还可以提取出“取消预订”系统用例。这个过程如图 4-4 所示。而对于办理入住手续、退房手续等业务，虽然可以很方便地由计算机系统实现，但由于目前远景的限制，它们都不在系统用例的范围内，而只是作为潜在需求存在。

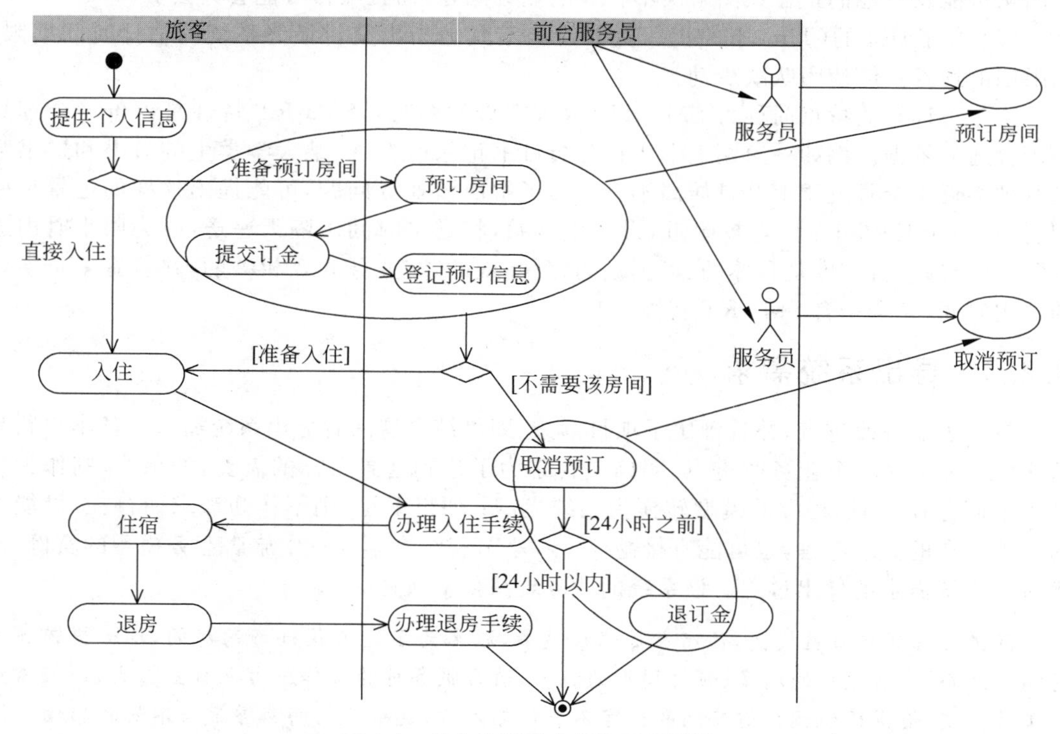

图 4-4　从业务流程中获得系统用例

4.3 建立用例模型

视频讲解

正如第 4.1 节所描述的，UML 提供了一种组织需求模型的有效手段——用例。与传统的输入—输出—处理的方式描述需求不同，通过用例来组织需求本身就是一种面向对象的思维方法。它通过将功能抽象为系统用例，从而为目标系统构建合适的用例模型，通过该用例模型完成对需求的开发和管理，而后续的分析和设计将完全基于本阶段所建立的用例模型进行（这也是 Rational 统一过程中用例驱动思想的体现）。本节将详细介绍构建初始用例模型的基本步骤和方法，第 4.4 节和第 4.5 节将对初始的用例模型进行进一步的描述和重构。

4.3.1 获取原始需求

业务模型为系统需求的定义提供了良好的素材，完整的业务建模将使得需求定义过程变得不再复杂。然而业务建模并不属于软件开发的固有技术，其过程本身更多地与企业业务密切相关。因此目前很多企业在进行软件开发时并不重视业务建模，而且即使启动业务建模也往往是在软件开发之前为了进行业务过程重组，这种业务过程重组的建模一般是由专门的业务咨询公司，而不是由软件公司来完成的。这就意味着，系统分析师可能并没有直接参与或获得他们所需要的业务模型，他们所面对的就是企业的业务现状及用户定义的项目远景。在这种情况下，系统分析师就需要具备更多的技能来获得原始的用户需求（或需要），并以这些需求为基础，构建初始的用例模型，进行需求的获取和定义。当然，在有业务建模的开发过程中，这些获取需求的方法也是必要的补充。

原始需求来自与项目相关的各类角色，要准确地获取它们是一个费时、困难且充满失败的过程。这些角色可能是最终用户、客户，来自政府、法律或相关的文化背景；还有可能是项目组内部的开发人员、管理人员，甚至是我们的竞争对手。但是，在实际需求获取过程中，这些人又不可能直接提供系统的最终需求（这存在多方面的原因，事实上，在大多数情况下，用户描述的只是现状，而对于未来软件的工作模式，用户是不可能描述清楚的，从而也无法准确地给出目标软件的需求）；他们所能提供的只是个人或组织的需要（Need）或想法。有经验的系统分析师必须能够透过这些原始的需要来获取软件系统的最终需求，这个过程就是获取原始需求的过程，其所采用的方式也被称为需求获取方式。下面将介绍几种典型的需求获取方式。

1. 收集资料

所谓收集资料，是指结合项目背景从用户及其他环境中收集相关的项目资料，并将这些资料作为原始需求的来源和后续分析设计的参考。

对于用户来说，为了开发新的信息系统，企业内部往往已经进行了一定的可行性分析，并对待开发的目标系统提出了相关问题的陈述文档，这些文档将是系统需求的第一手资料。系统分析师通过对这些文档的收集和分析，能够建立对目标系统的初步认识，有了这个认识才可以更好地开展后续的需求收集和定义工作。不过，针对不同的项目、不同的用户，提供的文档详细程度差别很大，因此对于系统分析师而言，并不能过分依赖这些文档：有这些文档更好，没有这些文档就需要通过其他方法主动获取用户需求。此外，在收集资料时也要有针对性,一定要明确定位项目范围,不是项目范围内的问题坚决不予认可。

除了用户提供的文档外,还有一类资料也是非常重要的,即过去类似系统的相关资料。在用户内部,可能已经有了一些旧的系统,这些系统或多或少会遗留下来一些相关的资料,这些资料对于新系统有很大的借鉴意义,应该进行充分的收集和分析。要从这些系统中汲取经验和教训,为新系统的建设积累经验。很多时候,用户可能要求新系统能够保留旧系统中已有的数据,系统分析师这时就需要更加充分地收集和调研旧系统的资料,从而为后续数据移植做好准备。

此外,还有可能市面上已经有了类似的系统,而这些竞争对手的类似系统对于新系统的开发也会提供很好的参考,可以通过研究这些类似系统获得新系统的一些重要特性。

2. 现场观察

现场观察是指系统分析师到用户实际工作环境现场去观察用户的工作情况,了解用户如何完成业务过程,并向用户询问与任务相关的问题。使用这种方式获得的信息是第一手且真实的信息,而且还可以了解到完成一个具体任务的目的。

现场观察可以是主动的,也可以是被动的。主动的观察是指在观察用户完成任务过程中,主动地去向用户提问,要求用户解释相关的事件和活动细节。被动的观察则主要是观察用户的操作并听取用户对操作过程的说明,而不对操作过程进行任何中断和干扰。一般在需求早期,由于对业务过程不熟悉,主要是被动的观察,从而建立业务过程的感性认识;此后,系统分析师可以结合自己的专业知识,去进行主动观察,从而与用户达成业务过程的共识。

系统分析师在进行现场观察时一定要明确自己的身份。对于业务过程来说,系统分析师是一个新手,用户才是专家。因此,观察者应该虚心地向被观察者请教,并仔细体会被观察的行为。而在被观察者的选择上,也要注意尽量选择那些经验丰富的用户,并充分考虑不同用户的操作习惯。

现场观察对于了解用户日常完成业务是一个很好的方法。在这个过程中,应尽可能多地收集有关的信息,包括需要系统完成的工作和任务,以及支持这些工作和任务的系统特性,还有用户的使用习惯、特点和偏好等信息。

当然,现场观察也有一定的局限性。首先,由于是从用户的实际操作和使用过程中收集信息,因此系统分析师没有时间和精力去了解业务的所有方面,而且由于用户的实际操作时间可能很短,所以无法完整地记录这些操作信息;其次,现场观察倾向于把焦点限制在单个业务及该业务的完成方法上,而对于其他某些特定的业务容易遗漏,例如一些管理和维护业务,这些业务的周期往往比较长,或者只需要很少的人,甚至不需要人来完成;最后,现场观察到的是当前业务操作模式,并无法体现未来新系统上线后的业务模式,这两者之间往往存在着很大的差异。系统分析师必须清楚地意识到这样一个事实——观察到的这些事实只是用于帮助理解当前的业务模式和问题,不等于目标系统需求。

3. 访谈

访谈是系统分析师与用户或业务相关人员之间进行的面对面的会谈,这是一种非常有效且是由系统分析师主导的需求获取方式。通过访谈可以了解到现有业务中存在的问题和局限性;此外对于很多不能通过现场观察了解的业务,访谈也提供了对它们进行广泛提问并了解的机会。

作为访谈者，系统分析师与被访谈者的技能将直接决定收集需求的质量。在访谈过程中，访谈者应该充分注意礼貌，要从被访谈者的角度设身处地地为其考虑。事实上，往往会存在这样的事实，即新系统的开发将不可避免地会影响到被访谈者的地位，系统会取代被访谈者部分工作及丰富的经验；被访谈者也会意识到这些危机，从而在访谈的过程中有可能会故意回避或隐瞒一些重要的业务细节。因此，为了有效地避免这种情况的发生，访谈者应充分注意礼貌和访谈的语气，要让被访谈者能够体会到新系统只会使他的工作变得更加顺畅，而不是来取代他的工作。在访谈过程中，访谈者要注意认真倾听被访谈者的叙述，并随时记录被访谈者所说的要点，在必要时可以进行一定的总结以确保正确理解被访谈者的回答，而不是按照自己的思路去诱导被访谈者；只有获得被访谈者最原始、最真实的想法，才能保证所获取的需求的正确性。另外，对于一个访谈来说，被访谈者的选择也是非常重要的，被访谈者应该是名副其实地对所需要访谈的内容完全了解，这意味着被访谈对象并不一定(而且往往都不)是部门领导，更多的应该是那些将来会实际使用系统的普通用户。

除了访谈者和被访谈者外，访谈还有一个更重要的要素——问题。访谈是通过访谈者向被访谈者提问，从而获得对系统需求的正确理解，因此设计优质的访谈问题将有助于达到访谈的目标。针对某些业务需求，可以从6个方面设计问题，即谁(Who)、什么(What)、什么时候(When)、什么地点(Where)、为什么(Why)、怎么进行(How)。这6个方面也可统称为5W1H。设计访谈问题要求访谈者对业务过程有基本的认识，再基于这个认识中所存在的疑点设计相关的问题，而这个认识一般建立在其他的需求获取技术(如收集资料、现场观察等)之上。问题可以分为开放性问题和封闭性问题两类。开放性问题是指答案比较自由的问题，由被访谈者结合自己的业务知识进行回答，如“您对目前的工作情况不满意的原因是什么”；封闭性问题则是答案受限制的问题，访谈者预先设计好答案后由被访谈者进行选择，如“会不会出现现有信息不足以做出审批判断的情况”。在需求调研的早期，由于对新系统缺乏足够的认识，此时应多问一些开放性问题，以获得用户的真实意图。而在需求调研的后期，随着系统范围和需求的逐步明确，此时系统分析师可以考虑多提封闭性问题，以确保需求的可收敛性，从而尽快形成相对稳定的需求。

4. 开会

开会也是一种有效的需求获取方式，在会议中与会者深入讨论若干个主题，并对其形成统一的意见。这种方法在收集一些通用问题的解决方案时是非常有效的。在实际项目开发过程中，定期的会议制度是非常有必要的。为了能够有效地提高会议的效率，系统分析师应该要提前为会议设定所要讨论的主题，并主导整个会议的进展，避免陷入过多的无谓的争吵。

5. 原型

原型是通过模拟创建待建系统的工作模式来获取需求的一种手段。通过这样的原型，可以在开发方和用户方间建立对目标系统的初步一致认识，便于消除双方的误解；而且通过原型系统，用户可以更早地介入到目标系统中，从而为目标系统的建设提供更多的、切合实际的意见。此外，现阶段所创建的原型系统也会为后续的界面设计提供更好的参考依据。

原型方法也存在一些后续的隐患。由于需求阶段所创建的快速原型并没有考虑太多的设计策略,因此该原型系统往往会存在很多设计缺陷;而有些项目组为了加快开发效率,直接利用该原型系统进行后续的开发和实现,这也会使得目标系统的设计方案存在更多的问题。因此,在采用原型方法过程中,一定要意识到原型和目标系统的差异,灵活地处理原型系统。

6. 问卷调查

问卷调查是由一组用来获取需求的问题所组成的。与前面几种方法相比,使用问卷调查的一个最大的优点是可以得到用户匿名的回答,从而获得其他方法所不可能获取的需求。当然,要想得到最有用的问卷调查结果则需要专业的技能支持;对于大规模的问卷调查,可以考虑聘请一些专业的咨询机构来设计和实施整个问卷调查过程,并帮助分析问卷调查结果。

以上提到的 6 种需求获取方式是整个获取原始需求期间最基本的方法,此外可能还会存在一些其他的非主流方法。在项目实施过程,应结合项目和用户的特点,灵活地选用合适的方法,要充分理解每种方法的优缺点,以便使这些方法发挥最大作用。表 4-1 对这 6 种方法进行了简单的总结和对比,以供读者参考。

表 4-1 需求获取技术的总结和对比

获取方式	使用场合	优点	缺点
收集资料	了解业务流程、规范和标准	不需要用户过多地参与	文档资料与实际业务和未来场景不一致
现场观察	理解用户工作环境	提供最直观的业务细节	耗时、效率低,只能观察现状
访谈	深入探讨业务问题	直接沟通,保证所获得信息的真实性	耗时
开会	征求多方意见	可突出不一致的观点	容易跑题
原型	深入了解业务细节	便于开发方和用户方达成一致理解	耗时、影响后续设计方案的形成
问卷调查	回答特定问题	可以获得匿名答复	问卷表的设计直接影响调查的质量

4.3.2 识别参与者

通过各种方式获取的需求信息大多是杂乱无章的,它们大部分是一些文字信息,开发人员需要采用一种合理的方式对它们进行组织和分析。从本小节开始将展开介绍如何采用 UML 用例模型来组织所获取的这些需求项,而构建用例模型的第一步就是识别模型中的参与者。

1. 参与者要点分析

参与者代表了以某种方式与系统交互的人或事。更直观地说,参与者是指在系统之外,通过系统边界与系统进行有意义交互的任何事物。根据该定义,参与者应该满足以下要点。

- 系统外:参与者不是系统的组成部分,它处于系统的外部。
- 系统边界:参与者通过边界直接与系统交互,参与者的确定代表系统边界的确定。
- 系统角色:参与者是一个参与系统交互的角色,与使用系统的人和职务没有关系。
- 与系统交互:参与者与系统交互的过程是系统所需要处理的,即系统职责。

◆ 任何事物：参与者通常是一个使用系统的人，但有时也可以是一个外部系统或外部因素、时间等外部事物。

关于这几个要点中的一些注意事项，下面通过几个典型的例子做进一步说明。

首先是"与系统交互"这一点，这是评判一个参与者是否成立的一个至关重要的因素。众所周知，对于一个软件来说，更多的情况下是通过鼠标和键盘来接受用户的操作，在这里鼠标和键盘直接与系统进行交互；但它们不能成为一个参与者，因为这个交互过程不是系统所关心或所处理的。对于系统开发人员而言，并不用关心用户是通过怎样的鼠标和键盘来使用系统，而需要关心用户为何要使用该系统，通过该系统达到何种目的，用户的行为才是系统所关心的。因此，在这种场景下，用户作为系统的参与者，而实际操作系统的鼠标和键盘只是一种实现手段，并不是参与者。

当然，这并不意味着在任何系统中鼠标和键盘都不会作为一个参与者存在。事实上，对一个鼠标的驱动程序系统而言，鼠标就自然而然地成为其参与者，因为该系统需要密切关注鼠标本身的特征和行为。同样的道理，虽然大部分系统都具有打印的功能，但打印机并不会成为系统的参与者；只有在那些打印机驱动程序的系统中打印机才会成为一个参与者。

从上面的问题也可以看出，参与者并不一定是一个普通的人，任何一个事物（如打印机）都有可能成为一个参与者，只要它符合前面所阐述的要点。它们可能是一个物理存在的具体事物，如打印机、外部存储等，也可能是一个逻辑上的概念，如外部系统、时间等。然而，在UML中参与者的图标是一个"小人"图标，这往往给初学者带来一定的困扰——很多UML初学者要花很长一段时间才能理解"小人"其实不一定代表的是人，而是抽象的影响系统行为的外部因素，例如另一个系统。图4-5是一幅曾经在某UML论坛中引起大家热烈讨论的UML用例图。

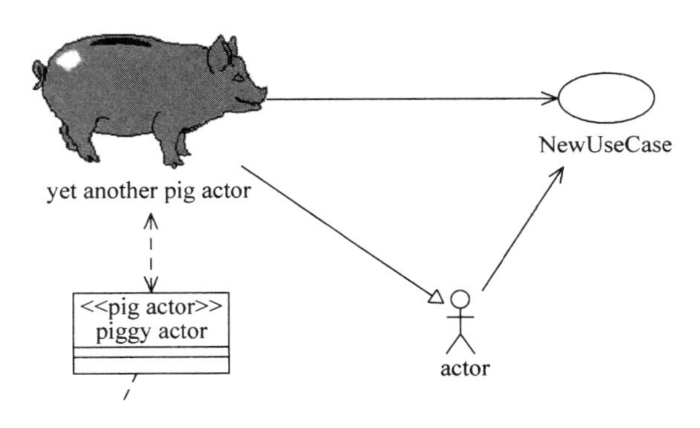

图4-5　涉及"小人"与小猪的UML用例图

图4-5提出的初衷就是既然参与者不是特指那些使用系统的人，那何不采用更形象的方式表示系统参与者呢？如果要开发一个猪圈自动供食供水系统，只要猪的前蹄触发一个开关，系统就会供食或供水。显然，这里的参与者是小猪。那么在用例图中用小猪代替原来的小人不是更易于交流，也更便于用户的理解吗？事实上，UML语言完全支持这种方式。采用UML扩展机制，为小猪这一类参与者添加专门的构造型（如图4-5中的<< pig actor >>），然后通过定义相应的Profile即可得到上图的效果（需要相关建模工具的支持）。当然，在实际项目中，采用这种更形象的方式可以便于用户的理解，却会丢失UML图所要求的标准化

特性。因此,开发人员应结合具体情况,在合适的时候引入适当的构造型进行扩展,而不是滥用这种技术。

最后一点是关于系统边界,既然参与者是系统之外的要素,那么就意味着一旦确定了系统中的所有参与者,系统的边界(范围)就划定了。参与者本身及参与者外围的事物就不属于系统范围,而参与者通过系统边界与系统交互的行为就是系统内部必须支持的,这些行为将表示成用例。分析下列两个场景的描述,当定义不同的参与者时,需求的范围就发生了相应的变化,系统所需要实现的工作量也就不同了。

- **场景 1**:某企业要求开发一个企业信息管理系统,并与原来已有的库存系统相连接。
- **场景 2**:某企业要求开发一个企业信息管理系统,并把原来已有的库存管理系统加以改造,成为企业信息管理系统的一部分。

在场景 1 中,已有的库存系统满足前面所提到的参与者要点,因此将作为一个参与者在待开发的企业信息管理系统中存在。这就意味着,该库存系统是新系统之外的部分,它不需要关注新系统的内部细节,只需要明确原有系统与新系统之间的交互内容(即系统间的接口)即可。

而在场景 2 中,已有的库存系统将成为新系统的一部分,而不是在系统之外。在设计新系统时要充分考虑库存系统的各项业务细节,并作为需求的一部分,即新系统中可能存在一个“改造库存系统”的用例。显然,场景 2 的工作量比场景 1 的工作量大很多。

2. 确定参与者

掌握这些要点后,就可以从原始需求中查找所需的参与者,由于参与者必须与系统进行交互,因此可以从这个角度去获取那些候选的参与者。把系统看成一个黑盒子,哪些人、哪些物与该黑盒子存在交互,这些人或物就可能成为一个参与者。

具体来说,识别参与者的思路有以下几个。

- 系统在哪些部门使用。这些部门的用户会作为一个参与者与系统进行交互。
- 谁向系统提供信息、使用和删除信息。对这些信息进行管理的人员也将与系统进行交互。
- 谁与系统的需求有关联。这些人也会使用系统中相关的功能。
- 谁对系统进行维护。日常的维护业务也需要与系统进行交互。
- 与外部系统是否有关联。这些外部系统往往会成为参与者。
- 时间参与者——这是一种习惯用法,用于激活那些系统定期的、自动执行的用例。

找到这些候选的参与者后,再结合前面所给出的要点进行进一步的分析。如果确定其成为一个参与者后,就把它表示到用例图中。此时,要给参与者一个合适的名称。参与者的命名要体现该参与者在系统中所扮演的角色,而不是具体的个人或职务。质量不好的参与者名称包括张三、老李、校长、科长等。因为如果使用系统的人(职务名称)有变化,原使用者就不是参与者了。显然,开发系统不是为了某个人或某个职位,而是为了完成相应的职责。因此参与者的名称应该能够体现其角色所完成的职责,例如学生、订单管理员、维护部门等。即使使用系统的人改变了,从系统来看,使用者的角色也是相同的。由此可见,参与者命名的过程实际上是一个抽象的过程,要从一个具体使用系统的个人的角度抽象出系统的角色,这个抽象过程将直接影响到后续的系统实现。

在确定参与者时,还应了解参与者之间的关系。在用例模型中,参与者与参与者之间可以存在泛化关系,这与其他 UML 图中的泛化关系含义是类似的。参与者之间的泛化关系表明一个参与者的抽象描述可以被一个或多个具体的参与者所共享。图 4-6 显示了一个带参与者泛化关系的用例图。

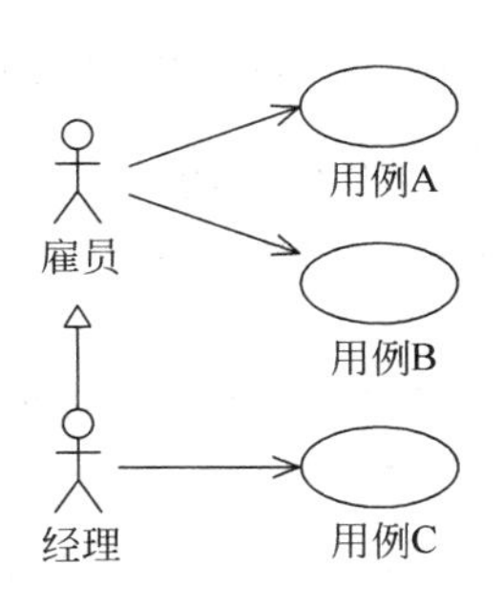

图 4-6 带参与者泛化关系的用例图

在该用例图中，参与者经理和雇员之间存在泛化关系，即雇员描述了一般情况，而经理作为特殊的雇员将履行雇员所拥有的行为。这就意味着在该用例图中，经理既参与用例 C，也会参与雇员的所有用例，即用例 A 和用例 B。

参与者之间的泛化是一个很明确的继承层次，当实际业务中存在这样的继承层次时，应该考虑使用这种关系；而不要从实现角度（如考虑复用等）去过分地抽取和定义这种泛化关系。过度地使用泛化对需求定义没有任何好处，反而会增加后续分析设计的复杂性。

事实上，由于参与者不是系统的组成成分，因此参与者的确定并不是需求的重点，识别参与者是为了更好地去识别用例。由此可见，在识别用例之前，应尽可能地识别所有的参与者，对于那些不太确定的参与者，应该将他们保留下来，这有助于识别用例。而一旦识别出系统所有的用例后，那些没有参与任何用例的参与者就自然而然地被删除了。此外，参与者还会影响后续的测试和部署，不同的参与者使用系统的方式和功能不同，这些在测试和部署阶段都要体现出来。总之，参与者对于系统需求定义只是一个辅助过程，有助于完善需求定义；不是需求的主体，但对需求乃至后续的测试和部署都会有一定的影响。

3. 文档化参与者

由于识别参与者的过程也是一个抽象的过程，因此有必要把这个抽象过程记录下来。参与者的文档没有固定的格式，但至少应该包含如下信息。

(1) 描述：为每一个参与者提供一个简要的描述，以便项目相关人员能够从该描述中准确地获得该参与者所扮演的角色和职责。

(2) 基本特征：参与者的特征可能会影响到系统的实现细节，如影响到界面设计的风格等。因此，开发人员要对参与者的职责范围、物理环境、使用习惯、用户数量和类型、使用系统的频率等特征进行系统的说明。当然，对于不同的项目、不同的参与者，特征可能会有所不同，要根据具体情况灵活处理。

(3) 相关的涉众和典型用户：参与者一般是从具体用户抽象出来的；因此，对一个系统参与者而言，可能涉及不同的涉众，这些内容应该体现到参与者文档中，以便在后续开发、测试中使用。

4.3.3 识别用例

参与者是系统外与系统交互的事物，而用例就是支持参与者与系统交互并实现参与者使用系统的目标。用例是一个外部可见的系统功能单元，它是系统核心价值的体现，是整个系统功能需求的主体表现。用例的目的是在不揭示系统内部结构的情况下定义一个连贯的行为；用例的定义包含用例所必需的所有行为，这些行为包括执行用例功能的基本流程和各种异常分支流程及参与者所期望的响应。本节主要关注单个用例的识别，在第 4.4 节中将对用例内部执行流程的细节展开论述。

1. 用例要点分析

用例由一组用例实例构成,而用例实例是系统执行的一系列动作,这些动作将生成特定参与者可观测的结果值。根据该定义,用例应该包含以下几个要点。

(1) 可观测:用例描述的是参与者与系统的交互,而不是系统内在的活动。因此用例的定义也应该只关注系统对外所体现的行为,或者说用例止于系统边界。

(2) 结果值:每个用例都会对外界参与者产生一个有价值的结果。

(3) 系统执行:用例所产生的结果值是由目标系统所生成的。

(4) 由参与者触发:用例的识别和定义都是从参与者角度出发的,以参与者的视角获取和命名用例。

关于这几个要点中的一些问题,下面通过几个典型的例子做进一步说明。

首先,用例应该是一个由系统产生的结果值,而这个结果值是外部参与者所要实现的目标。图 4-7 列出了两个用例图,图 4-7(a)中的两个用例“输入查询条件”和“选择商品”都不能成为用例。因为对于会员来说,其中任何一个用例都不是参与者所要实现的目标,即会员不需要输入查询条件,也不需要单独选择某件商品。对于会员而言,其使用系统的目标是查询商品、获得商品信息,因此事实上在该业务中的“查询商品”才是用例,如图 4-7(b)所示。“输入查询条件”和“选择商品”只不过是为了完成查询商品业务而存在的一些执行步骤。

系统执行是指用例所表达的需求必须由目标系统实现,这一点对系统范围的划定很关键。在项目开发期间,用户可能会提出很多过分的要求,这些要求很可能已经超出了系统的范围,系统分析师一定要明确这些超出范围的目标是不可能作为用例而存在的。一个极端的例子如图 4-8 所示,如果某个软件系统需求中存在这样的用例模型,分析设计人员可就倒霉了,这样的软件系统根本无法实现。

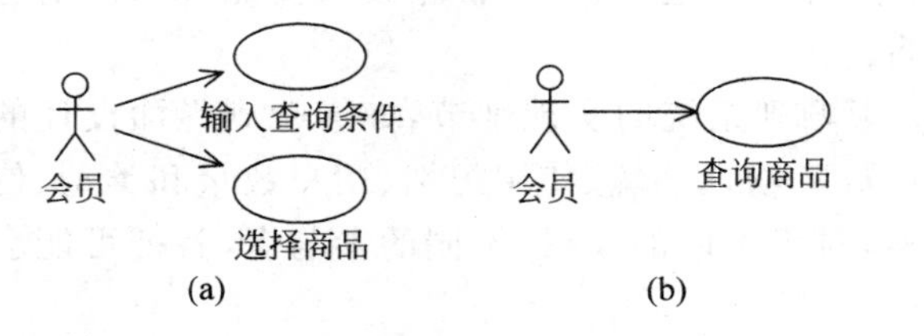

图 4-7 用例是有意义的目标

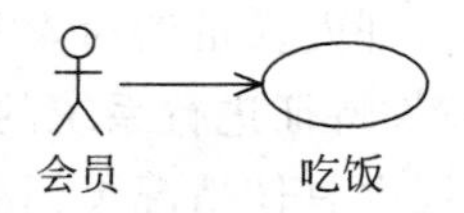

图 4-8 用例不是由系统生成的用例模型

最后一点是用例由参与者执行,即用例的提出和定义都是从参与者的角度来考虑的。这就决定了用例的定义过程是完全使用来自参与者的业务语言,而与系统的实现没有直接的关系,具体有以下两层含义。

(1) 用例的定义应采用业务语言,而不是软件语言。如用例名中应该是商品、发票、订单等,而不应该出现诸如数据库、记录、Java 这样的技术术语。

(2) 用例表达的是用户观点,而不是系统观点。即对一个用例来说,它是因为用户的要求而被提出的,而不是因为系统要提供这样的功能。这个观点表明,需求是来自用户的,因为用户有这样的要求(表示为用例),系统将来才需要实现这些功能。如图 4-9(a)所示的用例图是正确的，它表示该系统需要向会员提供“查询商品”和“订购商品”两项业务需求。图 4-9(b)所示的用例图是错误的，“显示商品信息”和“处理订购”是系统为了满足用户的业务需求而提供的两个功能。这一点也是区分用例和功能这两个术语的根本点。用例和功能很多时候可能指的是同一件事情，但是从不同的角度提出的——用例是为了满足用户要求而提出来的用户目标，而功能则是系统为了实现用例目标而需要提供的单元。

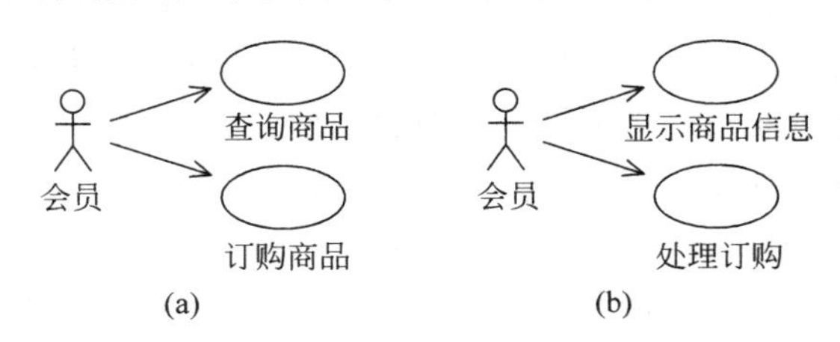

图 4-9 用户观点和系统观点

2. 确定用例

掌握这些要点后，就可以从参与者的角度入手，通过分析参与者使用系统实现的目标来获取相应的用例。具体来说，识别用例的思路有以下几个。

- 参与者的日常工作是什么？这些业务可能作为用例而存在。
- 参与者在业务中承担什么样的作用？所承担的这些作用可能也需要用例来支持。
- 参与者是否会生成、使用或删除与系统相关的信息？系统需要提供相应的用例来对这些信息进行管理和维护。
- 参与者是否需要把外部变更通知给系统？通知系统的过程也需要用例来支持。
- 系统是否需要把内部事情通知给参与者？通知参与者的过程就是系统用例的行为。
- 是否存在进行系统维护的用例？相关的维护用例也会在系统中存在。

确定了这些用例后就需要对用例进行命名，用例的命名也需要遵循前面所介绍的要点，即从参与者的角度描述参与者所要达到的目标。典型的用例名称应该是这样的结构“(状语)动词+(形容词)宾语”，即是一个动宾结构，动词前面可以加上适当的状语进行修饰，而宾语前面也可以加上定语。有了这样一个结构的用例，就可以将该用例与其相关的参与者联系起来，构成一个完整的需求项。

图 4-10 中描述了两个用例，用例“订购商品”为一个动宾结构，把它与参与者“会员”联系起来，就构成了“会员订购商品”这个系统的需求项(或者说系统特性)。而另外一个用例“用信用卡支付”是一个“状语+动词”的结构，该用例没有参与者，但有与其相关的主用例(有关用例关系将在第 4.5 节中再详细论述)，把该用例和其主用例联系起来就构成了“用信用卡支付来订购商品”这样的一个需求项。

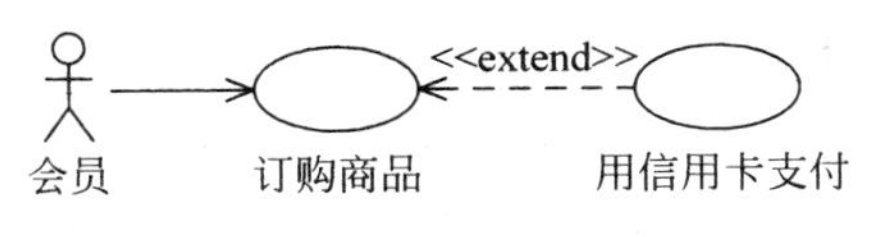

图 4-10 用例命名规则

在确定用例的过程中，还需要注意不要遗漏了对辅助用例的识别，例如，与系统维护和管理相关的用例；当系统涉及身份认证时，相关联的登录用例等各种与核心业务流程关系不大的辅助用例。通过对这些用例的识别还可能会重新获得一些遗漏的参与者，所有的这些新获得的用例和参与者都需要被添加到用例模型中。

3. 用例粒度

有关用例的定义还有一个非常容易陷入的误区，就是用例粒度问题。严格来说，用例并不存在所谓的粒度问题。出现这种误解更多的原因是使用者误用了用例的概念。这种问题最主要的表现是系统分析师由于担心会遗漏掉系统中的各个功能细节，而在定义用例时过分地细化，从而陷入了功能分解中；这样用例也就不是用例了，而变成了系统的各个功能单元。这显然违背了用例提出的初衷，也不是面向对象的方法所提倡的抽象和封装思想。所以严格把握评价用例的标准来定义用例是避免犯用例粒度错误的关键，这条原则就是“用例是参与者所要实现的最终目标，并为参与者产生所需要的价值”。

这种过分的细化有不同的情况，一种情况如图 4-7(a)所示，把为完成一个用例而需要执行的步骤当成单个用例；另一种情况是把系统内部的一些处理过程分解成多个用例，这种错误往往在提取用例关系时出现，图 4-11 描述了这种情况。

在这个用例图中，系统分析师将“查询商品”用例分解成“建立数据库连接”和“执行 SQL 语句”两个子用例。而事实上，这两个用例根本不是外部参与者所追求的目标，而是系统内部在设计实现时的一种方案。这不是需求，而是设计，不应该出现在用例图中。

提到用例粒度问题，就不可避免涉及另外一种非常典型的情况，即所谓的“四轮马车”问题，图 4-12 展示了存在这种问题的用例图。

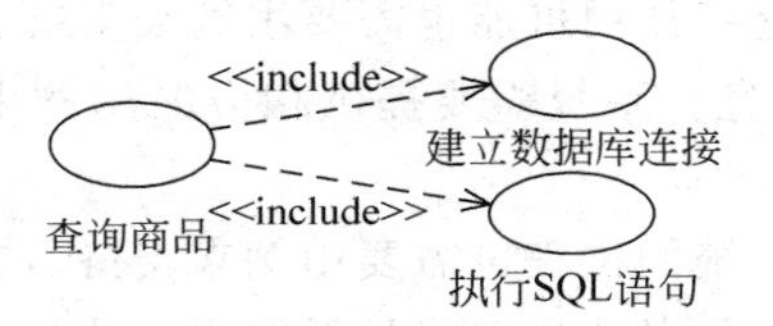

图 4-11　把系统活动当成用例

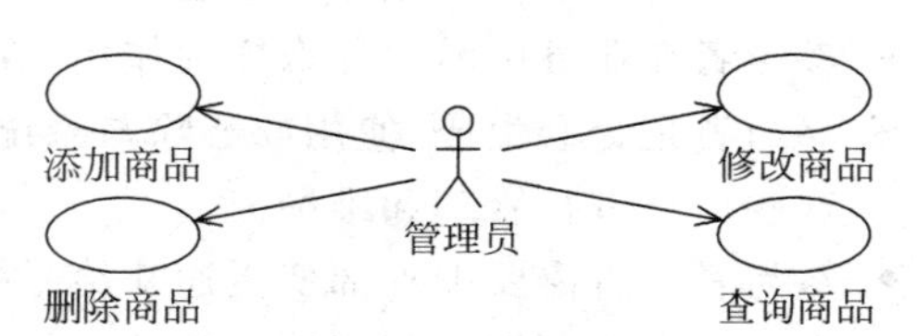

图 4-12　用例定义中的“四轮马车”问题

从图 4-12 可以看出，对于一名系统管理员来说，其对商品的操作显然就是日常的增、删、改、查这 4 种操作(好像马车的 4 个轱辘，俗称“四轮马车”问题，又称 CRUD 问题，其中 C 代表 Create、R 代表 Read、U 代表 Update、D 代表 Delete，即对数据库表的 4 种基本操作)。那么这样的用例表述是否正确呢？还是要从用例的定义入手，即对于管理员来说，其根本的业务目的是什么？是为了实施对商品的 CRUD 操作还是为了其他目的？显然，从业务本质上讲，管理员所需要的是可以对商品进行日常的管理和维护工作，而所谓的 CRUD 只不过是为了实现这些管理而可能需要采用的手段。所以从用例的角度来分析，这样的 CRUD 行为常常可以表示为“管理某某”用例，如图 4-13 所示的图例中管理员利用系统的目标是管理商品的相关信息。

在用例的定义过程中应尽量避免“四轮马车”问题，这还存在另外一个原因。其实“四轮马车”问题的提出，本身就蕴含了一层含义，即所谓的业务，就是对数据库的增、删、改、查等操作。这实际上蜕变成了一种关系数据库的建模，更多的是设计上的考虑，而忽略了业务自身的目的。这种问题之所以频繁出现，也是目前软件从业人员过分重视数据库设计而忽略需求定义与对象设计等的一种体现。而对那些可定义成“四轮马车”的用例，更多的是应该从参与者的目标入手；对于那种很典型的“四轮马车”问题通过一个管理或维护用例就可以表示。

还需要说明的是，在实际项目中也可灵活处理这个问题。针对这样的管理用例含有多个独立的分支情况，也可以考虑把其中一些复杂的或有一定复用粒度的分支独立出去作为一个子用例而存在，并利用用例之间的关系使用例的结构更加合理。例如针对图 4-13 中的“管理商品”用例，考虑到“查询商品”存在一定的复用性(如普通会员也可以查询商品)，因此可以构造出如图 4-14 所示的用例图。有关这些关系的运用方法，我们会在第 4.5 节中进一步介绍。

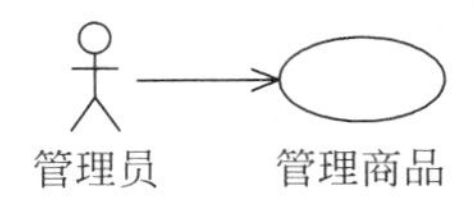

图4-13 采用管理用例解决“四轮马车”问题

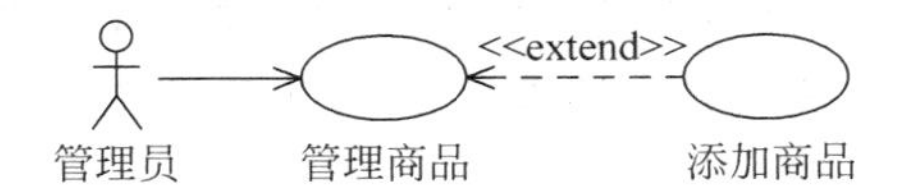

图 4-14 灵活处理 CRUD 业务

4.3.4 绘制用例图

识别出参与者和用例后，开发人员就需要把它们可视化出来，即表示为完整的用例图，通过用例图来表示参与者和用例之间的关系。有关用例图的基本元素，参见第 2.5.1 小节。

用例图是面向最终用户，用于描述系统功能需求的，因此按照 UML “4＋1”视图的要求，用例图应该放在用例视图中。在 Rational Rose 中，用例视图的主视图即为用例图，系统的用例图可以画在该主视图中。如果采用图 2-14 的架构，则系统用例图就是需求模型的主视图。

在绘制用例图时，除了表示所有的参与者和用例外，参与者和用例之间还存在关联关系，它表示该关联的参与者和用例之间存在信息交互。因为用例的识别基本上是从参与者的角度获得的，因此这个关联关系也应该很容易表示出来。

参与者和用例之间的关联关系采用一条实线表示，这条实线可以在某一个方向带箭头，也可以不带箭头。在理解用例图时，箭头并不代表数据流或业务流的方向。事实上，在几乎所有的系统用例中，参与者和用例之间都是双向交换信息的。要正确地使用箭头，需要注意的是，箭头代表通信的发起方；箭头由通信的主动方指向被动方，或者说不带箭头的一方会受到带箭头一方的影响。而不带箭头则意味着建模过程中并没有考虑这种影响的方向，这在用例图中也是完全可接受的。图 4-15 展示了在某个网上购物系统中会员进行支付时的用例图，两个关联关系的箭头分别指向用例和参与者，会员发起支付用例，该用例又去操作另一个外部系统完成支付操作。

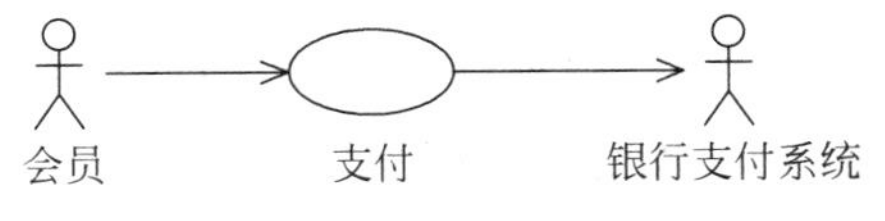

图 4-15 参与者和用例之间的关联关系

在该用例图中，会员启动支付用例进行结算，此时系统会与银行支付系统(另一个外部系统)进行交互完成支付操作，关联的方向很好地反映了整个交互的过程。此外，在该图中，还可以发现用例“支付”与两个参与者相关，这与前面所叙述的用例有所不同。事实上，这两个参与者并不是同等地位的，有些用例建模的文献会把它们进行区分，其中“会员”为主参与者，用例是为了达成主参与者的业务目标；而“银行支付系统”则是一个辅参与者，用例为了达成主参与者的目标，而需要与辅参与者进行交互。它们的地位通过关联的方向也可以反映出来。在一些系统建模中，外部系统经常是作为一个辅助参与者存在，代表一个需要与系统进行交互的外部不可控因素。

关于用例图还有一点需要说明,UML 标准中还有一个系统边界的概念。在绘制用例图时,可以把所有的用例放在一个方框中,这个方框就代表了系统的边界(显然参与者应该被放在方框外面,因为它们是系统外的),在方框内部上方可以写上系统的名称,通过这个方框就可以明确地界定系统的边界。当然,有些流行的建模工具(如 Rational Rose)并不支持这种画法(不绘制方框可以使用例图的布局更加灵活),本书中的大部分用例模型也都没有使用系统边界。读者可以根据自己使用工具的情况,来决定是否在用例模型中表示系统边界。

4.3.5 用例建模实践

掌握用例模型的核心概念"用例"和"参与者"后,就可以利用这两个概念来进行需求建模。当然当前只是对需求建模的首次尝试,并不代表最终的模型,在后续内容中还会采用更多的手段对系统的用例模型进行不断的完善。

第一个用例建模实践的案例是"旅店预订系统",该系统的核心用例已经在第 4.2.3 小节中通过业务模型导出。此外,从项目远景上来看,存在个别的辅助用例,如经理可以利用该系统对房间价格进行调整。而由于系统面对两种不同的角色(即服务员和经理),这就不可避免地会涉及身份验证的问题,因此还需要提供"登录"用例。这样,初始的系统用例图如图 4-16 所示。

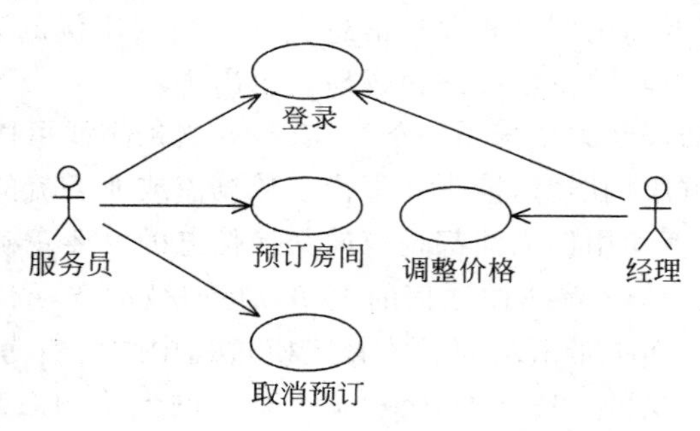

图 4-16 "旅店预订系统"初始用例图

从该用例图可以明确获得系统所要实现的目标,即通过使用该系统,服务员可以完成预订房间和取消预订业务,而经理则可以根据情况对房间的价格进行调整。至于实现这些目标的具体步骤(即详细的业务流程)暂还没有明确的定义,这部分工作将在第 4.4 节中进行详细的讲解。

1. 问题陈述

下面将引出第二个贯穿全书的案例——"旅游业务申请系统"。与"旅店预订系统"从业务建模开始入手不同,该系统没有业务模型,而是直接从原始需求入手,构建用例模型。考虑到获取原始需求更多的是与用户进行沟通的技巧,因此本实践中并不涉及此部分内容。当然,缺少与用户沟通这一环节,很多实际的业务细节就无法进一步表述清楚,而且案例本身的设计也可能会存在一些缺陷。这不可避免地会使读者对整个案例产生一些误解或疑惑,希望读者能够按照本书的思路去理解和分析该案例。

旅游业务申请系统问题陈述

奥游(Ao You)旅行社是北京地区一家专门提供组团旅行的旅游公司。目前有关旅游业务的申请过程都是手工完成的，考虑到旅游业务的迅猛发展，公司决定开发一款旅游业务申请信息系统。使用新系统后，奥游旅行社的业务流程将如下所示。

在奥游旅行社，前台负责招待顾客的员工与顾客洽谈旅游的各项事宜，并帮助旅客办理相关申请手续等。申请手续办理过程：首先调查顾客的旅行需求，根据顾客的要求查询相关旅游团的详细信息，只有满足以下条件，旅游团才可以办理申请手续。

- 当前日期在所申请旅游团的截止日期之前。
- 所申请旅游团的人数限额未满。

所参加的旅游团不同，其截止日期也会不同。在能办理所申请旅游团的情况下，员工将向系统录入申请责任人的姓名、电话号码、参加旅游团的大人和孩子的人数，从而计算出订金。每个参加者所对应的订金是由当前日期到出发日期之间的天数所决定的，其关系如表 4-2 所示。

表 4-2 订金支付比例表

当前日期距出发日期的天数	订金比例
2 个月以上	10%
1 个月至 2 个月之间	20%
1 个月以内	全款

办理完这些手续后，旅行社员工需要向顾客收取相应的订金，并在本系统中记录订金的支付情况。然后，旅行社的员工还向顾客提供订金的收据和一份申请责任人用的旅游申请书，并委托顾客将所申请的其他参加者用的旅游申请书发给他们。所有的旅游申请书集中起来，一周以内被邮寄到旅行社，有其他问题可以再次向旅行社提出。旅游申请书的各项内容对于申请责任人和参加者来说都是一样的。

接到顾客邮寄回来的旅游申请书后，员工通过旅游团代码、出发日期和申请责任人等信息查询出该顾客所申请的信息，将相关的参加者信息录入到系统中。录入工作也由这些接待顾客的员工在空闲时间完成。将所有的参加者信息录入系统后，一次申请即完成了。旅游申请书如表 4-3 所示。

表 4-3 旅游申请书

旅游团代码		出发日期	
路线名			
申请人信息			
姓名		性别	
出生日期		电话号码	
联系地址			
E-mail		邮政编码	
旅游途中联络信息			
姓名		与本人关系	
联系地址		电话号码	

申请手续办理完成后,旅行社需要把旅游确认书、余额交款单邮寄给申请责任人。每天负责催款的员工要通过系统打印前一天已完成申请的旅游确认书、余额交款单。申请时旅费已全款支付的情况下,只打印旅行确认书。然后,这些员工把所有的文件装入信封,并将信件送往邮局邮寄给申请人。

余款的支付期限为到旅行出发日期的30天之前。但是,从交款单的发送日期到支付期限的时间间隔不足10天的情况下,支付期限为交款单发送日之后的10天。

若顾客来交余款,负责接待顾客的员工通过交款单编号、旅游团代码、出发日期、申请责任人姓名等查询申请信息,并将支付完成的信息录入系统。

每天晚上,系统会自动把当天与现金相关的订金、支付信息全部导出到另一个待开发的财务系统中。旅行社内的会计人员会在第二天利用财务系统来处理这些费用,进行记账等财务操作。

申请完成后,只能办理以下业务。

◆ 参加者信息的变更或取消。

◆ 整个申请的取消。

新增加参加者被视为新的申请来进行处理。取消或变更一部分参加者时,如果对象为申请责任人本人的时候,必须选定新的申请责任人。取消申请的时候,从已支付的金额中扣除取消手续费后,返给顾客。取消手续费与距出发日期的天数如表4-4所示。在申请完成前执行取消操作的情况也适用表4-4中的关系。这些业务由接待顾客的员工进行办理。

表4-4 取消申请的手续费

距出发日期的天数	取消手续费用
1个月以上	无
10天至1个月	20%
1天(前一天)至10天	50%
0天(出发当天)	全款

每个季度,旅行社内由专门负责宣传和路线管理的员工进行一次旅游路线的设计和旅游活动的设定。这些员工会录入新的旅游路线和旅游活动。缺乏吸引力的旅游线路也可能会被取消,不过只要曾经录入过系统,其信息就不会被删除。变更后的线路作为新线路录入系统,同时留下变更历史记录,以记录这些路线的变化过程。每期中间所开发的新线路和追加的旅行活动,由管理旅游路线的员工不定期地录入到系统中。

由于旅行的价格具有变动性,每个季度还可能对某个旅游活动的价格进行调整,没定价格的旅游团不会对顾客公开。价格包括大人价格和小孩价格,以及一些优惠措施。价格也由管理旅游路线的员工进行设定。向顾客公开旅游价格后,就不能再次做出变更了。

2. 识别参与者

运用前面所提到的识别参与者的技巧,可以从原始需求中获取目标系统的参与者。一般过程是在与用户沟通过程中,记录那些系统的各种外部因素(包括系统用户、外部系统和外部激励等),再从系统中的职责入手分析这些外部因素,从而确定是否将其作为参与者。

如果将其作为参与者，则从系统角色的角度给出合适的名称。为了使该过程更具操作性，可以采用表4-5所示的方式来逐步分析和确定参与者。

表 4-5 获取系统参与者

抽取角度	外部事物种类	日常主要工作	使用目标系统职责	参与者	典型代表
相关用户	前台负责招待顾客的员工	洽谈客户事宜并为客户办理各种申请和取消手续、完成费用支付	办理申请手续及相关的取消、支付等后续业务	前台服务员	具体用户代表
	负责催款的员工	打印和邮寄旅游确认书和交款单	打印旅游确认书和交款单	收款员工	……
	旅行社内的会计人员	财务记账	不使用本系统，不是参与者		……
	宣传和路线管理员工	制作宣传资料、定期维护旅游路线和活动	维护旅游路线和旅游活动	路线管理员	……
其他外部事物	财务系统	记账等财务操作	接收本系统中与现金相关的财务信息	财务系统	……
	外部激励	关注或影响系统的运行	定期自动导出财务信息	时间	

从表4-5中可以看出，该系统存在5种参与者。而其中旅行社内的会计人员并不能成为参与者，因为他并不直接使用该系统，而是使用财务系统进行日常工作。而财务系统与本系统存在信息交互，因此也作为一个参与者存在。另外，由于系统每天晚上需要定期运行，因此还需要定义一个时间参与者。获得这些参与者后，可以将这些参与者在建模工具中绘制出来，如图4-17所示。

图 4-17 “旅游申请系统”参与者视图

3. 识别用例

有了这些参与者后，就可以从参与者使用系统的职责入手来定义用例。参与者使用系统所要实现的一个目标(或者说所要完成的一项工作)就作为一个用例而存在；当然，如果这项工作不通过系统来完成就不作为用例存在。这个过程也可以使用如表4-6所示的方式来完成。

这里主要存在的问题是“办理申请手续”用例的粒度问题。问题描述中有很大一段篇幅介绍了办理申请手续的过程，即员工首先要查询申请信息，然后录入申请责任人和其他相关信息，最后还要录入订金信息并打印收据。系统分析师有可能会把这里的几个步骤分成几个用例来表示，但仔细考虑前台服务员所完成的这些步骤实际上只有一个目的，即为申请人办理好相关的申请手续，这些步骤是紧密联系在一起的。因此，只需要定义一个“办理申请手续”用例即可描述用户目标。至于这些细节，我们将在下一阶段进行进一步描述。当然，其中的某些步骤可能可独立存在，如“查询申请信息”。前台服务员也可能需要这样一个独立的业务,此时可以把这样独立存在的步骤构成一个子用例,这部分内容将会在第 4.5 节中详细讲解。但由于目前只是用例建模的早期,对于每个用例的内部细节还没有描述,因此现阶段也没有必要进行这样的分解。

表 4-6　从参与者的角度获取用例

参与者	主要工作	是否使用系统	用例
前台服务员	向申请人介绍申请情况	否	
	为申请人办理申请手续	是	办理申请手续
	对申请参加人进行增、删、改、查等日常维护	是	管理参加者
	记录申请人支付信息	是	完成支付
	为申请人取消申请	是	取消申请
收款员工	打印旅游确认书和余额交款单	是	打印旅游确认书和余额交款单
	邮寄旅游确认书和余额交款单	否	
路线管理员	制作宣传资料	否	
	设计旅游路线	是	管理路线
	设计旅游团(活动)	是	管理旅游团
	调整旅游团价格	是	设定价格
财务系统	记账等财务操作	否	
	接收与现金相关的财务信息	是	导出财务信息(被动)
时间	定期导出财务信息	是	导出财务信息
其他辅助用例	系统要区分各种不同的用户身份,并提供不同的功能	是	登录

4. 绘制用例图

识别这些参与者和用例后,就可以采用用例图把它们表示出来,图 4-18 就是该系统的

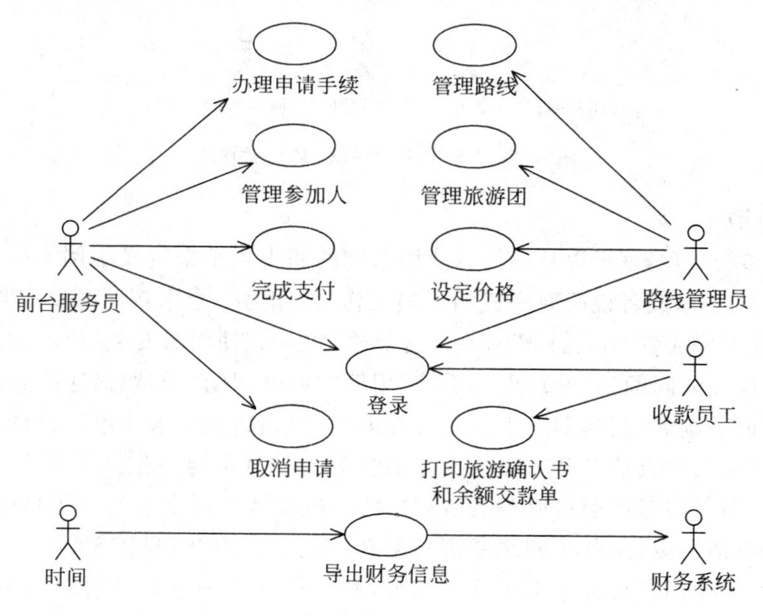

图 4-18　“旅游申请系统”初始用例图

初始用例模型。注意参与者和用例之间的关联关系的定义，以及关联方向的含义。此外，在绘制用例图时应注意图形的美观，采用合理的布局保持图形整洁、清晰，尽量不要出现线和图形的交叉等容易混淆的情况。

4.4 编写用例文档

视频讲解

绘制出系统的初始用例图后，整个用例建模过程其实才刚刚开始。更主要的工作是描述用例内部的处理细节，这是很多用例初学者容易忽略的问题。事实上，需求作为开发方和用户所达成的契约，必须要定义得非常具体且准确；仅仅通过一幅图形显然是无法满足要求的。而且，正如前面所说，一个用例是用户所需要实现的目标。为了实现这个目标，用户需要与系统进行频繁的交互，这些交互过程也无法在用例图中体现出来。为此，在完成用例图后，需要对图中的每一个用例进行详细描述，这个描述过程就是编写用例文档。通过文档的方式将用户与系统交互的过程一一记录下来，从而为以后的分析和设计提供一个基础。当然，这个交互过程也可以采用一些 UML 其他图形(如活动图)来表示；不过，在这个阶段，不能仅用图形来取代文档。换句话说，在需求建模这一阶段，对每个用例撰写文档是必需的工作，至于图形只是辅助手段。可以这样来描述用例图和用例文档的关系：用例图是整个需求的骨架，而用例文档则是需求的肉。也就是说，通过用例图建立了需求模型的基本结构，而需求的内容则需要通过用例文档来表示。此外，用例文档是与单个用例关联的，需要为每个用例编写一份独立的文档。

4.4.1 用例文档基础

用例文档是用来描述用例与外界交互的规格说明书，通过交互过程最终实现外界参与者的目标。为了能够合理描述交互过程，用例文档也有它自身的层次结构。在一个“在线订购商品”的用例中，就可能存在很多不同情形，如成功地购买了所需的商品、购买商品时支付失败等；这些情形称为场景(有关场景的概念我们将在后面进行详细介绍)。而在每一个场景中又包含不同的步骤，例如在成功购买了所需商品的场景中，客户首先查询出所需商品，然后加入购物车，最后进行支付。此外，在每个步骤内部还会有不同的约束规则，如所购买的商品必须有存货等。通过用例、场景、步骤和约束等各种不同层次的概念，就可以完整地描述一个用例。而这种分层概念的最大优点就是可以实现封装；通过用例封装内部处理细节，从而保持对外的稳定性。一个在线购物系统的需求无论如何变动，用例“订购商品”是肯定会存在的，其目标也是稳定的(即为用户购得所需的商品)；但其内部的处理步骤或约束则可能有很大区别(如支付的方式等)。因此通过用例可以把内部的变化封装起来，从而可以应对那些可能的变化。

虽然用例是由不同场景构成的，但用例文档并不是按场景来编写的。由于不同的场景内部活动会存在很多的重复或交叉情况，单独阐述每一个场景不仅工作量很大，而且会做很多重复的工作，因此，用例文档往往按照活动的操作步骤来编写，这些操作步骤称为事件，而步骤之间的流程即构成事件流。这样，用例文档的主体就是各种不同的事件流；而场景则是在这些事件流的基础上组合而来的。

当然用例文档中除了事件流外，还有其他与用例相关的一些公共特征，如相关的参与者、事件流的执行条件、相关的数据需求、非功能需求等内容。不过UML中并没有提供一个通用的模板来组织这些内容,很多用例资料也都给出了详细程度不同的模板。本书将结合目前已有的一些模板和相关的项目经历,给出一个涉及内容较全的模板,读者可以根据项目需要进行适当的增减。表4-7以表格的形式列出了本书所采用的用例文档模板,并针对所要填写的内容进行了简要的说明。

表4-7 用例文档参考模板

用例名	用例名称,与用例图中的名称保持一致
简要描述	用简单的几句话说明用例本身及使用它的原因
参与者	与该用例相关的参与者,应与用例图保持一致
涉众	与该用例相关的其他用户或部门,该用例的执行会对这些用户产生影响
相关用例	与该用例存在关系的用例,对于不同的关系可采用不同的表示方式
前置条件	执行该用例之前必须满足的条件
后置条件	在该用例执行后,系统所达到的状态
基本事件流 描述用例在通常情况下所发生的事件流的执行步骤,采用编号的方式表示发生的先后顺序;对于复杂的事件流还可采用子流的方式分解为多个事件流进行表述	
备选事件流 描述用例基本流程可能出现的分支事件或异常事件	
补充约束 描述与该用例相关的约束,包括数据需求、业务规则、非功能需求、设计约束等	
待解决问题 说明该用例目前还未明确的相关问题	
相关图 与该用例相关的其他图形,可以是标准的UML图(如活动图、类图等),也可以是其他格式的图形	

用例文档首先应该指明用例的名称,该名称来自用例图,用来表示该文档是描述哪个用例的。此外,如果采用一些需求管理工具对用例进行管理,还可以对用例进行编号。编号的规则一般为"UC+顺序号",如第一个用例为"UC01",其中UC代表用例(Use Case)。

用例的简要描述一般为一两句话,最多也只是一个简单的段落,用来说明用例本身及使用它的原因。其用途是要确保明确知道所要讨论的内容,并保证各方对用例的用途和价值达成一致。如果不能写出对用例简单明了的描述,那么就应该重新考虑是否需要该用例,这往往意味着对所要完成的任务没有明确的概念。

相关用例是指在用例模型中与该用例存在某种关系的其他用例,不同的关系,其描述方式有所不同,具体的细节将在第4.5.2小节中进行详细描述。

待解决问题是指在本次需求定义阶段还未明确的问题。在基于迭代的开发中,早期的迭代并不一定考虑到全部可能,这就意味着有些问题的细节当前还没有明确,可能在下一次迭代中进行处理。当然,最终形成的作为验收标准的用例文档中不应该再存在待解决问题。

相关图是指与当前用例相关的其他各种图形,典型的如活动图。与业务建模阶段类似,也可以采用活动图描述用例的处理流程,不过该阶段的活动图只是一个辅助手段,以便于理解用例文档中所描述的事件流。除了活动图外,还可以采用其他UML图,甚至非UML

图。如表示该用例中主要领域对象的类图、表示数据实体关系的实体关系图、表示业务处理流程的流程图等。

4.4.2 参与者与涉众

参与者是指在用例图中与该用例相关联的参与者，如果这些参与者已经在识别参与者时进行了文档化，则此处不需要进行太多的说明，给出参与者的名称即可；否则，需要对参与者的职责进行简要的说明。另外，如果与某个用例相关的参与者是一个泛化的参与者，则此时该泛化参与者所有的特化参与者也会参与该用例（因为特化参与者会继承泛化参与者的一切，包括与用例的关联关系）；而且在编写用例文档的其他部分时也要考虑特化参与者的行为是否与泛化参与者的行为一致，如果不一致则还需要进行单独的描述。如图 4-6 所描述的含参与者泛化关系的用例图中，当描述用例 A 和用例 B 时，需要考虑泛化参与者“雇员”，还需要考虑特化参与者“经理”。当然，描述用例 C 时，只需要考虑特化的参与者“经理”即可。

在描述参与者时，还有一种情况需要考虑，如图 4-15 中用例“支付”和两个参与者有关系，但这两个参与者的地位不同，此时也需要在用例文档中标注出来。具体说明时，可以采用这种方式“参与者：会员、银行支付系统（辅参与者）”。

用例除了与参与者相关外，还和其他的系统内外部人员、组织存在着或多或少的联系，甚至这些联系比参与者更紧密。还是看图 4-15 的用例图，对于“支付”用例来说，该用例由参与者会员来执行，但是该用例发生后会对实施该系统的公司、完成支付的银行产生更大的影响——银行需要完成相应的转账操作、公司能够获得售出商品的费用。这就意味着，在基于用例的需求调研和后续的分析设计时，除了参与者外，还有很多其他的角色或部门也关注该用例的价值，所有的这些与该用例相关的人、部门或角色都被称为该用例的涉众（Stakeholders）。

涉众是指受用例所代表的业务影响的（或与当前用例有利益关系的）系统内外部人员或组织。由普通的人或部门来承担的参与者角色一般均是涉众（外部系统、时间等不是涉众，因为它们不是人或者组织，没有利益影响；不过当有外系统参与者时，那些外系统的用户往往会作为当前用例的涉众存在）。从涉众的角度来看，用例实际上是涉众之间所达成的契约，并以参与者为实现特定目标而与系统进行交互的方式演绎。把用例比作一台戏，参与者和系统就是这台戏的演员，而涉众则是观众，戏的好坏由观众来评价。由此可见，在用例文档中，除了说明与其相关的参与者，还需要进一步明确所有的涉众及涉众对该用例的关注点。用例的执行流程就是为了满足这些关注点的要求。

由于一个用例往往存在多个不同的涉众，而每个涉众的关注点并不相同，有时还可能存在冲突，这时就需要在这些冲突间找到一个平衡点。在编写用例文档时一定要明确涉众关注点的主次，设计合理的系统流程以保证涉众利益的最大化。

总之，在用例文档中应该至少明确地定义涉众，并尽可能地明确涉众的关注点（涉众利益），为用例事件流的编写提供评估依据。对于图 4-15 中的“支付”用例，相关的涉众及关注点分别如下所示。

会员：希望支付过程方便，并且个人账户的安全会受到保护。

公司：能够顺利完成交易，并获得相应的费用。

银行：保证交易双方的安全。

4.4.3 前置条件和后置条件

前置条件是指用例在执行之前必须满足的条件，它约束用例开始执行前系统的状态。作为用例的入口限制，前置条件阻止参与者触发该用例，直到满足所有条件。前置条件并不是启动用例的事件或触发器的描述，而是一个条件声明，用例要在这个条件下得到应用。它是启动用例的必要条件，但不是充分条件。用例必须由参与者来启动，但只有在前置条件为真时才能启动。

后置条件是指用例执行完成后系统的状态。当用例存在多个事件流时，可能会对应多个不同的后置条件。

若把用例看成是参与者与系统交互的流程，前置条件和后置条件则是这个流程的入口和出口状态。图 4-19 是用例结构的示意图，其中直线箭头表示基本事件流，曲线箭头代表各种备选事件流，注意前置条件和后置条件所处的位置。

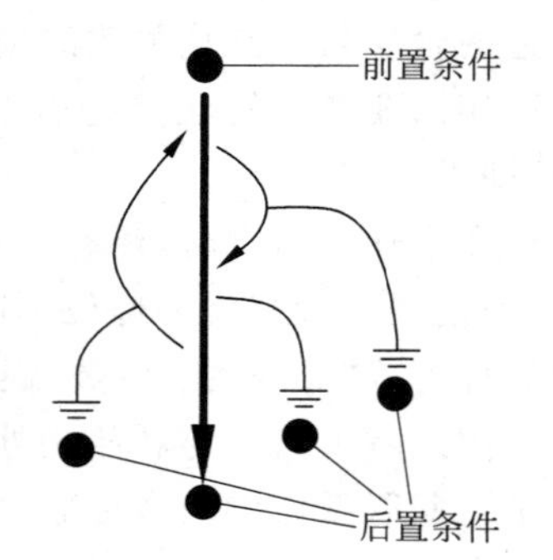

图 4-19 用例的事件流及前置条件和后置条件

在定义前置条件和后置条件时需要注意的是，只有在用例的使用者将这些条件视为附加价值时才能使用，而且它们均要求系统是可以感知的(或可以检测到的)；此外，前置条件还要求是在用例执行前就可以感知。可以认为，前置条件是为了启动用例而要求参与者做的某些事情，因此该条件应该是外部参与者可以理解的，它与系统的实现无关，不管如何实现系统，都应该可以应用前置条件。而后置条件则是对用例执行后的情况总结，它并不是其他用例的触发器；利用后置条件，有助于确保涉众理解执行用例后的结果。在在线购物系统中进行支付时该会员必须已经通过身份验证，即成功登录到系统中。因此，支付用例的前置条件就是“会员成功登录到系统中”，而其基本路径的后置条件则是“从会员的银行卡上扣除了相应的金额，将所扣除的金额转账到公司的指定账户上”。

前置条件和后置条件只是用例的可选特征，如果系统状态对用例如何启动和如何终止来说并不重要，则可以省略这些条件。如果没有定义任何前置条件，则表示用例启动时没有任何约束(即参与者可以随时启动用例)。如果没有定义任何后置条件，则意味着用例终止后系统状态没有任何明显的约束(因此，如果没有特殊的要求，一般可以省略后置条件)。

通过为用例定义前置条件和后置条件，还有助于识别那些被遗漏的用例。例如“支付”用例要求用户通过身份认证，这就意味着有相应的用例来完成身份认证的操作，即“登录”用例。如果初始的用例模型中没有“登录”用例，则显然无法达到前置条件的要求。

4.4.4 事件流

用例的核心内容就是参与者与系统交互的过程，这个交互过程在用例文档中采用事件流的方式进行完整的表示。图 4-20 是参与者与系统的每一次交互过程的示意图，参与者首先向系统发起动作，然后系统验证参与者的动作并进行相应的处理，最后系统将结果反馈给参与者。那么在用例文档中如何来表示这样的交互过程呢?

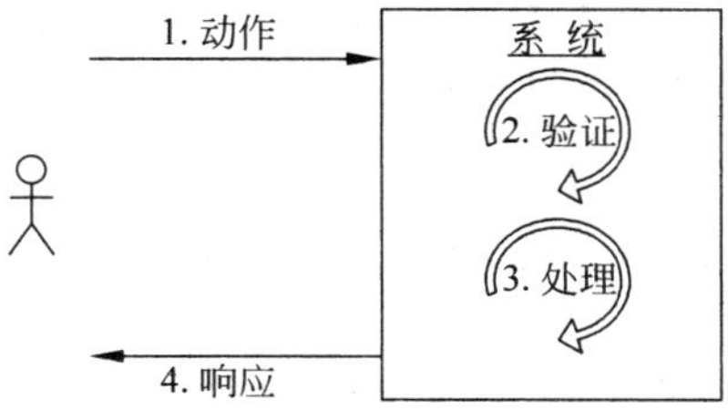

图 4-20　参与者与系统的交互过程

1. 事件流基础

首先，需要明确的是用例文档描述的是需求，即“系统应该做什么”。因此，在用事件流描述时并不需要将这个完整的交互过程都表示出来；只需要描述需求部分，即“用户需要什么，系统给出什么样的结果”。系统内部如何处理的细节则是后续分析和设计环节的任务。更准确地说，以图 4-20 为例，用事件流描述时，只需要描述“1. 动作”和“4. 响应”；而其中的“2. 验证”和“3. 处理”则是后续分析和设计的工作。这也意味着，用例事件流中针对每一次交互的描述主要可以分解为两个步骤，即参与者做出什么样的动作，然后系统如何响应该动作。

其次，事件流的描述要使用户和开发人员互相理解用例的功能，要注意以下几个要点。

◆ 使用业务语言，即让用户使用平时业务中所使用的语言进行描述。
◆ 重点描述参与者与系统交互的信息。
◆ 不使用“例如”“等”这样不清晰的表达方式。
◆ 不要过多地考虑界面细节。
◆ 不要描述系统内部处理细节(即图 4-20 中的“2. 验证”和“3. 处理”)，要描述从系统外部所看到的活动(即图 4-20 中的“1. 动作”和“4. 响应”)。
◆ 要明确描述用例的开始和结束：一般事件流的第一句话表明该用例在何时如何开始；最后一句话表明用例的结束，有时可以不用显示地说明用例结束。

下面通过几个简单的例子来进一步解释这些要点。

第一个例子是关于使用业务语言的。作为需求的一部分，事件流应该是用户可以理解的业务语言。过度地采用技术语言会造成用户的误解，而达不到定义需求的目标。比较下面的例 1 和例 2，显然例 2 才是需求，更适合作为用例的事件流。

例 1：系统通过 JDBC 建立数据库连接，传送 SQL 语句进行查询，从“商品表”查询商品的详细信息。

例 2：系统按照查询条件搜索商品的详细信息。

当然，在例 2 中还有一些需求细节需要明确，如查询条件、商品详细信息分别包括什么。但是这些不属于流程要解决的问题，因此将会在用例文档中的其他部分描述(它们应该是数据方面的需求，放在补充约束中的数据需求部分描述)。这样才能保证用例文档的清晰性。

第二个例子是有关描述参与者与系统交互信息的。正如前面所提到的，事件流的重点在“1. 动作”和“4. 响应”两个步骤。而其中“1. 动作”是由参与者发起的，“4. 响应”则是由系统发起的。因此，对于一个用例事件流来说，除了开始语句和结束语句外，其他的语句应该都是对“1. 动作”和“4. 响应”动作的描述,并且这些语句都应该是以参与者或系统作为主语的主动语句。其格式可能是诸如“参与者做……”“系统处理、显示……”等形式。下面是一些事件流的示例。

- 会员设定查询条件,查询所要购买的商品。
- 系统显示查询结果。
- 会员在查询结果中选择购买商品,放入购物车。
- 系统显示所购买的商品清单,并计算总金额。

最后,事件流的描述并不总是顺序的,其中可能存在分支、循环等情况。循环可以直接以文字的形式描述,采用诸如“转到第几步”“针对所有的商品,循环执行下列步骤”等语句。简单的分支也可以直接描述,而复杂的分支则需要独立的事件流单独描述,这些独立的事件流就构成了备选事件流。

2. 基本事件流

正如前面所提到的,当存在很多复杂分支时,一个用例可能会存在多个独立的事件流。此时,应把其中一条最核心的事件流称为基本事件流,其他的事件流则为备选事件流。在如图 4-19 所示的用例事件流中,直线箭头表示基本事件流,曲线箭头表示各种备选事件流。

基本事件流又称为用例的主路径,是指在最一般的情况下,那些用例发生的路径。它通常用来描述一个理想世界,也就是说没有任何错误发生的情况。有些资料上更形象地称之为愉快路径(Happy Path)。此外,有些用例可能会存在多个没有任何错误发生的路径,此时可以任意抽取一个作为主路径来处理。当然,在这种情况下,还可以从其他角度进一步考虑,例如哪个路径发生的概率更高、哪个路径用户更感兴趣,应把上述路径作为主路径来处理。

在需求开发的早期,要集中精力定义用例的基本事件流,按照交互的先后顺序依次写下参与者与系统交互的每一个步骤,并进行编号(采用阿拉伯数字顺序编号即可)。当用例的基本事件流的所有步骤确认无误后,再进一步分析这些步骤中可能出现的分支来确定备选事件流,并为每一个备选事件流确定名称。随着需求的深入,再逐步细化各个备选事件流。

有些时候,如果基本流比较复杂,可以把它分解成若干个子流。此时,每个子流都需要单独地标识和编号,可以使用前缀“S-”来表示一个子流(Subflow)。此外,利用子流也可以表示存在多种主路径的情况,如“管理商品”用例中可以将增、删、改、查 4 种情况作为 4 个子流来进行文档化(当然,也可以按照前面提到的将其中一个最常用的情况作为基本事件流,将其他情况作为备选事件流的方式来阐述)。

3. 备选事件流

备选事件流代表该用例处理过程中的一些分支或异常情况,它一般是从基本事件流的某个步骤中分离出来的。由于存在多个备选事件流,因此每个备选流都需要单独的标识和编号,可以使用前缀“A-”来表示一个备选事件流(Alternative Flow)。当然有些备选流并不是针对基本流中的某一个步骤,而是在基本流中随时可能触发的,此时使用“A-*”的方式来表示。

4.4.5 补充约束

用例的重点在于描述功能需求,但对于系统来说,还存在很多功能之外的需求和内容。例如本章开篇提到的非功能需求,此外还有其他一些诸如数据项的定义、业务规则、设计约束等内容。本书中把它们统称为补充约束。因此在采用用例模型进行需求建模时也需要把这些补充约束记录到相应的文档中。根据不同的情况有以下两种处理策略。

- 与特定用例相关的补充约束，作为该用例文档的一部分来描述。
- 一些全局性的补充约束，单独形成一份独立的文档，如 RUP 中的"补充需求规约"文档。

对于不同的项目而言，补充约束有不同的方面。本节重点讲解以下 4 种补充约束的表示方法。

1. 数据需求

数据需求是指与该用例相关的一些数据项的说明。数据需求类似结构化方法中的数据模型；不同的是，数据需求只关注当前用例。当然，很多时候数据需求往往不只跟一个用例相关，而是很多用例都涉及相同的数据。例如，在"旅游申请系统"中的申请信息、路线信息、旅游团信息等，这些都是系统的基本数据需求项，在多个用例中都会部分或全部使用到这些数据项。此时，应考虑编制独立的数据需求文档，对这些数据需求项进行详细的定义，然后在用例文档中引用这些定义。由于本书主要是介绍 UML 建模过程，因此有关数据需求文档的定义并没有涉及，本书中用例模型的数据需求部分主要涉及的是与当前用例相关的数据项。

数据需求的描述方法比较灵活，可以采用叙述性的文字来描述，如"房间的状态可能包括空闲、已预订、占用"，也可以采用系统化的方法，以数据字典的方式来定义，如"注册信息＝用户名＋密码＋E-mail＋{电话}*"。有时候，当一个用例涉及的数据项很多且比较复杂时，也可以采用实体关系图的方式进行系统的描述。

当然，这些数据项往往与用例的事件流相关，如某个事件流中的某一步会产生或使用这些数据项。此时，应该将这些数据项与事件流建立联系，对每个数据项进行编号，再在前面的事件流中记录这些编号，数据需求的编号可使用前缀"D-"(Data)来表示。详细的例子参见第 4.4.7 小节中的案例。

2. 业务规则

业务规则是指与业务相关的业务逻辑和操作规则，这些逻辑和规则对系统实现有一定的影响。业务规则有三类，即事实、推理和约束。事实是指业务中普遍认可的规则，为保证用户和开发方的共识，可以将这类规则记录到用例文档中；推理是指业务中的一些逻辑推理方法；约束是指在业务推理中的一些限制条件。下面的例子分别说明了这 3 种业务规则。

事实：设备是资产的一种。
推理：如果过了计划中的交货日期，货物还没有送到，即为"未按时送货"。
约束：合同总金额不能超出买方的信用额度。

用例文档中的业务规则一般采用文字说明的形式；当然也可以采用一些系统化的方法，如决策树、决策表及对象约束语言。决策树和决策表方法是传统的方法；而对象约束语言(Object Constraint Language，OCL)则是一种新兴的形式化语言，主要用于描述对象模型中的各类约束规则。需求阶段一般不会采用对象约束语言，但在设计阶段完全可以在各类 UML 图中采用对象约束语言，有关对象约束语言的内容可以参见 OMG 的相关规范。最后，业务规则的编号可以使用前缀"B-"(Business Rule)来表示。

3. 非功能需求

正如本章开篇所提到的,需求应该是由 FURPS+组成的。这其中的 F(即功能性需求)已经通过用例的方式进行了定义,而 URPS+则还需要进一步定义。针对每个用例而言,也需要在用例文档中描述与其相关的非功能需求。

非功能需求一般采用文字说明的形式,从 URPS+(即可用性、可靠性、性能、可支持性及其他方面的特性)等各方面去考虑。

4. 设计约束

设计约束本质上不是需求,而是从商业、行政、技术等角度对用例或系统进行的约定;这些约定一般是由用户提出的,而且会对后续的分析和设计产生一定的影响,也需要在需求文档中记录下来。下面给出两个设计约束的例子。

设计约束 1:由于现有系统均采用 Oracle 数据库,为保持互操作性,新系统也采用 Oracle 数据库。

设计约束 2:软件文档应符合 ISO×××标准。

4.4.6 场景

场景是看待用例的另一种方法,它是用例的一次执行,是按照特定条件执行事件流时的具体流程、执行例子。用例中的每个分支潜在产生一个独立场景,将用例的部分基本流和若干个备选流组合起来就可以构成用例的不同场景。

一般来说,用例的基本事件流就可以构成一个场景,这个场景称为基本场景,意味着该用例如预料和期望的那样发展,没有出错、偏差、中断或分支。而包含那些备选事件流的场景则称为辅助场景,一个用例一般存在多个辅助场景。

虽然场景可以由用例的事件流组合而成,但有时场景比事件流更容易理解。因此,对于复杂的用例,开发人员还可能需要专门编写它们的场景文档。当然,用例的场景可能很多,很难描述一个用例的所有场景,所以一般考虑用例的基本场景和典型的辅助场景。

场景文档的编写基本规则与事件流类似,但要注意一个场景文档只考虑一种处理情况,按照时间顺序依次描述参与者与用户的交互过程。有时候,为了体现场景的真实性,可以使用具体的数值来描述用户的各种输入和系统的操作。此外,除了可以帮助理解需求外,场景文档还会为后续的测试用例的设计提供参考。用户可以按照场景的描述来验证系统是否达到了预期的目标。

4.4.7 用例文档实践

详细讲解完用例文档各个部分的编写规则后,就可以运用这些规则去编写每一个用例的文档;这个工作是非常具体而琐碎的。在实际项目中,为了能够高效而准确地完成这项工作,还应该频繁地与用户沟通,以保证用例的流程是用户所需要的。

1. "旅店预订系统"用例文档

在"旅店预订系统"的初始用例图中一共有 4 个用例,因此开发人员总共需要编写 4 份用例文档。表 4-8 列出了"预订房间"用例的文档。

表 4-8 “预订房间”用例文档

用例名	预订房间
简要描述	旅店的服务员通过该用例为顾客预订所需的房间
参与者	服务员
涉众	服务员：准确地完成预订过程 旅客：简单、快速地预订到所需的房间
相关用例	无
前置条件	服务员正确登录到该系统
后置条件	如果预订成功，则系统记录本次预订信息，相关的房间状态被正确标识

基本事件流

(1) 用例起始于旅客现场需要预订房间

(2) 服务员按照旅客的要求设定查询条件(D-1)来查询可预订的房间信息(D-2)

(3) 系统显示所有可预订的房间列表(A-1)(B-1)

(4) 服务员为旅客选定所需的房间(A-2)，并输入预订的时间和天数

(5) 系统计算所需的总费用和预付订金金额(B-2)

(6) 旅客现场用现金支付所需的订金(A-3)

(7) 服务员将支付信息记录到系统中，并进行预订操作

(8) 系统保存本次预订信息(D-3)，显示预订成功消息(A-4)

(9) 系统打印预订收据后，用例结束

备选事件流

A-* 服务员在保存预订信息前，随时都可以中止该用例

(1) 系统提醒服务员当前所有操作都会被取消

(2) 服务员确认后，当前用例结束，也可选择取消，则继续后续操作

A-1 没有找到满足可预订需求的房间

(1) 系统显示没有找到所需的房间

(2) 服务员可以重新设定查询条件，也可选择结束该用例

A-2 所有可预订房间中没有旅客满意的房间

服务员可以重新查询其他房间，也可选择结束该用例

A-3 旅客没有足够的现金来支付订金

服务员可以重新为旅客选择其他房间，或修改预订时间，也可以选择结束该用例

A-4 系统保存失败

(1) 系统显示保存失败信息，并提醒服务员重新提交

(2) 服务员可以重新提交本次预订信息，也可以结束该用例

补充约束-数据需求

D-* 房间的状态包括空闲、预订、占用、维修

D-1 查询条件包括预订时间段、房间类型

D-2 房间信息包括房间号、房间类型、价格、房间状态

D-3 预订信息包括客户的基本信息(姓名、地址、联系电话、有效证件号)和本次预订情况(房间号、预订天数、预订时间、预订金额)

补充约束-业务规则

B-1 每个房间同一天只允许一个人预订，可以根据房间的状态来决定该房间是否可被预订

B-2 预订时按房间的总费用需要支付一定比例的预订金额，具体比例可以灵活设定，目前初步定为 10%

补充约束-非功能需求

可支持性：目前只考虑旅客用现金当场支付的情况，但也要为其他支付方式预留接口

待解决问题

(暂无)

相关图

(可画出预订过程的活动图，此处省略)

该用例文档的基本事件流描述了服务员按照旅客的要求为旅客成功地预订房间的全过程。在这个过程中可能会存在各种异常的情况,如没有可预订房间等,这些异常情况均放在备选事件流中描述。注意理解如何在基本事件流中插入一些标记,以便和备选事件流之间建立联系。如表4-8中基本事件流的第(3)步中的A-1表明该步骤会产生A-1的备选流,而A-1备选流的具体含义则在备选事件流中被描述为“A-1 没有找到满足可预订需求的房间”。相对于基本流来说,备选流的描述比较简单,因为它本身并没有太多的业务考虑,更多的是一些设计策略(即如何进行错误处理)。当然,对于那些包含复杂业务的备选流,开发人员也需要像基本流一样对其进行详细的分步描述。

此外,对基本流中所使用的一些通用数据项的约定也是通过标记的方式与补充约束中的数据需求建立联系的,如基本事件流的第(2)步中的查询条件对应D-1、房间信息对应D-2;而D-1和D-2在后面的数据需求中进行了详细的说明。数据需求中以“D-*”编号的数据项表明该数据项并没有在前面的事件流中被引用,但可能在整个用例场景中随时都会被涉及。

由此可见,用例文档就是通过这种逐步分层细化的方式将需求进行分解,以保证用户和开发方对需求的认识达成一致,并最终定义完整的用户需求。

表4-9列出了“取消预订”用例的文档,其编写思路与“预订房间”用例类似,只是所处理的业务不同。

表4-9 “取消预订”用例文档

用例名	取消预订
简要描述	服务员利用该用例为旅客取消已经预订的房间
参与者	服务员
涉众	服务员:快速、准确地为旅客完成取消业务的工作,保证房间能继续使用 旅客:取消已经预订的房间,并按规定退还旅客的相关预订金额
相关用例	无
前置条件	服务员正确登录到该系统
后置条件	如果取消成功,系统清除客户取消的预订信息,相关的房间状态被正确标识

基本事件流

(1) 用例起始于旅客现场需要取消预订的房间
(2) 服务员按照旅客提供的信息查询旅客已预订的房间
(3) 系统查询并显示该旅客所有预订的房间信息(D-1)(A-1)
(4) 旅客确认需要取消预订的房间
(5) 系统计算所需退还的订金金额(B-1)
(6) 旅客同意本次取消业务(A-2)
(7) 服务员退还旅客订金,确认本次取消业务完成
(8) 系统删除预订信息,并保存取消记录(A-3)

续表

备选事件流

A-* 服务员在确认取消之前，随时都可以中止该用例

(1) 系统提醒服务员当前所有操作都会被取消

(2) 用户选择确认后，当前用例结束，也可以选择取消，则继续进行后续操作

A-1 没有找到旅客所要求取消的预订信息

(1) 系统显示没有找到预订信息

(2) 服务员可以重新设定查询条件，也可以选择结束该用例

A-2 旅客不同意本次取消操作

服务员可以重新查询其他预订，也可以选择结束该用例

A-3 系统提交失败

(1) 系统显示"保存失败"的信息，并提醒服务员重新提交

(2) 服务员可以重新提交本次取消操作，也可以结束该用例

补充约束-数据需求

D-1 房间的预订信息参见"预订房间"用例文档的数据需求部分

补充约束-业务规则

B-1 在入住时间24小时之前取消预订，则退回全部订金；24小时以内则不退还，但具体时限可以灵活设定

补充约束-非功能需求

可支持性：目前只考虑旅客现场取消预订的房间，但也要为其他方式预留接口

待解决问题

(暂无)

相关图

(可画出取消过程的活动图，此处省略)

表4-10和表4-11分别列出了该系统中另外两个规模较小的用例文档。表4-10是"登录"用例文档，表4-11为经理"调整价格"用例文档。注意其中两个不同的参与者"服务员"和"经理"都可以启动"登录"用例，此时这两种情况都应被考虑到。

表4-10 "登录"用例文档

用例名	登录
简要描述	服务员或经理利用该用例登录系统，通过身份认证后获得相应的操作权限
参与者	服务员、经理(在用例文档中被统称为"用户")
涉众	服务员、经理：通过身份验证，并获得相应的权限
相关用例	无
前置条件	无
后置条件	如果登录成功，则显示相应权限的操作界面

基本事件流

(1) 用例起始于用户需要登录到该系统

(2) 系统显示欢迎界面，并要求用户输入用户名和密码

(3) 用户输入用户名和密码

(4) 系统验证用户名和密码，允许用户登录系统(A-1)

(5) 系统根据用户类型启动不同的主操作界面

续表

备选事件流
A-1　用户名错误或密码错误 (1) 系统显示用户名错误或密码错误的提示信息,并进入第(2)步 (2) 用户可以重新输入用户名和密码(B-1),也可以选择结束该用例
补充约束-业务规则
B-1　系统允许用户重试3次登录操作,超过3次后系统自动结束,不允许用户重试
补充约束-非功能需求
安全性:密码应该采用加密的方式存储,有关密码的加密算法待定
待解决问题
关于用户名和密码的管理与维护功能还需要进一步明确
相关图
(可画出登录过程的活动图,此处省略)

表 4-11　"调整价格"用例文档

用例名	调整价格
简要描述	经理利用该用例调整房间的价格
参与者	经理
涉众	经理:调整后的价格会影响到后续的房间预订和入住
相关用例	无
前置条件	经理正确登录到该系统
后置条件	如果调整成功,相应的房间的价格信息将被更新
基本事件流	
(1) 用例起始于经理准备调整某些房间的价格 (2) 经理查询需要调整价格的房间(D-1) (3) 系统显示所有满足条件的房间列表(D-2)(A-1) (4) 针对所有需要调整价格的房间,经理输入调整后的价格及实施新价格的日期 (5) 经理提交修改后的价格信息 (6) 系统保存新价格(A-2)	
备选事件流	
A-*　经理在提交新价格之前,随时都可以中止该用例 (1) 系统提醒用户当前所有操作都会被取消 (2) 用户选择确认后,当前用例结束,也可以选择取消,则继续进行后续操作 A-1　没有找到经理所要求的房间 (1) 系统显示没有找到所需的房间 (2) 经理可以重新设定查询条件,也可以选择结束该用例 A-2　系统提交失败 (1) 系统显示保存失败信息,并提醒经理重新提交 (2) 经理可以重新提交本次取消操作,也可以结束该用例	
补充约束-数据需求	
D-1　查询条件包括房间号、房间类型等 D-2　显示房间的信息包括房间号、房间类型、房间当前价格,并提供两个可修改的数据域,以便经理输入新价格和日期	
补充约束-业务规则	
B-1　新价格在实施日期后开始实行,提前已预订了房间的实施日期后的价格不变	

续表

待解决问题
（暂无）
相关图
（可画出调整价格过程的活动图，此处省略）

2. "旅游申请系统"用例文档

下面列出了"旅游申请系统"中的几个核心用例文档，注意学习其中一些细节的编写方法。

表 4-12 列出了"旅游申请系统"中"办理申请手续"用例文档。由于该用例中并没有明确的非功能需求，因此在文档中也没有体现相关内容。

表 4-12 "办理申请手续"用例文档

用例名	办理申请手续
简要描述	前台服务员通过该用例为申请人办理申请旅游团的手续
参与者	前台服务员
涉众	申请人、前台服务员
相关用例	暂无
前置条件	前台服务员登录到系统
后置条件	申请信息被正确保存，相关旅游团可申请人数减少

基本事件流

(1) 该用例起始于旅客需要办理申请手续
(2) 前台服务员录入要申请的旅游团旅行路线代码和出发日期
(3) 系统查询要申请的旅游团信息(A-1)
(4) 系统显示查询到的旅游团和相关路线信息(D-1)(A-2、A-3)
(5) 前台服务员录入本次申请信息(D-2)
(6) 系统计算并显示旅行费用的总额和申请订金金额
(7) 申请责任人缴纳订金，前台服务员录入订金信息，提交本次申请信息
(8) 系统保存该申请信息(A-4)，用例结束

备选事件流

A-* 前台服务员在提交该申请前，随时都可能中止该申请
(1) 系统显示中止确认的消息
(2) 前台服务员可以结束该用例，也可以选择继续录入下一个申请
A-1 无法查询到所需的旅游团信息
(1) 系统显示录入的旅游线路代码或者出发日期有误的信息
(2) 前台服务员再次录入旅游路线代码和出发日期，也可以结束用例
A-2 旅行已超过申请截止日期
(1) 系统提示已超过申请截止日期，不能申请
(2) 前台服务员重新输入旅游线路代码和新的出发日期，也可以结束用例
A-3 可以申请的人数为 0 人
(1) 系统提示旅游团人数已满
(2) 前台服务员重新输入新的旅游线路代码和出发日期，也可以结束用例
A-4 保存信息失败
(1) 系统显示保存失败，并提示用户需要再次提交
(2) 前台服务员可以重新提交该申请，也可以结束用例

续表

补充约束-数据需求

D-1 显示的旅游团和路线信息包括旅游路线代码、旅游路线名称、出发日期、天数、申请截止日期、可申请人数、大人的单价、小孩的单价等

D-2 录入申请信息包括申请责任人的姓名、电话号码、参加的大人人数及小孩人数

补充约束-业务规则

B-1 所申请旅游团的截止日期在申请日期之前

B-2 所申请旅游团的人数限额未满

B-3 订金的支付方式暂时考虑为现金,系统设计时应考虑支持刷卡支付

B-4 申请订金的计算规则如下所示。

距出发日期的天数	订金比例
两个月以上(含两个月)	10%
一个月(含一个月)至两个月之间	20%
一个月以内	全款

待解决问题

(暂无)

相关图

(暂无)

表4-13列出了"管理参加人"用例文档。与前一个用例文档不同的是,该用例文档的基本事件流被划分成3个子流程,子流程可以使该用例文档的结构更加清晰。

表4-13 "管理参加人"用例文档

用例名	管理参加人
简要描述	前台服务员通过该用例对申请参加人的信息进行维护
参与者	前台服务员
涉众	申请人、申请参加人
相关用例	暂无
前置条件	前台服务员登录到系统
后置条件	申请参加人的信息被正确地录入系统

基本事件流

(1) 用例起始于前台服务员需要对申请的参加人信息进行维护

(2) 前台服务员输入查询条件(D-1),查询申请信息

(3) 系统查询该申请(A-1),并显示申请详细信息(D-2)

(4) 前台服务员选择所要进行的操作

(5) 系统根据前台服务员选择的操作,执行以下的子流程。

选择"增加参加人"操作时,开始"增加参加人"子流程(S-1)

选择"修改参加人"操作时,开始"修改参加人"子流程(S-2)

选择"删除参加人"操作时,开始"删除参加人"子流程(S-3)

(6) 子流程完成后,用例结束

续表

子流程 S-1：增加参加人
(1) 系统显示申请责任人的姓名和电话号码
(2) 前台服务员录入申请责任人信息(D-3)
(3) 前台服务员录入申请责任人旅行途中的联络人信息(D-4)
(4) 前台服务员继续录入其他参加人的信息
(5) 前台服务员录入参加人信息(D-3)
(6) 前台服务员录入参加人有关旅行途中的联络人信息(D-4)
(7) 重复步骤(5)和步骤(6)，录入所有的参加人(A-2)
(8) 前台服务员提交本次录入信息(A-3)
(9) 系统保存参加者信息(A-4)，结束该子流程
子流程 S-2：修改参加人
(1) 系统显示全部参加人的姓名
(2) 前台服务员选出要修改的参加人
(3) 系统显示要变更的参加者信息(D-3)和联络人信息(D-4)
(4) 前台服务员修改相关的信息
(5) 前台服务员提交本次修改(A-2)
(6) 系统保存参加人信息，结束该子流程
子流程 S-3：删除参加人
(1) 系统显示全部参加人的姓名
(2) 前台服务员选出要删除的参加人
(3) 系统显示取消手续费用和返还金额
(4) 前台服务员确认删除
(5) 系统保存本次删除信息
(6) 若删除的参加人就是申请责任人，为了选择新的申请责任人，系统会显示所有参加人的姓名
(7) 前台服务员选择新的申请责任人
(8) 系统录入新的申请责任人(A-4)，结束该子流程
备选事件流
A-* 前台服务员在操作提交之前，随时都能够结束子流程
(1) 系统显示确认中止的消息
(2) 前台服务员可以结束子流程，也可以选择继续执行其他操作
A-1 没有找到申请信息
(1) 系统提示未找到该申请信息
(2) 前台服务员可以输入查询条件进行查询，也可以结束用例
A-2 必填项有未输入项目
(1) 系统提示有未输入项目
(2) 前台服务员再次输入未输入项目
A-3 尚未录入所有参加者的信息
(1) 系统提示有未录入的参加者信息
(2) 前台服务员可以继续录入参加者的信息，也可以登录目前已录入的参加者的信息，结束子流程
A-4 系统保存失败
(1) 系统提示保存失败
(2) 前台服务员可以再次提交，也可以结束该用例

续表

补充约束-数据需求

D-1　查询条件包括旅游线路代码、出发日期、申请责任人姓名

D-2　显示的申请信息包括旅游线路代码、旅游团名称、出发日期、申请日期、申请责任人姓名、支付情况

D-3　参加人信息包括性别、出生年月、当前住址、邮政编码、E-mail 等

D-4　联络人信息包括姓名、与当事人关系、住址、邮政编码、电话号码等

补充约束-业务规则

B-1　取消手续的费用计算规则如下所示。

距出发日期的天数	取消手续的费用
1 个月以上	无
10 天到 1 个月	20%
1 天(前一天)到 10 天	50%
0 天(出发当天)	全款

待解决问题

(暂无)

相关图

(暂无)

表 4-14 列出了“完成支付”用例文档。从用例文档可以看出,该用例文档的基本事件流和“管理参加人”用例文档的基本事件流之间存在很多相似处,即都需要查询申请的信息;在第 4.5.1 小节将介绍如何处理这种情况。

表 4-14　“完成支付”用例文档

用例名	完成支付
简要描述	前台服务员通过该用例录入申请的费用支付信息
参与者	前台服务员
涉众	前台服务员、申请参加人
相关用例	暂无
前置条件	前台服务员登录到系统
后置条件	申请的支付信息被正确地录入系统

基本事件流

(1) 用例起始于申请参加人来交费,前台服务员需要录入申请的支付信息

(2) 前台服务员可以根据交款单编号或申请信息(D-1)查询已经录入的申请

(3) 系统查询该申请(A-1),并显示详细的申请信息(D-2)

(4) 前台服务员选择完成支付功能

(5) 系统显示录入支付信息界面

(6) 前台服务员录入费用的支付信息

(7) 系统保存费用支付信息(A-2),用例结束

续表

备选事件流
A-＊　前台服务员在操作提交之前，随时都能够结束支付流程 (1) 系统显示确认录入终止的信息 (2) 前台服务员可以结束用例，也可以选择继续 A-1　没有找到申请信息 (1) 系统提示未找到该申请信息 (2) 前台服务员可以输入查询条件进行查询，也可以结束用例 A-2　保存失败 (1) 系统显示保存失败 (2) 前台服务员可以选择再次提交，也可以结束该用例
补充约束-数据需求 D-1　查询申请信息包括旅游线路代码、出发日期、申请责任人姓名 D-2　显示的申请信息包括旅游线路代码、旅游团名称、出发日期、申请责任人的姓名、余款金额、支付期限等信息 **补充约束-非功能需求** 可扩展性：目前的支付方式是现金支付，可预见的变化是考虑通过信用卡进行网上支付
待解决问题 (暂无)
相关图 (暂无)

表4-15列出了系统中另一个参与者“收款员工”参与的用例“打印旅游确认书和余额交款单”的用例文档。注意在该用例文档的基本事件流第(3)步中如何表示循环操作。

表4-15　“打印旅游确认书和余额交款单”用例文档

用例名	打印旅游确认书和余额交款单
简要描述	收款员工每天通过该用例打印前一天所有申请的旅游确认书和余额交款单
参与者	收款员工
涉众	收款员工、申请责任人
相关用例	暂无
前置条件	收款员工登录系统
后置条件	设置申请状态为“已发送确认书”，对于支付全款的申请，将其状态修改为“已支付完成”
基本事件流 (1) 用例起始于收款员工准备为申请人打印旅游确认书和余额交款单 (2) 系统查询到前一天为止已经完成申请且尚未打印确认书的申请 (3) 对于查询到的全部申请，系统重复执行第(4)步～第(6)步 (4) 系统打印旅游确认书(D-1) (5) 对于有余款未支付的申请，系统打印交款单(D-2)；对于旅费已全部支付的申请，设置其状态为“已支付完成” (6) 系统设置该申请为“已发送确认书”的状态 (7) 全部申请均处理完成后，用例结束	

续表

备选事件流
(暂无)
补充约束-数据需求
D-1 旅游确认书包括收信人信息(即申请负责人的姓名、邮编、当前住址)和对应的旅游团信息(即旅游线路编码、旅游线路名称、出发日期、全体参加人的名称)
D-2 交款单内容包括交款单编号、旅游团的单价、参加者人数、合计金额、订金、余款、支付期限等
待解决问题
(暂无)
相关图
(暂无)

表 4-16 列出了"导出财务信息"用例文档。由于该用例的参与者是时间和财务系统,没有外部用户,所以事件流中全部是系统的动作。此外,由于问题陈述中并没有提及有关财务系统的相关细节,因此与财务系统的交互模式也无法表示清楚。

表 4-16 "导出财务信息"用例文档

用例名	导出财务信息
简要描述	系统每天晚上自动导出当天的财务信息,并将其导入财务系统中
参与者	时间、财务系统(辅参与者)
涉众	会计人员
相关用例	暂无
前置条件	无
后置条件	所有当天的财务信息均被正确导入财务系统
基本事件流 (1) 用例起始于系统每天晚上自动运行 (2) 系统查询当天所收取的所有订金和支付信息(A-1) (3) 针对所有的订金和支付信息,重复执行第(4)步和第(5)步 (4) 系统获取当前的订金和支付信息 (5) 系统将这些订金和支付信息导出到财务系统中(A-2) (6) 处理完全部费用信息后,当前用例结束	
备选事件流 A-1 没有订金和支付信息,当前用例中止 A-2 导出过程出错,记录出错日志,并继续导入下一条信息	
补充约束-业务规则 B-1 该用例自动运行的时间可以由用户设定 B-2 导出过程出现异常时应能够自动处理,并继续进行后续的操作,记录相应的日志	
待解决问题 P-1 有关导出数据的内容、格式和实现技术还需要与财务系统开发方进一步商定 P-2 有关错误日志的格式有待进一步确定	
相关图 (暂无)	

由于篇幅的关系，该系统中的其他用例文档就不在此一一列出，读者可以根据自己的需要去完成这些文档。当然，每个人编写出的文档细节会有所不同，只要把关键的业务流程和需求点体现出来即可。

编写完这些用例文档后，应该对用户的需求有一个清晰的认识。不过，如果系统本身是一个全新的业务领域或是一个特别复杂的用例，则可能还会存在误解和不够清晰的地方。这时，开发人员可以针对这些用例进一步编写典型场景的文档，从而使需求有一个更明确的表达形式。下面列出了“旅游申请系统”中“办理申请手续”用例的4种典型场景的场景文档。其中场景1和场景2都是来自基本事件流，而场景3和场景4则是考虑了不同的备选事件流。这些场景文档中给出了各项操作的具体数值，这些数据来自业务本身。对于一个真实项目来说，使用用户的实际数据不仅使需求更贴近业务，而且便于完成测试用例的设计工作。

场景1：申请距出发日期两个月以上的旅游团

(1) 前台服务员选择办理申请手续操作。

(2) 前台服务员录入希望申请旅行的旅游线路代码“BJ01-03”和出发日期“2018/5/1”。

(3) 系统查询要申请的旅游团。

(4) 系统显示要申请的旅游团的有关信息如下。

路线代码“BJ01-03”、路线名称“北京3日游”、出发日期“2018/5/1”、天数“3”、申请截止日期“2018/4/25”、可申请人数“38”、大人单价“1500元”、小孩单价“800元”。

(5) 前台服务员输入申请责任人的姓名“张三”、电话号码“138××××4567”、大人的人数“4”、小孩的人数“1”。

(6) 系统显示旅行费的总额“6800元”和订金“680元”。

(7) 申请责任人提交订金。

(8) 前台服务员提交本次申请。

(9) 系统保存本次申请。

场景2：申请距出发日期不到一个月的旅游团

(1) 前台服务员在操作选择界面中选择“申请”操作。

(2) 前台服务员录入要申请的旅游线路代码“HN02-05”和出发日期“2018/3/1”。

(3) 系统查询要申请的旅游团。

(4) 系统显示要申请的旅游团的有关信息如下。

路线代码“HN02-05”、路线名称“海南5日游”、出发日期“2018/3/1”、天数“5”、申请截止日期“2018/2/26”、可申请人数“6”、大人单价“2500元”、小孩单价“1200元”。

(5) 前台服务员输入申请责任人的姓名“李四”、电话号码“133××××3210”、大人的人数“2”、小孩的人数“0”。

(6) 系统显示旅行费的总额“5000元”和订金“500元”。

(7) 申请责任人提交订金。

(8) 前台服务员提交本次申请。

(9) 系统保存本次申请。

场景3：所申请的旅游团已满

(1) 前台服务员选择办理申请手续操作。

(2) 前台服务员录入希望申请旅行的旅游线路代码“SC01-05”和出发日期“2018/2/15”。

(3) 系统查询要申请的旅游团。

(4) 系统显示要申请的旅游团的有关信息如下。

路线代码“SC01-05”、路线名称“四川5日游”、出发日期“2018/2/15”、天数“5”、申请截止日期“2018/2/8”、可申请人数“0”、大人单价“2000元”、小孩单价“1000元”。

(5) 由于申请人数已满,系统显示无法申请该旅游团。

(6) 前台服务员选择结束当前申请。

场景4:没录入申请信息而直接选择结束

(1) 前台服务员在操作选择界面中选择“申请”操作。

(2) 前台服务员录入要申请的旅游线路代码“HS01-02”和出发日期“2018/8/15”。

(3) 系统查询要申请的旅游团。

(4) 系统显示要申请的旅游团的有关信息如下。

路线代码“HS01-02”、路线名称“黄山两日游”、出发日期“2018/8/15”、天数“2”、申请截止日期“2018/8/1”、可申请人数“30”、大人单价“800元”、小孩单价“400元”。

(5) 前台服务员输入申请责任人的姓名“马六”、电话号码“134××××3210”、大人的人数“2”、小孩的人数“0”。

(6) 系统显示旅行费的总额“1600元”和订金“160元”。

(7) 由于申请责任人不认可本次申请,前台服务员结束当前申请操作。

(8) 系统显示确认取消的消息。

(9) 前台服务员确认本次取消操作。

视频讲解

4.5 重构用例模型

有了基本的用例模型和相应的用例文档,开发人员就完全能够对各类系统的需求进行定义了。然而,对于大规模的复杂系统而言,仅有这些操作可能还是不够。在大规模系统中,可能会存在十几个,甚至几十个用例,过多的用例也使得用例图变得过于复杂;而且每个用例的规模也存在很大的差别,有的比较简单(如登录),有的特别复杂,其文档可能就有十几页,甚至几十页;此外,每个用例的重要程度也不一样。针对这些问题,需要采用更多的用例建模技巧,来对初始的用例模型进行重构,以便构造规模适中、结构合理的用例视图。通常,我们可以采用3类用例建模的高级技术来重构用例模型。

(1) 用例关系:通过用例关系将复杂的用例进行适当的分解,以便于提高需求的复用性、可扩展性等,从而使用例模型的结构更合理。

(2) 用例分包:将相关的用例打包,通过分包的方式可以将用例图分层表示,以便用于大规模系统的用例建模。

(3) 用例分级:可以根据用例的重要程度进行分级,以便后续迭代计划的制定。高级别的用例应被优先考虑。

在详细讲解这些用例重构技术之前,还需要强调的一点是,使用这些技术只是使用例模型的结构更合理,不使用这些技术也完全能够完成需求建模的过程。因此,开发人员在实际项目中不要过分追求应用这些技术,应该在完成初始的用例模型并对系统的需求有比较全面的认识后，再结合这些技术的使用场合，考虑是否需要进行重构。这些重构技术还会影响到后续的分析和设计，因此要谨慎地重构用例模型。

4.5.1 使用用例关系

初始用例模型中的用例是彼此独立的，它们只与相关联的参与者之间存在关联关系，各个用例之间不存在任何交互。然而，在实际应用中有些用例之间可能会存在一些相似甚至相同的步骤，还有些用例中可能包括一些独立的、可单独作为用例存在的事件流。在上述情况下，可以将这个复杂用例中的独立事件流抽取成另一个用例，此时这两个用例之间就存在着一定的关系。表 4-17 列出了用例之间可能存在的 3 种关系。

表 4-17 3 种用例关系

关 系 名	图 例	含 义
包含关系	<<include>> - - - - - - ->	基用例中复用被包含用例的行为
扩展关系	<<extend>> - - - - - - ->	通过扩展用例对基用例增添附加的行为
泛化关系	————▷	派生用例继承泛化用例的行为并添加新行为

1. 包含关系

包含关系表示某个用例（基用例、主用例）中包含了其他用例（被包含用例、子用例）的行为。包含关系提供了从两个或多个用例行为中提取公共部分的能力，把这些公共部分放到某个单独的用例中，系统可以通过包含关系来引用这些公共行为。因此，包含关系的提出一般是基于用例行为复用的考虑，这也意味着被包含的用例往往被多个基用例引用。复用行为的提出应该是基于前面所编写的用例文档来考虑的，当若干个用例事件流中存在类似的行为，而这些行为又可独立地构成一个用例时，就可以把这些行为提炼出来构成另外一个被包含的用例。

在编写“旅游申请系统”的用例文档时，可以发现“管理参加人”和“完成支付”中都首先需要查询已有的申请信息，并显示申请的情况。虽然有些细节的差异，例如管理参加人时并不需要显示有关余款的信息，而完成支付时还可以按照交款单编号来查询，但这些细微的差别可以通过适当地调整用例文档来解决（如管理参加人虽然不需要支付信息，但查询到这些信息也没什么影响，只是不需要处理而已）。因此，从这两个用例中就可以抽取出公共行为“查询申请信息”，而这个公共行为即可构成一个单独的被包含用例“查询申请信息”。这 3 个用例间的包含关系如图 4-21 所示。注意图中包含关系的方向，由基用例指向被包含用例。

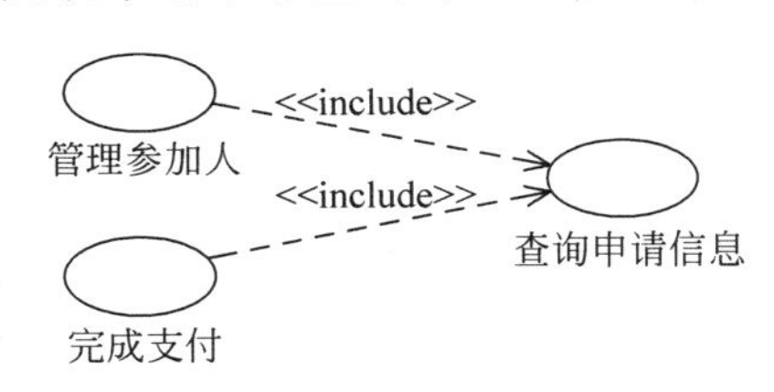

图 4-21 用例间的包含关系

通过包含关系对用例模型进行重构后，相应的用例文档也会受到影响。原有的用例中已经抽取出来的部分就不再出现在用例文档中，而是通过引用被包含用例来表示。当然，还需要为新增加的“查询申请信息”用例编写相应的用例文档。表 4-18 列出了重构后“完成支付”用例文档（“管理参加人”的用例文档也做类似调整），注意仔细查看与表 4-14 的差别。该文档的主要变动体现在，(1)相关用例部分改成被包含用例，表明该用例有一个包含的子用例；(2)原用例基本事件流中的第(2)步和第(3)步被一个对子用例的引用所取代(即当前文档的第(2)步)；(3)由于原用例的第(2)步和第(3)步被取消，因此与其相关的备选流、补充约束也不再在当前文档中出现。

表 4-18 重构后的"完成支付"用例文档

用例名	完成支付
简要描述	前台服务员通过该用例录入申请的费用支付信息
参与者	前台服务员
涉众	前台服务员、申请参加人
包含的用例	查询申请信息
前置条件	前台服务员登录到系统
后置条件	申请的支付信息被正确地录入系统
基本事件流 (1) 用例起始于申请参加人来交费，前台服务员需要录入申请的支付信息 (2) 包含"申请信息用例"来获得所要支付的申请 (3) 前台服务员选择完成支付功能 (4) 系统显示录入支付信息界面 (5) 前台服务员录入费用的支付信息 (6) 系统保存费用支付信息(A-1)，用例结束	
备选事件流 A-* 前台服务员在操作提交前，随时都能够结束支付流程 (1) 系统显示确认录入终止的信息 (2) 前台服务员可以结束用例，也可以选择继续 A-1 保存失败 (1) 系统显示保存失败 (2) 前台服务员可以选择再次提交，也可以结束该用例	
补充约束 (暂无)	
待解决问题 (暂无)	
相关图 (暂无)	

表 4-19 则列出了新增加的"查询申请信息"用例文档。针对该用例文档，需要明确几点：(1)该用例没有参与者，因此与其相关的用例描述、启动条件等都与前面的用例文档有些差别；(2)为了显示该用例被其他用例所引用，所以相关用例部分被改成基用例，表明该用例被多个基用例所包含(注意虽然前面没有提到"取消申请"用例，但事实上包含关系是成立的)；(3)虽然该用例文档中写出了基用例，但严格意义上来说，包含关系中被包含的用例并不需要了解它的基用例，其自身是独立存在的。

表 4-19 “查询申请信息”用例文档

用例名	查询申请信息
简要描述	其他用例可以包含该用例,以查询所需的申请信息
参与者	无
涉众	前台服务员
基用例	管理参加人、完成支付、取消申请
前置条件	无
后置条件	显示符合要求的查询结果

基本事件流

(1) 用例起始于其他用例需要通过该用例来获取申请信息

(2) 系统提示用户输入查询条件(D-1)

(3) 前台服务员提交查询条件

(4) 系统查询根据设定的条件查询申请(A-1),并显示申请详细信息(D-2)

备选事件流

A-* 前台服务员在提交查询条件前,随时都能够结束支付流程

(1) 系统显示确认查询终止的信息

(2) 前台服务员可以结束用例,也可以选择继续

A-1 没有找到申请信息

(1) 系统提示未找到该申请信息

(2) 前台服务员可以输入查询条件进行查询,也可以结束用例

补充约束-数据需求

D-1 查询条件包括旅游线路代码、出发日期、申请责任人姓名、交款单编号等

D-2 显示的申请信息包括旅游线路代码、旅游团名称、出发日期、申请责任人的姓名、余款金额、支付情况、支付期限等信息

补充约束-业务规则

B-1 查询条件支持与、或等组合操作;还需要支持二次查询(即在查询结果中再次查询)

待解决问题

(暂无)

相关图

(暂无)

2. 扩展关系

扩展关系是指某个用例(基用例、主用例)在特定情况下无法进行处理,而把这些行为委托给其他用例(扩展用例、子用例),表示该行为被扩展了。扩展用例的提出是为了将基用例的一些特殊情况分离出来,在保持基用例本身相对完整的情况下(即一般情况都能处理)来处理这些特殊行为。从另一个角度来说,扩展关系就是在不改变基用例的情况下,对基用例的行为进行扩展,即将一些附加的行为添加到基用例中。这就意味着,扩展用例不会影响到基用例的内部行为(基用例自身是独立的,不受扩展用例影响);而且基用例也是完整的(不需要扩展用例也能够向参与者提供价值)。基于以下几种情况可以提炼出扩展关系。

(1) 对用例基本行为的可选择特征的描述。这些可选择特征只有在某些特定的情况下才可使用,更多的情况下都不涉及这些可选择特征。此时可以把这部分内容单独作为扩展用例看待。

(2) 复杂的异常处理行为的描述。这些描述可能会使基用例文档中的那些备选事件流过于复杂(因为异常处理行为存在于备选流中),复杂度甚至超过了基本事件流；而且备选流中也可能存在分支等情况。此时将这部分备选流分离出去作为扩展用例存在。

(3) 面向特定用户的特定需求。如某需求对于大多数用户的要求是一致的,但有一类特殊用户有他们自己的要求,此时可以把此部分特定需求作为扩展用例独立出去。

(4) 范围管理和版本管理。某个用例过于复杂,而其中的部分行为在当前开发周期(或软件版本)中不予考虑,此时可以把这部分行为作为扩展用例分离出去。

从概念上讲,扩展用例的工作模式与备选事件流是一致的。很多情况下,扩展用例也是从备选事件流中抽取出来的。当然,这并不意味着所有的备选事件流都可以作为扩展用例存在。首先,扩展用例也是用例,因此也必须满足前面提到的用例要点；其次,由于备选事件流是用例的一部分,因此,它可以利用用例的状态、前置条件、后置条件和其他的事件流等相关信息,甚至可以终止当前用例,也可以跳转到用例事件流的其他步骤。

与包含关系不同,扩展用例并不是独立存在的,它需要了解基用例,并对基用例进行扩展。为了表明扩展用例在基用例中的何处如何进行扩展,需要在基用例中定义扩展点,扩展用例只能在这些扩展点上进行扩展。扩展点(Extension Points)是指在基用例中定义的特定条件,每个扩展用例都至少与一个扩展点相关联(虽然一个扩展用例可以扩展成多个基用例与多个扩展点关联,但事实上这种情况很少出现)。当基用例满足这些特定条件后,就会触发相应的扩展用例来为基用例提供附加行为。

在编写“旅游申请系统”的用例文档时,可以发现“导出财务信息”用例中存在一些复杂的异常处理行为(即 A-2 备选流),这部分行为在当前用例中并没有展开论述,而且这些异常处理本身和当前导出财务信息的业务没有太大的关系。因此,开发人员可以把此部分内容分离出来构成扩展用例,修改后的用例图如图 4-22 所示。

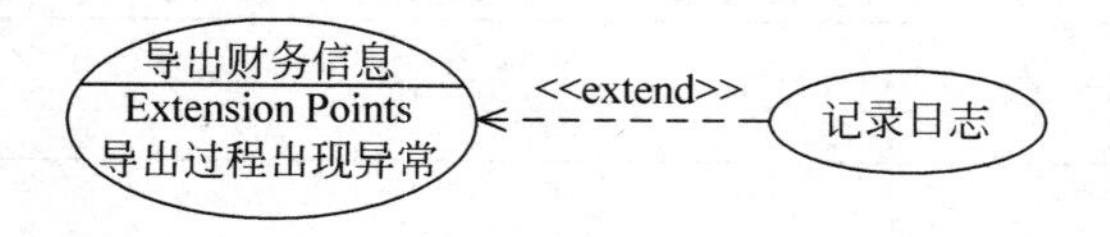

图 4-22 用例间的扩展关系

从图 4-22 中可以清楚地看出,基用例“导出财务信息”定义了一个扩展点“导出过程出现异常”,而扩展用例“记录日志”则是基于该用例进行扩展的。需要说明的是,目前有些建模工具[①]并不将扩展点在用例图中显示出来,但无论是否显示出来,只要存在扩展关系,基用例中就存在相应的扩展点；而且有关扩展点和扩展关系还需要在用例文档中体现。表 4-20 列出了重构后的“导出财务信息”用例文档。该用例文档的主要变动体现在,(1)相关用例部分改为扩展点,声明该用例中存在的扩展点；(2)在用例的基本事件流需要增加附加行为的地方增加扩展点,如该文档中的第(3)步之后；(3)删除基用例中与异常处理相关的部分,将其放到扩展用例中。

---

① 有些建模工具(如 Rational Rose)不能在用例图中显示扩展点。

表 4-20 重构后的"导出财务信息"用例文档

用例名	导出财务信息
简要描述	系统每天晚上自动导出当天的财务信息，并导入到财务系统中
参与者	时间、财务系统(辅助参与者)
涉众	会计人员
扩展点	导出过程出现异常
前置条件	无
后置条件	所有当天的财务信息均被正确导入到财务系统中

基本事件流

(1) 用例起始于系统每天晚上自动运行
(2) 系统查询当天所收取的所有订金和支付信息(A-1)
(3) 针对所有的订金和支付信息，重复执行第(4)步和第(5)步
(4) 系统获取当前的订金和支付信息
(5) 系统将这些订金和支付信息导出到财务系统中
当处理过程出现异常时，触发扩展点：{导出过程出现异常}
(6) 处理完全部费用信息后，当前用例结束

备选事件流

A-1 没有订金和支付信息，当前用例中止

补充约束-业务规则

B-1 该用例自动运行的时间可以由用户设定

待解决问题

P-1 有关导出数据的内容、格式和实现技术还需要与财务系统开发方进一步商定

相关图

(暂无)

表 4-21 列出了扩展用例"记录日志"的用例文档。开发人员可以通过将相关用例部分改成基用例，并给出具体所扩展的基用例名称和对应的扩展点来表示这种扩展关系。

表 4-21 "记录日志"用例文档

用例名	记录日志
简要描述	系统在导出财务信息出现异常时，通过该用例来处理异常
参与者	无
涉众	会计人员
基用例	导出财务信息(扩展点：导出过程出现异常)
前置条件	无
后置条件	相关的异常信息被记录

基本事件流

(1) 用例起始于基用例出现异常时
(2) 系统获取当前的异常信息，并记录到日志中
(3) 系统恢复到正常状态，返回基用例

备选事件流

无

补充约束-数据需求

D-1 日志内容应包括时间、操作人员、日志级别和内容

待解决问题

P-1 有关错误日志的格式有待进一步确定

相关图

(暂无)

扩展关系和包含关系是在用例建模中使用得相对较多的关系，也是初学者容易混淆的两种关系。事实上，这两种关系的图标就非常类似，它们本质上都是 UML 基本关系中的“依赖关系”，只是使用了不同的构造型，从而进行了不同的扩展。开发人员要想正确地使用这两种关系就必须理解这两种关系的使用场合和所解决的问题。表 4-22 对这两种关系进行了详细对比。在实际应用中，应根据具体情况选择合适的关系。

表 4-22 扩展关系和包含关系

相同点			◆ 都与基用例相联 ◆ 在基用例的执行过程中，可能在某些条件下基用例的执行流被中断，转而执行扩展或被包含用例(统称为子用例)的事件流；当子用例流执行完毕，控制将返回到基本事件流中原来被中断的那个位置恢复执行
不同点	出发点不同	包含关系	便于子用例流的复用
		扩展关系	通过扩展点在不影响基用例的情况下附加行为
	实现的效果不同	包含关系	基用例中的一部分业务放在子用例中
		扩展关系	基用例处理一般情况，一些特殊业务放在子用例中
	执行子用例的方式不同	包含关系	基用例中直接引用子用例
		扩展关系	主用例达到一定条件触发扩展点，子用例通过扩展点触发
	使用方式不同	包含关系	基用例不够完整，一般要联合子用例为参与者提供价值
		扩展关系	基用例相对完整，可以单独为参与者提供价值
	依赖方向不同	包含关系	主用例依赖子用例，子用例相对独立
		扩展关系	子用例依赖主用例，主用例相对独立

3. 泛化关系

与参与者的泛化一样，用例之间也可以定义泛化关系。用例之间的泛化也表明了一种继承层次，通过这种继承层次，特化的用例继承泛化用例的全部属性和行为，并参与泛化用例的各种关系。通过用例之间的泛化关系可以达到更高层次的需求复用，在泛化用例中描述通用行为，而特化用例继承这些通用行为，并在适当的地方进行特化，以处理具体的业务。

虽然用例模型中并没有对泛化用例进行特别约定，但是泛化用例往往作为抽象用例而存在，即泛化用例不会产生任何具体的场景实例，只是为了需求的复用而提出，具体的场景实例都应该来自特化的用例；或者说，参与者实际上是通过执行特化的用例来实现目标的。定义可实例化的泛化用例往往会给用例模型带来很多潜在的隐患。图 4-23 所示是这样一种需求的用例模型——普通售货员可以取消已有的交易，但当交易超过一定的金额后，则需要高级售货员来终止。在该用例模型中，同时使用了参与者和用例之间的泛化关系。

在这个用例模型中，“取消交易”和“取消大交易”这两个用例都是具体用例(即可实例化的用例)，参与者分别通过这两个具体用例获得价值。按照该用例模型，泛化用例“取消交易”代表了取消交易的一般处理情况，并没有对交易的金额进行限定；而特化用例“取消大交易”则针对交易金额进行了限定，要求交易超过一定的金额。因此，按照这种表示，普通售货员可以通过“取消交易”用例来取消任何交易(因为它代表一般情况，并不是特指未达到限额的小交易；如果是特指小交易就不能再特化出“取消大交易”用例)，这当然也包括大交易。这显然违背了用户的初衷。为了解决这个问题，需要引入抽象用例作为泛化用例，图 4-24 所示是调整后的用例模型。

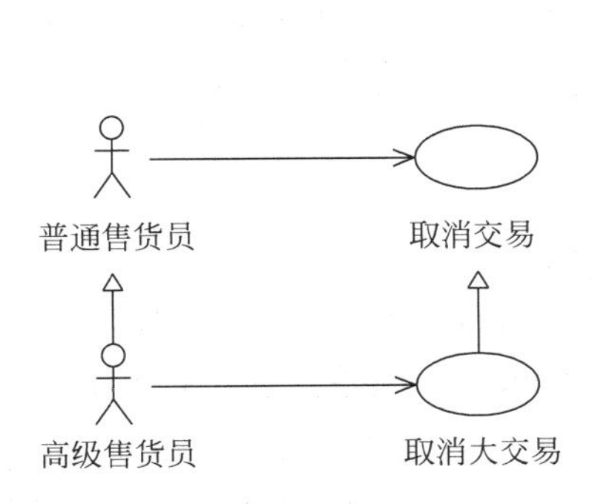

图 4-23 存在问题的用例间泛化关系

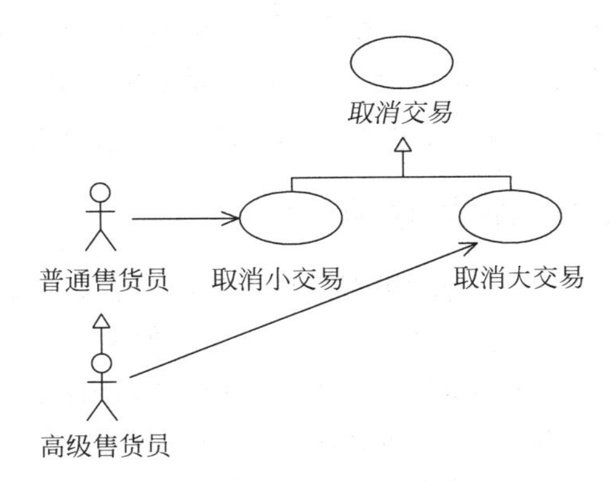

图 4-24 正确使用用例间的泛化关系

从图 4-24 可以看出，作为泛化用例“取消交易”没有和任何参与者关联，而且用斜体字表示它是抽象的，通过添加这样的一个抽象用例作为泛化用例来实现需求的复用。而参与者只与相应的特化用例关联，即普通售货员只可以取消小交易；高级售货员可以取消大交易，也可以通过继承普通售货员的权限来终止小交易。至于泛化关系存在这类问题的深层原因，我们将在第 6 章中进行展开讨论。

与前面两种关系相同，引入泛化后，用例文档也要进行相应的调整。不过与包含和扩展不同，泛化代表的是继承，即特化用例继承泛化用例的全部细节。这意味着在编写特化用例文档时，首先应该继承泛化用例文档的全部内容，然后在需要的地方添加或修改相应的约束。因此，特化用例中包含了继承而来的内容，以及自身特定的内容；此时可以使用不同的字体或颜色区分这两部分内容（如用斜体字表示继承的内容）。

泛化关系代表的一种一般和特殊的关系，而扩展关系也有这样一层含义（即扩展用例表达某种特殊情况），因此，有些情况下的泛化关系可以转换成扩展关系。图 4-25(a)采用了用例的泛化关系，而图 4-25(b)则是采用扩展关系，两者所描述的需求相同。

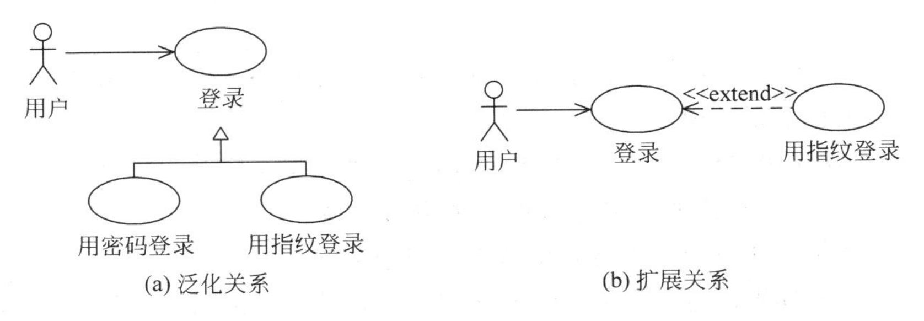

图 4-25 将泛化关系转换成扩展关系

图 4-25 中描述了系统登录的需求，用户可以通过密码和指纹两种手段登录系统。图 4-25(a)在泛化用例“登录”中描述了登录的基本流程，而两个特化的用例则表明两种登录手段，参与者通过其中之一登录系统[①]。而图 4-25(b)采用扩展关系，其中“登录”用例是

① 图 4-25 中虽然是用户与登录用例关联，但由于该用例是抽象用例，不可能实例化，因此实际上用户执行的是两个特化用例，这两个特化用例从登录用例中继承了与用户的关联。

一个具体用例,代表用户通过密码登录系统(这是最普遍的登录方式,作为基用例);但该用例中存在一个扩展点,用户可以在这个扩展点上选择另外一种登录手段(即指纹)。而扩展用例则负责处理这个扩展点,即当参与者选择指纹后,中断基用例,执行扩展用例完成指纹登录。

4.5.2 用例分包

当前所阐述的用例模型中的参与者和用例都是通过一张用例图来展现的,这对于中小规模的系统来说可能已经够用了。但是,对于大规模系统来说,其用例模型的规模可能达到十几个参与者和几十个用例,参与者和用例之间、用例和用例之间存在着各种关系,显然要把这些内容全部展现在一个用例图中是不太可能的,而且过于复杂的用例图也不便于以后的使用。为了解决这个问题,需要对用例进行打包。按照一些分包的原则,将不同的用例分配到不同的包中,在高层用例图中只描述外部参与者、高层用例及包之间的关系,再描述每个包的内部参与者与用例之间的关系。通过这种分层的技术可以把大规模系统进行分解,从而能够更加清楚地表现出系统的业务逻辑关系和层次。

包是一种将模型元素分组的机制,一个用例包中可能包含多个用例和相关的参与者,还可以包含子包。通过用例分包技术可以对系统进行业务分割,从而将复杂系统分割成多个相对独立且规模较小的子系统[①]。需要注意的是,这种分割将影响到后续的开发流程及系统的最终表现形式。

常用的有 4 种用例分包策略:第一种是基于业务主题的分包(最常用),按照用例所处理的业务领域不同,将面向不同业务主题的用例放在不同的包中;第二种是按照参与者分包,即将相同参与者参与的用例放在同一个包中,而将不相关的参与者的用例放在不同的包中;第三种是基于开发团队的分包,即结合开发团队的特点,将由同一个开发团队完成的用例放在同一个包中;第四种是基于发布情况的分包,即将在不同发布周期中发布的用例放在不同的包中,而将需要同时发布的用例放在同一个包中。在选择分包策略时,一般首先结合业务特点,按照业务主题进行分包(即每个包代表一个主题),再综合考虑开发团队和发布情况[②]。

下面以某申请业务审查系统为例,简单地介绍用例分包的基本使用方法(考虑篇幅的关系,我们对系统进行了很大简化)。

该系统负责在线接收申请人提交的申请,然后受理员采集和核对申请人提交的信息,并进行装库处理。经过装库处理的申请由审查员进行审查:审查员首先进行形式审查,再进行内容审查,审查结果通过通知书告知申请人。申请人收到通知书后,如果审查结论为不通过,则需要在指定的期限内进行答复;而审查结论为通过的,则不需要答复。采用用例分包技术对该系统进行需求建模,其顶层包如图 4-26 所示。

根据业务主题,将该系统需求分为 3 个顶层包:申请包负责处理申请人提交申请业务;受理包负责处理受理员受理申请人提交的申请;而审查包则负责处理审查员提交的审查结果等。此外,还有一个通用包,作为一个全局公共包,包含一些跨主题的公共业务。

---

① 此处子系统和第 9 章的子系统是两个概念,这里的子系统是业务子系统;而第 9 章中的子系统是设计子系统,是一种设计策略。

② 事实上,开发团队的组建和发布计划的制定本身也是受业务影响的,与用例的分包是相互影响和制约的。

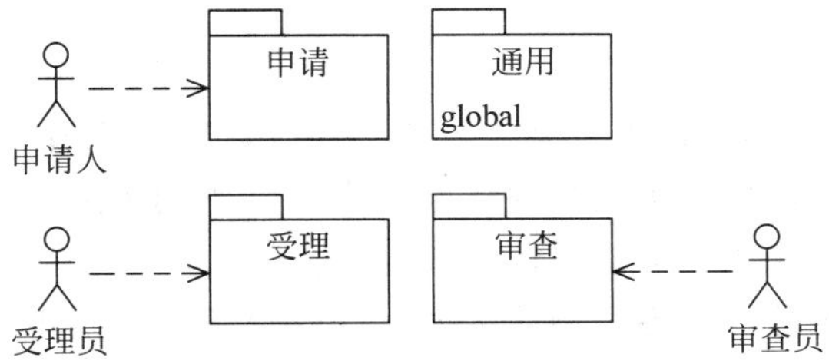

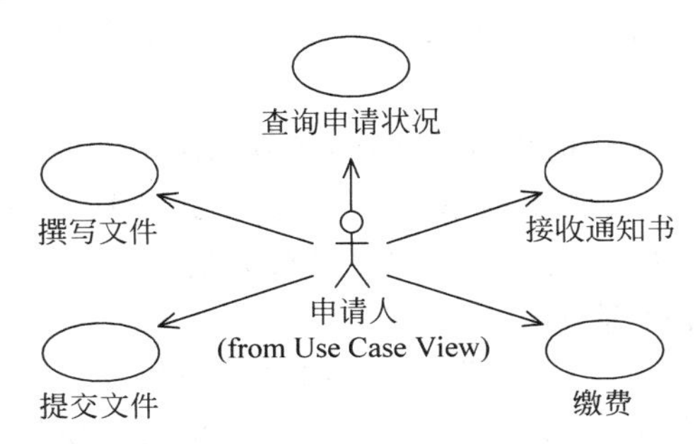

图 4-26　申请业务审查系统顶层用例图

下一步将详细描述各主题包内部的用例模型结构：图 4-27 为申请包；图 4-28(a)为受理包，图 4-28(b)为审查包；图 4-29 为通用包。同样，最后还需要为每一个用例编写用例文档。

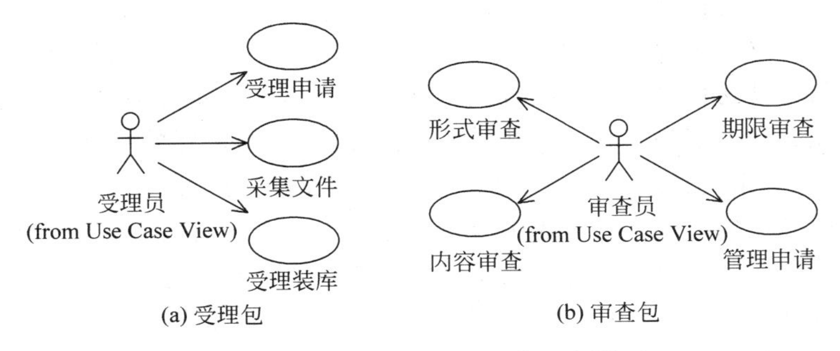

图 4-27　申请包内部用例模型

(a) 受理包　　(b) 审查包

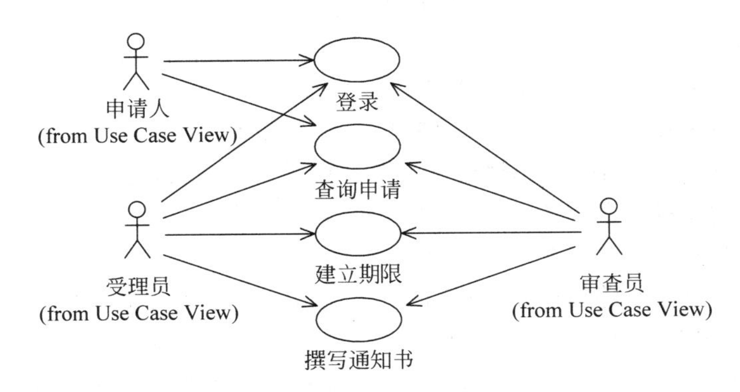

图 4-28　受理包和审查包内部用例模型

图 4-29　通用包内部用例模型

4.5.3 用例分级

在用例模型中的每个用例代表了为外部参与者所提供的价值,然而这些价值并不是相同的。例如,有些用例可能体现了系统的核心价值,而有些用例则是一些支撑性业务;有些用例可能非常复杂,而有些用例可能非常简单;有些用例可能存在一些技术、商业上的风险等。因此,开发人员应该综合考虑用例的重要性、复杂程度、风险等各种因素对用例进行分级,以便为后续的分析和设计制定合理的迭代计划。高级别的用例将被优先进行分析和设计,以便及早发现系统中的关键问题,并制定合理的应对策略。

对用例分级并没有统一标准,需要结合项目自身的业务特点及开发团队的技术特点来综合考虑。一般来说,高级别的用例是那些对系统架构有重要影响的用例,这些用例体现了系统的核心价值,也将成为后续分析和设计的重点。一般存在以下特征的用例具有较高级别。

(1) 对系统架构有重要影响的用例。例如,在领域层增加多个类的用例,或者存在一些特定的架构机制的用例。在“旅游申请系统”中,“办理申请手续”用例可以为领域层获取申请、路线、旅游团、参加人等多个实体类,而“导出财务信息”用例则存在“遗留系统”架构机制,因此这两个用例的优先级都较高。

(2) 体现系统核心业务流程的用例。这些用例往往代表了项目的主要远景。在“旅店预订系统”中的“预订房间”用例是该系统的核心业务,也是该项目的核心远景,因此该用例具有较高的优先级。

(3) 存在开发风险的用例。在用例分级时,风险是一个重要的衡量标准。在项目早期及时地发现并克服这些风险,总比在后期处理这些风险要好一些。在这种情况下,有风险的用例可能会导致早期迭代的失败。此时,项目负责人应该及早地追加预算,而且也有足够的时间来尝试使用其他的解决方案,从而降低最终风险并增加进度的可预见性。风险有很多种类,如无法满足的系统性能、难以应对新的需求、不确定的开发进度等。在“旅游申请系统”中,“完成支付”用例的现状是需要用户现场通过手工方式支付现金,这种方式显然是比较落后的。在设计新系统时需要考虑到如何快速地兼容将来通过信用卡支付、甚至网络支付等更加方便的手段,因此该用例存在“难以应对新的需求”的开发风险,其优先级也较高。

(4) 涉及新技术或需要创新的用例。在这些用例中会使用当前开发团队从未接触过的新技术,或者存在一些技术难点需要进行技术攻关。显然,这些问题要优先解决,否则可能无法进行后续的迭代。

(5) 能够尽快投入使用并带来直接经济效益的用例。有些大规模系统可能需要几年,甚至更长的开发周期,此时可以将其中的某些用例提前开发并投入实际运营,从而能够尽快地从新系统中获得效益;这些可以提前开发并获得经济效益的用例也具有较高的优先级。

掌握这些高优先级用例的特征后,开发团队就可以针对每个用例进行分级评估。一般采用定性和定量两种方法来定义用例的优先级。

定性的方法简单但不够精确,它将用例的优先级简单分成若干等级,典型的如高、中、低3个等级。在实际开发过程中,开发团队可以结合项目自身业务特点和开发团队的技术特点及类似项目经验,分析每个用例的相关特征,从而对项目进行定性分级。表4-23列出了采用定性方法对“旅店预订系统”用例进行分级的方案。

表 4-23 "旅店预订系统"用例分级方案

用　　例	优　先　级	分 级 原 因
预订房间	高	项目主要远景，代表系统核心业务流程
取消预订	中	重要流程，保证主流程的完整性
登录	中	影响系统权限机制，存在安全性架构机制
调整价格	低	独立于其他用例，且对系统架构影响较小

定量的方法是为影响用例优先级的各个方面进行量化打分，针对每个用例的各方面给出1～5分，以表明该用例在优先级的某个方面的重要程度，最后计算出该用例优先级的总分(可以直接累加，也可以采用加权的方法)，分数的高低代表了用例的重要程度。不过目前还尚未发现一种成熟的定量分级方法，开发人员需要根据项目经验和业务特点选取合适的评价指标和评分准则。表4-24列出了针对"旅游申请系统"中部分用例的量化分级方案，此处的评价指标采用的是前面提到的提高用例优先级的5个特征。需要说明的是，这里给出的这种定量的方法只是一种参考策略，并不是一套完整的分级方法。

表 4-24 "旅游申请系统"用例分级方案

用　　例	架　　构	核心业务	风　　险	新技术	经济效益	总　　分
办理申请手续	5	5	4	1	5	20(高)
完成支付	4	3	5	3	4	19(高)
导出财务信息	5	3	5	1	4	18(高)
打印旅行确认书和余额交款单	2	4	1	1	3	11(中)
设定价格	1	2	0	1	4	8(低)

4.6 其他问题

4.6.1 用例建模中的常见问题

用例是一种有效的需求建模工具。然而，初学者在实际建模过程中经常会陷入一些误区，从而造成对用例技术的误解。本小节将总结用例建模中常见的几类问题，以便有效地避免和解决这些问题。

1. 用例不是功能分解

用例是从外部参与者的角度看待系统所提供的价值，虽然用例和系统功能存在千丝万缕的联系，但并不等同于系统功能。在识别用例中已经说明了这两个概念的区别。我们可以认为，用例是"因"，功能是"果"——因为用户要达到这些目标，所以系统最终需要实现那些功能。它们之间也并不一定是一一对应的关系，一个用例可能需要多个功能来实现，一个功能也可能被用于多个用例。所以将系统需求表示成用例的过程并不等同于传统方法中对系统进行功能分解的过程。用例技术对系统进行了分解，但分解的目标是获得外部参与者所需要的价值，这也是系统之所以存在的根本所在。而且，分解过程也止于此——不需要，也不应该将用例分解成更小的单元。因此,用例并没有将系统需求划分成更小的部分,而是将需求划分成多个工作单元,让这些单元共同为系统的涉众服务。这些工作单元构成用例,从而向涉众提供价值,这些价值也就构成了系统的价值。通过这种方式,用例可以让任何人都能集中注意力,确保系统可提供价值。如果将用例分解为无法提供直接价值的更小单元,则会失去这些优点,用例的真正价值也将不复存在。

2. 用例图的误区

用例图是整个用例模型的重要组成部分,但它并不是用例模型的全部。通过用例图可以展现系统中所有的参与者、用例及它们之间的关系,但也仅限于这些。它只是一个摘要图,说明了参与者通过系统需要获得哪些价值,但如何获得这些价值的细节显然无法通过用例图来完整地阐述。用例的真正价值却在于,它的内部有分层次的结构,这些结构通过用例文档来进行详细的描述。因此,用例图可以迅速、清楚地表达系统需求的总体结构和核心价值,但实现需求价值的业务细节则必须通过用例文档进行详细定义。

此外,对于用例图,还需要清楚的一点是,它不同于传统的数据流图,用例图并不阐述任何流程。这有两层含义:(1)参与者和用例之间的箭头记号并不代表信息流的方向,它只表示一种通信关系,箭头的方向只是表示初始信息通信的方向,而参与者和用例之间的信息流通常是双向的;(2)用例和用例之间也是相对独立的,它不会调用其他用例,也不与其他用例进行交互。要时刻记住的是,一个单独的用例必须提供一个完整的路径,至少为它其中的一个参与者提供真正的价值;如果为了提供价值而需要将用例连接在一起,那往往意味着用例已经降级为功能了。当然,引入用例关系后,某些用例之间会存在一些联系,但这些关系也仅限于那些主用例和子用例,而且关系的引入要特别慎重。

3. 用例关系的使用

用例关系很有价值,例如可以通过包含和泛化复用用例的行为,可以通过扩展在不影响系统行为的基础上为基用例添加新行为,从而构造更合理的用例模型。但是其作用也仅限于此,它不能帮助我们发现更多的需求,并为参与者带来附加的价值,而且使用不正确的关系还会给用例模型带来潜在的问题。因此,一般不要在用例建模的初期就使用这些关系,而是建议在详细定义了用例的内部结构,即编写了初始的用例文档后再考虑是否需要引入合适的关系。与此同时,一定要明确每种关系的使用场合,避免误用。

包含关系是为了复用用例内部相对独立的事件流片段,这些片段本身有一定的独立价值,而且在其他用例中也重复出现。使用包含关系最大的误区是,容易诱使人们进行功能分解,人为地将用例的事件流分解成多个片段,并把每个片段作为单独的用例,从而产生过多的包含关系,并最终造成对用例的误用。滥用包含关系会使用例建模变成功能分解的问题。用例创始人 Jacobson 博士曾说过:“事实上,今天一些人误用了用例,把它们用来描述功能而不是对象,反过来又指责用例概念存在问题。”

扩展关系是将基用例中相对独立的备选流分离出去,形成单独的扩展用例。针对在描述用例时什么时候用扩展关系、什么时候使用备选流,Jacobson 博士的建议如下。

(1) 只有当扩展用例与被扩展用例完全分离时[①],才使用扩展关系。

---

① 扩展用例本身是一个独立的具体用例或是其他用例需要的一个小片段。

（2）基用例自身必须是完整的，它的正确执行不需要扩展；否则，就应该用备选路径来描述附加行为。

使用扩展关系的潜在问题是，创建过深的扩展层次，对扩展用例再进行扩展。针对这个问题，Jacobson 博士明确地建议：“永远不要扩展一个扩展。”

泛化关系实现了基于用例级别的需求复用，使用合适的泛化关系可以最大限度地提高系统复用的级别（需求的复用，比设计的复用具有更高的抽象级别）。然而作为耦合形式最强的关系，泛化关系的使用一定要谨慎。正如前面所讲到的，使用泛化关系最大的误区就是，从具体用例继承。这往往会带来更多的潜在问题，因此我们应该尽可能设计成从抽象用例继承。

4.6.2 用例模型与需求规约

用例模型由用例图、参与者文档和用例文档组成，通过这 3 部分来表示系统需求；但这并不意味着用例模型就能够代表需求规约的全部内容。用例的重点在于描述软件的功能性需求，这虽然是需求规约的重要组成部分，却并不完整。需求规约中还应该包含对数据要求、非功能需求、设计约束、用户界面、验收标准等内容的约定。正如前面在编写用例文档时提到的，这部分内容有些可能只与某个用例相关，此时可以把它们放在相应的用例文档中。而那些全局性的补充约束则需要单独进行描述，这部分内容即可形成单独的补充规约文档。在该文档中，应该包含那些全局性的功能需求、非功能需求（包括可用性、可靠性、性能、可支持性等）、设计约束、用户界面要求、验收标准等内容，具体的文档格式可以参阅 RUP 中提供的补充规约文档模板。

此外，对于系统中的数据，最好也能够形成单独的数据规约文档。该文档用于定义系统中所使用的所有数据和数据项，以便用户和开发方使用一致的用户术语。RUP 中提供的术语表文档即用来定义这些数据，不过该文档内容要求比较简单，只需要定义数据的含义即可，并没有要求定义具体的数据项组成。在实际项目开发过程中，考虑到数据需求规约的重要性，建议在术语表定义时，可以考虑使用类似传统数据字典的定义方式，对数据名称、数据含义及数据项组成等进行详细定义；定义格式也可以参考用例文档中数据需求的定义要求。

4.6.3 用例建模的适用场合

虽然用例建模技术已经被广泛应用到各类软件系统需求定义阶段，但这并不意味着用例建模是万能的。用例建模方法也有它所不适用的场合，例如有些特定系统的需求阶段并不适合采用用例建模。

用例建模的基本思路是从外部参与者的角度描述系统对外所提供的价值，因此当系统只有很少的参与者时，用例显然不是定义需求的有效手段。此外，由于用例的重点是在描述功能需求，非功能需求只是通过文字的形式附加到用例文档中，因此用例显然也不是定义非功能需求的有效手段。具体来说，当遇到下列情况时，用例是一个糟糕的选择。

◆ 系统由非功能需求主导。如开发一款类似 Google 的搜索引擎，系统规模大，但功能需求非常简单——用户搜索，一个参与者加一个用例，而且用例文档也就几句话（用户输入查询条件，系统显示查询结果）。这种情况下，采用用例来描述需求就显得过于问题复杂化了。

- 系统有很少的用户或外部接口。如嵌入式系统、算法复杂但接口简单的系统。

当然，对于流行的各种信息系统来说，由于此类系统主要目的就是面向不同的用户实现不同的业务功能，因此采用用例模型来定义需求是非常合适的。具体来说，当遇到下列情况时，用例是需求定义的最好选择。

- 系统由功能需求所主导。
- 系统有很多类型的用户，系统对不同的用户提供不同的功能。
- 系统有很多外部接口。

4.6.4 用例与项目管理

除了用于需求建模外，用例技术还可以为项目管理提供支撑，这主要表现在以下 3 个方面。

1. 用例可作为项目估算的依据

传统的项目估算方法主要是基于功能点的，然而用例建模技术中并没有对功能点进行明确的定义。用例和功能点之间虽然存在关系，却很难明确的界定。因此，采用用例技术进行需求建模的项目估算最好能够基于用例。

然而，用例本身的粒度很粗，每个用例的工作量差别很大，例如"旅游业务申请系统"中的"登录"用例和"办理申请手续"用例。因此，基于用例的工作量估算不能简单地以用例为单位，还需要对用例进行进一步分解。目前已经有了一些有关基于用例的项目估算方法的研究，不过还没有一种被广泛认可的、成熟的方法。总的来说，基于用例的项目估算方法的基本思路是分析每个用例的参与者、事件流、场景的个数、复杂程度等属性，并结合一些统计数据来定义每个用例的工作量。

2. 用例可作为制定后续开发计划和迭代计划的基础

用例是对系统需求模型的表示，因此后续的分析、设计、实现、测试等都应该是基于已有的用例模型而开展的。这也意味着，为了制定切实可行的项目开发计划，开发人员必须紧密结合用例模型，对每一个用例进行合理的工作量估算。

而在迭代开发过程中，每个迭代计划制定的依据也是用例。每一次迭代周期都是基于某些特定的用例，甚至特定的事件流来进行的，这也是 RUP 中用例驱动开发方法的体现。

3. 用例提供了项目的可追踪性

正是因为后续的工作都是基于用例模型开展的，因此后续工作的成果和用例模型之间存在着紧密的联系。分析阶段的成果可以对应到用例模型中的特定的用例，这就是用例的可追踪性。在分析阶段定义"用例实现"来实现需求阶段的用例，设计阶段再细化分析中的用例实现，测试阶段也同样针对用例来进行测试脚本的设计和验证。这种基于用例的可追踪性串接起整个项目开发过程，对项目管理、变更管理等起着非常重要的作用。目前，可以通过一些管理工具建立用例的追踪矩阵。

4.7 练习题

一、选择题

1. 下列选项中,关于业务参与者和系统参与者的论述,正确的是(　　)。

A. 业务参与者一定是系统参与者　　B. 系统参与者一定是业务工人

C. 系统参与者一定要与系统交互　　D. 系统涉众一定是系统参与者

2. 下面 4 个选项中,(　　)肯定不能作为系统的参与者。

A. 直接使用系统的人　　B. 需要交互的外部系统

C. 系统自身的数据库　　D. 时间

3. 下列选项中,(　　)不会出现在需求阶段的用例文档中。

A. 基本事件流　　B. 备选事件流　　C. 用例实现场景　　D. 前置条件

4. 下列有关用例文档相关内容的论述中,正确的是(　　)。

A. 涉众等同于参与者

B. 每个用例都应有前置条件和后置条件

C. 前置条件必须在用例开始执行前就能检测到

D. 编写用例的事件流时应尽可能细化各种实现细节

5. 在一个"订单管理子系统"中,创建新订单和更新订单都需要核查用户账号是否正确。那么,用例"创建新订单""更新订单"与用例"核查客户账号"之间是(　　)关系。

A. 包含　　B. 扩展　　C. 泛化　　D. 实现

6. 考虑某客户服务系统,客服部人员接听完客户电话后,需要通过该系统记录客户来电的内容,则用例"记录客户来电"的前置条件最可能是(　　)。

A. 客服部人员已经登录　　B. 有客户打来电话

C. 客服部人员有空闲　　D. 客服部人员接听完客户电话

7. 用例之间存在 3 种关系,即包含、扩展和泛化。已知用例 A 表示一般情况,而用例 B 是在用例 A 到达一个特定点时才发生的情况(该特定点可能到达,可能不到达),则下列 4 个选项中,(　　)能正确表示 A、B 之间的关系。

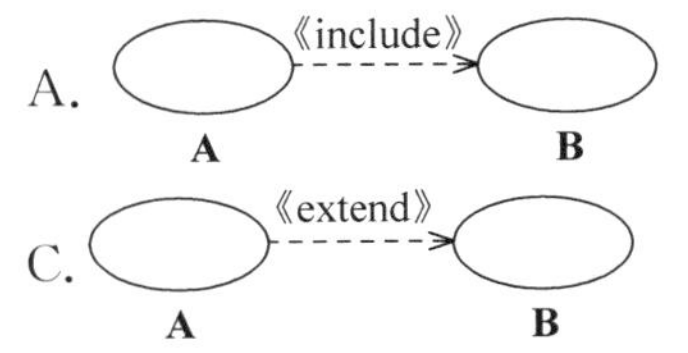

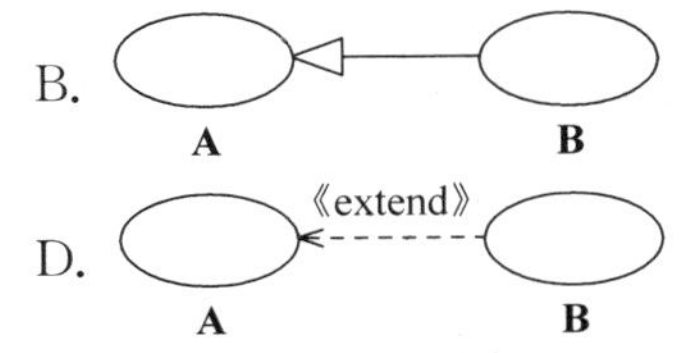

8. 某电信营销系统需要为营销人员提供各种客户数据的统计分析功能,而这些客户数据来自另一个外部系统——客户关系系统。客户关系系统定时(如 24:00 点)把客户数据的更新存放在某个约定的位置,营销系统也定时(如 01:00 点)去约定位置读取更新数据。请问以下用例图最准确地描绘了该营销系统有关客户数据更新功能需求的是(　　)。

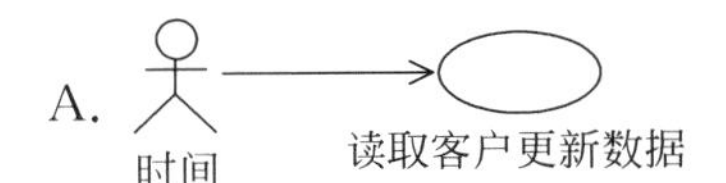

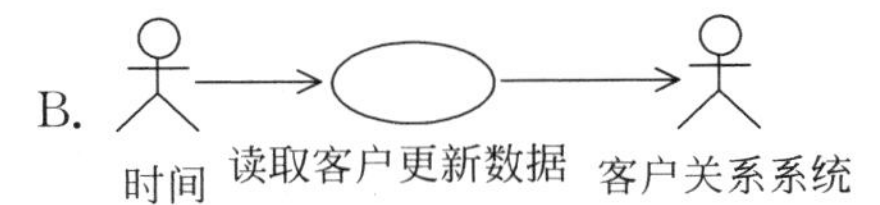

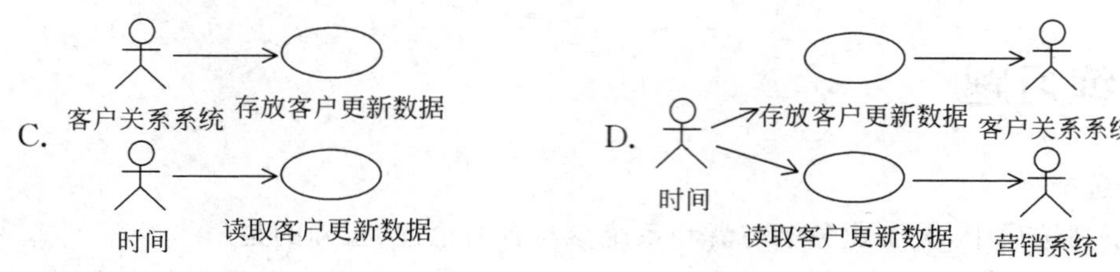

二、简答题

1. 什么是需求,有哪些类型的需求?

2. 在业务建模后,如何寻找业务改进点?哪些业务改进点可能会作为需求?

3. 什么是系统参与者,识别参与者的要点包括哪些?

4. 什么是系统用例,获取用例的要点包括哪些?

5. 什么是涉众,涉众和参与者有什么区别和联系?

6. 什么是用例的前置条件和后置条件,它们有什么作用,定义时需要注意什么?

7. 什么是用例的事件流,描述事件流时需要注意什么?有哪几种事件流,它们之间有什么区别和联系?

8. 用例的补充约束主要包括哪些内容?如何描述补充约束?

9. 在用例模型中,可以定义哪几种用例关系,它们有何不同?

10. 什么是扩展点,扩展点有什么作用?

11. 有哪些用例的分包策略,一般如何进行用例分包?

12. 如何对用例进行分级,高优先级的用例有什么特征?

三、应用题

1. 你在项目实践过程中使用了哪些获取原始需求的技术,你认为它们各有什么优缺点?

2. 随着博客技术的日益普及,某门户网站顺应用户要求推出自己的 Blog 系统。通过该系统,网站的注册用户可以申请开通 Blog 功能,然后用户便可以进行编写 Blog、管理分类、管理文章等各种操作;当然,普通用户可以通过网站浏览 Blog 中的文章,但是只有注册用户成功登录后才可以对文章发表评论。此外,为了提高 Blog 的利用率,系统会在每个月初定期清理在上个月没有更新的用户,并临时关闭这些用户的 Blog 功能,这样的用户需要重新申请开通 Blog。系统中所有的用户注册和登录信息都保存在原有的网站系统中,新的 Blog 系统通过专有的 Web Service 接口获取这些信息。

根据上面的原始需求描述,系统分析员 A 进行用例建模,A 完成的用例图如图 4-30 所示。

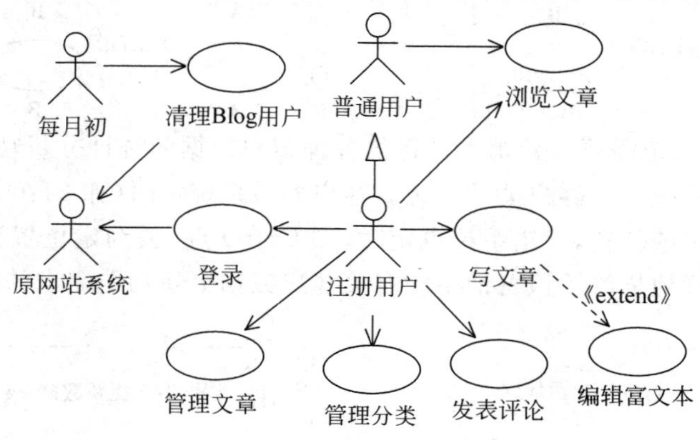

图 4-30 系统分析员 A 完成的用例图

同时,完成了用例“发表评论”的用例文档,部分内容如下。

用例名称:发表评论

简要描述:注册用户对当前文章发表评论

参与者:注册用户

涉众:注册用户、文章作者

前置条件:用户成功登录,且有要评论的文章

基本事件流:

(1) 用例起始于用户需要对所看的文章发表评论

(2) 用户输入用户名和密码登录到本系统

(3) 用户输入评论的内容,提交

(4) 系统检查输入的内容,过滤敏感词汇,检查是否存在反动言论

(5) 系统保存评论内容,显示结果

……＜其他部分略＞……

请结合本书介绍的用例建模方法,找出该用例模型中存在的错误(用例图、用例文档中均可能存在错误,指出出现错误的地方,并简单描述更正方法)。

3. 现要为某高清数字机的机顶盒开发一套节目录制系统,该系统提供了两种录制节目的方法:一种是一键开始录制当前正在播放的节目;另一种是预先设定好时间和频道进行预约录制。预约录制时,有两种方法:一种为手动设置日期、时间和频道;另一种为通过有线数字网络连接到电子节目指南系统中获取节目信息,然后从该信息中选择要预约录制的节目。到了节目开始的时间,系统就自动开始录制已预约好的节目。所录制好的节目存放在机顶盒自带的存储设备中,用户可以对这些已录制的节目进行播放、删除等各种管理操作。根据上面对该系统的描述,完成了如图4-31所示的用例图,请补充图中(1)～(5)的内容。

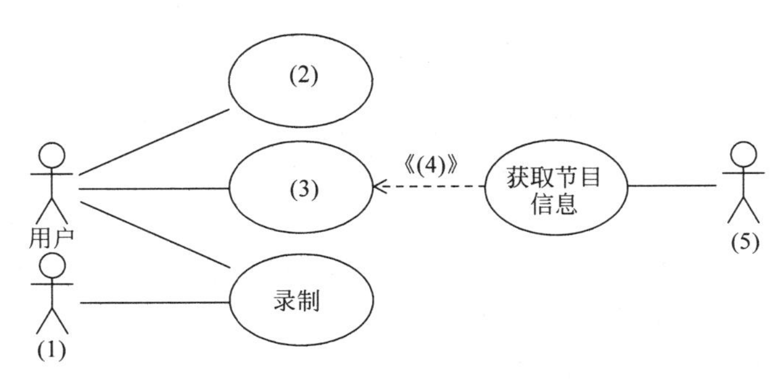

图4-31 节目录制系统的用例图

4. 某提供电话销售服务的公司,其服务使用者在商品目录上选择商品,然后打电话向公司订购。订购的流程如下。

- 受理负责人接到用户的电话后,使用当前的系统确认库存情况,以便判断是否能够立刻发送订购的商品。
- 如果能够发送,就作为确定订单进行受理,受理负责人委托配送负责人直接发货。如果没有库存时,作为未确定订单来受理。在补充库存后,受理负责人再次处理已受理的订购。
- 通过该系统,可以查询受理的订购是确定的还是未确定等情况。

◆ 库存由单独的库存管理系统来管理,库存的查找和确认均与当前系统联动运行。

分析当前系统,得出其用例图如图 4-32(a)所示。然而,这家公司以扩大销售对象、提高客户满意度为目的,决定将电话受理改为利用网络的系统,重新进行构建。目前正在研究的系统需求如下所示。

◆ 系统规定只能由注册为会员的用户使用,会员注册可以利用网络来进行。
◆ 会员连接到系统网站后,可以直接订购并确认订购的情况。
◆ 会员通过浏览器查询商品,会显示商品的详情和库存信息。
◆ 随着系统的重新构建,开发人员可以去掉受理负责人,以谋求业务的精简和高效化。
◆ 除本次开发的系统外,另开发一套货物配送系统负责货物的配送管理。
◆ 上述内容中没有涉及的均维持现状。

根据该要求完成了如图 4-32(b)所示的用例图,请补充图中(1)～(5)的内容。

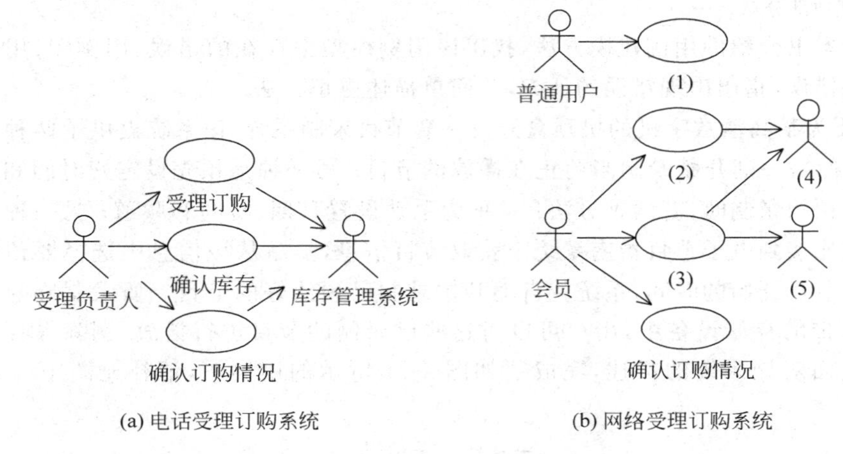

(a) 电话受理订购系统　　(b) 网络受理订购系统

图 4-32　商品订购系统改进前后用例图

5. [综合案例[①]: 员工考勤系统]现要为某单位开发一款“员工考勤系统”,其开发背景和问题陈述如下。根据该系统陈述和对相关业务的理解,完成系统用例图和核心用例的用例文档。

作为 Acme 公司的信息主管,你被委托开发一款新的考勤系统。要求新系统允许员工记录电子的考勤信息并自动产生员工的工资支付信息。

新系统运行在整个公司内部的每名员工的计算机上,考虑到安全和隐私方面的原因,每名员工只能访问和编辑自己的考勤信息和工资支付信息,但是项目经理可以查看和编辑本项目组内部所有员工的信息。

新系统用于维护公司内部所有的员工信息(目前公司大约有 5000 多名员工),系统必须能够按照员工的考勤信息按时正确地计算工资信息。由于费用原因,目前公司并不打算替换已有的遗留数据库系统——项目管理数据库。在该数据库中保存着公司所有的项目信息及相关的工资级别代码,属于不同项目的员工,其工资的计算方式并不相同(根据工资级别

① 本题和下一题为两个综合案例题,这两个案例题将会贯穿后面的分析和设计过程,可作为学习者的课外实践作业。本章将给出案例背景陈述,并要求学习者完成用例建模过程,后续章节将会要求完成相应的分析设计模型。

代码来区分)。该数据库采用的是运行在 IBM 主机上的 DB2 系统。考勤系统需要访问该数据库的信息,但不进行更新操作。

公司内部按项目组的形式管理,项目经理负责整个项目组;而组内一般存在 3 类雇员。

第一类为小时工,其工资按照小时计算。他们每天需要记录当天的工作小时,根据工作时间和所属项目的工资级别代码来计算当天的工资;如果当天工作超过 8 小时,则超过的部分按加班计算(工资为平时的 1.5 倍)。这类员工每周五结算本周工资。

第二类为普通员工,其工资每月固定。为了跟踪他们的上班情况,他们每天也需要记录当天的工作时间,某些项目组可能会根据该工作时间对员工进行奖惩(具体奖惩措施本系统不处理,由项目经理自行决定)。这类员工每个月末结算工资。

第三类为销售人员,这类员工不用每天记录考勤信息,而是记录当天完成的订单情况。其工资的计算方式是根据当月的订单情况进行提成。根据订单的性质不同,提成的比例也有所差别,具体提成比例有 5%、10%、15%、25%这 4 个档次。这类员工工资也是在每个月末结算。

新系统另一个最重要的特征就是所有的员工可以随时查看自己的考勤信息,对于员工而言,提交的考勤信息不允许修改(如果实在存在错误,可由项目经理修改);在每个月末(对于小时工则为每个周末),还可以查看自己本月的工资支付信息(以前的工资信息可随时查看)。

为了保证员工能够及时地获得本月的工资情况,该系统在每个周五和每个月末会自动运行,为员工产生相应的工资信息,并及时提醒项目经理确认工资信息。经项目经理确认后的工资信息即可公开给员工。

6. [综合案例:医院预约挂号系统]现要开发一个通用的“医院预约挂号系统”,其开发背景和问题陈述如下。根据该系统陈述和对相关业务的理解,完成系统用例图和核心用例的用例文档。

为了规范和推动医院预约挂号服务,卫生部 2009 年 8 月在其官方网站发布了《关于在公立医院施行预约诊疗服务工作的意见(征求意见稿)》,要求在推动医院开展预约挂号工作的同时,提高对预约挂号服务工作的认识、加强对预约挂号服务工作的管理,并认真做好相关组织工作。某 IT 公司瞄准此次契机,决定着手开发一个通用的“医院预约挂号系统”,以满足各级公立医院的预约挂号需求。该挂号系统 I 期目标是实现计算机网上预约业务,后续计划会逐步实现手机上网预约、短信预约、自助预约机预约、自助电话预约等其他形式的预约业务。系统的基本流程如下。未注册用户可以通过该系统查询医院、相关科室、各科室的医生等各类信息,但不能使用其他与预约相关的业务。需要进行预约挂号的用户必须通过该网站利用身份证号进行实名注册,注册信息由系统管理员进行审核,审核通过后,用户才可使用该系统。预约挂号时,用户首先选择需要预约的医院,然后选择要预约的科室和时间(指定某个日期的上午或下午),此时,系统应自动显示该时间段内该科室所有出诊的医生。需要注意的是,每个医生每次出诊所能看病的人数有一定的限制,当某个医生的预约人数满员后即不可预约。用户可以选择一个可预约的医生进行预约,一个用户每个时间段最多只能预约 5 位医生。预约成功后,用户可以打印预约单。用户可以通过第三方的支付系统(I 期只支持淘宝的支付宝,后续支持各类信用卡)网上支付挂号费,也可以暂不交费。已交费的用户还可以打印挂号单,并在看病当天拿着预约单和挂号单直接去医院相应的科室分诊台进行分诊，分诊台的护士核查预约单和挂号单无误后盖章确认，即允许用户看病。未交费的用户需要拿着预约单到医院的挂号处交费，挂号处核查预约单，并打印出挂号单，盖章确认后交给分诊台护士进行分诊。

在看病的前一天，用户可随时取消预约记录，系统不收取任何费用，已缴的费用会自动退回到用户的账号。看病当天的预约记录只能在医院挂号处现场取消，也不收取费用。但是，对于那些在网上预约成功却不去看病，也不按时取消的用户，系统会进行警告：已收取的费用不再退回，每出现一次则用户的信用等级下降1级；当用户信用等级降为0时，不再允许使用该系统。用户的初始信用等级是在审核用户注册信息时设定的。

此外，有关医生的出诊信息可以由系统管理员手动维护，也可以通过定制一些规则后由系统提前若干天(具体多少天可以由系统管理员设置)生成某日的出诊信息。

CHAPTER 5

第 5 章

用例分析

通过用例模型可以对系统的需求进行完整的规格说明，这个规格说明将作为后续分析和设计的依据。而如何继续后续的分析过程也并没有一个统一的标准，甚至可以回到老路上——采用传统的结构化方法进行分析和设计；当然，更好的选择还是继续采用面向对象方法。然而，面向对象的分析设计方法也有很多，例如 20 世纪 90 年代初期的分析设计方法①。而且，即使采用 UML 作为建模标准，也存在很多不同的实践，如 RUP 中的分析设计工作流，MSF② 中的逻辑设计和物理设计过程，以及一些敏捷方法中的简单设计和重构等。这些方法的实践过程和使用 UML 模型的技能或多或少地存在着不同。本章的用例分析技术则是一种典型的利用 UML 进行面向对象分析的方法，其主要思想来源于 RUP 分析设计工作流中的分析阶段，并适当地借鉴了其他一些方法中的成功经验。

本章目标

分析的目标是定义为了满足需求模型中所描述的功能，系统内部应该有什么样的业务核心机制。用例分析技术则是一种已经得到广泛认可的面向对象分析方法。通过对本章的学习，读者能够了解分析的基础概念，掌握利用用例分析方法进行面向对象分析的基本过程和实践技能，并能够动手完成某一给定系统的分析模型的创建工作。

主要内容

（1）了解分析和分析模型的基本概念。

（2）掌握从用例模型开始的迭代开发方法。

（3）了解架构分析的基本内容。

（4）掌握利用顺序图构造用例实现的基本方法和技能。

（5）掌握定义分析类图的细节。

---

① 典型方法如 Coad/Yourdon 的 OOA 和 OOD 方法、Booch 方法、OMT 方法、OOSE 方法等。这些面向对象的方法是 UML 前身，采用了一些特定的建模语言和工具。感兴趣的读者可以参阅相关的软件工程书籍。

② MSF(Microsoft Solution Framework，微软解决方案框架)是微软公司提出的一种产品开发方法，该方法将软件开发分为构思、计划、开发、稳定和部署 5 个阶段。其中计划阶段分为概念设计、逻辑设计和物理设计，分别对应需求、分析和设计过程；其需求阶段也推荐使用用例建模，分析设计也推荐使用 UML 模型。

5.1 理解分析

视频讲解

分析是为了满足需求模型中所描述的功能，探讨系统内部应该有什么样的业务核心机制的过程。与需求相同，分析阶段还是在业务域中进行的。不过与之不同的是，需求阶段是以用户的角度描述用户所要实现的目标；而分析阶段，则需要以开发团队的角度描述系统为了实现用户目标应该提供哪些核心业务元素和关系。分析是采用技术的观点对业务领域进行建模的首次尝试，这些建模元素将作为后续设计的基础。在面向对象的方法中，这些业务核心机制表现为相应的对象(类)及它们的静态和动态关系。

5.1.1 从需求到分析

分析架起了需求和设计之间的桥梁，它填平了业务域和技术域之间的鸿沟。其核心思想就是将以用户视角描述的需求模型转换为以开发团队视角描述的分析模型，然后在分析模型的基础上做进一步设计，从而获得设计模型，并最终实现软件系统。通过分析模型，可以有效地防止开发团队在彻底理解问题之前设计错误的解决方案，从而保证设计模型的正确性。

在需求模型中，需求的主要载体是采用自然语言描述的用例文档，这对于设计实现来说显然是不够精确的。而分析阶段则需要采用一种建模方法对用例文档进行精确化的描述，这就是分析模型。在面向对象分析中，需求被转换成由系统处理的对象模型，以及对象的属性、行为和交互。这些对象存在于系统内或系统边界上，可以通过一个或多个接口来访问。当然，与软件系统中的实现对象不同，目前的这些对象大多数都来源于业务领域中的物理对象或概念。

相对于用例模型而言，分析模型应该是准确、完整、一致、可验证的系统模型。通过该模型可以保证开发团队正确地理解用户问题，并及时纠正和澄清需求模型中的错误。因此，在迭代开发过程中，分析与需求在某种程度上存在着很大的重叠。这两个活动相辅相成，为了澄清和找出任何遗漏或歪曲的需求，常常需要在需求之上做一些分析。同样，通过分析可以进一步挖掘新的需求。

5.1.2 分析模型

分析模型是对分析所形成的目标工件的总称；具体来说，分析模型包含两个层次的两类模型。

两个层次是指架构分析和用例分析。架构分析是从宏观上考虑软件系统基本组织结构，定义系统的备选架构，并明确系统中的一些关键问题，从而为后续的用例分析和架构设计提供支持。用例分析是一种具体的分析技术，通过分析需求模型中的每一个用例获得分析类，并描述分析类之间的交互，从而实现并验证用例所要达到的目标。

两类模型是指静态模型和动态模型。静态模型关注系统组成的静态组织结构，又称结构模型，可以采用 UML 包图、类图、对象图等静态结构图来描述；动态模型则关注系统组成的动态行为特征，重点描述系统运行期间对象和对象之间的交互过程，又称交互模型[①]，可以采用 UML 顺序图、通信图等交互图来进行描述。

面向对象的分析过程就是围绕这两个层次的两类模型展开的。早期的面向对象分析方法并不重视架构分析，主要关注更低层次的用例分析，围绕用例建立静态和动态分析模型（即结构建模和行为建模）；而对架构的设计则推迟到设计阶段进行。不过随着构件技术和复用技术的广泛应用，架构在系统开发中起着越来越重要的作用。尽早地引入系统架构有助于规范分析和设计工作，并最大限度地提高系统的复用级别，建立高质量的软件。架构分析的目标就是定义系统的备选架构，该备选架构将在架构设计中进行进一步的定义和完善。从另一方面来说，架构也包括静态模型和动态模型两个方面，不过在分析阶段，侧重于静态特征的建模。其动态特征则只是通过架构机制的方式记录下来，并不进行具体的建模操作。

5.1.3 分析的基本原则

面向对象的分析是以对象的视角来理解业务问题。它不同于以自然语言描述的需求，也不同于以技术语言来表示的设计。对于分析人员来说，把握这种介于业务和技术之间的分析活动的"度"是非常关键的——过度地分析会陷入设计误区，从而难以有效地达到分析的目标；而不够深入的分析则容易遗漏那些重要的信息，从而无法及早发现并处理需求中的问题。

一般来说，对于中等规模和复杂度的系统，分析模型中大约存在 50～100 个分析类[②]。但是，每个系统的业务各不相同，也很难对分析活动进行归纳。因此，分析人员应该注意把握一些分析的基本原则，从而保证在分析活动的范围内进行有效的分析。这其中最重要的原则就是，当构造分析模型时，把整个活动限制在业务问题域词汇，而不考虑任何技术领域的实现策略，从而保持"分析模型是一个对系统结构和行为的精确和简单"的陈述。所有与实现技术相关的内容都留给设计和实现阶段来考虑。一些具体的分析原则如下所示。

- 分析模型应使用业务语言。分析模型中的类主要应该是业务领域的术语。
- 分析模型中类的细节和关系等应该是业务中明确存在的，不要刻意去细化或封装这些细节。例如，只有在业务领域中，分析类之间存在明确的继承层次时才使用泛化关系；而不是考虑代码的复用或者是多态等特性而使用泛化关系。
- 分析活动是对需求模型的重新表述，是一种以理想化的方式来实现用例所描述的行为，并不考虑具体的技术实现。
- 分析侧重于系统的主要部分，关注核心的业务场景。对于那些支撑性行为、非功能需求等内容一般不做深入分析。
- 所有的分析类应该都是为项目涉众产生价值的。

在分析期间，除了遵循这些原则外，还可以复用一些成功的分析案例。Martin Fowler

---

① 动态建模过程也称为行为建模，但其目标模型被称为交互模型更恰当。因为主要采用的是 UML 的顺序图和通信图等交互图来建模，而不是采用诸如活动图、状态图等的行为图建模。

② 对于类似本书案例中的小规模系统，其分析类大约为 10～30 个，甚至更少。

将这些分析案例总结为分析模式来供分析人员使用[①]。分析模式(Analysis Pattern)是描述通用业务/分析问题解决方案的一种模式。下面以开发一套软件来模仿台球游戏为例来说明分析模式的作用。

该系统业务场景表述为“游戏者击中白球,它以一定的速度前进,并以特定的角度碰到红球,于是红球在某个特定的方向上前进一段距离”。这段文字描述中给出的只是事物的表面现象,仅依靠该现象的描述显然无法写出好的仿真程序。因为除了这些表面现象,还必须了解背后的本质,那就是和质量有关的运动定律、速度、动量等。只有了解这些规律才能开发出正确的软件。

当然,该例子的特别之处在于,这些规律已经成为定理;因此,开发人员能够依据这些定理很好地实现系统。而从软件开发的观点来看,这些定理就是一些固有的分析模式。

从这个例子可以看出,当开发人员在建造应用系统的时候,需要进行大量的分析和研究,才能接触到问题的本质。为此,将其中的一些通用的问题进行总结复用,形成软件领域的公理——模式。这意味着在新系统开发中,凡是遇到类似的问题都可以遵循已经形成的模式来解决,而不需要重新分析和设计,从而大大提高软件开发的效率和软件自身的质量。分析模式是这类模式的一种,主要关注分析域中的业务问题,例如,如果可以利用以往的经验得到业务领域的通用解决方案,它们将直接影响到应用系统的设计,因而这种复用的价值将更加显著。事实上,有关权限、异常处理、组织机构等很多问题都有一些通用的分析模式可以复用。在系统分析期间,可以有意识地利用这些模式来实现更高层次的复用,从而进一步提高系统的质量。

5.2 从用例开始分析

分析的基础是需求,而需求的表现形式为用例,因此分析的过程完全是基于用例模型展开的,用例模型确定了分析模型的结构。从另一方面来讲,用例模型确定了系统的外观,即对外部参与者提供哪些价值;而分析模型则描述系统的内部机理,即为了提供这些价值,系统内部应该有怎样的对象,进行怎样的交互。图 5-1 描述了这种用例模型和分析模型之间的关系。

从图 5-1 可以看出,需求阶段将系统封装成用例[②],而分析阶段将深入到用例内部,将这个“黑盒子”拆开,分析其内部的结构和行为,这就是分析的基本思路。不过,每一次分析并不一定直接针对用例模型进行全面的分析,而是还需要做一些准备的工作。主要包括两个方面工作:(1)重新规划和完善本次迭代需要分析的用例;(2)为需要分析的用例定义用例实现。

---

① 目前模式主要用于设计领域,有关设计模式的研究也比较成熟,读者也可以参考本书第 7 章的内容。分析模式的概念主要来自 Martin Flowler 的著作 *Analysis Patterns: Reusable Object Models*,该书提出了一些典型的可复用的分析模式。此处有关分析模式的介绍也源自该著作,读者可以参阅该著作以了解更多细节。

② 这里体现了为什么在用例建模时反复强调用例自身的完整性,只有相对独立且完整的用例,才能分析其内部机理,也才能够顺利地开展后续的分析设计工作。如果在前期过分细化用例,实际上是对用例内部的分析过程,而这个分析本身又不是面向对象的分析,而是功能分解式的分析。

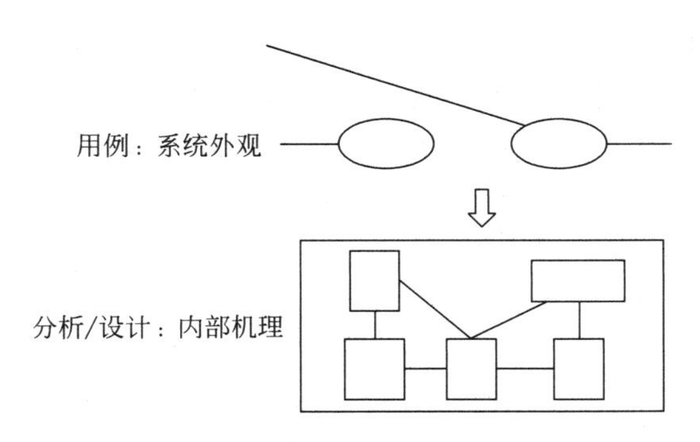

图 5-1 用例模型和分析模型的关系

5.2.1 用例驱动的迭代开发

随着软件项目规模的日益增加，传统的线性开发流程已被证明是无法满足要求的。因此在现代软件开发过程中，迭代开发的思想已经被广泛采纳，并且被证明是一种有效的应对大规模软件开发的策略。而迭代的基础就是需求，更确切地说就是用例模型。在迭代开发中，一般通过一次全面的用例建模迭代，获取并定义了系统的绝大多数需求后[①]，即可以开始分析设计的迭代工作。

1. 用例与迭代开发

在迭代开发中，为提高开发的效率往往要求后一次迭代能够有效地复用前面迭代的成果，因此制定合理的迭代计划来规划每一次迭代是决定迭代开发是否成功的关键要素。其基本思想是通过早期的迭代明确用户需求，从而建立并证明系统的核心架构；而后期的迭代则以此架构为基础向系统的整体全面展开。一般来说，早期的迭代主要关注以下内容。

- 对于用户来说，主要关注核心业务的主要部分。
- 对系统架构有重要影响的部分。
- 影响系统性能等其他关键非功能需求的部分。
- 存在高风险的部分，如需要采用新技术、新产品的部分。

从这里可以看出，此处有关早期的迭代所关注的内容与那些在用例分级时具有高优先级的用例是一致的。事实上，用例模型是制定整个迭代计划的基础，是它驱动了后续的分析设计工作，它的结构也决定了分析设计模型的结构。因此，早期的迭代就是针对那些高优先级的用例，从而尽早地建立和稳定软件的架构。

在开始分析之前，为了保证分析设计的正确性，首先需要评估用例模型，以确保所要分析的用例图、用例文档等需求载体是可靠的、一致的。这就是在很多实际项目开发中所要经历的需求评审活动。通过需求评审确定可靠的需求后，就可以着手进行用例的分级工作。通过评估用例的重要性、开发风险等技术因素，并结合项目组的相关技能情况来抽取高级别的用例，从而开始早期的分析设计迭代。

① 一般至少获取 60%～80%的需求，而剩下的部分主要是那些支撑性需求，这些需求会在后续迭代中定义。当然，在这次需求迭代中也会进行一些简单的分析、设计，甚至实现系统原型等工作。

迭代是基于用例的，因此每个迭代周期也完全可以通过用例来定义。一个迭代周期要被指派一个到多个用例。对于复杂的用例，如果完整版本在一个迭代周期中处理起来太复杂，可以采用其简化版本的用例，该简化版用例只考虑其中的一些主要路径，而忽略那些次要的、异常的路径；完整版本的用例将在后续迭代周期中处理。图 5-2 给出了一个基于用例的分级技术定义迭代周期的示例。

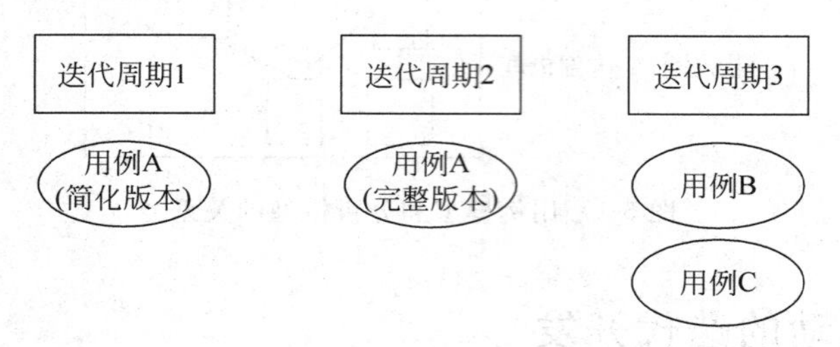

图 5-2 基于用例的分级定义迭代周期

图 5-2 中反映了某个具有 3 个用例(即用例 A、用例 B 和用例 C)的系统。其中，用例 A 为系统的核心业务，优先级较高，而且其内部事件流比较复杂；而用例 B 和用例 C 则是支撑性用例。为此，在最开始的迭代周期 1 中，只处理用例 A 即可；同时考虑用例 A 的复杂性，该周期内只考虑用例 A 的基本事件流和相关场景；通过对"用例 A(简化版本)"的分析和设计来定义系统的备选架构。然后，在该架构的基础上，通过下一次迭代再考虑用例 A 的分支、异常等备选事件流，从而完成用例 A 的全部内容。最后通过第 3 个迭代完成用例 B、用例 C 的工作，从而完成整个系统的开发。

一个迭代周期一般在 2～4 周的时间内完成，这样便于及时发现并处理开发中所面临的问题；而且对于严重的需要返工的问题也可以节省时间①。因此，为了能够顺利地完成每一次迭代，每个迭代周期都不会被指派过多的用例。

2. 利用早期迭代建立软件架构

早期的迭代非常重要，其目标就是建立和证明软件的核心架构，这个架构将直接决定系统是否能够顺利地推进后续的迭代开发。然而，并没有一些明确的标准来确定哪些用例具有高优先级，以至于需要在早期迭代中完成。这也是整个迭代开发中的难点所在。针对这个普遍性的问题，Jacobson 博士在中国举行的一次演讲中给出了这样一个实例，来说明怎样的早期迭代是成功的，这也给我们提供了一个定义早期迭代的思路。图 5-3 是某系统的最终软件架构②，而这个架构是经过若干次架构分析和设计的迭代才能完全定义出来的。

从该架构图中可以看出，该软件架构总共分为四层：Application、Business Components、Persistence Framework、Infrastructure。每个层次内部又分为若干个子包和子系统，如 Infrastructure 层中有 User Interface Routines 包和 General Routines 包及 Event Handling Routines 子系统和 Communication Routines 子系统。

---

① 如果定义了一个需要半年才能完成的迭代周期，而当该迭代周期完成后，发现所迭代的内容无法在后续迭代中得到有效的复用，那么这半年的工作可能都需要返工。这显然是不能接受的。因此，一般的迭代周期都不会太长，有些甚至只需要 1 周的时间。这样可以使得项目组及时评估自己的工作，从而可以对出现的问题做出快速反应。相对来说，策划一系列的小胜利和接受一些小的失误总要好一点；而策划一个巨大的胜利经常会导致灾难性的失败。

② 为了保证图形的清晰，我们省略了多数架构层和内部包之间的依赖关系，以及相关子系统接口的定义。

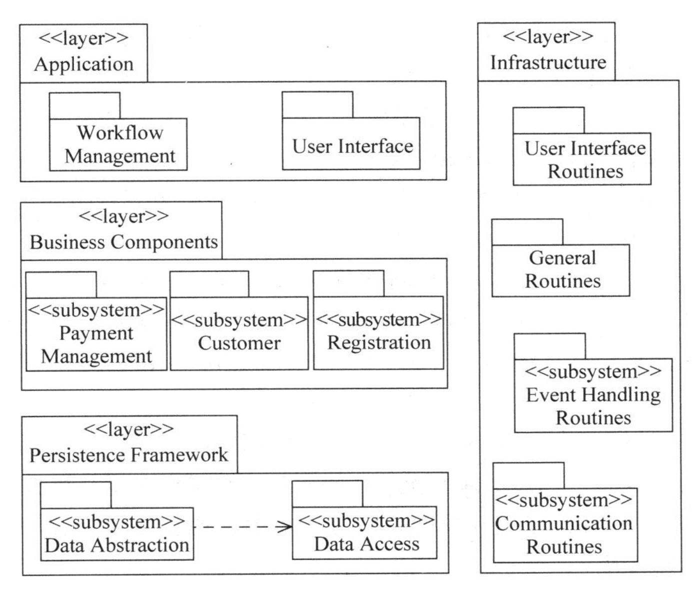

图 5-3　某系统软件架构

那么，针对该系统而言，成功的早期迭代应该能够及时发现并定义系统的这 4 层结构，并尽可能地明确每个层次内部的包和子系统结构。图 5-4 反映了通过早期迭代定义系统架构的示意图。

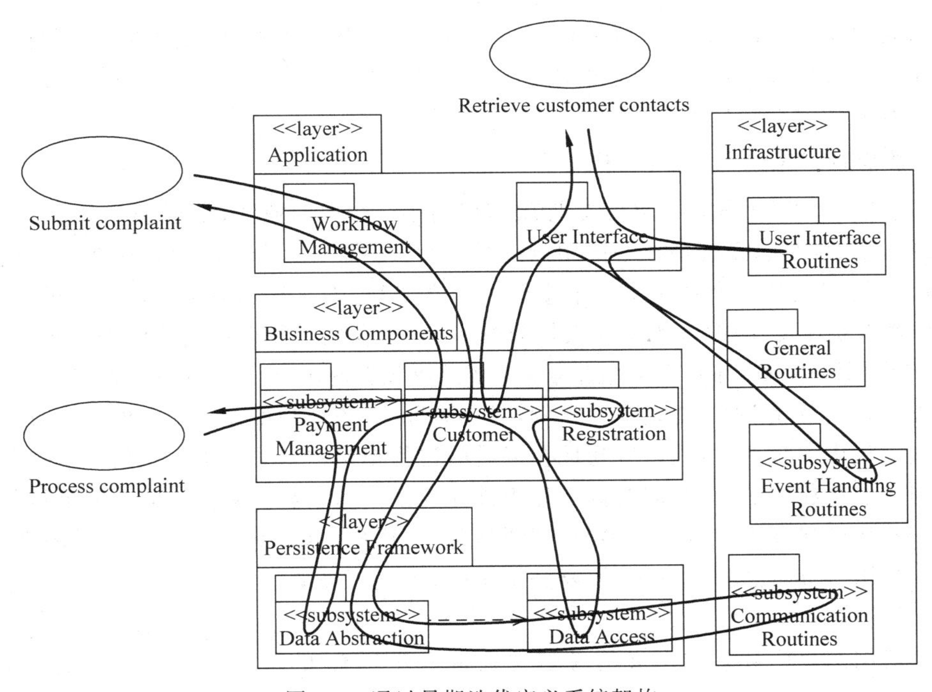

图 5-4　通过早期迭代定义系统架构

图 5-4 中展示了本次迭代所开发的 3 个用例：Retrieve customer contacts、Submit complaint 和 Process complaint。而每个用例附近手绘的实线表明该用例中所获取的类在

架构中的位置。从中可以看出,这3个用例基本覆盖架构的全部内容。其中从 Retrieve customer contacts 用例中发现的类和行为涵盖了 Application 层的 User Interface 包、Business Components 层的 Customer 子系统及 Infrastructure 层的 User Interface Routines 包、General Routines 包和 Event Handling Routings 包。从 Submit complaint 用例中发现的类和行为涵盖了 Application 层的 Workflow Management 包、Business Components 层的 Customer 子系统;Persistence Framework 层的 Data Abstraction 子系统和 Data Access 子系统,以及 Infrastructure 层的 Communication Routines。而从 Process Complaint 用例中获得的行为涵盖了 Business Components 层的 Payment Management 子系统、Customer 子系统和 Registration 子系统及 Persistence Framework 层的 Data Abstraction 子系统和 Data Access 子系统。

这意味着,仅通过这3个用例的一次迭代,就可以建立目标系统的最终架构,而更多的用例行为只不过是对该架构的进一步填充,不会带来新的架构元素。因此,后续迭代将不会对系统架构造成很大的冲击,迭代开发的成果可以被很好地复用,在提高开发效率的同时也保证了系统自身的稳定性。

当然,问题的关键还是落在如何能够准确找到可定义系统架构的核心用例,这与具体的业务和开发团队的技能紧密相关。Jacobson 博士给出了这样的参考数据:"一般来说,通过一次系统的用例建模过程来获取系统60%~80%的需求后,从中找出5%~10%的重要用例,来定义系统的架构。"这里的数据是针对大规模系统,对于中小规模系统来说,可能需要更多的用例(如40%~50%)才能定义架构。

下面将以本书中的"旅店预订系统"和"旅游申请系统"为例,来进一步考虑如何定义该系统的第一次分析设计迭代,通过该次迭代要完成系统架构的定义。书中后续的分析和设计也主要是基于这次迭代的。

3. "旅店预订系统"的首次迭代

"旅店预订系统"的核心业务是处理旅店房间预订和取消业务,结合表4-23对该系统的用例分级,可以发现该系统最核心的用例就是"预订房间",显然该用例是这次迭代的重点。"取消预订"用例也是整个系统中一个重要的分支流程,不过显然取消中所涉及的业务实体在预订中都有所体现,因此该用例对架构影响不大(这也是为什么用例的优先级评为中的原因);但考虑到该用例中涉及有关退订金等重要的业务逻辑,因此最好在首次迭代中实现。

此外,"调整价格"则完全是支撑用例,对主流程、业务规则都没有太多的影响,因此不需要在本次迭代中实现,它可以很容易地在以后的迭代中递增到系统中。最后,"登录"用例由于涉及与安全性相关的问题,因此其优先级被评为中;但考虑该系统只是一个单机版系统,而且由于本次迭代并不实现经理参与的"调整价格"用例,这意味着本次迭代后的系统只有服务员一类用户,因此完全可以不需要登录功能,也就不需要实现"登录"用例。

结合对用例分析和架构定义的考虑,"旅店预订系统"的首次迭代将只实现两个用例:"预订房间"和"取消预订"。而且由于这两个用例的复杂度都有限,所以在本次迭代中将完全实现。图5-5给出了本系统本次迭代所要完成的用例图。

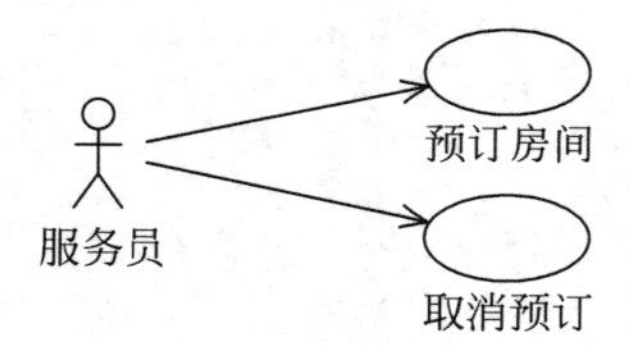

图5-5 "旅店预订系统"首次迭代周期的用例图

4. “旅游申请系统”的首次迭代

对于“旅游申请系统”，因为该系统的核心业务是为旅客办理申请旅游团相关的手续，所以首次迭代所实现的系统应该能够满足这项基本需求。整个办理的基本流程是这样的：前台服务员首先通过“办理申请手续”用例为旅客完成基本的旅行申请，然后通过“管理参加人”用例来添加需要参加本次申请的人员信息，最后通过“完成支付”用例来记录申请的支付信息。此外，在申请期间，收款员工还需要通过“打印旅游确认书和余额交款单”用例来完成打印业务，并邮寄给申请人。因此“办理申请手续”“管理参加人”“完成支付”和“打印旅游确认书和余额交款单”这 4 个用例都应该出现在本次迭代中。

虽然“管理参加人”用例内部包括增加、修改和删除参加人 3 个独立的子流程，但对一次正常的申请业务来说，只需要增加参加人就可以满足基本需求。而且修改和删除业务也是基于增加的参加人来进行的，这意味着这两个子流程并不会带来新的分析类。因此，在本次迭代中，可以只实现该用例的“增加参加人”子流程，其他子流程可以在后续迭代中递增实现。

另外，在用例分级时，用例“导出财务信息”也有很高的优先级，这是因为它由系统自动启动，并且涉及外部财务系统。显然，这两种机制对系统架构是有很大影响的，因此该用例也应该在本次迭代中。此外，由于本次迭代所实现的用例有两类参与者(前台服务员和催款员工)，系统必须对用户进行身份认证，因此“登录”用例应该在本次迭代中实现。

与路线管理员相关的用例都是一些支撑性的管理、维护用例，而“取消申请”用例也是相对独立的分支流程。因此，这些用例都不在本次迭代的范围之内。

图 5-6 给出了“旅游申请系统”首次迭代周期的用例图。在本次迭代中面向两类用户实现 6 个用例，其中“管理参加人”用例只实现其中的一个子流程。不过，这个细节在当前用例图中并没有体现出来，将在第 5.2.2 小节的用例实现中给出更清楚的表示方法。

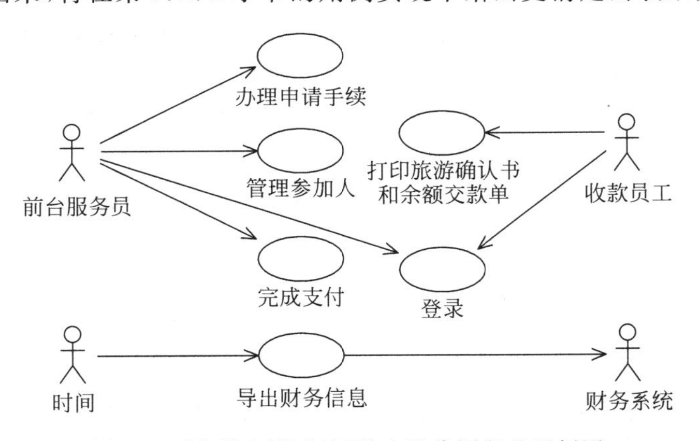

图 5-6 “旅游申请系统”首次迭代周期的用例图

此外，还需要注意的是，在第 4.5 节的重构用例模型中曾经为本系统中的某些用例引入了一些子用例。例如，“办理申请手续”用例包含了“查询申请信息”用例，“导出财务信息”用例包含了一个“记录日志”的扩展用例。但在本次迭代中并没有利用重构后的模型。这主要是考虑引入用例关系后，会给分析和设计添加不必要的复杂性；因此，一般首次迭代中不处理这些关系，而是将子用例合并到主用例考虑或者根本不考虑子用例行为。本书将在第 5.4.5 小节单独介绍如何在分析设计期间处理这些用例关系。

当然,迭代周期并不是简单地利用一幅用例图就可以表示清楚的,该用例图只是界定了本次迭代的范围。为了能够明确定义本次迭代的内容,需要针对每一个待实现的用例进行进一步的分析,对其用例文档、用例间的关系在分析阶段都需要进行重新评估和定义,并最终构造其用例实现。

5.2.2 用例实现

定义本次需要迭代的用例后,就可以针对这些用例开始进行分析。不过用例是用来表示需求的,并不包含分析的要素。因此,针对这些待分析的用例,需要重新定义一个概念来表达,这就是用例实现。

1. 基本概念

用例实现(Use-Case Realization)是分析(设计)模型①中一个系统用例的表达式,它通过对象交互的方式描述了分析(设计)模型中指定的用例是如何实现的。通过用例实现,将用例模型中的用例和分析(设计)模型中的类及交互紧密联系起来,一个用例实现描述了一个用例需要哪些类来实现。

在 UML 2 中,用例实现采用协作来建模;协作的符号是由虚线构成的椭圆。需要注意的是,早期的 UML 1.x 版本中协作主要是指协作图,并不能完全表示用例实现。因此,如果使用那些不支持 UML 2 的建模工具,则需要采用构造型≪use-case realization≫对用例进行扩展,从而正确地建模用例实现;图形符号也可能受建模工具的影响而有所不同②。

分析模型中的用例实现是针对用例模型中的用例来定义的,这两者之间存在的实现关系为"'用例实现'实现'用例'"。在分析建模时,可以把这两者之间的关系通过类图展示出来,从而建立了分析模型和用例模型之间的跟踪关系。图 5-7 显示了用例实现和用例之间的实现关系,图 5-7(a)为来自用例模型中的用例,图 5-7(b)为来自分析模型中的用例实现。实现关系采用带三角形箭头的虚线表示,其中箭头指向被实现方。

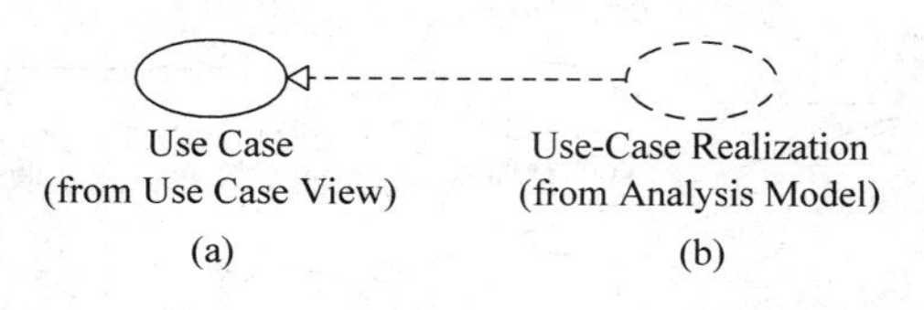

图 5-7 "用例实现"实现"用例"

2. 建模指南

用例实现是分析的要素,应该放在分析模型中。而按照 UML "4+1"视图的要求,分析模型是面向分析设计人员描述软件结构和行为的,属于逻辑视图。因此,利用 Rational Rose 进行分析建模的步骤如下所示。

(1) 在逻辑视图中右击鼠标,在弹出的快捷菜单中选择 New|Package 命令,新建一个包,将该包重命名为 Analysis Model 来表示分析模型。

① 分析和设计阶段都需要定义用例实现,其含义相同,只是内部处理细节不同。

② Rational Rose 虽然不支持 UML 2 建模,却支持≪use-case realization≫构造型,并可提供正确的图符。

(2) 在 Analysis Model 包中，以同样的方式新建 Use-Case Realization 包，用来存放所要分析的用例实现。

(3) 在 Use-Case Realization 包中定义每一个用例实现。由于 Rose 中用例实现是基于用例的扩展，因此实际操作时是在 Use-Case Realization 包上右击鼠标，在弹出快捷菜单中选择 New|Use Case(见图 5-8)，将该用例重命名为"＊＊＊—用例实现"，其中"＊＊＊"表示需求中的用例，如"预订房间—用例实现"；再双击该用例，在弹出对话框中修改该用例的构造型为 use-case realization，从而将用例表示成用例实现(见图 5-9)。

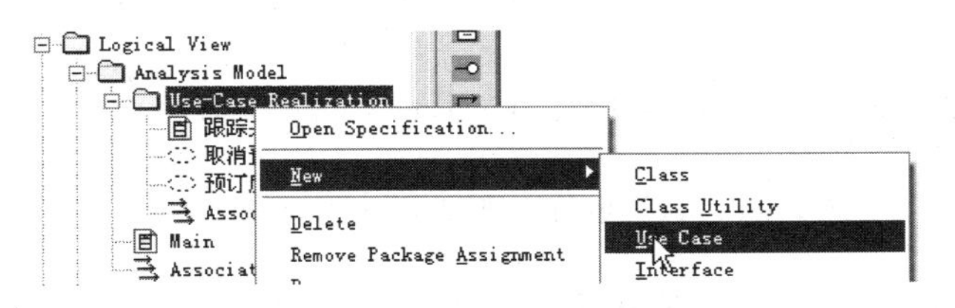

图 5-8 在用例实现包中新建用例

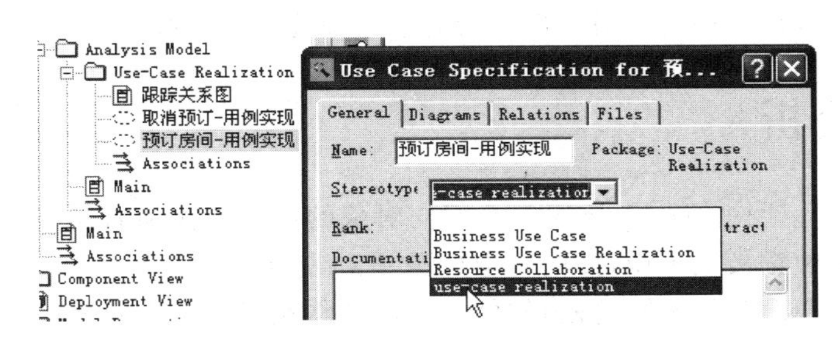

图 5-9 将用例实现包中的用例设置成用例实现

(4) 所有的用例实现都定义完成后(如图 5-9 的左侧资源浏览区中已经定义了该系统的两个用例实现)，最后在 Use-Case Realization 包中新建一个类图，重命名为"跟踪关系图"，利用该类图建立这些新定义的用例实现和用例模型中的用例之间的实现关系。图 5-10 列出了"旅店预订系统"首次迭代的跟踪关系图。该类图可以明确地反映该系统首次迭代要实现两个用例，以及在分析模型中定义了两个用例实现，这两个用例实现分别实现对应的用例。注意，该图中的用例和用例实现并不需要从工具栏中新建，而是直接从左边的资源浏览区中将它们拖放到图中。

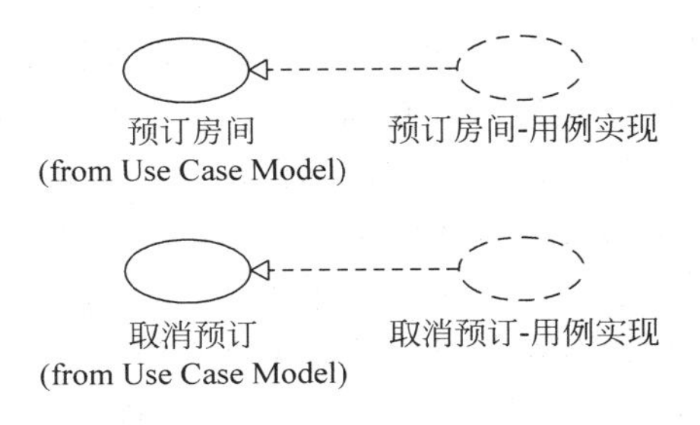

图 5-10 "旅店预订系统"首次迭代的跟踪关系图

如果采用 Enterprise Architect 建模，则可以直接使用协作来建模用例实现。在该工具的 Analysis 工具箱(Toolbox)中，提供了 Collaboration 建模元素，可以直接将该元素拖放到跟踪关系图中。

对于"旅游申请系统"，也首先按照前面讲述的步骤建立分析模型的结构，并根据首次迭代所要完成的 6 个用例，定义相应的 6 个用例实现。该系统的首次迭代跟踪关系图如图 5-11 所示。

对于该系统中的用例实现，需要注意一点的是，由于本次迭代只处理"管理参加人"用例

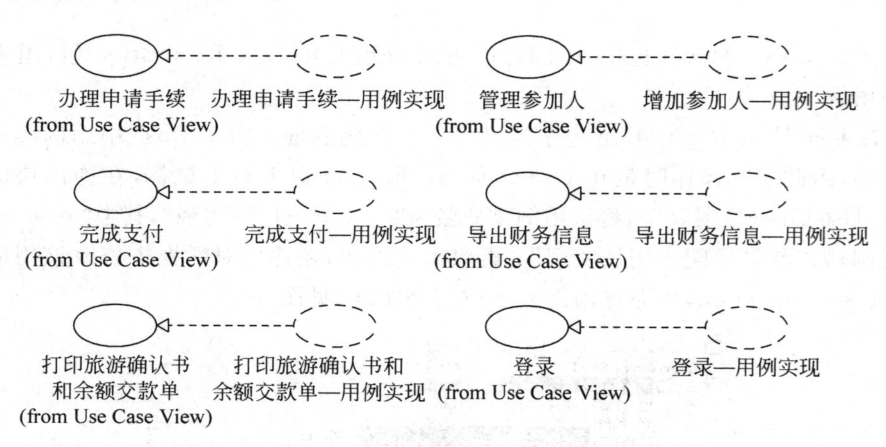

图 5-11 “旅游申请系统”首次迭代的跟踪关系图

的“增加参加人”子流程，因此其对应用例实现为“增加参加人—用例实现”。这意味着，在后续的迭代中还会增加一些新的用例实现来实现该用例的其他子流程，即有多个用例实现来实现一个用例；这也是一种通过对用例进行分解来简化分析的技巧。

5.3 架构分析

视频讲解

架构(Architecture)在面向对象的系统中扮演着越来越重要的角色，从某种意义上来说，面向对象的分析和设计都是以架构为中心进行的。在分析和设计的不同阶段，软件系统的架构被一步步细化和完善，最终形成一个规范的、稳定的、符合设计要求的架构模型。

每个软件系统都有架构，其结构可能简单，也可能复杂；然而这个架构并不是通过简单的分析设计就可以完全定义出来的。架构也需要经过若干次分析和设计的迭代来完成。在早期的迭代中，架构设计师通过选取那些高优先级的用例，并结合系统的规模和类型，在选择合适的备选架构的基础上，经过几次分析和设计迭代来建立系统的基础架构。

在基础架构的基础上，开发团队内部即可针对架构内的组件进行进一步的细化设计。开发团队利用架构设计和构件设计的相关技术来分解和完善架构内容，可以通过架构机制、抽取子系统等具体的手段来不断优化架构。针对架构的分析和设计将贯穿整个分析和设计过程。本节将重点关注架构分析的内容，有关架构设计的内容将在第 8 章中进行进一步介绍。

架构分析的过程就是定义系统高层组织结构和核心架构机制的过程。从具体活动上来说，架构分析主要包括以下 4 个方面内容。

(1) 定义系统的备选架构来描述系统的高层组织结构，以用例组织后续的分析模型。

(2) 确定分析机制以记录系统中的通用问题。

(3) 提取系统的关键抽象以揭示系统必须能够处理的核心概念。

(4) 创建用例实现来启动用例分析。这部分内容已经在第 5.2.2 小节中阐述过。

5.3.1 备选架构

在早期迭代中，架构分析的主要目标是建立系统的备选架构，以用于组织后续的用例分析所获得的分析模型；该备选架构通过架构设计进行细化和调整，从而获得软件系统的基础架构。由于现阶段对系统缺乏足够的认识，因此开发人员不可能快速地定义目标软件的架构。为此，早期迭代中的架构分析一般参照现有的、成功的架构模式来定义。

1. 备选架构模式

架构模式是那些在开发过程中积累下来，并经过实践验证行之有效的、可复用的软件架构。在架构分析中，可以直接借鉴已有的或类似项目中积累的经验，套用某种成熟的架构模式的全部或部分内容。

Frank Buschmann 在 *Pattern-Oriented Software Architecture, Volume I: A System of Patterns*(《面向模式的软件架构——模式系统》)一书中给出了架构模式的定义："架构模式表示了对软件系统的一个基础结构组织形式。它提供了一套预定义子系统，详细说明它们的职责，并且包括组织它们之间的规则和指南。"表 5-1 列出了该书中所描述的几种典型的架构模式，并总结了架构模式的特点和用途。

表 5-1 典型的架构模式

软件类别	架构模式	特点和用途
系统软件	层(Layer)	将系统划分为不同的抽象层次，每个抽象层次封装不同层次问题的对象，以处理系统不同方面的问题
	管道和过滤器(Pipes and Filters)	关注系统数据流的处理，数据通过管道流入不同的过滤器进行处理，从而获得最终的结果
	黑板(Blackboard)	面向数据结构的处理策略，系统由中心数据结构和相互独立的处理构件组成，通过构件来操作数据
分布式软件	客户/服务器(Client/Server)	在传统的客户/服务器模式中，服务器负责监听并响应客户端请求，客户端主动连接到服务器
	经纪人(Broker)	客户和服务器通过相应的代理进行通信，通过经纪人来协调客户和服务器之间的操作
	点对点(Peer to Peer)	各节点之间处于平等地位，可以互相连接；此外，一般有一些中心节点来负责发现和管理节点资源
交互式软件	模型—视图—控制器(Model-View-Controller)	是一种典型的交互式软件架构模式，将软件抽象成模型、视图、控制器 3 类构件，从而能够有效地分离用户界面和业务逻辑，以适应需求的变化
自适应软件	反射(Reflection)	将应用程序分成元层次和基本层次两个部分。元层次提供系统属性的相关信息，而基本层次包括应用程序逻辑，其实现建立在元层次之上，从而可以动态地改变基本层次以满足系统结构和行为的变更
	微核(Microkernel)	将最小功能核心与扩展功能和特定客户功能分离出来，以提供一个"即插即用"的软件环境，使得用户很容易连接扩展部分并把它们与系统的核心服务集成在一起；主要应用于对不同平台具有高度适应性并能满足客户定制需求的系统

2. B-C-E 三层架构

传统的结构化方法强调自顶向下的功能分解，因此在架构设计期间也侧重于对软件功能模块的划分。而随着软件规模的日益庞大，软件模块之间的关系也变得错综复杂，因此这种简单的横向模块分解策略并不是好的软件架构组织方式。特别是在分析的早期，由于缺乏对系统模块内部更深层次的认识，因此开发人员也难以进行合理的模块划分。此外，随着软件开发过程中分工越来越细致，针对系统的不同层面（如界面、内部功能、数据库等）的开发技术日益专业化，同一模块的不同层面往往会由不同的开发人员来实现，如界面设计人员、用例设计人员、数据库设计人员等。正是由于这些方面的原因，决定了早期软件的备选架构不是对软件功能的简单分解，而更倾向于一种通用的分层策略。

分层架构的动机是将应用逻辑作为单独的构件从系统中分离出来，以便这些构件在其他系统中能得到复用。通过分层，可以将各个层次分配到各个不同的物理计算节点，或者分配给不同的进程，这样可以改善系统性能，更好地支持客户和服务器系统中的信息共享和协调。此外，分层策略还可以使不同层的开发任务在开发者之间适当地分配，从而有效地利用开发人员的专长和开发技巧，并且能够提高并行开发能力。

经典的分层策略是三层架构，M-V-C 架构模式就是一种典型的三层架构。其中最低层模型层是面向系统内部的特定数据，它体现了系统的内在属性；而最高层视图层则是系统的外在表现形式，提供了系统与外界交互的功能；中间的控制层则是对系统核心业务流程的封装，它串接起系统的模型层和视图层，维护模型层的数据与视图层的表现形式的一致性，从而完成特定的业务流程。本书中的系统在早期架构选型时，备选架构采用了类似的 B-C-E 三层架构，如图 5-12 所示。

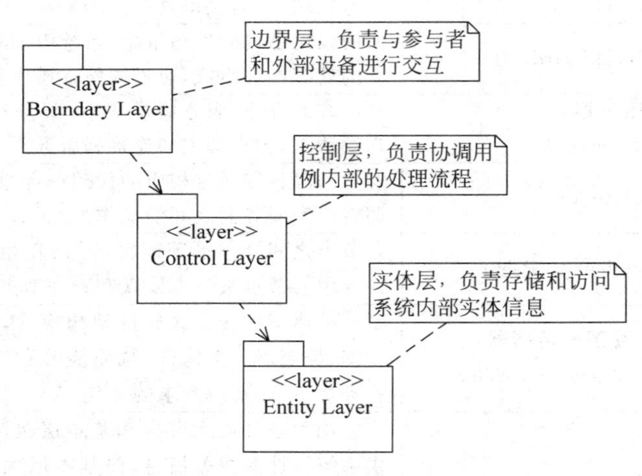

图 5-12 系统备选架构

在 B-C-E 三层架构的定义过程中，采用包图进行架构建模[①]。包是一种通用的模型分组机制，为了有效地表示分层的概念需要引入构造型≪layer≫，并在层和层之间建立依赖关系。通过 B-C-E 这三层划分系统中的 3 类处理逻辑，其中：

- 边界层(Boundary Layer)负责系统与参与者之间的交互。
- 控制层(Control Layer)处理系统的控制逻辑。
- 实体层(Entity Layer)管理系统使用的信息。

目前只是给出了这 3 个层次的基本定义，而各层的内部还没有任何元素，第 5.4 节的构

① 有关利用包图进行架构设计的细节，可以进一步参阅本书第 8.2 节的内容。

造用例实现的过程将对架构中的各个层次进行填充。换句话说,当前分层的架构将为后续的用例分析提供基本结构和指导规则。

5.3.2 分析机制

备选架构更多的是从系统的功能需求入手,对系统进行合理的分层。然而,在架构分析阶段,对系统的非功能需求及那些通用性问题也需要进行单独考虑。架构机制就是用来记录这类问题的一种策略。

1. 架构机制

架构机制是对通用问题的决策、方针和实践,它描述了针对一个经常发生的问题的一种通用解决方案。通过有效地应用架构机制,可以使项目组内部以相同的方式对待这些问题,并复用相同的解决方案。作为系统架构的一部分,架构机制常常集中和定位在系统的非功能需求上。

根据所关注的阶段和详细程度不同,共有三类架构机制,即分析机制、设计机制和实现机制。

- 分析机制以与实现无关的方式捕获解决方案的关键部分。它们可能表示结构模式或行为模式,也可能同时表示这两者。它们主要用于在分析过程中向设计人员提供复杂行为的简短表示,从而减少分析的复杂性并提高分析的一致性。分析机制通常源于对一个(或多个)架构模式或分析模式的实例化。
- 设计机制是对相应分析机制的更具体的定义。设计机制为概念上的分析机制添加具体的细节,但它并不具体到需要特定的技术。与分析机制相同,设计机制可以实例化一种或多种模式,在这种情况下为架构模式或设计模式。
- 实现机制则是详细说明了机制的准确实现。它使用特定的编程语言及其他实现技术(如特定厂商的中间件产品)对相应设计机制进行改进。一个实现机制可以实例化一个(或多个)代码模式或实现模式。

表 5-2 列出了三种典型的分析机制,从中也可以理解和区分三类架构机制。

表 5-2 架构机制示例

分析机制	设计机制	实现机制
持久性	关系型数据库	JDBC
	面向对象数据库	Object Store
分布	远程方法调用	Java SE 6 RMI
安全性	RBAC 身份认证机制	C++算法实现

持久性分析机制是指拥有该机制的对象需要持久存在,即在创建它的程序退出后仍然逻辑存在的对象。分析存储和访问这些持久性对象是一件很复杂的工作,在分析阶段没有太多的精力去考虑这些细节。开发人员可以考虑通过该机制来记录对象的这一特性,而具体的存储和访问方案在后续的设计和实现机制中进行讨论。与之对应,在设计阶段,可以采用两类设计机制来解决该问题,即关系型数据库或面向对象数据库均可以达到持久化目标。

相应地,在实现阶段,需要采用 JDBC 或 Object Store[①] 实现机制来实现。

分布机制是指对象需要进行分布式访问;设计机制"远程方法调用"则可以满足该机制;具体实现时则采用 Java SE 6.0 提供的 RMI。此外,安全性机制是指对对象的访问需要一定的安全性,为此设计阶段采用 RBAC(基于角色的访问控制)身份认证机制来保证对象的安全;在实现阶段则可以采用 C++来具体实现。

由此可见,分析机制通常与具体业务无关,它属于"计算机科学"的范畴,是对与软件实现相关的关键技术的描述。可以把它们看成是架构中的"占位符",来表明相关问题的存在,从而尽量避免这些行为的细节分散架构工作的重点。开发人员通过应用这些分析机制,可以使分析工作集中在将功能需求转换成软件概念,而不必细究那些需要用来支持功能但不是功能核心的相对复杂行为。这些行为细节将在设计阶段进行细化[②]。

2. 确定分析机制

在分析阶段,对分析机制的处理主要包括 3 个方面的工作:首先需要抽取出系统中所有的分析机制,然后建立分析机制和所关联的类之间的关系,最后确定类所拥有的分析机制的相关特性。

我们可以从两个不同的角度来抽取分析机制,即自顶向下和自底向上。自顶向下是根据类似项目的经验来估计出领域内会有哪些问题,以及如何解决这些问题。在分析过程中,常见的架构问题(即机制)包括持久化、安全性、事务处理、异常处理、分布式访问等。所有这些问题的共同之处在于,它们是大多数系统的一般性要求,分别实现与基本应用功能的交互或支持基本应用功能。通过分析机制来描述这些问题,从而可以使分析阶段不必过多地考虑具体的实现平台或语言。通常,可以采用多种不同的方式设计和实现分析机制,即对应于每种分析机制可以有多种设计机制,而每种设计机制可以有多种实现机制。自底向上则是随分析过程的深入逐步确定,分析机制是最后生成的。在定义每一个分析类的过程中,如果发现相应的问题最初比较模糊,可以先将它们定义为与具体实现策略无关的分析机制,在后续迭代中再进行进一步细化。

考查"旅店预订系统",由于该系统只是一个简单的单机版系统,其中涉及的通用问题较少,只存在一个持久性分析机制。而"旅游申请系统"中的分析机制较多,除了持久性分析机制外,还涉及分布、安全性、遗留接口等分析机制,表 5-3 列出了该系统中可能存在的分析机制。

表 5-3 "旅游申请系统"分析机制

分析机制	含义	使用该机制的元素
持久性	使一个元素持久化的方法	路线、申请、申请人等信息
分布	将一个元素跨越系统现有代码而远程访问的方法	办理申请手续的处理过程及其他的远程访问处理请求
安全性	控制一个元素的访问权限的方法	申请人的支付信息
遗留接口	使用现有接口访问一个遗留系统的方法	访问财务系统的接口

① 可以采用某种对象访问技术,此处并未具体给出。如可以是 XQuery、XPath 等 XML 访问技术。

② 参阅第 8.4 节,相关内容详细说明了定义设计机制的过程。

抽取这些分析机制后，下一步就需要明确哪些类与它们相关，可以建立一张分析类与分析机制的对照表，具体的实例将在第5.5.4小节中给出。

最后，分析机制不仅仅只是一个简单的名词，针对不同的分析机制需要考虑不同的细节特征，而且同一分析机制对于不同的类而言，会存在不同的特征值。这些信息会影响到后续的设计，因此在分析阶段还需要描述分析机制的特征。表5-4列出了部分分析机制所拥有的特征。

表5-4 分析机制的特征

分析机制	特征	含义
持久性	粒度	单个持久性对象的大小
	容量	所需要存储的持久性对象的个数
	访问频率	对对象进行CRUD等操作的频率
	访问机制	如何唯一地标识和检索对象
	存储时间	对象需要保存的时间
分布	分布机制	分布式访问的方式或协议的约束
	通信方式	同步或异步访问方式
	通信协议	消息的大小、流量控制、缓存等相关通信约束
安全性	安全规则	使用何种安全访问规则
	授权策略	CRUD等其他操作的权限
	数据粒度	数据访问权限的粒度，如包级、类级、属性级
	用户粒度	用户权限的定义级别，如单一用户、角色/分组用户
遗留接口	响应时间	要求的访问响应时间
	持续时间	每次访问遗留系统所持续的时间
	访问机制	访问方式或协议
	访问频率	访问遗留系统的频率

5.3.3 关键抽象

业务建模阶段和需求阶段通常会揭示系统必须能够处理的核心概念，而这些核心概念也往往会作为系统设计和实现阶段的关键类，因此这些概念需要在分析阶段进一步明确，这就是关键抽象。

关键抽象是一个通常在需求上被揭示的概念，系统必须能够对其处理。它来源于业务，体现了业务的核心价值，即业务需要处理哪些信息；这些信息所构成的实体即可作为初步的实体分析类。关键抽象来自业务领域，领域专家可以很清楚地提供业务系统的初始关键抽象候选集合，在此基础上，再结合业务对象模型、需求和词汇表等业务文档资料进行补充和完善。在架构分析阶段定义系统的关键抽象，可以方便后续用例分析阶段的工作展开，以避免不同的用例分析团队分析各自的用例时可能产生的重复性工作。

通过一个或多个类图来展示关键抽象，并为其编写简要说明。这些关键抽象一般也会作为用例分析阶段的实体类而存在。此外，类图中除了展示这些概念外，还可以进一步描述它们之间的关系。

对于“旅店预订系统”而言，其核心业务价值在于处理旅客的房间预订信息，因此有关旅客、房间、预订信息等的概念即作为系统的关键抽象而存在。

而图 5-13 给出了“旅游申请系统”的关键抽象，显然这些概念是该系统所需要处理的最基本的信息实体。当然，此处并没有给出它们之间的关系，有关类之间关系的定义将在第 5.5.3 小节中进行详细介绍。表 5-5 列出了这些关键抽象的简单描述。

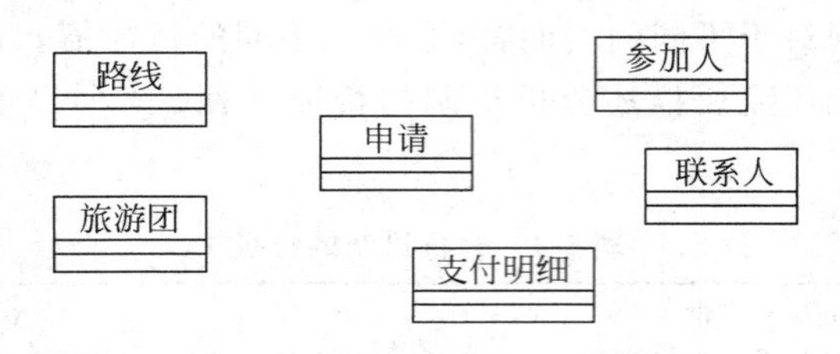

图 5-13 “旅游申请系统”关键抽象类图

表 5-5 “旅游申请系统”关键抽象说明

关键抽象	含义	相关联的关键抽象
路线	包含具体旅游安排和介绍的旅游路线	
旅游团	各个旅行路线的具体组团；各个线路可组织多次不同的旅游团	路线
申请	参加人提交的旅游团申请表	旅游团
支付明细	与申请相关的订金、旅费、退费等费用支付信息	申请
参加人	某个申请的参加人员信息，分责任人和普通人员两种角色；具体人员还需要区分大人和小孩	申请
联系人	参加人指定的联系人信息	参加人

5.4 构造用例实现

视频讲解

通过架构分析的过程，获得了系统的备选架构、分析机制和关键抽象，下一阶段将以这些素材为基本的输入，来构造每一个待分析的用例实现内部细节。与需求阶段通过文档来表示用例不同，分析设计阶段将通过构造更多的 UML 模型来表示用例实现，通过这些模型来描述系统内部类之间的静态关系及对象间的动态交互。本节所阐述的构造用例实现的过程将是针对每一个用例实现重复进行的。

5.4.1 完善用例文档

正如第 5.2.2 小节中所阐述的，用例实现和用例是两个不同的概念。它们关注的重点不同——用例面向用户描述功能，而用例实现则面向分析设计人员描述软件的内部结构。它们的范围也可能不同——用例描述了某个用户目标，而用例实现可能只包含了复杂用例某次迭代的部分行为。因此，在构造用例实现之前，首先需要对原始的用例文档进行进一步的分析和完善，以便获取理解系统的必要内部行为所需的其他信息，而这些信息可能是在为系统客户编写的用例说明中被遗漏的，却是系统内部所需的处理信息。

一般情况下，用户对有关系统内部情况的处理过程并不感兴趣，因此在用例文档中很可能遗漏了这些信息。在这种情况下，用例文档更像是一份“黑盒”说明文档，只描述了用户的输入和期望的系统输出，而省略了相关系统响应参与者动作的内部处理细节，或者相关细节过于简单。然而，在构造用例实现阶段，需要有一份从内部角度观察系统响应的“白盒”文档，这些文档中待完善的细节也就是第 4.4.4 小节所描述的用例交互四步曲中的第(2)步和第(3)步。

在"旅游申请系统"的办理申请手续业务中，当服务员录入申请的信息后，系统能够计算并显示本次申请所需的费用的总额和订金金额等信息。对于系统用户(即服务员)来说，这样描述就可以了，因此在第 4.4.7 小节的用例文档中就描述为"(6)系统计算并显示旅行费用的总额和申请订金金额"。但是，这并没有给出任何具体的系统实现方面的描述，即系统到底依据什么来计算这些费用信息，显然分析设计人员必须清楚且准确地定义这些信息。为此，用例分析阶段可能需要这样来描述"系统根据旅游团价格和参加人情况计算费用总额及订金金额，相关计算规则如下所述……"这种程度的详细信息为分析设计人员提供了一个清晰的概念，即需要什么样的信息(旅游团价格和参加人情况)及如何来计算(相关的业务规则)。基于这些信息，可以确定两个可能存在的对象(即包含价格的旅游团和区分大人、小孩的参加人)及它们的职责。

当然，分析阶段的目的只是确保系统的内部行为清晰明了，从而能够明确系统必须做什么。但没有必要定义系统内负责执行行为的元素(对象)及具体的算法规则(这是设计的事)，只要清楚地定义需要做什么即可。

在实际完善用例文档的过程中，提供这些详细信息的人员包括能够帮助确定系统需要执行什么操作的领域专家。在考虑系统的某个特定行为时，可以提出一个针对性很强的问题："执行此行为对系统意味着什么?"如果没有明确规定系统需要进行什么操作来执行此行为，就无法回答上述问题，因此可能需要发现更多的信息，从而弥补需求阶段的不足。

当然，这个工作并不意味着要对用例文档中的每个细节都重新细化，这样做的话工作量将非常大。一般只对一些重要的、复杂的系统处理进行进一步分析和描述。此外，这个活动本质上和后面通过顺序图来分析交互是类似的，只不过通过文字更具体一些。因此，在实际分析过程中，当在后面分析交互时发现通过 UML 图形无法准确地描述那些细节时，就可以通过文字的方式适当地进行补充描述。

5.4.2 识别分析类

在对象系统中，系统的所有功能都是通过相应的类来实现的。因此，首先需要从用例文档中找出这些可用的类，再将其所描述的系统行为分配到这些类中。面向对象的分析是对这个过程的第一次尝试，这是一个从"无"到"有"的跨越，也是整个分析过程中最难的任务之一。而分析阶段所定义的类被称为分析类。

分析类代表了系统中具备职责和行为的事物的早期概念模型，这些概念模型最终会转换为设计模型中的类或子系统。分析类关注系统的核心功能需求，用来建模问题域对象。此外，分析类主要用来表现"系统应该提供哪些对象来满足需求"，而不关注具体的软硬件实现的细节。

架构分析中所定义的 B-C-E 三层备选架构为识别分析类提供了很好的思路。按照该备选架构，系统中的类相应地对应三个层次，即边界类、控制类和实体类。识别分析类的过程就是从用例文档中来定义这三类分析类的过程。

1. 边界类

边界类处于系统的最上层，它从那些系统和外界进行交互的对象中归纳和抽象出来，代表了系统与外部参与者交互的边界。存在两类边界类：用户界面类和系统/设备接口类。

- 用户界面类代表系统与外部用户进行交互的类，在分析期间并不关注界面的细节（如窗体或页面的个数、布局）及实现方案，而是侧重于为用户提供哪些操作（即用户通过界面能做什么，如录入特定信息等）。
- 系统/设备接口类代表系统与外部系统或设备之间交互的接口类，在分析期间通过接口类主要关注交互的协议，而不关注协议实现的细节。

边界类是一种用于对系统外部环境与其内部运作之间的交互进行建模的类，通过这些边界类封装了系统与外界的交互。由于明确了系统的边界，边界类能帮助人们更容易地理解系统，并且为后续阶段确定相关服务提供了一个很好的依据。如果确定了一个针对打印机的设备接口类，那么很明显，就必须对打印输出格式进行建模。

在用例分析阶段，对边界类识别的基本原则是，为每一对参与者或用例确定一个边界类。虽然最终的交互界面可能会有很多个，但这并不是分析的内容（在设计阶段会进一步分解）。为区别于其他的分析类，采用构造型≪boundary≫表示边界类。此外，Rational Rose可以将该构造型表示为小图标的形式（即在类名称的右上角放置一个图标），或者采用更形象的类图标来代表边界类，图 5-14 给出了 3 种边界类的表示形式，本书主要采用类图标的方式来表示（即最右边的）。图 5-15 给出了基于图 4-15 中的用例图来识别边界类的示例。

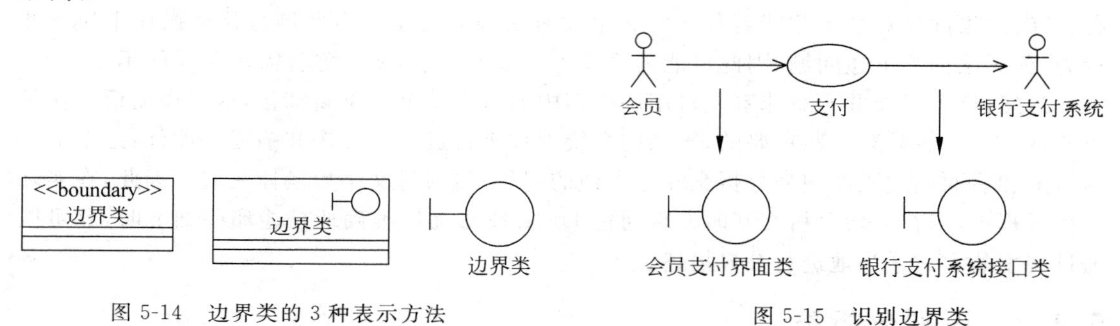

图 5-14　边界类的 3 种表示方法

图 5-15　识别边界类

从图 5-15 可以看出，针对参与者和用例之间的每一个关联关系就可以定义一个边界类。当然，在实际应用中也可灵活处理，例如对于包含多个复杂分支流程或子流程的用例，可以针对不同的处理业务定义不同的边界类。此外，对于边界类的命名，一般采用“××界面类”来表示用户界面，采用“××接口类”来表示系统/设备接口类①。

2. 控制类

控制类处于三层架构的中间层，它封装控制系统上层的边界类和下层的实体类之间的交互行为，是整个用例行为的协调器。控制类能够有效地将边界对象和实体对象分开，让系统能够更适应其边界对象内发生的变更；还可以将用例所特有的行为与实体对象分开，使实体对象在用例和系统中具有更高的复用性。控制类所提供的行为具有以下特点。

- 独立于外部环境，不依赖于环境的变更。

---

① 本书中分析阶段类的名称都采用中文标注，以便于用户理解。在实际项目开发时，可根据项目组相关的命名规范来进行命名。此外，在实际项目中，类的名称一般也不会有“类”字这个后缀。

◆ 定义用例中的控制逻辑和事务管理。
◆ 在实体类的内部结构或行为发生变更的情况下，不会有大的变更。
◆ 使用或修改若干实体类的内容，因此需要协调这些实体类的行为。
◆ 并不是每次用例激活时都以同样的方式运行(因为事件流本身具有不同的状态)。

在用例分析阶段，对控制类识别的基本原则是，为每个用例确定一个控制类。为区别于其他的分析类，采用构造型≪control≫表示控制类。同样，Rational Rose 也提供了相应的图标来表示，图 5-16 给出了 3 种控制类的表示形式，本书主要采用类图标的方式来表示(即最右边的)。图 5-17 给出了基于图 4-15 中的用例图来识别控制类的示例。

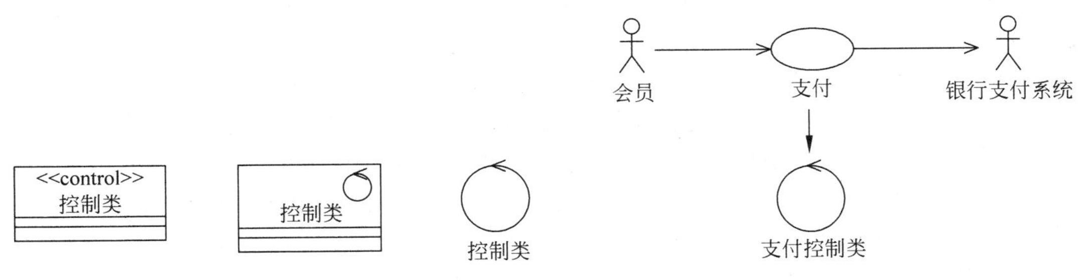

图 5-16 控制类的 3 种表示方法

图 5-17 识别控制类

从图 5-16 可以看出，针对一个用例可以定义一个控制类。当然，在实际应用中也可灵活处理，例如对于那些复杂的用例(如包含多个复杂分支流程或子流程的用例)，可以定义多个控制类来处理不同的业务逻辑。此外，对于控制类的命名，一般可以采用用例的名称加上"××控制类"后缀的方式[①]。

3. 实体类

实体类代表了系统的核心概念，它来自对业务中的实体对象的归纳和抽象，用于记录系统所需要维护的数据和对这些数据的处理行为。实体类提供了另一个理解系统的观点，即从系统的逻辑数据结构来描述系统应该为用户提供哪些功能[②]。

实体类是用来表示业务信息的名词，因此识别实体类的基本思路是分析用例事件流中的名词、名词短语，找出所需的实体信息。不过与边界类和控制类不同，实体类通常并不是某个用例实现所特有的(即可能跨越多个用例)，甚至可能跨越多个系统。架构分析中的关键抽象是实体类最重要的来源，而更多的实体类还需要从用例事件流、业务模型、词汇表等业务和需求的载体中获得。为区别于其他的分析类，采用构造型≪entity≫表示实体类。同样，Rational Rose 也提供了相应的图标来表示，图 5-18 给出了 3 种实体类的表示形式，本书主要采用类图标的方式来表示(即最右边的)。图 5-19 给出了基于图 4-15 中的用例图来识别实体类的示例。

---

① 控制类也可以采用其他后缀，如"××管理类"；或不采用后缀，如直接命名为"支付"类；从这个动词性质的类名(其他类基本上是名词，控制类一般是动名词)就可以看出该类是对支付业务处理的控制类。

② 由于边界类和控制类比较容易确定，因此，对实体类的识别才是整个分析阶段的重点和难点，遗漏了实体类则意味着丢失了系统的数据和处理行为，不能满足需求。事实上，存在一些面向对象的方法在分析阶段就只关注实体类，而不考虑边界类和控制类。

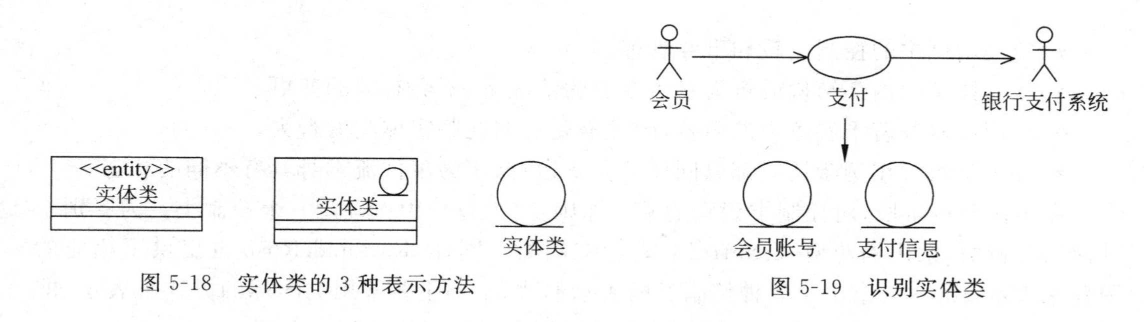

图 5-18 实体类的 3 种表示方法

图 5-19 识别实体类

从图 5-19 可以看出,从一个用例可以识别出若干个实体类。具体的数目与该用例所涉及的业务细节有关,由于用例之间的差别很大,因此能识别的实体类数目差别很大;此外,从不同的用例中可能获得相同的实体类,还需要考虑这些跨用例的实体类的一致性等问题。在"支付"用例中,会员为了完成支付操作,需要通过"会员支付界面类"向系统提供其账号信息和所需支付的金额,系统控制类依据这些信息生成一条支付记录,并将该支付记录通过"银行支付系统接口类"提交给银行支付系统进行支付。因此该用例中存在"会员账号"和"支付信息"两个实体类。

由于并不存在一些具体的方法或原则来识别实体类,因此为了能够有效地识别,还需要采取其他的辅助手段。一种最常用的方法就是名词筛选法,基本思路如下所示。

(1) 将用例事件流作为输入,找出事件流中的名词或名词性短语(可采用下画线标注出来),这些名词形成了实体类的初始候选列表。

(2) 合并那些含义相同的名词。因为事件流描述的可能不准确,所以相同的概念可能采用了不同的名词,需要将这些不同的名词进行统一定义,并重新确定合适的名称。

(3) 删除那些系统不需要处理的名词。有些名词可能只是用例中的描述信息,并不需要处理,这些名词也不会作为实体类存在。

(4) 删除作为参与者的名词。因为参与者是在系统范围外的,所以在当前用例中不作为实体类被定义。不过,由于大部分系统都会维护那些用户类型的参与者,因此这些用户信息将会在其他的用例(如登录、管理用户等用例)中被定义为实体类。

(5) 删除与实现相关的名词。分析阶段不考虑系统实现方案,因此与实现相关的内容也不会作为实体类存在。

(6) 删除那些作为其他实体类属性的名词。有些名词可能只简单地描述一个值,这些单一的值一般也不作为类存在,而会作为其他类的属性。

(7) 对剩余的名词,综合考虑它们在当前用例及整个系统中的含义、作用和职责,并基于此确定合适的名称,从而将这些名词作为初始的实体类存在。

名词筛选法是一种最原始,也是最有效的识别实体类的方法,不过相对来说效率比较低。此外,由于该方法的输入是用自然语言描述的用例文档,自然语言的不精确及一些名词词性的活用(如名词动词化、动词名词化等)也会给实体类的识别带来麻烦。因此,这种方法一般用于分析初期,由于缺乏对系统的理解,只能通过这种方法来获取实体信息。而有经验的分析人员更多地依赖于类似项目的经验和对业务及系统的理解,来获取系统的关键抽象,这些关键抽象构成了系统中最重要的那些实体类。再辅以名词筛选法等其他方法补充完善实体类。此外,并不能指望在此阶段就能够发现所有的实体类,在分析交互和后续的迭代中也可能发现一些新的实体类。

下面以“旅游申请系统”中的“办理申请手续”用例为例，来简单地说明如何使用名词筛选法识别实体类，这里只考虑了该用例的基本事件流。

（1）用下画线标记事件流中的名词。

① 该用例起始于旅客需要办理申请手续。

② 前台服务员录入要申请的旅游团旅行路线代码和出发日期。

③ 系统查询要申请的旅游团信息（A-1）。

④ 系统显示查询到的旅游团和相关路线信息（D-1）（A-2、A-3）。

⑤ 前台服务员录入本次申请信息（D-2）。

⑥ 系统计算并显示旅行费用的总额和申请订金金额。

⑦ 申请责任人缴纳订金，前台服务员录入订金信息，提交本次申请信息。

⑧ 系统保存该申请信息（A-4），用例结束。

（2）合并含义相同的名词：旅游团和旅游团信息合并为旅游团。

（3）删除系统不需要处理的名词：用例、申请手续、系统。

（4）删除参与者：前台服务员。

（5）删除实现相关的名词：无。

（6）删除属性：路线代码作为路线的属性被删除，出发日期作为旅游团的属性被删除。旅行费用总额、申请订金金额等均为一个简单值，可作为申请信息的属性值存在。但费用和订金支付业务存在一定的处理流程和状态，因此可以考虑单独封装在一个“支付明细”实体类中（在该用例中代表订金支付明细，在“完成支付”用例中则代表总费用支付明细，而在“取消支付”用例中则可能代表退费的情况。可以把这些情况放在一个类中，也可以针对这些情况设计不同的子类，有关类细节的设计参见第5.5节）。

（7）最终剩余的名词：旅客、旅游团、相关路线信息、申请信息、支付明细。结合申请系统的自身特点，并和关键抽象的定义保持一致，旅客可被命名为参加人；而相关路线信息可被简称为路线，申请信息可被简称为申请。最终确定的初始实体类有参加人、旅游团、路线、申请和支付明细。

4. 总结分析类

识别分析类的过程就是对于每个用例实现，根据系统备选架构的约定，从中抽取出相应的边界类、控制类和实体类来填充系统架构。通过所识别的这些类，来达到该用例实现所实现的用例的业务价值。图5-20给出了会员支付业务的用例模型和由该用例所得到的初始分析类。

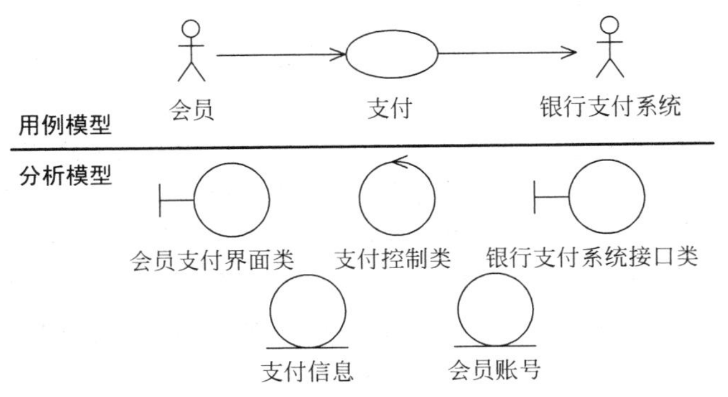

图5-20 会员支付业务的用例模型和分析模型

从图 5-20 可以看出,作为用例模型中的用例对外封装了相关的业务细节,而在分析模型中则需要将这些业务细节分解到相应的分析类中。这就是一个将用例这个“黑盒”展开进行“白盒”分析的基本思想。基本思路是,首先需要定义边界类来响应系统与外界的交互;其次定义控制类来处理外界请求并通过操作相应的实体类来返回结果,而系统内部的所有信息都需要定义实体类来维护。图 5-21 展示了识别 3 种分析类的过程,从中可以看出,一个系统用例在分析阶段最终被分解成若干个由分析类组成的结构。

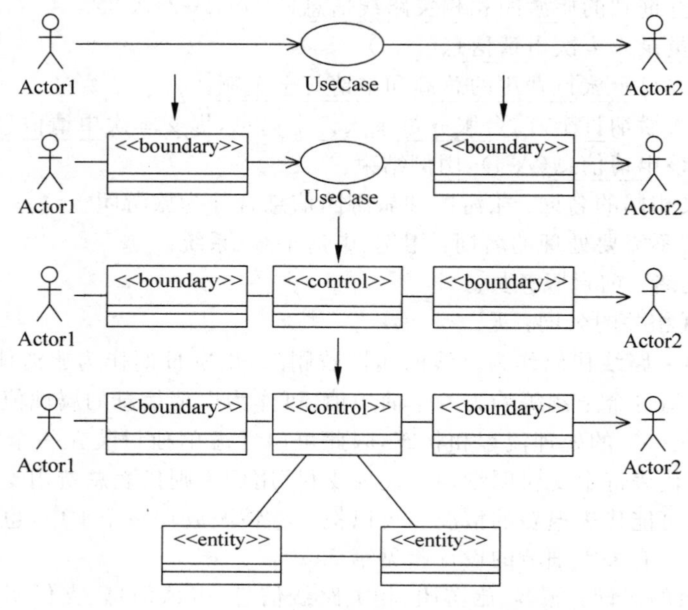

图 5-21 从用例模型到分析模型

5. 识别分析类实践

下面以“旅店预订系统”的首次迭代为例,介绍识别分析类的基本方法和实践技能。

根据第 5.2 节所定义的该系统首次迭代,本次用例分析主要处理两个用例实现,即“预订房间”和“取消预订”。结合图 5-5 可以很容易地识别出两个边界类(预订界面类 ReservationUI 和取消界面类 CancelUI)和两个控制类(预订控制类 ReservationController 和取消控制类 CancelController)。而至于实体类则需要利用名词筛选法从第 4.4.7 小节的用例文档中获得。本系统中存在 4 个实体类(旅客 Customer、房间 Room、预订信息 Reservation 和支付信息 Payment)。由此可见,即使是类似旅店预订这样的小规模系统,首次分析迭代就涉及将近十个左右的分析类,而到后续阶段类的数量会更多。因此,不可能把这些类都放在同一个层次来考虑,而是必须采取一种有效的方式来组织这些类,这就是软件架构所要解决的问题。对于初始的分析类而言,备选架构提供了一种很好的组织方式,可以把这三种分析类分别存放到其三个层次中。图 5-22 显示了在 Rose 中如何组织这些初始的分析类,从图 5-22(a)中能够看出,可以将每一个架构层次看成一个模型包,其内部包含相应的分析类;而图 5-22(b)则显示了每个架构包中的主视图,将相应的类展示在类图中,这些类之间的关系将会在后续阶段进一步定义(参见第 5.5 节)。

除了 Rose,Enterprise Architect 也直接提供了三类分析类的构造型。可以在标准类图

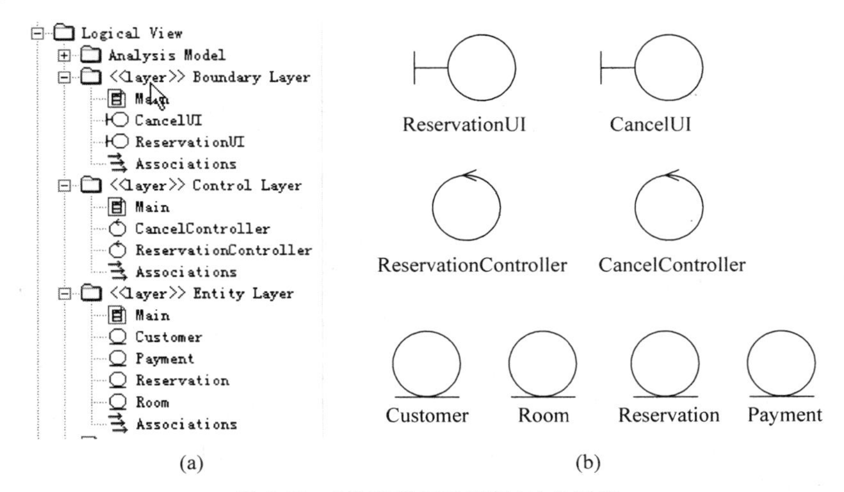

图 5-22 "旅店预订系统"初始分析类

的基础上，添加相应的构造型来定义分析类。此外，该工具的扩展图形中直接提供了分析图，可以建模包括协作、分析类、对象等分析元素。不过需要注意的是，该模型中的边界、控制和实体这 3 个建模元素都是对象，不是类的扩展，因此更适用于特定场景分析，而不是系统层面的分析建模。为此，如果严格按照本书中的分析实践，不建议使用这类分析图。而是与 Rose 一样，采用标准类图的扩展方式建模分析类，其他模型的组织方式也完全相同。

"旅游申请系统"首次迭代规模相对较大，其分析类更多，备选架构的作用就更加明显。图 5-23～图 5-25 分别给出了该系统的边界类、控制类和实体类的主视图，从图中可以看出该系统首次迭代所识别的全部分析类，这些分析类完全是按照前面所介绍的方法识别出来的。

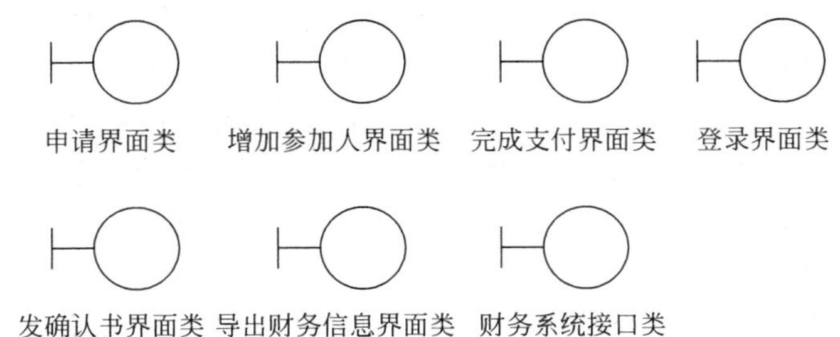

图 5-23 "旅游申请系统"初始边界类

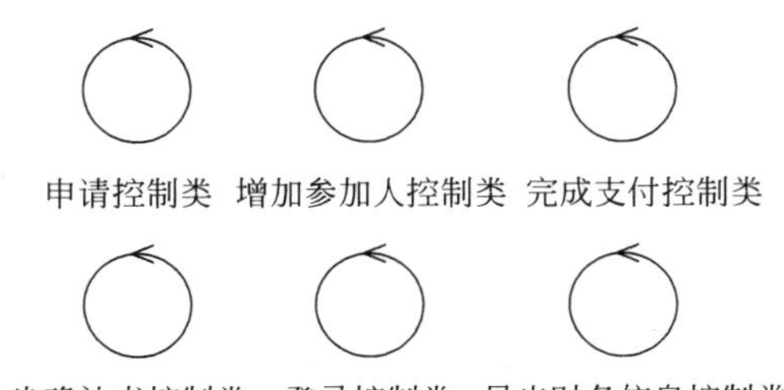

图 5-24 "旅游申请系统"初识控制类

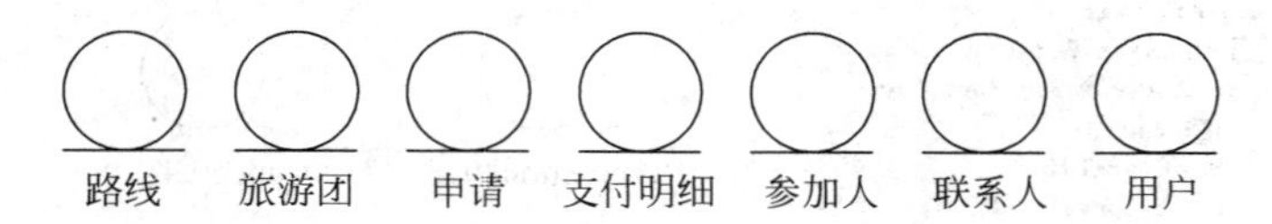

图 5-25 “旅游申请系统”初始实体类

本系统首次迭代共定义了7个边界类,其中包括6个界面类和1个系统接口类。由于首次迭代针对“管理参加人”用例只实现“增加参加人”子流程,因此界面类也被定义为“增加参加人界面类”。而“登录界面类”则同时处理前台服务员和收款员工两类用户的登录。此外,虽然时间参与者可能并不需要操作界面来启动系统(一般情况下是系统后台自动运行的业务),但为了后续分析的一致性,目前也定义了一个“导出财务信息界面类”。

控制类的定义比较简单,对应于首次迭代的6个用例,定义了6个控制类来封装相应用例的业务流程和逻辑规则。

本系统目前初步定义了7个实体类,这些实体类与前面的关键抽象基本一致。多出来的“用户”类是从登录用例中提取出来的,该类记录了系统的用户(包括前台服务员、收款员工、路线管理员等不同角色)信息,如用户名、密码等。关键抽象的提取更多的是凭借着对业务的理解和相关项目的经验;而此阶段对实体类的提取还可以按照前面所提到的名词筛选法来进一步明确,以获得更多的实体类。

5.4.3 分析交互

目前所识别的分析类都是静态的描述,而为了确认所识别的分析类是否达成用例实现的目标,必须分析由这些类所产生的对象的动态行为,这就是分析交互的过程。

交互是一种对象间的行为,这种行为由一系列对象为实现某一目标而相互传递的一组消息构成。消息是对传送消息的对象之间所进行的通信的规约,在面向对象语言实现中一般表示为对象操作的调用。

在面向对象系统中,系统所提供的所有行为都是通过对象间的交互来完成的。在需求阶段,系统行为通过事件流的方式以自然语言进行描述;而在分析阶段需要将这些文字描述转换成UML模型。分析交互的过程就是利用UML相关模型来描述对象间的交互,以表示用例实现是如何达到用例目标的。

在UML模型中,通过交互图来表示对象间的交互,它由一组对象和它们之间的消息传递组成。有两种典型的交互图,即顺序图和通信图。顺序图是强调消息时间顺序的交互图,而通信图则是强调接收和发送消息的对象间关系的交互图。本章主要采用顺序图来表示交互,第6章将会介绍如何通过通信图来表示交互。

1. 顺序图

顺序图强调消息的时间顺序,图5-26是一个典型的顺序图,其中包含了顺序图的基本要素,即对象、对象生命线、消息、执行发生等概念。

1) 对象和对象生命线

图5-26中的矩形框代表对象,在顺序图中的对象依次排列在图的上方,为了便于对图形的理解,通常将发起交互的对象(即图中Client类的C对象)放在左边,而将接收消息的对象放在右边。矩形框中可以指定对象的名称和类的名称,冒号前面为对象的名称,冒号后

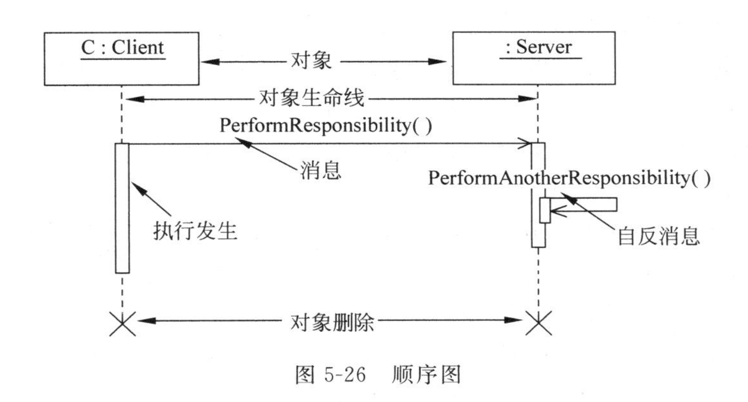

图 5-26 顺序图

面为类的名称。对于一个交互来说,对象通常只是表示某个类的一般实例,并不特指某个特定的对象,此时无须指定特定的对象名,只需要指定类的名称即可(图中 Server 类的对象没有被命名,可称为匿名对象)。当然,有时交互只针对某个特定的个体对象的行为,此时则需要同时指定对象名和类名(图中 Client 类的对象命名为 C)。严格来说,由于对象必须通过相应的类来构造,必须指定顺序图中对象的类名(在有些并不严谨的模型中可能存在没有类名的对象)。

顺序图中的对象有生命线,它是一条垂直的虚线,表示一个对象在一段时间内存在。在顺序图中出现的对象大部分是存在于整个交互过程中,所以这些对象全部排列在图的顶部,其生命线从图的顶部延续到图的底部。当然,也可以在交互的过程中创建对象,此时这些新创建对象的生命线从接收到创建(create)消息开始(可以将创建消息发送到表示对象的矩形框上)。此外,也可以在交互的过程中删除对象,它的生命线在接收到删除(destroy)[①]消息时结束,在顺序图中采用"×"表示对象生命的结束。

2) 消息

顺序图中最重要的是消息,消息表示为从一条生命线到另一条生命线的箭头;箭头指向消息的接收者,表示对其操作的调用。消息的调用顺序是沿着对象的生命线从上往下的,通过这一系列的消息调用来完成交互。

有不同种类的消息,典型的有同步消息、异步消息、返回消息、创建消息和删除消息。同步消息表明调用者需要等到操作调用结束后才能返回执行下一条消息,采用带实心三角箭头的实线表示。异步消息则表明调用者发出调用消息后,并不等待操作的执行结果而直接返回执行下一条消息,采用带有枝状箭头的虚线表示(见表 2-6)。图 5-26 的顺序图是采用 Rose 绘制的,图中的枝状箭头消息只是表示一条简单消息(不是异步消息),并没有明确指定消息的类型(一般默认为同步消息)[②]。返回消息本质上并不是一个消息调用,它表明对同步消息调用的返回结果,用带有枝状箭头的虚线表示,其消息内容为消息的返回值,一般为一个对象或简单变量。由于每个同步调用后都隐含一个返回,一般情况下可以省略返回

---

① EA 中使用 new 和 delete 两个单独的选项来表示创建和删除消息,与前文提到的 create 和 destroy 两个构造型的作用相同。

② 在消息类型的可视化方面,Rose 中某些消息的图示与 UML 2 的标准并不一致,其异步消息为半枝状箭头(即只有上面的斜线,没有下面的斜线箭头)。创建消息也没有单独的表示符号。

消息。但如果需要明确表示返回结果的取值，则可以使用返回消息。创建消息是指创建一个新对象的调用，可以利用构造型≪create≫来区分。删除消息表示删除接收消息的对象，可以利用构造型≪destroy≫来区分。图 5-27 展示了这几种不同的消息类型。注意，使用 Enterprise Architect 建模时，不同种类的消息都使用同一个建模符号，消息类型通过消息属性(Message Properties)对话框进行设置和调整。在 Control Flow Type 中设置 Synch 属性表示同步(Synchronous)和异步(Asynchronous)消息，设置 Lifecycle 属性表示创建(new)和删除(delete)消息。

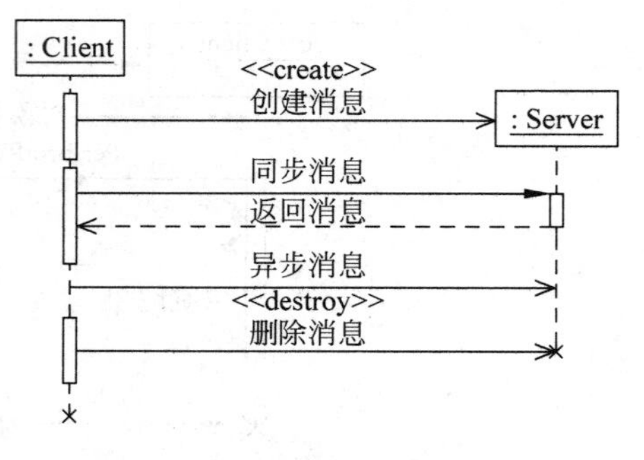

图 5-27　顺序图中的消息

此外，消息除了可以由一个对象发给另外一个对象外，还可以发给该对象本身，这类消息称为自反消息，表明一个对象对自身操作的调用，图 5-26 中的自反消息表明 Server 类的对象会调用自身的 PerformAnotherResponsibility()。

顺序图中对象的生命线反映了时间的推移，因此不需要编号就可以明确消息的执行序列。但是，在很多情况下，通过对消息进行适当编号可以更直观、更清楚地理解消息的执行序列和层次关系。有两种消息的编号方式：一种是顺序编号，即按照消息执行序列采用阿拉伯数字依次编号；另一种方式是层次编号，同时按照消息的执行序列和层次关系，采用 1、1.1、1.2，2、2.1、2.2…这样的方式分层编号，其中 1.1 和 1.2 表示嵌套在消息 1 中的第一个和第二个消息；这种嵌套可以为任意深度，即 1.1 的嵌套是 1.1.1、1.1.2 等。在 Rose 2003 中，可以进行相应的设置，例如，选择 Tools|Option 命令，切换到 Diagram 选项卡，选择 Sequence numbering 选项则表示对顺序图进行编号，选择 Hierarchical Message 选项则表示采用层次编号，如图 5-28 所示。由于层次编号反映的信息最全(既体现消息的执行序列，又反映消息的层次关系)，因此本书后面的顺序图都采用层次编号的方式。

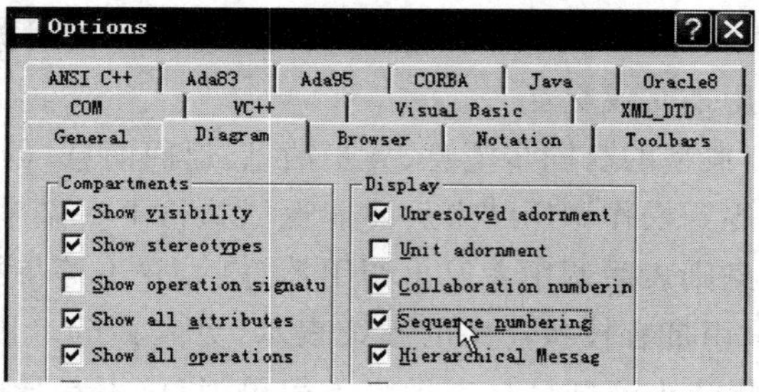

图 5-28　顺序图中消息的编号方式

图 5-29 给出了采用这两种消息编号的示例，图 5-29(a)采用的是顺序编号，图 5-29(b)则采用层级编号。注意理解这两种编号方式的含义和区别。

在 Enterprise Architect 中，也可以通过 Options 选项功能(在 Tools 主菜单下面)设置顺序图的编号。在该功能的 Diagram|Sequence 配置项中，选择 Show Sequence Numbering 来显示顺序图的编号。其中的编号功能只提供了两层，没有多层编号方式，不过通过“执行发生”可以很清楚地表明消息之间的层级关系。

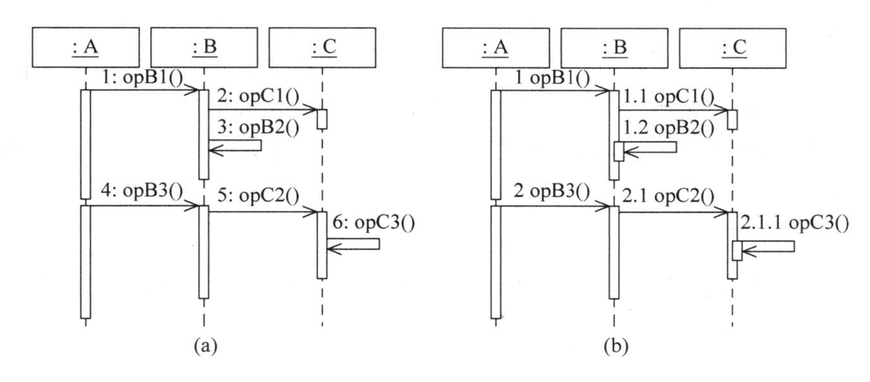

图 5-29 消息的顺序编号和层级编号

3）执行发生

执行发生(Execution Occurrence)是顺序图的另一个特色，在顺序图中表示为附加在对象生命线上的瘦高矩形。它表示对象执行一个动作所经历的时间段，既可以是直接执行，也可以是通过下一级的消息执行。矩形的顶部表示执行动作的开始，底部表示动作的结束(可以通过一个返回消息来标记)。每个执行发生代表一次完整的消息处理过程(即对应操作的执行期)。图 5-29 中对象 B 的两个执行发生，分别代表了消息所对应的操作"opB1()"和"opB3()"的执行期(即该操作在当前时间段执行)，这是两个相对独立的执行过程。在 Enterprise Architect 中，默认这两个消息的执行会放在一个执行发生中(也就是作为一个整体执行)，此时可以在后一个消息上通过右键菜单选择 Activations|Start New Message Group，从而将这两个操作划分为两个独立的执行发生。还可以通过将一个执行发生放在父执行发生的右边来表示执行发生的嵌套，这种嵌套可以由循环、自反消息或从另一个对象的回调所引起。

执行发生还可以反映消息之间的层次关系，在图 5-29(a)中，类 B 对象的第一个执行发生的输入消息 1 和输出消息 2、输出消息 3，则表明消息 2 和消息 3 是嵌套在消息 1 中的(即为了实现消息 1 而产生的后续交互)，而这种嵌套与层次编号中体现的关系是一致的(即 2、3 表示为 1.1 和 1.2)，如图 5-29(b)所示。

2. 利用顺序图描述交互

掌握顺序图的基本用法后，下面将详细介绍如何利用顺序图发现和描述对象之间的交互以完成某个用例实现。这个过程针对每一个用例场景按照以下 3 个步骤进行。

(1) 放置对象：从已识别的参与用例的分析类中构造相应的对象放置到顺序图中。

(2) 描述交互：从参与者开始，按照用例事件流(或场景)的叙述，将系统行为转换为对象间的消息。

(3) 验证行为：从后往前，验证对象的行为序列，确保每一个对象能够实现该行为序列。

下面将以"旅店预订系统"中"预订房间—用例实现"的基本场景为例，详细讲解利用顺序图分析交互的过程。

1）放置对象

放置对象的基本顺序是 ABCE(Actor、Boundary、Control、Entity)，表示"首先在顺序图中放置该用例的外部参与者，然后放入边界对象，接着放入控制对象，最后放入实体对象。"由于每个用例都是由一个外部参与者触发的，所以最先放置参与者。其次，参与者需要通过边界对象与系统进行交互，因此下一个就是该边界对象。而边界对象接收到用户行为后，交由控制对象进行后续处理；控制对象将按照用例所约定的业务规则和流程来操作相应的实体对象；最后，根据用例的复杂程度，可能会有若干个实体对象。

图 5-30 显示了按照这种基本规则放置的“预订房间—用例实现”顺序图中的对象。

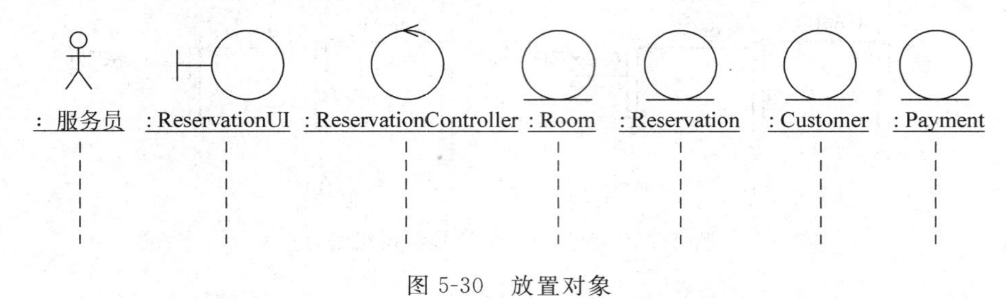

图 5-30 放置对象

在该用例实现的顺序图中，存在 7 个对象，由于使用构造型的原因显示为不同的图标。同时考虑到这些对象的一般性，并没有指定具体对象名，而采用了匿名对象。

首先，该用例是由“服务员”启动的，因此被放置的第一个对象为参与者“服务员”的实例。然后放置从该用例中提取出来的相应的边界类（ReservationUI）和控制类（ReservationController）。最后是实体类，在预订房间需要用到房间信息（Room），以及生成的预订信息（Reservation）、旅客信息（Customer）和支付信息（Payment）。当然，在最开始放置对象时，并不是必须一次性放置全部实体类对象，可以在下一步描述交互的过程中按照需要逐步加入。

2）描述交互

一旦在顺序图上放置好了对象，下一步就可以描述对象间的交互过程，这是面向对象分析最关键的一步，通过这个过程将用例文档中以文字形式描述的事件流转换为利用顺序图描述的对象之间的交互序列。这个交互过程是通过向相应的对象发送消息来完成的；由于分析阶段并不考虑实现的细节，因此现阶段可以考虑以更直观的、自然语言的方式对对象消息进行命名，以便于理解。此外，考虑到一个对象向另一个对象发出消息意味着对接收该消息对象的操作调用，因此每一个接收该消息的对象都需要提供相应的操作来响应该消息调用。当然这些操作只是最初的定义，并不代表最终的实现，故称为分析操作。为了与最终实现时的操作相区分，可在该操作前面加上“//”，以表明当前只是初步进行类的职责分配，具体的操作细节尚未制定完全。这个描述交互的过程也就是类的职责分配过程，也是分析图 4-20 所描述的用例交互的第 2 步和第 3 步的过程。

由于接收消息的对象是通过分析操作来响应消息调用的，因此在职责分配过程中必须考虑到对象能够提供该分析操作，或者说有能力实现该职责，这是分配职责时最基本的原则。而在具体职责分配过程中，还可以从以下两个方面来考虑职责分配问题。

（1）以分析类①的构造型作为职责分配的基本依据，其中：

◆ 边界类承担与参与者进行通信的职责。

---

① 严格来说，在分析交互期间所涉及的都是类的对象，而不是类；本书为了便于读者理解，仍采用类的概念，表明该类的所有对象均适用，而不特指某个具体对象。

◆ 控制类承担协调用例参与者与内部数据操作之间交互的职责。
◆ 实体类承担对被封装的内部数据进行操作的职责。

(2) 专家模式[①]将职责分配给具有当前职责所需要的数据的类,其中:

◆ 如果一个类有这个数据,就将职责分配给这个类。
◆ 如果多个类有这个数据[②],则
  ■ 方案1是将职责分配给其中的一个类,并对其他类增加一个关系。
  ■ 方案2是将职责放在控制类中,并对需要该职责的类增加关系。
  ■ 方案3是创建一个新类,将职责分配给该类,并对需要该职责的类增加关系。

图5-31显示了按照这些职责分配规则对"预订房间—用例实现"的基本事件流进行分析交互后所绘制的顺序图。

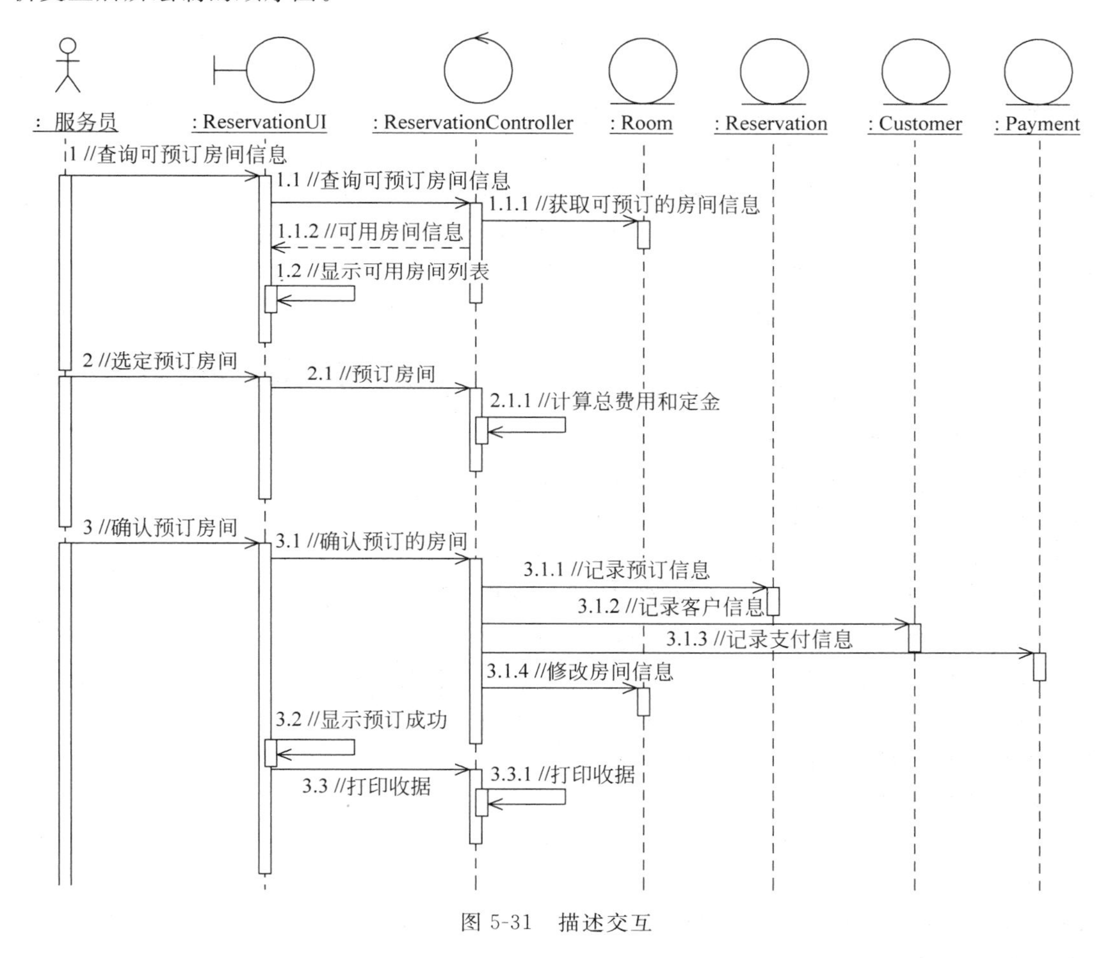

图5-31 描述交互

绘制该顺序图中消息交互的步骤完全是按照表4-8所提供的用例文档中的基本事件流来进行的。

---

① 一种职责分配模式,将在第7章中再展开介绍,这种模式在设计时用得更多。

② 方案1和方案2相对比较简单,在分析阶段经常选择这两种方案。编者更倾向于方案2,可便于设计阶段统一处理这类问题。而在设计阶段则需要考虑控制类的内聚性及类之间的耦合关系,因而选择方案3。

基本流1——“用例起始于旅客现场需要预订房间”表明用例何时启动，在该顺序图中没有体现①。

基本流2——“服务员按照旅客的要求设定查询条件来查询可预订的房间信息”，即服务员在界面上输入查询条件启动查询，该步骤对应顺序图中的1号消息“查询可预订房间信息”，该消息发往界面类，表明启动了一个查询动作。

基本流3——“系统显示所有可预订的房间列表”是一个系统的处理动作，与基本流2对应，这两步就构成了图4-20所描述的一次交互，对应其中的1(动作)和4(响应)。在分析阶段，必须将“系统如何进行响应，从而产生所需的结果”描述出来，也就是要将这次交互的2(验证)和3(处理)表示出来，这就体现对需求进行分析的过程。目前，查询的请求到了界面类，但界面类只负责与参与者通信(即接收参与者消息、向参与者显示结果)，后续的处理需要交给控制类。所以下一个消息(消息1.1)就是界面类(ReservationUI)将查询的动作通知控制类(ReservationController)，由控制类负责后续的验证和处理(分析阶段的类图均采用这种方案，即系统的内部处理均由控制类负责)。控制类接收到查询请求后，就不能再转发了，而要考虑应该如何实现这个查询请求。控制类首先可以分析查询条件是否正确(即对动作2进行验证)，这一细节在分析阶段也可以不用做太多考虑。其次就是进行处理，来获得可预订的房间信息。房间信息存储在什么位置呢？在当前分析阶段，所有的这些实体信息都保存在实体类中(实际实现时是一般存储在数据库中，不过由于目前是分析阶段，还没有涉及数据的存储问题和访问问题，这些与实现相关的技术应该在设计时再考虑)。因此房间类(Room)知道房间的信息，按照专家模式，控制类从房间类获得可预订的房间信息(即消息1.1.1)。当然，此处需要强调的一点是，实际上控制类应该是在一个房间的集合中查找可用的房间，而不是向单个的房间对象发送消息，所以该顺序图中的房间对象是一个多重实例(即有多个房间对象)。在Rose中可以通过属性对话框修改该对象为多重实例，如图5-32所示。不过遗憾的是，在图5-32中并没有特别的标记来区分单个对象和多重实例(在通信图中，多重实例有更形象的表示)。在Enterprise Architect中，可以通过对象上的右键菜单，选择Advanced|Multiplicity功能设置对象的多重实例，选择具体的重数。

图5-32　将对象设置为多重实例

消息1.1.2为一个返回消息，表明控制类向界面类返回一个可预订的房间列表，这里专门把该消息返回表示出来，以强调返回的内容。界面类接收到返回值后，需要刷新界面显示返回的结果，所以消息1.2就是界面类发给自己进行刷新的动作，从而显示出可预订的房间，完成基本流3。

基本流4——“服务员为旅客选择所需的房间，并输入预订的时间和天数”，即服务员在

① 实际实现时是服务员在主界面上选择“预订房间”功能。因此可以考虑定义一个主界面的边界类，服务员向该边界类发送预订房间的消息，再由主界面创建预订房间界面类(ReservationUI)。本书中的所有案例都没有考虑这一个主界面类，因此，基本流的第一句话都没有在顺序图中体现。

界面上输入预订房间的信息，消息 2 即用于完成该步骤。

基本流 5——“系统计算所需的总费用和预付订金金额”，界面类接收到预订请求后，提交给控制类(消息 2.1)计算预订的费用和金额。为了计算预订的费用和金额，需要知道房间的信息、预订的日期、天数和当前日期。房间信息在房间类中，而预订的日期、天数由界面接收到后交给控制类，当前日期控制类可以从系统时间中获得。按照前面的专家模式，采用方案 2 由控制类实现比较合适，消息 2.1.1 即表示了这个过程。

基本流 6——“旅客现场用现金支付所需的订金”，这是一个旅客的手工行为，不需要系统处理，顺序图中也不需要体现。

基本流 7——“服务员将支付信息记录到系统中，并进行预订操作”，即服务员录入用户提交的订金信息，并提交，消息 3 即完成该步骤。

基本流 8——“系统保存本次预订信息，显示预订成功消息”。同样，界面类把保存的请求提交给控制类(消息 3.1)，控制类需要将与本次预订相关的全部信息保存下来(这些信息包括预订信息(Reservation)、旅客信息(Customer)和订金支付信息(Payment))，并修改房间的状态。这些保存和修改的动作都是记录在实体类中的，因此消息将发往相应的实体类，消息 3.1.1～消息 3.1.4 即表明了这个过程。所有操作完成后，界面类显示成功消息(消息 3.2)。

基本流 9——“系统打印预订收据后，用例结束”，界面类启动打印请求(消息 3.3)，这些打印的信息来自多个不同的实体类。因此，按照专家模式的方案 2，由控制类完成打印业务(消息 3.3.1)，基本流的分析结束。

当前的顺序图只分析了基本事件流。此后，可以针对系统不同的备选事件流重新绘制另一张顺序图进行分析。当然，对于简单的备选流(即不会引用新的对象、不会定义新的职责的分支)没有必要画单独的顺序图，只需要在基本事件流的顺序图中添加适当的注释进行说明即可。例如，本用例中的基本流 3 可能产生找不到可预订房间的分支 A-1，此时可以直接结束该用例，而不需要做进一步处理(即不会产生新的对象和行为)；因此可以在消息 1.1 上添加相应的注释来说明这种情况，而不需要再针对该 A-1 备选流单独进行分析。

3) 验证行为

当完成整个交互过程后，还需要去验证该交互中所描述的消息序列是否是可实现的。验证的基本思路是从最后一个序列反向进行，不断地询问每一个对象是否有能力履行消息所要求的职责，如果无法履行这些职责，则可能要对顺序图中的消息序列进行调整，如添加新的对象或新的消息。此外，如果前一阶段找出来的类不能满足当前消息序列，则可能漏掉了一些类，需要重新识别新的类添加到备选架构中，并更新顺序图。

3. 分析交互实践

下面将利用前面所阐述的分析交互的技术，详细讲解“旅游申请系统”迭代 1 所要处理的 6 个用例实现的分析交互过程，它们根据图 5-11 给出的跟踪关系图与图 5-6 给出的用例对应，而分析交互的主要依据则是第 4 章中的表 4-12～表 4-16 列出的用例文档(缺少该系统的“登录”用例文档，可参见“旅店预订系统”的“登录”用例文档)。

1) 建模指南

当前所要绘制的顺序图是针对每一个用例实现的，这些用例实现已经在第 5.2.2 小节添加完毕，这里将为每一个用例实现绘制其交互模型。绘制的基本过程是在该用例实现上右击鼠标，在弹出的快捷菜单中选择 New|Sequence Diagram(Enterprise Architect 中为

Add|Interaction|with Sequence Diagram)命令,图 5-33 所示为"登录—用例实现"添加一个顺序图,修改该图的名称为"基本场景",用来表示该用例基本场景的顺序图。如果还需要绘制其他场景的顺序图(如输入密码错误),则按照同样的步骤再新建一张顺序图,并取名为"备选场景—密码错误",用于区分基本场景的顺序图。

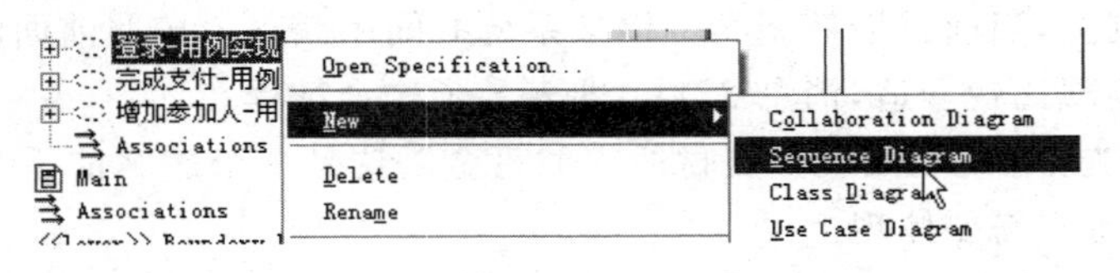

图 5-33 新建顺序图

图 5-34 为该系统 6 个用例实现绘制顺序图后的分析模型的组织结构图,目前每个用例实现只绘制了基本场景的顺序图,没有考虑任何备选场景。

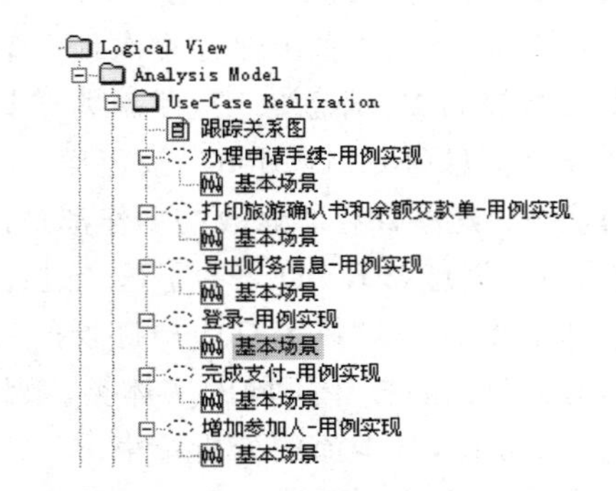

图 5-34 添加顺序图后分析模型的组织结构

在顺序图中放置对象的方式有两种,一种是通过工具箱拖放对象元素,然后设定该对象所属的类(Rose 中在对象的属性对话框中设置类,Enterprise Architect 中通过右键菜单中的 Advance|Instance Classifier 功能设置类);另一种则是从项目资源视图中将已经定义的类拖放到顺序图中,此时,Rose 会自动构造该类的对象,而 Enterprise Architect 中,还需要用户进一步选择将该类放置为对象(在弹出的对话框中的 Drop as 框中选择 Lifeline)。

下面将详细讲解通过绘制顺序图来对每个用例实现进行分析的过程。

2) 登录—用例实现

图 5-35 给出了"登录—用例实现"的基本场景顺序图。该顺序图描述的基本流程为:前台服务员在登录界面上输入用户名和密码后,请求登录(消息 1);界面类获得这些信息后请求控制类来验证用户名和密码(消息 1.1);控制类根据用户名和密码来查询已有的用户信息(消息1.1.1),当控制类找到该用户后,创建该用户对象(消息 1.1.2)并返回给界面类(返回消息 1.1.3);最后,界面类显示登录成功信息,并显示系统主界面(消息 1.2)。

针对该顺序图的绘制,重点需要说明 4 个方面的问题。在以后的顺序图中也存在类似的情况,此处进行统一说明。

(1) 与查询相关的类职责的实现方案。对于控制类的职责 1.1"验证用户名和密码",考虑其最终的实现策略一般是在数据库中查询用户表,从而判断该用户名和密码是否一致;在后面的顺序图中也会存在很多类似的查询职责。然而在分析阶段由于并没有考虑具体的数据库的设计和数据库表的访问策略(这些应该是在后面的设计中再进一步考虑的,分析阶段并不考虑这种具体实现技术)。因此,在分析阶段,针对这类问题,可以将其封装在控制类内部,认为控制类自身就可执行此类查询,从而获得指定的用户信息,至于如何查询则不做进一步展开。这也是提出控制类的一个初衷,即将一些复杂的业务逻辑封装在控制类的内部。在该顺序图中,控制类为了实现该职责,首先执行一次查询(即消

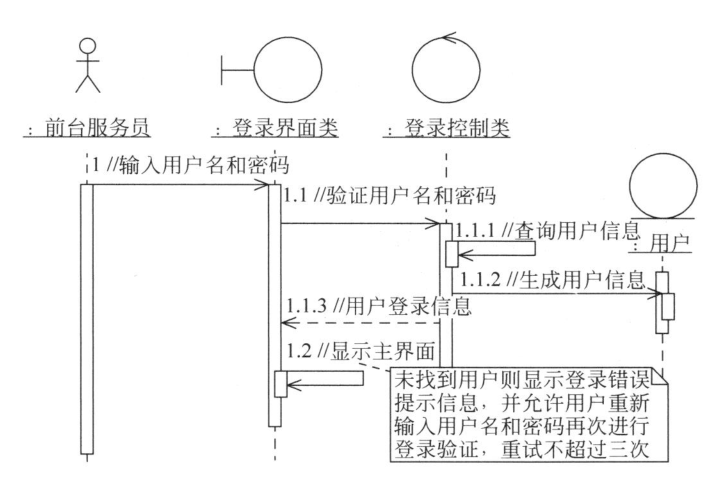

图 5-35 登录—用例实现的基本场景顺序图

息 1.1.1)，然后根据查询结果生成用户信息(即消息 1.1.2)，并将该用户信息返回给界面(即返回消息 1.1.3)。这种处理策略与图 5-31 的策略有所不同，图 5-31 中针对房间信息的查询是由一个房间的多重实例来完成的(即认为房间信息全部存在该多重实例中)，即在该多重实例中查询满足条件的实例，这是分析阶段的两种处理策略。本书倾向于采用此处的策略，即为控制类添加单独的查询职责来完成对数据集合的查询，根据查询结果来创建相应的实体类。对于该查询职责分析阶段不做进一步细化，而在设计阶段再做单独处理。

(2) 用户对象的处理。从顺序图 5-35 中可以看出，用户对象的位置比其他对象都要低，这表明该对象的生命周期并不是在用例启动时就存在的，而是在用例执行过程中动态生成的。此处是在控制类查询到该用户信息后，通过消息 1.1.2 生成用户对象来存储用户登录信息，即消息 1.1.2 实际上是一个创建消息。不过由于 Rose 不直接支持此类消息，因此图中针对该消息并没有特殊的标记，本书中将通过“生成……”这样的消息名来区分创建消息。此外，严格来说，针对所有创建消息，其对象的生命线应该从此消息后才开始，即顺序图中该对象应该放在较低的位置(如图 5-35 中的用户对象)。不过本书中考虑绘制顺序图的方便性和图形布局等问题，后面的顺序图中都没有采用此画法，而是直接把所有的对象都放在最上面。而针对某些不是用例启动时就存在的对象，可以通过创建消息来明确该对象的生命周期是何时开始的。如图 5-36 所示，通过消息 1.1.1 和消息 1.1.2 两个创建消息就可以明确旅游团对象和路线对象的生命周期是从该消息才开始的，而不是用例启动时就存在的。当然，对于那些直接支持创建消息建模的工具，工具本身会自动将该对象放置在更低的位置，如图 5-27 所示。

(3) 备选事件流的处理。当前顺序图描述的是基本路径的交互，即用户输入了正确的用户名和密码。而针对可能出现的异常情况，如用户名或密码错误，在该顺序图中通过注释的方式进行了说明，如图 5-35 所示。针对简单的备选流，这种方式是可行的；但针对一些复杂的备选流，则应该考虑重新绘制相应的顺序图来进行分析。图 5-37 就是处理用户登录错误时最多只能重试 3 次的顺序图。注意该图中使用了一个 loop 交互片段来表示循环 3 次，有关交互片段的细节参见本节后面的“4. 顺序图中的交互片段”。

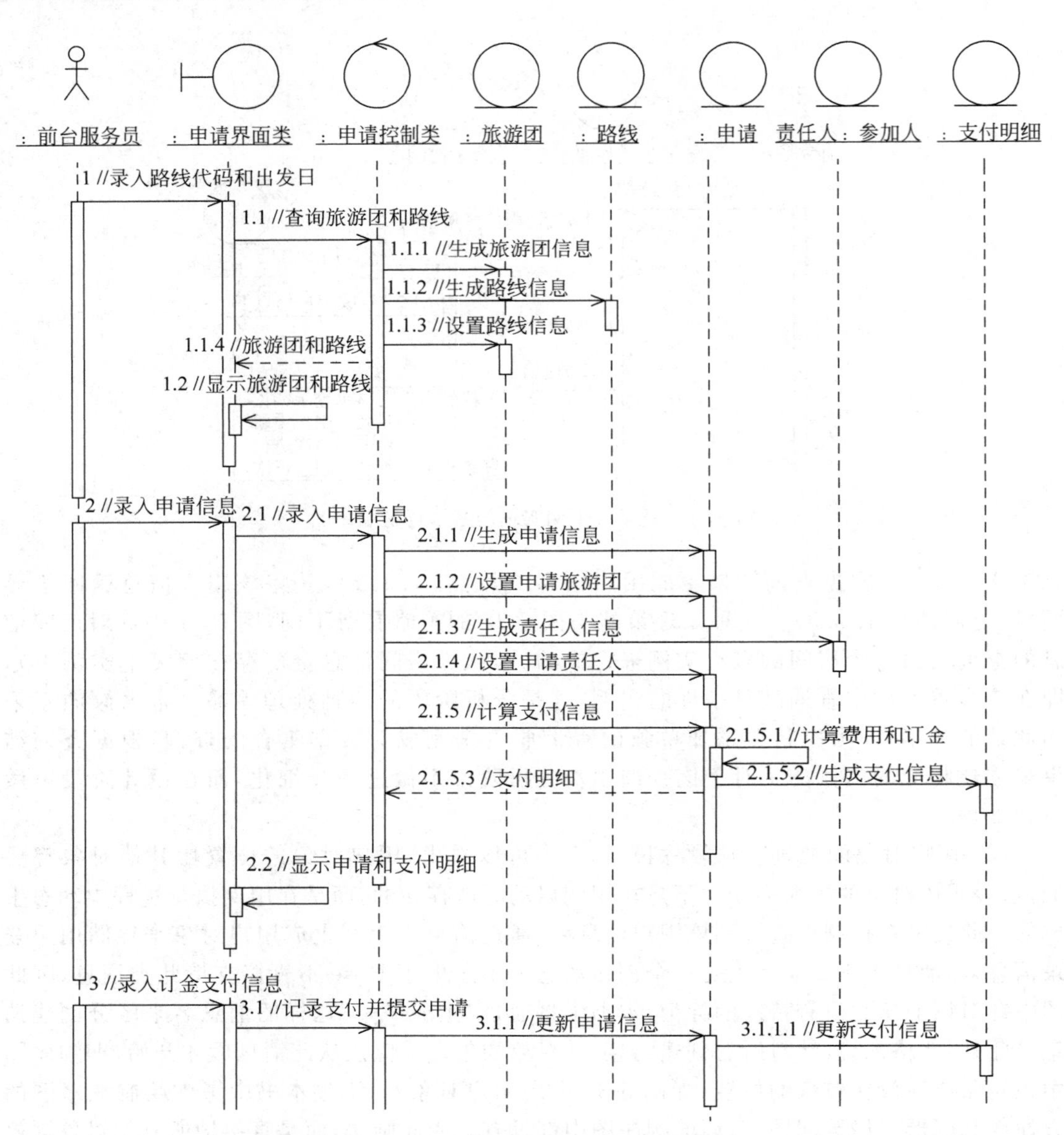

图 5-36 办理申请手续—用例实现的基本场景顺序图

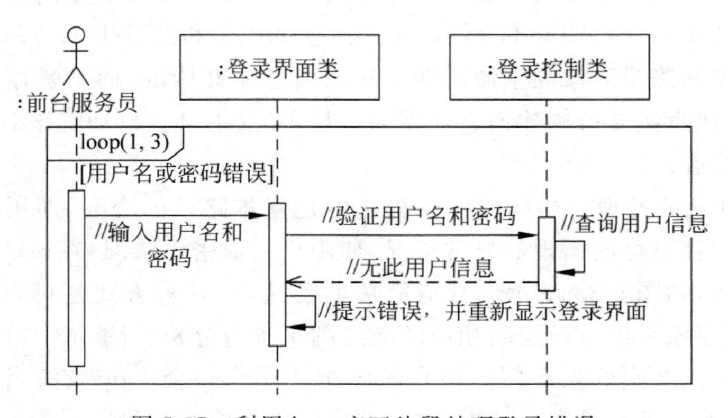

图 5-37 利用 loop 交互片段处理登录错误

(4) 参与者“前台服务员”和实体类“用户”的区别。虽然在该顺序图中，这两个对象实际上所指的是同一个人，即那个当前使用系统的人。但在系统中这是两个不同的角色：前台服务员是作为系统的一个外部激励，从而来启动该用例，并完成与系统的交互，是系统外的参与者；但用户则是系统所要管理的与登录相关的用户信息，是系统内的实体类。要注意这两个角色的区别和联系。

3) 办理申请手续—用例实现

图 5-36 给出了“办理申请手续—用例实现”的基本场景顺序图。该顺序图描述的基本流程如下所示。

(1) 前台服务员在申请界面上首先录入路线代码和出发日期(消息 1)，界面类根据这些信息向控制类查询所要申请的旅游团和路线信息(消息 1.1)，控制类执行查询请求(与图 5-34 的查询相比，此处为了简化顺序图，省略了调用自身查询的消息，可以认为消息 1.1 即包含这个能力，后面的顺序图也类似地省略了该查询动作)。系统根据查询结果生成相应的旅游团对象(创建消息 1.1.1)和路线对象(创建消息 1.1.2)，并将这两个对象关联起来(消息 1.1.3，即设定该旅游团对应的路线)，最后返回旅游团对象(返回消息 1.1.4)。界面对象接收到返回结果后，进行刷新，从而显示所查询到的旅游团和路线信息。基本事件流的第 1 步～第 4 步已完成。

(2) 用户确认要申请该旅游团，前台服务员向界面录入用户的申请信息(消息 2)，界面类将申请内容提交给控制类(消息 2.1)，控制类针对申请信息的不同方面交由相应的实体类进行处理。首先，生成一个申请对象(消息 2.1.1)，并与旅游团对象关联(消息 2.1.2)，表明该申请所对应的旅游团；其次，生成一个参加人对象(消息 2.1.3)，来存储申请的责任人信息，并在申请对象中关联责任人信息(消息 2.1.4)；最后，控制类要求申请对象计算本次申请有关的支付信息(消息 2.1.5)，申请对象根据自身的信息(包括申请的大人人数、小孩人数、申请日期等)和所关联的旅游团信息(包括旅游团的价格、出发日期等)来计算费用和订金等支付信息(消息 2.1.5.1)，并生成支付明细对象来保存相应的结果(消息 2.1.5.2)，再将结果返回给控制类(返回消息 2.1.5.3)。控制对象将本次申请的明细返回给界面后(省略了该返回消息)，界面类进行刷新显示(消息 2.2)。

(3) 用户根据系统计算出来的订金进行支付，服务员通过界面类将用户的支付信息录入到系统中(消息 3)，界面将支付结果提交给控制类(消息 3.1)，控制类根据支付结果更新申请对象的状态(消息 3.1.1)，同时申请对象也会把支付情况记录到支付明细对象中(消息 3.1.1.1)。

针对该顺序图的绘制工作，还存在 3 个方面的问题需要进一步说明。

(1) 命名对象。正如前面所展示的顺序图所示，图中大部分对象都是匿名对象，并不需要指定特定的对象名称，只需要明确所属的类类型，从而泛指所有通过该类所构造的对象。但在有些特殊场合下，为了特指该类某个特殊的对象，需要为该对象取特定的名称。在该图中，为“参加人”类定义了一个“责任人”对象，从而区分不同参加人的身份。这意味着，在当前的办理申请手续—用例实现中，只需要记录那个作为责任人的参加人信息，而不需要维护其他普通参加人的信息。

(2) 设置对象间的关联。在该顺序图中，有诸如 1.1.3、2.1.2、2.1.4 等“设置某某信息”的职责，这类职责实际上是建立两个对象之间的关系。例如消息 1.1.3 的职责是为旅游团设置路线信息：通过控制类查询到了旅客所要申请的旅游团和路线，并分别存储到两个类中，但对于某个旅游团对象而言，应该要指定该旅游团是针对哪个路线的，即要建立旅游团类和路线类之间的关联关系，这个操作就是消息 1.1.3 所要达到的目标。同样的道理，消息 2.1.2 用于建立申请和旅游团之间的关系，而消息 2.1.4 用于建立申请和责任人之间的关系。有关类之间的关系的细节可以进一步参考第 5.5.3 小节。

(3)“计算费用和订金”职责的处理。对于此类与业务逻辑相关的、涉及多个对象的职责，很多时候都是由控制类来处理的，但该顺序图中将该职责分配给申请类。而这种分配策略在此处是非常合适的，因为计算费用和订金所需的申请人数信息和旅游团费用信息都与申请类之间存在关系，即通过申请类可以明确地获得这些内容，所以按照“专家模式”，这是一个很合理的方案。

4) 增加参加人—用例实现

图 5-38 给出了“增加参加人—用例实现”的基本场景顺序图[①]。该顺序图描述的基本流程如下所示。

(1) 前台服务员根据申请编号查询所要添加参加人的申请信息(消息 1)，界面对象将该查询请求提交给控制对象(消息 1.1)，控制对象查询到该申请后生成申请对象(消息 1.1.1)及该申请的责任人对象(消息 1.1.2)，并建立这两个对象之间的关系(消息 1.1.3)，界面对象根据控制对象返回的结果刷新显示申请信息(消息 1.2)。

(2) 前台服务员添加责任人和责任人的联系人信息(消息 2)，界面类把责任人的信息提交给控制类(消息 2.1)，控制类区更新责任人的详细信息(消息 2.1.1)；接着界面对象将联系人信息通知给控制对象(消息 2.2)，控制对象通知责任人对象(消息 2.2.1)生成其联系人对象(消息 2.2.1.1)。

(3) 对于每一对参加人和联系人对象，用户循环添加其他参加人和联系人的信息(消息 3)。界面类将录入的其他参加人的信息提交给控制类(消息 3.1)，控制类生成参加人对象保存该信息(消息 3.1.1)，同时添加到申请对象中，以建立申请和参加人之间的关系(消息 3.1.2)；界面类将联系人的信息提交给控制类(消息 3.2)，控制类通知参加人对象(消息 3.2.1)生成其联系人对象(消息 3.2.1.1)。

该顺序图一个典型的特点就是很多实体对象均给出了特定的对象名，在前一个顺序图中已经说明了原因。虽然责任人和其他普通参加人都是参加人类，但在当前用例中扮演着不同的角色，同理责任人的联系人和其他联系人也可以通过对象的名称进行区分。

该顺序图中另一个问题就是针对循环的处理——消息 3 及相应的嵌套消息是针对每一对参加人和联系人进行循环执行的。然而，早期的顺序图(UML 1.x)并没有提供一种机制来直接表示消息的循环，因此只能采用一种辅助手段来描述。本书的顺序图中采用[]表明循环的条件，并在条件前面加上“*”来表示循环操作，其效果如图 5-38 中的消息 3。UML 2 专门提供了交互片段这种机制来表示循环、分支等各种非顺序的操作，当使用支持 UML 2 的工具进行建模时可以适当使用该机制。有关交互片段的详细内容请参见本节的“4. 顺序图中的交互片段”部分。

---

① 由于图 5-38 较宽，为了图形的整体效果，图中最上面一排对象并没有放在一个水平线上，而是交错放置，以便能够完整地显示对象名和类名。

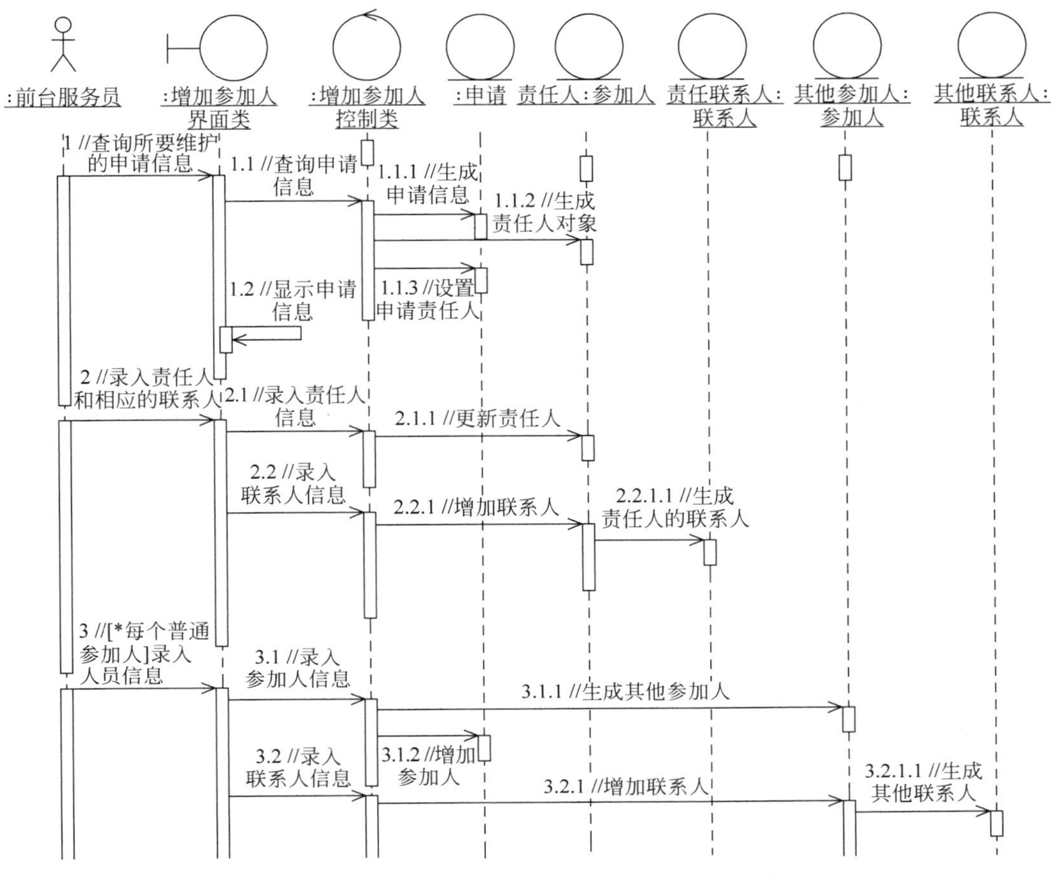

图 5-38 “增加参加人—用例实现”的基本场景顺序图

5）完成支付—用例实现

图 5-39 给出了“完成支付—用例实现”的基本场景顺序图。该顺序图描述的基本流程如下所示。

(1) 前台服务员通过界面类查询所要完成支付的申请信息(消息 1),界面类将查询条件提交给控制类(消息 1.1),控制类进行查询后生成申请信息(消息 1.1.1)和相应的支付信息(消息 1.1.2),并建立这两者之间的关系(消息 1.1.3);界面类根据返回的申请和支付信息进行刷新显示(消息 1.2)。

(2) 前台服务员针对所查询到的申请录入相应的支付信息(消息 2),界面类将接收到的输入传递给控制类进行后续处理(消息 2.1),控制类将这些支付信息通过申请类(消息 2.1.1)写入支付明细对象(消息 2.1.1.1)。

(3) 前台服务员统一提交所录入的支付信息(消息 3),界面类通知控制类进行提交(消息 3.1),控制类通知申请类修改申请的状态为已支付(消息 3.1.1),并同时更新申请状态(消息 3.1.1.1)。

针对该顺序图需要重点说明的一个问题就是对支付明细类的操作。可以看出,由控制类生成支付明细对象后,将该对象与申请对象建立关联;此后针对该对象的所有操作都通过申请对象来完成(如后续的记录支付信息和更新支付状态等操作)。这与前面的一些处理

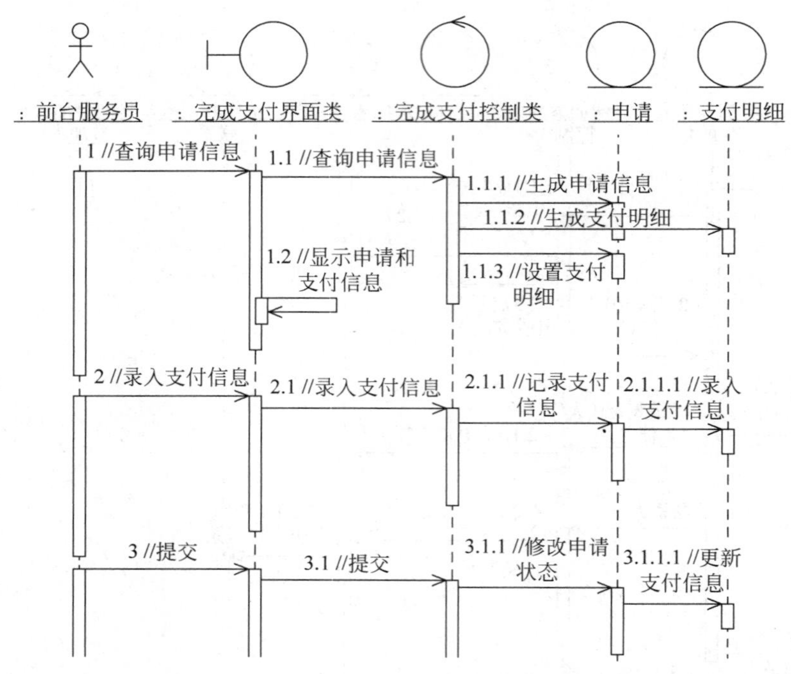

图 5-39 “完成支付—用例实现”的基本场景顺序图

不同,控制类并不直接操作支付明细对象,这样就可以降低控制类与支付明细类之间的耦合度。由于支付明细是完全依附于某个申请的,因此这两者之间存在紧密的关联关系(具体的关系定义参见第 5.5.3 小节),而支付明细类和控制类之间并没有固有的联系,因此现阶段尽可能降低这两者之间的耦合度是有利于后续设计的一种尝试,也为类设计提供了一些参考。

6) 打印旅游确认书和余额催款单—用例实现

图 5-40 给出了“打印旅游团确认书和余额催款单—用例实现”的基本场景顺序图。该顺序图描述的基本流程如下所示。

(1) 收款员工通过界面查询本次需要处理的所有申请(消息 1),界面类将查询请求提交给控制类(消息 1.1),控制类针对所查询出的每一个申请循环执行(消息 1.1.1),生成相应的申请对象(消息 1.1.1.1)和支付明细对象(消息 1.1.1.2),并为其建立关联(消息 1.1.1.3);界面类接收到返回结果后进行刷新显示(消息 1.2)。

(2) 收款员工针对每一个要处理的申请执行打印动作(消息 2),界面类通知控制类打印旅游确认书(消息 2.1),而针对尚有余额未支付的申请,控制类还要打印交款单(消息 2.2)。

此顺序图主要说明的问题就是循环和分支的处理工作。在图 5-40 中,针对所有未处理的申请存在两个循环操作,既要生成其申请和支付对象,同时又要执行打印旅游书和交款单。为了表示这两个循环操作,依然采用前面提到的“[*]”方式,并将循环条件放在“ * ”后面。而消息 2.2 只是在“[]”内部放置了守卫条件,并没有“ * ”,这表明该消息只是一个判断,当条件为真时执行,否则不执行。这是一种对分支的表示方法。

7) 导出财务信息—用例实现

图 5-41 给出了“导出财务信息—用例实现”的基本场景顺序图。该顺序图描述的基本流程如下所示。

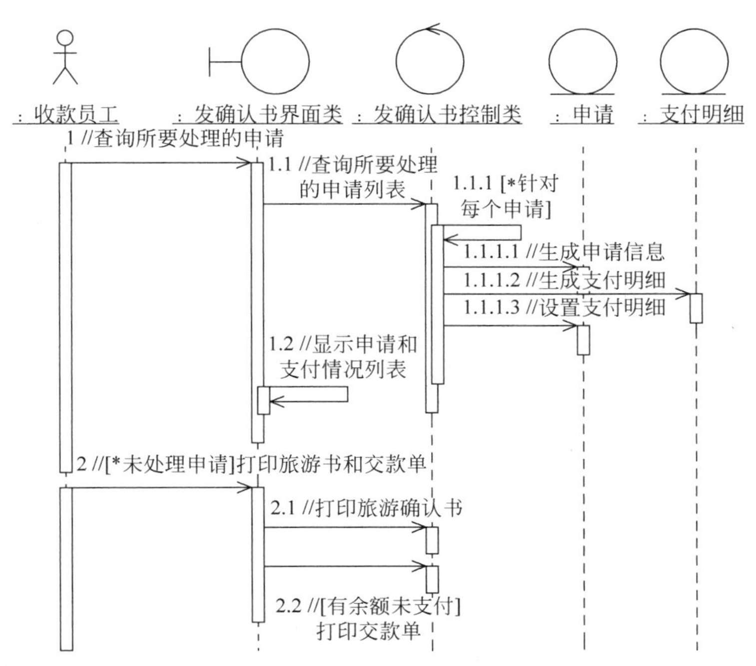

图 5-40 "打印旅游确认书和余额催款单—用例实现"的基本场景顺序图

(1) 当系统达到预先设定好的时间时就通知界面类启动该用例(消息 1),界面类通知控制类开始导出财务信息(消息 1.1),控制类查询所有需要导出的财务信息(消息 1.1.1),并依次生成相应的支付明细对象来存储这些需要导出的财务信息(消息 1.1.1.1)。

(2) 控制类将所有记录在支付明细对象中的财务信息提交给财务系统接口(消息 1.1.2),财务系统接口将这些信息最终导入到外部财务系统中(消息 1.1.2.1)。

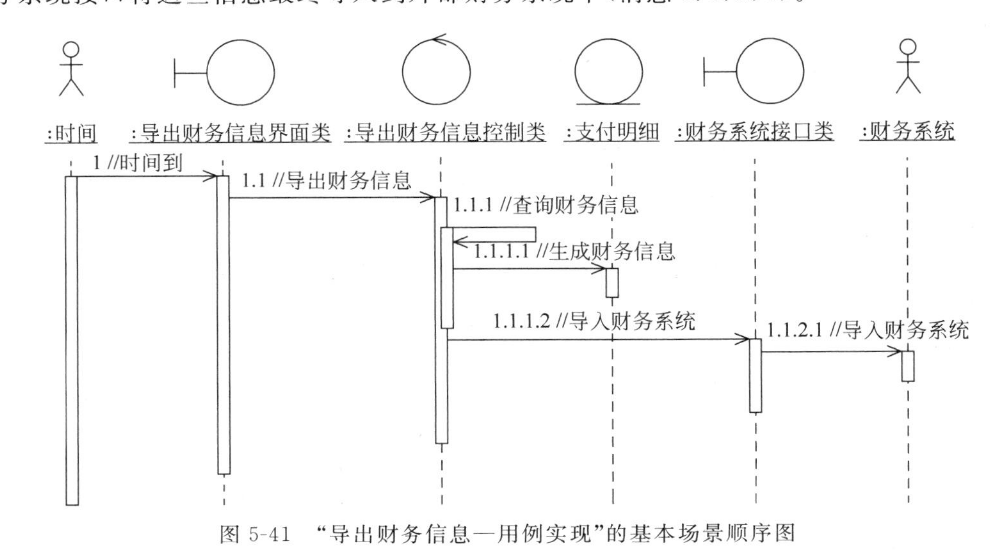

图 5-41 "导出财务信息—用例实现"的基本场景顺序图

针对该顺序图的绘制,也存在两个方面的问题需要进一步说明。

(1) 时间参与者和相应界面类的使用。与前面几个用例实现都是由普通用户启动不同,该用例是由系统自动启动的,按照用例建模的习惯用法专门定义了一个时间参与者来启动该用例。对于该参与者来说,它并不能像普通用户那样向系统输入数据或执行某些操作,它只能传递一个“时间到”的消息来启动用例实现(图 5-41 中的消息 1)。同理,导出财务信息界面类实际上也并不是一个系统界面,它也只能通知控制类可以启动某个操作(图 5-41 中的消息 1.1),而没有其他任何功能。从分析的角度来说,这里也完全可以不需要这个界面类,不过为了保持整个分析过程的一致性,还是保留了它。

(2) 外部系统接口类和相应参与者的使用。财务信息最终要导入到外部系统中,这个外部系统在当前系统中作为一个参与者而存在,对于导出财务信息控制类而言,为了访问财务系统这个参与者,也需要通过边界类来完成,这个边界类就是财务系统接口类。从图 5-41 可以看出,不同于界面类接收参与者的输入并提交给控制类,财务系统接口类是接收控制类的请求,去操作代表外部系统的参与者(即消息的方向是反向的,这与图 4-18 的用例图中参与者和用例之间关联的方向是一致的)。

4. 顺序图中的交互片段

正如其名,顺序图主要用于描述顺序的执行流程,这也是为什么前面在编写用例文档时要将基本事件流和备选事件流分开描述的原因所在。当然,对于基本流中分离出来的简单分支或循环,也可以直接在基本流的顺序图中进行描述。虽然 UML 1.x 中的顺序图并没有提供一种通用的描述机制,但是可以选择采用一些辅助的方式来描述,建议的描述规则如下所示。

- 执行的条件用“[]”括起来描述,表示条件为“真”时才执行,否则不执行,如图 5-40 中的消息 2.2。
- 循环条件要在条件前加上“ * ”来描述,表示条件为真时重复执行,如图 5-38 中的消息 3 和图 5-40 中的消息 2。
- 其他的约束用“{ }”括起来,可在任意位置进行描述。

当然,对于复杂的分支场景,还是应该绘制更多的顺序图单独进行描述,而不是过多地采用这种非正式的手段进行描述。

此外,UML 2 为顺序图提供了一种新的机制来更方便地描述分支、循环、并发等各种非顺序的情况,这就是交互片段(Interaction Frame)。

交互片段将顺序图中的若干消息和对象封装为一个片段,针对这个片段可以实施不同的操作,从而来表示这个片段是以选择、循环还是并行等各种非顺序方式执行。在顺序图中,交互片段显示为一个矩形区域,该矩形区域内的消息和对象为一个整体;矩形区域的左上角有一个写在小五边形内的文字标签,用来表示所执行操作的类型。各种不同类型的操作符可用于实现不同的控制结构,典型的操作符包括可选(opt)、选择(alt)、循环(loop)、并行(par)等。

1) 可选片段

操作符为 opt,类似于 C++语言中的 if-then 控制结构,表示该片段只有在守卫条件成立时才能够执行,否则跳过该片段往后执行。守卫条件是一个用方括号括起来的布尔表达式,它可能出现在片段内部任何一条生命线的顶端,还可以引用该对象的属性。

2) 选择片段

操作符为 alt,类似于 C++语言中的 switch 控制结构。该片段的主体用水平虚线分割成几个分区(类似于 switch 语句的 case 子句)。每个分区都有一个守卫条件,表示当守卫条件为真时执行该分区。此外,每次最多只能执行一个分区,如果有多于一个守卫条件为“真”,那么选择哪个分区是不确定的(这一点与 C++不同,C++中是执行第一个为“真”的 case 子句)，而且每次执行的选择可能不同。如果所有的守卫条件都不为真，那么该片段将不被执行。此外，还可以定义一个 else 分区，该分区的守卫条件为[else]，如果其他所有的分区都不为真，则执行该分区(类似于 switch 语句中的 default 子句)。

3) 循环片段

操作符为 loop，类似于 C++语句中的 while 控制结构(也可利用 loop 后面的参数模拟 for 循环)，表示该片段在守卫条件为“真”的情况下循环执行；一旦守卫条件为“假”，则跳过该片段往后执行。

4) 并行片段

操作符为 par，该片段的主体也被水平虚线分割成几个分区，不同的分区可能覆盖不同的生命线，表示当进入该片段后，这几个分区要并行(或并发)执行。每个分区内的消息是顺序执行的，但是并行分区之间消息的相对次序则是任意的(即不同并行分区内的消息可以并发地执行)。在多核环境下，并行(或并发)程序正日益普及，而该操作符将在这类应用程序的设计中被广泛应用。

图 5-37 展示了如何利用 loop 交互片段来处理登录用例的备选事件流 A-1 和相应的约束规则(即最多只能重试 3 次)。其中 loop 后面的圆括号内的数字(1,3)表示循环主体应当执行的最少次数和最多次数。当用户启动该用例后，初始情况下并没有输入用户名和密码，所以条件(用户名或密码错误)为“真”，至少执行一遍该循环；在循环内，用户输入用户名和密码，控制类进行验证；只要用户名或密码不正确，该循环就会继续。但是，如果超过了 3 次，那无论如何循环都会结束，即不再允许用户重新登录。

其他几类交互片段的使用方法基本相同，读者可以使用支持 UML 2 的建模工具去尝试使用这些交互片段。

5. 顺序图的分拆和引用

交互片段的基本思想就是将那些非顺序执行的部分封装为一个片段，针对该片段实施各种不同的操作，从而表达各种非顺序的执行。这种交互片段的思想其实也完全可以扩展到对整个顺序图的封装，即将一个完整的顺序图封装为一个片段。这个片段采用 sd (sequence diagram)操作符(事实上，这不能算操作符，因为并不实施任何操作；只是用一个标签来说明该片段为一个完整的顺序图)，操作符后面可以写上该顺序图的名称。

把顺序图封装为片段后，就可以在其他顺序图或交互纵览图中进行引用(即实现交互序列的复用，采用 ref 操作符)，从而来分析更复杂的用例行为，这就是顺序图的分拆和引用的基本思想。在 UML 2 中，可以从纵向或横向来分别实现顺序图的分拆。

1) 纵向分拆和引用

纵向分拆是沿着顺序图的纵轴(即时间序列)的方向，将某一段时间段内的若干对象之间传递的一组消息拆分出去，同时在当前顺序图中给出相应的引用标识，指向另一个展现被拆分出来的内部消息传递过程的顺序图。通过这种方式允许不同顺序图引用相同的消息交互片段，避免了无谓的重复描述，提升了模型内容的可维护性。图 5-42 展示

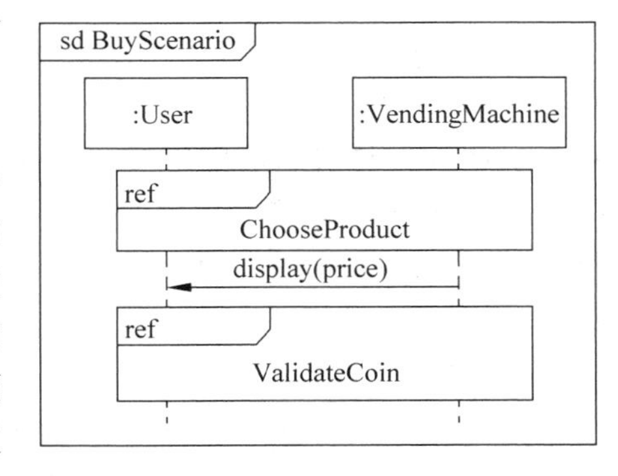

图 5-42 顺序图的纵向分拆和引用

了采用纵向分拆方式绘制的用户利用自动售货机购买商品场景的顺序图。

该顺序图被封装为一个整体片段,利用 sd 表示该片段为一个顺序图,顺序图的名称为 BuyScenario,以便在其他场景中引用。图 5-42 中两个对象分别来自用户(User)类和自动售货机(VendingMachine)类。在描述这两个对象的消息序列时,首先采用 ref 片段引入另外一个顺序图 ChooseProduct,即用户通过该顺序图所描述的场景来选择所需要购买的产品,然后自动售货机根据所选择的产品显示价格(display(price)消息),最后又通过引用第三个顺序图(ValidateCoin)来接受并验证用户所投入的金额是否满足要求。当然,对于 ChooseProduct 和 ValidateCoin 这两幅顺序图需要单独进行描述,以说明这些场景的实现过程。

2)横向分拆和引用

横向分拆是沿着顺序图的横轴(即对象序列)的方向,在全时间范围内,将一组对象及其相互之间的消息封装为一个与其他对象交互的"组合结构",该"组合结构"指向相应的具体消息传递情形。图 5-43 显示了利用横向分拆来实现自动售货机验证用户所投入的金额是否合适的场景。

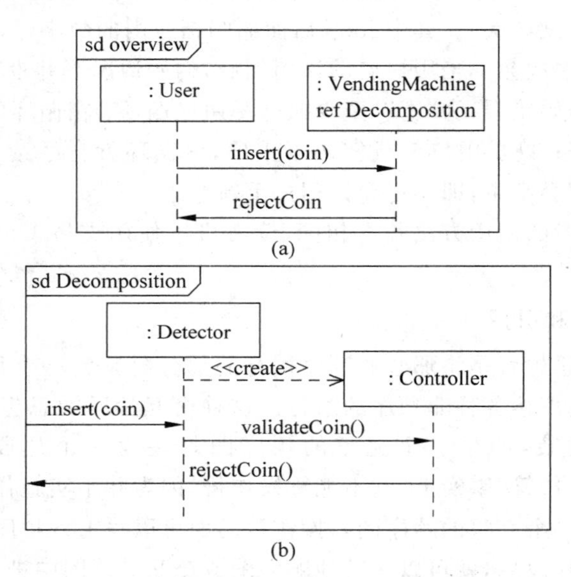

图 5-43 顺序图的横向分拆和引用

图 5-43(a)所示的顺序图描述了自动售货机接受用户投入金额,然后拒绝所投入的货币的场景。该图的一个典型特点是自动售货机对象后面跟着关键字 ref 和标识符 Decomposition,这说明该对象并不是由一个简单类生成的对象,而是引用另一组合结构(Decomposition 为该组合结构的名称)。组合结构是指对多个对象间的链接和消息的封装,用于提供更大粒度复用。图 5-43(b)详细说明了该组合结构内部的交互模型(即动态模型),另外还可以通过组合结构图进一步说明其内部的静态模型。

除了对单个顺序图的分拆和引用外,不同的顺序图之间还可能存在顺序的或非顺序的关系,如用例的备选事件流一般是在基本事件流的某个步骤出现分支而分离出去的,这样描述备选事件流的顺序图和基本场景的顺序图之间也应该是在某个消息中出现分支。针对这种整体相关的顺序图之间的关系可以通过 UML 2 中新增的交互纵览图来表示。交互纵览图是活动图和顺序图的结合体，它能够像活动图一样表达流转逻辑；所不同的是，它不是描述活动间的流转，而是描述顺序图的流转，通过 ref 交互片段来引用所要描述的顺序图。图 5-44 的交互纵览图描述了自动售货机初始化、验证投币金额和出货几个场景之间的流转关系。图 5-44 中的起点、终点、控制流、决策点等元素均来自活动图，而图中的主体部分为利用 ref 片段引用已有的顺序图，从而描述这些顺序图之间的流转逻辑。

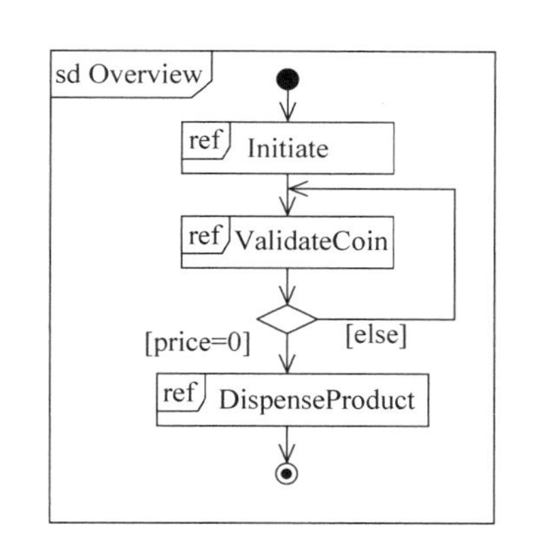

图 5-44 在交互纵览图中引用顺序图

5.4.4 完成参与类类图

分析交互的过程主要关注用例实现的交互行为特征，是用例实现的动态视图。而对于每一个用例实现而言，为了完成交互需要通过类产生相应的对象，同时对象间的消息传递也需要类之间的关系来支持。这些与用例实现相关的类及类之间的静态关系就需要通过静态类图来描述。该静态类图是针对特定的用例实现来绘制的，用来表示参与该用例实现的类及关系，简称参与类类图(View Of Participating Classes Class Diagram，VOPC 类图)。

参与类类图是用例实现的静态视图，针对每一个用例实现绘制一张类图。由于已经完成了该用例实现的动态视图，因此绘制静态视图的过程将主要依据动态视图来完成。

(1) 参与类类图中的类来自顺序图中的对象。对象都要由相应的类构造出来，因此将这些类放置到参与类类图中。它们是在识别分析类的过程中找到的，不过在那个阶段是按照备选架构分层组织的，而现阶段则需要从用例实现的视角来绘制，同时还需要进一步描述它们之间的关系。需要说明的是，此阶段并不会发现新的类，只是从另一视角进一步描述类。此外，顺序图中的参与者并不是系统的成分，因此不作为类出现在参与类类图中。

(2) 在参与类类图中，类之间的关系来自顺序图中的消息。对象 A 要向对象 B 发送消息，就必须能够访问到对象 B，因此 A 和 B 之间存在着一定的关系。它们之间具体是哪种关系将在第 5.5.3 小节和后面的设计中进行详细讲解，本节将主要使用关联关系。当然，早期业务对象模型中所发现的实体类之间的关系也可以在当前参与类类图中继续存在。此外，对于实体类之间更多的内在关系可能还需要进一步分析和定义，这部分内容同样将在第 5.5.3 小节中进行说明。

由于是用例实现的静态视图，因此参与类类图是绘制在每个用例实现下面的。在相应的用例实现上右击鼠标，在弹出的快捷菜单中选择 New|Class Diagram 命令，将类图的名称修改为 VOPC 类图，图 5-45 展示了为“办理申请手续—用例实现”添加参与类类图后模型的组织结构。

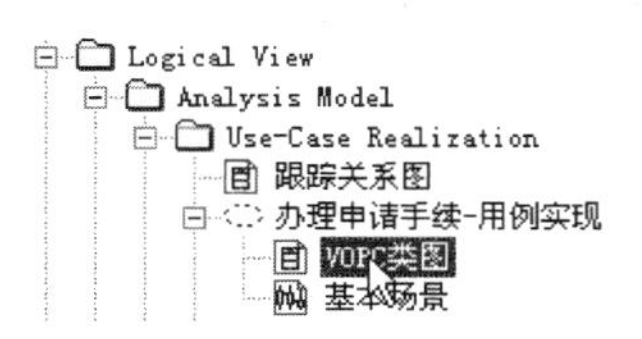

图 5-45 添加参与类类图后，分析模型的组织结构

绘制参与类类图的过程就是将相应的类放置到类图中，一般按照边界类、控制类和实体类的顺序从上到下放置，然后根据顺序图中的消息为这些类添加关系。图 5-46 展示了“旅游申请系统”中“办理申请手续—用例实现”的参与类类图。

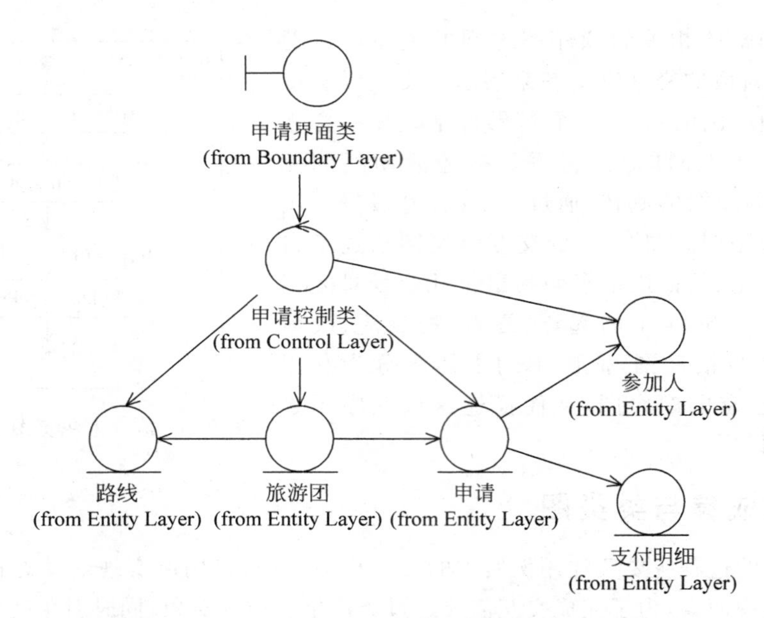

图 5-46 “办理申请手续—用例实现”的 VOPC 类图

首先,由于界面类需要将参与者输入的信息传递给控制类进行后续处理,因此申请界面类有到申请控制类的关联关系,注意该关联关系的方向与顺序图中的消息是一致的。其次,控制类需要操作各种实体类以存取所要处理的数据,因此控制类有到实体类的关联关系。而支付明细实体类并不需要通过控制类进行访问,因此控制类和支付明细类之间没有关系。最后,各个实体类之间也存在着一些固有的关系。有关这些关系是如何定义出来的,我们将在第 5.5.3 小节中详细讲解。

从该参与类类图中还可注意到另外一个问题是,这些类之间关系的依赖方向与备选架构中各层的依赖方向是一致的。按照前面分层架构的思想,界面类放在边界层中,控制类放在控制层中,实体类放在实体层中。相应的界面类依赖于控制类,控制类依赖于实体类。这也是软件架构所要描述的另一个问题,即各层之间的依赖关系决定了类之间关系的方向。

图 5-47 展示了“旅游申请系统”中“导出财务信息—用例实现”的参与类类图。

该参与类类图典型的特点是存在两种不同的边界类,其中界面类还是去访问控制类,因此有到控制类的关联关系。然而,接口类则是由控制类来操作的,即控制类操作该接口类来访问外部财务系统,因此控制类有到该接口类的关联关系(见图 5-47)。而这种关联的方向却违背了类备选架构所定义的依赖方向,因为备选架构中并没有控制层到边界层的依赖。为了解决这个问题,需要重新调整备选架构,添加从控制层到边界层的依赖关系,调整后该

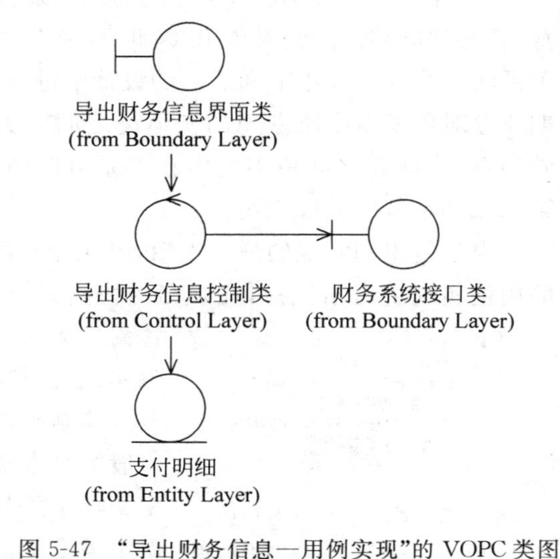

图 5-47 “导出财务信息—用例实现”的 VOPC 类图

系统的备选架构如图 5-48 所示，注意新添加的控制层到边界层的依赖关系的表示方法。

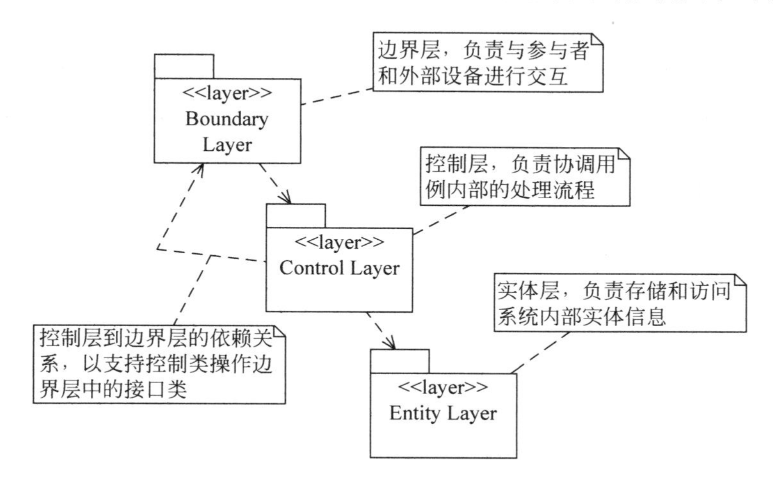

图 5-48 "旅游申请系统"调整后的备选架构

参与类类图的绘制相对比较简单，本书中只以这两个用例实现为例讲解基本绘制方法和技巧。有关其他用例实现的参与类类图，读者可以自行绘制。

5.4.5 处理用例间的关系

前面所阐述的构造用例实现过程是针对每一个用例实现独立进行的，并没有考虑多个用例实现之间可能存在的关系。在前面针对"旅游申请系统"的分析过程中，采用的是重构前未引入关系的用例模型，并通过定义首次迭代来简化用例实现，从而屏蔽了用例模型中用例间的关系①。然而，不管如何处理，由于用例建模中用例之间可以定义包含、扩展和泛化这 3 种关系，因此，在分析的过程中也需要针对这 3 种用例关系做进一步处理。

1. 包含关系

包含关系表达了基用例对子用例(即被包含用例)的直接引用，而这种引用在分析阶段即表现为基用例实现对子用例实现的交互的引用。这类引用可以采用 UML 2 所提供的 ref 片段来表达，即在基用例实现的顺序图中通过 ref 引用子用例的顺序图片段，以包含子用例实现的行为。而对于子用例实现来说，基用例实现就是它的外部用户，来使用它所定义的行为。包含关系的具体分析过程如下所示。

(1) 为子用例定义一个边界类，可以将该边界类看成是基用例对子用例的调用界面，由基用例的控制类来启动该边界类。

(2) 基用例实现通过横向分拆或纵向分拆的方式引用子用例实现的交互。

下面以第 4.5.1 小节的图 4-21 中所描述的"管理参加人"(分析阶段只考虑增加参加人子流程)和"查询申请信息"之间的包含关系为例，介绍其分析过程。

---

① 本书如此处理的目的是屏蔽用例关系给分析过程带来的复杂性，以便于集中讲解用例分析的基本方法和技巧；实际项目中可以在保留这些关系的基础上定义迭代，并进行分析。而有关这些关系的处理则在本节单独讲解，读者也可根据本节所描述的方法在保留用例关系的基础上重新完成"旅游申请系统"的分析过程。

图 5-49 给出了子用例"查询申请信息—用例实现"基本场景的顺序图,该顺序图描述了如何根据提交的查询申请,请求查询出指定的申请信息及相关的责任人和支付明细信息。

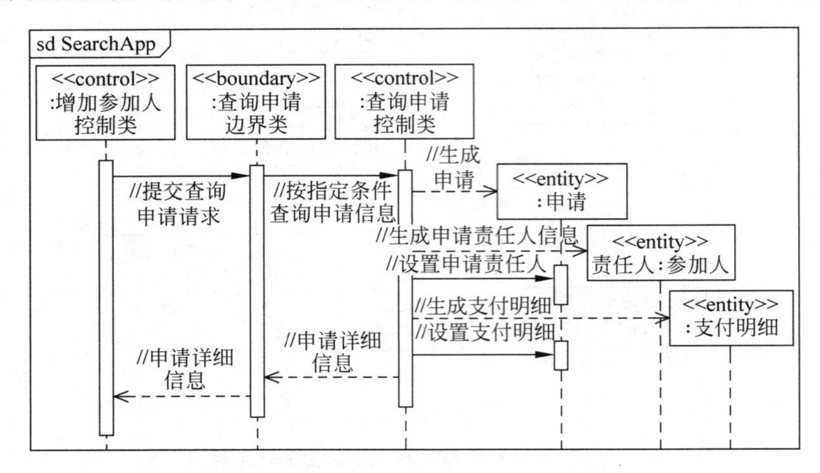

图 5-49 "查询申请信息—用例实现"基本场景的顺序图

该顺序图与之前图形的典型区别在于,其外部启动对象(即第一个对象)并不是一个参与者,而是其基用例的控制类。这表明该交互并不是直接对系统外部提供服务的,而是为基用例服务的。此外,包含关系中往往存在多个基用例(即多个用例包含一个子用例),此时需要考虑不同的基用例是否对子用例的交互有不同的要求。如果有,则针对不同基用例的控制类绘制相应的顺序图来描述交互的不同;否则,只需要选择其中一个典型的控制类来绘制顺序图即可。在"旅游申请系统"中,"查询申请信息"用例虽然有两个基用例——"管理参加人"和"完成支付",但考虑到当前所描述的查询申请信息的交互对于这两个基用例都是适用的,因此只需要绘制这一个顺序图即可。

另外还需要说明一点的是,有关"查询申请信息边界类"的含义。正如前面所阐述的,存在用户界面和系统接口两类边界类;而此处并没有明确指明当前的边界类到底是哪一类,这意味着该边界类可能是一个用户界面类,也可能是一个接口类。如果是一个用户界面,则表明基用例直接包含子用例提供的查询界面来完成查询功能;如果是一个接口类,则表明基用例通过调用子用例的查询接口获得查询结果,而查询条件的输入和查询结果的输出等均由基用例的界面类来实现。

图 5-50 给出了保留包含关系后"增加参加人—用例实现"的顺序图的片段。为了节省篇幅,图中省略了查询后的业务操作,这些操作与图 5-38 是一致的。

与图 5-38 所不同的是,查询动作并不是由"增加参加人控制类"来实现的,而是通过横向引用将该业务提交给"查询申请"组合结构,其内部实现逻辑在该组合结构中描述(即图 5-49)。当然,此处倾向于将查询申请边界类作为一个接口来考虑。如果是一个用户界面,则可以考虑直接由前台服务员向该组合结构发送查询消息,而省略掉图中所描述的通过增加参加人界面类和控制类进行中转和显示的所有消息。

关于包含关系的分析,最后还需要说明的一点就是,当使用不支持 UML 2 的建模工具(如 Rose)时,由于没有分拆和引用机制,此时可以直接在基用例中引入子用例的边界类来表达这种调用关系。如图 5-51 所示,在"增加参加人—用例实现"中直接将查询请求提交给

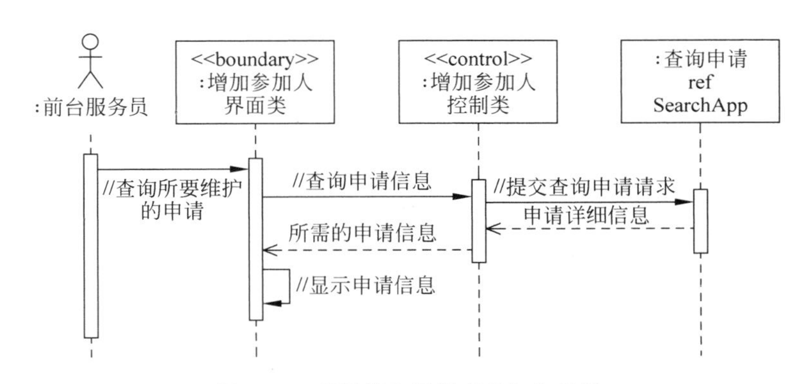

图 5-50 利用横向引用实现包含关系

子用例查询申请的边界类，而至于具体的查询实现细节则仍保留在子用例中，不在基用例中展示。

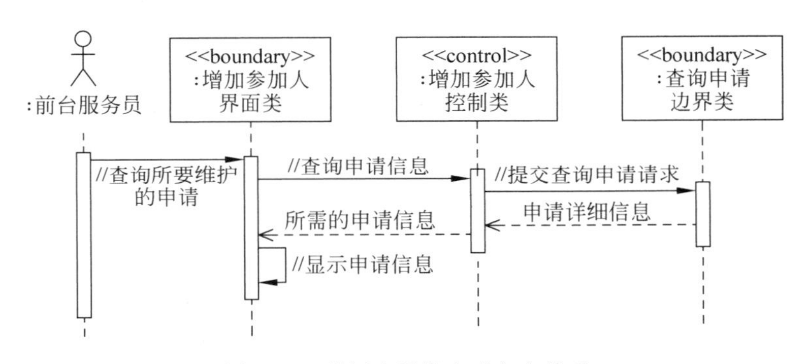

图 5-51 利用边界类实现包含关系

2. 扩展关系

与包含关系中的直接引用子用例行为不同，扩展关系中基用例并不知道子用例(即扩展用例)的存在，而是通过扩展点描述了可扩展的行为接口，由子用例去实现这些扩展点。因此，对于用例分析来说，扩展关系中的基用例实现也就不能直接引用子用例实现的交互片段，而是定义并使用指定的接口来描述其所需要的行为。相应地，其子用例实现则是来实现这些接口所描述的行为。扩展关系的具体分析过程如下所示。

(1) 为基用例的每一个扩展点定义一个边界类。该边界类是一个系统接口类，描述了基用例所需的扩展行为。

(2) 针对每一个扩展用例，以该边界类的职责作为启动消息，分析职责的内部实现。

下面以第 4.5.1 小节图 4-22 中所描述的"导出财务信息"和"记录日志"之间的扩展关系为例，介绍其分析过程。

图 5-52 给出了"导出财务信息—用例实现"在出现异常的场景下的顺序图。与图 5-41 所描述的基本场景不同。在该场景中，当消息 1.1.1.1 生成财务信息产生异常时，这个异常在需求阶段表示为一个扩展点；在分析阶段，将该扩展点定义为记录日志接口类；当异常情况出现时，将该异常信息提交给记录日志接口类(消息 1.1.1.2)，由该接口类来负责后续处理。同样，在导入到财务系统过程中产生异常时也需要提交给记录日志接口类。

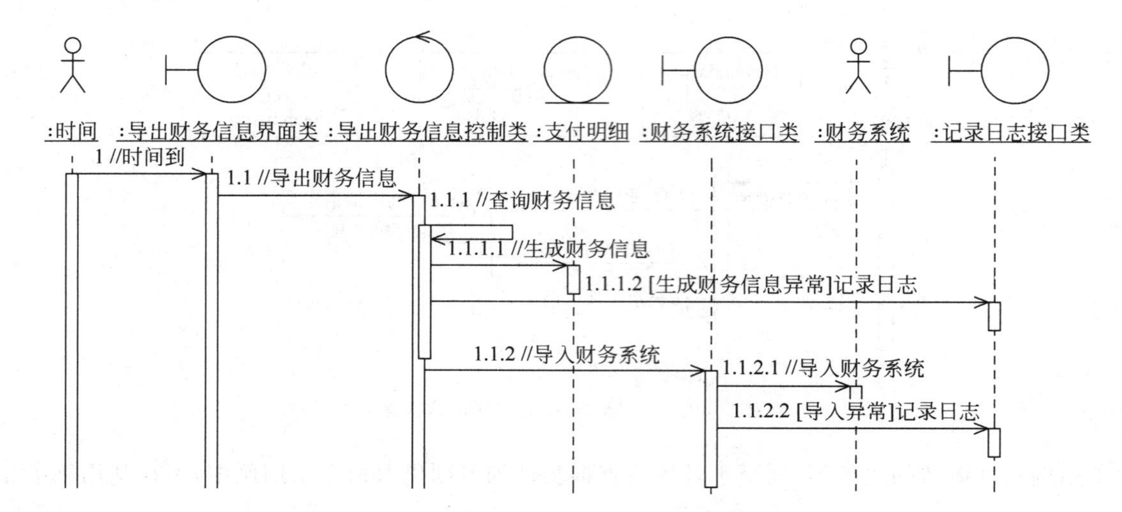

图 5-52 "导出财务信息—用例实现"的出现异常辅助场景顺序图

至于记录日志的实现细节,则需要在子用例"记录日志—用例实现"中描述。图 5-53 描述了该用例实现对应的记录日志职责(即图 5-52 中的消息 1.1.1.2 和消息 1.1.2.2)的实现过程。

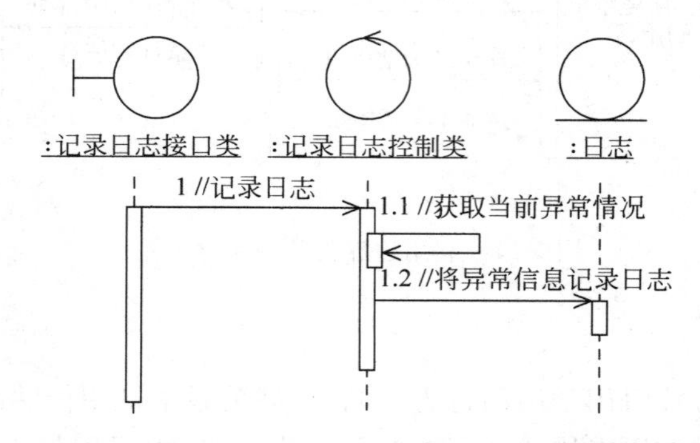

图 5-53 "记录日志—用例实现"的记录日志职责顺序图

注意该用例实现启动对象为记录日志的接口类,该接口类可能存在多个职责,针对每一个职责都需要绘制一张交互图来进行分析。此外,还需要明确的是,该接口类和包含关系中的边界类不同。这是一个明确的接口,对于每一个子用例实现,虽然接口相同,但可能存在不同的实现逻辑(需要定义不同的实现类来实现该接口,有关接口的设计细节可以参见第 9.2 节的相关内容),从而实现对基用例灵活的扩展。

3. 泛化关系

泛化关系的处理则相对比较麻烦,因为在用例分析阶段,并没有一种机制来直接描述交互间的继承层次,而只能采取一些折中的方案。

考虑到特化用例是完全继承并复用泛化用例的行为,因此一种可行的方案是参照包含关系的分析思路,在特化用例实现中通过 ref 交互片段来直接引用泛化用例实现的交互。不过,在泛化关系中特化用例可以具体化或重新实现泛化用例的行为,这就意味着特化用例实现的交互可能会对其所引用的泛化用例实现的交互进行修改,而这种修改是无法通过 ref

交互片段来表示的。

而另一种方案则是泛化用例实现和特化用例实现相对独立地分析。首先分析泛化用例实现,然后将该用例实现的交互作为基础来重新分析特化用例实现,并通过适当的机制(如注释、约束)来分别标记哪些交互是继承而来的,哪些交互是针对泛化用例实现进行重新定义的和哪些交互是新增的。这种方案的缺点是当修改了泛化用例实现时,会影响到所有的特化用例实现,从而需要重新绘制所有特化用例实现的相关模型。

5.4.6 总结:构造用例实现

构造用例实现是整个用例分析最核心的工作,其最终目标是获得实现用例行为所必需的分析类,并利用这些分析类来描述其实现逻辑。具体的分析过程是针对每一个用例实现,完成下面 4 个步骤。

(1) 完善用例文档。结合分析目标和分析策略,完善待分析的用例文档。

(2) 识别分析类。从完善后的用例文档中识别分析类,包括边界类、控制类和实体类三类分析类。其中的重点是实体类,要结合架构分析中的关键抽象和名词筛选法来识别实体类。

(3) 分析交互。利用识别的分析类,采用交互图来分析用例实现的交互过程。早期的迭代重点在基本场景,后期的迭代可能需要针对不同的场景绘制更多的交互图。

(4) 完成参与类类图。根据交互图中的消息和实体类内在的关系来绘制参与当前用例实现的类的类图。

一般情况下,上面 4 个步骤是针对每一个用例实现独立完成的;而对于存在关系的两个用例实现,则需要采用特定的技术将分析结果联系起来。

最后,还需要强调一点的是,本书中是按照先后顺序依次介绍这 4 个步骤的。但这并不意味着在实际项目中这些步骤会严格按照顺序进行。事实上,每一步之间是紧密联系、相辅相成且互相制约的,它们往往会进行若干次迭代,从而交错进行。虽然说必须要识别一定数量的分析类才能够分析交互;但在分析交互的过程中也可能识别出新的分析类(特别是实体类)。同样,在完成参与类类图时可能结合分析类之间的关系对交互图中的消息进行适当的调整。

5.5 定义分析类

视频讲解

通过构造用例实现验证了需求的可实现性,即可以利用识别出的分析类和它们之间的交互来达到用例的目标。这是整个分析过程最核心的工作。然而,对于面向对象的系统来说,所描述的这些交互最终都应在相应的类中来定义并由类的对象来实现。虽然在构造用例实现的过程中已经获得了类的基本定义,但那是在一个个用例实现的基础上完成的,主要关注的是用例事件流的交互过程,而对单个类自身的特征和行为缺少统一的考虑。因此,下一阶段就需要将注意力集中到每一个分析类本身,在关注类自身定义的基础上再重新评估每个用例实现的需要。此外,一个类及其对象常常参与多个用例实现,此时更需要从类整体角度去协调用例的行为。

定义分析类的最终目标就是,从系统的角度,明确说明每一个分析类的职责和属性及类之间的关系,从而构造系统的分析类视图;根据这些视图来描述和理解目标系统,从而为后续的设计提供基本的素材。

5.5.1 定义职责

职责(Responsibility)是要求某个类的对象所要履行的行为契约,它说明了该对象能够对外提供哪些行为,在设计中将演化为类的一个或多个操作。构造用例实现的过程实际上就是进行类的职责分配的过程,通过向目标对象发送消息来定义所要履行的职责,而这也是面向对象分析和设计的最核心工作。

从职责所履行的功能来划分,有两种类型的职责。

(1) 做(Do)型职责:对象能够完成某些动作的职责,包括某个具体的业务操作、发起其他对象执行动作或者控制和协调其他对象内部的活动。

(2) 知道(Know)型职责:对象提供自己所知道信息的职责,包括提供或修改自身的私有的数据、获取与其关联的对象信息或自己派生(或计算)出来的事物。

知道型职责取决于对象自身的属性和关系,而做型职责则反映了对象的行为特征。在分析阶段,控制类主要由做型职责构成,来协调和发起实体类与边界类的操作;而实体类则主要由知道型职责构成,为控制类提供其内在数据;边界类也主要由知道型职责构成,为用户展示操作界面,另外包括一些做型职责来发起控制对象进行交互。分析阶段的重点在于做型职责;相对而言,知道型职责比较简单明了。为了能够有效地获得这些职责,可以从两个方面来考虑。

(1) 从交互图中的消息获得职责。对于每一条消息,接收该消息的对象需要提供相应的职责来响应。为此,当接收该消息的对象没有相应的职责进行处理时,就需要在该对象的类中添加这项职责以提供需要的行为。

(2) 从非功能需求中获得其他职责。交互图主要关注系统的功能需求,而系统的非功能需求也会要求类提供相应的行为来处理,为此可能需要添加与其相关的职责。不过由于分析阶段是通过限定分析机制来描述非功能需求的,并没有进行展开分析,因此该方面的职责更多地将在设计期间获得。

获得类的职责后需要采取一种通用的方法表示出来,在分析阶段可以采用分析操作和文本描述两种方式定义职责。

1. 分析操作

分析类的职责是该类目标操作的雏形,这些职责在设计阶段最终都会演变为类的操作。因此,在分析阶段可以直接采用操作的形式来说明类的职责;不过为了与类的目标操作区别对待,需要采用一些特殊的标记来说明,这些操作也被形象地称为分析操作。一种通用的表示方法就是在操作的前面加上“//”,以表明该操作是一个分析操作,目前只是做了初步的职责定义,这与前面分析交互时消息的表示方法是一致的。

图 5-54 给出了从“办理申请手续—用例实现”的基本场景顺序图中提取出来的分析操作。为了使操作的显示更加直观,图中的分析类并没有采用前面所介绍的特殊图标表示,而是采用标准的类图格式,并利用构造型标签区分不同的分析类。注意,如果采用 Enterprise Architect 建模,默认情况下显示构造型图标时,并不显示类的属性和操作。此时,需要通过菜单中的 Tools|Options|Objects 功能,去掉 Classes honor analysis stereotypes 选项,从而

以标准类图格式显示类的属性和操作。

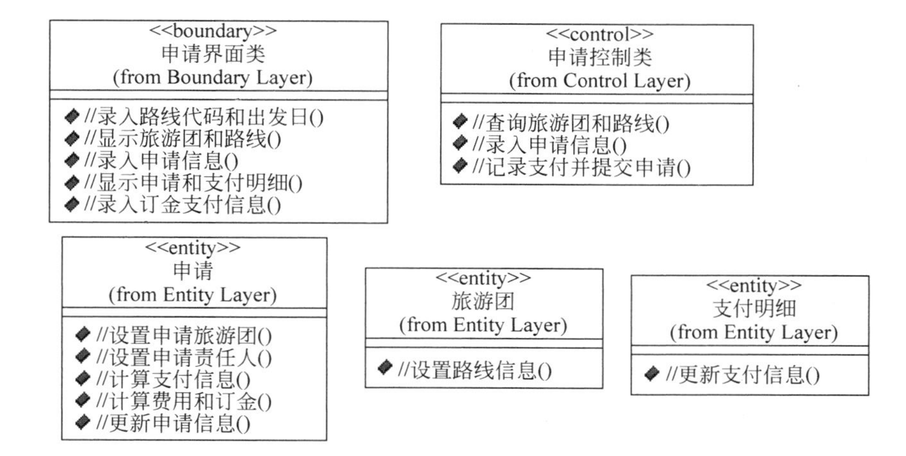

图 5-54 为分析类添加分析操作

从图 5-54 可以看出,申请界面类包括 5 个分析操作,这些分析操作与顺序图中的该对象接收到的消息是一致的(分别对应顺序图中的消息 1、消息 1.2、消息 2、消息 2.2 和消息 3)。此处需要注意的是,消息 1.1.4 虽然也是由申请界面类接收,但由于它是一个返回消息,实际上是消息 1.1 的返回结果,并不是对申请界面类操作的调用,因此消息 1.1.4 不是申请界面类的分析操作。同理,返回消息 2.1.5.3 也不是申请控制类的分析操作,申请控制类只有消息 1.1、消息 2.1 和消息 3.1 所对应的 3 个分析操作。

申请实体类也包括 5 个分析操作,分别对应顺序图中的该对象所接收到的消息 2.1.2、消息 2.1.4、消息 2.1.5、消息 2.1.5.1 和消息 3.1.1。此处需要说明的是,消息 2.1.1“生成申请信息”接收对象虽然也是申请类,但由于它是一个创建消息,因此并没有定义相应的分析操作来支持该消息。这是因为,与普通的消息直接由操作来响应不同,创建消息一般是通过类的构造函数来创建对象,而且其调用也是通过一些特定的方式来实现的(不同的编程语言,调用机制可能有所不同,如 Java 中通过 new 操作调用),所以对这些与对象创建和删除等生命周期相关的操作在分析阶段一般不做处理,也就不需要定义分析操作来表示。同理,图 5-54 中其他实体类的创建消息也都没有定义相应的分析操作。

2. 文本描述

文本描述是指采用一种约定的文档模板,在该文档中对类及其职责进行详细的描述。在并没有一种统一的类职责描述文档模板的情况下,项目组会根据类似项目的经历和项目的特点编写所需的类职责文档。不过,早期面向对象的方法提供了一种 CRC 卡技术可以很好地用于描述类的职责,在分析阶段完全可以借助于 CRC 卡来定义职责。

CRC 卡(Class-Responsibility-Collaborator cards,类—职责—协作卡)虽然不是 UML 的组成部分,但是在定义类的职责和描述与对象之间的协作方面(与 UML 类图相比)有它自己的特点,因此在对象分析和设计中被广泛地采用。

CRC 卡是由一系列卡片组成,每张卡对应一个类。卡中包括类名、类的职责和一系列完成这些职责的协作对象(即参与该职责的对象),表 5-6 列出了一种简单的 CRC 卡的格式。

表 5-6 CRC 卡

类名	
职责 1	职责 1 的协作
职责 2	职责 2 的协作
……	……

这些卡片在分析的初期即被开发出来(识别出分析类后,即可建立其 CRC 卡),并随着分析设计过程的深入而不断地完善。这种卡片作为 UML 类图和交互图的有益补充,在类的职责分配期间扮演着重要的角色。表 5-7 列出了申请实体类的 CRC 卡。

表 5-7 申请实体类的 CRC 卡

申请	
设置申请旅游团	旅游团
设置申请责任人	参加人
计算支付信息	旅游团、路线、参加人、支付明细
计算费用和订金	旅游团、路线、参加人
更新申请状态	支付明细

3. 保持类职责的一致性

正如前面所提到的,有些分析类跨越多个用例实现(如"旅游申请系统"中的申请类)。这意味着从不同的用例实现中能够为同一个类发现不同的职责,而这些职责之间可能存在不一致,甚至冲突的地方。因此,定义类的职责时还应确保它们有一致的职责。我们可以从以下几个方面着手来保持类职责的一致性。

- 当一个类的职责互不相干时,可以将这些不相干的职责分成不同的类,并更新交互图。
- 当两个(甚至更多个)不同的类有相似的职责时,合并这些相似的职责形成新的类,并更新交互图。
- 当在分析另一个用例实现时,发现一种更好的职责分配方案,此时可以返回之前的交互图并采用新的分配方案来重新分配职责。
- 只有一个职责的类虽然没有什么问题,但对它存在的必要性是值得质疑的。此情况下,可以考虑把这仅有的职责合并到其他类中。当然,没有职责的类就更没有存在的必要了。

虽然在分析阶段可以就类职责的一致性进行评估,但这并不是分析的重点。只要适当注意上面所提到的这些问题并进行相应的处理即可,没有必要在保持类职责一致性方面浪费更多的时间,这些工作将会在设计中结合相关的设计理论和原则去重点考虑。

5.5.2 定义属性

属性(Attribute)是类的已命名特性,它用来存储对象的数据信息,是没有职责的原子事物。类可以有任意数目的属性,也可以根本没有属性。在分析阶段需要从分析的类职责入手,描述其必备的属性,并为其确定适当的名称。属性名应当是一个名词,清楚地表达了属性保留的信息;同时还可以进一步利用文字详细说明属性中将要存储的相关信息。对于属性的类型定义，在分析期间应当来自业务领域，而与特定的编程语言没有关系。为了能够有效地获得类的属性，可以从以下几个方面来考虑。

- 在通过用例文档识别分析类的过程中，也能同时发现类的属性。这主要包括接在所有格后面的名词或形容词(即某某的属性)、不能成为类的名词及数据需求中所描述的数据项。
- 作为一般业务常识，是否有从类的职责范围考虑所应包括的属性。
- 该业务领域的专家意见及过去的类似系统。

图 5-55 给出了从"办理申请手续—用例实现"中提取出来的实体类的属性。分析阶段属性的定义主要是针对实体类而言的，这些实体类存储了系统业务所需要处理的各类数据；而边界类和控制类则主要是为了分析阶段的职责分配而提取出来的，与业务本身关系不大，因此它们在分析阶段也很少存在需要表示的属性。

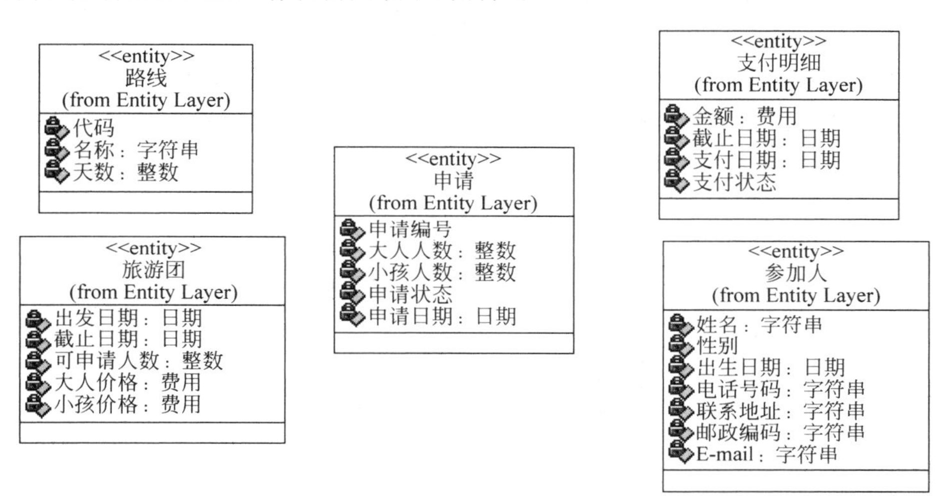

图 5-55 为分析类添加属性

从图 5-55 可以看出，大部分属性都是通过用例文档中的数据需求获得的，如旅游团类的出发日期、截止日期、大人价格、小孩价格；申请类的大人人数、小孩人数等。而有些属性则是根据业务常识而定义的，如申请类应该需要有一个申请编号属性。另外还有一些属性则是进一步考虑类似系统或分配职责过程中对象行为的要求，如申请类的申请状态属性、支付明细类的支付状态属性等，是因为这些类的对象需要根据所处的状态不同做不同的处理，当然这类属性可以在设计时进一步明确定义。

而对于属性类型的定义，此处为了表示方便仍然采用中文表示；同时这些类型应该是用户可以理解的业务术语，例如路线类的名称为字符串类型、旅游团的出发日期为日期类型、大人价格为费用类型。这些类型与编程语言无关，并不考虑其实现。当然，对于某些属性也可做进一步定义，例如，针对字符串类型，可以说明其最大长度、最小长度；针对费用类型，可以说明其精度等。另外，还有一些属性没有指定类型，例如路线类的代码属性、申请类的申请状态属性、参加人的性别属性，这说明这些类型在分析阶段并没有明确，设计时可以根据设计的要求选择合适的类型。路线类的代码属性是采用整数，还是字符串或者其他类型等，可以结合数据库设计、性能等设计问题一起考虑，从而选择出合适的类型。

5.5.3 定义关系

系统的对象不能孤立地存在，它们之间需要频繁地通过消息进行交互，从而执行有价值的工作，并达到用例的目标。为了完成这种对象间的交互，就要求交互的对象必须能够访问到对方。对象间的这种联系称为链接(Link)，对象通过链接互相协作。

如果两个对象间存在链接，那么它们的类之间也必定存在某种语义联系，即对象间的直接通信，必须要求这些对象的类之间以某种方式相互了解。类之间的这种联系被称为关联(Association)，而对象间的链接实际上是它们的类之间关联的实例。

1. 对象间的链接

链接是两个对象之间的语义联系，它允许消息从一个对象发送到另一个对象。面向对象的系统包含很多不同的对象和连接这些对象的链接。消息通过链接在对象之间传递，一旦接收到消息，对象将调用相应的操作来响应该消息。开发人员可以通过对象图来描述这种对象间的链接，通过通信图[①]来从对象间链接的角度描述对象间的消息传递。

对象图是显示系统某个时刻的对象及其关系的图，它是在特定瞬间对系统某部分的快照，表明当前时刻所存在的对象及对象间的链接。图 5-56 为“旅游申请系统”中某时刻某个申请与参加人之间关系的对象图。

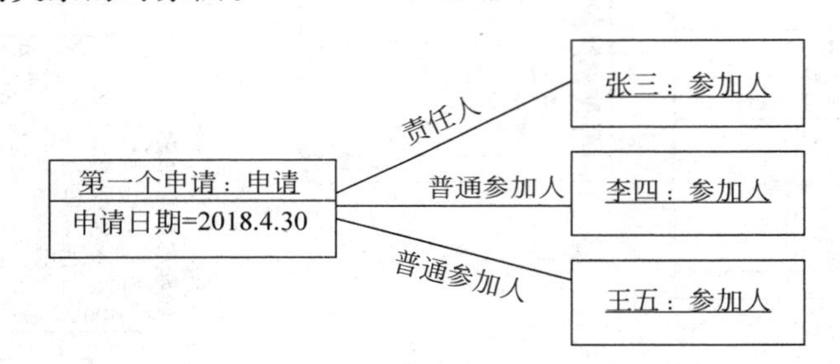

图 5-56 某个申请与其参加人之间关系的对象图

从图 5-56 可以看出，“第一个申请”对象与 3 个“参加人”对象相链接。其中为了区分责任人和普通的参加人，可以在链接的末端指定对象所扮演的角色，图 5-56 中张三为责任人，而李四和王五则是普通参加人。此外，对于每个对象还可以指定特定的属性值，如为图 5-56 中第一个申请对象，指定申请日期属性为“2018. 4. 30”；当然其他属性也有相应的取值，但在当前图中并没有体现出来。

由于系统中的对象是动态的，不同时刻的对象可能不同，而且系统中的对象可能很多；因此，一般情况下并不会专门为整个系统绘制对象图，而主要是针对系统中某个关键部分的一些特殊场合绘制对象图，从而便于理解系统运行时对象间的关系。此外，通信图基本上覆盖了对象图的功能，所以在实际系统建模过程中，很少单独使用对象图为系统建模。很多建模工具也不单独提供绘制对象图的功能(如 Rose 中就没有对象图功能)。

2. 关联关系

对象是由特定的类生成的，对象之间的链接也需要类之间的关系来生成，这种关系就是

① 有关通信图的相关细节和进一步的使用方法可参见第 6.6.3 小节。

关联。关联是类之间的一种结构化关系，是类之间的语义联系，表明类的对象之间存在着链接。可以说，对象是类的实例，而链接则是关联的实例。

1）识别关联

为了能够有效地识别类之间的关联关系，可以采用两类方法进行分析和抽取。

第一类方法是根据分析交互过程中所绘制的交互模型，来发现对象之间的链接，从而在相应的类上建立关联关系。正如第5.4.4小节所提到的，对象之间为了进行消息传递，必须建立某种程度上的关系，这些关系在分析的初期都可以表示为对象间的链接，这些不同类对象之间的链接就构成了类之间的关联关系。当然，由于顺序图中并不能直接反映对象间的链接，可以将其转换为对应的通信图，从而更加清楚地描述对象间的链接。Rose提供了由顺序图自动创建通信图（UML 1.x中的协作图）的功能，具体操作：在左边的资源浏览器中选择需要转换为通信图的顺序图，再选择Browse|Create Collaboration Diagram命令，即生成了与该顺序图同构的通信图，最后适当调整通信图中各对象的位置以保持图形的清晰。而在Enterprise Architect中，顺序图与通信图的转换已被统一合并在MDA功能中，具体操作：选择菜单中的Package|Model Transformation（MDA）|Transform Current Package功能，在弹出的对话框的左边选择要转换的顺序图所在的协作包，在右边选择转换目标为Communication，并选择目标图形保存的包，然后执行Do Transform功能即可生成通信图。

图5-57是由Rose自动生成的图5-35所对应的通信图，从图中可以很清楚地发现对象之间所存在的链接。

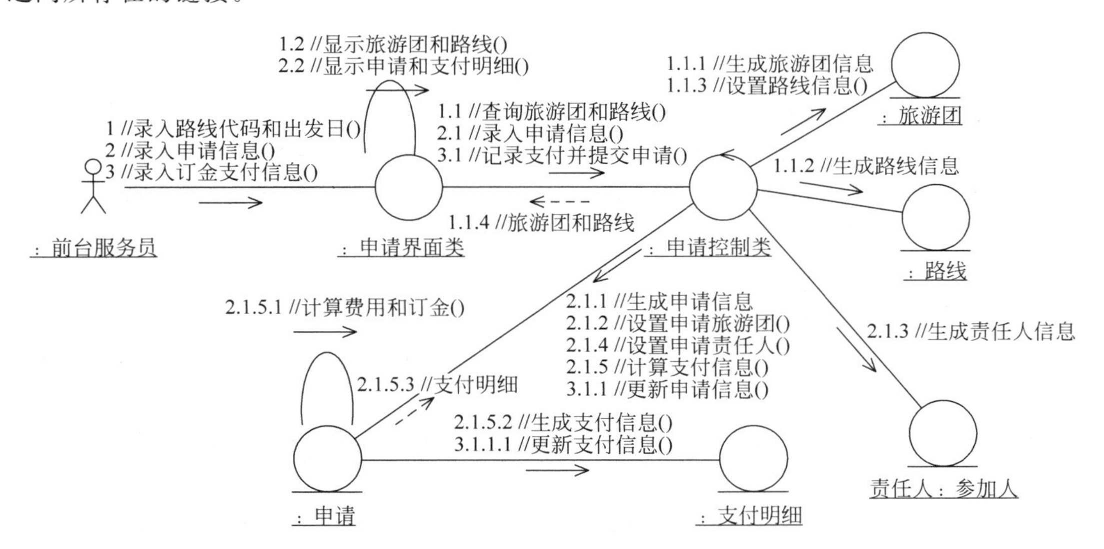

图5-57 “办理申请手续—用例实现”基本场景通信图

从图5-57可以看出，由于申请界面对象要向申请控制对象发送消息1.1、消息2.1和消息3.1，因此这两个对象之间存在链接。而申请控制对象由于需要操作多个实体对象（如旅游团、路线、申请、参加人等），因此它们之间也存在链接。这就意味着相应的类之间就可以初步定义关联关系，图5-46所示用例实现的参与类类图中即体现了这些类之间的关联关系。

由于职责分配的过程主要按照B-C-E的原则进行，因此对象之间链接关系也主要是在边界类和控制类、控制类和实体类之间建立。这样通过交互模型方面可以很容易地定义边界类和控制类及控制类和相应的实体类之间的关联关系。此外,同时也可以发现少量的实体类之间的关联关系,如图 5-57 中“申请”和“支付明细”之间的链接。事实上,这类关联关系在构造用例实现的参与类类图中就定义清楚了,图 5-46 中即体现了这类关联关系。

此外,还需要强调一点的是,对象之间的链接(对应类之间的关联关系)和职责分配过程中的消息传递是相互影响和制约的。有时候,为了便于对象间的消息传递而建立对象间的链接,从而添加新的关联关系;在进行职责分配时也要充分利用对象间现有的链接,而这些现有链接来自类之间已定义的关联关系。在分析阶段,有很多实体类从业务上来说就存在语义联系,职责分配可以充分利用这些实体类之间的关系来传递消息。当然,这些实体类之间的关联关系有可能在业务建模阶段就已经定义,也有可能在分析的过程中逐步完善和定义出来,这就涉及了识别关联的第二类方法。

第二类方法是从系统自身的业务领域出发,分析领域中所存在的实体类之间的语义联系,为那些存在语义联系的类之间建立关联关系。按照经典的面向对象观点,关联关系是一种“has a”的关系,即两个关联的类 A、B 之间存在“A has a B”的含义。更具体地说,A 和 B 之间可能存在的联系包括 B 是 A 的一部分或成员(物理上或逻辑上)、B 是对 A 的描述、A 与 B 通信、A 使用或管理 B 等。这类方法是识别关联关系最原始的出发点,也是在业务建模阶段描述业务对象之间的关系、分析阶段描述实体类之间的关系最重要的手段。识别此类关联还有一个技巧是查找用例文档中的动词或动词短语;当该动词是用来连接两个作为类的名词时,这两个类之间也就可能存在关联关系,并可以以该动词作为关联关系的名称。

下面以“旅游申请系统”为例,来分析该系统中的实体类之间所存在的关联关系。

- 旅游团和路线:根据业务场景和相关用例文档的描述,每一个旅游团都是在已经规划好的路线上开设的,因此路线是对旅游团中相关信息的描述,它们之间也构成了一种关联关系。
- 申请和旅游团:每个旅游申请都需要指定并维护所申请的旅游团信息,它们之间显然也构成了一种关联关系。
- 申请和参加人:一个申请中存在若干个参加人,即申请需要维护其参加人信息,它们之间也构成了一种关联关系。
- 申请和支付明细:一个申请包括所需的费用、定金等支付信息,这种关系也构成了一种关联关系。
- 参加人和联系人:每个申请的参加人都需要指定其紧急情况下的联系人,这也构成了一种关联关系。

图 5-58 通过一幅类图展示了通过上面的分析而得到的该系统实体类之间所存在的关联关系。由于主要是展示类之间的关系,因此没有显示相关类的属性和操作及构造型图标。

正如图 5-58 所看到的,默认的关联关系是没有任何箭头指示符的,这意味着该关系是双向可见的,即两个关联的类之间互相引用。但很多情况下,这种双向的关联是没有必要的。在“办理申请手续—用例实现”中,申请界面类需要访问申请控制类以发送界面消息,但申请控制类并不需要向申请界面类传递独立的消息(返回消息只是同步消息的返回结果,不是独立的消息调用)。因此,只需要建立申请界面类到申请控制类方向上的关联关系,即该

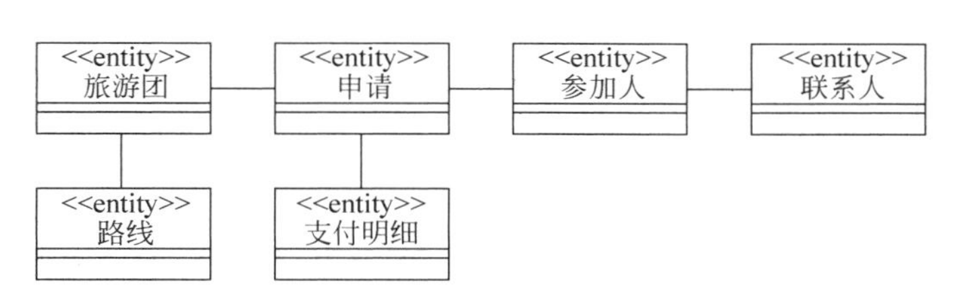

图 5-58 “旅游申请系统”实体类之间的关联关系

关联关系是单方向的，通过在关联线的一端加上箭头来表明该关联的方向。图 5-46 中的 VOPC 类图中即给出了关联的方向。

事实上，关联的方向与交互图中消息传递的方向是一致的。当只需要单方向传递消息时，就可定义关联的方向；而当需要双方向传递消息时则采用默认的不带箭头的实线表示双方向的关联。因此，通过第一类方法识别出来的关联可以很容易地描述其方向；而通过第二类方法识别出来的关联就不太容易明确其关系。不过，需要强调的一点是，分析阶段并不需要花太多的精力来分析关联的方向，只有在明确是单方向关联时才表示出来；否则就使用默认的双方向关联。

最后，有关识别关联还需要说明的是，分析阶段的重点在定义分析类并明确其职责。因此，并不需要花太多时间去深入地识别关联；要记住，在分析阶段“识别实体类比识别关联更重要”。太多的关联不仅不能有效地表示分析模型，反而会使分析模型变得混乱。有时，发现某些关联很费时，但带来的好处并不大。此外，还需要避免显示冗余或派生的关联，只表示那些分析模型中必须使用的关联即可。

2）定义关联名和端点名

关联可以有一个名称，用以描述该关系的含义。关联名一般采用动词或动词短语(即前面提到的连接两个作为“类”的名词的动词)，用来连接两个作为名词的类，放置在关联的中央。

在“旅游申请系统”中，可以这样理解“申请”类和“旅游团”类之间的关联关系：申请人通过填写申请(表)来申请所要参加的旅游团信息。这就意味着“申请”类和“旅游团”类之间通过动词“申请”建立关联，而作为类的“申请”是一个名词(更准确的名称可以采用申请信息、申请表等名词来表示)。按照这种理解，该关联关系的名称即为“申请”，如图 5-59 所示。

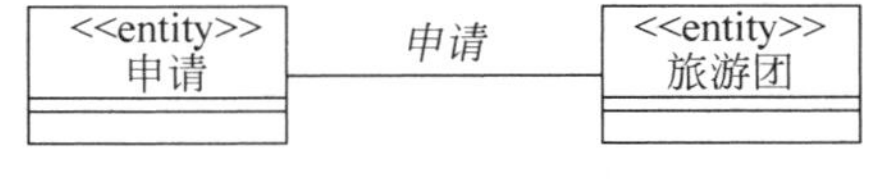

图 5-59 定义关联名

从图 5-59 可以看出，通过关联名可以表达关联关系的含义，以帮助用户理解类之间的关系(当然，图中的关系本身比较好理解，关联名并非必要)。但关联名一般只能从一个方向上去描述这种类关系(可以通过在关联名的后面标注箭头来表明该名称的方向)，为此 UML 提供了另外一种更普遍的方式，可以从关联的两端分别描述该关系的作用，这就是角色和端点名。

当一个类参与了某个关联时，它就在该关系中扮演了一个特定的角色。角色是关联中靠近它的一端的类在另外一个类中所呈现的“面孔”，或者说所发挥的作用。开发人员可以为一个类在关联中所扮演的角色进行命名，这就是关联的端点名(在 UML 1.x 中称为角色名)，端点名放置在关联线的一端。

虽然可以同时为关联关系定义关联名和端点名，但在明确给出了关联的端点名的情况下就不需要给出关联名,因为通过端点名完全可以反映关联的含义。有关使用关联名和端点名的场合,可以参考下面的一些规则。

(1) 如果用多个关联链接同一个类,则应该使用关联名或端点名来区分不同的关联(一般更倾向于使用端点名)。

(2) 如果一个关联有多于一个的端点在同一个类上(即关联的两个端点同时附加在同一个类上,这种关联称为自反关联,参见本小节稍后的"4)自反关联和 n 元关联"部分),则需要使用关联端点名来区分端点。

(3) 如果两个类之间只有一个关联,一般可以省略关联名;但有时为了使关联的作用更加清晰,可以使用关联名。

一个极端的、必须使用关联名或端点名的例子是在两个类之间同时存在多个关联(属于第一种情况的特例,又称为多重关联);此时,必须通过名称来区分这两个关联关系。考虑"旅游申请系统"中"申请"类和"参加人"类之间的关联关系,通过分析"管理参加人"的用例文档可以发现,参加人分为"申请责任人"和"其他参加人"两类,每个申请必须指定一位责任人并包含若干个参加人。显然,这两类参加人和申请之间的关联关系是不同的,通过这一个关联关系难以反映他们的不同。因此,此时可以为这两个类之间同时建立两个关联关系,如图 5-60 所示。

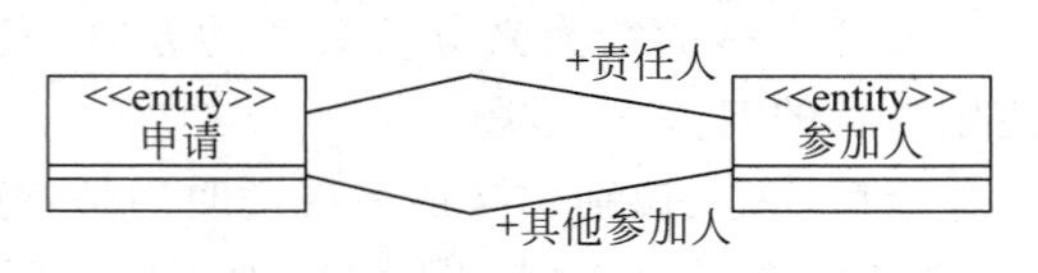

图 5-60 定义多重关联中的角色和端点名

从图 5-60 可以看出,通过在参加人的一端定义了不同的端点名来表达参加人在这两个关联中所扮演的不同的角色,从而可以很容易地区分这两个关联关系。注意端点名前面的"+"表明该角色是公有的,分析阶段并不需要去特别指定角色的可见性,有关该可见性的作用将在后面的设计中再进行讨论。

3) 定义多重性

关联表示了对象间的结构关系,然而一个类可以生成多个对象,这也意味着由一个关联可能生成若干个链接实例,或者说一个类的对象可能链接到所关联的类的多个对象上,这种"多少"即为关联角色的多重性,它表示一个整数的范围,通过多重性表达式来指明一组相关对象的可能个数。

多重性表达式可用逗号分隔为多个区间,每个区间为"min..max"的形式,其中该区间的 min 表示最小值,max 表示最大值,即该对象的个数可以取从 min 到 max 的个数,表 5-8 列出了一些典型的多重性表达式。

表 5-8 典型的多重性表达式

多重性表达式	含　义
0..1	0 个或者 1 个
1	正好 1 个
0..*	0 个或者更多个(即没有上限限定)
*	0 个或者更多个(同 0..*)
1..*	1 个或者更多个
2..5	最少 2 个,最多 5 个(即 2～5 个)
1..3, 8, 10, 20..*	1～3 个,或者 8 个,或者 10 个,或者 20 到更多个

与端点名一样，多重性表达式也被放在关联线的一端，表明另一端的一个对象可以与本方的多个对象相链接。图 5-61 展示了在图 5-60 的基础上添加多重性表达式后“申请”和“责任人”类之间的关联关系。

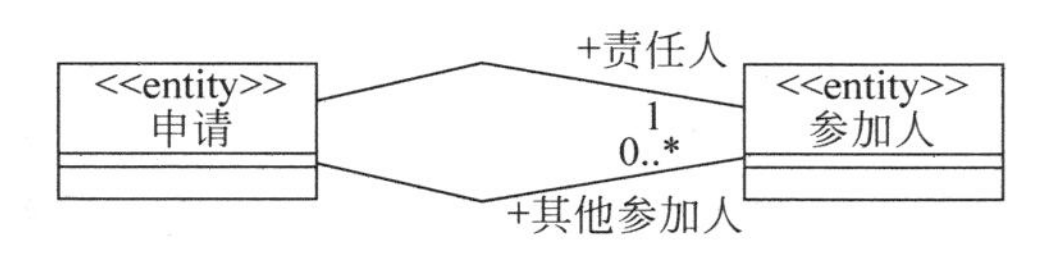

图 5-61 定义多重性

从图 5-61 中两个多重性表达式可以看出，对于一个申请来说，必须关联(指定)一个参加人作为其责任人(角色)；而除了作为责任人的参加人外，该申请可能没有其他参加人(0个)，也可能有很多(*，个数没有限制)其他参加人。

此外，如果没有显式地指定多重性，如图 5-61 中“申请”类一端，那么该多重性就是不确定的；一般来说，出现这种情况表明分析人员并不关心该多重性，其对后续的设计和实现没有什么影响。

4) 自反关联和 n 元关联

关联关系一般是建立在两个类之间的，这种关联称为二元关联。但有时，也会在一个类或两个以上(3 个或更多)的类之间建立关联。一个类自身之间的关联称为自反关联(又称递归关联)；而 3 个或更多的类之间的关联则称为 n 元关联。

自反关联是指一个类自身之间存在关联，它表明同一个类的不同对象之间存在链接[①]。考虑“旅游申请系统”中的“路线”类，在问题陈述中有关路线信息的维护提到：“变更后的线路作为新线路录入系统，同时留下变更历史，以记录这些路线的变化过程。”这意味着一条新的路线并不一定是全新设计的，可能来自原来某个老路线的调整。举个例子，2009 年 6 月，上海发生在建楼房倒塌事件的“楼脆脆”事件后，某旅行社推出了“华东五市＋乌镇、赠送上海倒塌楼房双飞六日游”的新旅游路线，显然该旅游路线是在原旅游路线的基础上进行适当调整后建立的新路线；而且在一段时间之后，随着人们对倒楼事件关注度的下降，该路线可能又会重新调整。由此可见，不同的路线之间可能存在语义联系，也即存在关联关系。图 5-62 展示了路线类所存在的自反关联。

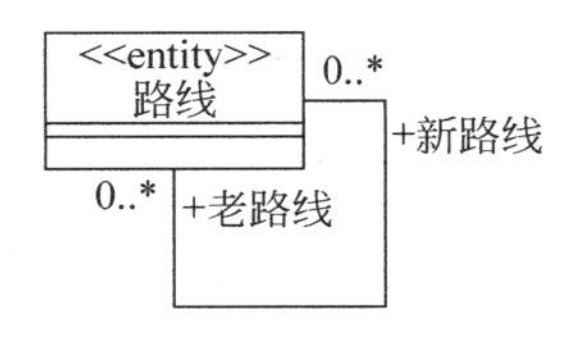

图 5-62 定义自反关联

从图 5-62 可以看出，由于自反关联的两端都在同一个类上，因此开发人员至少要在其中一端定义端点名以明确关联的含义(参见本小节“2)定义关联名和端点名”中定义端点名的第二种情况)。根据图 5-62 中的端点名和多重性表达式可以看出，对于一条路线来说，它可能不产生新路线，也可能产生多条新路线(新路线一端的多重性为 0..*)；同样一条路线可能来自一条或多条老路线，也可能没有与其关联的老路线(老路线一端的多重性也为 0..*)。

---

① 注意是同一个类的不同对象，而不是同一个对象之间存在链接。要和通信图中的自反消息(是同一个对象自己给自己发消息，这个对象自身存在自反链接)区分开，如图 5-56 中“申请界面类”存在自反链接，但该类并不存在自反关联。因为对象自身是可以发消息给自己的，而不需要关联关系的支持；但是不同的对象就不能直接发消息，必须要有关系的支持。

自反关联是一种应用广泛且非常有效的关联机制，在某些场合下应用自反关联能够实现更加灵活的系统结构。某企业的组织结构如图 5-63 所示。

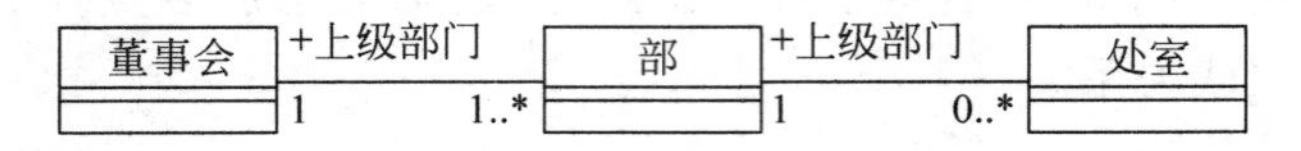

图 5-63　某企业组织结构的类图

从图 5-63 可以看出，该企业内部是一个三层的组织结构：最高层设立一个董事会，董事会下面按照不同的业务设置不同的部，而各个部下面可设若干个处室。当企业的组织结构没有变更时，这种关联的方案是有效的。但当该结构需要变更时，例如设立直接由董事会负责的处室（即不属于任何部）、追加新的组织单位（在处室下面再设立科级单位）等，该方案都无法实现，必须对整个结构进行调整。此时，可以将各个层次的类归纳为部门类，利用自反关联来实现，如图 5-64 所示。

从图 5-64 可以看出，通过归纳出的部门类来表示企业内部的某个组织单位。对于一个部门来说，可以有一个或者没有上级部门，也可以有若干个或者没有下级部门。这完全涵盖了图 5-63 所表达的含义，同时能够很好地适应组织结构的变更需求。

另外一种特殊的关联是在 3 个或者更多的类之间建立的 n 元关联。不过这种关联在实际项目中很少使用，大多数 n 元关联都可以分解成带端点名和属性的二元关联，或者通过提取关联类将其转换为多个二元关联（常见编程语言都不支持这种 n 元关联的实现，因此到项目设计阶段都应该考虑转换为二元关联）。

当然也有一些 n 元关联很难在不丢失任何信息的情况下转换为二元关联。图 5-65 展示了一个典型的 n 元（三元）关联：程序员在项目中使用编程语言，一个程序员可能仅熟悉一门编程语言，并负责某个项目开发工作，但可能无法在此项目中使用这种语言。这样这个 n 元关联就很难分解成多个二元关联而不丢失任何信息。从图 5-65 中还可以看出，n 元关联通过一个菱形框将关联的各端联系起来。

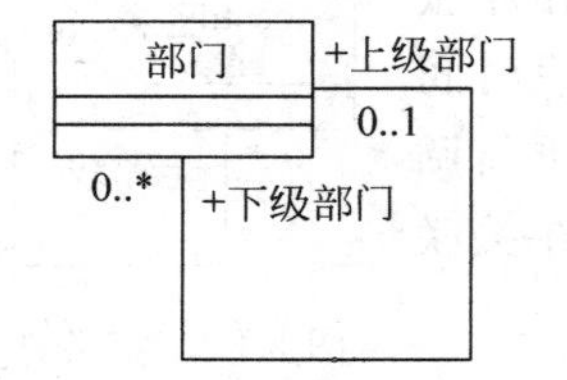

图 5-64　利用自反关联实现企业组织结构

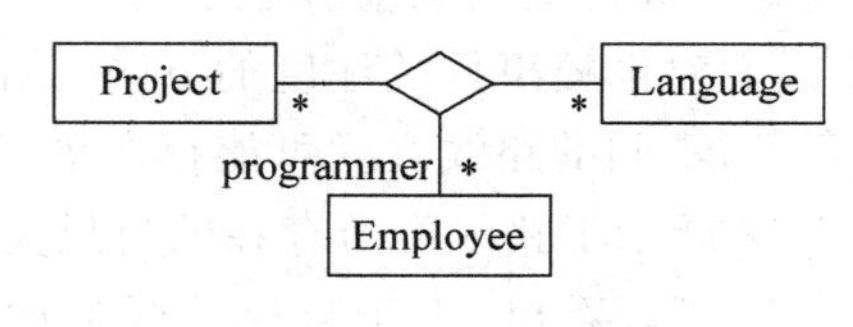

图 5-65　三元关联

5）识别关联类

关联关系代表了类之间的语义联系，而这种语义联系也可能存在一些属性信息，UML 用关联类来表示这些信息。

关联类（Association Class）是一种被附加到关联关系上的类，用来描述该关联关系自身所拥有的一些属性和行为。当某些属于关联关系自身的特征信息无法被附加到关联两端的类时，就需要为该关联关系定义关联类。

考虑“旅游申请系统”中“参加人”和“联系人”之间所存在的关联关系，对于一个参加人而言，他需要在每次申请旅游团时指定与其存在关系的联系人。例如，张三在申请“北京 3

日游”旅游团时指定其父亲作为联系人，那么他在填写申请表中的“与本人关系”一栏中就需要填写“父子关系”。而“父子关系”这一特征信息是用来描述该关联关系的，它不属于参加人“张三”对象，也不属于联系人“张三的父亲”对象，也就不可能存储在这两个对象中，因此，必须为该关联关系定义一个关联类来存储该特征，如图5-66所示。

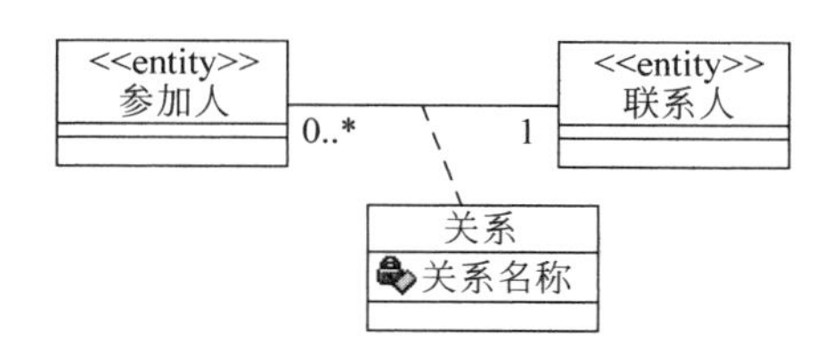

图5-66　定义关联类

从图5-66可以看出，“关系”类是一个关联类，它通过一条虚线连接到与其相关的关联关系上，从而维护与该关联关系相关的特征信息。

3. 聚合关系

对于普通的关联关系而言，关联两端的类在当前关系中是处于平等地位的。然而，在实际应用中，两个关联的类可能还存在一种整体和部分的含义，即作为整体的对象包含部分对象。这种存在整体和部分含义的关联可以进一步表示成聚合关系。

聚合(Aggregation)关系是一种特殊的关联关系，除了拥有关联关系所有的基本特征外，两个关联的类还分别代表“整体”和“部分”，意味着整体包含部分。对于聚合关系的识别，可以在已有的关联关系基础上，通过分析两个关联的类之间是否存在“A(整体)由B(部分)构成”“B(部分)是A(整体)的一部分”等整体和部分的语义来完成。

考虑图5-58所描述的“旅游申请系统”中所存在的关联关系，对于“申请”和“支付明细”这两个关联的类来说，就存在着整体和部分的含义。“支付明细”作为“申请”的一部分，依附于某个申请，并构成了申请的一个基本要素；或者说每个申请都包含若干个支付明细信息。这样就可以把该关联关系进一步定义成聚合关系，如图5-67所示。

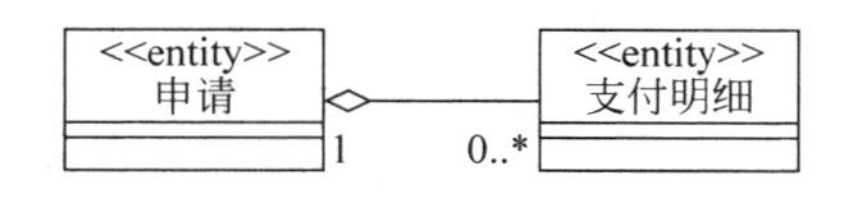

图5-67　定义聚合关系

从图5-67可以看出，在聚合关系中通过在整体(“申请”类)的一端加上空心的菱形框来区分整体和部分(“支付明细”类)。此外，与普通的关联关系一样，聚合关系也可以定义名称、端点名、多重性及使用自反聚合等。

4. 泛化关系

泛化(Generalization)是指类间的结构关系、亲子关系；子类继承父类所有的属性、操作和关系。其基本概念可参见第1.4.3小节。

分析阶段的泛化关系主要来自业务对象模型。针对实体类，结合业务领域的需求，从两个方面来提取泛化关系。

(1)有类似的结构和行为的类，从而可以抽取出通用的结构(属性)和行为(操作)

构成父类。

(2) 单个实体类是否存在一些不同类别的结构和行为，从而可以将这些不同类别的结构抽取出来构成不同的子类。

找出这些泛化关系后，可以通过类之间[is-a 关系]或者[kind-of 关系]是否成立来验证。具体来说，就是"子类是父类"，或"子类是父类的一种"。

考虑"旅游申请系统"已找出的实体类，可以发现，对于"参加人"实体类而言，在实际旅游申请业务中存在两类不同的参加人，即"大人"和"小孩"；他们在某些结构或行为上是不完全相同的，如旅游费用的计算、是否能作为责任人等。因此，可以将这些不同的结构和行为提取为不同的子类，从而构成父子类之间的泛化关系，如图 5-68 所示。

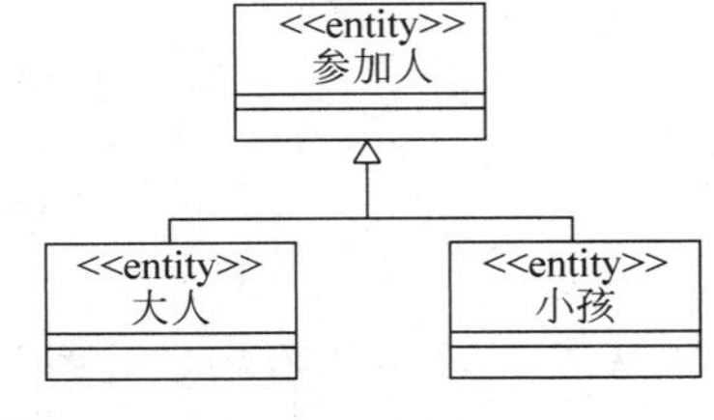

图 5-68 定义泛化关系

从图 5-68 可以看出，在该泛化关系中，"参加人"作为父类，可以用来描述其基本结构和行为；而"大人"和"小孩"作为子类，可以用来描述两者所特有的结构和行为。

需要说明的是，由于泛化关系表达了类之间的亲子关系，因此，与关联不同，不需要再定义名称、角色、多重性等内容。

此外，泛化关系更深层次的目的是达到类间的可替换性，从而支持多态；这些内容主要是在设计阶段为提高系统设计质量而考虑的，分析阶段只需要从业务领域本身来考虑是否存在明确的亲子关系即可。

5.5.4 限定分析机制

在定义职责、属性和关系后，分析类自身已基本定义完成。然而，当前的分析模型还缺少一部分内容，即对非功能需求的分析。分析类的定义主要来自前一阶段构造用例实现的成果，而用例实现主要关注系统的功能需求；而非功能需求也需要在分析模型中体现出来，这就是分析机制。正如第 5.3.2 小节所描述的，在分析阶段并不对非功能需求进行深入分析，只需通过分析机制将其主要特性表述清楚即可。本小节将为已经定义的分析类限定相应的分析机制。

表 5-3 列出了"旅游申请系统"中可能存在的分析机制。本小节将把这些分析机制与前面所定义的分析类关联起来，从而将这些非功能需求分配给相应的类。表 5-9 列出了当前已经定义的部分分析类所存在的典型分析机制。

表 5-9 为分析类限定分析机制

分析类	主要的分析机制	说明
申请控制类	分布	前台服务员可以通过本地客户机访问服务器上的旅游团和路线信息
导出财务信息控制类	遗留接口	导出的财务信息需要导入到遗留的财务系统
旅游团、路线	持久性	旅游团和路线信息需存储在数据库中
申请	持久性	申请相关信息需存储在数据库中
支付明细	持久性、安全性、遗留接口	支付明细信息需存储在数据库中，并不允许随意修改，同时要与外部财务系统保持一致
参加人、联系人	持久性	参加人和联系人等信息需存储在数据库中

从表 5-9 中可以看出，大部分需要存储的实体类都通过持久性分析机制进行限定，而控制类则通过分布机制实现远程访问；有关财务系统的接口则通过遗留接口分析机制表示；另外有关支付等敏感信息则需要通过安全性分析机制进行限定。

建立分析类和分析机制的关联后，下一步就需要进一步说明分析机制的特征。参照表 5-4 所给出的分析机制的特征为分析机制明确不同的特征值，这些特征值将为后续的设计提供重要的参考数据。当然，考虑到实际应用价值和工作效率问题，并不需要为每一个分析类逐一定义，只需要抓住主要的、反映关键性能指标的分析类进行定义即可。

以申请类的持久性分析机制为例，说明其分析机制的特征，这些特征值将为数据库设计中申请相关表的存储方案、索引设计等提供评价依据。表 5-10 列出了几个类的典型分析机制特征值，这些特征值将约束后面的设计方案的建立。

表 5-10 几个类的典型分析机制特征值

类	分析机制	特征	特征值
申请类	持久性	粒度	单个申请数据 1～5KB
		容量	每天平均约 1000 个申请，高峰时约 5000 个
		访问频率	读取：每天 5000 次；写入：每天 1000 次 更新：每天 1000 次；删除：每天 1000 次
		访问机制	主要按申请编号查询，也可能按申请日期、申请人、旅游团编号等信息进行查询
		存储时间	永久保存，不删除；已完成的申请也需要保存历史信息
申请控制类	分布	分布机制	通过 HTTP 请求进行远程访问
		通信方式	以同步通信为主，部分复杂交易可能需要采用异步机制
		通信协议	相关参数没有明确的约束条件
支付明细	安全性	安全规则	使用何种安全访问规则
		授权策略	前台服务员录入支付信息，不能修改；只有特殊的授权用户可以修改
		数据粒度	以每一个支付项为单位
		用户粒度	按用户角色定义权限
导出财务信息控制类	遗留接口	响应时间	没有明确的时间约束
		持续时间	持续时间约 30 分钟
		访问机制	通过数据库 SQL 接口直接访问
		访问频率	每天晚上访问 1 次

5.5.5 统一分析类

至此，我们已经建立了一个基本完整的分析模型，有关分析类、职责、属性及它们所需要实现的分析机制和需要支持用例实现的相关协作的定义已全部完成。最后，还需要评估已经完成的工作，从而确保在开始架构设计时分析类的定义是完整的、一致的，这就是统一分析类的工作。

统一分析类工作的主要内容是评估已定义的分析类和用例实现，从而确保每个分析类表示一个单一的、明确定义的概念，并且不会出现职责重叠。要从系统全局角度确保创建了最小数量的分析类。通过统一分析类的过程，要达到以下两个目标。

◆ 验证分析类满足系统的功能需求。

◆ 验证分析类及其职责与它们支持的协作是一致的。

为此,我们可以通过一些检查点来评估分析类和相关的用例实现。通常,可以从以下几个角度来评估分析类。

◆ 每个类的名称都清楚地反映了其所扮演的角色。
◆ 类表示了一个单一的、明确定义的抽象。
◆ 所有属性和职责在功能上都是与类联系在一起的。
◆ 类提供了必要的行为支持用例实现。
◆ 类的所有需求都已经满足。
◆ 所有的属性和关系是必要的,并且用例实现需要它们的支持。

对于用例实现,可以从以下角度来进行评估。

◆ 所有的基本流、子流、备选流等都已被处理。
◆ 所有必要的对象都已被发现,并明确了所属的类。
◆ 所有行为都已被明确分配到参与对象。
◆ 存在多个交互图时,它们的关系是清晰的、一致的。

通过统一分析类,最终得出系统全部分析类的定义。此时,可以构造出反映系统全部分析类关系的完整的类图。该类图是对前面多个参与类类图的总结,也可作为分析模型最重要的交付成果。以“旅店预订系统”为例,图 5-69 给出了该系统在首次迭代时需要完成的两个用例实现所对应的参与类类图(图中省略了类的属性和操作)。

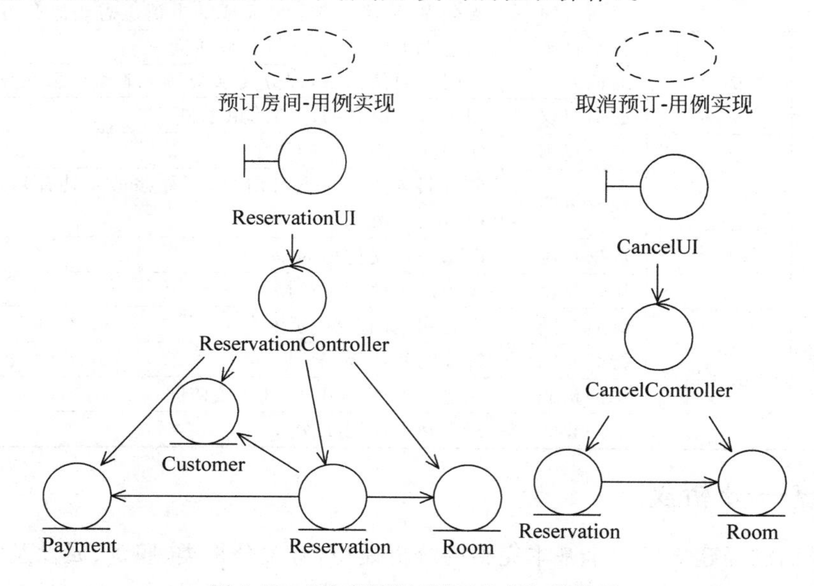

图 5-69 “旅店预订系统”的参与类类图

结合这两个参与类类图,可以构造该系统最终的分析类图,如图 5-70 所示。从图 5-70 可以看出,对于参与多个用例实现的类来说,它们之间的关系分别从两个参与类类图中综合而来。

此外,从图 5-70 中也可以发现,对于“旅店预订系统”这种小规模的系统而言,其分析类图就包括 8 个类和若干个关系,存在一定的复杂性。而随着系统规模的增大,分析类图将变

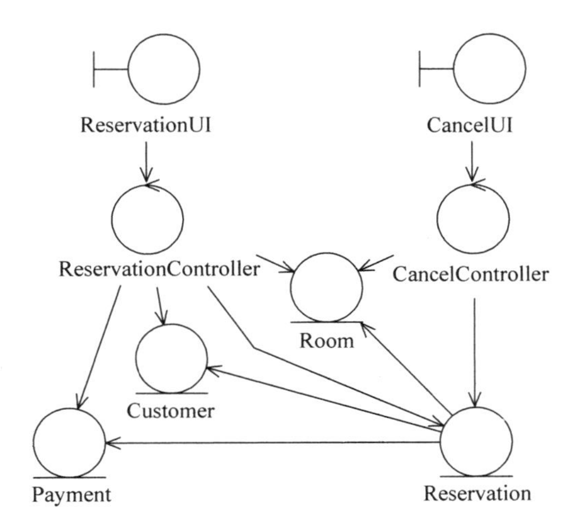

图 5-70 “旅店预订系统”分析类图

得更加复杂。此时,为了保持图形的清晰和有效性,开发人员可以考虑在该分析类图中只显示那些重要的、全局范围内的类,而对于那些只参与单个用例实现的内部类,可以不展示在全局类图中。按照这种观点,为每个用例实现提取出来的边界类、控制类都可以不用展示在分析类图中(它们只与当前用例实现有关,与其他用例实现无关)。这样就可以构造出由系统核心实体类所构成的分析类图。图 5-71 展示了“旅游申请系统”实体类类图(为保持图形的清晰,图中有些类的属性和操作并没有完全显示出来,如参加人类的操作等),该图将前面小节所讲解的有关职责、属性和关系等的定义成果都展示出来了。

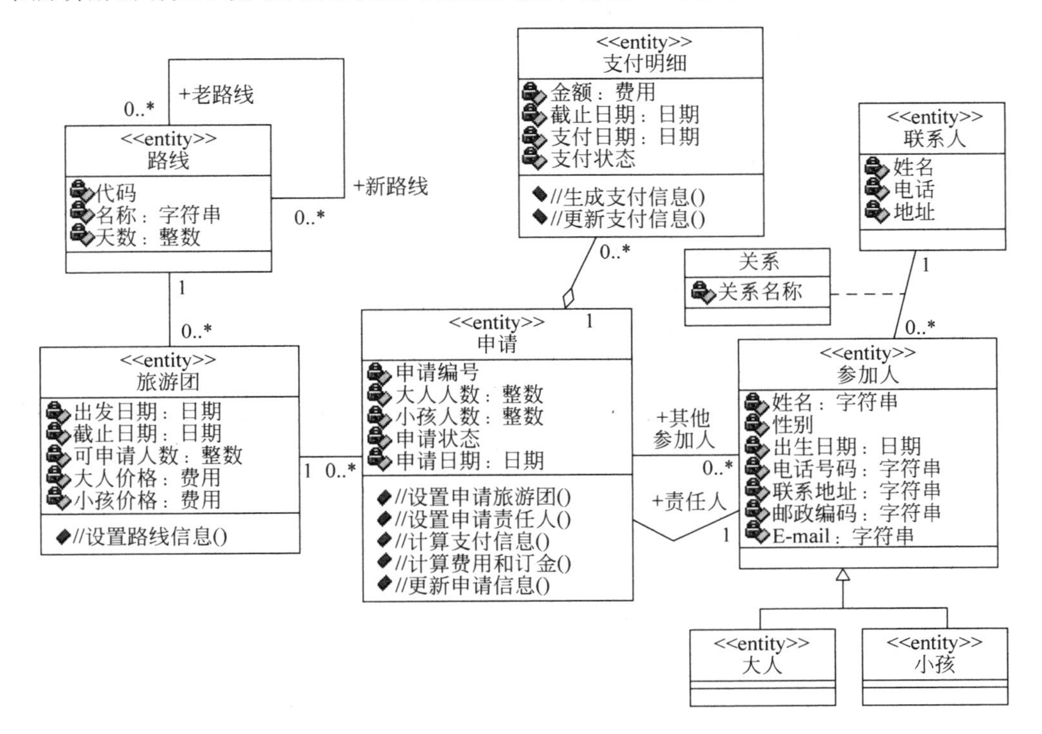

图 5-71 “旅游申请系统”实体类类图

需要说明的是，事实上整个分析阶段的重点就在于，找出体现系统核心业务所需数据的实体类，而界面和业务逻辑细节分别由边界类和控制类隐藏，因此图 5-71 所展示的实体类类图就可以很好地反映“旅游申请系统”的分析成果。在有些面向对象分析方法中，分析阶段的工作就是找到这些实体类，这些实体类即构成了系统概念模型这一最主要的分析成果。在实际分析过程中，以识别的初始实体类为依据，通过各个用例的 VOPC 图，删除那些没有引用的实体类，即可得到由实体类组成的分析类图，这就是分析的关键。

对于“旅游申请系统”，最后还有一个问题需要处理。图 5-12 所提供的系统备选架构中，边界层有到控制层的依赖，这符合大部分分析类的依赖方向(参见各用例的 VOPC 类图)，然而该系统的边界类中还包括一个系统接口类，即“财务系统接口类”。从该接口类所在的 VOPC 类图(见图 5-47)可以看出，此时“导出财务信息控制类”有到“财务系统接口类”的单向关联，这意味着该类所在的“控制层”也应该有到接口类所在的“接口层”的依赖关系，为此需要调整系统的备选架构，以体现类之间的关系。第 5.4.4 小节的图 5-48 已经给出了调整后的备选架构，这个过程在用例分析期间已经同步进行了，此时可以进一步确认。整个架构是在分析和设计期间不断进行调整和完善的；在分析结束前，应对分析架构进行最后的确认，以确保分析模型是可以满足系统需求的。此外，由于这个新的调整，最终的分析架构在边界层和控制层之间存在双向的循环依赖关系，这种循环依赖会在设计中进行单独处理。

5.6 练习题

一、选择题

1. 下列有关分析机制的论述中，错误的是(　　)。
   A. 分析机制是构架机制的一种
   B. 分析机制是对设计机制的具体描述
   C. 分析机制常用于建模非功能需求
   D. 不同的分析机制一般具有不同的特征

2. 关于用例实现，下列说法错误的是(　　)。
   A. 一个用例实现是设计模型中一个系统用例的表达式
   B. 一个用例实现可以使用一个类图来表示
   C. 用例实现提供了从分析和设计到需求的可追踪性
   D. 用例实现与其关联的用例之间存在实现关系

3. 下图是某系统首次迭代的用例图(隐去了具体的参与者和用例名)。根据用例分析规则，在首次迭代的用例分析过程中，可能产生的边界类、实体类、控制类的数目不应该为(　　)。

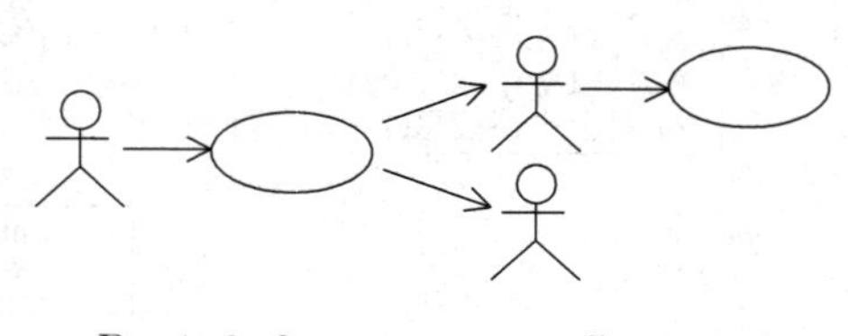

A. 3、3、3　　B. 4、3、2　　C. 4、4、2　　D. 4、5、2

4. 已知某一个用例实现的 VOPC 图如下，下列 4 个选项中的顺序图片段(图中省略了消息编号、名称和返回消息)，(　　)肯定不是该用例实现的一条路径。

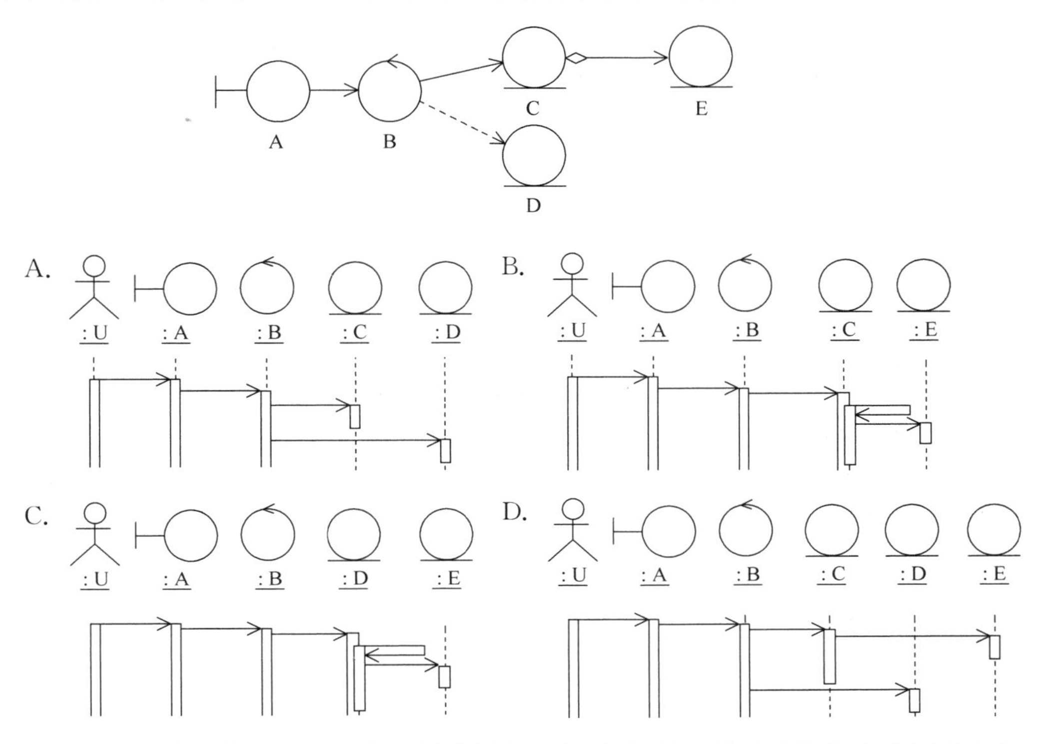

5. 现要建立一个对淘汰赛的比赛结果进行跟踪的模型，其中比赛的场数取决于参赛队伍的数量，不考虑种子队伍和双淘汰赛等特殊赛制要求。下图给出了部分模型，而下列的 4 个选项则给出了针对该部分模型进一步完善的思路，其中(　　)完善思路是错误的。

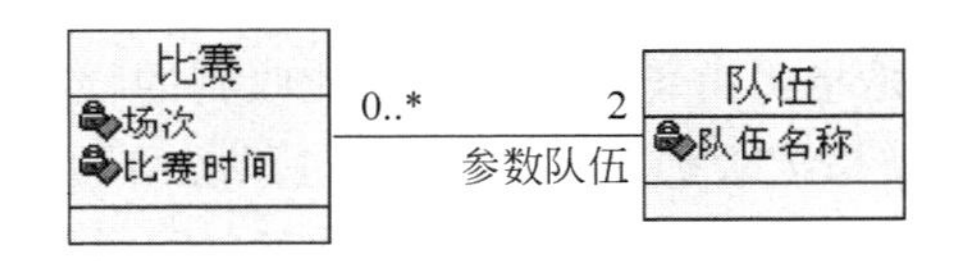

A. 比赛的得分可以在比赛类中定义正分、负分的属性

B. 比赛的得分可以在参赛队伍中定义得分的属性

C. 比赛中获胜队伍与战败队伍的区别用与比赛类的关联及其角色名来表现

D. 某次比赛与其前后比赛的关系，可以用比赛类的自反关联来表现

6. 某电影院在保留原有售票系统基础上，要开发新的在线订票系统。普通观众需要在系统中注册，并领取会员卡，才可成为会员。会员可通过该系统在线购买电影票。会员通过电影名称、日期等查询指定场次的电影，如果该场次有空座，则可购买该场次电影票，并通过信用卡结算系统支付票款，从而完成购票过程。购票完成后，会员最晚可以在电影开始前 10 分钟到电影院指定的售票窗口领取电影票；售票员根据会员提供的会员卡利用该系统打印出所购的电影票。会员也可以在电影开始前 2 个小时通过该系统退掉已经预订的电影票，退票会收取 10%的手续费。未办理退票手续，也没有按时领票入场的情况下系统按自动放弃处理，相关的票款不再退回。系统会在每天晚上 10 点处理当天的退票申请，并将需

要返还的费用通过信用卡结算系统返还给退票的会员。按照该场景描述,完成下列第(1)～(4)题。

(1) 下列有关该系统参与者和用例的描述中,错误的是(　　)。

A. 会员作为参与者,可以通过该系统在线购票

B. 售票员作为参与者,可以通过该系统为普通观众售票

C. 时间作为参与者,会定期启动系统,结算需返还的费用

D. 信用卡结算系统作为一个外部系统,也是本系统的一个参与者

(2) 考虑用户购票和退票过程中都需要通过信用卡结算系统进行费用结算,因此可以把与信用卡结算系统交互的功能封装在一个单独的用例"信用卡结算"中。此时,用例"购票"与用例"信用卡计算"之间存在(　　)关系。

A. 包含　　B. 扩展　　C. 泛化　　D. 关联

(3) 下列选项中,(　　)实体类需要同时引入持久化和遗留接口两个分析机制。

A. 会员　　B. 场次信息　　C. 购票信息　　D. 支付信息

(4) 下图展示了实体类"场次信息"(某部电影的一次放映)和"购票信息"(某个会员的一次购票请求)之间是关联关系。下列有关该图所展示的关联关系的论述中,正确的是(　　)。

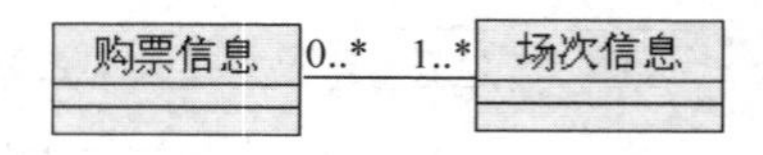

A. 一个购票信息对应 0 到多个场次信息

B. 一个场次信息对应 1 到多个购票信息

C. 该关联关系没有任何方向的导航性

D. 可以添加一个关联类描述该关联关系

7. 某快递公司为提高服务效率,需要建立一个基于 Web 的服务系统。客户可以通过该系统委托上门提货或再次配送。其中上门提货是指让快递公司配送人员上门取客户需要邮寄的物品;而再次配送则是指将由于某些原因未能收到的物品进行再度配送。当货物配送完成后,配送人员需要将结果记录到系统中,并通过系统给顾客发送电子邮件告知配送完成。系统每天晚上 24 点自动将当天所有已经完成的客户配送情况导出到公司内部的办公系统中,公司领导第二天早上就可以通过办公系统查看到前一天配送情况的统计报表。

根据上面所描述的场景,完成下列第(1)～(3)题。

(1) 下列有关该系统参与者和用例的描述中,错误的是(　　)。

A. 客户作为参与者,可以通过该系统请求再次配送

B. 配送人员作为参与者,可以记录配送结果

C. 时间作为参与者,会定期启动系统,将配送情况导出到办公系统

D. 公司领导作为参与者,可以查看配送情况的统计报表

(2) 在需求建模期间,系统分析师发现"上门提货"和"再次配送"两个用例之间存在一些相同的步骤,把这些相同的步骤提取出来作为一个单独的用例,此时这两个用例和新提取出来的用例之间是(　　)关系。

A. 包含　　B. 扩展　　C. 关联　　D. 实现

(3) 在将配送情况导入办公系统这项业务的用例分析流程中,下列选项中(　　)不是

所抽取出的分析类。

A. 导出配送情况控制类　　B. 办公系统接口类

C. 配送情况实体类　　D. 公司领导查看统计报表界面类

8. 某销售公司以扩大销售对象、提高客户满意度为目标，决定在现有店面销售业务的基础上开展网上订购业务，为此需要开发一套网上订购系统。目前正在研究的系统需求包括：①系统规定只能由注册为会员的人使用，未注册用户通过系统注册为会员；②会员连接到系统网站后，可以通过该系统下订单订购商品；③会员可以查询商品，这时显示商品的详情和库存信息。除本次开发的系统外，还需要专门开发一套货物配送系统完成送货流程的管理，本系统会将送货信息定期导入到货物配送系统中，送货员通过货物配送系统进行送货。

根据上面所描述的场景，完成下列第(1)～(2)题。

(1) 在用例建模阶段，下列选项中(　　)不是系统的参与者。

A. 未注册用户　　B. 会员　　C. 送货员　　D. 货物配送系统

(2) 在用例分析阶段，下列选项中(　　)不是该系统的实体类。

A. 未注册用户　　B. 会员　　C. 订单　　D. 商品

二、简答题

1. 分析模型主要包括什么内容？
2. 什么是用例实现？它和用例之间有什么区别和联系？
3. 什么是架构模式，有哪些典型的架构模式？
4. 什么是 B-C-E 三层架构？
5. 什么是架构机制，什么是分析机制，有哪些典型的分析机制？
6. 什么是关键抽象，如何识别关键抽象？
7. 什么是边界类，什么是控制类，如何识别这两种分析类？
8. 什么是实体类，如何有效地识别实体类？
9. 顺序图中主要有哪些元素，绘制顺序图的基本过程是什么？
10. 顺序图中的交互片段有什么作用，有哪些典型的交互片段？
11. 什么是用例实现的参与类类图？
12. 什么是类的职责，如何定义职责？
13. 对象间的链接和类间的关联关系有什么区别和联系？
14. 什么是多重性，如何理解类间的多重性定义？
15. 什么是关联类，它起到什么作用？
16. 什么是聚合关系，聚合关系与关联关系、泛化关系有什么不同？

三、应用题

1. 某进行二手房交易的中介机构，拟开发一套辅助中介房屋销售系统，通过该系统实现以下业务。

需要出售房屋的卖主与中介公司联系，公司会指定一名中介人帮助卖主建立房屋档案，房屋档案包括户型、价格、位置、入住时间、装修情况和照片等信息。该房屋档案和卖主的个人信息都会被长期保存起来。中介公司还可以协助卖主请专门的评估机构来评估房屋的实际价值，评估人利用该系统提供的房屋信息记录评估结论，评估结论包括参考报价、房屋特点、价格趋势等分析数据。

需要购买房屋的买主可以与中介公司联系，由中介人帮助填写“购房需求”；也可以由自己通过该系统直接填写“购房需求”，购房需求包括户型、价格、位置等信息。中介人将会定期为这些买主发现满足大部分或者所有需求的房产，并将这些房产信息发送给潜在的买主，这些房产信息可能包括房屋的户型、大小、位置、报价和照片等数据。

当买主选中了一处房产时，他可以通过系统对该房产进行报价。报价信息可以通过中介人手动传递给卖主，也可以由卖主主动通过该系统获得报价信息。卖主得到报价后可以进行还价或接受报价。当某处房产成交后，中介人需要通过该系统将交易信息导出到“财务应用系统”(该机构内部已有系统)，财务经理可以通过财务应用系统获得相关的财务记录。

请根据该系统的业务背景陈述，抽取系统中的实体类，以及类的属性和关系，并构造实体类类图。

2. [综合案例：员工考勤系统]在第4章已经完成的该系统用例模型基础上，完成分析过程。

(1) 简单描述系统的备选构架，并将分析过程所发现的类放入到相应的层次结构中。

(2) 针对系统的核心用例，完成用例分析工作，每个用例实现模型至少应包括：

(2.1) 描述基本路径的交互

(2.2) 用例实现的参与类类图

(3) 构造系统完整的实体类类图。

3. [综合案例：医院预约挂号系统]在第4章已经完成的该系统用例模型基础上，完成分析过程。

(1) 简单描述系统的备选构架，并将分析过程所发现的类放入到相应的层次结构中。

(2) 针对系统的核心用例，完成用例分析工作，每个用例实现模型至少应包括：

(2.1) 描述基本路径的交互

(2.2) 用例实现的参与类类图

(3) 构造系统完整的实体类类图。

CHAPTER 6

第 6 章

面向对象的设计原则

需求分析主要关注的是对业务的理解，并不需要太多的计算机专业知识。前面几章所讲述的内容更多的是一些工程化的实用方法，并没有涉及太多的软件实现技术。然而，设计是对技术的应用，利用计算机软硬件技术来解决业务问题。与分析不同，设计是创造性的工作，业务要求、客户需求和相关约束等将在最终软件中得到集中体现。设计模型不同于分析模型，它所产生的最终工件都要在最终系统中实现。因此，对于一个设计人员来说，要求比分析人员拥有更多的专业技能，既要理解设计，也要对相关技术有充分的认识；而一个成功的设计更离不开丰富的专业知识和经验。本章作为设计的基础知识章节，将介绍与面向对象设计相关的原则，这些原则将极大地提高设计质量，为构造高质量的软件提供理论基础。

本章目标

设计包括一系列的概念、原则和实践，可以指导高质量的软件开发；而设计原则是整个设计过程中最基本的指导思想，用于指导设计人员的日常工作。面向对象的设计原则是面向对象设计的基础指南，灵活地运用设计原则将大大提高软件产品的质量。通过对本章的学习，读者能够掌握设计原则的基本概念，并对 Liskov 替换原则、开放—封闭原则、单一类职责原则、接口隔离原则、依赖倒置原则等设计原则[①]有深刻的认识，进而能在设计过程中灵活地应用。

主要内容

(1) 了解设计质量和设计原则的基本概念。

(2) 掌握 Liskov 替换原则和泛化关系的设计策略。

(3) 掌握开放—封闭原则的基本思想和应用技巧。

(4) 理解单一职责原则和接口隔离原则。

(5) 掌握依赖倒置原则的基本思想和应用技巧。

---

① 不同的资料提供了很多不同的设计原则，甚至有关封装、抽象、多态等概念都可以认为是设计的基本原则。本章重点讲解 5 个典型的面向对象设计原则，这些内容主要来自 Robert Martin 所著的 *Agile Software Development: Principles, Patterns, and Practices* 一书。有关原则的定义和一些分析主要参考该书中的论述。

6.1 设计需要原则

视频讲解

6.1.1 从问题开始

泛化是面向对象技术中常用的一种关系。在软件设计过程中，设计人员经常会使用这种关系来设计类的继承层次结构。然而，如何来评价这样的继承层次结构是否合理呢？在早期的设计过程中并没有太多的准则去约束这样的设计方案，人们更多的是根据自己掌握的常识（如 A 和 B 之间是一般和特殊的关系、父子关系等）来判断这种继承层次是否成立，而这些常识在计算机世界并不一定成立，这样的设计方案很可能会带来很多隐患，导致系统无法正确运行。

众所周知，在数学领域中，人们把正方形看成是一种特殊的矩形（长和宽相等），这是一种典型的一般和特殊的关系。那么，对于软件设计师来说，这种一般和特殊的关系能否用泛化来表示呢？这是一个经典的设计案例，我们来看看如何构建这个设计方案。

按照常识，这种一般和特殊的关系可以利用泛化关系来表示，即设计矩形类（Rectangle），它包含的私有属性有长（length）和宽（width），并提供公有的 get 和 set 操作来操纵这些属性；为了简化起见，假定它们的数据类型均为整型（int）。而作为矩形的特例正方形（Square），通过泛化关系继承矩形的属性和操作。当然，对于正方形来说，必须保证长和宽完全相等。因此，在正方形中必须重新定义 set 函数，保证在修改长或宽的同时修改对方，以保持两者完全相等。此外，考虑到在正方形中，人们更多的是使用边长（Side）的概念，因此设计人员可能会为正方形类提供 setSide()和 getSide()操作，以便用户按照更通用的方式操作正方形。其设计类图如图 6-1 所示。为了便于后面的讲解，下面列出了正方形的几个 set 操作示意代码（Java 语法）。

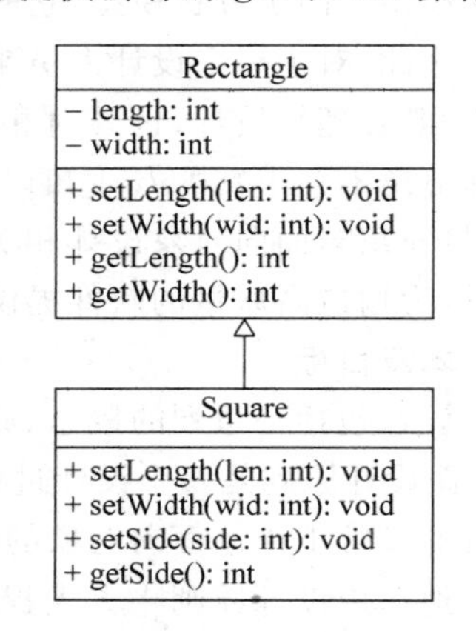

图 6-1 矩形和正方形设计类图

```
public void setSide(int side)
{
    ::super.setLength(side);
    ::super.setWidth(side);
}
public void setLength(int len) {setSide(len);}
public void setWidth(int wid) {setSide(wid);}
```

一切非常顺利，所构建的方案很简单，也很直观，看起来没什么问题。那么这个方案到底好不好呢？换句话说，这个设计方案的质量怎么样？如何评价？这里又涉及一个新的话题，即如何评价一个设计的质量，其实这也是软件设计面临的又一个问题。对于软件，很难找到一个直接的衡量标准去评价其好坏，也不可能通过推理或运算来计算其质量。在设计过程中，保证设计的质量是一个非常关键的问题，因为糟糕的设计可能会给软件带来灾难性的后果。

现实中,很难证明某个设计方案是出色的,但反之,证明它存在问题很简单,只需要采用反证法给出一个反例便能说明问题。例如,对于图 6-1 给出的矩形和正方形的设计方案,只需采用反证法(找出一个该方案的应用场景,使用该设计方案后,却出现了错误的结果)来证明它存在问题。现假设某用户按照下面代码所示方式去使用该方案,它的目标是增加一个矩形的长度,直到长度超过其宽度。

```
public static void resize(Rectangle r) {
    while (r.getLength()<= r.getWidth()) {
        r.setLength(r.getLength() + 1);
    }
    System.out.println("It's OK.");
}
```

毫无疑问,上面的用法没有任何问题。当用户按照下面的代码去运行程序时,系统也能很好地运行,并能按照用户的要求完成所需的操作,例如将原来 5×15 矩形的长度 5 设置为 16,以达到长大于宽的目的。

```
Rectangle r1 = new Rectangle();
r1.setLength(5);
r1.setWidth(15);
resize(r1);
```

然而,用户是自由的,设计方案本身并不能限制用户的各种使用方式。当某个用户按照如下方式去使用该方案时,系统会出现什么问题呢?

```
Rectangle r2 = new Square();
r2.setLength(5);
r2.setWidth(15);
resize(r2);
```

在这个方案中,用户声明了一个基类类型(矩形)r2,却构造了一个派生类对象(正方形),这在面向对象程序中是允许的,而且也会经常这样使用(这样可以更好地支持多态)。然后用户进行了设置长和宽的操作,由于多态特性的存在,这两个操作均是针对实际对象(即正方形)的调用,因此这样的结果是首先将 r2 的长和宽设置为 5,再设置为 15。最后,针对 r2 调用 resize 操作,问题出现了! 对于一个正方形来说,由于长和宽必须严格保持相等,因此根本无法实现 resize 操作所要求的长大于宽的结果,这样的程序会陷入死循环。

这是一个非常有意思的案例,设计者按照例行的思维方式设计正方形和矩形之间的泛化关系,然后为矩形提供了 resize 行为;然而使用者完全可以针对正方形执行 resize 动作,显然这不是设计者的本意,却是典型的面向对象程序所支持的,使用者在不经意间为自己的应用带来致命的缺陷。这个缺陷的存在也表明设计者所设计的解决方案是不够完美的,或者说是一个设计质量存在问题的方案。

从这个例子中还可以看出,设计一个解决方案很容易,但要让该解决方案适用于各种不同情况(如本例中的 resize 应用)则不是一件简单的事情。那么,如何设计出一个适用于各种情况的(或者说具有良好设计质量的)解决方案呢?这就要求我们在设计时必须严格遵守一定的设计规则,这些规则就是面向对象的设计原则。

6.1.2 设计质量和设计原则

"编写一段能工作的、灵巧的代码是一回事;而设计一段能支持某个长久业务的代码则完全是另一回事",这就是设计的魅力。高质量的设计将是软件系统长期稳定运行的根本保障,是软件系统走向成功的关键所在。

1. 设计质量

为了设计出高质量的软件,首先应该清楚评价软件设计质量的基本准则。设计的目标就是按照需求的约定去描述软件系统,因此高质量的设计就应该是完全满足需求的设计方案,这也就达到了 FURPS+所约定的需求指标。功能性需求在分析时已经进行了比较彻底的分析,相对而言,设计过程的难度较小,因此设计的难点就在 FURPS+所规定的非功能性需求。这些非功能特性也是评价一款软件设计质量的关键,高质量的设计应该是具有高可用性、高可靠性、高性能和高可支持性等特性。

为了更好地评价软件质量,Robert C. Martin 在《敏捷软件开发——原则、模式与实践》一书中更形象地提出:"有关'设计的臭味':糟糕的设计总是散发出'臭味',让人不悦;判断一个设计的好坏,主观上能否让你的合作方感到心情愉悦,是最直观的标准。"当有经验的程序员看到编程新手编写的杂乱无章的程序时,第一感觉就是这个程序的质量不高;这就是对程序的嗅觉。同样,设计人员也要培养这种嗅觉,当看到 UML 图或其他设计模型,感到杂乱、烦琐、郁闷的时候,可能正在面对一个糟糕的设计。这种设计的"臭味"主要包括以下几个方面。

(1) 僵硬性(Rigidity):刚性,难以扩展。即指难以对软件进行改动,即使是简单的改动也会造成对系统其他很多部分的连锁修改。

(2) 脆弱性(Fragility):易碎,难以修改。即指在进行一个改动时,程序的许多地方就可能出现问题,而这些新问题有可能、甚至与改动的地方没有任何关联。

(3) 牢固性(Immobility):无法分解成可移植的组件。即指设计中虽然包含了对其他系统有用的部分,却很难把这部分从系统中分离。

(4) 黏滞性(Viscosity):包括设计的黏滞性和环境的黏滞性。设计的黏滞性使修改设计代价高昂,简单的修改可能就会破坏已有的设计方案。而环境的黏滞性则意味着开发环境迟钝、低效,如编译时间过长、版本管理混乱等问题。

(5) 不必要的复杂性(Needless Complexity):设计中包含了当前没有用的组成部分。一些过度的设计方案可能从来不会被使用,反而使软件变得更加复杂,并难以理解。

(6) 不必要的重复性(Needless Repetition):设计中包含了重复的结构,而这些重复的结构本可以通过复用的方式进行统一管理。这种不必要的重复被形象地称为"Ctrl C+Ctrl V",即复制已有的设计方案,并将其粘贴到新的功能中。这种不必要的重复会使系统的修改变得困难。

(7) 晦涩性(Opacity):不透明,很难看清设计者的真实意图。设计人员最初对所做出的设计方案非常熟悉,但随着时间的推移,晦涩的设计方案将会使设计人员很难再有效地理解设计成果。因此,设计人员必须站在使用者的角度,设计出易理解的代码。

所有的这些设计"臭味"都是评价一个设计质量最直接的指标，当软件设计方案散发这些"臭味"时，意味着正面对着一个糟糕的设计。反之，为了有效地提高设计质量，就应当在设计中尽量避免这些问题的出现。

2. 设计原则

设计中的"臭味"是一种症状，设计人员在设计实践中逐步地培养对这种"臭味"的嗅觉，从而能够及时发现这些"臭味"，以提高设计的质量。而面向对象设计原则就是培养这些嗅觉的"利器"，这些"臭味"的产生往往就是由于违反了这些原则中的一个或者多个而导致的。如僵硬性的"臭味"常常是由于对开放—封闭原则不够关注的结果。

面向对象的设计原则是指导面向对象设计的基本思想，是评价面向对象设计的价值观体系，也是构造高质量软件的出发点。从第 1.2 节中对对象技术的定义就可以看出，从本质上来讲，面向对象的技术就是对这些原则的灵活应用。已有很多被证明的，面向对象的设计原则，第 1.4 节所介绍的抽象、封装、多态等概念就是最基本的设计原则。本节以这些基本的设计原则为基础，介绍 5 个更复杂的、典型的面向对象设计原则。

- Liskov 替换原则。
- 开放—封闭原则。
- 单一职责原则。
- 接口隔离原则。
- 依赖倒置原则。

6.2　Liskov 替换原则

泛化关系是面向对象系统中的一种重要关系，大多数静态类型语言中的抽象、多态等机制都需要通过类之间的泛化关系来支持，即通过泛化才可以创建抽象基类和实现抽象方法的派生类。然而，在设计泛化关系的继承层次时，是什么设计规则支配着这种设计方案？又是什么样的原则保证基类和派生类之间的多态特性能够正确地发挥？该如何避免第 6.1.1 小节的泛化方案中的问题呢？这就是 Liskov 替换原则(The Liskov Substitution Principle, LSP)所要解答的问题。

6.2.1　基本思路

Liskov 替换原则最早是由 Barbara Liskov 在 1987 年 OOPSLA 上提出的，她在 *Data Abstraction and Hierarchy* 一文中针对继承层次的设计时提出，针对子类型和父类型的继承层次结构，需要如下替换性质：

"若对每个类型 S 的对象 o_1，都存在一个类型 T 的对象 o_2，使得在所有针对 T 编写的程序 P 中，用 o_1 替换 o_2 后，程序 P 的行为不变，则 S 是 T 的子类型。"

该原则即被称为 Liskov 替换原则。可以这样理解该原则，即"子类型(subtype)必须能够替换它们的基类型(base type)"。换一个角度来理解，对于继承层次的设计，要求在任何情况下，子类型与基类型都是可以互换的，那么该继承的使用就是合适的，否则就可能出现问题。

考虑一个简单的例子：假设某个函数 $f()$，它的参数是指向某个基类 B 的指针或者引用；与此同时，存在 B 的某个派生类 D，如果把 D 的对象作为 B 类型传递给 $f()$，就会导致 $f()$ 出现错误的行为。那么此时 D 就违反了 LSP；因为用 D 的对象替换 B 的对象后，$f()$ 的行为发生了变化。

6.2.2 应用分析

利用 LSP 来分析第 6.1.1 小节的矩形和正方形之间泛化关系的设计方案：在继承层次中，针对矩形对象编写的 resize 程序，利用正方形对象来替换时，程序就出现死循环，即程序的行为与预期的行为不一致。因此，该继承层次违背了 LSP，即正方形并不是矩形的子类型。

仔细分析这其中所存在的问题可以发现，正方形(子类型)之所以不能完全替换矩形(基类型)，是因为正方形针对矩形添加了新的约束，即要求长和宽必须相等；而这个特性在矩形中是不需要的。这也是程序员会写出 resize 程序的原因：对于矩形而言，使其长大于宽的需求是可以实现的，而这项需求对于正方形，显然是无法实现的。由此可以获得 LSP 的另一种表达方式，即子类型不能添加任何基类型没有的附加约束。因为这些附加约束将很可能造成使用者无法通过子类型正常地使用针对基类型的程序。

那么，针对矩形和正方形的案例，应该如何修改以满足 LSP 呢？可以看出，违背该原则的根本原因是针对基类型(矩形)中的 setLength 和 setWidth 行为，在子类型(正方形)中都添加了长和宽相等的约束(通过重新覆盖这两个方法来实现)；正是此处新添加的约束造成了违背 LSP 的状况发生。为了能够满足 LSP，就需要把这两个行为移出基类型，即基类型没有这两个行为。这样也就不会出现子类型针对这些行为添加新的约束的情况。新的设计方案如图 6-2 所示。

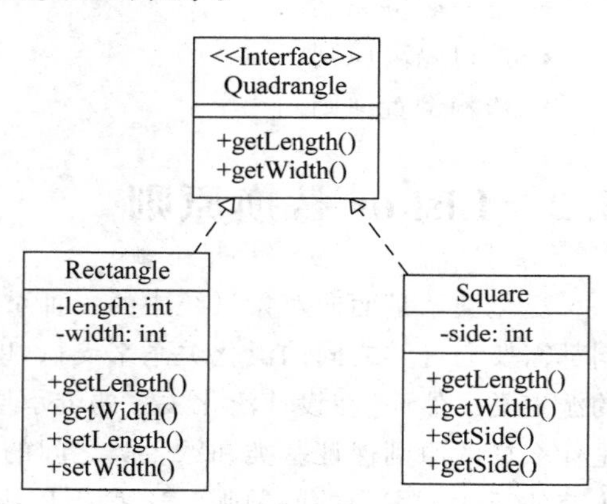

图 6-2 满足 LSP 的设计方案

从图 6-2 可以看出，将 setLength 和 setWidth 移出原有的基类后，重新构造一个基类型四边形(Quadrangle)，该类型仅提供剩下的两个行为 getLength 和 getWidth。由于该类型中没有定义任何数据成员，也无法提供任何实现，因此可以直接将四边形定义为一个更抽象的接口[①]，而矩形(Rectangle)和正方形(Square)分别作为两个子类型存在。此外，还需要注意的是，接口和子类型之间采用实现关系进行描述。

从这个案例及解决方案中可以看出，为了避免子类型针对基类型的行为添加附加的约束(即违背 LSP)，基类型中应该只提供尽量少的必需的行为，而且不针对这些行为进行任何实现。此时，那些基类型往往就是抽象类(行为没有任何实现)，甚至是接口。由此，由 LSP 可以引申出一条新的规则，即只要有可能，不要从具体类继承，而应该由抽象类继承或

① 有关接口与实现关系的定义和更进一步的使用方法，参见第 8.3 节。

由接口实现。图 6-3 描述了这样的设计思路。

图 6-3(a)是传统的设计方法,为了代码的复用,一个具体类 B(如正方形)从另一个具体类 A(如长方形)派生,这样的结构往往违背了 LSP。为此,更有效的方法是将具体类的通用行为特征抽取出来形成抽象类 C,再由抽象类 C 派生具体类 A 和 B,如图 6-3(b)所示(图中类 C 的名称为斜体字,表示一个抽象类)。

不仅仅对于两个类之间的继承层次需要这么设计,更深层次的继承更需要遵循这种方案,图 6-4 展示了一种合理的继承层次树的示意图。在该继承层次树中,作为基类的类全部是抽象类,只有不派生任何子类型的叶子节点的类是具体类,这样才能尽可能保证子类型不针对基类型的行为添加附加约束。

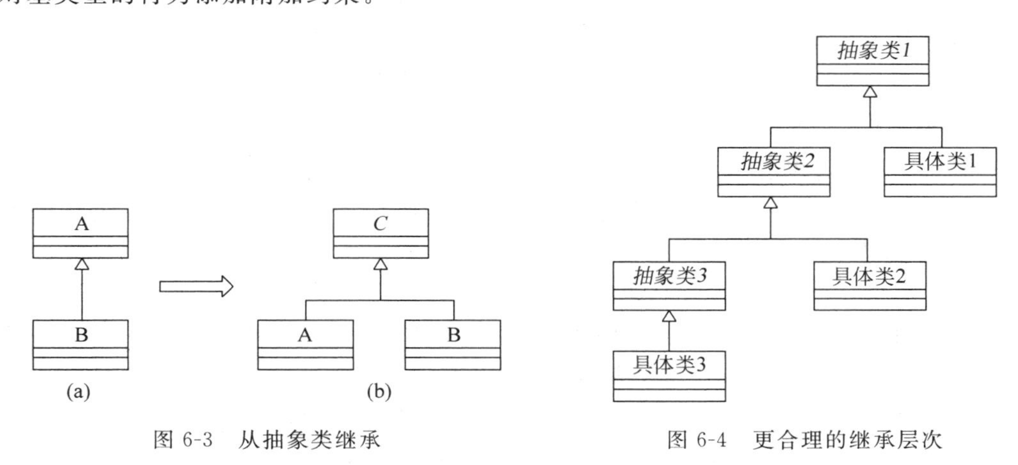

图 6-3 从抽象类继承

图 6-4 更合理的继承层次

6.2.3 由 LSP 引发的思考

LSP 为继承层次的设计提供了最基本的准则,而在介绍和使用该原则时,也引发了对一些其他方面问题的思考。

1. 设计质量评价

从 LSP 的判定规则可以看出,判断继承层次是否合适并不是从参与继承的类本身来判定的,而是从使用该继承层次的程序 P 入手。由此可见,评价一个设计模型的质量,并不是孤立地看待设计模型本身的好坏,而应该从使用该模型的客户程序来衡量,根据客户的需求做出合理的假设来进行评价。例如在第 6.1.1 小节的矩形和正方形案例中,仅从这两个类的定义来分析,其继承层次是没有什么问题的。但当从使用者的角度来考虑,考虑各种合理的假设,如是否类客户可以通过矩形的接口去实现 resize 功能,这时就会引发问题。

当然,设计者很难考虑到类客户的一切使用情况,而且过度的假设也会带来不必要的复杂性"臭味"。因此,对于设计人员来说,只考虑那些明显违反 LSP 的情况,直到出现相关的脆弱性"臭味"时,才做进一步的处理。

2. is a 关系的思考

在前面的章节中,泛化代表的是一种"is a"的关系;而正方形和矩形之间就是"is a"的关系,即"正方形也是矩形"。问题出现在什么地方呢?

对于普通的用户而言,正方形的确也是矩形,它们的形状类似,计算周长、面积等算法相同。然而,对于 resize 程序而言,正方形就不是矩形了,因为它不能把长变得比宽要大 1。由此可见,这种"is a"关系并不一定是按照人们的常识去理解的"是"的关系,而是从使用者的行为角度去评价的。对象对外所展现的行为是否存在"is a"才是设计系统时应该考虑的。

LSP 清楚地指出,在面向对象的设计中,"is a"是就对象的行为而言的,针对其对外所体现的行为进行合理的假设,来评判是否构成泛化关系。一个有趣的例子是"鸵鸟是鸟吗?",不同的人会有不同的评判标准。而对于软件系统来说,是否构成"is a"关系,就要从软件的行为来考虑。考虑飞行特征(鸵鸟不会飞,而鸟会飞)时,就不构成"is a";而考虑生理特征(如翅膀、喙等)时,这就构成了"is a"。这就意味着,在不同的软件系统中,对于同一现实事物,就可能产生不同的设计方案,这其实也是构造软件系统的难点。

3. 契约式设计

从前面的介绍可以看出,评价模型的质量、"is a"关系等都需要从使用者的角度去做合理假设。那么,到底哪些算合理假设呢?客户的要求到底如何来体现呢?有一种技术可以将这些假设明确地表示出来,这就是 Eiffel 语言的发明人 Bertrand Meyer 在 *Object-Oriented Software Construction* 一书中提出的契约式设计(Design by Contract, DbC)。

在 DbC 中,类的编写者可以明确地给出针对该类的契约,类的使用者可以通过该契约来获悉可依赖的行为方式,从而保证其按照所约定的方式去使用该类。契约主要分为两类:一类是为类定义不变式(invariants),对于该类的所有对象,不变式一直为真;另一类是为类的方法声明前置条件(preconditions)和后置条件(postconditions),只有前置条件为真时,该方法才可以执行,而方法执行完成后,必须保证后置条件为真。在 UML 模型中,可以通过对象约束语言[①](Object Constraint Language, OCL)来描述这些契约。此外,一些语言(如 Eiffel)也直接提供了对契约的支持。而大多数通用的面向对象语言(如 C++、Java 等)并不支持契约的实现,目前已有一些技术手段可以将 OCL 转换为编程语言实现。

再回到长方形和正方形的例子,对于长方形的 setLength 和 setWidth 而言,其存在相应的后置条件,采用 OCL 语言描述 Rectangle::setLength(int len)操作的后置条件如下。

```
context Rectangle::setLength(int len):void
post:length = len and width = width@pre
```

该后置条件的含义:在修改长方形的长度时,长度变成新的长度,而宽度应保持不变。而按照 Meyer 所述,派生类的前置条件和后置条件规则是"在重新声明派生类中的方法时,只能使用相等或者更弱的前置条件来替换原始的前置条件,只能使用相等或者更强的后置条件来替换原始的后置条件。"

换句话说,当通过基类的接口使用对象时,类客户只知道基类的前置条件和后置条件。因此,派生类对象不能期望这些用户遵从比基类更强的前置条件。这就意味着,派生类必须接受基类可以接受的一切。同理,派生类必须和基类的所有后置条件一致。即,它们的行为

① 有关 OCL 的基本概念,请参见 OMG 相关规范。

方式和输出不能违反基类已经确立的任何限制，基类的用户不应被派生类的输出影响。

显然，正方形的 setLength 的后置条件比长方形的后置条件要弱，因为它不服从“宽保持不变”的约束。因此，正方形就违反了长方形所确定的契约，这也就意味着这种继承层次是不合适的。

6.2.4　从实现继承到接口继承

大多数面向对象的初学者在接触泛化时，对其作用的认识更倾向于通过继承实现代码复用。而事实上，在面向对象技术中，可以通过泛化建立对象系统的抽象层次，从而实现多态调用才是泛化所要达到的根本目的；也正是因为这种机制的存在才使得对象系统具有更好的可扩展性。而为了有效地支持多态调用，就必须要求泛化中的基类和派生类之间具有可替换性，这样才可以通过基类接口正确地调用派生类的实现，这种可替换性就是 LSP 所揭示的内容。

从另一个角度来说，泛化将所有的类划归为通用的和具体的，并建立基类—派生类关系。虽然泛化关系引入了新的通用类(基类)，它却可以有效地减少模型中关联和聚合关系的使用。因为来自一个类的关联或聚合可以链接到泛化层次中的最通用的类上，而考虑派生类和基类之间的可替换性，所以子类对象也拥有了基类中所有的关联和聚合关系。这就可以使用较少的关联和聚合来表达相同的模型语义。在一个好的模型中，通过适当地权衡泛化的层次、由此产生的关联/聚合的减少，从而有效地改进设计模型的表达能力、可理解性和抽象程度。当然，这一切也都依赖于 LSP 所揭示的可替换性。

然而，在大多数面向对象的编程语言中，泛化和可替换性并不是等同的。设计者在应用泛化时往往忽略了可替换性的要求，通过泛化来复用代码。这种用于复用代码的泛化称为实现继承。

1. 实现继承

实现继承中派生类继承基类的特性，并在需要时允许用新的实现来覆盖基类中的特性。这种覆盖可能是在基类原有实现的基础上添加新的功能，也可能直接替换为新的实现。这种覆盖破坏了基类已有的实现，因此也失去了类间的可替换性，是一种很危险的继承机制。

第 6.1 节正方形和长方形之间的继承，就是一种实现继承。在该继承层次中，正方形继承长方形的全部实现，并重新定义部分实现。从中可以看出，实现继承能直接简化代码，不用维护父类已经维护了的代码，从而可以让代码得到更大的复用。而它的缺点也很明显：首先就是过于依赖父类的实现，因此对父类的组织结构和扩展性要求非常高；其次就是由于破坏了类间的可替换性，会为外部应用埋下隐患。

为了避免实现继承的不可替换性带来的应用隐患，可以对实现继承进行一定的限制使用。在这种限制继承中，派生类会隐藏基类的部分已公开的特性，从而限制外界使用。C++中的私有继承就是一种典型的限制继承的实现。在这种继承层次中，派生类虽然继承了基类的所有特性，但是这些基类中的保护特性或公有特性在派生类中均变成私有的(基类中的私有特性在派生类中是不可访问的)，从而使得外界无法通过派生类来调用基类的实现。在 C++中，正方形和长方形的例子就可以使用私有继承来实现，如图 6-5 所示。

在该继承层次中，通过构造型<< implementation >>来说明这是一个实现继承。此外，从图 6-5 中可以看出，虽然基类 Rectangle 中提供了 getLength、getWidth、setLength 和 setWidth 4 个公有操作；但由于 Square 采用私有继承来继承 Rectangle，因此这些公有操作在 Square 均是私有的，外界只能通过 Square 重新定义的 getSide、setSide 来访问 Square。

当然，这种利用私有继承实现的限制继承修改了基类的公有接口，因此已经无法支持多态调用，这也就避免了由于缺乏可替换性而带来的其他问题。这种继承唯一的目的就是代码复用。然而，在当今程序设计领域，很多其他技术(如聚合、类库等)也提供了代码复用的手段，但应尽量避免因代码复用而引入实现继承。

Rectangle
length: int
width: int
getLength()
getWidth()
setLength()
setWidth()
<<implementation>>
Square
getSide()
setSide()

图 6-5　使用实现继承

2. 接口继承

与实现继承对应的就是接口继承。在这种继承层次中，派生类继承基类的属性和操作声明，并为这些操作声明提供实现；而基类一般通过抽象类或接口来声明，并不为派生类提供实现。在这种继承层次中，由于派生了只涉及契约部分的继承，因此在类间是可替换的，是一种安全的继承机制。这种继承正是面向对象编程中所提到的"针对接口编程"的思想，这也与第 6.2.2 小节中所提到的继承层次的设计思想是一致的。图 6-2 所提供的解决方案就是针对正方形和长方形的案例采用接口继承的实现方案。

接口继承并不定义对象间内部关系，因此耦合度更低，扩展性更好，在有可能的情况下应尽量使用接口继承。当然，相比实现继承而言，接口继承的设计和实现难度相对较大，如何设计合理的接口(或抽象类)将是面向对象设计中所面临的关键问题。

6.3　开放—封闭原则

视频讲解

"变化是永恒的主题，不变是相对的定义"。软件系统也是如此，任何系统在其生命周期中都需要有应对变化的能力，这也是体现设计质量的一个最重要的功能。那么，什么样的设计才能应对需求的变更，且可以保持相对稳定呢？这就是开放—封闭原则(The Open-Close Principle，OCP)所要解答的问题。

6.3.1　基本思路

开放—封闭原则最早是由 Bertrand Meyer 在 *Object-Oriented Software Construction* 一书中提出的。他在阐述模块分解时，指出任何一种模块分解技术都应该满足开放—封闭原则，即"模块应该既是开放的又是封闭的。"

"开放"和"封闭"这两个互相矛盾的术语分别用于实现不同的目标。

- 软件模块对于扩展是开放的(open for extension)：模块的行为可以扩展，当应用的需求改变时，可以对模块进行扩展，以满足新的需求。
- 软件模块对于修改是封闭的(closed for modification)：对模块行为扩展时，不必改动模块的源代码或二进制代码。

此处的模块可以是函数、类、构件等软件实体。对于这些软件实体来说，开放性和封闭性都是非常有必要的。由于不可能完全预知软件实体的所有元素(如数据、操作),因此需要保持一种灵活性以便尽可能地应对未来的变更和扩展。而与此同时,软件实体也应该是封闭的,对于外界使用该软件实体的客户而言,任何对该实体的修改不能影响其正常使用,即必须保持这种修改的影响范围在软件实体内部,而对外封闭。可以用更直观的方式去描述OCP:不能修改已有的软件模块(即修改封闭),从而不影响依赖于该模块的其他模块;通过对已有模块扩展新模块来扩展模块功能(即扩展开放),从而应对需求变更或新需求。

如何能够同时满足这两个相互矛盾的特征呢?通常情况下,扩展模块行为的方式就是修改其源代码。如何在不修改模块源代码的情况下去更改它的行为呢?这其中的关键就在于抽象。

6.3.2 应用分析

实现开放—封闭的核心思想就是对抽象编程,而不对具体编程,因为抽象相对稳定。让类依赖于固定的抽象,所以对修改就是封闭的。而通过面向对象的继承和多态机制,可以实现对抽象体的继承,通过覆写其方法来改变固有行为,实现新的扩展方法,所以对于扩展就是开放的。这是实现开放—封闭原则的基本思路。

对于违反这一原则的类,必须进行重构来改善;重构的基本思想就是封装变化,将经常发生变化的状态和行为封装成一个抽象类(或接口),外部模块将依赖于这个相对固定的抽象体,从而实现对修改的封闭。与此同时,针对不同的变化而言,可以扩展实现不同的派生类,从而实现对扩展的开放。在具体设计中,可以采用 Strategy、Template Method 等设计模式[①]来实现这一原则。图 6-6 展示了一种典型的违背 OCP 的设计方案。

图 6-6 中,Client 和 Server 都是具体类,Client 使用 Server 中提供的服务。在该设计方案中,如果 Client 需要使用另外一个不同的服务器对象,就必须把 Client 类中使用 Server 的地方全部修改为新的服务器类。显然,这违背了 OCP,需要修改 Client 来应对 Server 的变更。考虑此设计方案违背 OCP 的原因是 Client 可能面对不同的服务器,为此,可以把 Client 可能面对的不同服务器进行抽象,该抽象定义了 Client 需要服务器所提供的行为,但这些行为没有实现(需要具体的服务器来实现)。该方案如图 6-7 所示。

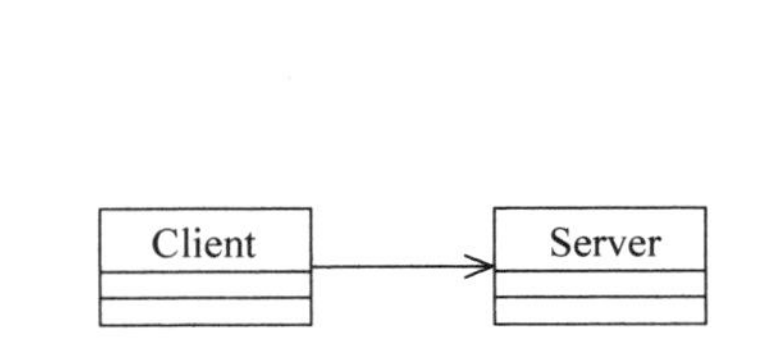

图 6-6 违背 OCP 的 Client 和 Server

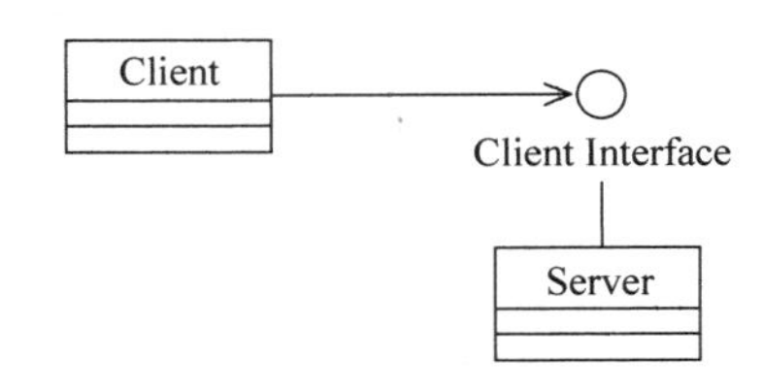

图 6-7 满足 OCP 的 Client 和 Server

在该方案中,Client 并不直接依赖于任何一个具体的服务器,而是将其所需要的行为定义为抽象接口 Client Interface。任何能够提供这些服务的服务器将实现该接口[②]。按照该设计方案,Server 和 Client 之间是相互独立的,如果需要使用新的服务器,只需要从 Client

① 有关设计模式的详细内容请参见第 7 章。
② 有关接口和实现关系的定义请参见第 8.3 节。

Interface 接口下再实现一个新的类即可,原有的结构不需要进行任何修改。

6.3.3 运用 OCP 消除设计"臭味"

OCP 是面向对象设计中很多概念的核心。如果这个原则应用得有效,应用程序就会具有更多的可维护性、可复用性及可健壮性。很多设计模式也都是遵从这个原则而提出来的。

LSP 是使 OCP 成为可能的主要原则之一,正是子类型的可替换性才使得使用基类型的模块在无须修改的情况下就可以扩展。通过定义抽象基类来建立软件系统的基本结构,在此结构上,只需要通过扩展相应的派生类即可应对需求变更或新的需求。因此,有效利用 OCP 的根本就在于抽象基类的设计,通过抽象基类来预期可能的变化,并为此提供扩展的接口,这才是遵循 OCP 的关键所在。下面将以一个简单的、形象的案例来讲解如何遵循 OCP 设计高质量的开放式系统,以应对各种需求的变更。

考虑如何在程序中模拟用手开门和关门的场景。按照面向对象的分析观点,可以抽取出两个实体类:"手"和"门"。同时,手需要操作门(打开和关闭),因此需要建立手到门的关联关系。由该分析得到最初的设计方案如图 6-8 所示。

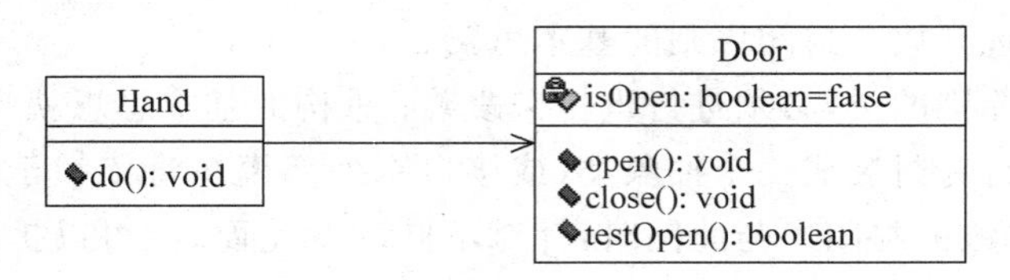

图 6-8 "手开门"模拟程序的初始设计方案

为了便于理解该系统,下面给出这两个类对应的 Java 代码及使用该设计方案的测试程序 SmartTest。

```
public class Door {
    private boolean isOpen = false;
    public boolean testOpen(){
        return isOpen;
    }
    public void open(){
        isOpen = true;
    }
    public void close(){
        isOpen = false;
    }
}
public class Hand {
    public Door door;
    void do() {
        if (door.testOpen())door.close();
        else door.open();
    }
}
```

```
public class SmartTest {
    public static void main(String[] args) {
    Hand myHand = new Hand();
    myHand.door = new Door();
    myHand.do();
    }
}
```

该方案可以很好地满足“手开门”的需求，其测试程序也能够正确地运行。但这不是一个满足 OCP 的设计方案，因为两个具体类 Hand 和 Door 之间紧密耦合，从而无法应对需求的变更或新的需求。考虑新的需求：需要用手去开冰箱、抽屉、柜子等其他物品，此时不可避免地要修改现有程序。图 6-9 给出了添加“手开冰箱”需求后的设计方案。

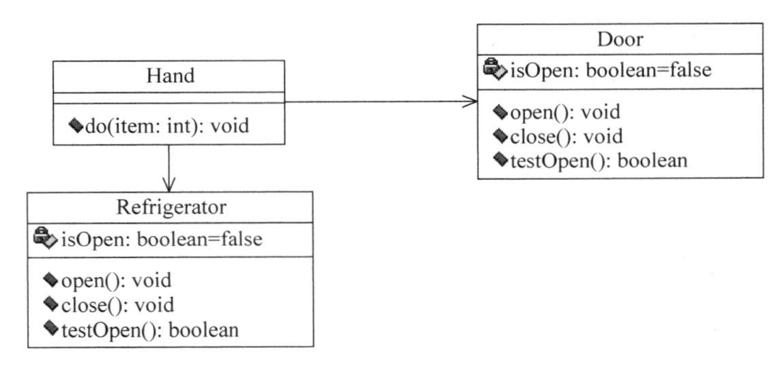

图 6-9 “手开门”模拟程序应对新需求的设计方案

从该设计方案中可以看出，首先添加了一个新的冰箱类（Refrigerator），它拥有与门类似的开、关等行为。同时，为了实现手开冰箱，需要建立手和冰箱之间的关联，并修改手中的 do()职责，使其可以根据情况决定是开门还是开冰箱。修改后的 Hand 类如下所示。

```
public class Hand {
    public Door door;
    public Refrigerator refrigerator;
    void do(int item) {
        switch (item){
        case 1:
            if (door.testOpen()) door.close();
            else  door.open();
            break;
        case 2:
            if (refrigerator.testOpen()) refrigerator.close();
            else  refregerator.open();
            break;
        }
    }
}
```

由于对 Hand 类的修改，依赖于该类的“手开门”测试程序（SmartTest）也受到了影响。

该测试类中创建了 Hand 类的对象，而在新方案中该对象必须同时拥有 Door 和 Refrigerator 对象的引用，而且其 do()职责的原型也将被修改，需要添加新的参数。修改后的测试程序如下所示。

```
public class SmartTest {
    public static void main(String[ ] args) {
        Hand myHand = new Hand();
        myHand.door = new Door();
        myHand.refrigerator = new Refrigerator();
        myHand.do(1);
    }
}
```

针对这段程序的修改，存在一些难以理解的地方。首先，这是一段“手开门”的程序，却在添加与该程序无关的“开冰箱”需求后不能运行，而必须进行修改。其次，虽然与冰箱没有任何关系，却需要初始化一个冰箱对象。很显然，这套“手开门”的设计方案散发了很严重的“僵硬性”和“脆弱性”的“臭味”。

为了消除这些“臭味”，可以遵循 OCP 重构该设计方案，而重构的关键就在于抽象。考虑该系统在“开门”后会不会不断产生开冰箱、开抽屉、开柜子等新需求呢？首先是业务对象“手”存在一种能力，这种能力能够进行开、关的动作；而对于门、冰箱、抽屉等对象，它们也有一种能力能够响应手的行为，并做出相应的后续反应。即系统的本质在于手拥有某种能力，而门、冰箱等可以响应(实现)这种能力；把这种能力抽象为一个接口，而能响应该能力的对象负责实现这些接口。这就构成了该系统新的设计方案，如图 6-10 所示。

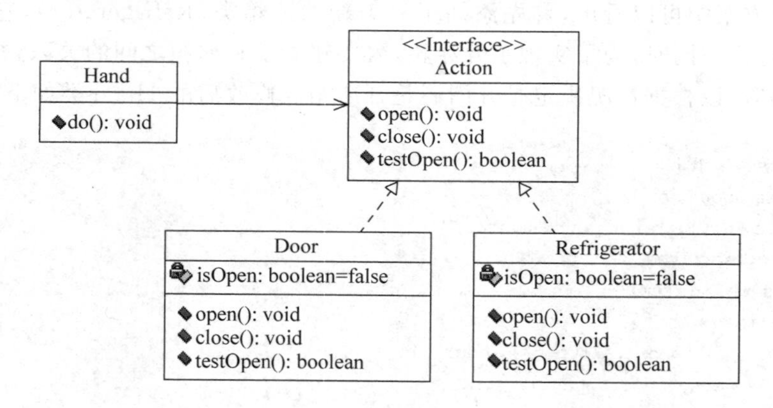

图 6-10　满足 OCP 的“手开门”设计方案

在该方案中，通过接口 Action 来表示手所拥有的能力，任何实现该接口的类都可以被手打开，如门(Door)、冰箱(Refrigerator)；而对于手(Hand)而言，它并不关注具体的对象，只与抽象接口 Action 之间存在关联。这就保证了该程序的可扩展性，也满足了 OCP。新设计方案对应的代码如下所示。

```
public interface Action {
    public void open();
    public void close();
    public boolean testOpen();
}
public class Hand {
    public Action item;
    void do() {
        if (item.testOpen()) item.close();
        else item.open();
    }
}
public class Door implements Action {
    private boolean isOpen = false;
    public boolean testOpen() {
        return isOpen;
    }
    public void open() {
        isOpen = true;
    }
    public void close() {
        isOpen = false;
    }
}
public class Refrigerator implements Action {
    private boolean isOpen = false;
    public boolean testOpen() {
        return isOpen;
    }
    public void open() {
        isOpen = true;
    }
    public void close() {
        isOpen = false;
    }
}
//测试程序,模拟手开门的过程
public class SmartTest {
    public static void main(String[] args) {
        Hand myHand = new Hand();
        myHand.item = new Door();
        myHand.do();
    }
}
```

满足 OCP 的设计方案将可以很好地适应新的需求变更。当加入新的需求“开抽屉”时,只需要通过 Action 接口扩展新的抽屉(Drawer)类即可,不需要对现有系统进行任何修改。其设计方案如图 6-11 所示。

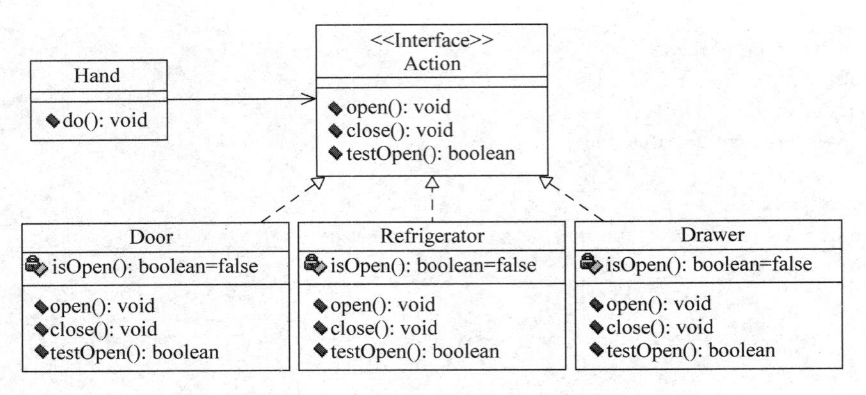

图 6-11 通过扩展应对新需求

新增的 Drawer 类的代码如下所示。

```
public class Drawer implements Action {
    private boolean isOpen = false;
    public boolean testOpen() {
        return isOpen;
    }
    public void open() {
        isOpen = true;
    }
    public void close() {
        isOpen = false;
    }
}
```

这就是 OCP 的魅力，遵循该原则将可以极大地提高软件的设计质量。而有效地利用该原则的关键就在于抽象，当预测到可能的变化时，就通过抽象来隔离它。

当然，如何预测到系统可能的变化，又该预测到什么程度等问题都应由设计人员根据业务场景的特点去认真衡量。有经验的设计人员通过对应用领域和技术发展情况的评估，来判断各种变化的可能性，然后针对最有可能发生的变化，遵循 OCP 进行设计。这一点不容易做到，它意味着需要根据经验去猜测软件在开发和运行过程中有可能遇到的变化。成功的预测将极大地提高软件的生存能力，而更多的是失败的预测，将带来“不必要的复杂性”的设计“臭味”。

此外，遵循 OCP 也需要付出一些代价。创建正确的抽象需要花费时间和精力；同时也增加了软件设计的复杂性。需要明确的一点是，一个模块不可能做到完全封闭，也不可能设计出对任何情况都适用的模型。因此，对 OCP 的应用应限定在那些可能发生变化的地方。

6.4 单一职责原则

视频讲解

作为对象系统最基本的元素，类自身的设计质量将直接影响到整个设计方案的质量。正如第 5 章介绍的，对于单个类而言，最核心的工作就是其职责分配过程。单一职责原则

(The Single Responsibility Principle, SRP)就是指导类的职责分配的最基本原则。

6.4.1 基本思路

该原则最早可以追溯到 Tom Demaro 等提出的内聚性问题。内聚性是一个模块的组成元素之间的相关性。模块设计应遵循高内聚的设计原则。其中功能内聚是内聚度最高的一种内聚形式,是指模块内所有元素共同完成一个功能,缺一不可,模块不能再被分割。对于类设计来说,单个类也应保持高内聚,即达到功能内聚。单一职责原则即描述了这一设计要求:"对一个类而言,应该只有一类功能相关的职责。"

可以把类的每一类职责对应一个变化的维度;当需求发生变更时,该变化会反映为类的职责的变化。因此,如果一个类承担过多的职责,那么就会有多个引起变化的原因,从而造成类内部的频繁变化;同时,不同的职责耦合在同一个类中,一个职责的变化可能会影响其他职责,从而引发"脆弱性"的"臭味"。为此,类设计应遵从 SRP,应建立高内聚的类。

6.4.2 应用分析

继续以矩形(Rectangle)类的设计方案为例,考虑其职责分配中所面临的问题。如第 6.1 节所示,Rectangle 类除了 get 和 set 等基本的知道型职责外,还有很多其他方面的职责,例如与数学相关的计算周长(perimeter)、面积(area)等;与图形绘制相关的绘制(draw)、用填充色填充矩形框(full)等。初始的考虑是将所有的类都放在 Rectangle 类中,其设计方案如图 6-12 所示(图中省略了该类的属性及 get、set 等基本职责)。

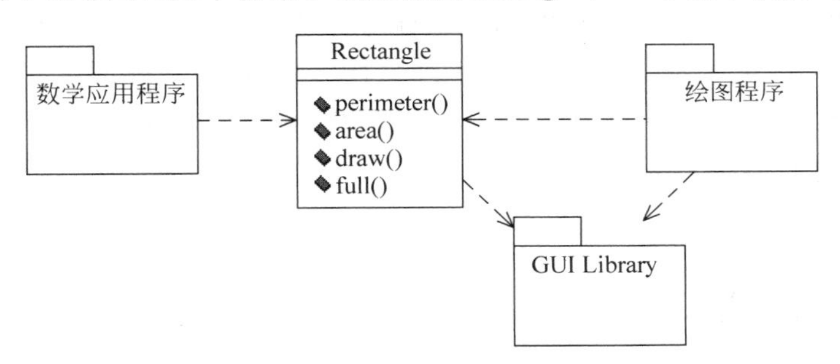

图 6-12 违背 SRP 的设计方案

从图 6-12 可以看出,由于 Rectangle 类涉及了图形绘制等问题,因此需要用到开发环境所提供的 GUI 图形库(采用 GUI Library 包来表示)来绘图。另外,数学应用程序和绘图程序(分别用两个包来表示)都需要用到该类,因此也建立了这两个应用程序与 Rectangle 之间的依赖关系。

这个设计方案明显违背了 SRP,因为 Rectangle 有两类毫不相关的职责:其一是周长、面积等与数学模型相关的职责;其二则是绘制等与图形用户界面相关的职责。而由于违背 SRP,该设计模型存在一些严重的问题。

- 数学应用程序只涉及计算周长、面积等数学模型,与 GUI 毫不相关,但也依赖于 GUI 图形库。

- 当GUI图形库发生变化(如应用程序由Windows移植到Linux,相应的图形接口会发生变化)时,需要重新修改Rectangle类,而这种修改会影响到数学应用程序。这种影响是难以接受的,因为该程序与GUI没有任何关系。

因此,一个好的设计方案是将其中的一类职责分离出来,从而保持每一个类处理一类职责,从而满足SRP。新的设计方案如图6-13所示。

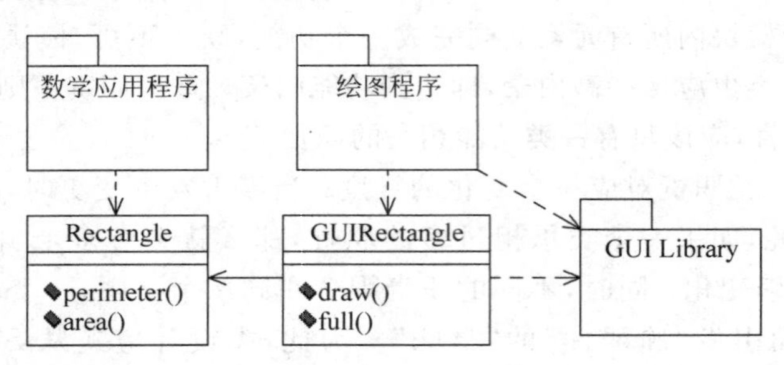

图6-13 遵循SRP的设计方案

在该设计方案中,保留了Rectangle类中的与数学模型相关的职责,而将GUI方面的职责封装到一个新的GUIRectangle类中。该方案中数学应用程序与GUI完全无关,从而避免了上述问题的发生。而图形绘制程序则依赖于新的GUIRectangle类来处理长方形的绘制等问题,GUIRectangle类通过一个关联关系访问Rectangle类,从而获知需要绘制的长方形的信息。

SRP是一个非常简单的原则,却是最难正确应用的原则之一。正如初学软件工程者都知道模块设计时的高内聚和低耦合原则,但怎样才能达到高内聚的目标很难简单地描述清楚。SRP明确地告诉设计人员应保持类职责的内聚性。但单一类职责并不等于说类只有一个职责,这种职责过于单一的类必将加大系统的耦合程度。因此,要合理评估类的职责,结合业务场景考虑职责的相关性,从而将不相关的职责相互分离,达到SRP所要求的类的内聚性。

6.5 接口隔离原则

SRP约束了类职责的内聚性,而对于另一类抽象体——“接口”的设计也有相应的内聚性要求,这就是接口隔离原则(The Interface Segregation Principle, ISP)。

6.5.1 基本思路

在针对接口的编程中,接口的设计质量将直接影响系统的设计质量。要设计出内聚的、职责单一的接口也是必须遵循的原则。接口隔离原则即描述了这项设计要求:“使用多个专门的接口比使用单一的总接口要好。”

更具体来说,就是一个类对另外一个类的依赖性应当是建立在最小的接口上的。一个接口相当于剧本中的一个角色,而此角色由哪个演员来扮演相当于接口的实现。因此,一个接口应当简单地代表一个角色,而不是多个角色。如果系统涉及多个角色,那么每一个角色都应该由一个特定的接口代表。

一个接口代表一个角色，不应当将不同的角色都交给一个接口。没有关系的接口合并在一起，形成一个臃肿的"肥"接口，这是对角色和接口的污染。因此在对接口进行设计时，应当遵循 ISP，设计小的多个专用的接口，而不是单一的"肥"接口，从而避免出现接口污染问题。

ISP 的目的是为不同角色提供宽窄不一的接口，以对付不同的客户端。这种办法在服务行业中称为定制服务。也就是说，我们只提供给客户端需要的方法。一个设计师往往想节省接口的数目，而将看上去类似的接口合并，实际上这是一种错误的做法，这将提供给客户多余的操作，使接口变得臃肿，造成接口污染。而这种接口污染将迫使客户依赖那些他不会使用的操作，从而导致客户程序之间的耦合。

ISP 使得接口的职责明确，有利于系统的维护。向客户端提供 public 接口是一种承诺，应尽量减少这种承诺；而将接口隔离出来，这有利于降低设计成本。

6.5.2 应用分析

考虑某电子商务系统中有关"订单"的设计方案，有 3 种使用订单的场合：外部用户可以通过门户网站添加订单；公司员工可以通过前台系统查询订单；而管理员则可以通过管理后台进行订单的增、删、改、查等所有维护工作。按照传统的设计方案，首先设计订单访问接口 IOrder，该接口提供了订单类对外公布的所有操作，包括查询订单(getOrder)、添加订单(insertOrder)、修改订单(modifyOrder)和删除订单(deleteOrder)，然后定义订单类(Order)来实现这些接口。设计方案如图 6-14 所示。

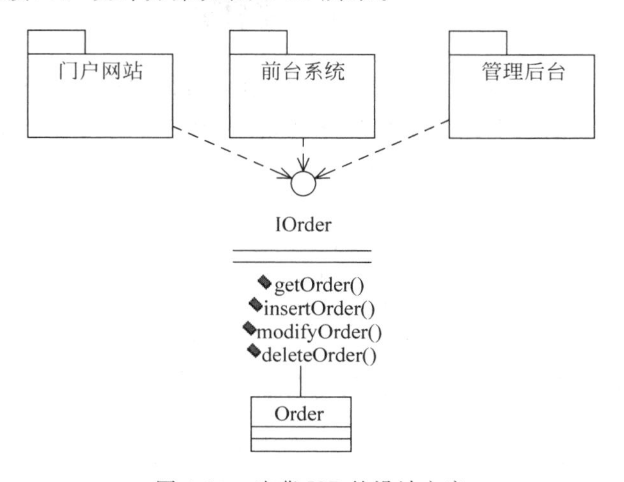

图 6-14 违背 ISP 的设计方案

从图 6-14 可以看出，由于只为订单类提供了一个"肥"接口 IOrder，因此，门户网站、前台系统和管理后台 3 个外围系统都通过该接口来使用订单类。该设计方案明显违背了 ISP，因为门户网站只需要 insertOrder，而前台系统也只需要 getOrder，但 IOrder 接口提供了全部行为。客户依赖了他所不需要的接口。

遵循 ISP，需要将这单一的总接口分解成多个专门的接口。结合业务需求，为前台系统、门户网站建立专门的接口，从而把 getOrder 和 insertOrder 分离出去，形成单独的接口。满足 ISP 的设计方案如图 6-15 所示。

该方案为前台系统建立了专门的 IOrderForGet 接口，为门户网站建立了专门的

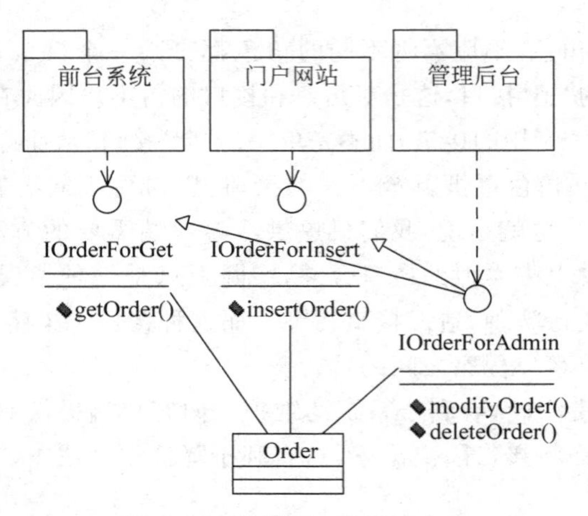

图 6-15　遵循 ISP 的设计方案

IOrderForInsert 接口。而管理后台需要的管理接口 IOrderForAdmin 首先继承已有的接口,并添加其他相关的行为。当然,订单类需要同时实现这 3 个接口。很明显,该方案保证了客户程序只依赖于自己所需的接口,避免了接口污染问题。

6.6　依赖倒置原则

视频讲解

在传统的自顶向下、自底向上的编程思想中,通过对模块的分层形成不同层次的模块,最上层的模块通常都要依赖下面的子模块来实现,从而就形成了高层依赖底层的结构,如图 6-16 所示。

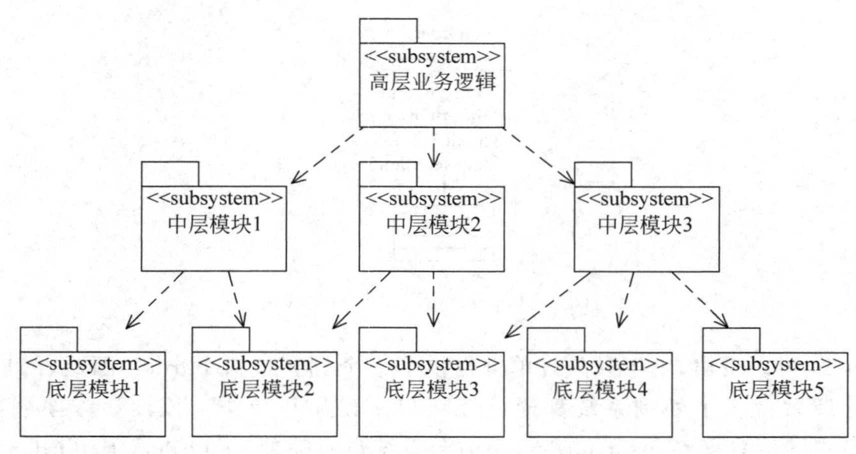

图 6-16　传统的依赖层次

在这种依赖层次中,高层业务逻辑是建立在底层模块基础之上的,其"过分"地依赖于底层模块意味着很难得到有效的复用。底层模块的修改将直接影响到其上层的各类应用模块,从而散发"脆弱性"的"臭味"。依赖倒置原则(The Dependency Inversion Principle, DIP)为这种依赖层次的设计提供了一种新思路。

6.6.1 基本思路

DIP 基本思路就是要逆转传统的依赖方向，使高层模块不再依赖底层模块，从而建立一种更合理的依赖层次。该原则可以套用下面两段话来描述。

- “高层模块不应该依赖于底层模块，两者都应该依赖于抽象。”
- “抽象不应该依赖于细节，细节应依赖于抽象。”

该原则核心的思想就是“依赖于抽象”。这是因为抽象的事物不同于具体的事物，抽象的事物发生变化的频率要低，让高层模块与底层模块都依赖于一个比较稳定的事物比去依赖一个经常发生变化的事物的好处是显而易见的。在具体实现时，就是多使用接口与抽象类，而少使用具体的实现类。利用这些抽象将高层模块（如一个类的调用者）与具体的被操作者（如一个具体类）隔离开，从而使具体类在发生变化时不至于对调用者产生影响。

满足 DIP 的基本方法就是遵循面向接口的编程方法，让高层与底层都去依赖接口（抽象），如图 6-17 所示。从图中可以看出，高层和底层之间没有直接的依赖关系，而是都依赖于重新定义的抽象层；原有的自上而下的依赖关系被倒置为都依赖于抽象层。

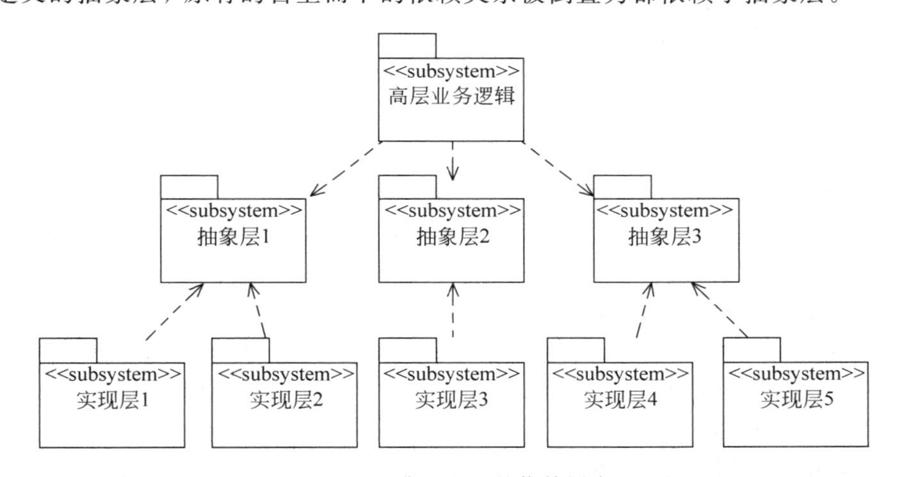

图 6-17 满足 DIP 的依赖层次

抽象层可以由底层去定义并公开接口，但这样当底层接口改变时，高层同样会受到牵连。因此，更好的方案是由客户（即高层模块）来定义，而底层则去实现这些接口（即图 6-17 中的实现层）；这意味着客户提出了他需要的服务，而底层则去实现这些服务。这样当底层实现逻辑发生变化时，高层模块将不受影响。这就是“接口所有权”的倒置，即由客户定义接口，而不是由“底层”定义接口。

正如 Booch 所说，“所有结构良好的面向对象架构都具有清晰的层次定义，每个层次通过一个定义良好的、受控的接口向外提供了一组内聚的服务”，DIP 就是建立这种层次结构的基本指导思想。

DIP 是一个非常有用的设计原则，特别是在设计产品框架时，有效地应用该原则将极大提高框架的设计质量。针对该原则还有一些其他的表述方法，如“好莱坞（Hollywood）原则”，这种表述来自好莱坞的一句名言“待着别动，到时我会找你（Don't call us, we'll call you)”。另一个有影响力的表述是“控制反转(Inversion of Control，IoC)”或“依赖注入”，这种表述主要来自Java EE应用，其含义就是将传统的控制逻辑倒置。

由DIP的定义，按照“依赖止于抽象”(即程序中所有依赖关系都应该终止于抽象类或接口)的思想，可以得出如下所示的启发式规则。

◆ 任何变量都不应该持有一个指向具体类的指针或者引用。
◆ 任何类都不应该从具体类派生(始于抽象，来自具体)。
◆ 任何方法都不应该修改它的任何基类中的、已经实现的方法。

在UML图形中，通过检查是否有指向具体类的箭头就可以很容易地判断是否满足了DIP，因为UML箭头的方向就代表了依赖的方向。

当然，凡事无绝对。有时候，对于那些虽然具体却稳定的类来说，它们并不一定完全按照DIP进行设计。如果一个类不太会改变，而且也不太可能创建其他的派生类，那么依赖它也就并没有太大的危害，例如Java的String类。

6.6.2 应用分析

实现DIP的关键在于找到系统中“变”与“不变”的部分，然后利用接口将其隔离，这并不是一件容易的事情。在系统设计的初期，很难预料到系统中哪个部分将来是经常会发生变化的，只有当变化产生了，才有可能知道。因此，随着设计过程的深入，针对系统易变的部分，有效地应用DIP来对系统做出抽象，从而使系统具有应对变化的弹性。

在具体应用中，不管是采用面向对象还是采用结构化方法，都需要将系统分成许多不同功能的部件，然后由这些部件协同工作完成任务。而要协同工作就会产生依赖，一个方法调用另一个方法，一个对象包含另一个对象。如果对象A包含对象B，就需要在A中新建(new)一个B，这样做显然是无法满足DIP的。为此，需要从具体类B中抽象出接口IB(IB的具体实现可能有很多，如B、B1、B2等)，这样A可以不用再新建具体的B了，而是通过某种方式从接口IB中获得所需要的具体类，并通过该接口去调用相关的操作，A本身并不需要关注具体类的细节。这种DIP的实现方式需要建立一种抽象调用机制，从而解除两个具体类之间的依赖关系，可以利用抽象工厂等创建型模式来实现。

在Java企业级应用开发中，就提供了支持DIP实现的容器，如Spring框架(在Java中称为IoC容器)。在该框架中，通过XML配置文件建立接口和具体类之间的关系，IoC容器通过该配置文件来做具体的新建的工作，这样在实际应用中，只需要修改配置文件就能换成不同的具体类，从而不需要修改任何代码了。为了便于理解DIP的设计思想和实现方式，下面以一个简单的人打手机的例子进行进一步说明(采用Spring框架实现DIP)。

假设要实现模拟人拨打手机的例子，按照一般的设计方案，需要实现两个类：人(Person)和手机(Mobile)，人可以通过手机提供的dial方法拨打电话。与Person类相关的代码如下所示。

```
public class Person{
    public boolean call(String phoneNumber){
        Mobile mobile = new Mobile();
        return mobile.dial(phoneNumber);
    }
}
```

显然，这不是一个满足 DIP 的方案，Person 直接依赖于具体类 Mobile，它直接新建出 Mobile 的对象，并调用 dial 方法。为此，需要为提供服务的 Mobile 建立抽象接口，从而消除这种直接依赖。该接口 IMobile 的代码如下所示。

```
public Interface IMobile{
    public boolean dial(String phoneNumber);
}
```

然后，每一个具体的 Mobile 类都需要实现该 IMobile 接口。而新的 Person 类将直接使用该接口，而不再关心任何具体 Mobile 类，从而消除具体类之间的依赖，其代码如下所示。

```
public class Person{
    private IMobile mobile;
    public boolean call(String phoneNumber){
        return mobile.dial(phoneNumber);
    }
    public void setMobile(IMobile mobile){
        this.mobile = mobile;
    }
}
```

最后，为了使 Person 对象能够通过 IMobile 接口获得具体的 Mobile 对象，需要在 beans.xml 配置文件中建立这种依赖关系，具体的配置代码如下所示。

```
<bean class = "Person" id = "person">
    <property name = "mobile">
        <ref local = "mobile"></ref>
    </property>
</bean>
<bean class = "Mobile" id = "mobile"></bean>
```

这样，Person 类在拨打电话时，并不知道 Mobile 类的存在，它只知道调用一个接口 IMobile，而 IMobile 的具体实现是通过 Mobile 类完成，并在使用时由 Spring 容器自动注入，这样大大降低了不同类间相互依赖的关系，而且这种依赖关系的修改对代码结构没有任何影响，极大地提高了程序的可扩展性。

6.6.3 运用 DIP 进行设计

DIP 描述了软件设计中一种最理想的状态，当然在实际项目中“一切依赖止于抽象”的目标并不是那么容易达到的，其设计难度更大。因此，对于大规模应用系统而言，一般考虑的是在系统易变的部分遵循 DIP 进行设计，而其他相对稳定的部分则可能会违背 DIP。此外，借助于一些工具(如 Spring)的支持可以更容易实现 DIP 的目标。不过，在设计那些通用产品、框架等可扩展性要求很高的系统时，DIP 却是一个必须考虑的原则。例如设计某个特定行业的通用软件、通用的工作流引擎、通用的报表工具等产品时，DIP 的有效应用将直接决定产品的成败。本节将通过一个咖啡机系统[1]的设计过程,来探讨 DIP 在整个设计中所发挥的作用和达到的效果。

1. 案例描述

问题来自某型号的咖啡机,现需要为其设计一个嵌入式系统以控制咖啡机的整个工作过程。咖啡机的工作过程如下所示。

Mark IV 咖啡机最多可以一次煮好 12 杯咖啡。使用者首先将滤网(Filter)放入滤网支架(Filter Holder)中,将咖啡粉末放入滤网内,将滤网支架滑入托座中。然后向烧水壶(Boiler)内加入最多 12 杯冷水,按下"加热"(Brew)键,水被加热至沸腾。蒸汽压力将迫使水漫过咖啡粉末,咖啡通过滤网的过滤,流入咖啡壶(Pot)中。咖啡壶放在保温托盘(Warmer Plate)上,从而可以在一段时间内保持温度。只当壶中有咖啡时,保温托盘才处于工作状态。如果将壶从保温托盘上拿开,水流将立刻停止,这样煮沸的咖啡就不会溢出到保温托盘上。

很快,硬件厂商已经将咖啡机制造出来了,但没有软件系统的控制咖啡机显然无法正常工作,为此软件团队需要按时完成对控制系统的研发工作。为了使软件工程师能够了解咖啡机的基本构成,硬件厂商针对每个可控制的硬件设备给出了详细的说明,主要包括以下这些设备。

- 用于烧水壶的加热部件,它可以被开启和关闭。
- 保温托盘的加热部件,它可以被开启和关闭。
- 保温托盘上的传感器,它有 3 个状态:warmerEmpty、potEmpty 和 potNotEmpty。
- 烧水壶中的传感器,它有两个状态:boilerEmpty 和 boilerNotEmpty。
- "加热"键,这个键指示加热过程。它上面有一个小指示灯,当加热过程结束后,这个灯亮起来。
- 一个压力阀门,当它开启时,烧水壶中的压力降低,由于压力下降,则经过滤网的水流立刻停止。该阀门可以处于"开启"和"关闭"状态。

当然,硬件厂商同时还提供了这些设备的应用程序接口(Application Programming Interface, API),软件工程师可以通过这些接口来操作硬件,这些接口的定义存放在 CoffeeMakerAPI.java 文件中,其主要内容如下所示。

```
/**
 * @(#)CoffeeMakerAPI.java
 */
public interface CoffeeMakerAPI {
public static CoffeeMakerAPI api = null;
  /**
   * 此函数返回保温托盘的传感器状态;该传感器判断咖啡壶是否放置在其上,以及壶中是否有咖啡
   */
  public int getWarmerPlateStatus();
  public static final int WARMER_EMPTY = 0;
```

---

[1] 该案例取自 Robert Martin 的另外一本著作 *UML for Java Programmers*,我们在此基础上进行了适当的修改。

```
    public static final int POT_EMPTY = 1;
    public static final int POT_NOT_EMPTY = 2;
    /**
     * 此函数返回烧水壶开关的状态;该开关是一个浮力开关,可以检测到壶中的水是否还多于 1/2 杯
     */
    public int getBoilerStatus();
    public static final int BOILER_EMPTY = 0;
    public static final int BOILER_NOT_EMPTY = 1;
    /**
     * 此函数返回加热按钮的状态;加热按钮是一个接触式按钮,能够记住它自己的状态
     * 调用这个函数将返回其当前状态,然后将自己的状态恢复为 BREW_BUTTON_NOT_PUSHED
     */
    public int getBrewButtonStatus();
    public static final int BREW_BUTTON_PUSHED = 0;
    public static final int BREW_BUTTON_NOT_PUSHED = 1;
  /**
   * 此函数用于开关烧水壶的加热器件
   */
    public void setBoilerState(int boilerStatus);
    public static final int BOILER_ON = 0;
    public static final int BOILER_OFF = 1;
  /**
   * 此函数用于开关保温托盘的加热器件
   */
    public setWarmerPlateState (int warmerState);
    public static final int WARMER_ON = 0;
    public static final int WARMER_OFF = 1;
    /**
     * 此函数用于开关指示灯;该指示灯应当在加热结束后亮起来,在用户按下"加热"键后熄灭
    */
    public void setIndicatorState (int indicatorState);
    public static final int INDICATOR_ON = 0;
    public static final int INDICATOR_OFF = 1;
    /**
     * 此函数控制压力阀门;当该阀门关闭,则烧水壶中的蒸汽压力增大,使热水漫过咖啡粉末
     * 当阀门开启,蒸汽从阀门中得到释放,烧水壶中的水就不会漫过咖啡粉末了
     */
    public void setReliefValveState (int reliefValveState);
    public static final int VALVE_OPEN = 0;
    public static final int VALVE_CLOSED = 1;
}
```

2. 从传统方案说起

与一些信息系统不同,这类嵌入式系统的需求相对比较明确,前面介绍的内容已基本可以描述清楚相关需求。根据这些原始需求即可进行面向对象的分析工作,抽取出系统关键的实体类,并分析它们之间所存在的关系,从而形成系统的概念模型,如图 6-18 所示,图中省略了属性和操作。

从图 6-18 可以看出,实体类 CoffeeMaker 代表咖啡机,它由操作按钮(Button)、指示灯

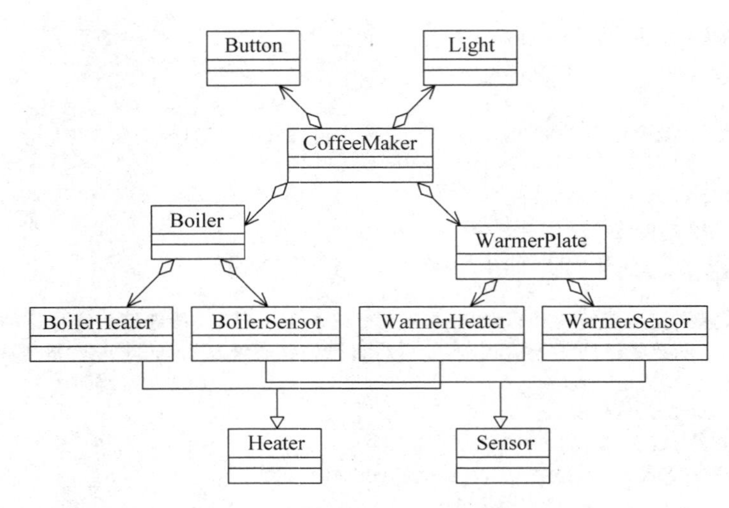

图 6-18 咖啡机系统的概念模型

(Light)、加热器(Boiler)和保温托盘(WarmerPlate)构成。其中加热器包括加热设备(BoilerHeater)和传感器(BoilerSensor),而保温托盘也包括保温设备(WarmerHeater)和传感器(WarmerSensor)。此外,加热器的加热设备和保温托盘的保温设备都是加热器,为此可定义一个加热器(Heater)的基类。同样可以定义一个传感器(Sensor)基类来泛化这两个设备中的传感器。

这是一个很自然、很直观的解决方案,设计人员完全可以依据该方案构造出一个可运行的系统。但这并不是一个高质量的方案,很显然它违背了 DIP、OCP 等原则。从具体问题来分析,该方案存在的一些现象也直接影响了系统的质量,R. Martin 先生采用了非常形象的词汇描述了这些现象:泡泡类(Vapor Classes)、无用的抽象(Imaginary Abstraction)和上帝类(God Classes)。

1) 泡泡类

所谓"泡泡",是指那些表面上看起来很漂亮、内部却空无一物的事物;显然,这样的事物在现实中也是没有任何作用的。"泡泡类"就是指那些表面上是一个封装得很好、但没有带来任何好处的类。请看 Light 类,它的实现如下所示。

```
public class Light {
  public void turnOn() {
    CoffeeMakerAPI.api.setIndicatorState(CoffeeMakerAPI.INDICATOR_ON);
  }
  public void turnOff() {
    CoffeeMakerAPI.api.setIndicatorState(CoffeeMakerAPI.INDICATOR_OFF);
  }
}
```

该类的存在似乎只是让代码变得简洁好看一些。但实际上,它只不过是简单地将两个 API 封装为类的两个操作,并没有通过这种封装带来诸如抽象、信息隐藏等其他的面向对象的本质特征。在图 6-18 中,存在很多这样的类,如 Button、Boiler、WaremerPlate 等。

2）无用的抽象

考虑图 6-18 中所定义的两个抽象基类 Heater 和 Sensor，这样的结构看起来很合理，但这种抽象有必要吗？正如前面所提到的，抽象的目的是支持多态调用，而在该系统结构中针对加热器、传感器这样的部件并没有多态的必要（至少在图 6-18 所给出的方案中是这样的）。这就意味着这两个抽象类是不可能被使用的，也就没有存在的价值。

3）上帝类

从图 6-18 中去掉泡泡类和无用的抽象，剩下的就只有 CoffeeMaker 类；换句话说，也只有该类具有有意义的行为。这种包含了系统中几乎所有控制逻辑和业务规则的类称为“上帝类”，就像上帝一样在系统中无所不能。虽然上帝很伟大，凡人可能都很想见见上帝，但可悲的是，当你真的在系统中见到这样的“上帝类”时，也就意味着正面对一个糟糕的系统，后续开发、测试和维护等噩梦可能就要开始了。正如本书开篇的案例所阐述的，面向对象的系统是分工协作的系统，各个对象各司其职，共同完成自己的职责，并最终实现系统目标。满足面向对象设计原则的咖啡机系统也应该是这样多对象共同协作完成的系统，为了实现这个目标，就必须消除这个上帝类。

3. 抽象：透过现象看本质

为了消除这样的上帝类，就需要将上帝类的行为进行合理的分解。显然，这样的分解不是简单地按照系统物理构成来进行的，而应该从职责入手，建立一种合理的职责分配机制，从而保证职责被分解到各个不同的类中。这个过程的关键还是在抽象，要对职责进行一定的抽象，在抽象层次上去理解和分配职责（图 6-18 则是在具体的物理层次上分解职责）。

抽象是对事物本质特征的描述，因此对系统进行抽象的过程就是透过现象看本质的过程，通过对本质特征的描述，从而建立稳定的系统结构。对系统而言，其本质特征就是系统之所以存在的根本，换句话说，就是系统所要解决的根本问题。例如对于洗衣机而言，其存在的根本就是为了解决人手洗衣服的问题，因此该系统的本质特征就是由那些手洗衣物所需要的元素构成的，如水源、衣服、洗衣盆、搓衣板、洗衣粉等对象。一个财务系统是为了缓解会计手工记账的烦琐而提出来的，因此该系统最本质的对象就是那些账本、记账规则、数字金额等。因此，认识事物的本质特征就在于还原事物最原始的状态，现代科技的发展虽然使得事物的运转方式发生了很大变化，但这只不过是一种表现方式和手段，其内在特征并没有发生改变。

回到咖啡机系统，它的本质特征又是什么呢？它的出现是为了使人们从手工冲泡咖啡的烦琐工作中解脱出来。因此，该系统中最本质的对象就来自手工冲泡咖啡，只要有“热水”和“杯子”这两个基本的工具就可以泡咖啡了。此外，为了使人能够操作咖啡机，还需要提供一个操作界面来控制咖啡机的工作过程。这样就得到了该系统最原始的 3 个对象：热水（HotWaterSource）、杯子（ContainmentVessel）和操作界面（UserInterface）。下一步就需要通过分析交互的过程来进行职责分配，以确定这 3 个对象可以满足系统的需求。与第 5 章的介绍相同的是，分析交互的过程仍然需要采用交互图完成；不同的是，本章将采用通信图而不是顺序图来分析交互。

4. 通信图

与顺序图一样，通信图（Communication Diagram）也是用来描述对象之间的交互过程的。但与顺序图强调消息的时间顺序不同，通信图则更侧重于描述参与交互的对象之间的链接关系。图 6-19 展示了通信图中最核心的元素。

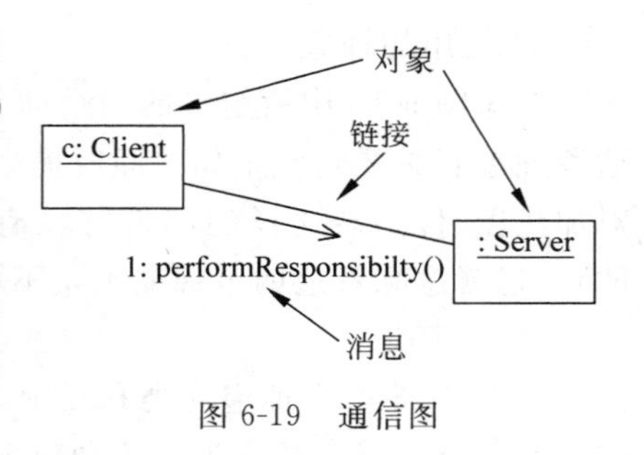

图 6-19　通信图

从图 6-19 可以看出，通信图中的对象采用对象图符表示。对象之间通过一条实线表明所存在的链接关系；消息则是建立在链接之上的(先有链接，才能在链接上发送消息)，箭头表示消息发送的方向，编号标明消息的执行顺序。与顺序图可以不编号的要求不同，通信图中的消息必须通过编号来表明其执行顺序。编号同样也可以采用两种方式：一种是顺序编号，即从 1 开始，由小到大单调增加(如 2、3 等)；另一种是层级编号(即 1 表示第一条消息，1.1 表示嵌套在消息 1 中的第一个消息，1.2 表示嵌套在消息 1 中的第二个消息等)，通过这种层级编号可以有效地反映消息的嵌套关系。此外，在一个链接关系上可以存在多个不同的消息，并且每个消息都有不同的编号；而一个对象自身也可以建立链接，从而发送自反消息。

在多数情况下，通信图主要是对顺序的控制进行建模。不同于顺序图中的交互片段，UML 标准并没有为通信图提供分支、迭代等复杂场景的建模方法。当然，也可以通过类似 UML 1.x 顺序图中利用[]、* 等机制来表述分支、迭代等。

虽然从外部结构和使用习惯上有很多不同的地方，但本质上顺序图和通信图都来自 UML 元模型中相同的信息，因此这两者在语义上是等价的。这样可以从一种形式转换为另一种形式，而不丢失任何信息。很多 UML 工具都提供了这两种图形之间的自动转换功能(参见第 5.5.3 小节中关联关系部分，里面有如何利用 Rose 和 Enterprise Architect 进行模型转换的功能介绍)。当然，这并不意味着这两种图中所显示的信息就完全一致，有些信息可能在另一幅图中就不能可视化地显示出来。例如，通信图中对象之间的链接关系就无法在顺序图中显示，而顺序图中的执行发生、返回消息等信息也不显示在通信图中。

正是因为这两种交互图有不同的侧重点，所以在实际建模中它们各有使用场合。一般来说，当按照时间顺序对控制流建模时更偏向于使用顺序图；而当按照对象间组织关系对控制流建模时则更偏向于使用通信图。表 6-1 对这两种交互图的使用进行了详细的对比分析。

在实际应用中，相对而言，顺序图的使用场景更多一些，特别是在 UML 2 中引入交互片段后，使得顺序图的建模能力进一步增强，能够更好地应对复杂场景。而当交互的消息过多时，通信图将变得很难阅读和使用。因此，在用例驱动的开发模式中，一般都是通过顺序图来分析用例实现的各种场景，从而明确对象间的交互和职责分析过程；而当需要关注对象之间的关系时，可以通过建模工具来自动生成通信图。当然，通信图的优点就是对象的灵活布局，使得其通信图非常适合头脑风暴式的讨论。

表 6-1 顺序图和通信图的对比

	顺 序 图	通 信 图
不同点	显示消息的明确顺序	显示交互对象间的关系
	适用于全部流程的可视化	适用于特定协作模式的可视化
	适用于实时规约和复杂场景	灵活的对象布局使得通信图更易于头脑风暴讨论使用
相同点	用于对控制流程的交互进行建模；建模能力等价，可互相转换	

5. 满足 DIP 的设计

介绍完通信图的基本概念后，再回到咖啡机系统的分析过程。通过抽象已经获得了咖啡机系统的 3 个核心对象，下一步就需要使用通信图来分析这 3 个对象是如何满足用例实现的，从而完成职责分配过程。为了便于分析，首先需要明确咖啡机系统的用例文档，表 6-2 列出了咖啡机系统中的“加热”用例文档。

表 6-2 “加热”用例文档

用例名	加热
简要描述	用户通过该用例加热咖啡壶
参与者	用户
涉众	用户
相关用例	无
前置条件	无
后置条件	加热完成后，系统亮起指示灯
基本事件流 (1) 用例起始于用户按下“加热”键 (2) 系统开始检查水源、咖啡壶等是否准备好(A-1) (3) 系统开始加热(A-2) (4) 加热完成后(B-1)，系统亮起指示灯，提醒用户	
备选事件流 A-1 水源或咖啡壶没有准备好 系统通过闪烁指示灯的方式提醒用户没有准备好相应的设备；用例结束 A-2 在加热过程中，用户随时可能拿走咖啡壶 系统停止加热，同时停止供水；该用例结束	
补充约束-业务规则 B-1 加热完成动作由系统定期检测温度传感器，当传感器返回的水温达到设定温度时，系统停止加热	
待解决问题 (暂无)	
相关图 (暂无)	

首先分析基本事件流中的第(1)步～第(3)步，其交互过程如图 6-20 所示。用户通过用户界面按下“加热”键(消息 1)后，用户界面通知水源(消息 2)和容器(消息 3)是否准备好，以便开始加热。当消息 2 和消息 3 都返回“真”后，用户界面即通知水源可以开始加热(消息 4)，从而完成基本事件流的第(3)步。

基本事件流的第(4)步与前面 3 步并不是连续执行的，因此不要把它和前 3 步绘制在一

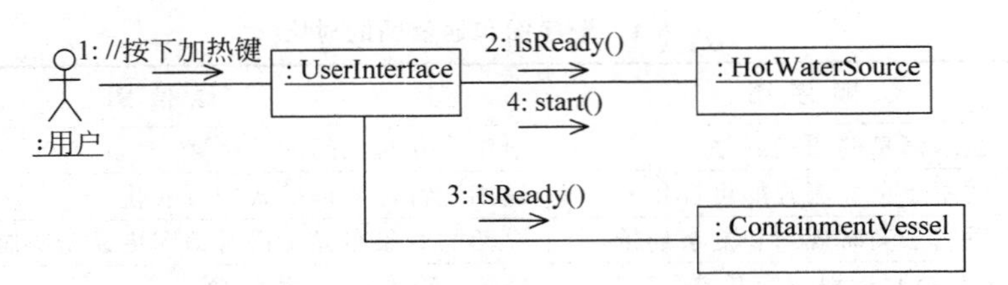

图 6-20 “用户按下‘加热’键”的交互过程

个通信图中，而应重新绘制一个体现加热完成交互过程的通信图，该通信图如图 6-21 所示。

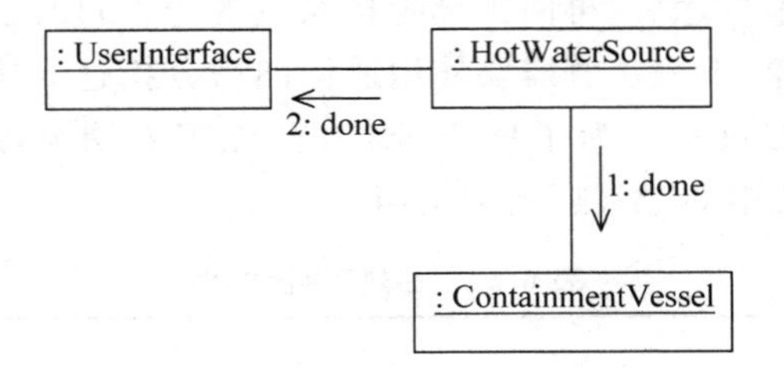

图 6-21 “加热完成”的交互过程

首先是该通信图中消息的发起者。按照用例文档的描述，Mark IV 咖啡机是通过特定的温度传感器来检测水温是否达到要求，从而决定是否停止加热。但是在当前的抽象系统中，并没有这些物理的传感器对象，那么这 3 个抽象对象中哪个发出加热结束的消息呢？

显然应该是水源(HotWaterSource)。按照面向对象的观点，对象应该能够知道自己的信息(知道型职责)，水源当然知道自己的温度。因此当水源发现自己的温度达到设定的温度后，首先通知容器(消息 1)(通知容器的目的是考虑当用户再次将空咖啡壶放到保温托盘上，它必须负责通知 UI 熄灭指示灯，表明无咖啡可供饮用)，然后通知用户界面(消息 2)亮起指示灯。

还可以进一步分析备选事件流，如图 6-22 所示。考虑备选事件流 A-2：用户在加热过程中拿走咖啡壶；该交互的第一条消息是用户拿走咖啡壶(消息 1)；咖啡壶应当立刻通知水源停止供应热水(消息 2)。

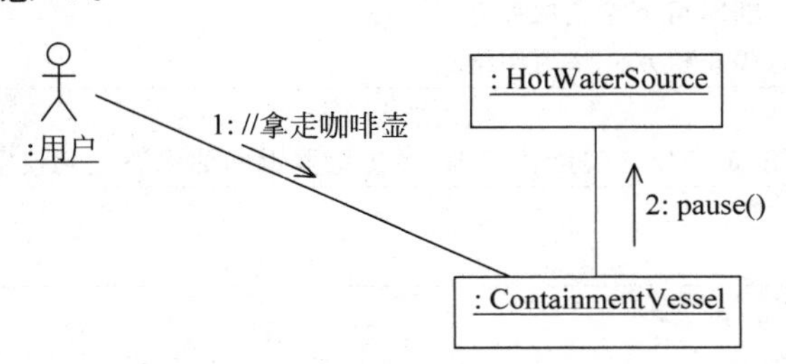

图 6-22 “加热过程中拿走咖啡壶”的交互过程

当然，还可以继续进行后续的分析，例如用户又将咖啡壶放回来了，则咖啡壶应通知水源复位，继续进行加热；还有其他(如保温、咖啡喝光了等)各种不同的用例和场景也可按照相同的方法进行分析和设计。

通过这些分析过程最终表明这 3 个对象完全可以实现所有的场景，由此可以构造系统的类图，如图 6-23 所示。

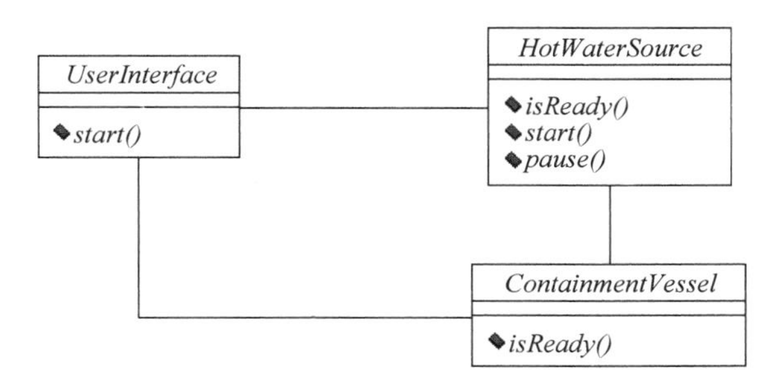

图 6-23 “咖啡机系统”类图

从图 6-23 可以看出，这是 3 个抽象类（斜体字表示），因为它们都是通过对本质抽象获得的，只是对抽象行为的描述，并没有具体实现。当然，其操作也全部为抽象操作（以斜体字表示，图中只显示了由图 6-20～图 6-22 的 3 幅通信图获得的操作，由于还存在其他的行为没有分析，因此这些类的操作并不完整）。而这 3 个类之间互相也存在这种双向的关联关系，因为它们彼此都需要发消息。

这是一个非常理想的结构：责任被合理分配，各对象之间的消息平衡，没有泡泡类，没有上帝类，对象之间共同协作完成各类行为。这也是一个满足 DIP 的方案，因为它们都是抽象的，它们之间的依赖显然也都是建立在抽象之上的。

但是，这并不是一个能在 Mark IV 咖啡机上运行的系统，这 3 个类与该具体型号的咖啡机没有任何直接关系，前面所介绍的那些 API 也根本没有被使用。然而，这正是我们所期望的——我们得到了真正的抽象，把握住了问题的本质。下面所要做的，就是在该抽象结构的基础上按照 OCP 来扩展实现 Mark IV 咖啡机这个特例。

回到“加热”用例的第一个场景，考虑图 6-20 中的行为实现过程，如何获得水源、容器已经准备好，又如何开始启动水源进行加热呢？显然，为了实现这些操作，必须添加相应的硬件 API 代码，那么这些代码实现应该放在何处？

按照 OCP，由于对修改封闭，这样图 6-23 所展示的类结构是不能进行修改的。而修改是通过扩展来完成的，因此这些硬件 API 调用的代码应该是在现有抽象类的基础上继承新的派生类来实现。例如 Mark IV 咖啡机用户界面就需要从 UserInterface 中派生出一个 MarkIVUI 具体类来实现，该界面类中就可以通过调用 CoffeeMakerAPI. getBrewButtonStatus() 来判读“加热”键是否被按下，以便开始加热。同样，还需要派生 MarkIVHWS 和 MarkIVCV 来表示 Mark IV 咖啡机的水源和容器，并由它们分别实现相应的操作。由此最终得到的系统类图如图 6-24 所示。当然，在具体实现过程中还需要添加其他的一些机制和相关代码，感兴趣的读者可参见该案例的原始出处[①]。

与图 6-18 所示的解决方案相比，从实现上说，新的方案可能更难、更复杂了，但带来的好处是巨大的。因为这是一个从抽象出发的方案，这个方案遵循 DIP、OCP 等设计原则，所以它具有极高的稳定性。这是一个里程碑式的系统，能够长期稳定地存在和运行。考虑当

---

① 即 Robert Martin 编写的 *UML for Java Programmers*，该书中给出了详细的实现代码。我们引用的主要目的在于，阐述 DIP 这种设计思想是如何被应用到产品开发中的。

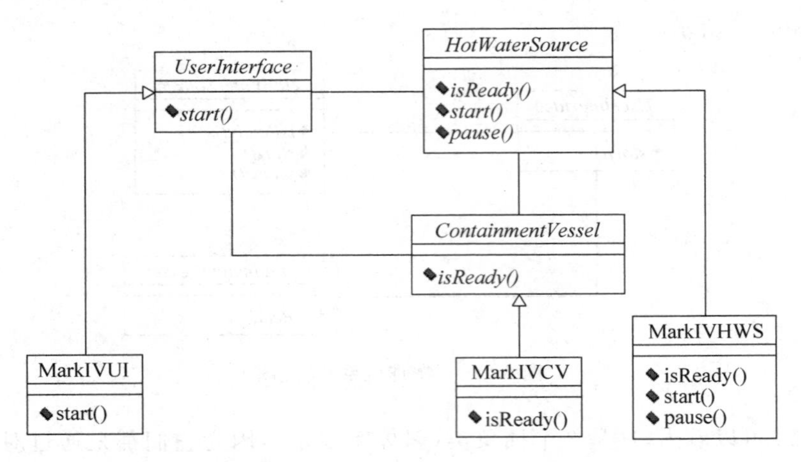

图 6-24 "Mark IV 咖啡机系统"类图

咖啡机升级换代(如 Mark V、Mark VI 等,甚至其他型号)时,只需要扩展实现 3 个新的具体类,而不需要对原有系统结构进行任何修改。这就意味着,该软件系统覆盖了整个咖啡机行业,并可以随着硬件的发展而快速扩展以适应新的需求。由此可以看出,满足 DIP 方案的软件系统的威力,其长期生存能力和适应能力是普通系统无法比拟的。

DIP 为软件系统带来了长久的生命力,因此在软件系统设计,特别是通用产品的研发时,充分利用该原则是构造高质量软件的基础。当今,在各个行业都出现了一些通用的框架产品,如工作流引擎、Web 开发框架等都是借助于该原则而获得成功的。

最后,总结一下实现 DIP 的基本思路:通过抽象提取业务本质,并建立一个稳定的结构描述这个本质;对于具体业务规则的处理是在这个本质的基础上进行的扩展;而技术、工具、意识形态等的发展可能使业务规则不断变化,但本质不变,DIP 可帮助我们轻松适应这些变更。

6.7 练习题

一、选择题

1. 下列选项中,(　　)是顺序图具备而通信图不具备的功能。

A. 描述对象间消息传递的顺序　　B. 显示交互对象间的关系

C. 显示交互时对象的执行发生　　D. 描述用例事件流的实现场景

2. 下列选项中,(　　)是通信图具备而顺序图不具备的功能。

A. 描述对象间消息传递的顺序　　B. 显示交互对象间的关系

C. 显示交互时对象的执行发生　　D. 描述用例实现的交互场景

3. 面向对象的设计原则是指导我们进行面向对象设计的基本思想,如果违背了这些原则,则设计模型可能会存在很严重的问题;现发现在一个已有的设计模型中,有一些使用父类正常运行的方法,在使用子类时无法运行,这种现象可能是因为我们违背了(　　)设计原则。

A. LSP　　B. OCP　　C. SRP　　D. DIP

二、简答题

1. 什么是设计质量，如何评价设计质量？

2. 什么是面向对象的设计原则，它和设计质量有什么联系？

3. 什么是 Liskov 替换原则，该原则有什么作用？

4. 什么是开放—封闭原则，该原则与 Liskov 替换原则有什么联系？

5. 什么是单一职责原则，什么时候使用该原则？

6. 什么是接口隔离原则，什么时候使用该原则？

7. 什么是依赖倒置原则，在该原则中如何理解抽象层的设计？

三、应用题

1. 在设计某在线电子商务系统时，发现系统需要同时处理3类用户：企业用户、普通个人用户和签约个人用户。其中签约个人用户是特殊的普通个人用户，在拥有普通个人用户权限的基础上，又拥有类似企业用户的权限，如有一定的信用等级，并根据信用等级可以享受团购优惠、先购物后付款等服务。针对这3类用户，提出了3种设计方案，如下图所示。请从面向对象技术的相关理论（抽象、封装、继承、多态等）、设计原则（LSP、OCP、DIP 等）、实现技术和相关应用背景等方面，讨论这3种方案各自的优缺点。

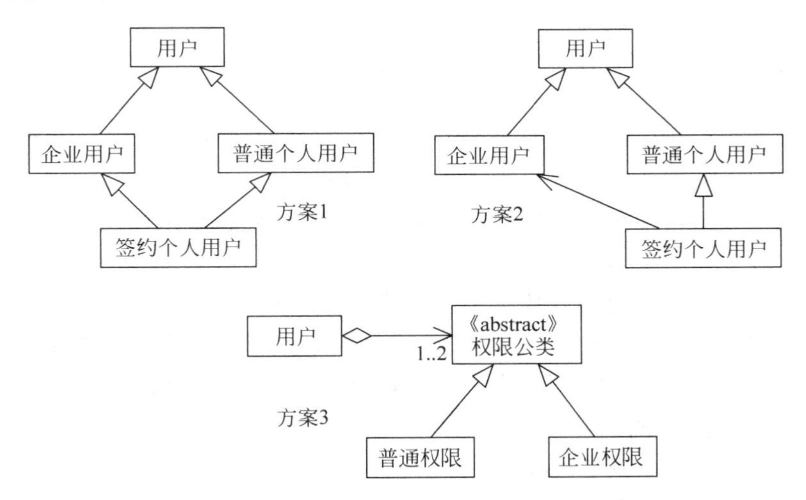

2. DIP 又称为控制反转，在 Java EE 中得到了广泛应用，结合现在主流的 Java EE 应用，论述利用该原则进行设计时所带来的好处。

CHAPTER 7

第 7 章

面向对象的设计模式

设计原则为设计提供了基本的指导思想，但也仅是一种思想、一种理论，并没有为实践提供具体的手段。设计者掌握了 LSP、OCP、DIP 这些思想，但在设计实践中为了保证方案能够满足这些原则，还需要做出更多的设计决策，例如，如何根据需求的变化点进行抽象、如何抽取抽象类或接口、如何进行职责分配等。这些设计决策取决于不同的业务场景，需要更多的实践经验和分析设计能力。那么有没有更直接的技术，能够直接应用到各种场景中，并很好地遵循面向对象的设计原则呢？有，这就是面向对象的设计模式。面向对象的设计模式是系统设计中面临设计问题时的解决方案。不同于设计原则，每个设计模式都提供了具体的解决方案，包括抽象类或接口的定义、职责的分配等静态和动态模型。在具体应用中，设计者只需要直接把它们引入设计模型中，并在此基础上扩展相应的具体类来实现业务场景即可。最经典的设计模式就是由 Erich Gamma 等人提出的 23 种 GoF 设计模式，这些已成为设计领域的“圣经”。有关这些设计模式的更多内容可以参见其他设计模式的书籍[①]。

本章目标

设计模式已成为软件开发中的“热点”。对于设计人员来说，设计模式已成为必备的技能。GoF 设计模式中的每个模式都有它自己的结构、行为和应用场景。本章只是对这些设计模式进行了简单介绍，并没有详细介绍其内部结构；更多的是结合应用场景去阐述如何应用设计模式解决问题，重点在于对设计模式的应用。此外，本章介绍了由 Craig Larman 提出的职责分配模式，用于指导设计期间的职责分配，并重点关注了迪米特准则。

---

① 目前，市面上有很多专门论述设计模式的书籍，对设计模式感兴趣的读者可以进一步阅读这些书籍。当然，设计模式的开山之作 Erich Gamma、Richard Helm、Ralph Johnson 和 John Vlissides 四人合著的 *Design Patterns: Elements of Reusable Object-Oriented Software*（《设计模式——可复用面向对象软件的基础》）是不可不读的经典之作。

主要内容

（1）理解模式和设计模式的基本概念及作用。

（2）了解典型 GoF 模式的应用场景和方法。

（3）了解职责分配模式的概念和应用方法。

视频讲解

7.1 模式与设计模式

正如第 6 章所阐述的，要设计高质量的面向对象系统是非常困难的。设计者必须在适当的层次上对所找到的对象进行抽象，并建立对象之间的关系，从而进行合理的职责分配。设计方案既要解决当前的问题，又要能应对将来的问题和需求的变更。即使对于有经验的设计者来说，这也是很困难的。一个设计方案在最终完成之前常要被复用好几次，而且每一次都有所修改。

然而，经验丰富的设计者的确能够完成高质量的设计。因为在该领域的经验使得他们面对要解决的问题时，并不需要从头做起，他们可以复用以前使用过的解决方案。当找到一个好的解决方案，他们会一遍又一遍地使用，这些经验是他们成为设计高手的部分原因。这些针对某个问题的通用解决方案就是模式。设计者使用这些模式来解决特定的设计问题，使面向对象设计更灵活、优雅。它们帮助设计者将新的设计建立在以往工作的基础上，复用以往成功的设计方案，并由此获得高质量的设计。

7.1.1 模式基础

模式是对以往成功应用经验的总结与复用，不仅在软件设计领域中，在现实生活中也随处可见。例如中国象棋中的当头炮、连环马等；围棋中的星小目、三连星等定式；甚至于好莱坞的电影模式、古代行军打仗的各种阵势等各个方面都存在这样或那样的思维定式，这些也就是各行业的模式。

那么如何理解软件领域的模式呢？可以考虑这样一个简单的设计问题：“如何在已排序的列表中查找一个数？”针对这个算法问题，设计者可以给出很多不同的解决方案。下面一段文字就叙述了一种解决方案。

“将列表一分为二。将要查找的值与中间元素的值相比较。如果相等，就找到我们要查找的值。如果要查找的值小于中间元素的值，将中间点设置为列表的新的顶点（并再次将列表一分为二）。如果要查找的值大于中间元素的值，将中间点设置为列表的新的尾点，然后再将列表一分为二。继续这种分割过程，直到列表不能再分为止。此时，如果要查找的值不在最后两个元素中，它就不在这个列表中。”

显然，这种文字形式描述的解决方案既不便于以后的复用，又难以在设计者间沟通（容易产生误解）。为此，有经验的设计者将这种方案定义为“折半查找”，并为其提供相应的实现方案，这就形成了一种模式。而有了这个模式，后续的设计者在再次遇到同样的问题时，只需要直接套用该模式即可解决。

1. 模式的提出

“模式”一词最早来自建筑行业，由著名的建筑大师 Christopher Alexander 于 1977 年

在 *A Pattern Language* 一书中提出。Alexander 是这样定义模式的:“每一个模式描述了一个在我们的环境中不断重复发生的问题,以及该问题的核心解决方案。这样,你就能一次又一次地使用该解决方案,而不必做重复劳动。”简单来说,模式就是对某个问题的通用解决方案,并可以重复使用该方案。这个定义虽然来自建筑行业,但对软件领域依然适用。

Alexander 还明确提出,每一个模式应至少包括 3 个方面的要素,即背景(Context)、问题(Problem)和解决方案(Solution),这 3 个要素构成了模式最核心的内容。其中,背景是指那些适合运用该模式的可重现情况;问题是指出现在背景中的一系列影响力,即目标与约束;而解决方案则是可用于解决问题的经典设计形式或设计规则。

与原则或普通的解决方案不同,模式具有一些鲜明的特点。首先,模式是可以直接用来解决实际问题的,而不只是抽象原则或策略,而且模式是经过实践考验过的概念,它有实际解决问题的记录,而不是理论上的思索或推导;其次,模式并不是简单的事物的组合,而是描述了一种关系,它不仅描述了模块本身,而且描述了更深层的系统结构与交互机制;最后,模式具有很强的人文因素,好的模式通常具有良好的美感兼实用性,是一种高质量的解决方案。

2. 模式的形式

为了能够有效地表示模式,一般均需要采用特定的形式进行描述。围绕模式的 3 个基本要素,可以从以下方面来展开描述一个模式。

- **名称**:模式的标识或句柄。为了便于模式的传播和使用,每个模式都会有一个直观而响亮的名称,这个名称将作为模式的唯一标识被广泛应用。
- **问题**:陈述问题,用于描述模式的意图与目标。每个模式都是为了解决某个或某类问题而提出的。
- **背景**:描述模式中的问题及其解决方案可重现的前提,决定了模式的可应用性。模式不是万能的,它只能在特定的背景下解决相应的问题。
- **影响力**:描述相关的影响因素与约束,以及它们与设计目标之间的交互和冲突。它揭示了问题的复杂性,并定义了不同设计结果的折中方案。
- **解决方案**:描述了解决问题的静态结构与动态交互。这是模式的主体内容,一般包括静态和动态两个方面,通过特定的形式来描述问题是被如何解决的。此外,还可以描述注意事项及模式的变形和特化等特殊情况的应对方案。
- **例子**:通过一些简单的示例来说明如何应用该模式。
- **结果**:运用模式后得到的系统状态或配置。
- **基本原理**:模式实现过程中所遵循或采用的基本理论和方法。
- **相关模式**:与该模式相关的其他模式,以供使用者参考。
- **已知应用**:该模式的一些成功应用案例,以便使用者能够充分理解模式的作用和应用场景。

3. 模式的发展历史

正如前文所说,模式的概念来源于建筑行业,其发展也经历了很长一段时间。被引入计算机后，其最终在设计模式领域获得长足发展。下面列出了模式发展历史上的几个重要事件。

1964年，Christopher Alexander出版了*Notes on the Synthesis of Form*一书，该书尝试从一个不同的角度来看待建筑的过程，这被认为是最早的对模式的探索。

1977年，Christopher Alexander出版了*A Pattern Language*一书，正式提出了模式的概念。

1987年，Ward Cunningham、Kent Beck等人开始将一些建筑学概念应用到使用SmallTalk语言的软件开发中，从而开始了模式在计算机领域的探索。

1992年，Jim Coplien出版了*Advanced C++：Programming Style and Idioms*一书，书中的编程风格和习惯用法可以认为是一种编程模式。

1992年，Erich Gamma在苏黎世大学博士毕业论文中系统地提出了设计模式的概念，设计模式被大家所关注。

1993年，Kent Beck、Grady Booch、Jim Coplien等组成了Hillside小组，提供一个讨论模式的论坛，从而推动了模式的发展和应用。

1994年，Erich Gamma、John Vlissides、Ralph Johnson和Richard Helm四人合著的*Design Patterns：Elements of Reusable Object-Oriented Software*一书出版了，该书所提出的23种设计模式已成为设计领域的经典，为设计模式的发展和应用铺平了道路。

1996年，Frank Buschmann等出版了*Pattern-Oriented Software Architecture：A System of Patterns*一书，将模式引入架构设计阶段，提出了架构模式[①]。

1997年，Martin Flower出版了*Analysis Patterns：Reusable Object Models*一书，将模式引入分析阶段，提出了分析模式[②]，从而实现了更大程度的复用。

7.1.2 设计模式

模式是一个通用概念，从建筑业到计算机等各个行业都可以定义自己的模式。在计算机软件领域，也可以在软件开发的不同阶段定义相关的模式，如业务建模阶段的领域模式、分析阶段的分析模式、架构设计中的架构模式等都已被大家研究和应用。不过，应用最为广泛的还是在构件（对象）设计阶段中所使用的设计模式。

设计模式是在构件设计阶段，通过定义类或特定对象之间的结构和行为，从而解决某类设计问题的通用解决方案。设计模式所提供的设计方案都是优秀的设计范例，它是从那些高质量的设计方案中发现和总结出来的经验，并在实践中被反复应用。学习和使用设计模式将至少给设计者带来以下几个方面的好处。

- 可以有效地利用前人的经验来设计系统，而不用进行“重复劳动”。在提高设计质量的同时，通过复用可以进一步加快开发效率。
- 作为一种“设计语言”，便于设计者之间相互交流而不产生误解。
- 是培养优秀设计师的一条捷径。

---

① 有关架构模式，可参见第5.3.1小节中的备选架构模式部分，该节对此有简单的阐述。

② 有关分析模式，可参见第5.1.3小节中的分析的基本原则，该节对此有简单的阐述。

为了便于理解设计模式的概念，表 7-1 列出了与设计模式相关的概念对比。

表 7-1　设计模式相关概念对比

模式与设计模式	
模式	◆ 含义更广，可用于各类背景和领域 ◆ 设计模式是一种模式；在软件领域，还包括领域模式、分析模式、架构模式等其他模式
设计模式	◆ 是关于面向对象设计微结构（即对象结构）的模式 ◆ 侧重于描述对象及其类之间的静态和动态关系
设计原则与设计模式	
设计原则	◆ 是面向对象设计的指导思想 ◆ 设计模式只是更好地遵循这一思想的手段之一
设计模式	◆ 是面向对象设计的具体技术 ◆ 抽象出成功设计的共性，并进行分类与标识 ◆ 通过描述对象、协作和职责将设计中的意图抽取出来
架构模式、设计模式与习惯用法（Idiom）	
架构模式	研究的对象为整个系统，粒度更大、抽象层次更高
设计模式	研究的对象为系统的某个通用功能，关注类、对象层次的微结构
习惯用法	与特定的编程语言相关，抽象层次更低

7.2　GoF 模式

视频讲解

设计模式被广泛认可起源于 1994 年，由 Erich Gamma、John Vlissides、Ralph Johnson 和 Richard Helm 四人合著的 *Design Patterns: Elements of Reusable Object-Oriented Software*（《设计模式——可复用面向对象软件的基础》）一书中系统地提出了 23 种设计模式。这 23 种设计模式都是面向对象领域的大师们在多年的设计和开发实践中归纳出来的，也被称为 GoF（Gang of Four，四人组）模式。虽然还可以在不同的领域中找到许多其他的设计模式，但 GoF 模式是适用范围最广、可复用程度最高、优点最明显的核心设计模式。学习和掌握 GoF 模式是每个设计者必备的技能，本节的内容也将主要围绕这些模式展开。

7.2.1　GoF 模式清单

下面从两个角度对 23 种 GoF 模式进行分类，即作用范围和目的角度。

按照设计模式的作用范围（即是处理类还是对象实例）的角度，设计模式可被分为类模式和对象模式。类模式主要处理类和派生类之间的继承关系，这种关系是静态的、在编译期间确定的；对象模式主要处理对象之间的组织关系，这种关系是动态的、可在运行期发生变化的。

而按照设计模式的目的（即是用来完成哪类工作）的角度，设计模式可被分为创建型模式、结构型模式和行为型模式。创建型模式用于处理对象的创建过程，其中创建型类模式将对象的部分创建工作延迟到子类，而创建型对象模式将它延迟到另一个对象中；结构型模式用于处理类或对象的组织结构，其中结构型类模式使用继承机制来组合类，而结构型对象模式描述了对象间的组装方式;行为型模式用来指导类和对象之间的交互及职责分配关系,其中行为型类模式使用继承描述算法与控制规则,而行为型对象模式则描述一组对象怎样协作完成单个对象无法完成的工作。表 7-2 列出了 23 种 GoF 模式的分类。

表 7-2 GoF 模式的分类

范围	目的		
	创建型模式	结构型模式	行为型模式
类模式	工厂方法	适配器(类)	解释器
			模板方法
对象模式	抽象工厂	适配器(对象)	职责链
	生成器	桥	命令
	原型	组合	迭代器
	单例	装饰	中介者
		外观	备忘录
		享元	观察者
		代理	状态
			策略
			访问者

从表 7-2 中可以看出,大部分设计模式都是对象模式,而其中适配器模式是唯一的既可用类模式实现又可用对象模式实现的设计模式。

由于篇幅的关系,本节并不对每种模式进行展开介绍,表 7-3 列出了这些设计模式的目的、适用性和实现要点等核心内容,以供读者参考。有关每个模式的具体细节,如静态和动态结构(类图、交互图等)、应用场景等,读者可参阅设计模式的相关书籍。

表 7-3 GoF 模式要点一览

名称	目的	适用性	实现要点
工厂方法 (Factory Method)	定义一个用于创建对象的接口,让子类决定实例化哪个类,从而使类的实例化延迟到其子类	◆ 类不知道它所必须创建对象的类 ◆ 类希望由子类来指定所创建对象 ◆ 类将创建对象的职责委托给帮助子类中的某一个,并且希望该子类的信息局部化	将定义工厂方法(抽象方法)的时间推迟到派生类在实现该工厂方法时
抽象工厂 (Abstract Factory)	提供一个创建一系列相关或相互依赖对象的接口,而无须指定它们具体的类	◆ 系统独立于产品创建、组合和表示 ◆ 系统要在多个产品系列中配置 ◆ 强调一系列相关产品对象的设计,以便进行联合使用 ◆ 提供一个产品类库,而只想显示它们的接口,而不是实现	定义一个抽象工厂的接口,由实现该接口的具体类来决定创建哪一组产品

续表

名　　称	目　　的	适　用　性	实现要点
生成器 (Builder)	将复杂对象的构建与表示分离,使得同样的构建过程可以创建不同的表示	◆ 创建复杂对象的算法需独立于该对象的组成部分及装配方式 ◆ 构造过程必须允许被构造的对象有不同的表示	定义抽象生成器接口,由实现该接口的具体类决定创建过程的具体实现
原型 (Prototype)	用原型实例指定创建对象的种类,并且通过复制这些原型创建新的对象	◆ 要实例化的类是运行时指定的 ◆ 避免创建与产品类层次平行的工厂类层次 ◆ 类的实例只能是几个不同状态组合中的一种	定义拷贝方法(抽象方法),在所有的产品对象中实现该拷贝方法
单例 (Singleton)	保证类仅有一个实例,并为其提供一个全局访问点	◆ 类只能有一个实例,且客户可以从众所周知的访问点访问它 ◆ 唯一的实例应该是通过子类化可扩展的,并且客户应该无须更改代码就能使用一个扩展的实例	定义静态属性和操作
适配器 (Adapter)	将一个类的接口转换成客户希望的另外一个接口,使得原本接口不兼容而不能一起工作的类可以一起工作	◆ 使用已经存在的类,但其接口不符合需求 ◆ 创建可以复用的类,该类可以与其他不相关类或不可预见的类协同 ◆ 使用已经存在的子类,但是不可能对每个都进行子类化以匹配接口,对象适配器可以适配父类接口	定义一个目的接口,可以通过继承或聚合被适配器类来实现
桥 (Bridge)	将抽象部分与实现部分分离,使它们都可以独立地变化	◆ 不希望在抽象和实现部分之间有一个固定的绑定关系 ◆ 类的抽象及实现都应该可以通过生成子类的方法加以扩充 ◆ 对抽象的实现部分的修改应不会对客户产生影响 ◆ 对客户完全隐藏抽象的实现 ◆ 有许多类要生成 ◆ 在多个对象间共享实现,同时对客户隐藏这种实现机制	分别定义抽象的接口和实现的接口,抽象接口中聚合一个实现接口的引用,该引用就是连接接口和实现的桥梁
组合 (Composite)	将对象组合成树形结构以表示"部分—整体"的层次结构,使得用户对单个对象和组合对象的使用具有一致性	◆ 表示对象的部分—整体层次结构 ◆ 希望用户忽略组合对象与单个对象的不同,用户将统一地使用组合结构中的所有对象	整合和部分继承同一个接口(抽象类),整体接口聚合该接口

续表

名　称	目　的	适　用　性	实现要点
装饰 (Decorator)	动态地给对象添加额外的职责，这种给子类添加职责的模式会更为灵活	◆ 在不影响其他对象的情况下，以动态、透明的方式给单个对象添加职责 ◆ 处理那些可以撤销的职责 ◆ 不能采用生成子类的方法进行扩充，如可能有大量独立的扩展，使得子类数目呈爆炸式增长	类似于组合模式的实现策略，但目的是扩充类的职责
外观 (Façade)	为子系统提供统一的高层接口，该接口使得子系统更易使用	◆ 为复杂子系统提供一个简单接口 ◆ 客户程序与抽象类的实现之间存在着很大的依赖性 ◆ 构建一个层次结构的子系统	接口负责把请求转发给子系统中的其他对象
享元 (Flyweight)	运用共享技术有效地支持大量细粒度的对象	◆ 应用程序使用了大量的对象，或造成很大的存储开销 ◆ 对象的多数状态可变为外部状态；当删除对象外部状态时，可用相对较少的共享对象取代多组对象 ◆ 应用程序不依赖于对象标识	享元整体通过接口管理所有享元对象，客户类必须通过享元工厂访问享元对象
代理 (Proxy)	为其他对象提供一种代理以控制对这个对象的访问	◆ 需要用比较通用和复杂的对象指针代替简单的指针 ◆ 对指向实际对象的引用计数，以便自动释放它 ◆ 首次引用持久对象，需装入内存 ◆ 访问实际对象前，检查该对象是否已经被锁定，以确保其他对象不能改变它	代理类和被代理类继承于同一个接口，代理类通过引用聚合被代理类
解释器 (Interpreter)	给定一种语言，定义其文法表示，并定义解释器，来解释语言中的句子	◆ 语言需要解释执行，且可将该语言中的句子表示为抽象语法树；更适合文法简单、效率要求不高的情况	定义语法表达式接口，具体的语法表达式的组织结构类似于组合模式
模板方法 (Template Method)	定义算法骨架，而将实现步骤延迟到子类中，使得子类可以不改变算法的结构而重定义该算法的各实现步骤	◆ 一次性实现算法的不变的部分，并将可变行为留给子类来实现 ◆ 提取各子类的公共行为并集中到公共父类中以避免代码重复 ◆ 控制子类扩展，只允许在特定点进行扩展	抽象类中实现算法的骨架，派生类中实现算法的具体步骤

续表

名　称	目　的	适　用　性	实现要点
职责链 (Chain of Responsibility)	使多个对象都有机会处理请求,将这些对象连成一条链,并沿着该链传递请求,直到有对象处理为止	◆ 有多个对象可以处理一个请求,哪个对象处理该请求由运行时刻确定 ◆ 在不明确指定接收者的情况下,向多个对象中的一个提交请求 ◆ 可处理请求的对象集合可被动态指定	定义请求处理接口,具体类可以自己决定如何处理请求,具体的请求处理对象被组织成一条职责链
命令 (Command)	将一个请求封装为一个对象,从而可用不同的请求对客户进行参数化;对请求排队或记录请求日志,以及支持可撤销操作	◆ 抽象待执行动作以参数化某对象 ◆ 在不同时刻指定、排列和执行请求 ◆ 支持撤销操作 ◆ 支持修改日志,当系统崩溃时,这些修改可以被重做 ◆ 用构建在原语操作上的高层操作构造一个系统,从而提供了对事务进行建模的方法	定义命令接口,具体的命令类可以决定如何处理请求
迭代器 (Iterator)	提供一种方法顺序访问一个聚合对象中的各个元素,而又无须暴露该对象的内部表示	◆ 访问聚合对象的内容而无须暴露内部表示 ◆ 支持对聚合对象的多种遍历 ◆ 为遍历不同的聚合结构提供一个统一的接口	定义容器和迭代器接口,具体的迭代器可实现访问容器的方法
中介者 (Mediator)	用中介对象来封装一系列的对象交互;各对象不需要显式地相互引用,使其松散耦合,并可以独立地改变它们之间的交互	◆ 一组对象以定义良好但复杂的方式进行通信,产生的相互依赖关系结构混乱且难以理解 ◆ 一个对象引用其他很多对象并直接与它们通信,导致难以复用 ◆ 定制一个分布在多个类中的行为,而又不想生成太多的子类	定义中介者和协作者接口,中介者管理所有协作者之间的关系
备忘录 (Memento)	在不破坏封装的前提下,捕获对象的内部状态,并在对象之外保存该状态;可以将该对象恢复到原先保存的状态	◆ 必须保存一个对象在某一个时刻的(部分)状态,以便以后能恢复到先前的状态 ◆ 用接口来让其他对象直接得到这些状态,将会暴露对象的实现细节并破坏对象的封装性	定义一个备忘录类来保存服务器类的状态,备忘录类隔离了客户类和服务器类

续表

名　称	目　的	适　用　性	实 现 要 点
观察者(Observer)	定义对象间的一种一对多的依赖关系，当一个对象的状态发生改变时，所有依赖于它的对象都得到通知并被自动更新	◆ 抽象模型的一个方面依赖于另一方面；将两者封装在独立对象中以使它们可以独立地改变和复用 ◆ 对象改变需同时改变其他对象，而不知道具体哪些对象需要改变 ◆ 对象必须通知其他对象，而它又不能假定其他对象是谁	定义观察者和主体接口，具体的观察者通过注册机制，在具体的主体类中进行注册
状态(State)	允许一个对象在其内部状态改变时改变它的行为；对象看起来似乎修改了它的类	◆ 对象的行为取决于它的状态，并且在运行时刻根据状态改变行为 ◆ 操作中含有庞大的多分支的条件语句，且这些分支依赖于该对象的状态	定义状态接口，具体状态类中实现该状态对应的行为，上下文对象中聚合当前使用的状态
策略(Strategy)	定义一系列算法，把它们封装起来，并使它们可相互替换，从而使得算法可独立于使用它的客户而变化	◆ 许多相关的类仅仅是行为有异 ◆ 需要使用一个算法的不同变体 ◆ 算法使用客户不应该知道的数据 ◆ 一个类定义了多种行为，并且这些行为在该类的操作中以多个条件语句的形式出现	定义策略接口，具体策略类中实现具体的算法，上下文对象中聚合当前使用的策略
访问者(Visitor)	表示一个作用于某对象结构中的各元素的操作，从而可以在不改变各元素的类的前提下定义作用于这些元素的新操作	◆ 一个对象结构包含很多类对象，并有不同接口，需要对这些对象实施一些依赖于其具体类的操作 ◆ 需对一个对象结构中的对象进行很多不同且不相关的操作，以避免这些操作“污染”这些对象的类 ◆ 定义对象结构的类很少改变，但经常需要在此结构上定义新的操作	定义访问者接口，具体的访问者类实现具体的操作

7.2.2 应用 GoF 模式

正如前面所提到的，设计模式是可以直接应用到设计方案中的具体手段。本小节将以两个简单的例子来阐述如何在设计中应用 GoF 模式，一个是简单而实用的状态模式，另一个是应用场景相对少一些的装饰模式。

1. Lego 系统中的状态模式

曾被《财富》冠以“世纪玩具”称谓的乐高(Lego)公司，提供了各种型号的积木玩具。现需要编写一个模拟乐高积木玩具的系统(LegoSystem)。考虑这样的一类场景:系统根据积木的不同颜色做出相应的处理。为了实现该场景,传统的做法是定义那些可能颜色的枚举值,然后利用 switch 语句针对不同的颜色分支进行相应的处理,其示例代码如下所示。

```
void LegoSystem::processColor(){
    switch (color) {
        case RED:redProcess();break;
        case GREEN:greenProcess();break;
        case BLUE:blueProcess();break;
    }
};
```

该段代码使用了红(RED)、绿(GREEN)、蓝(BLUE)3 个枚举值表示 3 种颜色,从而可以处理这 3 种颜色的积木,具体的处理代码通过调用对应的函数来实现(即 redProcess()、greenProcess()、blueProcess())。当然,这样的程序能够很好地满足当前的需求,但它并没有遵循 OCP,也就无法有效地应对需求的变更。为了能够处理更多的颜色,如黄色,需要直接修改这段代码,增加一个 case 分支,这样的修改直接影响到了系统的稳定性。显然,类似的这种需求是会不断出现的,例如根据市场的反馈增加或减少用户喜欢的颜色。

GoF 状态模式为此类问题提供了解决方案,该模式适用于“操作中含有庞大的多分支的条件语句,且这些分支依赖于该对象的状态”(见表 7-3)。Lego 系统中,处理颜色操作中存在多分支语句,而每个分支取决于积木的颜色,“颜色”就可以作为对象的状态来处理。按照该模式的实现要点,需要“定义状态接口,具体状态类中实现该状态对应的行为,上下文对象中聚合当前使用的状态”。即首先定义一个抽象的状态接口(或抽象类,Color),而每一个状态为一个具体类(各种颜色类,如 Red、Green 和 Blue),实现该接口,使用该状态的类(LegoSystem)聚合该状态接口。然而,在实际应用中,并不需要手工去定义这些接口和类,而是可以直接通过复用的方式生成这些元素。

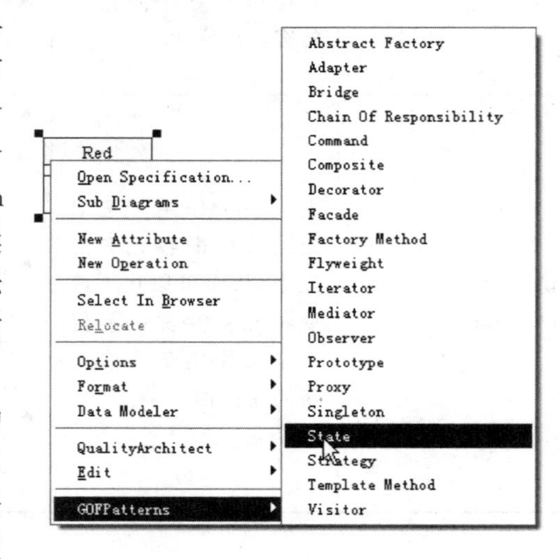

图 7-1　在 Rational Rose 中应用 GoF 模式

在实际应用中,设计模式可以被看成一种参数化协作。它已经提供了基础的实现框架,使用者只需要在此框架基础上,结合业务场景实例化相应的参数。目前,很多 UML 建模工具也提供了直接应用设计模式(主要是指 GoF 模式)的能力。图 7-1 显示了在 Rational Rose 中,针对 Lego 系统应用状态模式的操作界面。

从图 7-1 可以看出,针对 Red 状态类,可以右击鼠标,在弹出的快捷菜单中选择 GOFPatterns(GoF 模式)|State(状态模式)命令,即应用了该模式。由于每个模式的接口和需要生成的类不同,因此,还需要在对应的对话框中指定相应的参数。图 7-2 是选择了 State 命令后出现的对话框(每个模式的对话框均有所不同,与该模式的结构有关),用户需要指定的参数包括 Client(使用该方案的客户类)、Context(状态模式的应用背景,即本例中

的 LegoSystem 类)、State(抽象状态接口,即本例中的 Color)、ConcreteState(每个具体的状态类,即本例中的 Red、Green 和 Blue)4 个参数。在 Enterprise Architect 中,通过 Toolbox|More tools 命令选择 GoF Patterns 工具箱后,就可以直接拖放所需要的设计模式到 UML 类图中,同样也可以根据模式自身的结构实例化各个协作类。

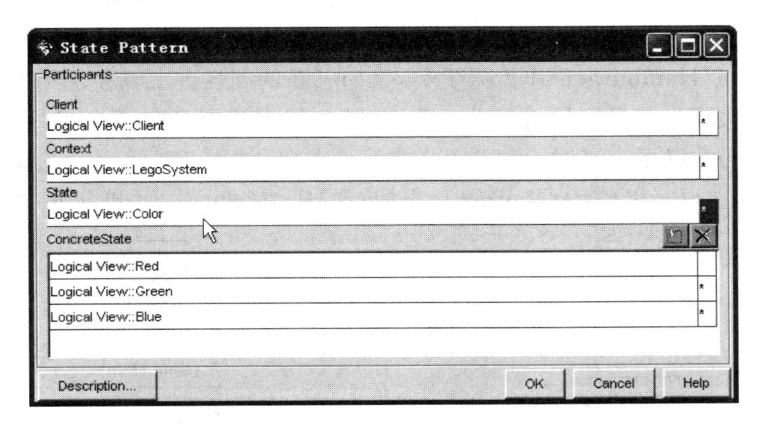

图 7-2 定义状态模式中的协作类

确认图 7-2 显示的对话框后,就会生成满足 State 模式的系统结构,包括接口、类及它们之间的关系。在 Rose 左边的资源浏览器中可以找到这些接口和类的定义,为了有效地展示它们之间的关系,可以把它们都拖放到类图中,最终展示的结构如图 7-3 所示。

从图 7-3 可以看出,状态接口 Color 提供了 handle()操作的定义(表示对颜色处理的接口),LegoSystem 包含对该接口的引用(角色名 stateRef),并通过 request()操作调用 handle()操作。而每个具体的 handle()操作则由相应的具体类来实现(即 Red、Green 和 Blue 均需要实现 handle()操作)。

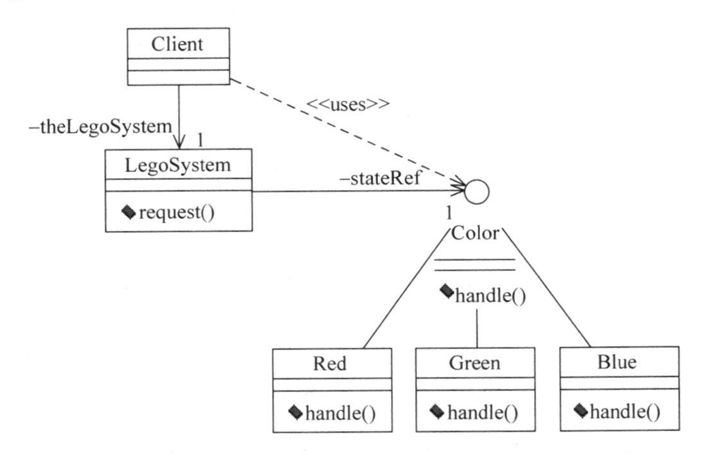

图 7-3 应用状态模式后的设计方案

显然,该方案是满足 OCP 的,从而可以通过扩展的方式来应对需求的变更。当需要增加新的颜色(如黄色)处理功能时,只需要针对 Color 接口实现一个新的类(增加 Yellow 类),而对原有结构没有任何影响。

2. 汉堡店系统中的装饰模式

有一家虚构的“Susan 的汉堡店”[①],最开始规模较小,只出售最普通的汉堡包。现要为该店的产品构建一个简单的模型,如图 7-4 所示。

在这里,把三明治(Sandwich)作为一种最原始的汉堡来建模,提供一些公共属性和接口(如购买、吃等接口,此处省略这些公共元素),其中 getPrice()为获得价格的接口。而普通的汉堡包(Basic Hamburger)作为派生类,增加了新的属性并更新了 getPrice()接口。

当然,该方案满足了最原始的需求。然而,随着汉堡店业务的不断发展,现需要引入新口味的汉堡,如奶酪汉堡。这时,可以通过继承来实现,如图 7-5 所示。在普通汉堡的基础上派生出奶酪汉堡(Basic Cheeseburger),添加新的属性(cheese)并更新 getPrice()接口。

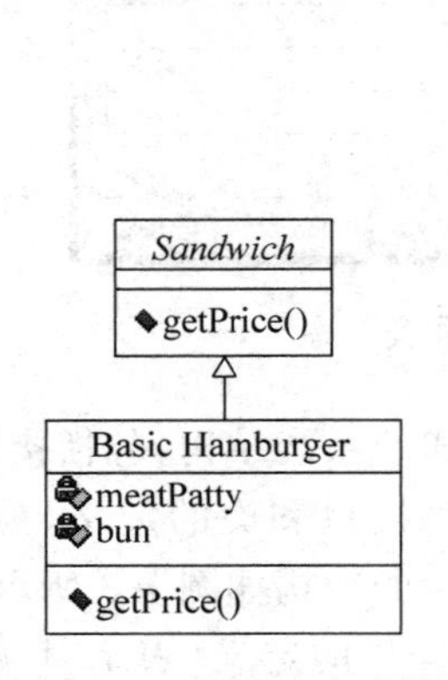

图 7-4 Susan 的汉堡店(原始版)

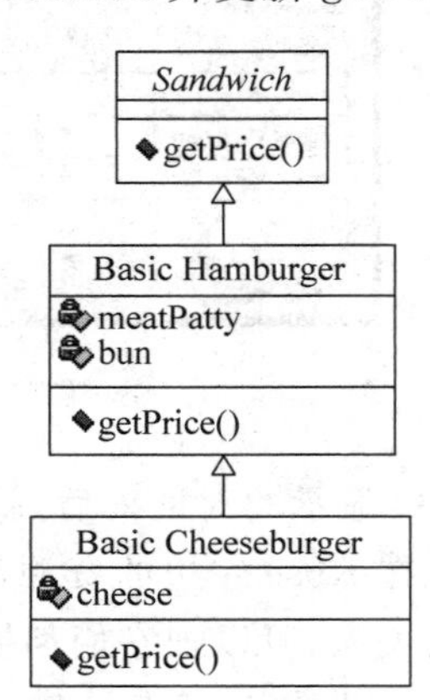

图 7-5 Susan 的汉堡店(奶酪版)

看起来很简单,虽然从具体类继承违背了面向对象的设计原则,但毕竟有效地应对了新需求的出现。按照这种思路,当又出现新增洋葱汉堡的需求后,仍然可通过继承来实现。不过,麻烦的是,洋葱既可以加在普通的汉堡上,也可以加在奶酪汉堡上。为此,现在必须同时添加两个类来应对这一项新增需求,其设计方案如图 7-6 所示。

问题还不算太严重。不过当继续增加新的需求时,事情的发展就有点不顺利了——为了添加西红柿口味的汉堡,需要添加 4 个类,从而提供西红柿汉堡、西红柿奶酪汉堡、西红柿洋葱汉堡及西红柿洋葱奶酪汉堡。其设计方案如图 7-7 所示。这个图的规模已经让人有点难以接受了,为了卖出这 3 种口味组合的汉堡,需要 9 个类(1 个抽象类、8 个具体类)的支持。更严重的问题还在后面,当我们要再增加生菜口味时,将再多出 8 个类;继续增加熏肉口味,则会再多出 16 个类……显然,这种指数级(2^n)的类数量的增长是让人难以接受的。

事实上,问题还不仅仅在于类数量的爆炸式增长。从图 7-7 可以发现,有关西红柿调料的处理同时出现在 4 个类中,这种不必要的重复破坏了系统的单点维护能力。考虑要调整西红柿调料的价格,则这 4 个类中 getPrice()操作的实现均需要修改。因此,这种简单地通过继承进行扩充的方式是不合适的。而借助于设计模式,就可以有效地解决该问题。

回顾 GoF 模式的适用性,可以发现装饰模式适用于“不能采用生成子类的方法进行扩

---

① 案例来自 Brandon Goldfedder 所著的 *The Joy of Patterns: Using Patterns for Enterprise Development* 一书,在该书的基础上进行了适当修改。

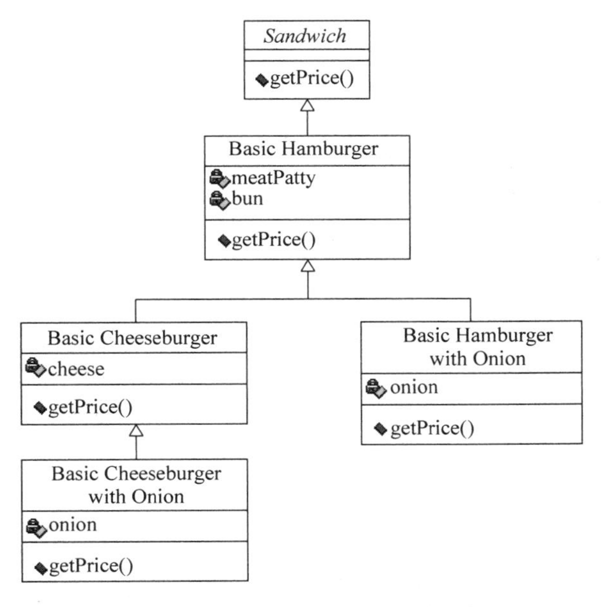

图 7-6 Susan 的汉堡店(奶酪洋葱版)

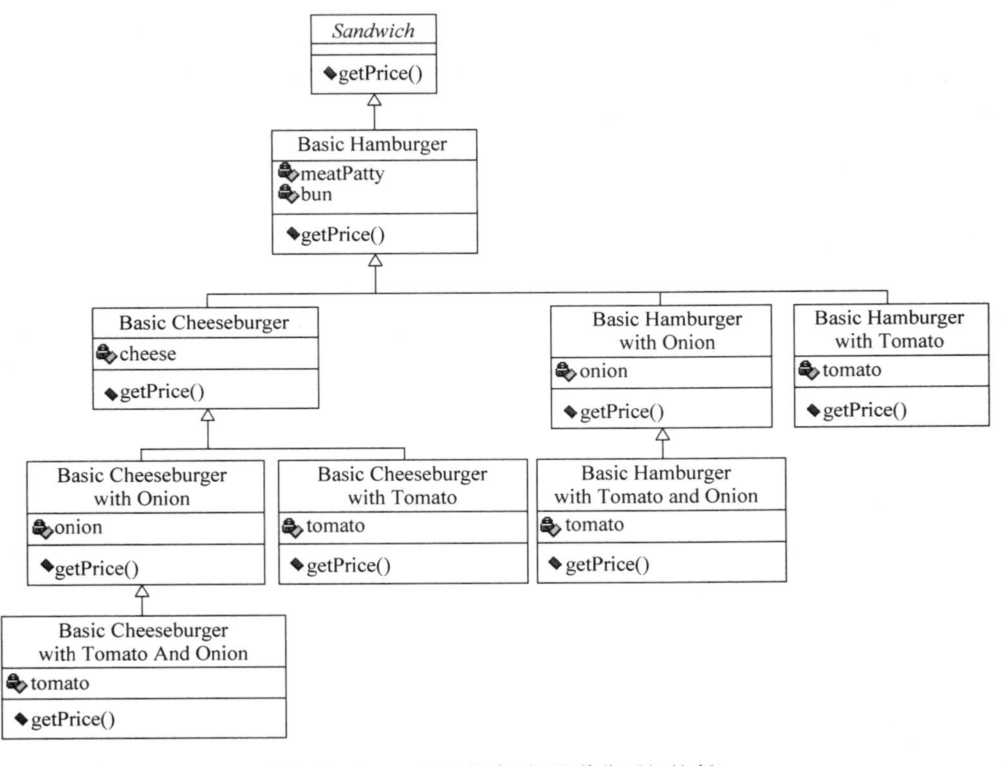

图 7-7 Susan 的汉堡店(奶酪洋葱西红柿版)

充,如可能有大量独立的扩展,使得子类数目呈爆炸式增长”(见表 7-3)。为此,可以采用装饰模式来重新设计 Susan 的汉堡店。新的设计方案如图 7-8 所示。

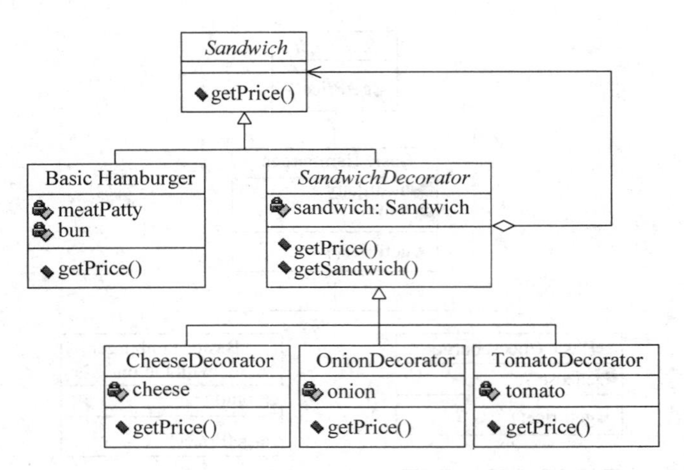

图 7-8　运用装饰模式重构 Susan 的汉堡店

在新方案中,首先定义了一个抽象的装饰类(*SandwichDecorator*)用来提供各种口味的公共接口,然后将这些口味作为一种具体装饰而存在(通过一个具体类来描述),并通过一个聚合关系实现在普通的汉堡上动态地聚合各种装饰,从而在运行时根据客户的需要制作各种口味的汉堡包[①]。

在该方案中,通过一个抽象装饰类对各种口味进行抽象,从而实现了 OCP。当新增加调料时,只需要扩展一个具体类,而对原方案没有任何影响。同时,也消除了不必要的重复(每种口味只在一个类中描述),从而保证对每种口味的单点维护。

7.2.3　培养模式思维

从第 7.2.2 小节的两个案例可以看出,当设计中遇到可以适用某个模式的情况时,直接应用该模式即可获得高质量的设计方案。因此,在设计中有效地应用设计模式,不仅降低了设计的难度,而且能够极大地提高系统设计的质量。那么,为什么设计模式能够有效地解决设计问题,它们又是如何设计出来的,该如何学习和使用这些模式呢?本小节将一一介绍。

1. 设计模式的意图

设计模式最根本的意图就是适应需求变更。在软件开发中,变更是会频繁发生的,而这其中,需求变更是最常见、影响最大的一种。因为需求是整个软件系统的基础,软件系统就是为了满足需求而存在的。当需求发生变化时,后续的分析、设计、实现都会受到影响。为此,一个好的系统应该是能够快速应对需求变更,并能保持稳定的。而设计模式就是为了让软件更加适应变更,有更多的可扩展性,从而保证发生需求变更时不需要重新设计。

2. 设计模式的实现思路

应对变更的直接手段就是封装变更,从而使变更的影响降到最小。其基本实现思路就是封装复杂性,并对外提供简单接口,通过多态包容的特性扩展新功能来应对变更。

多态包容是指宿主对象中包含抽象基类(或接口)的引用,而实际行为委托给该引用所

① 对该方案还不太理解的读者可阅读原著,原著中给出了该设计方案的 C++实现。

指向的实际对象,从而使这些行为可以根据该引用所指向的实际对象不同而不同。具体的实现思路包括以下几个方面。

1) 增加间接层

初始的设计方案都是为了满足需求而提出的,大多直接来自分析阶段的具体类。而且为了便于对象之间的交互,这些具体类之间往往存在着很强的耦合,难以有效地应对需求的变更,也难以复用。优化设计的出发点就是对这些具体类解耦,通过增加一个间接层(大多为抽象层),将两个具体类之间的关系转换为具体类和抽象层之间的关系,使依赖止于抽象,从而设计出满足设计原则的高质量方案。

增加间接层是模式思维最原始的出发点。观察 GoF 模式所提供的类图,可以发现绝大多数设计模式都是按照这种思想,通过新增的间接层来达到最大程度的复用。第 7.2.4 小节中的案例就充分运用了该思想来解决设计问题。

2) 针对接口编程,而不针对实现编程

正如第 6 章所提到的,高质量设计的关键就在于抽象。事实上,DIP 就是针对接口编程思想的体现,其依赖止于抽象的思想,要求设计方案中应尽量引用抽象类或接口,从而实现针对接口的编程。在第 6.6.3 小节的咖啡机系统案例中可以看到,满足 DIP 的设计方案完全是建立在抽象层(接口或抽象类)之上的,而具体的实现是通过扩展具体类来完成的。

针对接口编程的构件并不需要知道所引用对象的具体类型和实现细节,只需要知道抽象类或接口所提供的抽象操作,从而减少了实现上的依赖关系。这是对增加间接层设计思路的进一步描述,即该间接层应尽量设计为抽象层,大多为抽象类或接口。GoF 模式中的很多模式就是为用户提供一种针对接口编程的实现思路,通过设计好的抽象类或接口来应对需求的变更。

3) 优先使用聚合,而不是继承

面向对象的初学者经常热衷于继承所提供的强大的代码复用能力。然而,事实上通过聚合其他对象也可以实现复用,而聚合在某些方面比继承更有优势。

继承反映的是类间"is a"关系,其优点是实现和使用起来比较简单,因为面向对象的编程语言直接支持继承机制,而且对设计人员来说,这种机制也比较容易理解。然而继承存在两个方面的缺点:首先,类之间的这种关系是在编译时就确定的,运行期间不能对继承结构进行修改,从而缺少了应对变更的能力;其次,由于基类的实现被暴露给派生类,破坏了类的封装,导致派生类和基类之间产生了很强的耦合。

聚合反映的是类间"has a"关系,其优点是可以在运行时根据需要动态定义。因此,被聚合对象的类型可以很容易地在运行时发生变化,只要保证接口一致,满足 LSP 即可。此外,由于可以同时聚合多个成员,因此通过聚合可以更好地封装对象,使每一个类的职责集中(满足 SRP),并减少继承层次,不会造成类数量的爆炸。当然,聚合的缺点在于,不是面向对象编程语言所直接支持的,一般需要用户添加相应的代码来完成对聚合成员的管理。

从这两种机制的特点可以看出,可以充分利用聚合能够在运行时动态修改的特点来应对变更。因此,在满足关系的基本定义的情况下,应优先使用聚合而不是继承。当然,由于聚合并不直接支持多态,因此在使用聚合时,一般先聚合抽象类(或接口),再通过继承(或实现)具体类来扩展相应的功能,从而实现动态改变聚合的行为。GoF 中的很多设计模式都使用了这种思想,如第 7.2.2 小节中介绍的状态模式和装饰模式。

3. 学习和使用设计模式

作为对优秀设计成果的总结和提升,在实践中学习和使用设计模式有非常重要的作用和意义。然而,对设计模式的应用并不是简单的背诵和抄袭的过程。每个设计模式都有其应用背景(意图)和解决方案,只有在需要的场合选择合适的模式才能有效地发挥模式的作用,过度地滥用模式也会陷入过度设计,从而带来不必要的复杂性。

学习设计模式的过程可以类比金庸的武侠小说《倚天屠龙记》中张无忌学太极剑的过程。张三丰使完剑法后问张无忌:“看清楚了没有?”张无忌说:“看清楚了。”张三丰又问:“都记得了没有?”张无忌说:“已忘记了一小半。”过了一会,张无忌已忘记了一大半。之后,张三丰再使一遍,但却和第一次使的没有一招相同。而此时张无忌还有三招没忘记。此后,张无忌自己再沉思半晌,最终忘得干干净净。而张无忌靠忘光了的太极剑和一把木剑,打败了众多高手。

可以总结一下整个学习过程:在看清楚相关的招式基础上(理解原理),慢慢地忘记具体的招式,从而在实际使用中信手拈来,真正做到无招胜有招。

初学者首先需要逐个学习设计模式的意图、适用性、解决方案等内容,并对其基本的使用有一定的了解。然后在实践中逐步地应用,通过应用来领悟设计模式的主旨和内涵,发现隐藏在设计模式背后的模式思维和设计原则。通过这样不断地实践,逐步认识到所有的设计模式只不过是那些设计原则和思维的具体表现形式而已。此时,在设计中就不再孤立地去套用某个模式,而是根据实际需求应用这些思维来解决问题,达到所谓“无招胜有招”的境界。

7.2.4 运用模式设计可复用构件

Button(按钮)是在很多系统中都会使用到的一种资源,从桌面应用到 Web 页面,再到嵌入式软件。然而,无论在哪类应用系统中,其行为都是类似的,即接受外部用户的单击。当然,单击后的具体动作取决于具体的业务场景。那么,能否设计一个可复用的 Button,它不与具体的应用相关,能够在各类场景中被广泛复用。本小节将充分运用模式思维和各类 GoF 模式来构建可复用的 Button。

先从一个具体的场景开始设计 Button。一个普通的手机至少要提供两类 Button:一类是 0～9 的数字按键(digitKey),用于输入电话号码;另一类是拨号键(dialKey)等其他功能按键。为了简化问题,只考虑打电话的场景。图 7-9 给出了该场景实现的通信图。

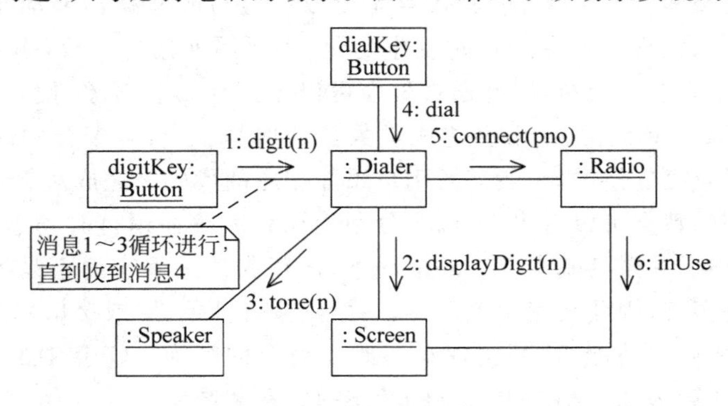

图 7-9 打电话的通信图

从图 7-9 可以看出，用户首先通过拨号键向拨号器设备（Dialer，从软件的观点可认为它是一个控制类，协调手机中的其他设备）输入电话号码（消息 1）。在输入电话号码的过程中，手机显示屏（Screen）即时显示所输入的号码（消息 2），同时扬声器（Speaker）发出提示音（消息 3）。消息 1～消息 3 循环进行，直到用户按下拨号键进行拨号（消息 4）为止。用户拨号后，拨号器启用无线通信设备（Radio）进行连接（消息 5），同时屏幕上显示正在连接中的提示信息（消息 6）。

通信图中已明确给出了对象间的链接关系，结合消息的传递方向，可以很容易地构造系统的类图，如图 7-10 所示（忽略类的属性和操作）。其中，数字键和拨号键都是 Button 类。

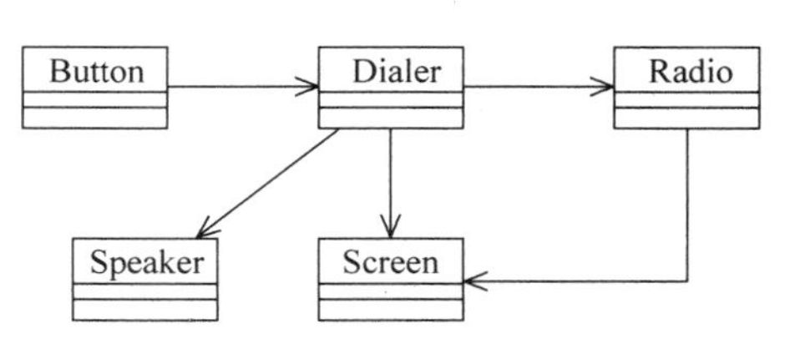

图 7-10 打电话的初始类图

那么，由此设计出来的 Button 类能复用吗？在类图中可以发现，Button 类存在到 Dialer 类的关联关系，这个关联的存在意味着 Button 依赖 Dialer，这也就意味着 Button 不能被单独地复用。为了更好地理解 Button 和 Dialer 之间存在的耦合，下面给出 Button 类的关键代码。

```
public class Button {
    private Dialer myDialer;
    public Button(Dialer dialer)
        myDialer = dialer;
    }
    public buttonPressed(String token) throws NumberFormatException{
        int digit = Integer.parseInt(token);
        dialer.digit(digit);
    }
}
```

从代码中可以看出，Button 类中直接保存着一个 Dialer 对象的引用 myDialer（第二行，粗体加下画线），并且在构造时进行初始化。这就意味着，即使一个桌面应用程序要复用该 Button，也需要定义一个根本不需要，也不存在的 Dialer。因此，当前方案中的 Button 是不能被有效地复用的，其原因就是 Button 类存在到 Dialer 类的关联。

为了复用，按照增加间接层的基本思路，就必须先去掉这两个具体类之间的关联，再添加一个抽象层来完成它们之间的通信。此时，并不需要套用某个具体的模式，可直接按照图 7-11 的思路去做进一步的设计，实现的关键就在于增加怎样的抽象层，具体类和抽象层之间又存在什么样的关系。

增加抽象层的目的是让 Button 可以将其接收到的信息传递给拨号器，换句话说，这个抽象层就是监视 Button 的行为，当 Button 被按下时需要做出反应。按照这种思路，可以得到图 7-12 所示的设计方案①，即 Button 被按下后，通过 ButtonListener 接口所提供的 buttonPressed()操作发出通知，而 Dialer 实现该操作，完成具体的后续行为。

---

① Robert Martin 在 *Agile Software Development: Principles, Patterns, and Practices* 一书中将该方案定义为 Active Server 模式，即服务端（Dialer）通过声明接口来主动监听客户行为。

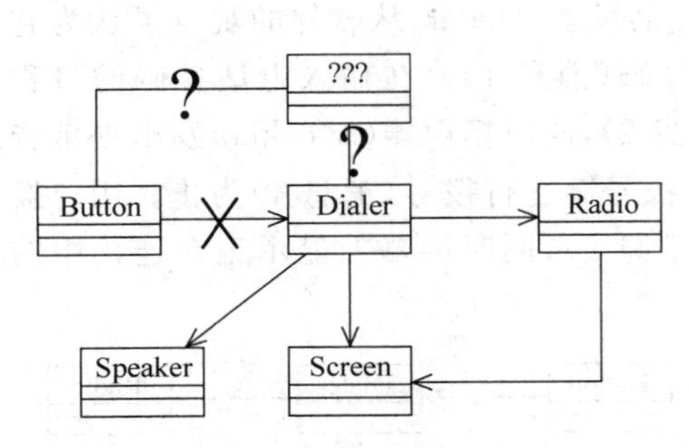

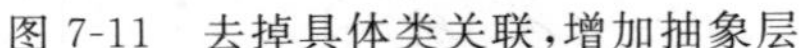
图 7-11 去掉具体类关联,增加抽象层

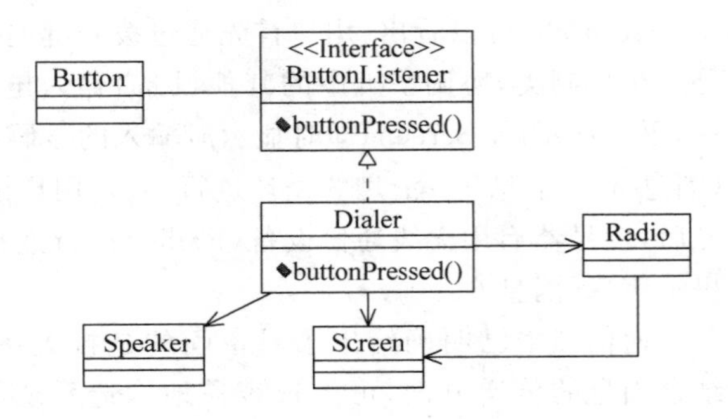

图 7-12 引入抽象层后的类图

由于引入了抽象层,Button 和 Dialer 两个具体类之间不再存在直接的依赖关系(依赖止于抽象),这样 Button 类和 ButtonListener 接口就可以一起被复用——只需要针对新应用扩展一个具体类来实现 ButtonListener 接口即可复用。

然而,该方案的引入却带来新的问题,即要求 Dialer 必须实现 ButtonListener 接口,与其相关的关键代码如下所示。

```
interface ButtonListener {
    public void buttonPressed(int token)
}
public class Dialer implements ButtonListener {
    public void buttonPressed(int token) {...}
    ...
}
```

从上述代码中可以看出,Dialer 为了实现 ButtonListener 接口,就需要实现 buttonPressed()操作。该操作要求 Dialer 能够接受 int 型的数值并组装为电话号码进行拨号。如果 Dialer 是已经做好的配件(例如由另一家通信厂商提供的组件),只接受一个字符串表示的电话号码,又该怎么办? 显然,这种设计限制了 Dialer 的可复用性。

为了 Dialer 的可复用性,同样需要再增加一个间接层。该间接层的目的是解决 ButtonListener 与 Dialer 之间的接口不一致问题(即 Dialer 无法实现 ButtonListener 接口),GoF 适配器模式就为接口不一致提供了解决方案。图 7-13 就是应用该模式后的设计类图。

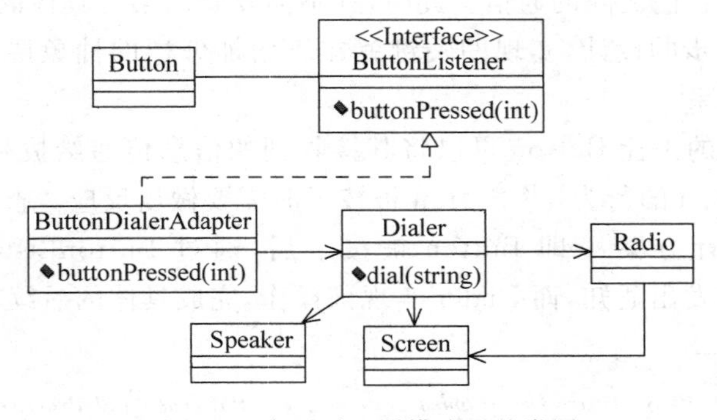

图 7-13 应用适配器模式后的类图

从图 7-13 可以看出，新增的适配器类(ButtonDialerAdapter)实现 ButtonListener 中的 buttonPressed()操作，然后将封装好的电话号码按照 Dialer 要求的格式传递给 Dialer 进行拨号。为了便于理解，下面列出了关键的实现代码。

```
interface ButtonListener {
    void buttonPressed(int digit);
}
public class Dialer {
    public void dial(String pno) { radio.connect(pno);}
}
public class ButtonDialerAdapter implements ButtonListener {
    StringBuffer myPho = "";
    Dialer myDialer;
    void buttonPressed(int digit) {
        if (digit == DIAL_SIGNAL) myDialer.dial(myPho);//如果是拨号键,则进行拨号
        else myPho.append(digit);     //如果是数字键,则组合成电话号码
    }
}
```

为 Dialer 引入适配器后，又将出现新的问题。回顾一下图 7-9 的通信图中所描述的实现场景：在用户每输入一个数字键时，不仅是拨号器需要获知按键信息，屏幕和扬声器也需要做出响应。而图 7-13 的类图中，Screen 和 Speaker 依然只与 Dialer 存在关联，即依然要由 Dialer 告知按键信息。但新方案中 Dialer 已经不再监视数字键的拨号过程，只在按下拨号键后再一次性从适配器中获得电话号码。想象一下，按照这种方案设计出来的电话工作模式：用户在输入电话号码的过程中，系统没有任何反应(因为 Screen 和 Speaker 不能获得按键信息)，当用户按下拨号键后，系统才一次性显示电话号码并发出提示音。显然，这样的系统是用户无法接受的。为此，当前的接口无法满足 Screen 和 Speaker 的要求，需要提供新的接口。同样，通过 GoF 适配器模式为 Screen 和 Speaker 添加相应的适配器来匹配接口。图 7-14 显示了为 Speaker 添加适配器后系统的类图(只显示了适配器相关部分，而且忽略了类的属性和操作；此外，Button 和 ButtonListener 之间采用了聚合关系，并添加了多重性，说明一个 Button 可以包含多个 ButtonListener)。

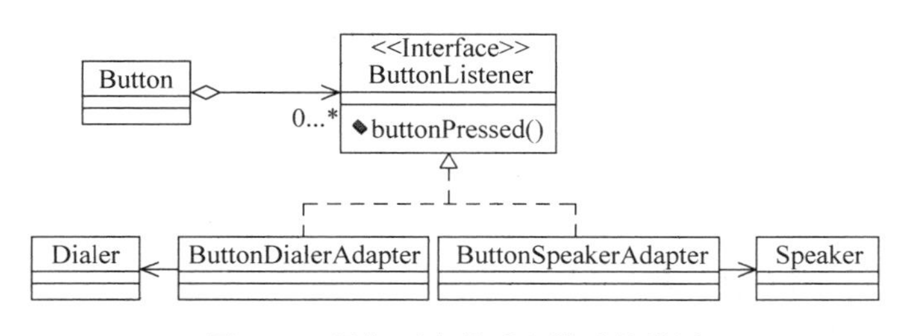

图 7-14 添加更多的适配器后的类图

通过 GoF 适配器模式解决了接口不一致问题，然而新的问题又出现了。现在的 Button 不是只有一个监听器来监听其行为，而是有多个监听者。这就意味着 Button 在被按下的时候，必须通知数量未知的监听者。换个角度来说，就是有多个观察者在观察 Button 的行为，根据观察到的行为来做出自己的反应。

GoF 观察者模式就是用来解决此类对象之间一对多的依赖问题，可以按照该模式提供的解决方案继续重构系统模型。其中，Button 类中的部分关键代码如下。

```
public class Button {
    private int myDigit = INVALID_DIGIT;
    private LinkedList observers = null;      //存储数量未知的观察者
    boolean addObserver(ButtonListener bl) {//添加观察者，还可添加删除观察者的操作
        return observers.add(bl);
    }
    void pressed() {
        ListIterator li = observers.listIterator();
        while (li.hasNext()) {                //通知所有的观察者
            ButtonListener bl = (ButtonListener)li.next();
            bl.buttonPressed(myDigit);
        }
    }
}
```

至此，“可复用 Button”的设计目标基本实现。总结一下，为设计可复用构件，核心思想就是通过增加一个间接层来实现，利用间接层消除具体类之间的依赖、类接口不一致等问题。在具体应用中，还使用到了适配器、观察者等多个不同的设计模式。

再回到可复用 Button 的问题上。换个角度重新思考该问题，抛开打电话这个具体的场景而单独考虑 Button 本身（即在第 6.6.3 小节中介绍的从本质抽象的角度考虑问题：抛开当前具体需求，而追求事物本质的抽象）。对于 Button 来说，它只需要知道自己是否被按下，如果被按下，则触发一个操作，而具体触发什么操作应该由相应的实施该操作的类来实现。GoF 命令模式就是用来处理此类问题的，它“将一个请求封装为一个对象，从而可用不同的请求对客户进行参数化”。按照此模式即可直接重新设计一个可复用 Button，其设计类图如图 7-15 所示（图中省略了具体的操作，Command 接口可以根据需要提供 do、undo、log 等各类操作）。

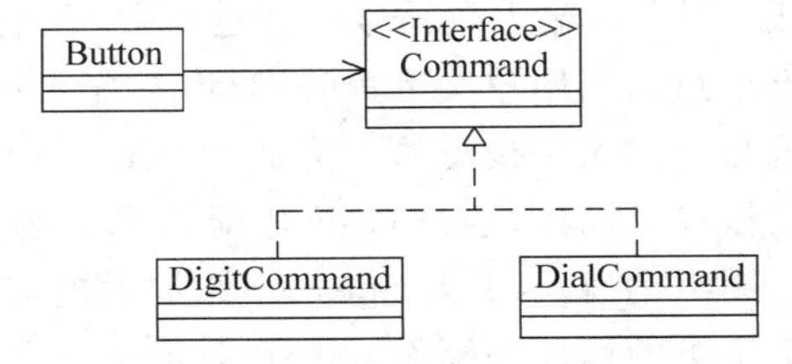

图 7-15 利用命令模式重新设计的可复用 Button

从图 7-15 可以看出，Button 通过关联到 Command 接口，将具体的行为委托给该接口的 do()操作，这样 Button 和 Command 接口就可以被复用。而 Button 被按下后的具体行为则通过扩展相应的具体类来实现，图 7-15 中实现的 DigitCommand 和 DialCommand 两个具体类就分别用于处理打电话系统中的数字键和拨号键的行为。

7.3 更多的设计模式

视频讲解

作为经典的设计模式，GoF 提出的 23 种设计模式已被广泛接受和认可。自 1994 年 Erich Gamma 等人的有关设计模式的图书出版以来，有关设计模式的论著也大多以这些模式为基础。当然，除了 GoF 模式外，很多面向对象的设计者结合自己的应用领域和设计经验也总结出一些通用的设计模式。虽然这些模式并不如 GoF 模式应用广泛，但有些模式也有很多成

功的应用案例。在掌握 GoF 模式后，适当了解更多的设计模式将有助于开拓设计思路。如 Rober Martin 在 *Agile Software Development: Principles, Patterns, and Practices* 一书中就介绍了主动对象(Active Object)、空对象(Null Object)、抽象服务(Abstract Server)等模式。其中的空对象模式就是用来统一处理“空值”的一个实用的设计模式。下面就以该模式为例，介绍其应用场景。其他更多的模式，读者可以参考相应的文献进行学习。

考虑一则查询业务：从数据库(DB)中按照名字查询员工信息，如果没有查到，则返回空值(null)，否则就返回请求的员工对象(Employee)，并输出该员工的信息(print())。参考代码如下所示。

```
Employee e = DB.getEmployee("Bob");
if (e! = null) e.print();
```

从上述代码可以看到，为了保证后续操作正常运行，在每一次使用 e 对象时，必须进行 null 检查。这非常烦琐，而且容易被开发者遗忘而导致程序崩溃(对空值调用 print()操作)。当然，此处的另一个方案为 getEmploye()不是返回空，而是抛出异常，以减少出错的可能。然而，如果这样，则在每次使用时都需要进行异常处理(try/catch)。

空对象(Null Object)模式就是用来解决此类问题的。它消除了对空值的检查，从而有助于简化代码，并减少错误的发生。图 7-16 给出了应用该模式后的结构。

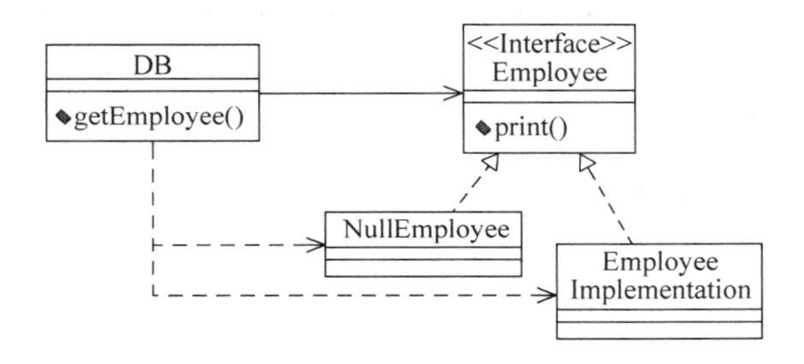

图 7-16　应用 Null Object 模式后的结构

在该方案中，Employee 变成了一个具有两个实现的接口。EmployeeImplementation 是正常的实现，它包含了所期望的 Employee 对象应该拥有的所有属性和操作。当 DB.getEmployee()找到一个雇员时，就返回一个 EmployeeImplementaion 实例。仅当 DB.getEmployee()没有找到雇员时，才返回 NullEmployee 的实例。

NullEmployee 实现了 Employee 接口所定义的所有操作，但操作内部并没有提供实际的功能。当然，可以根据具体情况实现一些辅助功能。如针对 print()操作可以打印出一段提示信息，说明没有该用户信息。使用该模式后，前面的代码可以改为以下形式。

```
Employee e = DB.getEmployee("Bob");
e.print();
```

对返回的对象不需要进行空值判定，这种做法既不易出错，又具有很好的一致性。DB.getEmployee()操作总会返回一个 Employee 的实例，不管是否能找到雇员，都可以保证所返回的实例具有合适的行为，从而保证程序能正确运行。

7.4 职责分配模式

正如第5.5.1小节和第6.4节所阐述的，职责和职责分配是面向对象分析和设计的最核心工作，合理的职责分配将直接决定了设计的质量。考虑到职责分配在面向对象设计中的重要性和难度，有经验的面向对象设计者也总结了一些成功地用于职责分配的原则和模式，用于指导职责分配过程。第6.4节所阐述的SRP就是经典的类职责设计原则；而Craig Larman先生也在其著作中系统地阐述了9种通用职责分配软件模式。

7.4.1 通用职责分配软件模式

Craig Larman在其著作 *Applying UML and Patterns: An Introduction to Object-Oriented Analysis and Design and Iterative Development* 中提出了9种用于职责分配的模式，统称为通用职责分配软件模式(General Responsibility Assignment Software Patterns, GRASP)。这些模式[①]结合类职责分配期间所面临的问题，给出了具体分配规则，从而可以有效地指导用例设计期间类的职责分配过程。表7-4列出了这些职责分配模式的基本要点。有关具体问题和应用场景的细节，读者可参阅原著。

表7-4 通用职责分配软件模式要点一览

模式名称	问题	解决方案	相关模式
创建者(Creator)	谁应该负责创建类的实例(即生成对象)?	在下列情况下，将创建类A实例的职责分配给类B： ◆ B包含或聚合A ◆ B记录A或密切使用A ◆ B拥有A初始化数据，并在实例化A时传递给它	低耦合 工厂方法 抽象工厂
信息专家(Information Expert)	给对象分配职责的通用原则是什么?	将职责分配给拥有履行该职责所必需信息的类(即信息专家)	低耦合 高内聚
低耦合(Low Coupling)	如何支持低的依赖性，减少变更的影响，提高复用程度?	分配一个职责，以便保持类间的低耦合	受保护变化
控制器(Controller)	谁负责处理UI层所接收的外部事件或系统消息?	将接收或处理系统事件消息的职责分配给外观控制器(代表整个系统、设备或子系统)或用例控制器(代表某个用例)	命名 外观 纯虚构
高内聚(High Cohesion)	如何管理类内部的复杂性?	分配一个职责，以保持类内部的高内聚	

---

① 按本书观点，GRASP应该归为原则而不是模式，因为它们并没有为使用者提供具体解决方案，而只是一些指导思想，如低耦合、高内聚、多态、受保护变化等，它们并没有具体实现方案。Larman先生在该著作的第三版中也对此问题进行了说明，他解释，"没有必要去争辩GRASP是原则还是模式，而应该关注其实用价值。"

续表

模式名称	问题	解决方案	相关模式
多态 (Polymorphism)	如何处理基于类型的不同操作？如何创建可插拔的软件构件？	当相关选择或行为随类型变化时，用多态作为行为变化的类型分配职责	受保护变化 状态 策略
纯虚构 (Pure Fabrication)	当不能破坏高内聚和低耦合等目标，但其他模式（如信息专家）又不合适时，如何分配类的职责？	将一组高内聚的职责分配给一个虚构出来的类，不代表问题域中的概念	低耦合 高内聚
中介 (Indirection)	如何避免多个事物间的直接耦合，提高复用的可能性？	将职责分配给中间对象以协调其他构件间的工作，使它们不直接耦合	受保护变化 低耦合 纯虚构
受保护变化 (Protected Variations)	如何保证变化或不稳定对象、子系统、系统等不对其他元素产生不利的影响？	识别可预知的变化或不稳定点，通过分配职责创建围绕它们的稳定接口	

◆ 创建者模式用于指导分配与创建对象相关的职责，其基本目的是找到一个在任何情况下都与被创建者对象相关联的创建者，以支持低耦合。这些情况包括整体聚合了部分、容器包含了对象、记录器记录了被记录的数据，通过在类图中所定义的这些关系来选择创建者。

◆ 信息专家模式是职责分配中使用最广泛的模式，它表达了一种“直觉”，对象处理自己拥有的相关信息的事务；或者说对象所能处理的职责依赖于其所拥有的数据（即拥有该数据的对象为该职责的专家）。如在用例分析期间，实体类为控制类提供相应的数据职责就是遵循该模式。该模式的一些别名更能体现其含义，如“根据数据分配职责”“了解所需信息的实体完成相应的行为”“DIY (Do It Yourself)”“根据涉及的属性提供服务”。

◆ 低耦合、高内聚是两个设计中讨论最广泛的概念（从结构化设计到面向对象的设计都涉及该问题）。而此处的耦合主要是指类之间的关系的强弱程度，内聚则表示单个类内部职责之间的相关程度。低耦合不代表类之间没有耦合[①]，而是尽量降低耦合度。类之间存在依赖、关联、聚合、组合、泛化等各种不同的关系，在尽可能采用较低耦合度关系的基础上达到系统要求。高内聚则意味着单个类内部职责高度相关，因此，从形式上说，高内聚的类应该只包含较少的操作，操作的关联度很高，其任务也比较单一；这其实和 SRP 的要求是一致的。

◆ 控制器模式则要求把协调处理系统消息的职责分配给不同的控制类来处理。事实上，分析阶段所引入的控制类就是此模式的体现。

◆ 多态模式主要用于处理某个职责在不同的派生类中所表现出的不同的行为，将职责分配给由同一接口派生出来的不同具体类，这与设计模式的多态包容思维是一致的。

◆ 纯虚构模式是将一组高度内聚的职责抽象为一个虚构的类，从而可以构造出高内

① 类要交互必须要有相应的关系来支持，从而产生耦合。没有耦合就没有交互，也就不可能构造出一个可运转的系统。

聚、易复用的类。然而,由于虚构模式通常是通过功能划分不同的类,这与面向对象的数据和操作的封装思想并不一致,而且容易陷入结构化的功能分解的误区,因此在使用时要谨慎。

- 中介模式是把职责分配给一个虚构的中介类,由该中介类来协调多个类之间的职责,从而隔离耦合度过大的多个类,达到低耦合。该模式与设计模式中增加间接层的思维方式是一致的。
- 受保护变化模式的基本思想是将易变的部分封装起来,并对外提供一个稳定的接口,从而构建稳定系统。该模式是对封装、信息隐藏等面向对象原则的另一种表示,第 6.3 节所阐述的 OCP 也是从另一个角度来描述这种思想的。

7.4.2 迪米特准则

迪米特准则(Law of Demeter)是面向对象设计中另一个非常实用的职责分配模式。Craig Larman 将它作为 PV 模式的一个特例,提供了一种获得受限结构变化的机制,它给出了在一个方法内应该向哪些对象发送消息的限制。

该准则是由 Karl Lieberherr 等在一个叫 Demeter 的项目中提出来的,用于解耦因对象结构的变化和不稳定而导致与该对象耦合在一起的代码。其核心思想就是要求一个类尽量只与它的直接对象交互,避免与间接对象交互,这样就可以与最少的类产生耦合,从而使整个系统的耦合度保持最低。

该准则给出了在一个方法内应该向哪些对象发送消息的限制,规定在一个方法中,消息只能发往以下对象。

- 对象本身。
- 该方法的一个参数。
- 对象本身的属性。
- 对象本身的一个属性集合中的元素。
- 该方法内部创建的对象。

更直观地来说,该准则限定对象只能给自身或者与自身有直接关系的对象发送消息①,而避免与间接对象发送消息。由此该准则有个更形象的名称——"不要和陌生人说话"。因为这些对象都是当前对象的"熟人",对象只与"熟人"说话,从而保持了系统的低耦合。

下面通过一个虚构的方案来阐述迪米特准则的应用场景,该方案的静态类图如图 7-17 所示。

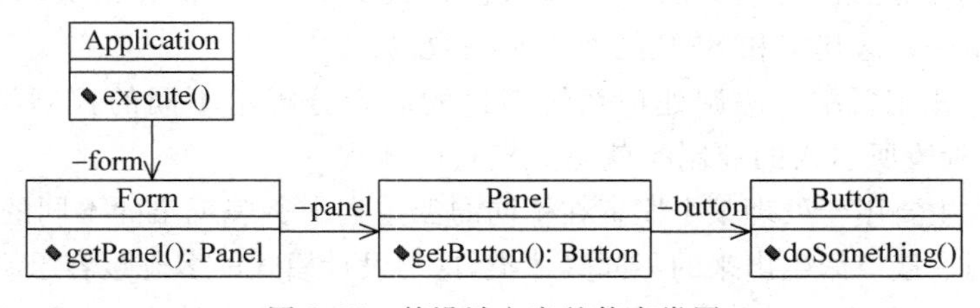

图 7-17 某设计方案的静态类图

① 上面的情况分别对应类之间的不同关系,可参阅第 9.3.8 小节中有关类间可见性及类关系的定义规则。

而 Application 类的 execute()操作内部的职责分配,如下面的代码所示。

```
class Application{
    private Form form;
    public void execute(){
        form.getPanel().getButton().doSomething();
        //…
    }
    //…
}
```

在该代码段中,form 为当前类(Application)的属性成员(关联属性,通过图 7-17 中的关联关系定义),通过调用其 getPanel()操作(满足迪米特准则)获得 Form 类的 panel 成员,然后调用 panel 的 getButton()操作(这不符合迪米特准则,因为 panel 不是当前类的"熟人")获得 Panel 类的 button 成员(也不符合迪米特准则),并调用了 button 的 doSomething()操作。

显然,这种通过跨越一个长长的对象关联路径来发送消息给一个远程、间接的对象,从而与这些远方的陌生人交谈的情况,违背了迪米特准则。这种调用跨越的路径越长,对象间的耦合度就越大,其设计的脆弱性也越高。

7.5 其他问题

视频讲解

7.5.1 设计模式与编程语言

设计模式是用于设计阶段的,其本身并不依赖于编程语言,它构成了一种比编程语言更抽象的设计语言,可以使设计者彼此交流设计思想。因此,从理论上来说,可以采用任何一种编程语言来实现设计模式。然而,由于并不是所有的语言都支持面向对象设计中的全部概念(如 C++中就没有接口这种机制),因此对于某些特定的模式,采用某种语言要比其他语言更容易实现。在实际项目应用过程中,应该意识到正确选择一种合适的语言可以让某些设计方案的实现变得简单得多。

在第 7.2.4 小节中关于可复用 Button 的设计方案中,最终引入了观察模式来支持多个适配器。而为了实现该模式,需要利用 Java 语言提供的 LinkedList 容器来手动管理观察者,这是一般的编程语言的实现思路,即编写代码来手动管理聚合的成员。

然而,Java 语言已经提供了该模式的实现框架,开发人员只需要实现相应的抽象类和接口即可。在 java.util 包中提供了 Observable 类和 Observer 接口,开发人员只需要在要得到通知的类(即观察者,Button 方案中的适配器类)中实现 Observer 接口,而被观察者(Button 方案中的 Button 类)继承 Observable 抽象类并处理观察器的注册和通知事件即可。

7.5.2 设计模式与重构

随着极限编程等一些敏捷方法的兴起,重构(Refactoring)的概念正日益被大家所接受并被广泛应用。所谓重构，是这样一个过程：在不改变代码外在行为的前提下，对代码做出修改，以改进程序的内部结构，从而提高程序质量；换句话说，就是在代码写好后改进它的设计。重构的基本理念就是在软件设计早期，如果没有看出抽象的必要，可以先实现一个简单的系统。当第一次被需求触发而显现出抽象的必要时，机会就来了，此时再运用设计原则或模式，提取抽象接口，重构原来的设计方案，从而获得高质量的设计。

重构的兴起使得设计模式闪现出新的光辉，它不仅在设计期间适用，而且在实现阶段也适用。在实现阶段，设计模式为重构提供了目标，当程序员的代码面临质量问题时，可以按照可适用的设计模式重构代码。

7.6 练习题

一、选择题

1. 面向对象的设计原则与设计模式最本质的区别是(　　)。

A. 设计原则用于构架设计，而设计模式用于构件设计

B. 设计原则是基本指导思想，而设计模式则是具体技术的应用

C. 设计原则与编程语言无关，而设计模式依赖于特定的编程语言

D. 设计原则适用于所有的面向对象系统，而设计模式只适用于特定的应用系统

2. 下列有关设计原则和设计模式的论述中，错误的是(　　)。

A. 设计原则是构造高质量设计的出发点

B. 设计模式是遵循设计原则的手段之一

C. 设计原则来自于设计模式的具体应用

D. 设计模式的核心思想是多态包容

3. 设计模式是设计中通用问题的解决方案；GoF 的 23 种设计模式为我们的设计提供了许多优秀的解决方案。在某一系统的设计过程中发现这样一个问题：已有的两个设计类需要互相通信，但接口不一致，此时我们应该考虑使用(　　)来解决。

A. 状态(State)模式　　B. 装饰(Decorator)模式

C. 适配器(Adapter)模式　　D. 命令(Command)模式

4. 迪米特(Demeter)准则用于指导详细设计阶段类的职责分配，根据该准则，在一个对象的方法中，其消息不应该发往(　　)。

A. 对象本身　　B. 该方法的参数

C. 该方法内创建的对象　　D. 直接依赖于该对象的对象

二、简答题

1. 什么是模式？什么是设计模式？它们之间有什么区别和联系？
2. 面向对象的设计原则和设计模式之间有什么区别和联系？
3. 什么是 GoF 模式？有哪些典型的 GoF 模式？
4. 模式思维主要包括哪些方面的内容？在实践中如何有效地使用设计模式？
5. 什么是通用职责分配模式？有哪些典型的通用职责分配模式？
6. 什么是迪米特准则？在什么情况下使用该准则？

三、应用题

1. 比较第7.2.4小节针对可复用Button设计提出的两种设计方案，讨论其出发点、设计策略、设计效果有何不同，各有什么优缺点。

2. 结合个人的实践经历，举例说明在实践项目中运用了哪些设计模式，运用这些设计模式带来了什么好处。

3. 结合你使用的UML建模工具，实践如何在设计模型中引入设计模式。

4. [综合案例：医院预约挂号系统]考虑预约挂号业务的费用支付问题，目前需要支持挂号处的现金交费和通过支付宝网上支付，同时还应该考虑支持其他可能的支付接口；请结合面向对象设计原则和模式，设计该系统的费用支付接口，以使得系统能够适应多种方式(注意添加适当说明信息，阐明使用相关设计原则或模式的依据和作用)。

CHAPTER 8

第 8 章

架构设计

掌握设计原则和模式这些基本的设计理念和方法后，就可以应用这些方法来开始面向对象的设计。与传统的结构化设计分为总体设计和详细设计类似，面向对象的设计也可以分为两个层次的设计，即高层的架构设计和底层的各构件设计。架构设计主要关注的是系统高层的组织结构，并为底层的构件设计提供基础结构和核心元素。

本章目标

在面向对象的系统中，架构扮演着至关重要的角色，各类设计元素按照架构的约束和规则构成系统各个组成成分，从而满足系统需求。本章将首先介绍架构设计的基本概念和设计过程，然后详细介绍架构设计的各项内容，包括定义设计元素、处理设计机制、定义实现架构及部署架构；重点关注设计元素和设计机制相关内容。

主要内容

（1）了解分析与设计的联系和区别。

（2）掌握利用包图进行架构设计的基本概念和方法。

（3）理解从分析类中确定设计元素的基本方法。

（4）理解从相关分析机制中确定适当的设计机制的基本策略。

（5）了解进程视图的基本概念和建模方法。

（6）了解部署视图的基本概念和建模方法。

8.1 过渡到设计

视频讲解

设计是把分析模型转换为设计模型的过程，这个过程可分解为两个相对独立的阶段，即架构设计和构件设计。在架构设计中，架构设计师根据项目的设计目标和相关的设计原则，对系统进行合理分解，形成不同的系统层次和各类构件，并对其中的核心元素和架构机制进行定义。而在构件设计中，构件设计师利用架构设计提供的设计元素和架构机制，利用特定的实现技术来完成各类构件的详细设计方案，从而为实现提供输入。

8.1.1 理解设计

按照 IEEE 的定义，设计是对架构、构件、接口及系统其他特征定义的过程。换句话说，软件设计至少需要包括 3 个部分的内容，即描述系统如何分解和组织构件的架构、架构内各构件间的接口及各个具体构件的实现细节。

软件设计在软件系统开发中起着重要的作用，高质量的软件更离不开设计。通过设计，设计师做出系统的各种模型，这些模型可以作为编码和测试的输入，用于规划后续的编码和测试活动，从而为程序员提供程序实现的蓝图，为测试员提供测试的依据。此外，通过对设计模型进行分析和评价，可以及早地验证和发现软件中的问题，从而保证软件系统能满足需求；还可以针对某些问题设计多个备选的解决方案，从而应对各种可能的开发风险。

根据出发点和策略不同，有 3 种不同类型的设计策略：D-设计、FP-设计和 I-设计。D-设计(Decomposition Design)是一种对系统进行分解的设计策略，它从系统的需求入手，将系统分解为各个构件片，再对各个构件片进行内部设计以满足系统需求。这是一种应用最广泛的设计策略，主要用于开发管理信息系统等的应用软件，本书后面有关设计的内容也主要采用的是该种策略。FP-设计(Family Pattern Design)是一种探求一定范围的通用性的设计策略，它一般不是从特定的需求入手，而是去探求问题的本质特征。这类设计策略主要用于通用产品的设计，本书第 6.6.3 小节满足 DIP 设计的咖啡机设计方案采用的就是这种设计策略。I-设计(Invention Design)则是基于概念化原型进行系统分析和设计，从而定义系统以满足所发现的需求。这类设计一般没有明确的需求，而是从一个创新性的想法入手，通过分析设计过程来逐步明确需求，并最终构造一个全新的软件系统。

8.1.2 从分析到设计

在面向对象的方法论中，设计是分析的自然延续，是对分析模型的进一步细化。不过，此处的延续更多的是强调所使用的方法、工具和成果的延续。与分析一样，设计活动也是针对 UML 静态模型和动态模型开展，作为设计成果的设计模型的表现形式与分析模型类似。但这并不意味着设计活动和分析是一样的，由于出发点和关注点不同，这两个活动在具体开展过程中存在着很大的差别。这种差别体现在目标不同，分析的目标是明确了做什么(What)，而设计的目标则是讨论怎么做(How)的问题。更具体来说，分析重点关注系统的业务问题本身，在不考虑实现技术的基础上有效地确定了将要构建的内容；而设计则关注系统的技术和实现细节，重点考虑采用何种技术、何种平台来实现分析模型。为了更好地理解分析和设计的区别，表 8-1 针对分析和设计的各个具体方面进行了对比。

表 8-1 分析和设计的对比

比 较 点	分 析	设 计
出发点	关注对业务问题的理解	关注解决方案的理解
关注点	侧重描述系统的功能需求	要全面考虑性能、可维护性等各类非功能需求
模型内容	一种理想化的设计，重点描述系统的基本组成和关键行为	要充分考虑操作、属性、对象生命周期等各个方面的问题
模型规模	一个较小的模型，只体现系统的核心元素	一个较大的模型，包括系统各个方面的细节

与传统结构化方法不同,从分析到设计的过渡并不是一个自顶向下(或自底向上)的过程;面向对象的设计是对其分析成果进行抽象(向上)或具体化(向下)的过程。可以认为,分析类定义了系统基本的分解结构;而设计则可以在该结构上进行具体化,定义可直接用于实现的设计类,也可以在该结构上进行进一步抽象,通过提取接口或相应的子系统,从而定义更高层的设计元素。

由于面向对象的设计是分析的自然延续,这就决定了设计将直接应用分析的成果,即设计模型是直接建立在对分析模型进行细化的基础上的。分析类在设计中直接演变为相应的设计元素,这就意味着随着设计的深入,分析模型将不复存在。然而,在迭代开发中,保留分析模型是非常有意义的。这不仅因为通过分析模型可以保持从需求、分析到设计的可跟踪性,而且下一个迭代中的分析也需要前一次迭代的分析模型。更重要的是,由于分析模型提供了系统的核心业务场景,这对于理解那些大规模系统的核心机制有非常重要的意义。为此,很多时候都需要采取一些手段来保留系统的分析模型。如在某个点冻结分析模型,保留一份历史副本(但这存在模型不一致性问题,因为随着设计的深入,开发人员可能会对分析中的一些方案进行调整);或同时维护两个独立的分析模型和设计模型(这增加了维护的负担,在修改设计模型的同时还需要修改原有的分析模型)。

8.2 架构设计基础

视频讲解

对于小规模软件系统来说,通过类可以很方便地组织整个应用系统。然而,随着系统规模和复杂度的增加,类的数量会越来越多,仅仅使用类很难有效地组织和规划系统开发活动。因此,需要更大粒度的组织单元对系统进行组织,这就是"包";而在"包"这一层的设计活动就是架构设计。

8.2.1 架构

架构是一个系统的组织结构,包括系统分解成的各个部分、它们的连接性、交互机制和指导系统设计的相关规则。具有合理架构的系统,将使对系统的理解、测试、维护和扩展变得很容易。在当今以构件化、复用技术为主流的系统开发中,架构的作用更加重要。

架构设计的活动在分析阶段就已经开始,然而分析阶段主要关注基础架构的选型和确定核心的分析机制。在设计阶段,则需要针对分析阶段的备选架构的各个方面进行详细定义,以设计出符合特定系统需求的架构。这些具体工作包括以下几个方面。

- 确定核心元素:在架构的中高层,以分析类为出发点,确定相应的核心设计元素,这些设计元素将作为构件设计的基本输入。
- 引入外围元素:在架构的中低层,以分析机制为出发点,确定满足分析类要求的设计机制,并将相关的内容引入设计模型。
- 优化组织结构:按照高内聚、低耦合等设计原则,整理并逐渐充实架构的层次和内容,以建立特定系统的合理架构。
- 定义设计后的组织结构:除了考虑系统设计时的组织结构,架构设计还应该考虑设计完成后系统实现、运行及部署等阶段的组织结构。

8.2.2 包图

架构的全部内容就是复杂性管理，即将解决方案划分成多个小的组成部分，再将这些小的部分结合起来，构成更大的、更加一致的结构。这种分解和组织的手段就是“包”。在UML 2 中，通过包图来描述包和包之间的依赖关系。

1. 包

在 UML 中，包是一种将模型元素分组的机制。它是一个容器，用来包含其他的 UML 元素。与此同时，包为其内部元素提供了名称空间，外界需要通过包的名称来访问其内部的元素。此外，还可以将包作为一个配置管理单元，以用于管理软件的开发和发布。

2. 依赖关系

在架构设计中，通过将类组织成包，可以在更高层次的抽象（即架构层）上阐述设计思想。但是类经常会和其他类之间存在各种关系，这些关系可能跨越包的边界，即不同包中的类之间存在关系；此时，相应的包之间也就产生了关系。在 UML 中，包之间的这种关系称为依赖（Dependency）关系。这种关系采用带箭头的虚线表示，箭头的方向表明了依赖的方向。图 8-1 显示了两个包及它们之间的依赖关系。

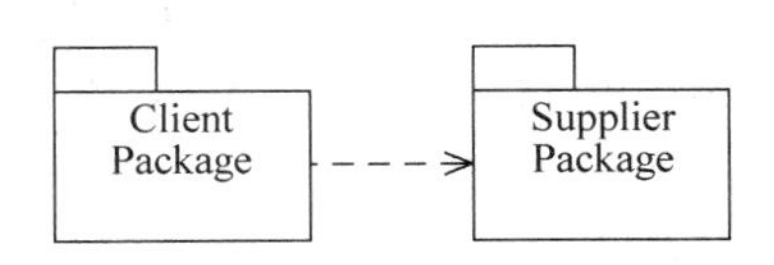

图 8-1 包之间的依赖关系

图 8-1 中定义了两个包，即 Client Package（Client 包）和 Supplier Package（Supplier 包）。其中 Client 包依赖于 Supplier 包，这种依赖包含两层含义：其一是 Supplier 包的改变将影响到 Client 包；其二则是 Client 包不能够独立地复用，因为它依赖于 Supplier 包。由此可见，包之间的这种依赖关系直接影响到系统设计的稳定性、可复用性的特性。因此，在架构设计时需要对这些关系进行有效的管理。

利用包还可以支持封装，即可以对包内部的元素施加可见性约束，这样只有公有的元素才允许外界访问，而内部的私有元素不允许外界访问。图 8-2 显示了两个包的内部结构，以及它们之间的关系。从中可以看出，由于 B1 是 PB 包内的公有类（类名前面的“＋”表示公有可见性），因此 PA 包中的类 A2 可以直接访问 B1，这样 PA 包就有到 PB 包的依赖关系。但由于 B2 是 PB 包内部的私有类（类名前面的“－”表示私有可见性），因此从类 A3 到 B2 的依赖关系是错误的，即 PA 包中的类 A3 不能访问 PB 包内的私有类 B2。

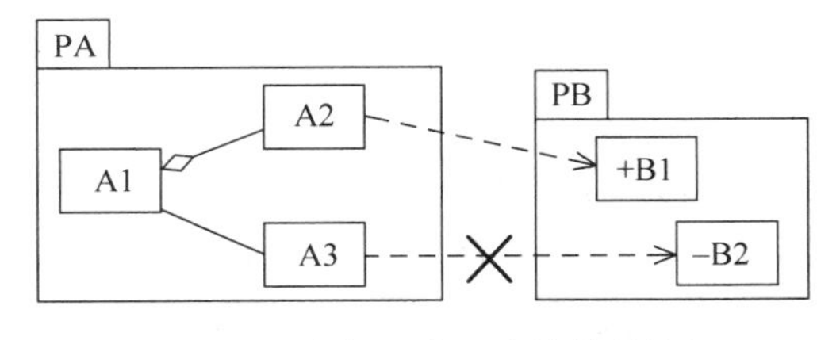

图 8-2 包内部元素不允许外界访问

除了这种基本的依赖关系外，在 UML 2 中还对包之间的依赖关系做了进一步扩展，通过引入合并（merge）、导入（import）和访问（access）3 个构造型来描述包合并、包导入（公有或私有）等特殊的依赖关系。图 8-3 展示了使用合并和导入两种关系的包图。

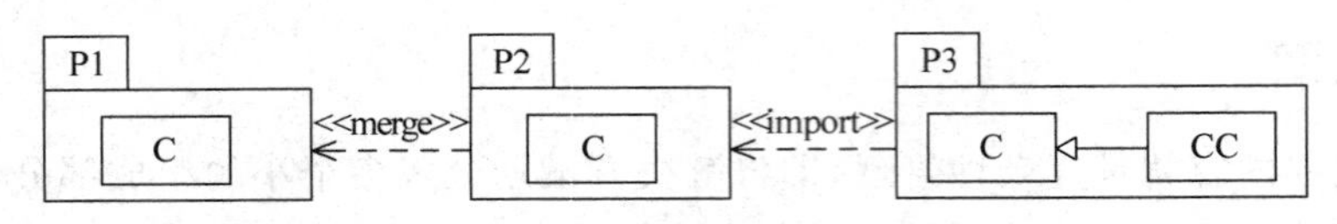

图 8-3　包合并和导入关系

包合并关系(PackageMerge)定义了一个包的内容如何被另一个包扩展。在图 8-3 中，P2 包合并 P1 包，这表明 P1 的内容被 P2 扩展，或者说 P2 合并了 P1 包的全部内容，并在其基础上进行扩展，这种关系类似于类之间的泛化关系。两个包中分别定义了类 C 的两个增量(即 P1::C 和 P2::C)，P2 合并 P1 意味着将 P1::C 合并到 P2::C 中，并对外提供合并后的类 C。在迭代开发中，包合并关系可以非常清晰地描述设计类在各个迭代周期中不同的增量之间的关系。

包导入关系(PackageImport)允许一个包可以不需要通过包名直接访问被导入包中的元素。在图 8-3 中，P3 导入 P2，因此，它能够直接使用类 C(不需要使用包名来限定)并可以定义其子类 CC。需要注意的是，此处的类 C 并不是在 P3 包中定义的，而是 P2::C 合并 P1::C 后的类 C。

包导入关系分为公有和私有两种导入方式，用来区分导入后的元素在当前包内的可见性。其中图 8-3 中使用的<< import >>构造型描述的是公有导入，即导入后的元素在包 P3 中是公有的，从而通过外界可以直接访问该元素。而私有导入则使用<< access >>构造型，表明导入后的元素是私有的，对外不可见。Java 中的 import 关键字对应的是包的私有导入。图 8-4 展示了这两种包导入关系，Types 包中的元素被公有导入到 ShoppingCart 包，然后进一步导入到 WebShop 包中。然而，由于 Auxiliary 包被私有导入到 ShoppingCart 包，因此在 WebShop 包中并不能直接使用 Auxiliary 包中的元素。

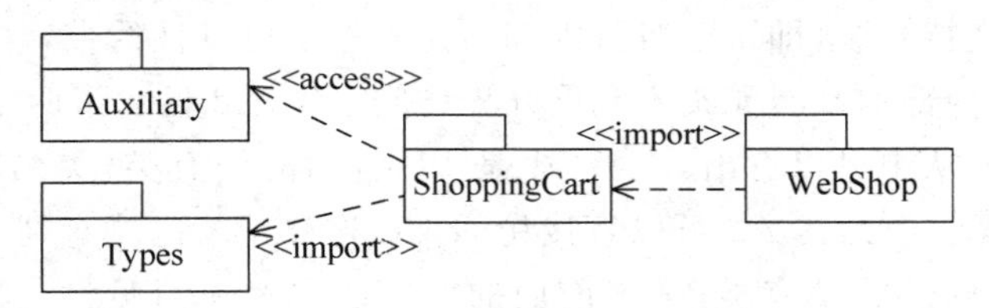

图 8-4　公有和私有包导入关系

8.2.3　包设计原则

对设计元素打包是架构设计的基本内容，通过对打包后的元素进行管理，可以在较高层次上描述软件的组织结构。基本的分包策略主要从两个方面考虑。

(1) 职责相似：将一组职责相似，但以不同方式实现的类归为一组有意义的包。例如 java 类库的 javax. swing. border 包中的类和接口主要用于为 Swing 组件绘制各种边界。

(2) 协作关系：包含了各种不同类型的类，它们之间通过相互协作实现一个意义重大的职责。这种分包的基本思路就是将功能相关的类打包在一起，以提高包的内聚度，并降低包间的耦合。例如参与某个用例的边界、控制和实体类等共同协作完成该用例的职责。

可以看出，在分析阶段的架构分析期间，由于对类之间的协作关系缺乏足够的认识，因此更多的是按照职责相似进行分包，例如将与外部参与者交互的边界类、控制用例流程的控制类和处理系统内部信息的实体类分别打包为相应的职责包。然而，这样的职责包往往内聚度很低（因为包中的类之间的关系很弱），而且包之间会存在很强的耦合（为了完成某个目标，需要引入很多其他包中的元素）。因此在设计期间，要在综合考虑各种包的设计原则的基础上，更多地倾向于按照协作关系进行分包，将功能相关的类打包在一起。与此同时，随着分析过程的完成，以及设计活动的逐步开展，对类之间的协作会有更清楚的认识，按照协作分包也变得可行。

除了按照这两个基本思路进行分包外，还可以参照一些成熟的包设计原则。Robert Martin 先生在 *Agile Software Development：Principles，Patterns，and Practices* 一书中关于包的设计问题，也提出了 6 个相关的包设计原则。其中前 3 个原则用来指导如何打包类，即关注包的内聚性；而后 3 个原则用来处理包之间的依赖关系，即关注包的耦合性。这 6 个原则如下所示。

- 复用发布等价原则（The Reuse-Release Equivalence Principle，REP）。
- 共同复用原则（The Common-Reuse Principle，CRP）。
- 共同封闭原则（The Common-Closure Principle，CCP）。
- 无环依赖原则（The Acyclic-Dependencies Principle，ADP）。
- 稳定依赖原则（The Stable-Dependencies Principle，SDP）。
- 稳定抽象原则（The Stable-Abstractions Principle，SAP）。

（1）复用发布等价原则（REP）是指“复用的粒度就是发布的粒度”。如果某个包中的元素是用来复用的，那么它就不能再包含不是为了复用的元素；也就是说，一个包中的公有元素要么都是可复用的，要么都不是可复用的。如果一个包同时包含了可复用的元素和不可复用的元素，那么当不可复用的元素发生变化时，那些原本不受影响的复用者就会受到影响。

（2）共同复用原则（CRP）是指“包中的所有类应该是共同复用的；如果复用了包中的一个类，那么就要复用包中的所有类”。单个类很少独立地复用；大多数情况下，一个可复用的抽象都是由一组协作类构成的。该原则要求这一组类应该在同一个包中，而且不属于该抽象的类不应该在这个复用包中。该原则是对 REP 所阐述的复用问题的进一步限定。考虑两个不同的可复用抽象 A 和 B，其中抽象 A 由 A1、A2、A3 这 3 个设计元素构成，而抽象 B 则由 B1 和 B2 构成。按照 REP，这两个抽象的 5 个元素是可以打包在一起的，因为它们都是可复用的元素。但这样违背了 CRP，因为它们分属两个不同的抽象。CRP 要求把这两个不同的抽象分别打包在两个不同的可复用包中。

（3）共同封闭原则（CCP）是指“包中的所有类对于同一类变化应该是共同封闭的，即一个变化若对一个包产生影响，则将对该包中的所有类产生影响，而对其他包没有影响”。该原则主要关注包的可维护性问题。一个变化可能会影响到多个类，CCP 要求把这些类放在一个包中，同时把那些不受影响的类放到其他的包中。这样一个包只有一个引起变化的原因，而这个变化也只对一个包产生影响，从而大大降低了变化的影响，提高了系统的可维护性。从这个角度来说，CCP 是针对包的 SRP。

（4）无环依赖原则（ADP）是指“包图中的依赖关系不允许存在环”。该原则也被称为“避免循环依赖”。循环依赖使得在环上的任何一个包都不能独立地复用，而且修改任何一个包都会影响到其他的包；这样的分包策略显然是不可接受的。图 8-5 描述了 3 个包之间存在循环依赖的情况。

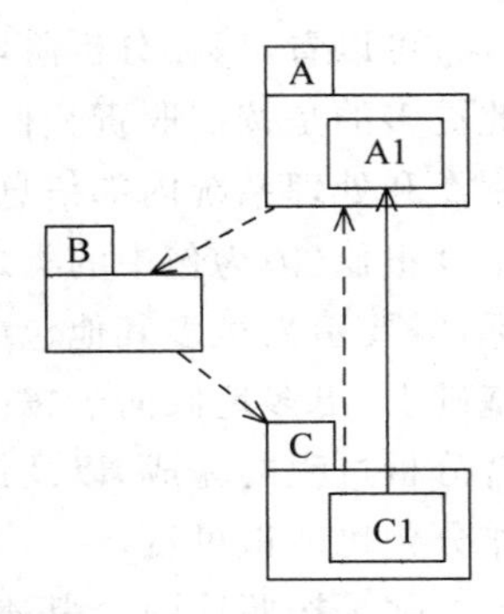

图 8-5 包之间的循环依赖

从图 8-5 可以看出，A 包依赖于 B 包，B 包依赖于 C 包；与此同时，由于 C 包中的类 C1 关联于 A 包中的类 A1，这样 C 包又依赖于 A 包，从而构成了循环依赖。在该依赖环上的 3 个包互相影响，而且任何一个包都无法独立地复用。

消除包间循环依赖的基本思路就是去掉环中的某个或某些依赖关系。针对图 8-5 中的循环依赖，可以考虑消除 C 包到 A 包的依赖关系。一种简单的策略就是将造成该依赖关系的相关类从当前包中移出，即把类 A1 从 A 包中移出，构成新的包 A′。这样相应的包间的依赖关系也被消除，而 C 包到新的 A′包之间建立新的依赖。此外，A 包也可能会有到 A′包的依赖关系，新的包图如图 8-6(a)所示。

另一种消除循环依赖的思路是利用 DIP 将依赖环上的某个或某些关系的依赖方向倒置。针对图 8-5 中的循环依赖，可以通过将类 C1 到类 A1 的关系倒置，即 C1 不直接关联于 A1，而是在 C 包中为 A1 声明接口 IA1(A 包中的类 A1 实现该接口)，C1 通过该接口与 A1 进行交互，如图 8-6(b)所示。这样 C 包和 A 包的依赖关系就被倒置，从而消除了原有的依赖环。

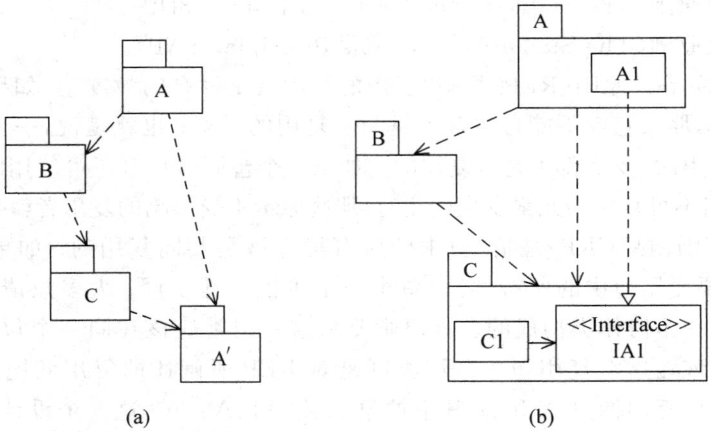

(a) (b)

图 8-6 消除包间循环依赖的两种方法

(5) 稳定依赖原则(SDP)是指“朝着稳定的方向进行依赖”。如果一个包被很多包所依赖，那么它就是稳定的；因为依赖于某个包则意味着受这个包的影响，而不稳定包的频繁修改将使得所有依赖于它的包都受到影响。在一个系统中，不可能所有的包都是稳定的，因为系统总是会有变化的。SDP 用于处理稳定包和不稳定包之间的关系：不稳定的包应该依赖于稳定的包，一个包应该依赖于比它更稳定的包。当设计了某个不稳定的包以应对变更时，如果它被一个稳定的包所依赖，那么就再也不易于修改了，这就使软件修改和维护都难以进行。

(6) 稳定抽象原则(SAP)是指“包的抽象程度应该和其稳定程度一致”。该原则描述了稳定和抽象的关系：一方面，稳定的包应该是抽象的，它应该包含抽象类(或接口)，从而可以通过抽象来支持扩展；另一方面，不稳定的包应该是具体的，可以很容易进行修改以应对变更。

8.2.4 利用包图设计架构

利用包图，并结合相关的包设计原则，就可以有效地描述软件的高层架构。需要注意的是，在面向对象方法论中，打包的过程并不是简单地对系统高层的功能分解，而是在不同的抽象层次上对系统内的组成元素进行合理封装，以构建稳定的系统架构。此外，这个过程也不是一蹴而就的，而是一个不断迭代并逐步完善的过程。在项目开始时，由于并不知道系统中会存在哪些类，也不能明确需要处理哪些可能的变化点，因此，可以借助于一些成熟的架构模式建立系统的备选架构。随着分析的完成和设计活动的开展，相关类越来越多，一些可能的变化点也会逐步暴露出来，此时可以利用 CCP 将可能一起变化的类组织成单独的包。而随着设计过程的深入，就可以开始使用 CRP、REP 等原则关注可复用元素的创建和组织。与此同时，还需要进一步考虑包之间的耦合程度，通过运用 ADP、SDP、SAP 等原则评估包之间的依赖关系，来改进软件架构。

在架构设计的具体实施过程中，初期的架构依赖于分析阶段所考虑的包进行。在此基础上，针对分析阶段所定义的备选架构中的各类包，可能会从以下几个方面发生改变。

- 追加分析阶段所没有考虑到的与实现环境相关的细节，从而添加新的设计包。
- 利用现有的第三方中间件或平台提供的功能来实现的包，将被替换为接口和相应的子系统。
- 针对系统中的变化点，运用相应的设计原则和策略进行抽象，从而构成新的抽象包（或接口和子系统）。
- 考虑部署环境时，如果需要将某个包的内容部署到多个不同的节点，则将与部署环境相匹配，将包分割成若干子包。
- 在包与包之间发现了通用的部分，从而将通用部分单独作为包来封装。

8.3 确定设计元素

视频讲解

通过用例分析获得了系统分析类的定义，这些分析类代表系统所提供行为的概念类。在设计期间，通过确定设计元素来改进分析类，使之成为适当的设计模型元素，从而指导后续的实现。

8.3.1 从分析类到设计元素

设计元素是指能够直接用于指导实现（编码）的模型元素。针对不同的设计问题和设计目标，可以定义各种不同类型的设计元素。主要的设计元素有以下几个。

- 设计类（Design Class）：代表一组精确定义的职责集，可以直接用于实现。
- 子系统（Subsystem）：代表一组复杂操作的职责集，这些操作最终由其内部的子系统或类来实现。
- 接口（Interface）：代表一组由某个类或子系统所提供职责的抽象声明。
- 主动类（Active Class）：代表系统内的控制线程。

设计类与子系统可以将相关的职责封装到不同的单元，从而对各个单元进行相对独立的开发。设计类负责实现不可分的相关职责集，而子系统属于复合构件，由设计类或其他子系统组成。子系统常用于将开发团队的工作产品表示为完整的单一功能单元，这种单元既可用作控制与配置管理单元，又可用作逻辑设计元素。

接口则用来显式地说明类或子系统所提供的操作的集合，从而准确地定义系统各组成部分之间的互操作方式。

主动类本质上是一组封装在一起的类的协作，它们共同代表了系统中的一个控制线程；主要用于对系统的并发行为进行建模。有关利用主动类对控制线程建模的相关内容将在第8.5节中介绍。

除了这4个主要的设计元素外，在设计期间还会使用到事件和信号这两个概念来对系统中的异步触发行为进行建模。

- 事件(Event)：代表了系统必须响应的内部或外部激励。
- 信号(Signal)：代表在系统内部传送某些类型的事件时所使用的异步机制。

8.3.2 确定事件和信号

事件是对一个在时间和空间上占有一定位置的有意义的发生行为的规约。信号也是一种事件，表示在实例间进行通信的异步消息的规约。事件可以是内部事件或外部事件。外部事件是系统和参与者之间传送的事件，而内部事件则是系统内对象之间传送的事件。UML 2中包括4种不同的事件类型，即信号、调用、时间和状态迁移。

(1) 信号事件是一种特殊的事件，主要产生于系统内部，用来在系统中的不同并行元素之间进行异步通信。信号和简单类有很多共同之处，如可以为信号定义属性，表明该信号发送时所需的参数；信号也有实例，代表发送一个具体的信号；也可以通过泛化关系对信号的层次结构建模。在具体建模中，可以利用简单类对信号进行建模(使用<< signal >>构造型)，可以在交互模型或状态模型中发送信号。图8-7显示了对信号建模的基本方法，将信号(NetworkFailure)建模为一个带<< signal >>构造型的类，利用<< send >>构造型扩展依赖关系表明类(RegisterControl)的操作(submit())可以发送一个特定的信号。

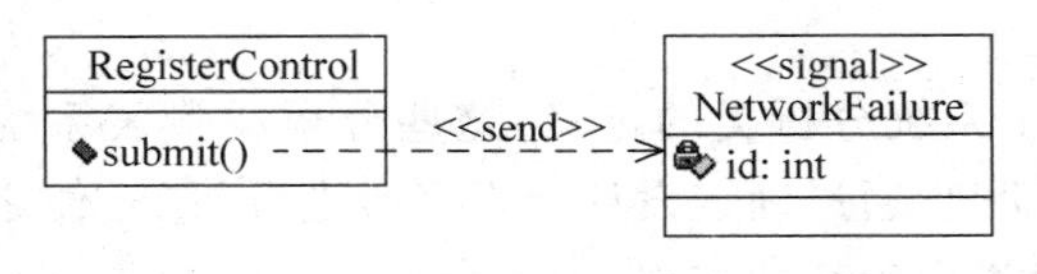

图8-7 信号事件

(2) 调用事件表示对象接收到一个操作的调用。与信号不同，这类事件一般是同步的，即当一个对象调用另一个对象的操作时，控制从事件的发送者传送到接收者，等待接收者处理完成后才结束当前调用，并返回到接收者。当然，如果调用者不需要等待调用返回，也可以将调用指定为异步调用。调用事件不需要单独建模，一般通过类的操作来定义；每个调用事件的实例则在交互模型或状态模型中使用。

(3) 时间事件用来表示由时间相关因素触发而产生的推移事件。在UML中，利用关键字after表示时间推移事件，如after (2 seconds)表示2秒之后；利用关键字at表示绝对时间事件，如at (1 Jan 2018, 1200 UT)表示该事件发生在格林尼治时间2018年1月1日的中午。这类事件主要用于实时嵌入式等对时间特性有严格要求的领域建模，本书并不关注这方面建模。

(4) 状态迁移事件主要通过分析对象的状态机模型来确定,并映射到相应的类模型和交互模型中,这部分内容将在第 9.3.5 小节中阐述。

8.3.3 组织设计类

设计类是设计模型中最基本,也是最主要的构成单位。其他的设计元素也都是在设计类的基础上定义出来的。例如接口是对设计类行为的抽象,子系统则是对若干个行为内聚的设计类的封装,而信号和事件也依赖于特定的设计类。架构设计期间需要描述初始的设计类,并建立合理的组织方式来管理这些设计类,而有关设计类的细节将在类设计(参见第 9.3 节)阶段完成。

1. 获取初始的设计类

初始的设计类主要来自分析模型中的分析类。一般来说,在设计的初期,可以直接把分析类映射到设计类中,这也是面向对象分析设计的特点,即设计是分析的自然延续,设计类直接来自分析类。不过由于设计期间会重新进行架构的设计,而且不同的系统其架构差别很大,为此来自分析阶段的备选架构所提供的构造型(即边界、控制、实体)在设计中不再重要,而可以按照设计的要求定义更合适的构造型。

这些来自分析模型的初始设计类会随着设计过程的深入,逐渐演变成各类设计元素。如果一个分析类很简单,并且已经代表了单一的逻辑抽象,那么它就可以直接作为一个设计类存在。当然,随着设计过程的深入,特别是在引入架构机制、考虑设计质量等各方面的情况后,大多数分析类都不能如此简单地进行一一映射,它们被逐步改进为各类设计元素。这些分析类可以被拆分、合并、删除,或以其他方式处理。一般来说,分析类和设计元素之间是一种多对多的映射关系,并没有严格的规则去描述这个映射过程,需要结合具体的业务逻辑和涉及的实现技术综合考虑;不同的设计人员会得到不同的结果,并没有唯一的标准答案,只要保证能实现用例(即需求),并达到一定的设计质量即可。概括来说,一个分析类可能成为设计模型中的如下元素之一。

- 一个简单的设计类。
- 一个类的一部分,即被合并到另一个设计类中。
- 同一个类派生而来的一组类。
- 一组功能相关的类(如一个包),即分解成几个设计类。
- 一个子系统,子系统的抽取参见第 8.3.4 小节。
- 一个关系,即分析类的信息不需要在设计模型中单独表示,只需要通过类之间的关系即可描述。
- 分析类之间的一个关系可以成为设计模型中的一个类,如分析模型中的关联类,以及设计期间新增加的关联类。
- 一个分析类的部分可能被硬件或第三方构件所实现,而不需要在设计模型中建模。
- 以上情况的任何组合。

从分析类的构造型来看,不同类的分析类,其处理方式也会有所不同。通常,实体类作为体现系统核心业务的关键抽象,可以在设计过程中保持相对完整,直接作为初始设计类存在。然而,由于实体类一般关联持久性等分析机制,因此随着设计过程的深入,会从特定的实现技术入手,引发出很多其他的设计元素。同样,对于边界类中的用户界面类,由于现有的用户界面设计技术比较成熟,一般会采用“所见即所得”的设计工具来设计用户界面,因此这部分分析类在设计模型的初期也可不用考虑太多细节,而直接映射到设计类。边界类中的系统接口类则比较复杂,涉及与外系统的交互细节,因此此类分析类一般会在设计模型中定义为单独的子系统和接口来处理。另外,控制类一般比较复杂,会涉及很多职责区和各类架构机制,在后续的设计阶段会相继引入相应的元素对其进行拆分或合并等,当然在设计的早期也可先直接映射到初始设计类。有关各类设计类的具体定义过程,详见第 9.3.2 小节。

考虑“旅店预订系统”的初始设计类。首先,边界类和控制类可以全部保留作为初始的设计类存在:两个边界类代表两类业务的用户界面,这两个用户界面类可以单独通过用户界面设计工具进行设计;两个控制类在还没有考虑具体的实现技术和架构机制的情况下也可直接保留作为初始的设计类存在。其次,实体类包括顾客(Customer)、支付(Payment)、预订(Reservation)等,针对其中房间(Room)类则可考虑是否根据业务需要派生为一组子类(即根据房间的种类派生出单人间、标准间等这样的子类,当然该组派生类也可能在分析阶段已经定义了)。对于“旅游申请系统”,控制类、实体类及边界类中用户界面类都可暂时作为初始的设计类保留,而边界类中的财务系统接口类则会定义成子系统和相应的接口。

2. 打包设计类

在分析阶段利用 B-C-E 的备选架构对分析类进行分组,而在设计时,由于大量设计元素的引入,因此需要定义更合理的分组(封装)机制对设计类进行打包,而这期间需要充分考虑第 8.2.3 小节所提到的各类包设计原则。

设计期间将更多地按照协作关系进行打包,从而降低包之间的耦合度;即考虑设计类之间的功能相关性,尽可能将功能相关的类打包在一起。可以从以下的角度来确定两个类在功能上是否相关。

- 如果某个边界类的功能是显示特定的实体类,它就可能在功能上与该实体类相关。
- 如果两个类与同一个参与者进行交互,或受到对同一个参与者更改的影响。
- 一个类的行为和(或)结构的变化使得另一个类也必须做出相应的变化。
- 一个类的删除影响其他类。
- 两个类的对象进行大量的消息交互,或者以一种复杂的方式相互通信。
- 两个类之间存在某些关系。
- 一个类创建另一个类的实例。

而有些情况下,不会将两个类放在同一个包中。如与不同参与者相关的两个类不应放在同一个包中,一个可选类和一个必选类也不应放在同一个包中。

此外,打包过程中对于边界类也会做一些特殊的考虑。如果系统边界(包括用户界面、系统接口)可能进行相当大的更改,此时边界类应被放置在几个单独的包中。特别是在目前很多实际软件开发过程中,都会采用演进型的原型方法,在系统开发的早期就建立系统原型界面,并不断演化成最终用户界面。此时,用户界面是非常不稳定的,应该把用户界面单独打包(可以包括部分与界面逻辑相关的控制类)。对于系统接口类也一样,一般由于它们受外部系统影响而不稳定,也需要单独打包处理。当然,如果系统边界不太可能进行大的更改，也可以将边界类和在功能上与它们相关的类（包括控制类和实体类）打包到一起。

对于“旅店预订系统”，由于系统规模很小，分包过程相对比较简单，可以考虑延续分析期间的分包策略，并在此基础上进行适当的调整：边界包中只包含用户界面类，可以将其命名为界面包（User Interfaces）；控制包主要处理预订和取消业务流程，可以将其命名为业务服务包（Business Services）；实体包则需要考虑数据库的访问问题，可以把数据库访问功能单独打包，将其合并在实体类中（由于该系统规模很小，这样做是完全可以的，或者把数据访问放在业务服务包中，可以不单独分层处理），本例中则合并在一起并将其命名为数据访问包（Data Access）。当然，如果要考虑可扩展性问题，为后续开发预留接口，则可以考虑把那些有复用可能的组件单独打包（Business Function，如与费用处理相关业务等）。最终的打包方案如图 8-8 所示。需要注意的是，由于本阶段的打包不再是简单的分层思想，因此此时不再使用分析阶段针对包所使用的<< Layer >>构造型。

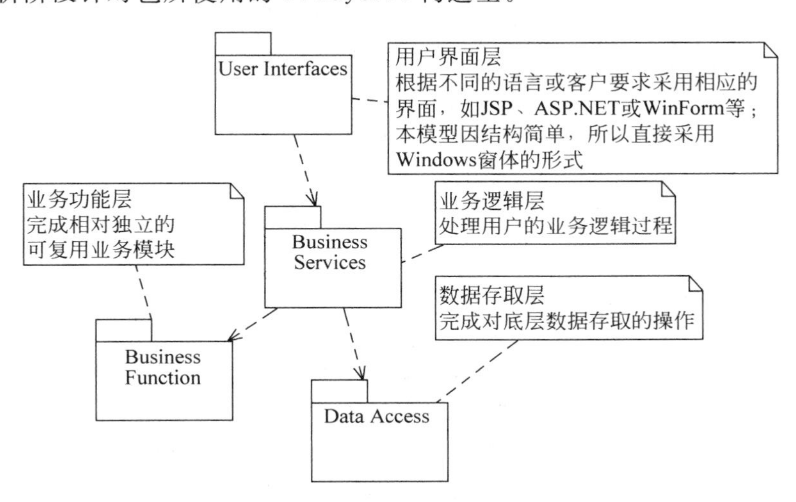

图 8-8 “旅店预订系统”初始打包策略

针对本系统，最后还需要说明的一点是，由于本系统非常简单，本例只是给出了一个基本的分包思路，相关细节并没有进一步阐述。对于如此简单的系统，如果考虑得太多太细，则只会使设计变得更复杂。严格来说，这个过程是逐步完成的，本章后面几节内容都会影响到整个分包过程（如数据库访问是在第 8.4 节中引入的），但由于本系统非常简单，不会涉及架构设计的很多内容，因此在本章的后半部分不再涉及本案例，后面的内容将主要结合“旅游申请系统”来讲解。

对于“旅游申请系统”，首先考虑的是要消除图 5-48 所给出的备选架构中的循环依赖。分析产生循环依赖的原因是“导出财务信息控制类”需要访问“财务系统接口类”。为此，简单的解决方案就是将“财务系统接口类”从边界层中拿出来，单独放在另一个包中，命名为外部接口包（External Interfaces）。其次，将边界类中剩余的界面类仍然保留为单独的界面包（User Interfaces）；而有关控制类主要实现各类申请业务，可以将这些控制类与申请业务相关的实体类（如申请类、支付明细类、日志类等）打包为申请业务包（Application Services），负责与前端进行交互，并处理与申请相关的业务。最后，与申请参与者相关业务可以考虑和其他系统的复用（如与客户关系管理系统的复用），与路线管理相关的业务也存在一定的复用性，这些均可放在单独的包中，作为旅行社的基础业务组件单元(Tour Artifacts，在该包的内部可以将这两类业务再单独分为两个子包：客户关系包(Customer Relationships)和旅游资源包(Tour Resources))。至于数据库访问及其他与实现相关的内容将在后面的步骤中逐步加入。按照这些分包策略，得到系统的初始架构图，如图 8-9 所示。

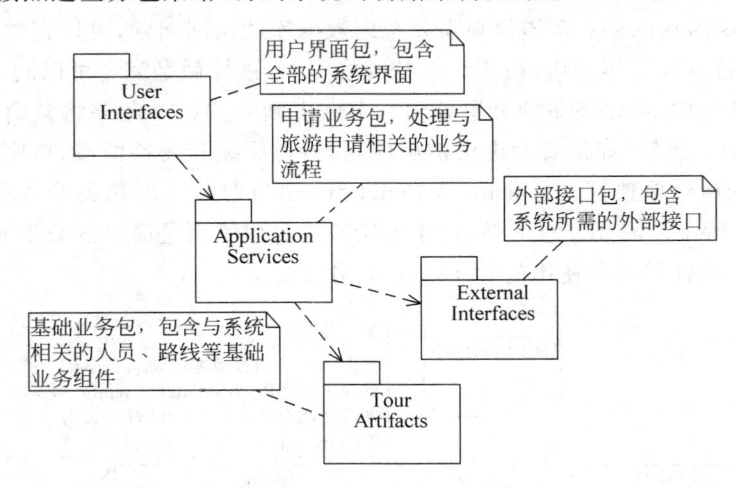

图 8-9 “旅游申请系统”初始架构

8.3.4 确定子系统和接口

设计类是设计中最基础和核心的组件，然而，在充分考虑设计质量的基础上，单个设计类的功能是非常单一的(参见单一类职责原则，需要考虑类的内聚性)，一个简单的业务可能都需要多个类来完成。而在架构设计期间，不可能、也不应该在设计类的细节上花费过多的时间，需要更多地关注那些高层的设计问题和一些可复用的基础组件。为此，还需要其他的抽象机制来封装这些业务问题，这个机制就是子系统和接口。

当分析类相当复杂，以至于它所包括的行为无法由单个类来独自负责执行，就应考虑将该分析类映射到设计子系统，并通过定义接口来封装这些协作。子系统的客户通过接口来访问子系统，完全不需要知道该子系统的内部设计。在实现期间，设计子系统将被打包为独立的构件，并对外提供统一的访问接口。

1. 子系统和接口

子系统(Subsystem)本质上是一种特殊的包(采用构造型<< subsystem >>扩展包的语义)，这种包是完全封装的，其内部元素并不对外公开。它实现一个或多个接口所定义的行为，外界通过接口来获取所需的服务。子系统的接口提供了一个封装层，从而使外部模型元素看不到子系统的内部设计。这一概念用于将它和“普通”包区分开，“普通”包是无语义的模型元素容器；而子系统则表示具有与类相似的行为特征的包的特定用法。

接口(Interface)定义了某一类元(类、子系统、构件等)所实现的操作集合，这些操作只有定义，没有任何实现。在设计模型中，主要用于定义子系统的接口。当然，这并不意味着不需要定义类的接口，但对于单个类，通常只需定义对该类的公有操作，因为这实际上就定义了该类的“接口”。而对于子系统来说，接口则非常重要，因为它们允许将行为的声明(接口)与行为的实现(子系统中实现接口的特定类)隔离开,从而支持对子系统的封装。同时,这种解耦过程可以使负责系统中不同部分的各个开发团队变得更加独立,并仍然能准确地定义这些不同部分之间的契约(即接口)。在 UML 2 中,接口采用构造型“<< Interface >>”通过对类进行扩展来表示,接口和相应的实现类(或子系统、构件)之间是实现(Realization)关系,即类(或子系统、构件)实现该接口。图 8-10 描述了两个接口(Interface1 和 Interface2)和对应的子系统与类之间的实现关系。其中 Interface1 包含两个操作 I1_Op1Name()和 I1_Op2Name()(图 8-10 中省略了操作的签名)的声明,这两个操作均在子系统(Subsystem1)内部实现;而 Interface2 则包含 I2_Op1Name()和 I2_Op2Name(),它们由类(Class1)来实现。

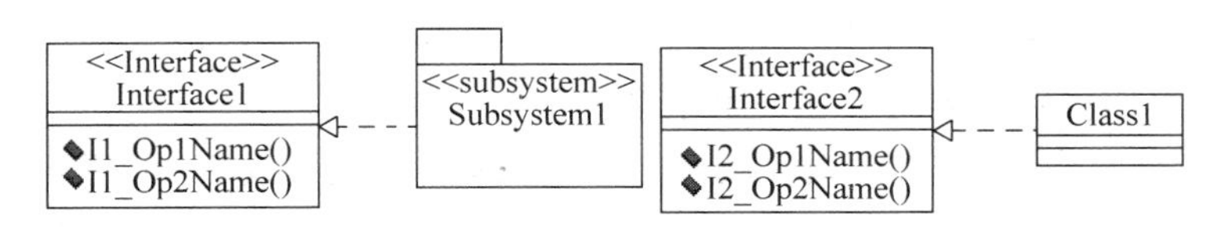

图 8-10 接口和子系统、类之间的实现关系

由于在设计模型中,接口应用得非常广泛。为此,UML 2 还为接口定义了另一种更形象的图标,即所谓的“棒棒糖”表示法,采用圆圈表示接口,采用直线表示实现关系。图 8-11 即采用这种表示法描述接口,其所表达的内容与图 8-10 完全相同。本书后面将主要采用这种表示法描述接口。

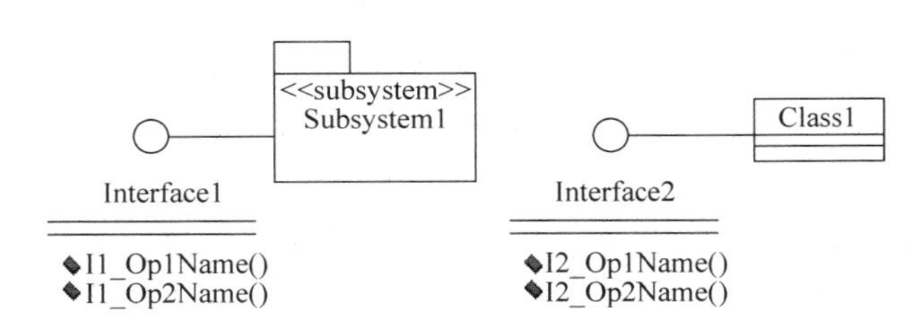

图 8-11 接口的“棒棒糖”表示法

子系统这种完全封装行为的特性使其在设计中能够发挥很大的作用。通过利用清晰的接口代表所拥有的能力,允许用户以公开的方式定义多态,并且和实现没有直接联系,从而可以有不同的实现,并支持“即插即用”的结构(即针对同一接口可以定义不同的实现,而对外界没有任何影响,类似于硬件中的即插即用的概念)。图 8-12 定义了一个接口 ITest,该接口包含 3 个操作声明 init()、run()、final()。而针对该接口,可以定义若干个不同的实现子系统(图 8-12 中的 TestSubsys1 和 TestSubsys2),这些实现互相独立,外部用户并不关心是由哪个子系统实现的,并可自由替换,从而实现多态。这就是抽取子系统和接口的最大特点。

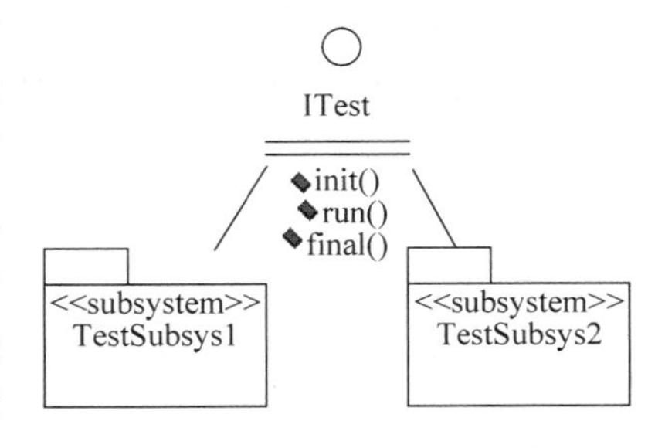

图 8-12 同一接口可定义不同实现

2. 抽取子系统

在架构设计期间,通过抽取子系统可以将大的系统划分成独立的部分,从而方便排序、配置、分发系统的各个组成部分,并使各个团队实现独立开发(只要保持接口不变)。同时,能够保持系统的稳定,因为子系统内部的变更不会影响到其他部分。此外,子系统还可用于表示设计中的既存产品、第三方组件或外部系统,从而实现对这些外部不可控因素的封装。

抽取子系统的根本出发点是封装性,即子系统内部的元素应该可以很好地封装在一起,并对外提供统一的访问接口,从而通过这种封装实现可替换性。总的来说,可以从以下几个角度抽取子系统。

(1) 如果某个协作中的各个类只是在相互之间进行交互,并且可生成一组定义明确的结果,就应将该协作和它的类封装在一个子系统中。

(2) 如果某个协作可由(或将由)单独的设计团队来独立开发(也可理解为相对独立),应通过子系统进行封装,并对外提供统一的访问接口,从而使子系统中的内容和协作被一个或多个接口完全隔离起来,子系统客户只能依赖于接口。这样,子系统的设计人员就完全脱离了外部依赖关系。虽然设计人员(或设计团队)需要指定接口的实现方式,但他们可以充分自由地更改子系统的内部设计,而不会影响外部依赖关系。

(3) 如果某个协作的行为具有很大的不确定性而影响整个系统的稳定性,则可以考虑将这类可变的行为封装为独立的子系统,从而将不稳定性限制在子系统内部,保证整个系统的稳定性。

(4) 如果某个协作的行为需要第三方实现(外包给第三方)、采购成熟的组件或需要外部系统实现等,都可以在设计期间利用子系统来封装,并明确其接口来实现与系统的互联互通。

从具体的分析类角度来考虑,可能将子系统的分析类主要分为 3 类。

第一类是提供复杂服务的类,这些分析类由于所封装的业务功能较为复杂,很难通过单一的设计类来实现,此时为了保证封装性,在设计期间可以将该分析类分解为相应的接口和子系统。图 8-13 描述了一个复杂的分析类转换为设计中的接口和子系统的过程。在图 8-13 中,复杂的分析类具有两个分析操作(职责 1 和职责 2),如果这两个职责实现起来非常复杂,那么,在设计中可以将这些职责的实现封装在子系统内部,并通过描述分析类职责的接口定义相应的操作(操作 1 和操作 2)来提供外部访问入口。通过这种接口和子系统的机制,将复杂操作的实现封装在子系统内部,外界只需要通过接口来使用这些操作的行为,而不关心其实现细节。

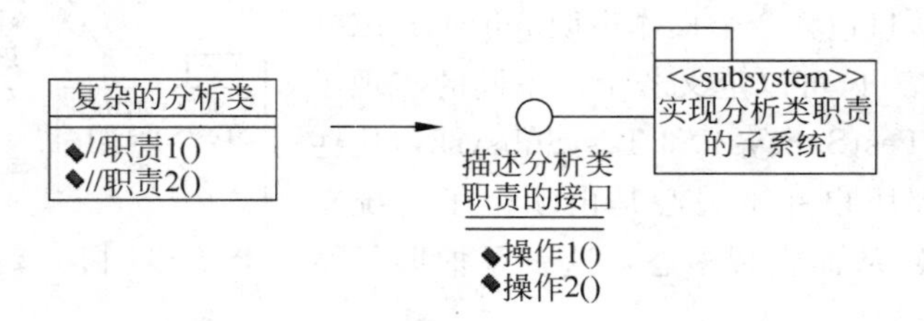

图 8-13 复杂的分析类转换为设计中的接口和子系统

第二类是那些提供通用(公共)服务的类。这些类由于提供通用服务,势必会有很多其他的类来使用,从而依赖于它。此时,为保证系统的稳定性,应按照开放—封闭原则将其定义为接口和相应的子系统(当然,简单的业务可能只需要一个具体类)来实现。这里主要是利用子系统的可替换特性来提高系统的可扩展性,从而保持系统的稳定。

第三类是边界类中的外部接口类。这些外部接口类一般用来描述设计中的既存产品或外部系统,如通信软件、数据库访问支持、类型和数据结构、通用程序及专业应用软件产品。它们的实现不仅与本系统的设计有关,而且严重依赖于外部环境;这种严重依赖于外部不可控因素的情况,只有通过封装在子系统内部,才能保证目标系统的稳定性。

考虑"旅游申请系统"中的子系统问题,从业务的复杂性上来说,并没有太多的复杂业务,大部分分析类的业务都比较容易实现,因此,此处并没有什么明显的子系统可以抽取。不过,如果从可扩展性的角度考虑,可以考虑将有关费用的支付业务打包。虽然目前现金支付比较简单,但考虑作为网络应用,网上支付是一个发展方向,目前网上支付的实现方式也比较多,因此可以考虑将其封装为子系统[①]。将对应的接口命名为 IPayment[②],将子系统命名为 Payment SubSystem。

此外,该系统还有一个可以封装为子系统的对象就是"财务系统接口类",作为访问外部系统的边界类,其实现细节严重依赖于外部的财务系统。为降低对本系统的影响,将该边界类定义为相应的接口(IFinanceSystem)和子系统(Finance System)。图 8-14 给出了这两个接口和相应的子系统。

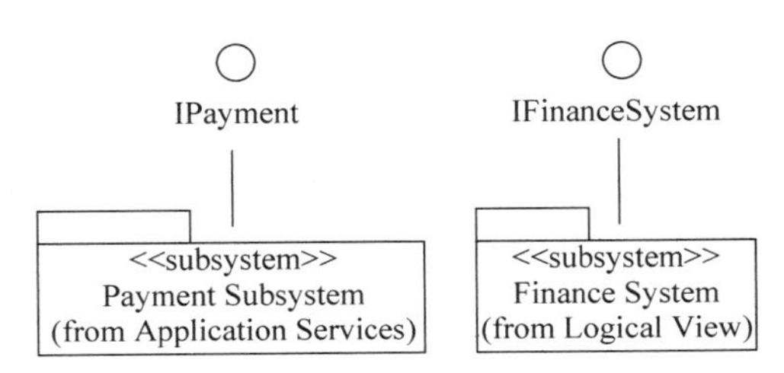

图 8-14 "旅游申请系统"中的接口和子系统

这里还需要针对这 4 个设计元素的组织方式进行说明。接口 IPayment 为扩展性考虑而设计;接口 IFinanceSystem 来自边界类"财务系统接口类",作为外部接口,将它们都放在外部接口包(External Interfaces)中。实现这两个接口的子系统 Payment Subsystem 和 Finance System 由于所处的地位不同,所以放在不同的包中,其中 Payment Subsystem 所实现的支付业务属于本系统申请业务的一部分,因此放在申请服务包(Application Services)中;Finance System 则是处理与本系统平级的另一外部系统的交互,因此放在本系统的顶层包(即逻辑视图)中,与图 8-9 中的 4 个顶层包平级。

---

① 实际项目中主要还是从是否有此可扩展性方面的需求来考虑,如果确实没有,就没有必要在此处把简单问题复杂化;如果用户明确提出有此方面的需求,就一定要考虑将其封装为子系统。

② 本书中的接口以字母 I 开头,以区分于其他设计元素。此外,由于设计元素要映射到实现,因此从本章开始,"旅游申请系统"中的设计元素全部采用英文正式命名,对应编程语言中的名称。

3. 定义子系统接口

将类的行为封装到子系统后，有关这些行为的实现将在子系统设计期间完成(参见第9.2节)，而架构设计期间主要关注外部行为，即接口以及所提供的行为，这些行为通过定义子系统的接口和其所包含的操作来描述。主要通过以下几个步骤定义子系统接口。

1) 为子系统确定备选接口集

一个子系统并不是只能实现一个接口，它可以实现多个接口。因此，设计期间需要考虑有关设计质量或原则(如接口隔离原则)来设计子系统的接口。为了确定子系统可能的接口，应分析该子系统所封装的协作的细节，明确协作可能的职责和其内在关联性，考虑是否需要划分为多个接口来表达。

在具体实施过程中，首先从所封装协作的职责入手，分析哪些职责需要通过接口对外公开。针对这些需公开的职责分析需要哪些输入信息，以及协作结束后输出哪些信息，从而对职责进行改进，并定义为一个操作(包括操作名称、输入参数和输出参数)；重复该步骤，直到找出子系统实现的所有操作。

定义操作后，按照操作的相关性(内聚和耦合)将这些操作分组。一般来说，我们倾向于将操作分成更小的组。因为如果组中的操作较少，操作的相关性就会更好，其内聚度也较高(这也符合接口隔离原则)。分组时还需要考虑复用问题，通过寻找相似的操作，以便确定那些可复用的操作，如果某些操作有复用的可能，应该单独分组。需要注意的是，不应该花太多的精力去建立职责的理想分组，这个分组的过程应该是以迭代的方式在后续设计中不断改进的。分组完成后，不同的组即可被定义为不同的接口，从而建立子系统的备选接口集。

2) 寻找接口间的相似点

从确定的备选接口集中，寻找相似的名称、职责或操作。如果几个接口中存在相同的操作，则重新分解接口的要素，并抽取共同的操作来形成新的接口。同时，应充分考虑已有的接口，在可能的情况下复用这些接口。

3) 定义接口间的依赖关系

接口操作的参数与返回值都有特定的数据类型，这些数据类型可能是简单数据类型(如整数、字符等)，也可能是自定义的类或接口，此时该接口将依赖于这些数据类型。通过定义接口间的依赖关系，可以明确地描述系统接口间的耦合，这些耦合对系统的稳定性有非常重要的影响(因为一般接口都在系统高层，全局可见)。很多情况下，为了降低接口与系统其他设计元素间的耦合度，接口的参数和返回值也应该采用接口或抽象类，而不是具体类(即面向接口的编程思想，遵循依赖倒置原则)。

4) 将接口映射到子系统

一旦确定了接口，就应创建子系统与它所实现的接口之间的实现关系。从子系统到接口的实现关系表明，子系统内部存在一个或多个实现接口操作的元素。在子系统设计期间(参见第9.2节)，将会明确定义这些子系统到接口的实现，并由子系统设计人员来指定子系统中实现接口操作的具体元素。只有子系统设计人员才关注并能观察到这些操作的具体实现，而子系统的客户只能观察子系统到接口的实现。

5) 定义接口所指定的行为

接口没有实现，但很多情况下，接口针对实现有一定的限制条件或约束，而且接口内的操作也可能存在一些制约关系，例如要求按照某种特定的顺序对接口调用操作（诸如，数据库访问接口要求必须执行打开数据库连接的操作，然后才能调用其他操作）。此时，必须明确定义这些约束规则，可以采用某种约束语言（如对象约束语言）、编程语言或文本说明等方式来描述。这些约束规则对子系统设计人员和接口客户均可见，从而保证接口子系统设计人员能够按照约束实现相关的操作，而接口客户也能够正确地操作接口。

6）将接口打包

接口属于系统架构层，架构设计师对接口的更改往往在架构方面具有重要意义。为了能够有效地管理，应将接口分成独立的一个或多个包，这些包由架构设计师维护。当然，如果每个接口都由单个子系统来实现，则可以将接口放置在子系统的层面。如果接口由多个子系统来实现，则应将其放置在系统顶层架构的一个单独的包中。这样，就可以独立于子系统本身来对接口进行管理和控制。

考虑“旅游申请系统”中的两个子系统 Payment Subsystem 和 Finance System 的接口定义。对于 Payment Subsystem 而言，其对外的主要行为包括两类，其一是申请旅游团时实现费用的支付，其二是取消申请时的退费[①]。相应地，可以定义两个操作来表示这两个职责：makePayment()操作进行费用支付，withdraw()操作进行退费。这两个操作都是对费用的处理，可以分在一组，并通过同一个接口来定义（即可采用前面给出的 IPayment 接口）。此外，可能还会涉及其他操作，如身份认证、授权等，但从当前系统现金支付的情况来看，可暂时不考虑这两种情况；如果有需要，可对认证授权相关的操作再进行单独定义、单独分组，提取新的认证接口。下一步还需要对操作的参数进行定义，在 makePayment 进行费用支付时，要考虑的是针对哪个申请进行支付，支付了什么项目。为此需要两个参数，一个参数是申请信息（Application），另一个参数是支付明细（PaymentDetail）。然而，如果直接以这两个实体类作为参数，IPayment 接口将依赖于这两个实体类，这种抽象依赖于具体的做法明显违背了依赖倒置原则，从而使接口 IPayment 的结构不稳定。为此，可以考虑按照面向接口的编程思想，为这两个实体类添加相应的接口（IApplication 和 IPaymentDetail），并以其接口作为参数。这样 IPayment 接口只依赖于其他抽象接口，而不依赖于具体类。至于该操作的返回值应表明是否支付成功，采用 bool 类型即可。withdraw 操作的签名也基本类似，即参数主要表明针对哪个申请，退哪些费用，而返回值表明退费是否成功。

对于 Finance System 而言，其对外的行为主要是与财务系统的交互，在用例分析中已经明确的职责是将支付信息导出到财务系统。此外，潜在的需求是查询财务相关信息（这部分需求在前面的分析中没有提到，但在后续迭代中可能会有所考虑）。针对导出业务，可以定义相应的操作 exportTo()，而查询相关业务可以通过定义 searchFinanceInfo()操作来实现。这两类操作的使用场景和用户均不同，可以考虑分在不同的组，通过不同的接口来实现。为此，前面定义的一个 IFinanceSystem 接口不能满足要求，需要拆分成两个接口，分别命名为 IExportFinanceSystem 和 ISearchFinanceSystem。exportTo()操作需要的参数是有关财务方面的信息，包括支付人、支付原因、金额、日期等信息，这些信息可以通过现有的几个类组合出来（如参加人类、支付明细类、申请类），但为了处理方便，可以通过定义一个单独的实体类（FinanceInfo）来表达，同时定义一个接口来对 IFinanceInfo 进行访问。这

---

① 首次迭代中并没有实现该用例的行为，但作为架构设计可以优先考虑相应的接口。

样 exportTo 操作需要的参数就是 IFinanceInfo 接口[①],而返回值也可简单地采用 bool 类型,表明是否成功导出。searchFinanceInfo 操作需要的参数是各类查询条件,而返回结果是财务明细;针对查询条件可以通过定义新的接口 ISearchCondition 和相应的具体类来表示,而返回的接口则是一个容器,容器中存放着符合查询条件的 IFinanceInfo 接口的实例。

根据上面的分析结果,最终得到本系统中的子系统和相应的接口,如图 8-15 和图 8-16 所示。其中 searchFinanceInfo 接口的返回类型中采用"[*]"表明返回的是一组 IFinanceInfo 接口的实例,在实际实现时可采用开发语言所提供的容器类来表示。

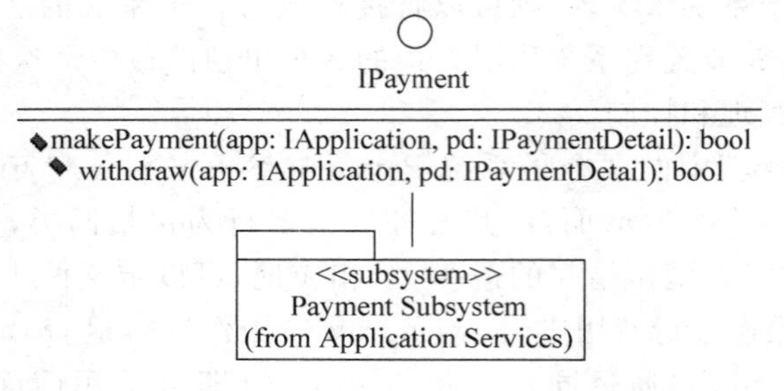

图 8-15　Payment Subsytem 接口定义

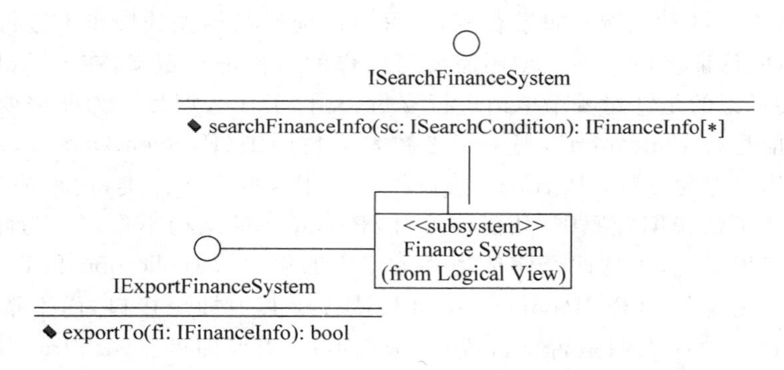

图 8-16　Finance System 接口定义

表 8-2 列出了接口的详细说明文档,这些接口和子系统的说明文档是架构设计的重要成果,作为构件设计的输入。本书并不关注有关文档的撰写规范,因此并没有以正式文档的形式给出,而是以表格的形式展现,以便说明更加简单、清晰。

定义完每个接口后,还可以进行定义接口间的依赖关系、定义接口行为、将接口打包等活动。其中,接口的依赖关系主要是指接口依赖于其操作中使用的参数或返回类型,如 IPayment 接口依赖于 IApplication 和 IPaymentDetail 等接口,这些可以通过单独的类图来表达,本书不再描述。而有关接口行为方面,此处的 3 个接口均比较简单,不再单独描述(可在接口文档中描述)。至于接口打包问题,本系统中为了简化整个系统架构,均将其放在外部接口包(External Interfaces)中,不再另行分包。

① 也可以是一个容器类,容器类中存放该接口的具体实例,即一次导出多个财务信息。

表 8-2 "旅游申请系统"接口文档

接口名称	IPayment		
接口描述	支付接口,用来定义支付费用或退回所支付的费用		
操作 1：makePayment	makePayment(app：IApplication，pd：IPaymentDetail)：bool		
	功能描述	支付操作,完成某个申请的费用支付	
	返回值	true：支付成功；false：支付失败	
	参数说明	参数名称	参数类型	参数说明
		app	IApplication	需进行支付的申请信息
		pd	IPaymentDetail	支付的费用信息
操作 2：withdraw	withdraw(app：IApplication，pd：IPaymentDetail)：bool		
	功能描述	退费操作,退回某个申请的支付记录	
	返回值	true：退费成功；false：退费失败	
	参数说明	参数名称	参数类型	参数说明
		app	IApplicationInfo	需进行退费的申请信息
		pd	IPaymentDetail	需进行退费的支付信息
接口名称	IExportFinanceSystem		
接口描述	导出财务信息接口,用来将系统内的财务信息导出到外部财务系统中		
操作 1：exportTo	exportTo(fi：IFinanceInfo)：bool		
	功能描述	导出操作,将当前的财务信息导出到财务系统	
	返回值	true：导出成功；false：导出失败	
	参数说明	参数名称	参数类型	参数说明
		fi	IFinanceInfo	需导出的财务信息
接口名称	ISearchFinanceSystem		
接口描述	查询财务信息接口,用来查询外部财务系统中的财务信息		
操作 1：searchFinanceInfo	searchFinanceInfo(sc：ISearchCondition)：IFinanceInfo[*]		
	功能描述	查询操作,根据查询条件在财务系统中查询财务信息	
	返回值	返回满足条件的财务信息的集合	
	参数说明	参数名称	参数类型	参数说明
		sc	ISearchCondition	查询条件

8.3.5 确定复用机会

在描述设计元素及其分组和打包机制时,还需要充分考虑复用问题。作为面向对象的一大特点,充分进行设计复用不仅可以简化设计过程,更可以有效地提高设计质量。确定复用的基本目的是根据现有子系统或构件的接口确定它们可以在哪些地方复用。对于待开发的系统而言,可复用的元素分为两类。

第一类可复用的元素来自待开发系统内部。分析那些包或子系统内部的被频繁引用的元素,如果有多个外部元素同时使用这些内部元素,则应该考虑这些元素是否有可复用的可能。如果有复用的可能,按照复用发布原则和共同复用原则,将那些可以复用的元素单独发布,建立一些可复用的包。此外,如果某些包之间存在类似行为的设计元素,则也应该考虑将这些设计元素合并为单独的可复用的包。

第二类可复用的元素来自待开发系统外部。复用第三方商业组件或以前开发的系统中的一些公共组件,这种模式在当今的应用开发中已被普遍认可。例如,在 Web 应用开发中需要一个支持富文本格式的文字处理功能,这时首先应该考虑是否可采用一些成熟的商业组件或开源组件,而不是去花太多的精力研究如何实现。在具体实施过程中,可以按照以下几个步骤来考虑是否有复用的可能。

(1) 寻找已提供的相似接口,并重新定义可复用接口。将已确定的每个接口与现有子系统或构件所提供的接口进行比较,通过分析相似的行为和返回值,同时还要考虑参数,针对这些相似的接口,重新定义新的接口。

(2) 修改新确定的接口以与原有接口匹配。在重新定义新的接口过程中,可能并不与原有的接口完全一致,此时应该考虑进行适当的调整以保持与现有接口的吻合程度。这些调整可能包括调整或添加新接口操作的参数、将操作拆分到不同的接口中。

(3) 去掉与新接口完全匹配的原有接口,实现接口的复用。在进行简化和操作拆分后,如果出现与现有接口准确匹配的情况,则应删除原有接口而使用新定义的可复用接口。

(4) 修改子系统与接口之间的映射,将其映射到可复用接口上。查看现有构件和备选子系统集,对子系统进行要素拆分,以便尽可能地使用现有构件满足系统的必需行为。在将子系统映射到构件时,应考虑与子系统相关的设计机制。有时候,虽然操作的签名完全匹配,但性能或安全需求可能会使构件无法复用。

8.3.6 更新软件架构

随着新的设计元素不断地被添加到设计模型,通常开发人员必须重新打包设计模型的元素,软件架构也随着发生相应的变化。通过更新架构可以重新说明设计模型中的新设计元素,并在必要时重新调整设计模型的结构。

更新软件架构的主要目标是降低设计模型中包之间的耦合度,并提高各个包的内聚度,从而使不同的包(和子系统)能够相对独立地由单独的个人或团队进行设计和开发。虽然不太可能实现完全的独立,但包之间的松散耦合通常会使复杂系统的开发变得更为容易。大型软件系统一般先采用分层的架构,并在分层的基础上进行适当的分包,这也是本书从架构分析到架构设计所遵循的基本思路。在架构分析中引入基本的分层架构,在架构设计时再结合应用的特点进行适当的调整和细分——可以合并简单的层,因为太多的分层将增加系统实现的难度,降低系统性能;也可以将更复杂的层进行分解,增加新的层次,从而提高系统的可维护性。同时,对于那些复杂的分层,还需要考虑层内的分包问题。所有这些问题并没有一个统一的答案,必须结合具体应用系统的业务特点和所要满足的架构机制的要求来综合考虑。很多时候,这都依赖于架构设计师的能力,甚至是直觉,这也是体现设计人员水平的关键所在。图 8-17(a)是"旅游申请系统"当前设计模型在 Rational Rose 中的组织结构,图 8-17(b)给出了在确定设计元素后更新的软件架构,注意区分与图 8-9 初始架构的不同。

图 8-17(a)显示了系统各个包的组织结构,可以看出包内部元素的组织情况。用户界面包(User Interfaces)没有什么变动,依然存放系统的界面类,目前没有对这部分类进行任何处理。申请服务包(Application Services)除了拥有存放系统的控制类和描述申请业务的实体类外,还拥有一个处理支付业务的子系统(Payment Subsystem)。旅游业务基础组件包

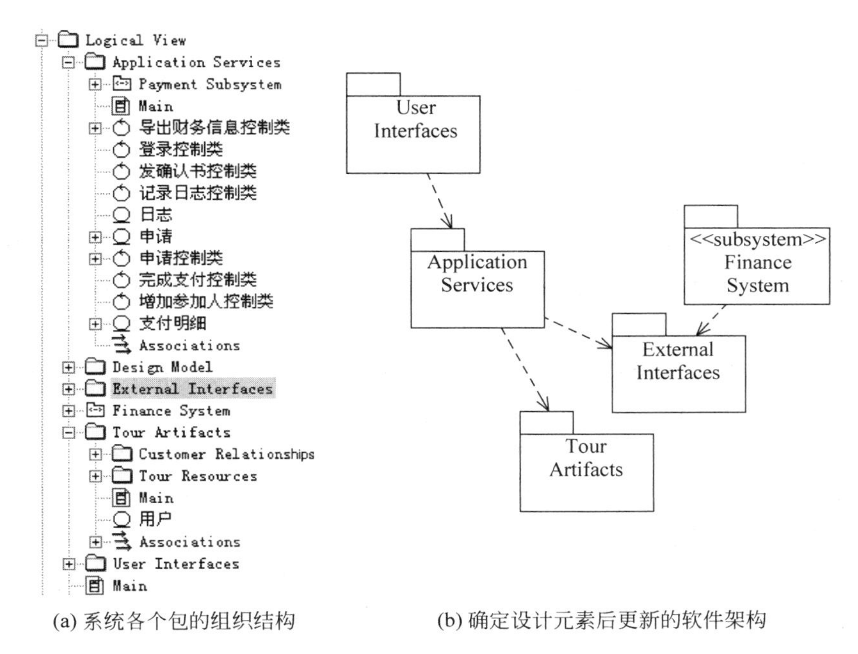

(a) 系统各个包的组织结构　　(b) 确定设计元素后更新的软件架构

图 8-17　更新后设计包的组织和软件架构

(Tour Artifacts)用于存放旅行社的基础业务数据,包括客户关系(Customer Relationships)和旅游资源(Tour Resources)两个子包,这与图 8-9 相同。外部接口包(External Interfaces)存放着在第 8.3.4 小节所提炼的各个接口。而财务系统包(Finance System)则是新增加的一个顶层子系统,用来实现与财务系统的多个接口,所以它依赖于外部接口包。图 8-17(a)中还有一个设计模型包(Design Model),与分析中的分析模型包(Analysis Model)的作用相同,它本质上并不是架构的一部分,所以并没有体现在软件架构图中；它只是用来组织设计阶段的用例实现,其内容将在第 9.1 节介绍。

视频讲解

8.4　引入设计机制

设计元素来自分析类,而分析类则主要关注功能需求,重点在考虑如何描述业务需求。设计期间除了通过确定设计元素来关注业务,还需要充分考虑系统的非功能需求和各种实现技术的应用,这就是架构机制所要解决的问题。在分析阶段以分析机制的形式对这些架构层的问题进行了记录,设计阶段则需要给出具体的设计方案来解决问题,这就是设计机制。

8.4.1　从分析机制到设计机制

架构机制从本质上来讲就是一种模式,它将应用系统中的一些公共的问题独立出来进行描述,并给出一种通用的解决方案,这些解决方案在构件设计时可以被重复使用。以持久性访问机制为例,绝大部分系统中的很多实体类都会涉及此类问题,如果一开始就把此类问题和业务问题混在一起,则分析人员很容易分散精力,难以集中处理业务问题本身。对于设计阶段也是如此,如果将此类问题的设计方案分散到各个设计元素中单独处理,势必造成系统在很多方面都存在不一致性：有些设计元素采用文件实现持久化；有些设计元素采用数据库实现持久化；都采用数据库时不同用户的访问策略也可能不同。为此，在架构设计期间，此类公共问题应该被单独进行处理，由架构设计师给出统一的处理规则和实现模式（即设计机制），构件设计师严格按照设计机制的约定去实现，这不仅能够有效地提高开发的效率，还能够极大地提高设计的质量。

事实上，第 7 章所阐述的设计模式本质上就是一种更成熟的设计机制。这种成熟意味着，它是一种已经被广泛认可的并被成功应用的架构机制，它不仅是为当前系统而提出的，还能够被推广到更多的系统中。

在架构设计期间，应用设计机制的目标是根据实现环境的约束条件，完成由分析机制到设计机制的改进。在实施过程中，需要结合具体的实现机制提供明确的解决方案，这些解决方案将会在构件设计时应用到设计模型中。以表 5-2 给出的架构机制为例，对于持久性分析机制，如果选择用 JDBC 访问关系型数据库，则此时需要对具体的访问方式进行明确的定义（即需要哪些第三方类、如何访问、访问结果如何存储等实现问题），以便在构件设计阶段按照该方式去实现。同样，对于分布机制，如果决定采用 RMI 来实现远程方法调用，就需要明确定义相应的访问接口和方式。这个过程就是确定设计机制。

8.4.2 确定设计机制

确定设计机制以每一个设计机制为出发点，引入具体的实现机制，对其实现细节进行详细的描述，包括详细定义其设计方案的原理和应用细节，以便在类设计阶段能够直接进行应用。类似于设计模式的定义，在定义设计机制时，也需要给出每个设计机制的具体的静态和动态结构。这些结构提供了一个模板，用来指导后续的构件设计过程，并在构件设计期间将这些模板替换为相应的元素。下面以持久性分析机制为例，说明采用 JDBC 实现技术所对应的设计机制的定义过程。虽然每类设计机制的实现技术差别很大，但其定义的过程基本相同，只不过每个步骤中所采用的技术细节不同。

1. 引入实现技术所需的构件包

为了采用某种具体的实现技术，必然会使用到实现环境所提供的构件，因此首先需要引入这些已有的构件包。为了能够有效地组织这些开发环境直接提供的构件包，首先在系统的顶层架构中添加新的基础设施层（Infrastructure），它位于系统的最低层，提供最基础的实现技术，然后将需要使用的构件包导入到该层中。

为了使用 JDBC 技术，需要用到 JDK 类库中所提供的数据访问类，这些类和接口定义在 java.sql 包中。为此，需要首先导入（import）包，并在设计模型中使用其内部的设计类和接口。将这些已有元素导入到基础设施层有 3 种方法。

第一种方法是手工添加：按照包的结构和相应类、接口的定义，手动将它们添加到当前设计模型中，即绘制描述这些内部类的类图和接口的类图。这种方法最简单，但效率较低，而且容易出错，不推荐使用。

第二种方法是利用逆向工程工具[①]：通过逆向工程工具根据源代码逆向获得这些组件

① 有关逆向工程的概念和具体使用方法可参见第 10.2 节。

的设计模型，并将其添加到当前设计模型中。这种方法非常有效，其缺点是需要组件的源代码，而且需要强有力的逆向工程工具。

第三种方法是利用建模工具所提供的向导功能：很多建模工具在新建项目时提供了丰富的向导功能，可以选择将特定开发环境相关的类库导入到新建模型中。例如在 Rational Rose 中新建项目时，可以选择 J2EE 模板，这样 J2EE 开发环境中的类库将一次性地被全部添加到新模型中，并可以直接使用。这种方法也非常简单，如果建模工具支持，则是一种非常有效的手段。其缺点就是它一次性把实现环境中所有的元素全部导入，而用户实际上可能只使用很少一部分元素，这极大地提升了模型的复杂度，也不便于用户使用。

在实际项目中，用户可以根据建模工具本身的能力和个人的使用习惯，选择一种合适的方式导入现有的组件。图 8-18 显示了导入的 java. sql 包，以及内部的 4 个主要元素[①]，由于这些类或接口的操作都非常多，此处为了节省篇幅，并没有显示出来。

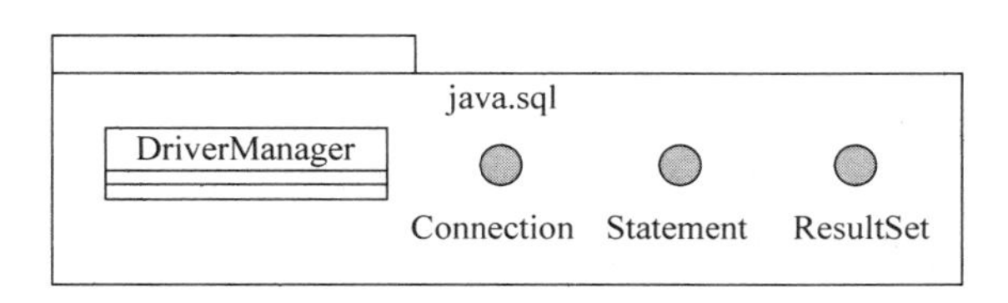

图 8-18 导入 java. sql 包及相关的类和接口

2. 添加新包以描述架构机制

在描述架构机制的实现过程中，需要绘制各类 UML 模型。而这些模型只是描述一个通用问题的解决方案，并不针对某个具体的用例，是作为一种特定的模式被表示并在构件设计中被应用到特定的用例实现中。这样，在架构层和用例实现包中都不适合存放这些模型，而需要建立一个独立的包层次结构来描述所有的架构机制的设计策略。为此，首先需要在设计模型包（Design Model）中添加架构机制包（Architecture Mechanisms）；然后针对系统所涉及的每类架构机制建立一个子包，如针对持久性架构机制，建立相应的持久性包（Persistency）；最后针对每个架构机制所涉及的不同的设计和实现机制建立各自的子包，如针对持久性架构机制（如果采用 RDBMS-JDBC 的实现机制，则建立 RDBMS-JDBC 包）。图 8-19 描述了按照这种思路组织的架构机制的相关包之间的关系。

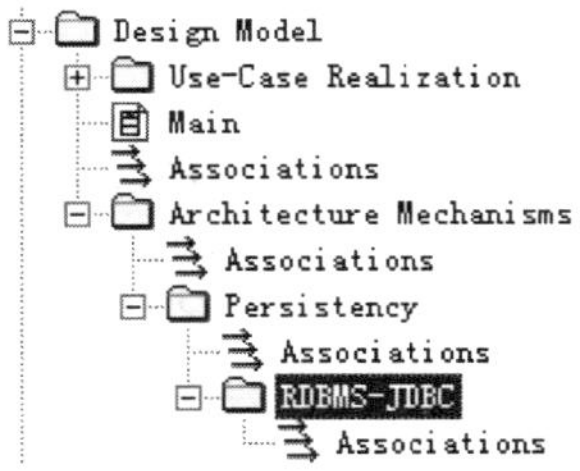

Design Model
Use-Case Realization
Main
Associations
Architecture Mechanisms
Associations
Persistency
Associations
RDBMS-JDBC
Associations

图 8-19 架构机制包的组织策略

3. 添加为描述架构机制所需的设计元素

每种架构机制的实现都会涉及不同的设计元素，为此需要把这些设计元素添加进来。同样，由于并不是针对具体的用例，因此，此处所谓的设计元素也是一个通用的占位符，并在构件设计时替换为具体的设计元素。

以持久性架构机制为例，对于“旅游申请系统”而言，有很多设计元素（如申请、旅游团、路线等）都存在该架构机制。然而，架构设计期间并不是针对某个具体的设计元素（如申请）来定义的，而是提供一种通用的问题解决策略，以便指导构件设计。为此，此处为了区分具

① 该包内部还有很多其他元素，此处只导入了后面会用到的 4 个元素，以后如果需要别的元素，可以再进行导入。

体的设计元素，需要重新引入一些新的“虚拟”设计元素。为了区分那些真实的设计元素，这些“虚拟”设计元素采用<< role >>构造型，表明它们只代表某类角色，在具体的设计模型中将被“真实”的、需要引入此架构机制的设计元素所替代。每类架构机制需要引入的角色各不相同，对于持久性架构机制而言，为了描述从关系数据库中访问一个持久性对象，可能的角色包括访问该对象的客户(PersistencyClient)、该对象本身(PersistentClass)、该对象的容器类(PersistentClassList，因为从数据库查询所返回的结果集往往包括多个对象)和一个控制数据访问过程的控制类(DBClass)。将这些角色定义为带<< role >>构造型的类，并添加到 RDBMS-JDBC 包中。

4. 描述架构机制的静态结构

引入所需的角色类后，下一步就是对这些类进行详细定义，主要是类的操作和关系的定义。结合架构机制所要解决的问题需求，抽取并定义所需的操作和类之间的关系，并在类图中体现，这个过程可结合第 5 步的场景建模中的动态模型同步完成，即根据动态模型的情况定义类所需的操作和类间的关系。

对于持久性架构机制，其所需的 4 个角色及与导入的 java. sql 包中相关类之间的关系如图 8-20 所示，图中有关类操作和关系的定义可结合后面的动态模型来理解。另外，注意图 8-20 中类之间的虚线箭头是依赖关系，有关这种关系的定义和使用细节可参见第 9.3.9 小节。

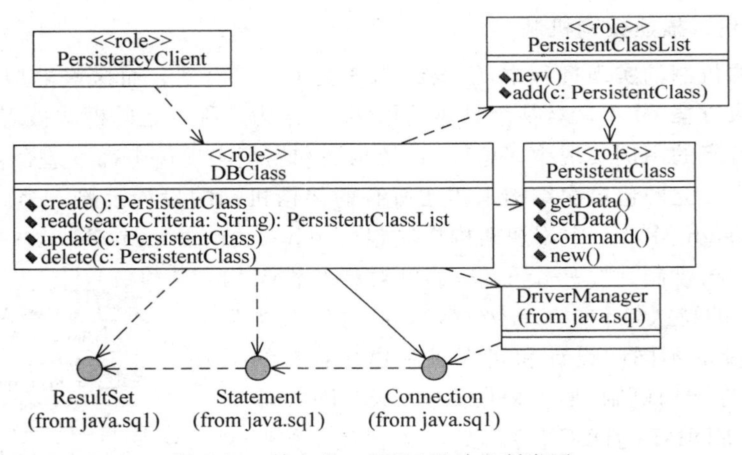

图 8-20 持久性—JDBC 设计机制类图

5. 描述架构机制的典型应用场景

不同的架构机制有不同的应用场景，可以采用 UML 交互图对架构机制的各种典型应用场景进行建模。对于持久性架构机制，其主要的应用场景包括初始化、建立数据库连接及插入持久性对象(Create)、读取持久性对象(Read)、修改持久性对象(Update)和删除持久性对象(Delete)(后面 4 个操作即所谓的数据库 CRUD 操作)。

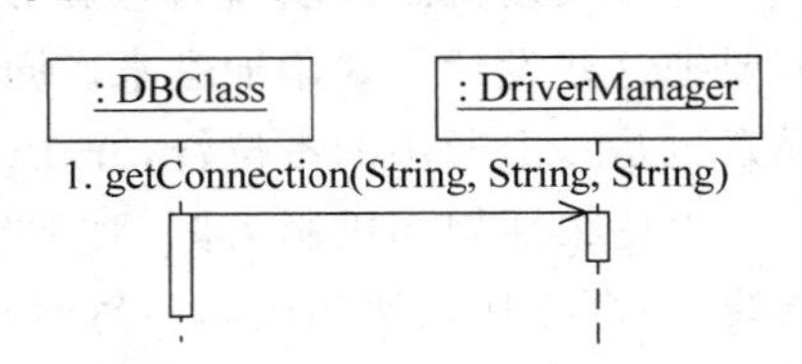

图 8-21 持久性—JDBC 设计机制初始化场景的顺序图

对于持久化机制，首先需要建模初始化行为，通过该行为获得数据库连接对象。图 8-21 给出了该行为的顺序图,DBClass 通过调用 DriverManager 类的 getConnection 操作,获得 Connection 对象,3 个 String 类型的参数分别代表数据库 URL、用户名和密码。

对数据库的增、删、改、查等操作进行建模。插入数据相对比较简单,其顺序图如图 8-22 所示。客户类(PersistencyClient)首先创建一个数据库访问的控制对象(DBClass),控制对象创建持久类对象(PersistentClass);然后通过该对象相应的 get 函数(getData)获得各属性信息,并组合出插入操作所用的 SQL 语句,并利用 Connection 对象创建执行 SQL 语句的 Statement 对象;最后执行 Statement 对象的操作完成数据库的插入。

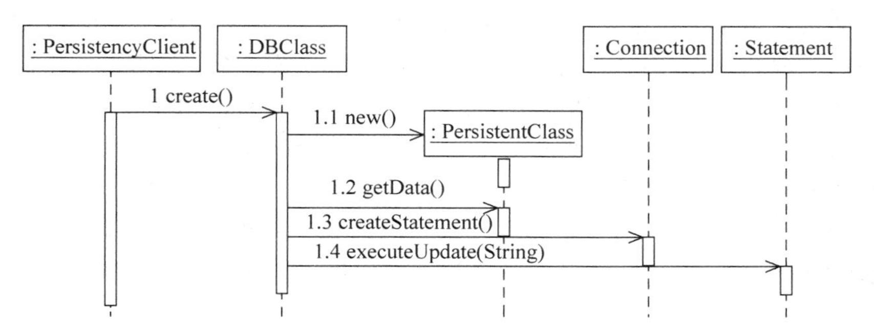

图 8-22 持久性—JDBC 设计机制数据插入场景的顺序图

与插入相比,数据库读取操作相对比较复杂,需要在执行 SQL 语句后,对结果集进行处理。图 8-23 给出了查询操作的顺序图,其中使用了两个 loop 交互片段,第一个 loop 表示循环读取每一条结果集,生成相应的持久性对象后放入容器类;第二个 loop 表示循环读取每个结果集中的每一个字段,并将其内容存入持久性对象的各个属性。其他数据库的操作方法也基本相同,此处不再展开介绍。

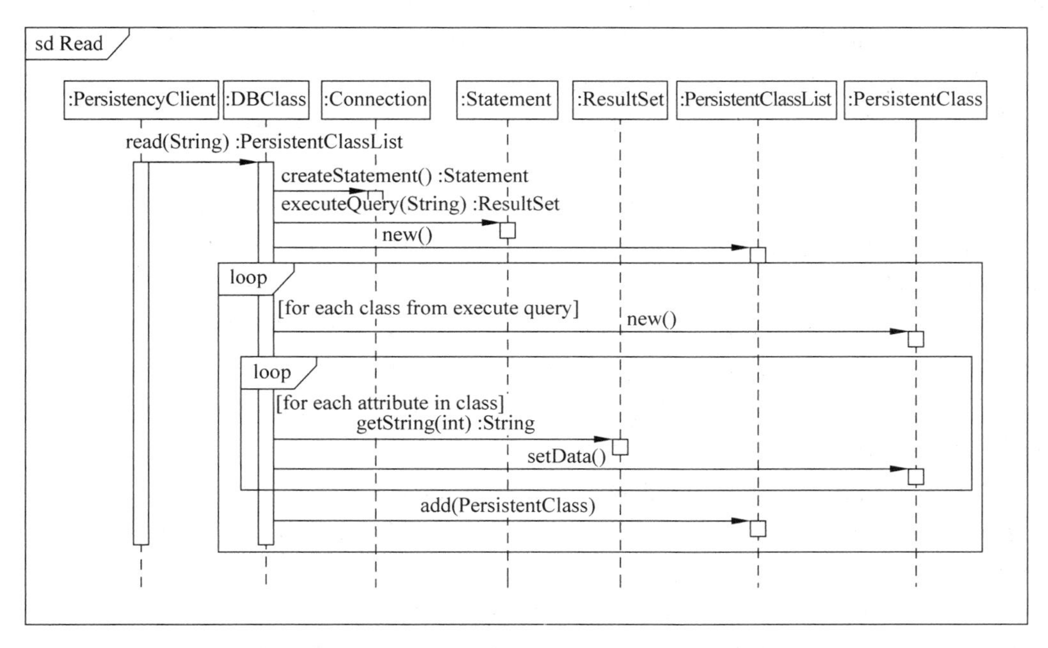

图 8-23 持久性—JDBC 设计机制数据读取场景的顺序图

至此,有关利用JDBC数据访问技术来实现持久性架构机制的描述已基本完成。简单总结一下这个过程:首先引入与实现技术相关的基础组件;然后引入所需的设计元素;最后通过描述这些设计元素的静态和动态视图给出实现细节。针对其他的架构机制,其过程与这个过程也基本上是类似的。

8.5 定义运行时架构

运行时架构是指系统在运行期间的组织结构。对于软件系统而言,其运行期间表现为操作系统中的进程和线程,因此运行时架构的建模将重点关注系统进程和线程的组织方式,以及设计元素在它们中如何进行调度。在设计模型中,可以通过“4+1”视图中的进程视图来描述系统的运行时架构,其主要的内容是确定独立的控制线程(或进程),并且将设计元素映射到控制线程。当然,如果系统只需要运行一个进程(如一个单机版小工具),那么就不需要一个单独的进程视图,即不需要定义运行时架构。对于那些有并发访问需求而需要建立多进程(或线程)的应用系统而言,就必须为该系统的进程视图建模,以准确地描述系统的运行时架构。

8.5.1 描述并发需求

要为系统的进程视图建模,首先需要明确系统为什么需要多个进程,这是由系统的并发需求引发的。这些并发需求描述了系统并发执行任务所要达到的程度,为需要并发执行的业务需求确定独立的控制线程。

在分析并发需求前,首先解释并发(Concurrency)和并行(Parallel)这两个既相似又不同的概念。并发是指事件在系统中同时发生的趋势,这些事件之间并没有先后顺序,互不影响,但并不一定同时发生;而并行则是指事件在系统中同一时刻同时发生,它具有并发的含义。从实现来说,并发往往代表一个处理器同时处理多个任务;而并行则一般要求多个处理器或多核处理器同时处理多个不同的任务。这两类需求都要求多进程(或线程)的支持,且其实现机制也有所不同。对于分布式的客户服务器系统,一般主要考虑的是系统并发的趋势,并不强调并行执行,因此系统设计期间考虑较多的是系统并发的需求。不过随着多核时代的到来,目前有关并行的需求和设计也被日益重视起来,一些专业的并行库的实现也对设计提出了特殊的要求。

并发(或并行)需求一般来自系统的非功能需求。针对系统分布、性能、吞吐量等方面的要求引发了系统的并发需求,具体可能包括以下几方面因素。

(1) 系统需要分布式部署的程度。系统行为需要部署在多处理器或多个节点上,这就要求为相应的处理器或节点考虑并发的需求。

(2) 核心算法的计算强度。考虑系统的性能需求,为了满足系统响应时间的要求,可能需要在单独的进程或线程中进行高强度的计算活动,以保证系统在进行计算的同时响应用户交互。

(3) 事件驱动机制对并发的要求。在事件驱动的系统中,事件可能是周期性的或非周期性的;为了生成和及时处理这些事件,就需要单独控制线程进行处理,例如在拥有外部设备或传感器的系统中,针对这些设备的数据采集和处理可能需要单独的控制线程。

(4) 环境支持的并发执行程度。在多核架构、分布式系统或客户/服务器架构等情况下,需要根据其支持并发的程度,设计相应的并发策略。

在设计期间,所有的这些并发需求可能多少有些相互冲突。为此,需要根据需求的重要性对需求排序,以助于解决冲突。

考虑练习题(综合案例题)中的“医院预约挂号系统”,该系统的并发需求来自系统分布式部署的需求:系统既要通过 Web 的方式对外提供预约挂号服务,又要满足医院内部核查预约单、挂号单的需求。为了保证这两类业务不互相影响,就产生了并发的需求,需要部署两个不同的执行进程分别提供相应的服务。为此,需要为相应的进程视图建模。

8.5.2 进程和线程建模

为了满足系统并发的需求,需要为相应的并发业务设计独立的控制进程或线程,即对系统的进程和线程进行建模。

进程(Process)是操作系统中的重量级并行执行单元,在自己的空间中独立地运行,为系统提供独立的控制流程。而线程(Thread)则提供轻量级的控制流,它没有独立的运行空间,在所属进程的执行环境和地址空间中运行。

在进程建模期间,需要为系统所需的每个独立控制流创建相应的进程或线程模型。很多情况下都需要独立控制线程,如使用多个 CPU 和(或)节点、提高 CPU 利用率、提供对实时性要求很高的服务、提高系统可伸缩性、支持独立运行的子系统等情况。

UML 并没有为进程建模提供标准的支持,但通过扩展机制可以很方便地表达系统的进程模型。可以采用主动类或构件来表示系统进程和线程,分别利用构造型<< process >>和<< thread>>表示进程和线程。进程之间可以定义依赖关系,而进程和其内部执行线程之间存在组合关系。图 8-24 是针对“医院预约挂号系统”设计的进程模型。

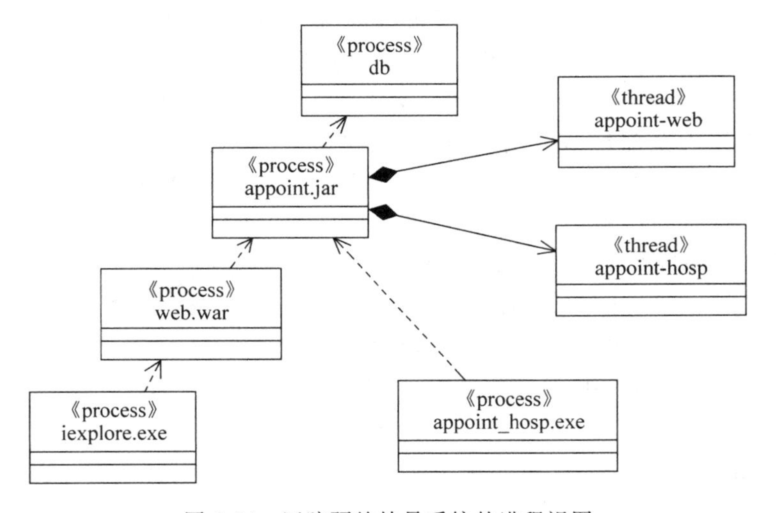

图 8-24 医院预约挂号系统的进程视图

从进程视图可以看出,本系统共包含 5 个独立的控制进程。由于采用 Web 方式对外提供服务,所以客户端为用户的 IE 浏览器进程(iexplore. exe);该进程访问 Web 服务器(在图

8-24 中，这两个进程间建立了依赖关系)，Web 服务器上部署了所开发的 Web 程序，并打包为 web. war；Web 服务器访问应用服务器，该服务器部署预约相关的应用程序(打包为 appoint. jar)；应用服务器访问数据库(db)进程获取数据。此外，医院内部通过定制开发的客户端软件(appoint_hosp. exe)访问应用服务器。因此应用服务器中部署了两个独立的控制线程(appoint-web 和 appoint_hosp)，它们和宿主进程之间建立了组合关系。

8.5.3 分配设计元素

从图 8-24 所示的进程视图中可以看出，每个进程都提供了特定的服务，这些特定的服务是由之前所提取的设计元素来实现的，同样这些设计元素也必须运行在特定的进程或线程中才能提供相应的服务。为此，需要将这些设计元素部署到相应的进程或线程中，这就是分配设计元素的过程。

将设计元素分配到进程中需要考虑系统的性能和并发需求、分布需求和对并发执行的支持程度，以及冗余和可用性需求等因素，同时还需要从设计元素自身的自主性、从属性、持久性和分布性等架构机制来考虑。在具体的分配过程中，可以同时采用两种不同的策略，即从内到外和从外到内。

- 从内到外：是指从系统的内部结构入手，彼此密切协作，并且必须将在同一控制线程中执行的元素组合起来放在同一个进程中执行，同时拆分那些不互相影响的元素，从而提炼出不同的进程。重复这些步骤，直到进程达到最小数量，并能提供必需的、分布的和有效的资源利用。
- 从外到内：是指从系统的外部激励入手，定义独立的控制线程来处理每个激励，定义独立的服务器控制线程来提供各项服务；同时考虑数据完整性、序列化等约束条件，将此初始的控制线程集精简至执行环境所能支持的数量。

分配设计元素的过程应该是一个不断尝试和改进的过程，在多次迭代过程中评估所设计的进程视图是否能够满足系统的并发需求，以达到系统性能的最优目标。

分配设计元素的结果也可以采用 UML 类图进行建模，进程(或线程)和设计类之间建立组合关系，表示该类运行在指定的进程环境中。对于子系统而言，在设计的早期，当还没有一个特定子系统的全部细节之前，可以利用接口来表示；当设计完特定的子系统内部结构后，就需要用该特定子系统对应的代理类来表示①。而跨进程之间的类关系在进程视图中即表示为进程间的依赖关系。在图 8-25 中，类 A(ClassA)有到类 B(ClassB)的关联关系，而类 A 部署在进程 A(ProcessA)中，类 B 部署在进程 B(ProcessB)中，因此进程 A 有到进程 B 的依赖关系。

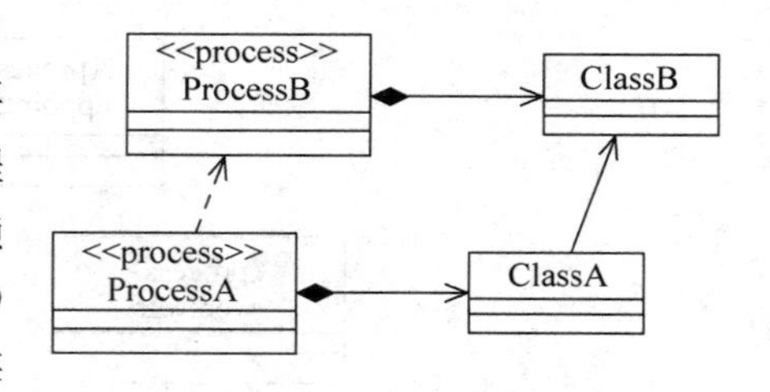

图 8-25 进程关系与类关系

图 8-26 给出了“医院预约挂号系统”进程中所分配的部分设计元素。在 Web 浏览器中

① 有关子系统代理类的概念可参见第 9.2 节。

运行用户的 JSP 页面[①](如添加预约信息的页面 AddAppointmentPage),在 Web 服务器上部署了相应的 Servlet 类(如处理预约业务的 Servlet 类 AppointServlet),而应用服务器中则部署了操作后台数据的 Bean 类(如表示预约信息的实体 AppointmentBean)。

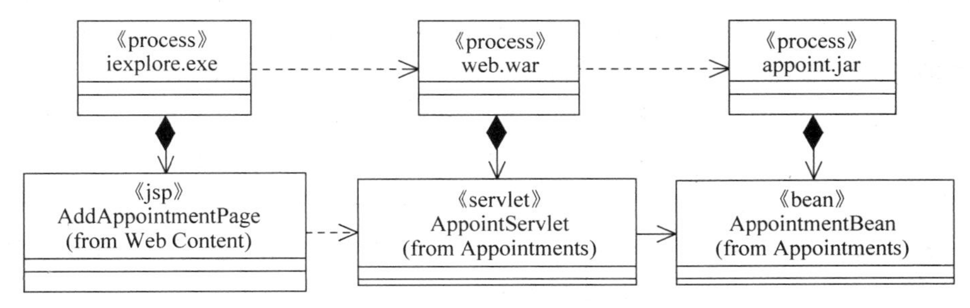

图 8-26 为进程分配设计元素

需要注意的是,并不需要把所有的设计元素都明确地分配到进程中,只需要为那些顶层的设计元素建模,而那些与顶层设计元素有关系且在同一个进程中的设计元素不需要单独进行描述。

8.6 描述系统部署

在架构分析中,分布被确定为一个分析机制,用来指出哪些类需要支持分布式访问。而在架构设计阶段,就需要描述与分布相关的设计细节,主要的工作包括以下内容。

- 选择并设计系统的分布式结构:结合通用的分布模式,设计目标系统的分布式结构。
- 在物理节点间部署系统功能:利用 UML 部署模型(即“4+1”视图中的部署视图)描述设计元素、进程、工件等在物理节点上的部署情况。
- 设计并实现分布机制:针对分布机制,描述其相应的设计和实现机制。

需要说明的是,如果系统没有分布的需求,即只运行在一个节点上,那么就不需要单独的部署模型。

8.6.1 分布模式

分布式应用是现代软件发展的趋势。随着软件规模和应用场景的不断增加,单处理器已经很难承担系统的负载,为此需要将系统负载分布到不同的处理器,建立分布式系统结构。此外,分布式结构还可以应对某些特殊的需求(如利用某些专用服务器处理特定业务);出于经济考虑,采用多个小型的服务器组成分布式结构比单一的大型服务器的性价比更高。

针对系统功能和应用类型的不同,存在许多典型的分布模式。参照这些分布模式,结合系统需求可设计出符合特定系统要求的分布式结构。主要有两大类分布模式:一类是客户/服务器模式;另一类则是对等模式。

---

① 准确地说,JSP 页面也是运行在 Web 服务器上的,其核心也是 Servlet 技术,它生成的 HTML 页面及相关的 JS 脚本才是运行在客户端浏览器上的,而由于在设计时这些后台的页面并不是一个独立的设计元素,为了突出这种分布式结构,因此采用其 JSP 页面来表示客户端元素。

1. 客户/服务器模式

在客户/服务器模式中，分为客户端和服务器两类节点。客户端通常只为单一用户服务，处理最终用户的交互服务，它访问并使用服务器节点的资源。而服务器通常同时为多个客户机提供服务，典型的服务包括数据库服务、文档服务、打印服务、安全控制服务等。针对系统功能的分布情况，又可以将此种分布模式划分为以下多种不同的类型。

(1) 三层结构：一种特殊的客户/服务器结构。在这种架构中，系统的功能划分为3个逻辑部分——数据服务、业务服务和应用服务(逻辑上可能会映射到3个或更多的物理节点)。其中数据服务包括数据库服务及相关的数据访问操作；业务服务则主要处理系统的业务逻辑规则(如工作流控制、权限控制等)，通常由许多用户同时使用；应用服务则面向最终用户，提供相关业务的处理界面和交互逻辑。

(2) "胖"客户结构：系统的大部分服务都在该客户端运行，包括应用服务、业务服务和数据服务。服务器端可能只有数据库服务器。有些资料把这种结构称为传统的C/S结构。这种结构的特点是易于设计和实现，但客户端难以分布和维护。本书案例中的"旅店预订系统"即采用了此种分布式结构。

(3) "胖"服务器结构：系统的大部分服务都在服务器端运行，而客户端基本没有应用程序。Web风格程序就采用了这样的结构(有些资料上称为B/S，即浏览器/服务器结构)。在该结构中，客户端没有任何应用程序，只需要通过浏览器去访问Web服务器，所有的业务逻辑和实现细节都在Web服务器、应用服务器、数据库服务器等服务器节点中。这种结构易于分布和维护，但相对而言，系统开发难度、对网络的要求等相对较高。本书案例中的"旅游申请系统""医院预约挂号系统"等均采用了此种结构，并采用基于Web的技术构建。当然，现有的Web技术架构中，也可以利用JavaScript在客户端浏览器中实现部分业务逻辑，充分利用客户端的资源，从而降低客户与服务器通信的消耗和服务器负载。

(4) 分布式客户/服务器结构：在这种结构中，应用服务器、业务服务器和数据服务器可以分布在不同的节点中，同时也可以定义一些专用的服务器以提供业务服务或数据服务。这种结构的可伸缩性较好，但设计和实现的难度较大，服务器之间的通信、同步等问题需要单独设计，一般需要采购一些专用的分布式设备来支持相应的服务(如分布式数据库服务器等)。超大规模的应用(如银行、电信等的应用)可以采用此种结构来满足系统需求。

2. 对等模式

在对等模式中，系统中的节点没有客户和服务器的概念，它们既可以作为客户端请求服务，又可以作为服务器提供服务。这种模式可以有效地提高系统和网络的吞吐量、使用率等，还可以将相互关联的服务组合起来，以尽量减少网络流量，从而实现功能的分布。不过，要有效地实现这种结构有一定的难度，需要关注节点间的通信机制、死锁、资源缺乏及故障等问题，因此，在信息系统开发中较少使用此种模式。目前比较流行的BT应用就是这样一种实现模式。

8.6.2 部署建模

选定了目标系统的分布模式，意味着确定了目标系统的基本分布式结构。但有关各个服务器/客户端的具体结构、配置、连接方式等还需要进一步描述，这个过程可以通过UML

的部署图来实现。部署图用来定义系统的物理部署结构，通过部署图可以描述物理节点、软件工件等各类元素及它们之间的关系。

1. 节点

节点(Node)是部署模型中最基本的建模元素，表示物理运行时的计算资源，客户或服务器端的服务都需要运行在这些节点上。在UML中节点表示为一个立方体。在实际系统中，存在多种类型的节点，有服务器、客户机、交换机、路由器等。对于每种类型的节点，可以通过构造型进行扩展，甚至可以提供更形象的构造型图标。UML标准中也提供了两种特殊类型的节点：设备(Device)和执行环境(Execution Environment)。设备是一种特殊的节点，表示一种物理性的计算资源，具有一定的处理能力，特定的工件可以部署在特定设备上运行。设备一般是一种硬件资源，可以是各种用途的计算机，如服务器、PC；也可以是交换机、路由器等网络设备，还可以是打印机、扫描仪等输入/输出设备等。执行环境则是为特定种类的构件提供某种运行环境，使这些构件作为可执行工件能被部署、运行在执行环境中。执行环境一般表示为某类软件支撑环境，如操作系统、数据库服务器及各种应用服务器系统等，它往往作为某个设备内的节点，说明在该设备上部署了当前执行环境。

节点之间可以通过通信路径(Communication Path)互联。通信路径是一种特殊的关联关系，通过它可以定义节点间的网络拓扑结构，从而实现节点间的通信。如果需要，可以详细描述节点之间的连接属性，如通信协议、传输速率等。图8-27给出了“医院预约挂号系统”的部署模型。

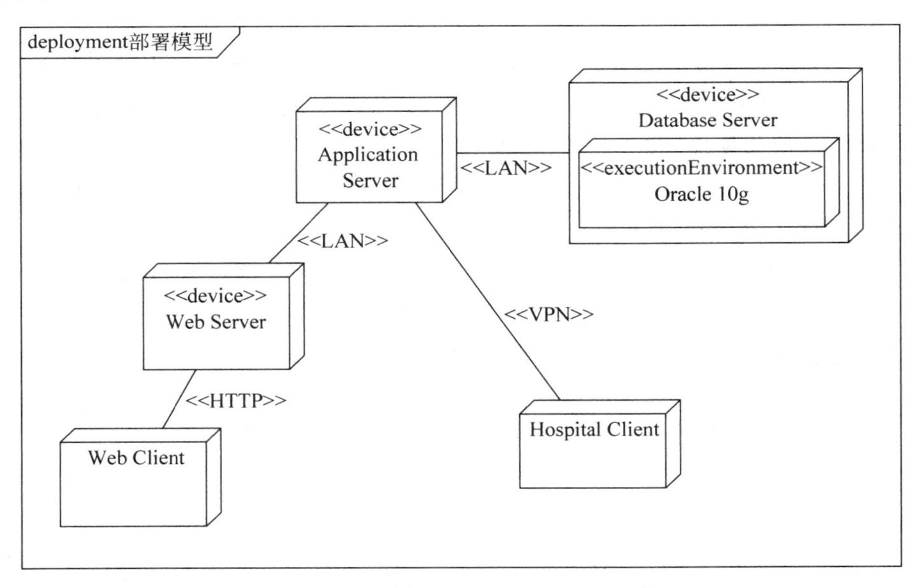

图8-27　“医院预约挂号系统”的部署模型

从图8-27可以看出，该模型包括两类客户端节点：Web Client节点代表Web客户端；Hospital Client节点代表医院内部客户端。而服务器端的节点均描述为设备节点(采用构造型<< device >>)，Web Server节点代表Web服务器，Application Server节点代表应用服务器，Database Server节点代表数据库服务器；此外，在Database Server节点内部定义了一个执行环境节点(采用构造型<< executionEnvironment >>)说明所采用的数据库管理系统为 Oracle 10g。节点之间的关联关系代表节点间的通信路径。图 8-27 中采用了一些特殊的构造型说明节点间的基本通信协议,如 Web 客户端通过 HTTP 的方式访问 Web 服务器,医院内部客户端则通过 VPN 访问应用服务器,而服务器之间则部署在同一个局域网内。

当前的部署模型描述了系统的网络拓扑结构,但该结构必须要支持之前所提出的设计元素、运行时架构等架构设计的内容。为此,下一步就需要把架构设计的内容映射到部署模型中,这就需要使用到工件(Artifact)和部署规范等概念。

2. 工件

工件反映了类、子系统等设计元素的物理存在形式,用来对各种文件进行建模。在 UML 中工件表示为一个矩形框,可用构造型<< artifact >>来说明,也可用右上角的文件图标来表示。工件可以是源代码、文档、脚本文件、二进制文件、数据库表、可发布软件等各种形式的文件。为此,可以通过构造型来区分不同类型的文件,如<< file >>表示一般性的文件;<< document >>表示一般性文档;<< source >>表示源代码文件;<< executable >>表示可执行文件;<< jar >>表示可执行的 java 包等。

工件之间可以存在依赖关系,如一个 JSP 文件用超链接或包含依赖于另一个 JSP 文件;Java 中的.class 文件依赖于.java 文件编译而来;一个 JAR 包文件是由多个 class 文件打包而成的。对于这种不同类型的依赖,可以根据情况使用不同的构造型区分描述。

此外,作为一组逻辑元素(如设计类、接口、构件、进程等)的物理实现,需要在工件和对应的逻辑元素之间建立承载的关系。承载(Manifestation)是一种特殊的依赖关系,通过构造型<< manifest >>表示。

对于工件的建模,主要针对工件、工件间的依赖关系及工件与逻辑组件间的承载关系等进行建模。在项目开发中,有些工件是需要开发的,有些工件是已有的,还有些工件由第三方提供,开发人员清楚地描述它们之间的关系对开发工作来说非常重要。在开发维护过程中,如果一些工件发生改变,通过该模型就能够知道哪些工件将受到影响。而且,在一般规模的应用系统中,往往就包含了数百个,甚至更多种类的工件。为此,在《UML 用户指南(第二版)》中,把这种图独立出来作为工件图(而不是作为部署图)的一部分,这样更符合实际建模的需要。图 8-28 给出了"医院预约挂号系统"的部分工件图。

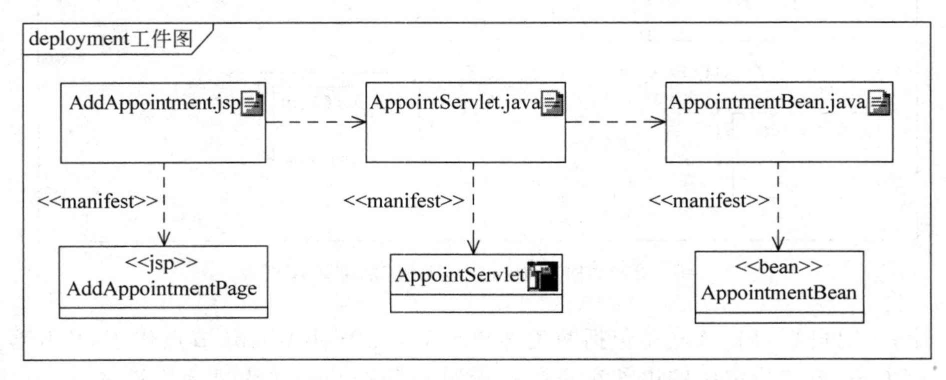

图 8-28 "医院预约挂号系统"的部分工件图

图 8-28 中的下面一排为系统中的设计元素(与图 8-26 在进程中分配的设计元素相同)。而上面一排为这些设计元素对应的工件,它们承载这些设计元素,同时它们之间存在

着依赖关系。

3. 部署和部署规范

系统最终需要部署在运行的客户或服务器环境中才能发挥作用,这个部署过程采用部署关系描述。部署(Deploy)是一种特殊的依赖关系,表示一件工件被部署到一个目标节点上。在部署图中,还可以将工件放在节点符号内或直接将名称罗列在节点内来表示工件和节点间的部署关系。而对于节点来说,一个节点可以有一组部署,每个部署都可确定一组被部署的工件。当然,部署一个系统不仅需要复制文件,还需要配置执行环境,这就需要用到部署规范(Deployment Specification)。

部署规范是一种特殊的工件,通过一组特征值来确定部署在特定节点上的特定工件的环境变量,其主要目的是配置工件的执行环境。它为特定执行环境中的软件部署提供了一种通用的参数化机制。图 8-29 描述了两种将工件部署到节点上的方法。

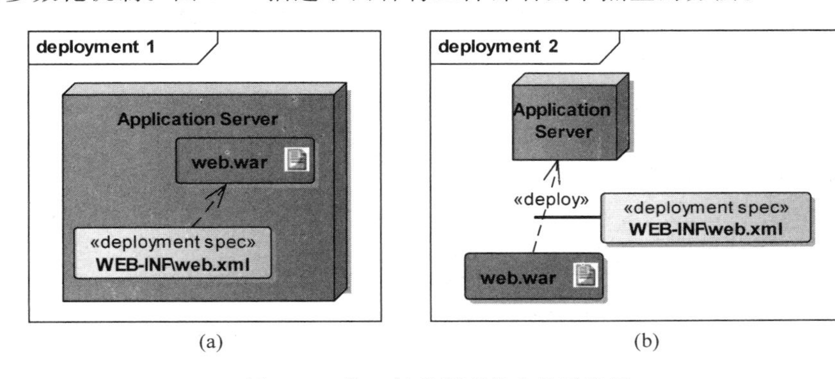

图 8-29 将工件部署到节点的示例图

在图 8-29(a)中,我们将工件 web. war 直接放置在 Application Server 节点内部,表明了工件和节点的部署关系。而 WEB-INF 目录下的 web. xml 是该部署对应的部署规范(采用构造型<< deployment spec >>),即部署过程中需要修改 web. xml 文件(有关具体的参数可以再通过其属性细化,此处省略),它和 web. war 工件之间存在依赖关系。图 8-29(b)则是通过部署依赖关系将 web. war 部署在 Application Server 上,与部署相关的配置信息采用类似关联类的方式被附加到部署关系上。

8.6.3 定义分布机制

有关系统部署的最后一部分内容就是针对采用分布式结构的系统,考虑采用何种技术来实现分布式的访问。在分析阶段,通过定义分布机制记录了需要进行分布式的访问,而这种机制意味着需要远程访问该对象。例如在医院预约挂号系统中,用户通过客户端界面访问控制类来发起请求。针对该请求,按照目前设计的分布式结构,客户端界面运行在客户机的 IE 浏览器进程中,而控制类(即上面的 Servlet 类)则运行在 Web 服务器上,显然这种在不同进程、不同节点上运行的对象之间是无法直接通信的,为此需要设计并实现一种机制来实现进程间的通信。定义分布机制的过程就是为其选择相应的技术方案来实现分布式访问。

在当前 Web 开发技术中,Web 服务器就提供了这种远程访问的机制,其实现也非常简单。在 JSP 应用中,客户端的页面并不是独立存在的,它是由运行在 Web 服务器中的 JSP

程序生成的。此外，在一些小规模应用中，并不需要单独的应用服务器，或者 Web 服务器和应用服务器作为一个整体来部署。这时候并没有太多的进程间通信的问题，直接采用 Servlet 技术就可以实现这种简单的分布式访问。此时只要求相应的 Servlet 类继承 HttpServlet 等基类，并实现 doPost()或 doGet()等操作即可。

然而，对于大规模应用，可能会存在独立的 Web 服务器和应用服务器，甚至会存在多个不同的服务器同时响应不同的请求，这时就需要深入考虑客户端和服务器、服务器之间通信等各种不同的分布式访问技术。在早期的分布式系统中，主要有 CORBA、DCOM 等分布式框架。而在当今比较流行的 Java 应用中，主要采用 RMI 技术来实现远程分布式访问。

RMI(Remote Method Invoke，远程方法调用)是 Java 对象进行远程访问的一种规范，其基本的实现原理如图 8-30 所示。客户对象 Client 为了访问远程对象 RemoteObject，首先需要通过命名服务 Naming 获得远程对象的调用接口(RemoteStub)，通过该调用接口在本地调用其操作 InvokeOp()，该调用操作通过 RMI 内部传输机制发送到服务器端的对象接口，并由此接口实现对实际对象操作的调用。

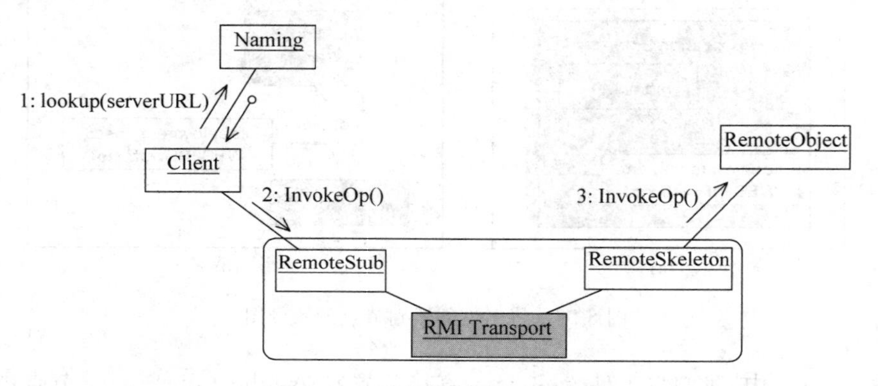

图 8-30 RMI 机制原理示意图

按照 RMI 的实现原理，就可以进一步定义具体设计机制的实现方案。其定义过程与第 8.4.2 小节中所描述的基本相同，只不过技术细节不同。该设计机制对应的类图如图 8-31 所示。

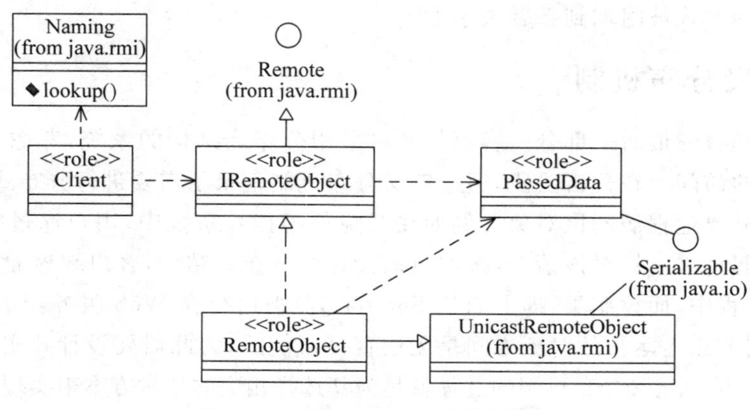

图 8-31 分布—RMI 机制设计类图

从图 8-31 可以看出，首先需要引入 java.rmi 包中的 Naming 类、UnicastRemoteObject 类、Remote 接口及 java.io 包中的 Serializable 接口等已有的设计元素，然后利用<< role >>代表需要分布访问的设计元素。其中 Client 为客户类，它需要远程访问 RemoteObject 类对象，它依赖于 Naming 对象和 IRemoteObject 接口。而 IRemoteObject 接口继承自 Remote 接口，远程对象 RemoteObject 继承自 UnicastRemoteObject 类，并实现 IRemoteObject 接口。如果需要远程传递数据，可以通过 PassedData 角色表示，并需要实现 Serializable 接口。此外，还可以采用交互图进一步对各种使用场景进行建模。

最后，还需要说明一点的是，引入分布机制后，对软件架构会产生一定的影响。这包括引入一些新的基础组件和应用包、调整包之间的关系等内容。这些都需要结合具体情况进行适当调整。

8.7 练习题

一、选择题

1. 下列有关需求、分析和设计这 3 个概念的论述中，错误的是(　　)。
   A. 需求是从用户视角描述用户问题
   B. 分析是从开发团队视角描述用户问题
   C. 设计是从开发团队视角解决用户问题
   D. 需求在问题域，分析和设计则都在技术域
2. 下列有关 UML 包图的论述中，正确的是(　　)。
   A. 只有类才可以被包含在包中
   B. 包中不能包含其他包
   C. 包之间可以存在泛化关系
   D. 可以通过添加构造型将包表示为子系统
3. 下列选项中，(　　)不是设计元素。
   A. 实体类　　B. 设计类　　C. 子系统　　D. 接口
4. 下列有关接口和实现关系的论述中，错误的是(　　)。
   A. 接口是操作的集合　　B. 接口主要用于支持代码的复用
   C. 可以利用具体类来实现接口　　D. 可以利用子系统来实现接口
5. 关于泛化关系和实现关系的区别，下列论述错误的是(　　)。
   A. 实现关系容易支持多态性，而泛化关系则很难支持多态性
   B. 泛化关系是类与类之间的关系，而实现关系则是设计元素与接口之间的关系
   C. 泛化关系可以用于重用实现，而实现关系只能重用行为的规约
   D. 泛化关系中父类可以提供缺省实现，而实现关系中接口不提供任何实现
6. 与包相比，子系统具有更丰富的语义，它能够通过接口对外提供行为。下列 4 个选项中，(　　)是包和子系统都具有的特点。
   A. 一种分组机制　　B. 对外提供行为
   C. 完全封装实现细节　　D. 容易被替换

7. 在设计阶段的用例实现过程中,封装子系统交互带来的好处不包括(　　)。

A. 简化交互图,减少混乱　　B. 支持并行开发

C. 容易变更和替换　　D. 降低开发成本

8. 子系统的职责是指(　　)。

A. 子系统内部元素的所有操作集合　　B. 子系统接口的操作集合

C. 子系统代理类的操作集合　　D. 不能直接建模,需要单独描述

9. 关于接口和子系统的关系,下列说法错误的是(　　)。

A. 子系统可以实现接口所描述的行为

B. 相同的接口可以有多个不同的子系统来实现

C. 一个子系统可以实现多个不同的接口

D. 实现相同接口的不同子系统,其对外体现的行为不一定相同

10. 有关构架机制的概念,下列说法错误的是(　　)。

A. 构架机制一般关注系统的非功能需求

B. 构架机制可分为分析机制、设计机制和实现机制

C. 设计机制是运用特定的实现技术来编码实现相应的分析机制

D. 设计模式也是一种设计机制

11. 有关进程建模的概念,下列说法错误的是(　　)。

A. 所有的系统都必须进行进程建模　　B. 可使用类图进行进程建模

C. 进程和进程之间可以定义依赖关系　　D. 进程和线程之间可以定义组合关系

12. 已知类A有到类B的关联关系,类A运行于进程processA中,而类B运行于进程processB中,则进程processA和进程processB之间应该存在(　　)关系。

A. 依赖　　B. 关联

C. 组合　　D. 条件不足,无法确定

13. 关于部署图,下面说法正确的是(　　)。

A. 任何系统都需要进行部署视图建模

B. 部署图可用来描述目标程序结构和关系

C. 部署图可用来描述系统的硬件结构

D. 部署图和构件图同构,只是表现方式不同

14. 在进行系统构架设计时,一个最重要的原则就是避免包之间的循环依赖。下列4个选项中,(　　)构架包图不存在循环依赖。

A.

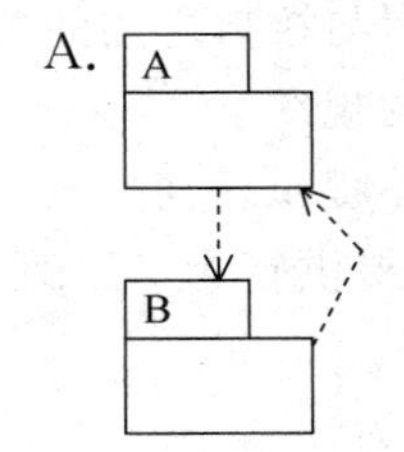

B.

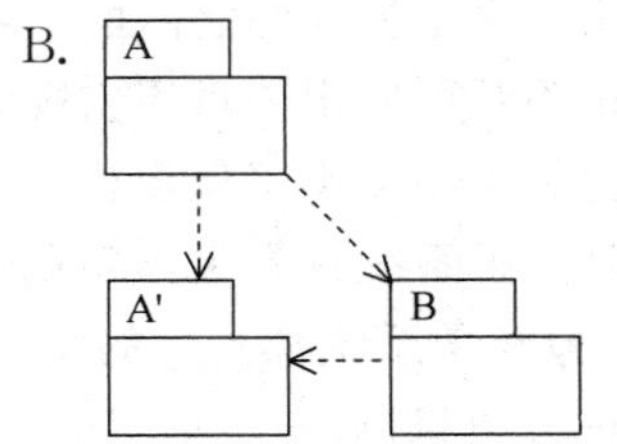

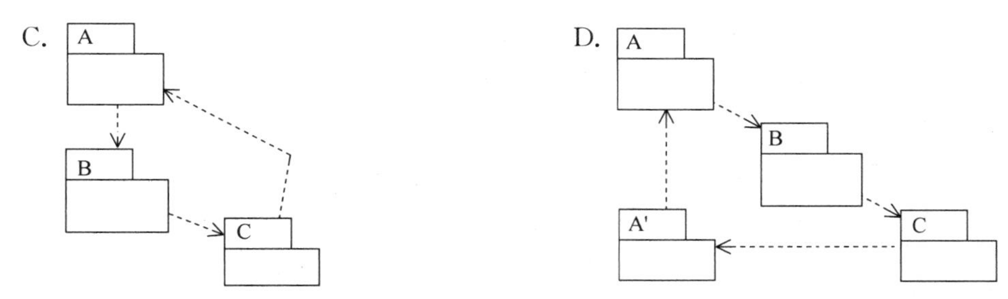

15. 现要将下面的类图分割成3个包,下列选项中最合适的两个分割点是(　　)。

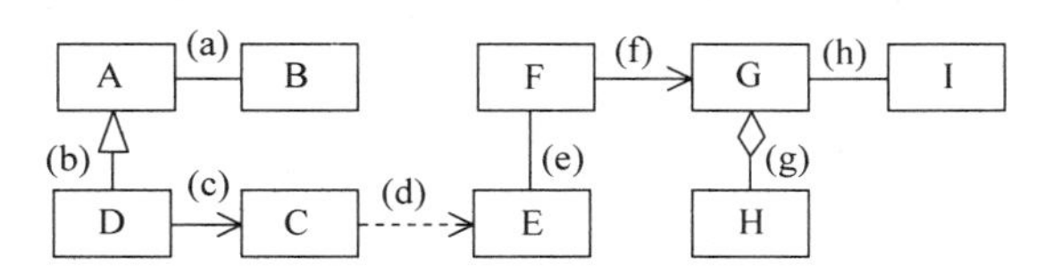

A. (a)和(d)　　B. (b)和(d)　　C. (d)和(f)　　D. (d)和(h)

16. 下图展示了两个接口 IPay 和 ICheck 及相关子系统 CreditSys 和 CheckSys 的静态结构。根据该图,完成下列第(1)~(2)题。

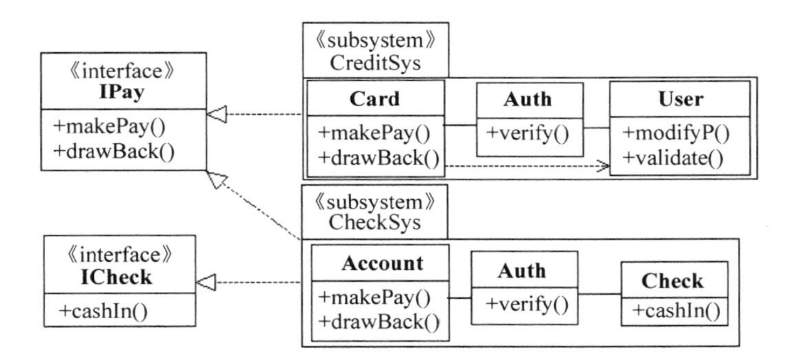

(1) 对于外界来说,上图中两个子系统所表现出来的职责(　　)。

A. 完全相同

B. 不同,CreditSys 比 CheckSys 多

C. 不同,CheckSys 比 CreditSys 多

D. 无法确定,因为子系统内部实现细节未知

(2) 某一外部类 C,需访问上图中 CheckSys 子系统内 Auth 类的 verify()操作,则最佳访问方式是(　　)。

A. 直接通过 Auth 类访问

B. 通过接口 IPay 访问

C. 通过接口 ICheck 访问

D. Auth 封装在子系统内部,其操作目前无法访问

二、简答题

1. 面向对象的分析和设计有什么区别和联系?

2. 什么是包,有哪些包设计原则?

3. 包之间的依赖关系是意味着什么,除了普通的依赖,还可以定义哪些关系?

4. 什么是设计元素,面向对象设计中有哪些设计元素?

5. 什么是子系统，它和包有什么区别和联系？

6. 什么是接口，接口和相应的子系统之间是什么关系？

7. 如何进行软件架构设计，架构设计时需要考虑哪些方面的问题？

8. 什么是设计机制，它和分析机制、实现机制有什么区别和联系？

9. 什么情况下需要设计系统的运行时架构，如何设计运行时架构？

10. 有哪些典型的分布模式，利用什么 UML 模型描述系统部署？

三、应用题

1. [综合案例：员工考勤系统]结合已经完成的需求和分析模型，以本章介绍的架构设计方法，设计该系统架构。

2. [综合案例：医院预约挂号系统]结合已经完成的需求和分析模型，以本章介绍的架构设计方法，设计该系统架构。

CHAPTER 9

第 9 章

构件设计

架构建立了系统的核心结构和关键要素，而系统内部各组成成分的实现细节则需进一步细化，包括设计机制的实际应用、设计元素的细化等内容，这个过程就是构件设计。

本章目标

构件设计过程从用例设计开始，根据用例实现流程封装相关的子系统和接口、细化设计类的实现细节，以保证设计类可以到直接实现的程度。此外，在面向对象的系统中，数据库设计则是相对独立的步骤，它根据持久性架构机制的要求，定义持久类的数据库存储和访问机制。

主要内容

(1) 掌握用例设计的基本过程和方法。

(2) 理解子系统设计的基本方法。

(3) 掌握设计类的定义、关系的使用方法。

(4) 掌握利用状态机图设计类对象的状态迁移的方法。

(5) 了解面向对象系统中对象模型和关系模型的映射及访问方法。

9.1 用例设计

视频讲解

用例设计是用例分析的延续，通过利用架构设计提供的素材(设计元素和设计机制等)，在不同的局部，将分析的结果用设计元素加以替换和实现。遵循用例驱动的思想，通过将设计决策应用到分析所形成的用例实现模型中，从而获得设计所需的用例实现模型，并进而得到用于实现阶段的子系统、类的详细定义。用例设计过程主要包括以下活动。

- 引入设计元素和设计机制，改进交互图，描述设计对象间的交互。
- 针对复杂的交互图，引入子系统封装交互，简化交互图。
- 细化用例实现的事件流，为消息添加与实现相关的细节。
- 从全局角度评价、完善设计类和子系统，提高设计质量。

9.1.1 从用例分析到用例设计

在构件设计期间,边界类中的用户界面类在单独的用户界面设计流程完成设计细节[①]。系统接口类则一般会在确定设计元素阶段被定义为接口和子系统,并在子系统设计中完成设计。实体类职责相对比较单一,而且大部分都会涉及持久化分析机制,其设计方案也比较简单。而控制类则集中了系统的主要控制流程,其职责比较复杂,因此设计阶段的重点在于控制类职责的实现。由于分析阶段对控制类的定义规则比较简单,一般一个用例只定义了一个控制类,因此这就不可避免地造成控制类承担过多的职责,这就是所谓的臃肿的控制类。从设计质量的角度来说,这些低内聚、缺乏重点且处理过多职责的控制类,显然违背类面向对象的设计原则(如单一类职责原则、高内聚、低耦合原则等)。为此,用例设计的重点就是对这些控制类职责的分解,可能会加入更多的控制类来分解不同的职责(如系统可以分为更多的层次,不同层次定义不同的控制类),甚至以将一些控制类的职责委托给其他对象等方式来重新设计控制类。有关这些分析类进一步的设计策略,参见第 9.3.2 小节。

用例设计所采用的建模方法与用例分析完全相同,主要还是交互图分析动态场景、类图描述静态结构。但是,其出发点和关注点则完全不同。从出发点上来说,不再使用分析类的概念分配职责,而是从设计元素、设计机制的角度,结合设计原则和模式(包括 GoF 模式和职责分配模式等)进行职责分配,因此此时没有必要再采用分析期间的构造型,而可以根据所采用的技术方案定义不同的构造型区分不同的实现手段;从关注点来说,用例设计关注的是职责如何实现,而不是目标类需要提供什么职责,即目标类提供怎样的操作才可以响应这些消息,这意味着发送到设计类的消息对应设计类的操作,而发送到子系统的消息对应其接口的操作。在用例设计中改进交互图时,主要考虑两个方面的问题。

(1) 利用架构设计中所定义的设计元素取代分析类,重新确定参与交互的对象。然后,利用这些对象重新绘制交互图,并遵循相应的设计原则和模式,完成职责分配过程。

(2) 递增地并入适用的架构机制。引入所需的设计机制和设计模式,调整和完善交互图。

9.1.2 引入设计元素

在用例设计中,设计类可以直接取代对应的分析类。而设计子系统由于是包的概念,不能直接放在交互图中,可以采用两种方式来描述。①接口:可以代表任何实现该接口的模型元素(具体类或子系统),但同时由于接口没有任何实现,因此不能从接口的生命线上发出任何消息。②特定子系统的代理类:为每个子系统定义一个代理类,代表特定的子系统,该代理类可以发送和接收消息。

下面以医院预约挂号系统中的支付挂号费用例实现为例,说明在用例设计阶段如何引入设计元素取代分析类。

首先,参照第 5.4 节所讲的构造用例实现的过程,分别得到分析阶段该用例实现的顺序图和 VOPC 类图,如图 9-1 和图 9-2 所示。

从顺序图中可以看出,注册用户先在支付挂号费的界面提交支付请求,界面将请求发送给控制类进行支付。控制类根据当前的预约信息计算支付信息,然后根据该支付信息向支

---

① 用户界面设计技术和流程都相对比较独立,本书不涉及此部分内容。

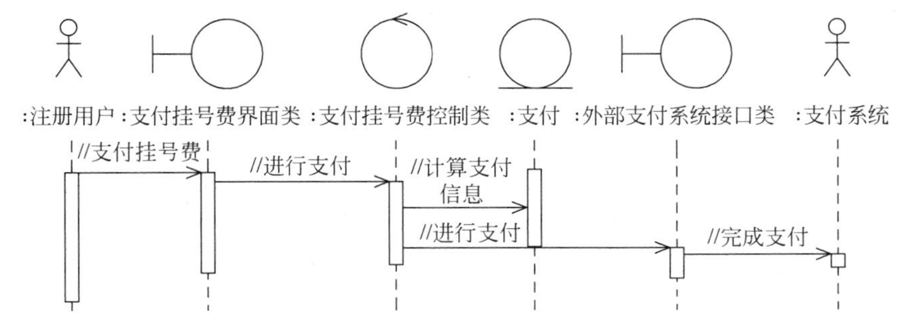

图 9-1　支付挂号费-用例实现(分析)的基本场景顺序图

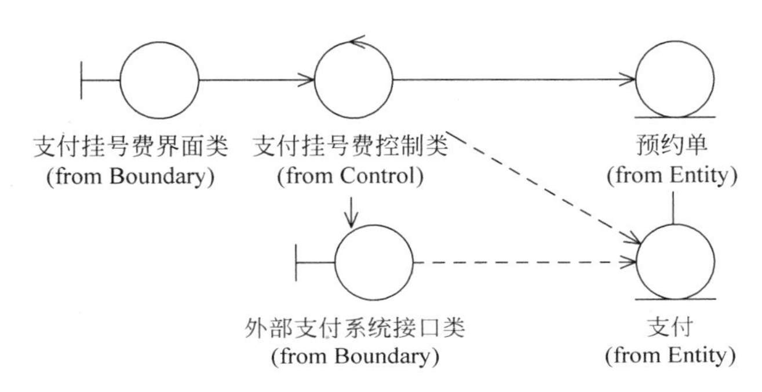

图 9-2　支付挂号费-用例实现(分析)的 VOPC 类图

付系统接口类发送支付请求，支付接口类与外部支付系统进行交互，完成支付过程。

从 VOPC 类图可以看出，该用例实现包括：两个边界类，即支付挂号费界面类和外部支付系统接口类；一个支付挂号费控制类；两个实体类，即预约单实体类记录当前的预约信息，支付实体类记录与当前预约单对应的支付信息。

在架构设计阶段，从该用例实现所给出的分析类入手，分别确定相应的设计元素。

- 支付挂号费界面类：采用 Web 页面的方式，对应一个用户页面类 PaymentPage，并用构造型<< jsp >>说明采用 JSP 页面。
- 支付挂号费控制类：采用 Servlet 技术实现分布式访问，定义为 PaymentServlet 类，采用构造型<< servlet >>标记。
- 预约单实体类和支付实体类：对应相应的实体对象，分别定义为 AppointmentBean 和 PaymentBean，采用构造型<< Bean >>标记。
- 外部支付系统接口类：在设计中映射为接口和子系统，分别定义 IPayment 接口和 PaymentSubsystem 子系统。其定义如图 9-3 所示。

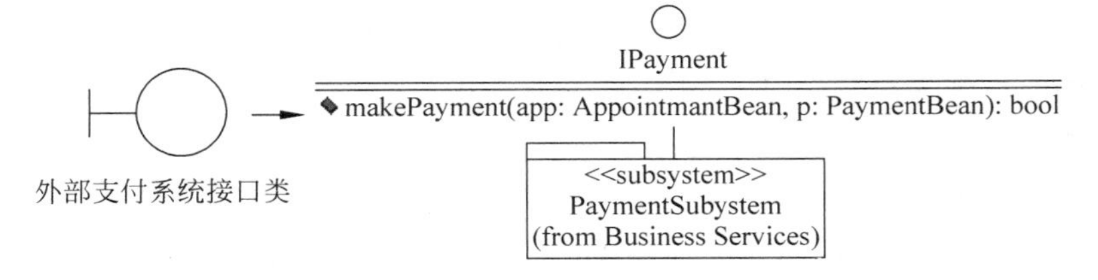

图 9-3　从分析类到设计子系统和接口

在用例设计阶段，利用这些设计元素设计用例实现对应场景的交互图，并完成 VOPC 类图。在交互图中，利用设计元素取代对应的分析类，利用设计元素的操作取代对应的消息，与图 9-1 对应的用例实现(设计)的基本场景顺序图如图 9-4 所示。

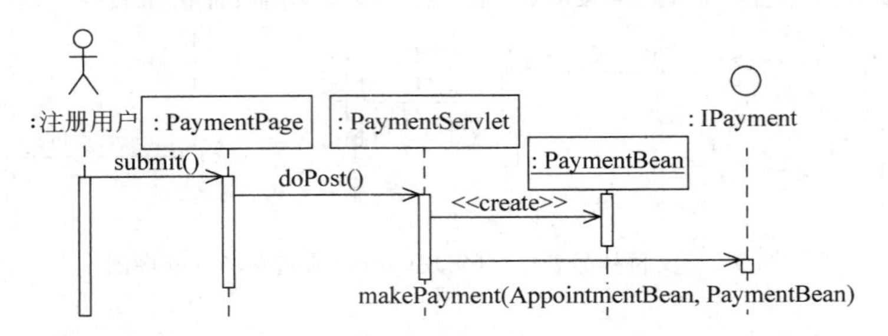

图 9-4　支付挂号费—用例实现(设计)的基本场景顺序图

从顺序图中可以看出，注册用户在支付页面(PaymentPage)采集和确认必要信息后采用 post 方式提交(submit 操作)，页面调用 PaymentServlet 的 doPost 方法提交表单。PaymentServlet 根据提交的表单创建 PaymentBean 实体对象，然后调用 IPayment 接口完成支付。由于采用接口表示支付子系统，而接口没有实现，因此不能发出消息，即在此顺序图中不表示有关支付的实现流程，可以在子系统设计阶段完成。对应的 VOPC 类图如图 9-5 所示，顺序图中的消息都映射到类图对应的操作，图中的关系也可进一步细化。

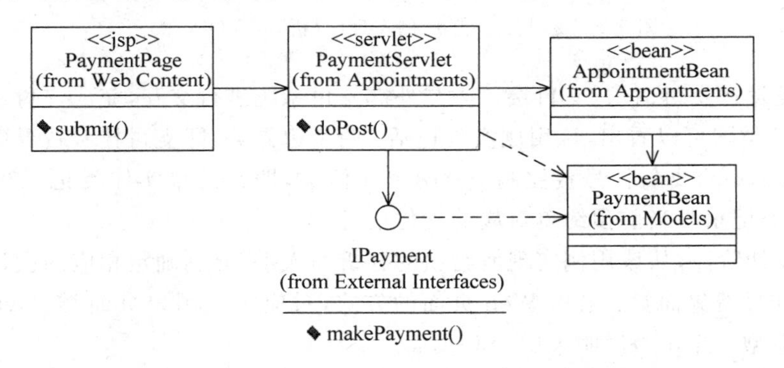

图 9-5　支付挂号费—用例实现(设计)的 VOPC 类图

9.1.3 使用架构机制

在引入设计元素重新构造用例实现的交互图过程中就会涉及有关架构机制的使用。如控制类的分布式访问采用 Servlet 技术实现，因此相应的控制类和操作就需要按照该技术进行设计，如 Servlet 类必须继承自 javax. servlet. http 包中的 HttpServlet，并实现 doPost 和 doGet 两个抽象方法来响应 Web 表单的请求。图 9-6 给出了 PaymentServlet 类的层次结构及有关操作的详细签名，而在图 9-4 中的交互图中已经采用了相应的 doPost()方法，当然还可进一步在交互图中指明相应的参数。

除了分布机制外，还有很多实体类都涉及持久性问题。在用例设计中，需要引入设计和实现机制，针对每个具体类说明持久性相关的行为。这些行为除了第 8.4 节所提到的有关数据的增、删、改、查操作外，还有事务管理等其他方面的行为。

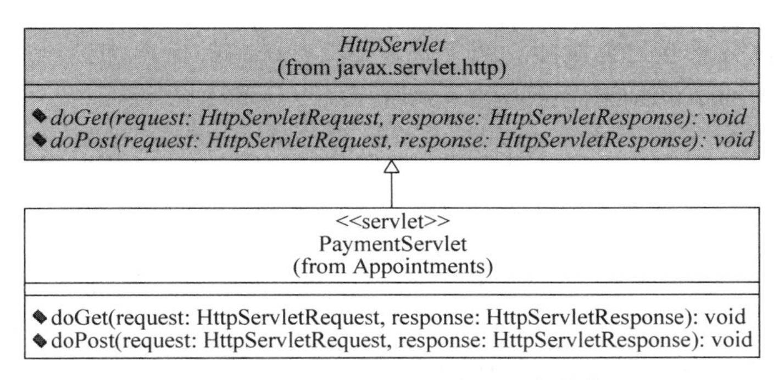

图 9-6　PaymentServlet 类的层次结构

事务是操作的原子调用，是数据库系统中必不可少的概念，它保证了数据一致性。例如在支付业务中，当用户完成支付操作后，首先需要从用户的账户上扣除相应的金额，然后在商家的账户上增加相应的金额。这两个操作必须保持一致，即或者同时成功或者同时失败。这种“全部或全都不”的行为，需要被封装成原子操作。有关事务的设计方案也需要体现在设计模型中，可以采用在交互图中添加文字注释的方式，也可以通过在交互图中加入明确的事务消息(如开始事务、提交事务、回滚事务等)来建模事务。此外，事务建模还需要考虑各种出错情况的处理方法，可能涉及有关事务回滚或失败的处理模式，并需要单独的交互图进行描述。

设计中还可能涉及诸如安全性、异常处理等其他的架构机制。这些架构机制都需要在设计的交互模型中体现。例如，在需要验证用户身份的 Web 应用中，每个 Web 请求之前可能需要检测用户当前登录的 Session 是否有效；对用户请求的内容进行安全性验证，防止 SQL 注入、非法链接等不安全的访问。

9.1.4　利用子系统封装交互

由于用例设计期间的交互图绘制要考虑各种设计问题，因此相比于用例分析，此阶段的交互图会非常复杂，并可能会在同一个交互图中涉及不同的技术问题，如需要同时考虑控制类的分布式访问、实体类的数据库访问等不同的设计细节，而且很多技术方案具有一定的复用性，因此有必要对不同的技术细节进行封装。这种封装可以借助于顺序图的分拆和引用的方式来实现，而更好的方式是将其中相对独立的交互直接封装成独立的子系统，在子系统设计阶段描述其内部交互，而对外则通过统一接口的方式提高交互的抽象级别，从而有效地提高设计质量。图 9-7 给出了利用子系统封装交互过程的示意图。图 9-7 的中间部分是外部的交互图，图中的操作 op1()、op2()、op3()均不是简单的操作，而是子系统职责，分别对应子系统 1 和子系统 2 对外提供的职责，它们的内部交互(图 9-7 中左右两个圆圈内)是在子系统设计期间建模。

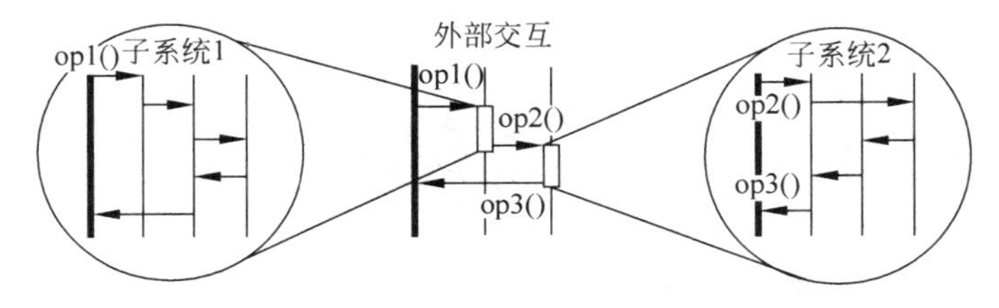

图 9-7　利用子系统封装交互示意图

何时需要将部分交互封装成独立的子系统并没有统一的标准,但当出现下列情况时,可以考虑把交互图中的子流封装成独立的子系统。

- 子流在不同的用例实现中重复出现。也就是说,相同(或相似)的消息发送给相同(或相似)的对象,产生相同的最终结果。
- 子流只在一个用例实现中出现,但期望在后期的迭代或者在后续相似系统中扩展/复用。
- 子流只在一个用例实现中出现,相对比较复杂但很容易被封装,它需要独立的人或者团队单独设计并实现,并且有明确的输入和输出。在这种情况下,复杂行为通常要求相关人员具备专业的技术或领域知识,因此适合将其封装在子系统中独立设计实现。
- 被封装在单独的构件中实现的子流,例如某些业务确定采用第三方构件来实现。

利用子系统封装交互后,在高层交互图中,子系统由接口或代理类来描述;将到子系统的消息建模为到子系统接口的消息,同时需要满足子系统接口操作的要求;而将子系统发出的消息建模为子系统代理类发出的消息;子系统内部的交互在子系统设计中完成。

利用子系统封装交互有效地提高了用例实现事件流的抽象级别,从而使用例实现的结构相对比较清晰,尤其针对那些非常复杂的交互而言。同时,这种方式可以在完成子系统内部设计之前创建用例实现,以利于并行开发。此外,封装使用例实现变得更加通用,也更容易适应变更,因为子系统是可替换的,只要保持接口不变即可。

在医院预约挂号系统中,由于支付采用的是外部支付系统,因此在架构设计时直接将支付封装为接口和子系统。而在"旅店预订系统"和旅游业务申请系统中,由于当前的需求只有现金支付方式,因此并没有对支付功能进行封装。在旅游业务申请系统的分析阶段抽取了一个支付明细类记录支付信息,有关支付的业务流程控制则由控制类和申请类完成。而在设计时,从可扩展性的角度考虑,以后的支付业务可能会通过网上支付或采用其他方式。因此,在用例设计阶段可以考虑将支付业务封装为独立的接口和子系统,其设计方案与医院预约挂号中的支付业务类似。

9.1.5 细化并完善用例实现

通过交互图中的消息可以有效地描述操作的调用,但很难有效地描述有关操作的调用和实现细节。设计人员需要将这些细节通过注释、约束等方式添加到交互图中,这些细节包括操作调用的条件(可能包括前置条件、后置条件等)、操作内部实现行为的说明及一些实时性、存储要求等非功能需求。

与用例分析过程相同,在完成各个用例实现的设计方案后,还需要从系统的全局角度对用例实现进行评估和完善,以保证设计元素在全局上的一致性和完整性。可以从几个方面评价设计元素,包括元素的名称应能体现元素的功能,对相似的模型元素进行合并,使用继承来抽象模型元素,保持模型元素和事件流一致等方面。有关设计类的进一步定义将在第9.3节中单独阐述。

9.2 子系统设计

视频讲解

在架构设计过程中,将复杂业务封装成独立的子系统和相应的接口,并对接口进行了定义。然而,并没有对这些接口是如何实现的细节做进一步描述,这些实现在子系统内部完成，这就是子系统设计的工作。

9.2.1 子系统设计基础

子系统设计的输入模型是具有接口定义的子系统，而输出模型则包括子系统的内部设计模型及更新后的接口定义文档。为此，在子系统设计期间，针对每一个待设计的子系统，需要完成以下 3 个方面的工作。

（1）将子系统行为分配给子系统元素：一个子系统对外提供的行为完全由其接口进行描述，因此接口操作的集合代表了子系统的职责。子系统设计的第一步就是针对接口所描述的每一个操作进行设计，通过交互图将操作的职责分配给子系统内部的设计元素。

（2）描述子系统内部的设计元素：在交互图的基础上，定义每个设计元素的结构和关系，完成子系统内部设计模型。

（3）定义子系统间的依赖关系：分析子系统与外部设计元素之间的依赖关系，明确子系统之间的耦合，以便于子系统的复用。

在子系统设计时，为了便于在交互图中描述子系统，可以为每个子系统定义特定的代理类。该代理类与子系统同名，采用构造型<< subsystem proxy >>表示，其操作即为子系统的职责。与接口不同的是，代理类在子系统内部，对外代表特定的子系统；而接口在子系统外面，代表所有实现该接口的子系统。从设计上来说，代理类可以认为是子系统内部的控制类，协调子系统内部行为，从而实现子系统的职责。当然，在具体实现时，代理类可以是虚构的，即子系统内部并没有该元素，只不过是子系统对外提供的一种统一的访问方式；也可以是实际存在的，这样更易于分配子系统职责。图 9-8 描述了在旅游业务申请系统中，某个接口、子系统和子系统代理类之间的关系（有关接口和子系统的含义参见第 8.3.4 小节）。

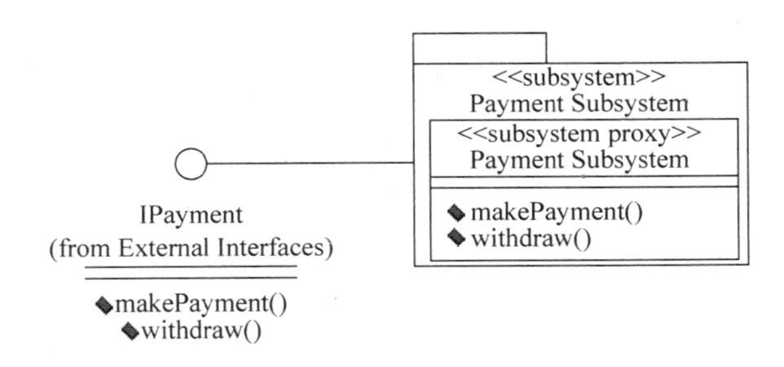

图 9-8 子系统接口和代理类

从图 9-8 可以看出，接口 IPayment 包括两个操作 makePayment()和 withdraw()。子系统 Payment Subsystem 则实现该接口，这意味着该子系统具有 makePayment()和 withdraw()两个职责。而代理类 Payment Subsystem 则在子系统内部，同样用于实现这两个职责，对外代表这个子系统。

9.2.2 分配子系统职责

子系统的外部行为是通过它所实现的接口定义的。当子系统实现了某个接口时，它就会保证支持该接口定义的每一个操作。而这些操作的实现需要子系统内部的设计元素来完成,这就可能涉及内部设计元素之间的交互。为此,分配子系统职责的过程就是描述操作如何实现的交互建模过程,可以采用交互图(顺序图或通信图)来记录这一过程。针对子系统所实现接口中的每个操作都应当有一个或多个交互图来记录,这些交互图属于子系统内部模型,用来定义子系统的内部行为。具体交互图建模的过程与用例设计中的步骤基本相同,同样需要引入子系统内部的设计元素和相应的架构机制。

针对图 9-8 所描述的子系统 Payment Subsystem,分别需要针对接口 IPayment 所描述的两个操作进行建模。现以 makePayment()操作为例,考虑其交互建模。该操作用于在申请旅游团成功后的费用支付行为,按照当前现金支付的方式,其实现逻辑非常简单:前台服务员接收到顾客的付款后,将有关付款的信息记录到数据库,并更新有关申请的状态信息即可。这些针对数据库的操作需要引入持久性架构机制完成建模过程,为此需要按照第 8.4.2 小节所描述的设计机制的内容引入相应的设计元素来完成该交互图。图 9-9 描述了支付过程实现的顺序图。

图 9-9 中的第一个对象是该子系统的客户(调用者)PaymentServlet,它处在子系统的外部,通过子系统的接口调用 makePayment()操作。在外部交互图中,该操作被发给子系统,而在子系统内部交互图中,该操作被发给子系统代理类,引发子系统的内部交互,由该代理类负责后续的交互行为,来实现该操作。为了完成支付过程,需要记录支付信息和更新申请信息两个行为,为此按照设计机制中所描述过程引入了两个 DB 类:DBPayment 和 DBApplication。DBPayment 对象提供 insertPayment()行为将支付信息插入到数据库中,而 DBApplication 对象则提供 updateApplication()操作来更新申请的状态。而这两个 DB 类都需要通过 Connection 对象获得数据库连接后,通过 Statement 对象执行 SQL 指令,完成对数据库的操作。

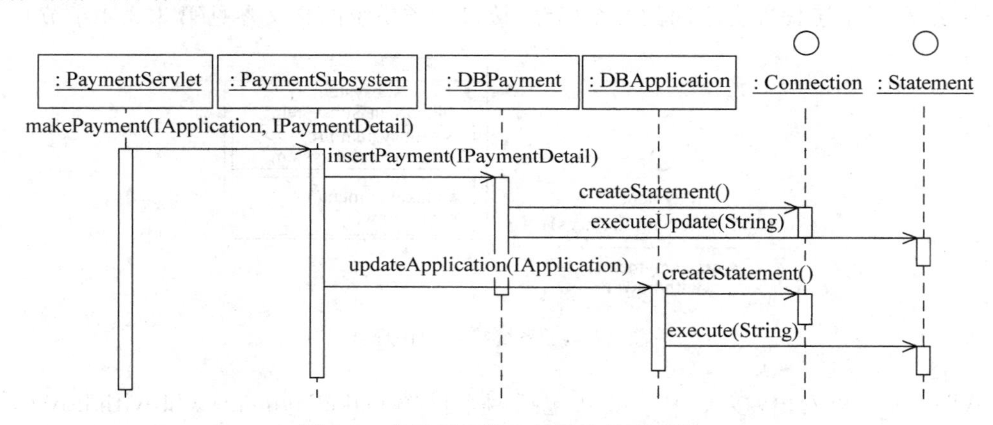

图 9-9　支付子系统支付操作的顺序图

需要说明的是,一个完整的数据库访问过程还应该包括数据库连接的建立和关闭及事务处理(显然图 9-9 的两个数据库操作需要放在一个事务中进行处理)等其他行为,本书只考虑有关建模的表示方法。有关这些技术细节也可以在顺序图中或通过文字的形式描述,在此不再展开讨论。

再进一步考虑费用支付问题,目前实现的是最简单的现金支付。而可能的扩展方式包括通过网络实现信用卡、支付宝等支付或手机支付等各种方式(例如医院预约挂号系统中的网上支付方式)。但不管哪种支付方式,最终实现均是一个支付的操作 makePayment,并需要相关的参数信息(例如本顺序图中的申请信息和支付信息)。只要保持该接口的稳定性,就可以保证支付方式的改变对于外部调用方没有任何影响。只需要添加不同实现的子系统即可,并针对该子系统内部进行独立的设计,这就是子系统所追求的可替换性目标,这也满足了 OCP 的设计原则。

9.2.3 描述子系统内部结构

通过分配子系统的职责,可以发现并定义一些新的设计元素,这些设计元素位于子系统的内部。此外,还会用到一些外部的设计元素,这些设计元素都需要进一步的定义和描述。可以通过一个或多个类图来描述这些设计元素及它们之间的关系,从而定义子系统的内部结构。图 9-10 给出了描述支付子系统内部结构的类图。

图 9-10 中 3 个设计类 PaymentSubsystem、DBApplication 和 DBPayment 均为子系统内部元素,而 IPayment 接口则为该系统需要实现的接口,IPaymentDetail 和 IApplication 接口分别表示支付和申请实体信息的接口类,通过 makePayment()操作的参数传入子系统,从而获得操作所需的实体信息,这 3 个接口均来自外部接口包。Connection 和 Statement 接口则来自 java.sql 包,提供 JDBC 数据访问接口。这些类和接口之间分别存在着相应的关联关系和依赖关系。有关这些关系(特别是依赖关系)的定义策略参见第 9.3 节中的相应内容。

从该子系统内部设计可以看出,遵循面向接口编程的思想,采用了大量的接口来解耦子系统与外部的耦合,从而保证子系统的独立性和可替换性,提高系统的稳定性。这也是子系统设计的一个基本策略。

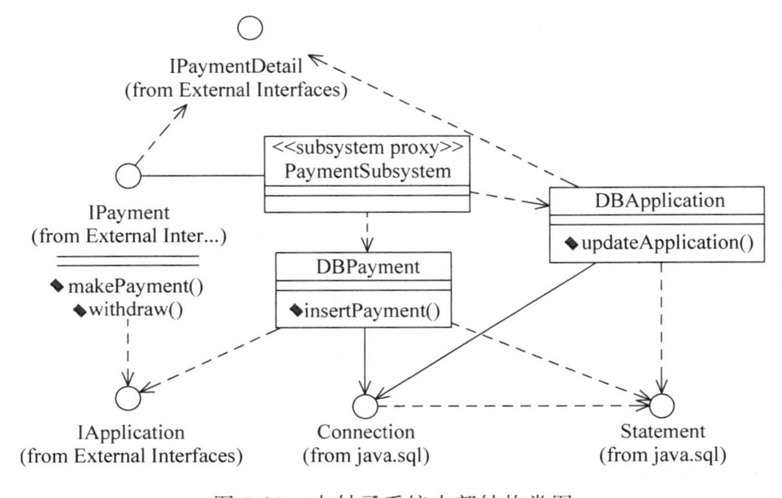

图 9-10 支付子系统内部结构类图

9.2.4 定义子系统间的关系

从第 9.2.3 小节中的子系统内部结构可以看出,一个子系统不仅通过接口对外提供服务,还可能需要外部的元素提供的服务(如图 9-10 中的 IPaymentDetail 接口、Connection 接口等)。这就意味着子系统和外部元素之间存在着依赖和被依赖的关系。为此,在进行子系统设计时,还需要进一步描述子系统与外部环境之间的依赖关系。

子系统也是一个包,因此它们之间的关系被描述为依赖,这种关系表明一个子系统需要另一个子系统或包提供的服务。图 9-11 描述了子系统与外部子系统或外部包之间的依赖关系的表示方法。从图 9-11 可以看出,子系统 Client Subsystem 依赖于子系统 Supplier Subsystem,这种子系统间的依赖建立在被依赖的子系统接口之上(ISupplier)。而子系统和外部包 Supplier Package 之间的依赖则建立在包之上。

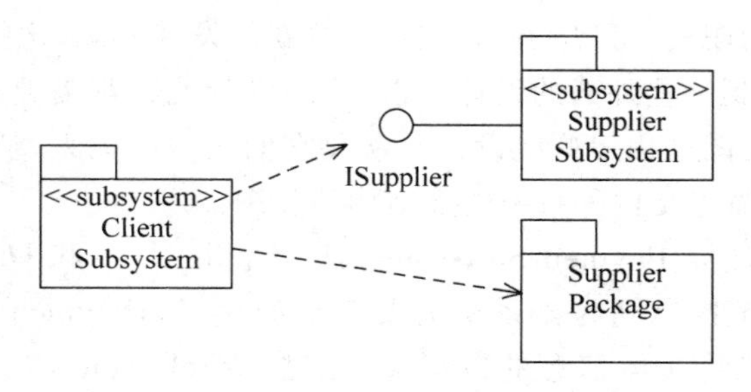

图 9-11 子系统与子系统、包之间的依赖关系

考虑支付子系统,它的外部依赖关系图如图 9-12 所示。外部的 PaymentServlet 需要使用该子系统,因此它依赖于这个子系统(Payment Subsystem)和它的接口(IPayment 接口在 External Interfaces 包中)。而支付子系统要实现 IPayment 接口,并使用了 IPaymentDetail 和 IApplication 等接口,因此它依赖于 External Interfaces 接口;同时该子系统还需要用到 JDBC 访问数据库,因此它也依赖于在 Infrastructure 包中的 java. sql 子包。

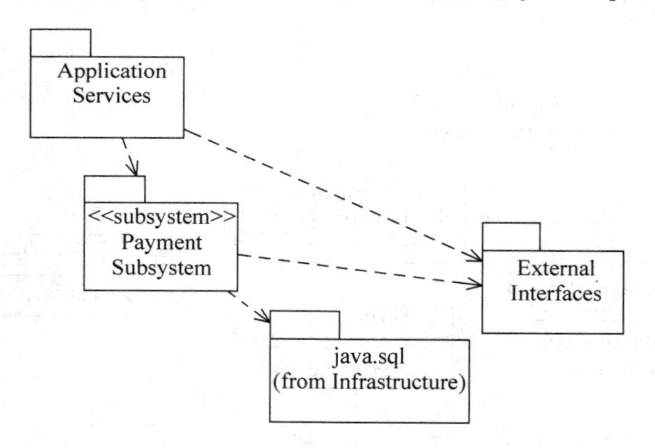

图 9-12 支付子系统外部依赖关系图

9.2.5 子系统与构件

子系统为设计模型提供了一种封装机制,通过子系统可以有效地提高系统设计模型的抽象程度,降低系统的耦合。但正如前面所介绍的,UML 并没有提供子系统建模的直接支持,本书采用构造型<< subsystem >>对 UML 包扩展的方式来表示子系统,这也是被大多数建模人员所熟悉并认可的一种方法。此外,大多数编程语言也没有提供子系统的实现语义,如在 Java、C# 等高级语言中并没有子系统的概念。那么,在编程语言实现时到底如何来表

示一个子系统呢？事实上，子系统的重点在于封装并提供统一接口表示。因此只要将体现这种封装和提供统一接口的思想打包成一组设计类，就可以表示一个子系统了。而目前很多编程语言都提供了这样的实现机制，例如很多语言提供的控件库，每个控件都包含了一组实现的类，而用户使用时只需要使用控件对外提供的接口即可，这种实现思路就是利用子系统进行的封装。可以认为，一个控件就是一个子系统。例如 Windows 平台的某个 COM 控件库就是一个子系统，在 C++ 中引入 COM 库时，需要用到的.h 文件就是该子系统的接口。同样，Java 语言中一个第三方的 jar 包也可以被认为是一个子系统。

此外，在子系统建模时，还需要涉及另一个概念——“构件”。在 UML 1.x 中，构件用来表示系统的实现模型，构件和构件图的语法都比较简单。设计类最终被实现在相应的构件中，构件可以是一个源代码文件，也可以是一个打包后的文件或可执行文件等，通过这些文件来实现特定的设计类。在 UML 2 中，针对实现文件的概念单独提出了工件的概念(参见第 8.6.2 小节)，并把它作为部署模型的一部分。而 UML 2 中的构件则回归到设计模型中，并对其含义进行了扩充，主要用来表示打包的设计元素，强调对一组内聚类的封装并声明对外提供的接口和所需的接口。为此，如果遵循 UML 2 规范建模，完全可以采用构件的概念来建模子系统。不过由于建模习惯等问题，目前采用包建模子系统的方法更被大家所认可，因此本书仍沿用这种方法①。考虑构件的概念正日益被建模人员所重视，因此，在本小节将对 UML 2 中的构件及其使用方法做一个简单的介绍，读者完全可以尝试使用构件来建模子系统。

构件(Component)是系统中的一个模块，它封装了其他设计元素，并通过声明对外提供的接口(供接口)和所需的接口(需接口)来与外界隔离，从而实现可替换性。供接口(Provided Interface)是指该构件所实现的接口，代表构件对外提供的服务。而需接口(Required Interface)则是在 UML 2 中新添加的概念，代表该构件依赖于某个外部接口，向其请求服务。以图 9-11 所描述的子系统场景为例，ISupplier 接口是 Supplier Subsystem 的供接口，也是 Client Subsystem 的需接口。一个构件的需接口由另外一个构件的供接口来提供支持，两者之间就形成了装配连接的关系。此外，一组相关的供接口和需接口可以组成一个端口(port)并设定其名称，表示该构件与外界的一个交互点。图 9-13 给出了一个简单的构件图。

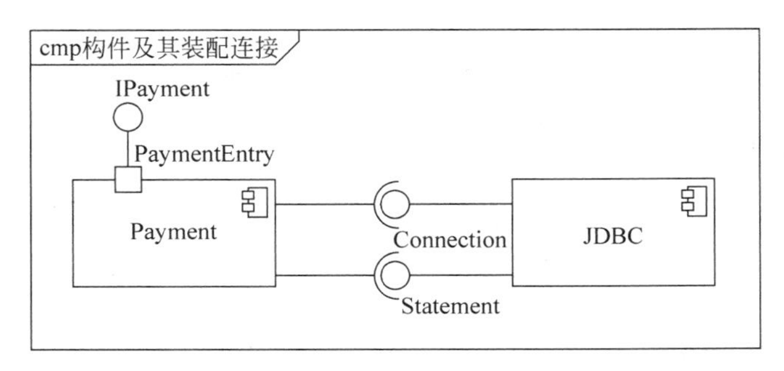

图 9-13 支付构件图

① 事实上，仅仅是表示方法的不同，建模思想和具体方法完全相同。

图 9-13 中有两个构件：Payment 和 JDBC。Payment 构件代表支付子系统，而 JDBC 构件代表 JDBC 数据库访问驱动库。Payment 构件在端口 PaymentEntry(图 9-13 中 Payment 构件上方的小正方形)上实现了 IPayment 接口，同时它需要两个接口(图 9-13 中 Payment 构件右边的半圆表示)。而 JDBC 构件则提供了 Connection 和 Statement 两个接口(省略了端口的定义)，它们与 Payment 构件的需接口组合在一起，构成了装配连接的关系。

此外，构件图还可以描述构件内部结构(同组合结构图)、对应的工件等概念，本书不再深入讨论此部分内容，读者可以参考《UML 2 用户指南》等其他介绍 UML 2 的相关资料。

9.3 类设计

视频讲解

设计模型最终都需要通过编码来实现，而目前面向对象的语言都是以类作为基本实现单位的。因此，不管设计过程如何进行，设计最终的成果都应该是一组待实现的类的定义，这些类就是设计类。类设计过程就是围绕架构设计、用例设计和子系统等各阶段的成果，总结、提炼最终需要实现的设计类，并对设计类的实现细节进行详细定义的过程。

9.3.1 设计类

设计类是设计模型的基本构造块，是指已经完成了详细的规格说明，从而能够被直接实现的类。与分析类来源于问题域、描述待解决问题的需求相比，设计类则来自两个方面。

(1) 问题域：通过对分析类的精化而得到的设计类。精化的过程包括添加实现的细节，或将高层次的分析类分解成多个设计类。

(2) 解域：来自实现环境，提供了能够实现系统的技术工具。如 Java 类库、第三方通用控件库、框架库等。

一个设计类的规格说明应至少包括完整的属性集合和操作集合。属性的定义包括详细说明的名称、类型、可见性、一些默认值等内容，而操作的定义则应包括操作的完整签名，即操作的名称、参数名称、参数类型、参数默认值、返回类型等内容。此外，针对类的关系、操作的实现及类对象内部状态的变化也需要进行进一步说明。这些就是类设计的工作，有关这些定义过程的细节将在后面的章节中一一介绍。

此外，定义设计类时，还需要从设计质量的角度出发去评价设计类是否合适，并注意一些设计原则和模式的应用，如封装、高内聚、低耦合、单一类职责原则等。

9.3.2 创建初始设计类

设计类来自分析类。因此在创建设计类时，首先应充分考虑分析类的构造型，针对边界、控制、实体这 3 类不同的类分别进行考虑，再引入可用的架构机制、设计模式等设计概念以得到初始的设计类。

1. 边界类的设计策略

在分析模型中，边界类分为用户界面和系统接口。其中系统接口在架构设计时一般定义为子系统和接口来实现，并通过子系统设计来完成其内部设计流程。因此，此处主要考虑用户界面类的设计策略。

在分析阶段，通过为每对参与者和用例定义一个边界类的方法，从而找到最低限度的边界类。而在设计期间,需要研究具体的、与用户交互的场景,设计满足要求的最终用户界面。界面类的设计往往依赖项目可用的用户界面开发工具。目前大多数界面设计工具都提供了自动创建实现用户界面所必需的支持类的能力,这样我们便无须考虑过多类设计问题,而更多的应是从界面元素的布局等人机工程学方面去考虑问题。

用例设计期间构建的交互模型为界面设计提供了基本的输入,参与者对界面类的操作对应具体的界面元素的操作,每一次交互都应当有相应的界面元素或独立的表单来进行响应。除了界面自身布局的设计外,还需要考虑不同界面切换的设计方案。由于设计界面的细化,界面数量会变得很多,因此界面之间如何实现有效地切换和数据共享也是用户界面设计必须要考虑的问题。

2. 实体类的设计策略

由于实体类本身职责的明确,所以大多数实体类都可以直接作为初始的设计类存在。不过由于实体类往往具有持久性架构机制,因此该架构机制的应用及数据库的一些设计原则也会影响到实体类的设计方案。此外,性能方面的要求也可能导致对实体类进行重构。图 9-14 描述了将某个实体类重构为 3 个设计类的示例,该例有助于理解实体类的设计策略。

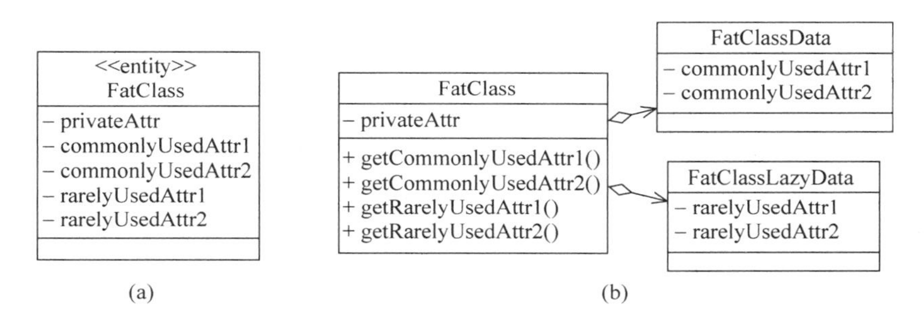

图 9-14 重构实体类

图 9-14(a)中的实体类 FatClass 包括 5 个不同的属性,分为 3 类,即自身私有属性 privateAttr、经常使用的外部属性 commonlyUsedAttr1 和 commonlyUsedAttr2 及很少使用的外部属性 rarelyUsedAttr1 和 rarelyUsedAttr2。在设计期间,从数据访问的性能和使用频率等方面考虑,将这 3 类不同性质的属性划分到 3 个不同的类中,从而得到了图 9-14(b)所示的设计方案。外部用户还可以通过 FatClass 类获得所需的 5 个属性,但实际存储时分别又定义了两个辅助类 FatClassData 和 FatClassLazyData 来分别维护另外两类属性数据。

3. 控制类的设计策略

分析阶段将大多的业务逻辑规则、流程控制等职责都分配给控制类,这样的控制类必然存在高耦合、低内聚、职责分散(即违背单一类职责原则)等多方面的设计问题。为此,控制类的设计是整个设计类定义的难点,既要保证满足用例实现的要求,又要有效地提高设计类的质量。

控制类的设计首先需要明确该控制类是否有必要存在,有些控制类只是简单地将边界类的消息转发给实体类,这种不含任何业务逻辑或处理流程的控制类就没有存在的必要。反之,当出现下列情况时,控制类就可能作为真正的设计类而存在。

- 封装非常重要的控制流行为,需要进行合理的流程控制。

◆ 封装的行为很可能变化,需要应对这些变化。

◆ 必须跨越多个进程或处理器进行分布式访问和处理。

◆ 封装的行为需要一些事务处理等其他应用逻辑。

当决定保留现有的控制类实现用例行为时,需要结合当前的用例实现和设计质量方面的考虑,针对现有的控制类进行适当处理。通常,可以从以下两个方面改进控制类。

(1) 提供公共控制类:当多个用例中存在相同或相似活动的控制类时,将这些控制活动整合起来,形成公共的控制类,实现对控制行为的复用。如在持久性架构机制中针对数据库访问行为定义的 DBClass 控制类,即将控制类中有关数据访问的行为抽取出来,形成一组独立的数据库访问控制类。

(2) 分解复杂的控制类:当用例的控制流程过于复杂时,如包含多个不同的子流或备选流,或者涉及不同的架构机制等,可以针对这些子流、备选流或架构机制分别设计不同的控制类,从而保持每个控制类的内聚度。

9.3.3 定义操作

在确定初始的设计类后,就需要对这些设计类的细节进行逐一描述。结合用例设计和子系统设计的成果,就可以对设计类的操作和属性进行详细定义。

1. 操作

操作(Operation)是类的行为特征,它描述了该类对于特定请求做出应答的规范。同一个类的每个操作都具有唯一的签名(Signature),通过描述操作的签名完成对类操作的定义。一个操作的签名应包括参数表、返回类型、可见性等内容,其基本的语法如下所示。

```
可见性 操作名(参数方向 参数名称:参数类型[多重性] = 默认值,...):返回类型[多重性]
```

◆ 可见性是指该操作可以被外界访问的程度。UML 规范定义了 4 种可见性,如表 9-1 所示。不同的实现语言对这些可见性有一些不同的处理,在设计时也要适当地考虑。

表 9-1 UML 中的可见性

可 见 性	UML 表示	含 义
公有(public)	+	外部所有的元素都可以访问
私有(private)	−	只允许类自身的成员访问
保护(protected)	#	允许类自身及派生的子类访问
包(package)	~	允许在同一个包中的元素访问

◆ 操作名是一个标识符,其命名方式应符合相应的编程语言命名规范。一个好的操作名应该从使用者的角度命名,操作的名称与交互图中消息的名称应一致。

◆ 小括号内为参数表,操作可以没有参数,也可以包括多个参数,用逗号分隔,每个参数又可以分别定义参数名、参数方向、参数类型、多重性、默认值等内容。

• 参数方向表示对应的形式参数的方向,有 3 个不同的取值:in 代表输入参数,意味着该操作的方法实现中只读取该参数而不能修改它;out 代表输出参数,没有输入值,操作的方法实现中不会读取它,但会改变它的值,操作调用完成后外界即可使用该参数;inout 表示该参数同时可以读写,即操作的方法实现中可以读取它的值，也可以修改它，最终值对调用方可用。参数方向可以省略，默认情况下参数的方向为 in。

- 参数类型应当是实现语言所支持的类型或设计模型中的类类型。参数的多重性代表该参数实例的个数，一个参数可以是单个的对象（多重性为 1），也可能是一个对象的集合（多重性为 *），默认的多重性为 1。参数的默认值应当是对应类型的值对象。

◆ 操作的返回类型也应当是实现语言所支持的类型或设计模型中的类类型，其多重性的含义与参数的多重性相同。

2. 发现操作

设计类的操作主要来自用例设计。正如前面所提到的，在交互图中，发送到设计类的消息对应设计类的操作。事实上，每次消息调用就是操作的一个实例，通过传递不同的参数值，获得需要的结果。为了发现设计类的操作，我们需要检查该设计类所参与的所有用例实现，根据其在交互图中所接收到的消息定义相应的操作。

图 9-15 是旅游业务申请系统中"办理申请手续"用例实现的部分设计场景，描述了前台服务员在录入申请信息后保存申请信息的过程，对应于用例分析中的第 2 步（参见图 5-36）。由于是设计模型，所以对应的类都采用英文名称，以便映射到代码实现中。

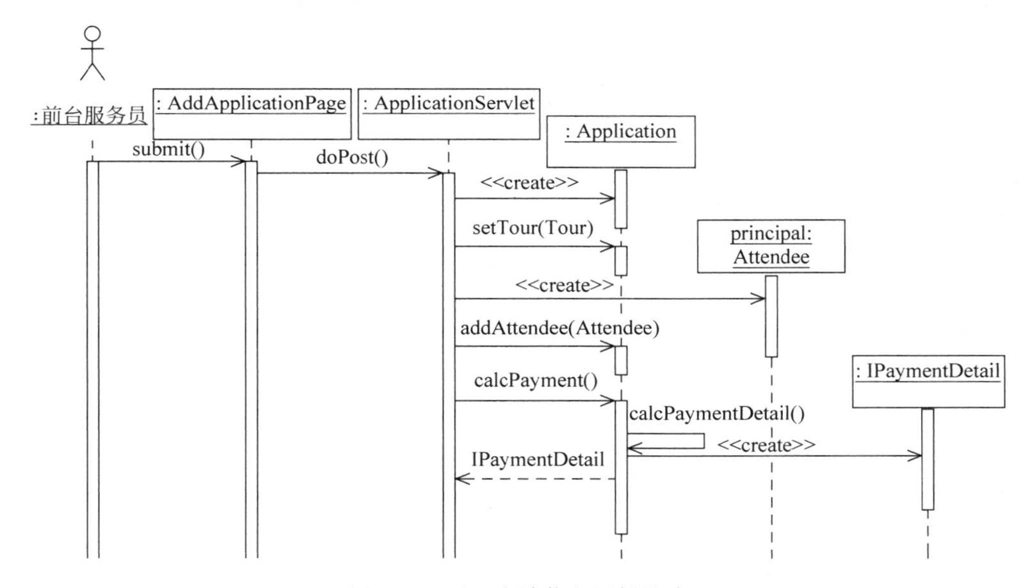

图 9-15 录入申请信息用例设计

从图 9-15 可以看出，前台服务员在添加申请信息的页面（AddApplicationPage）录入信息后提交（Submit），该页面通过 post 方法向控制类（ApplicationServlet）提交表单，控制类创建相应的实体类存储这些信息。根据该交互图，可以获得申请类（Application）的部分操作。

为了获得 Application 类的操作，需要观察它的生命线，在生命线上所接收到的消息就是该类需要提供的操作。从图 9-15 可以看出，它接收到的第一个消息是创建消息（由于 rose 中不直接支持创建消息，因此图中使用≪create≫构造型表示），该消息对应 Application 类的构造函数。由于构造函数比较特殊，不同的语言可能有不同的实现，所以需要结合实现语言的语法来定义构造函数的签名。而之后的 setTour、addAttendee、calcPayment、calcPaymentDetail 等接收到的消息均对应该类的操作，根据消息的签名和具体的实现需求，可以对各个操作的签名做进一步的定义。以 setTour 消息为例，该消息的作用是设置某申请对应的旅游团，因此它需要一个 Tour 类型的参数；可以采用 bool 类型的返回值，说明是否设置成功；而操作的可见性应用 public 来体现，以便控制对象调用。为此，对该消息对应操作的签名可以做如下的定义(采用 Java 语法)，图 9-16 给出了从该顺序图中获得的 Application 类的操作签名。

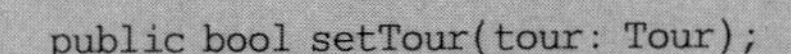

```
public bool setTour(tour: Tour);
```

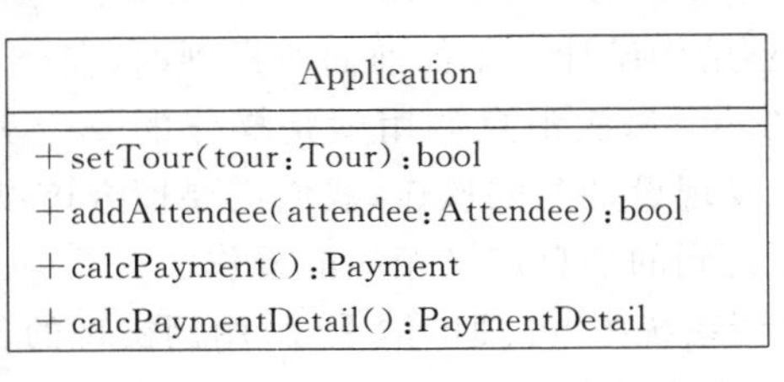

图 9-16 定义操作

除了通过交互图的消息获得操作外，可能还需要从类自身的业务或实现需求的角度去完善和补充对应的操作。自身实现方面的操作可能包括构造、析构的操作；类复制的需要(如判断类对象是否相等、创建对象副本等)及其他操作机制的需要(如垃圾收集、测试等方面)。随着设计的深入，这些操作将被不断地补充和完善，甚至在实现期间还可能根据需要进行适当的调整。此外，类可能还存在一些内部的私有操作，这些操作可以在设计期间定义，也可以在实现期间补充完善。

9.3.4 定义方法

操作描述了类对外提供的接口，是类的外在行为。虽然通过定义操作明确了参数和返回值等接口细节、通过交互图也可以获得某些操作内部的关键交互，但对操作内部的实现算法并没有过多的考虑。定义方法就是完成操作内部实现算法的设计。

方法(Method)是操作的具体实现算法，它描述操作如何实现的流程。大多数情况下，操作所要求的行为都可以通过操作名、描述、参数和相关的交互图进行充分描述，其方法可以由编码人员直接实现。但对于涉及特殊算法或涉及更多信息(如对象状态)才能实现的操作则需要对其方法进行建模。

方法建模不仅需要关注操作本身，还需要充分考虑到类的属性、关系在方法实现过程中的应用情况。我们可以采用文字描述、脚本等方式来定义方法细节，也可以采用 UML 活动图来建模算法的实现流程(其用法类似结构化方法中的流程图)。

9.3.5 状态建模

除了有关算法和流程外，方法的实现还受到另一个因素的影响，这就是对象的状态。当对象处在不同的状态时，其方法实现可能会有所不同。例如在图书馆管理系统中，当一个图书对象处在被借阅的状态时，就不允许再执行借阅操作。因此，在借阅方法实现时需要判断对象是否处在可借阅的状态。由此可见，针对此类状态受控的对象，为了充分保证其方法实现的正确性，还需要对该对象的状态细节进行建模，以分析对象内部状态变化及相关事件的发生情况。这就需要用到UML状态机图完成状态建模。

1. 状态机图

状态机(State Machine)是一种行为，说明对象在生命周期内响应事件所经历的状态变化过程及对事件的响应。状态机图(State Machine Diagram)是描述状态机的一种图，是由状态和转移组成的有向图。

1) 状态

状态(State)描述了对象的生命周期中所处的某种条件或状况；在此期间对象将满足某些条件、执行某些活动或等待某些事件的发生。在UML中，状态表示为一个圆角矩形，矩形内的文字代表状态的名称。除了名称外，对于复杂状态，还可以进一步描述其内部结构，这些内部结构可能包括以下内容。

(1) 入口动作(Entry Action)：表示进入该状态之前需要自动执行的动作，是在转移发生之后、内部活动之前所要执行的原子操作。用"entry/动作名"的格式表示。

(2) 出口动作(Exit Action)：表示转出该状态之前需要自动执行的动作，是在内部活动之后、转移发生之前所要执行的原子操作。用"exit/动作名"的格式表示。

(3) 状态活动(Do Activity)：表示处于当前状态下正在进行的活动，在入口动作之后、出口动作之前执行的活动，在状态内部可以多次执行，也可以被中断。用"do/活动名"的格式表示。

(4) 内部转移(Internal Transition)：相当于普通的转移，但该转移没有目标状态，也不会导致状态的改变。与普通的转移一样，内部转移也可以说明事件、条件、动作等细节。

(5) 延迟事件(Deferred Event)：指在当前状态下暂不处理，将其推迟到该对象的另一个状态下排队处理的事件列表中。用"事件名/defer"的格式表示。

(6) 子状态机(Submachine)：在一个状态机中可以引用另一个状态机，被引用的状态机称为子状态机。通过子状态机可以形成状态的嵌套结构。子状态机可以通过独立的状态机图描述，也可以在当前状态机中利用复合状态(Composite State)表示。子状态机可以由一个或多个区间组成，每个区间有一组互斥的子状态和对应的转移。

图9-17给出了Typing Password状态的内部结构，该状态表示用户正在输入密码。入口动作setEchoInvisible用来关闭屏幕显示(即在输入密码状态时，不在屏幕上显示用户的输入)。出口动作setEchoNormal将保证退出该状态后，屏幕回显变成正常。此外，还有两个内部转移事件character和help，分别对应相应的处理动作。

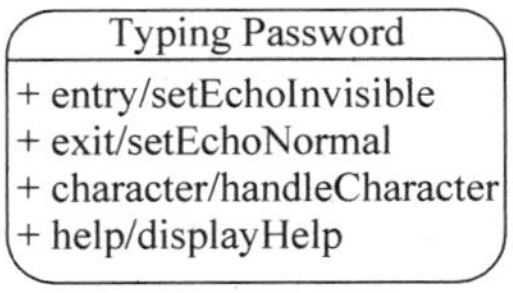

Typing Password
+ entry/setEchoInvisible
+ exit/setEchoNormal
+ character/handleCharacter
+ help/displayHelp

图9-17 状态

在状态机中，包括两个特殊的状态：初态和终态。初态表示状态机或子状态的默认开始位置，用一个实心圆"●"表示；终态表示该状态机或外围状态的执行已经完成，用一个内部包含实心圆的圆圈"⊙"表示(图示与活动图的起点和终点相同)。

2）转移

转移(Transition)是两个状态之间的有向关系，表示对象在某个特定事件发生且满足特定条件时将在第一个状态中执行一定的动作，并进入第二个状态。一个转移由5部分组成。

(1) 源状态(Source State)：即受转移影响的状态。当对象处于源状态，可以激活该转移。

(2) 事件触发器(Event Trigger)：是引起转移发生的事件。当源状态中的对象识别到该事件后，在守卫条件满足的情况下激活转移。

(3) 守卫条件(Guard Condition)：是一个布尔表达式。当事件发生时，检测该布尔表达式的值，如果表达式为真，则激活当前转移；如果没有其他的转移能被该事件触发，则该事件将丢失。

(4) 动作(Action)：是一个可执行的原子行为，当转移激活后，执行该动作。它可以直接作用于拥有状态机的对象，也可以通过该对象间接作用于可见的其他对象。

(5) 目标状态(Target State)：即转移完成后的活动状态。

图9-18中描述了一个转移的表示方式，转移从源状态指向目标状态，其事件触发器放在转移线上，中括号("[ ]")内表示需要满足的守卫条件，斜杠("/")后面是激活该转移后所要执行的动作。

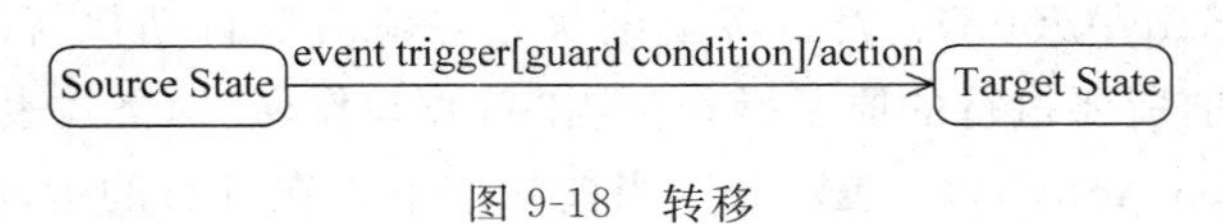

图9-18 转移

2. 状态建模方法

状态建模可以针对一个完整的系统(或子系统)，也可以针对单个类对象或用例(或用例的某个交互片段)，其目标是关注在其内部哪些事件导致状态改变及如何改变。在类设计期间，针对那些受状态影响的对象进行状态建模，从而可以描述该对象所能够响应的事件、对这些事件的响应及以往行为对当前行为的影响等方面的问题。状态建模过程需要从以下几个方面展开。

- 哪些对象有重要的状态，需要进行状态建模。
- 针对需要进行状态建模的对象，如何确定该对象可能的状态，并分析状态之间的转移，完成状态机模型。
- 如何将状态模型中的状态和事件信息映射到模型的其他部分。

并不是所有的对象都需要进行状态建模，只有当状态的变化影响到对象的行为时才需要进行状态建模。为状态建模的过程中，首先应该明确需要针对哪些对象建模。以旅游业务申请系统为例，申请(Application)对象从办理申请手续时创建，到用户支付订金，再到用户支付余额，最后到旅游团出发完成，对象结束，在这整个生命周期中对象的行为有所不同，如对象在刚创建、用户支付订金后及用户支付余额这3种情况下都可以取消申请，但取消行为在实现时有很大的不同，在支付订金后要考虑退订金，在支付余额后要退全额。为此，为申请对象进行状态建模就非常有必要。

在确定需要对对象进行状态建模后，下一步就是要明确该对象所有可能的状态。从对象的初态出发，建立该对象创建时的第一个状态，然后分析该状态下可能触发的事件及后续的状态，沿着这些状态变化过程逐步进行分析，直到对象的终态，从而构造出该对象的状态模型。

在确定对象可能的状态时，可以从两个方面来考虑。

一方面是从对象重要的、动态的属性的角度考虑。这些属性值的变化往往会改变对象的状态，例如"申请"对象中的"大人人数"(adult_nums)表示参加该申请的大人数量，在管理参加人时该属性值会发生变化，当大人人数变成0(即删除了该申请中所有的大人)，该申请就不能成立(因为要求必须有负责人，而负责人只能是大人)，必须被取消掉，即申请处于取消的状态(Cancelled)。

另一方面是从该对象与其他对象之间是否有链接的角度考虑。对于"0..1"或"0.. * "这种含有"0"多重性的关系，当多重性取值为"0"时，表明该关系实例不存在，这种存在和不存在的情况往往也会对对象的状态产生影响，例如"申请"对象与"支付"对象之间存在关联关系，表明该申请对应的支付情况，当该申请没有任何支付记录时(即支付端的多重性取值为"0")，此时该申请也应该被取消掉，即也处于取消状态。

图 9-19 给出了申请对象的状态模型。图 9-19 中 Initial 状态为办理申请手续时初次生成的对象状态；提交新申请(save 事件)后转入 Confirmed 状态，在该状态下可以发生添加(addAttendee)或删除(removeAttendee)参加人等内部转移(图 9-19 中的内部事件)，删除时如果大人参加人数(adult_nums)为 0，则转移到 Cancelled 状态。当用户支付余额(savePayment)后转入 Committed 状态，该状态下可以管理参加人。当旅游团结束(finish)后转入 Finished 状态。在 Initial、Confirmed 和 Committed 状态下都可以直接取消(cancel)，从而转入 Cancelled 状态。Cancelled 状态和 Finished 状态最后都转移到终态，表明该对象处理结束。

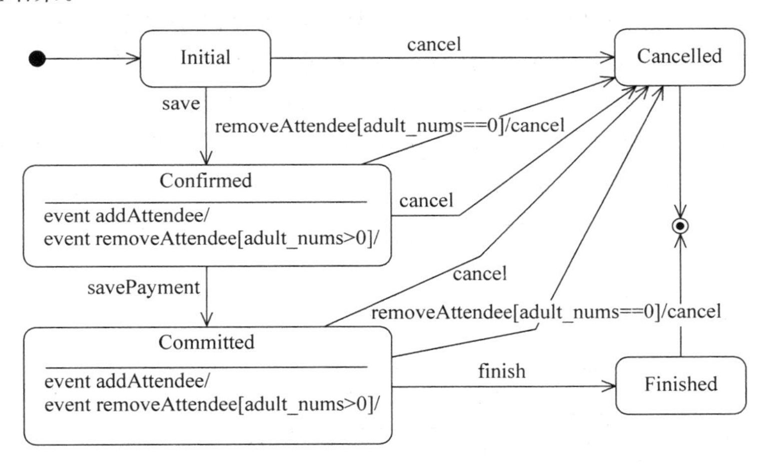

图 9-19 申请对象状态模型

状态建模完成后，下一步需要将状态模型中的信息映射到其他的模型中，主要包括类、交互等模型。

- 转移事件触发器一般来自对对象操作的调用。
- 守卫条件中的变量一般来自对对象属性的引用。
- 对象的状态也可以通过单独的属性记录。
- 交互模型中可以使用状态不变量来约束操作的调用。

图 9-20 给出了状态建模后申请对象新的结构。与图 9-16 相比，当前对象所添加的

removeAttendee、save、cancel、finish 操作均来自状态图中的事件。adult_nums 属性来自守卫条件“[adult_nums==0]”；state 属性用于记录当前所处的状态，采用字符串的形式记录。

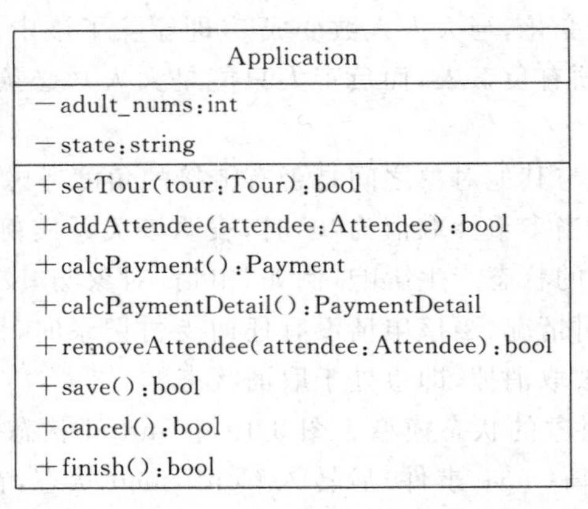

图 9-20 从状态模型中获得新的操作和属性

3. 高级状态机

由简单状态和转移就可以构造基本的状态机模型，但对于一些复杂对象的状态建模，还需要用到一些高级的概念，这些高级概念包括复合状态及各种伪状态。

1) 复合状态

复合状态是含有一组子状态的状态。一个复合状态可以是单个区间，也可以包含多个区间，每个区间包含一组状态和相关的转移。单区间复合状态表示为一个嵌套的状态图(即复合状态内部构成独立的状态图)。多区间复合状态利用虚线在水平或垂直方向把复合状态分割为多个独立的区间，这多个区间是正交的(即多个区间之间是并发执行的，互不影响)。图 9-21 是在 UML 规范中给出的一个带多个区间的复合状态示例。

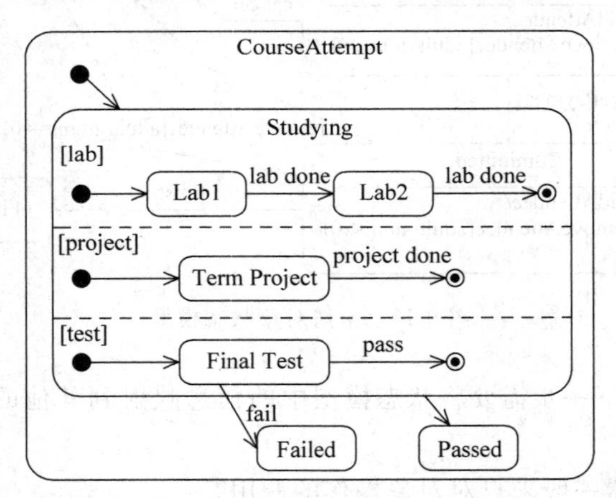

图 9-21 带多个区间的复合状态示例

图 9-21 中描述了课程对象的状态变化，包括学习状态(Studying)、通过状态(Passed)和未通过状态(Failed)。其中 Studying 状态是一个复合状态，包含 3 个区间，它们相互独立、

互不影响，有各自的初态、终态和转移序列，表示课程学习阶段包括 3 个独立的环节，即实验(lab)、团队项目(project)和考试(test)。

对于复合状态，其转移的发生规则比较复杂。当转入一个复合状态时，等价于转入其中的初态(对于多区间，则同时转入各个区间的初态)。而转出一个复合状态时，等价于该转移作用于其中每一个子状态，即每一个子状态都可以触发该转移。此外，对于一个无触发规则(即无事件和条件)的转移(图 9-21 中转入 Passed 状态的转移)，转出一个复合状态，表示从其终态转出；如果该复合状态是多区间的，则需要在各区间都达到终态后才转出。当然，也可以从复合状态的某一个子状态直接转入和转出。在转入到特定的子状态时，需要指定每个区间的子状态(可以使用"分叉"伪状态)；在转出特定的子状态时，每个区间都会结束(可以使用"汇合"伪状态)。图 9-21 中从 Final Test 子状态发生 fail 事件后转出 Studying 复合状态，此时无论其他区间处在何种状态，都会直接终止，转入到 Failed 状态。

2) 伪状态

伪状态(Pseudo State)是状态机图中的一类特殊节点，每种伪状态都提供一种抽象操作。前面提到的初态和终态就是一类伪状态。其他伪状态还包括分叉和合并、选择、接合、历史状态、入口点和出口点、终结等。下面简单讲解几个常用伪状态的基本用法，示例多来自 UML 规范。

(1) 分叉(Fork)和汇合(Join)：是用来表示转入和转出多区间并发子状态的机制，采用粗线条表示。分叉将一个转移分成多个转移，从而进入正交的多个目标节点；汇合则将不同的正交区间中的源节点发出的多个转移汇合起来，形成一个转移。图 9-22 给出了分叉和汇合的示例，从 Setup 状态后产生分叉，分到两个正交的区间，转入 A1 和 B1 两个并发的子状态；而 A2 和 B2 两个并发的子状态经过汇合后进入 Cleanup 状态。

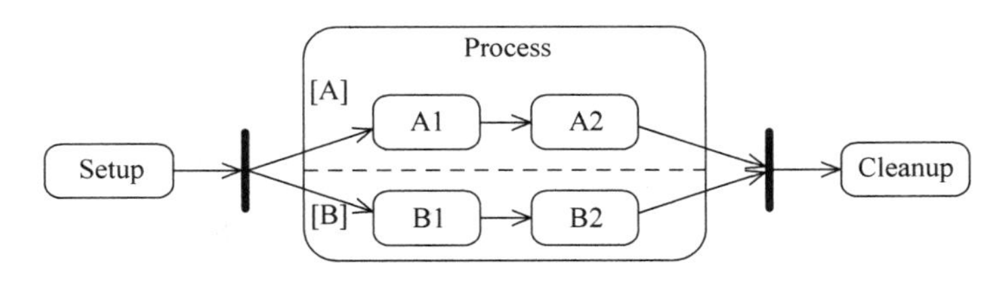

图 9-22 分叉和汇合的示例

(2) 选择(Choice)：实现动态条件分支选择，即在运行过程中动态计算转移的不同条件，从而转移到不同的路径上。它采用菱形框表示，有一个输入、多个输出，分别标注不同的条件，选择满足条件的输出转移。如果有多个条件为真，则任选一条路径；如果所有的条件都不满足，则模型本身存在错误。图 9-23 给出了一个选择的示例，从 S1 状态进入选择伪状态，当 Id≤10 时转入 S2，而 Id>10 时则转入 S3。与分叉不同，选择只是执行其中的一个转移，转入一个独立的子状态；而分叉则是并发地执行多个转移，进入多个并发的子状态。

(3) 接合(Junction)：用于将多个转移链接起来，在不同状态之间构建一个组合转移路径，采用实心圆表示。通过接合可以简化对多种复杂组合条件的选择操作。图 9-24 给出了一个接合的示例，从 S0 和 S1 转入 S2～S4 时，依赖多个事件(e2 和 e1)和条件(b 和 a)进行选择，通过接合来分步描述转移过程。

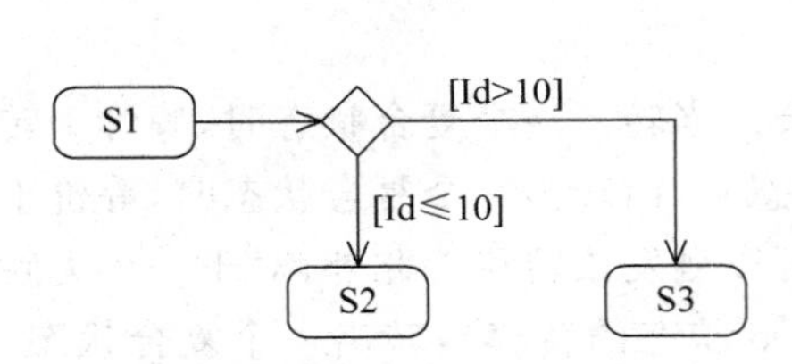

图 9-23 选择的示例

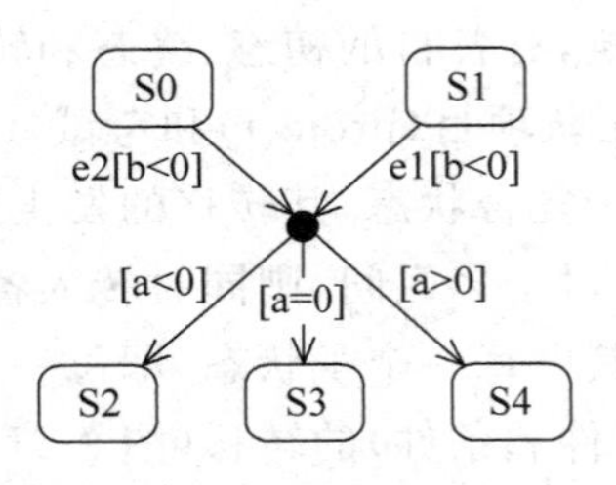

图 9-24 接合的示例

(4) 历史状态：记录复合状态转出之前所处的子状态，在下次再进入该复合状态时直接进入之前记录的子状态。有两种历史状态：深度历史(Deep History)记录复合状态最近激活的配置，并能恢复到任意深层的子状态，采用"Ⓗ*"的形式表示，放在需要作用的复合状态内；而浅度历史(Shallow History)只记录同一层次的最近激活子状态，采用"Ⓗ"的形式表示(见图 9-25)，放在需要作用的复合状态内。

(5) 入口点(Entry Point)和出口点(Exit Point)：提供了一种封装机制，可在状态机(或复合状态)内部定义多个初态或终态供外部转移使用(见图 9-26)。当有多种方式进入一个状态机(或复合状态)，并且其初态不能满足需要时，就可以使用入口点；入口点表示为在边界上的一个小圆圈，并标记名称，该名称对外部可见；外部转移可以把入口点作为目标节点，而不需要知道状态机(或复合状态)内部状态的细节。当有多种方式退出一个状态机(或复合状态)，并且其终态不能满足需要时，就可以使用出口点；出口点表示为在边界上的一个带叉的小圆圈，并标记名称，该名称对外部可见；外部转移可以把出口点作为源节点，而不需要知道状态机(或复合状态)内部状态的细节，从而实现对状态机的封装。

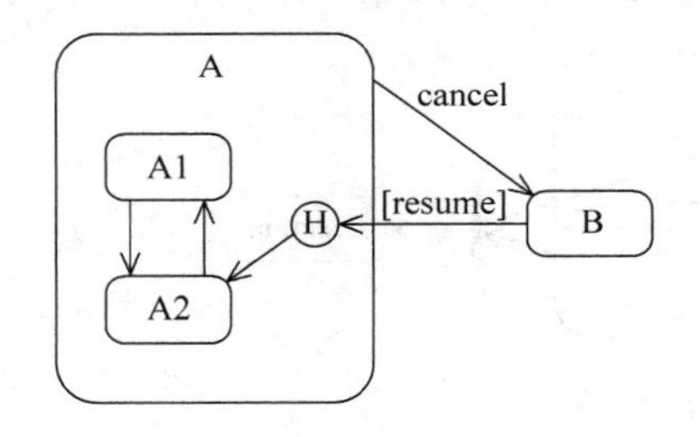

图 9-25 历史状态的示例

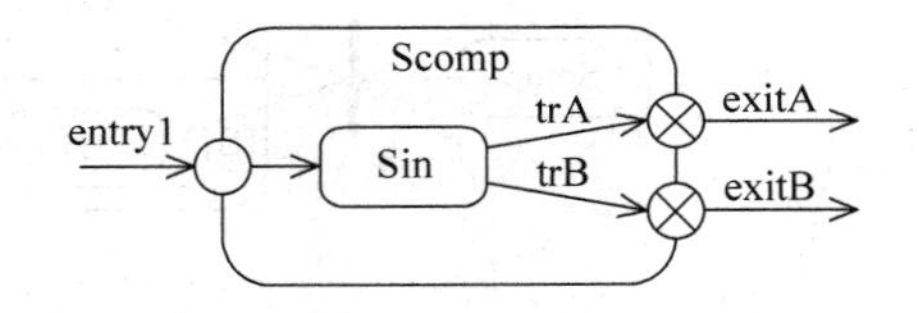

图 9-26 入口点和出口点的示例

9.3.6 定义属性

在分析阶段，从业务领域入手为分析类描述了其必备的属性，这些属性会随着分析类一起转变成相应设计类的属性。同时，还需要结合实现语言对这些属性进行更加完善的定义。这些定义包括符合实现规范的属性名称、类型、默认值、可见性等细节。此外，随着设计过程的深入，从类的方法、状态等各方面都可能发现一些新的属性，以及与实现相关的一些私有属性；这些新的属性也会被不断地完善到类模型中，并在动态模型中被引用。定义属性的基本语法如下所示。

可见性 属性名:属性类型[多重性] = 默认值

可见性的取值与操作的可见性相同,类的属性一般定义为私有的,并通过相应的 get 和 set 操作来实现对属性的读写;属性名是一个标识符,其命名方式应符合相应的编程语言命名规范,好的属性名应能体现该属性所存储数据的含义;属性的类型也应该是编程语言支持的数据类型;多重性说明了值的基数,默认为[0..1];默认值应为对应数据类型的合法取值,用于作为创建类的新实例时实例的初始值。

有关类的属性和操作还涉及一个范围问题,范围表明了实例的数量。在 UML 2 中,提供了类范围和实例范围两种范围,默认为实例范围,指类的每个实例(即对象)都拥有相应的实例,如对于实例范围的属性,该类的每个对象都拥有该属性对应的属性值;而类范围则指所有类的对象共享一个实例,在编程语言中一般称为静态成员,如对于类范围的属性,该类的所有对象都共享一个属性值。在 UML 2 中,通过在名称下面加下画线的方式来表示该属性为类范围,也可以通过构造型<< class >>来表示。图 9-27 给出了 Application 类的属性签名,其中 app_count 表示当前申请的总数量,是一个类范围的属性(静态属性)。

Application
-app_no:int -adult_nums:int -child_nums:int -state:string -app_date:Date -app_count:int

图 9-27　定义属性

9.3.7　细化关联关系

视频讲解

一个完整的关联关系应该具有名称、端点名、多重性、导航符号等细节信息。这些信息在分析阶段已从业务的角度进行了部分定义,设计阶段需要结合实现的要求做进一步描述,同时还需要添加更多的细节,以便直接用于实现。

1. 导航性的设计

导航性是指关联的方向,它描述了从源类的任何对象到目标类的一个或多个对象的访问权限,消息仅能在箭头的方向上传递。在分析阶段,没有描述导航性则默认为双向的导航。而在设计阶段,则应根据需要设计单方向的导航性。面向对象设计的目标是最小化类间的耦合,而使用单方向的导航性可以降低耦合,在没有导航性的方向上就没有类间的耦合,实现时也不需要额外的支持。此外,双方向关联难以实现,需要消耗额外的维护成本。这些因素都表明,在设计期间应尽可能采用单方向的关联。当然,单方向的导航并不意味着从关联的另一端永远无法访问到此端的对象,可以通过其他关联间接访问目标对象。

当类 A 与类 B 关联时,应从类 A(或类 B)对象是否需要知道类 B(或类 A)的对象入手来分析它们之间的导航性;换个角度来说,即类 A(或类 B)对象是否向类 B(或类 A)的对象发送消息。通过分析通信图(或顺序图),如果只向一个方向发送消息,则定义为单方向的关联(导航的方向与消息的发送方向一致);而如果双向发送消息,则需要进一步考虑:当决定采用双方向关联时,需要考虑维护双方向关联所带来的成本消耗(即双方都需要维护对方的引用);另外,还可以通过改变原有的消息发送顺序,从而将消息改成单方向的发送,并最终在类之间建立单方向关联(如保留 A 到 B 的消息发送,而将 B 到 A 的消息改为 B 到 C,再通过 C 到 A),此时需要考虑该消息顺序所带来的额外消耗的成本(如可能增加了 B 到 C 的耦合、C 到 A 的耦合等)。

图 9-28 给出了申请控制(ApplicationServlet)、申请(Application)和参加人(Attendee)3 个类之间的导航性设计方案,它们之间均采用单方向的关联。

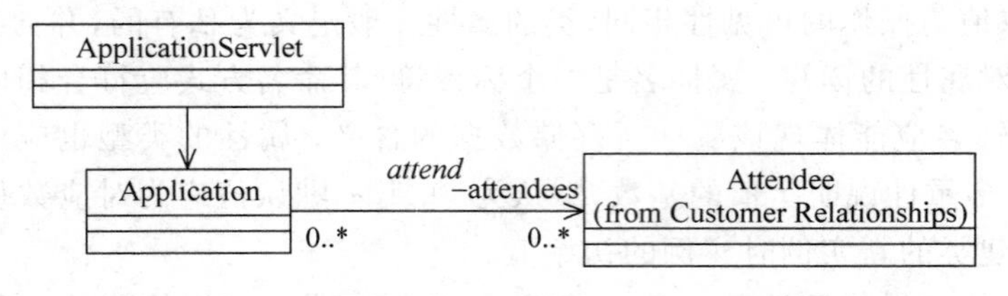

图 9-28　导航性设计

从图 9-28 可以看出，申请控制类有到申请类的导航，这意味着可以直接通过申请控制对象将消息发给申请对象，这与图 9-15 中的消息顺序保持一致。而反之，由于没有导航，所以申请对象不能直接将消息发给申请控制对象(注意图 9-15 中有申请到申请控制对象的返回消息，这些返回消息并不是独立的消息，而是前面调用消息对应的返回值)。同样，申请对象可以直接将消息发给参加人对象；而反之，不可以。

2. 关联类的设计

在分析阶段，针对关联本身的属性引入了关联类描述。然而，由于目前大多数编程语言并没有提供关联类的实现机制，因此，在设计期间需要把关联类转换成普通的设计类。其设计方法非常简单，将关联类作为独立的设计类存在，并将原来两个类之间的关系转换成它们分别与关联类之间的关系。

考虑图 5-66 所描述的关联类，参加人(Attendee)和联系人(Contact)之间的人员关系(Relationship)采用关联类描述。针对该关联类，设计时将其转换成普通的设计类，设计方案如图 9-29 所示。

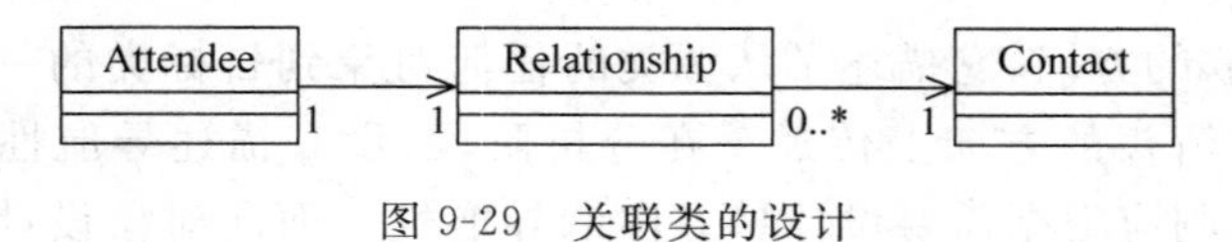

图 9-29　关联类的设计

在进行关联类的设计时，还需要注意的是，多重性的变化，原来两个类之间的多重性，也转换成它们分别与关联类之间的多重性。例如，分析阶段一个参加人对应一个联系人，一个联系人可能关联 0 到多个参加人；在设计阶段，一个参加人对应一个人员关系，通过该人员关系可以访问一个联系人，而一个联系人则可以对应 0 到多个参加人。

3. 多重性的设计

在分析阶段定义了类之间的多重性，那么在设计阶段就需要考虑多重性对实现的影响。针对不同的多重性会有以下不同的考虑。

- 多重性为“1”，应在实现中保证所链接的对象一定存在。
- 多重性为“0..1”或“0.. *”，则需要考虑所链接的对象有不存在的情况，此时应添加判断链接的对象是否存在的操作。
- 多重性为“ * ”，如果在多的一端存在导航性，则在实现时需要准备容器类来存储链接对象的引用(没有导航性的不需要实现)。如果关联两端的多重性都为“ * ”，并且有双向的导航，则可以考虑将这一个双向多对多的关系转换成两个单向的一对多关系来分别处理。

考虑图 9-28 中申请和参加人类之间的多重性设计方案，虽然是一个多对多的关联，但只需要考虑有导航一端的多重性，即申请对象如何访问和存储多个参加人对象；需要添加容器来维护参加人对象，图 9-30 描述了以 Java 中的 LinkedList < T >容器来实现的类结构。

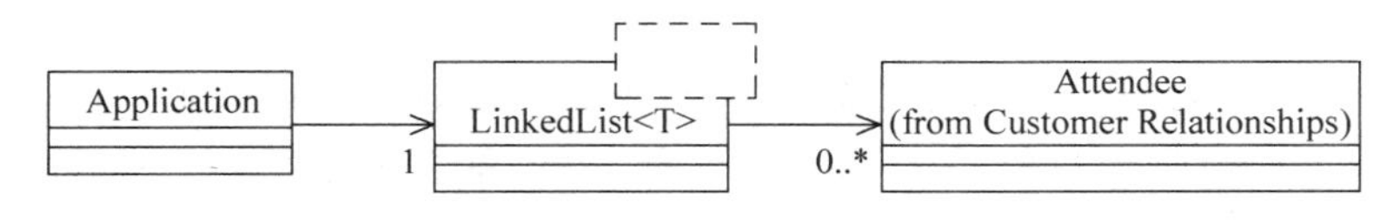

图 9-30 使用容器类支持多重性

从图 9-30 可以看出，在申请对象中维护一个 LinkedList < T >容器（参数化类），通过该容器管理多个参加人。注意图 9-30 中对多重性的描述，在没有导航性一端可以不用描述多重性（业务逻辑上存在，但对于实现没有影响）。

4. 约束规则

通过关联的基本特征和高级特征可以满足大多数关系的建模。然而，在有些情况下还需要进一步描述细微的差别，UML 定义了多种可用于关联关系的约束规则。

首先，可以描述关联一端的对象（多重性大于 1）是有序的还是无序的，通过{ordered}约束表示关联一端的对象集是有明确的先后顺序的。其次，可以描述关联一端的对象是否是唯一的，集合（{set}）表明对象唯一，不可重复；袋（{bag}）表示对象不唯一，可以重复；有序集合（{ordered set}）表示该集合中的元素具有先后顺序；列表（{list}）或序列（{sequence}）表示对象有序但可以重复。最后，还可以通过只读（{readonly}）约束限制关联实例的不可以修改或删除。图 9-31 给出了一个使用约束规则的范例。

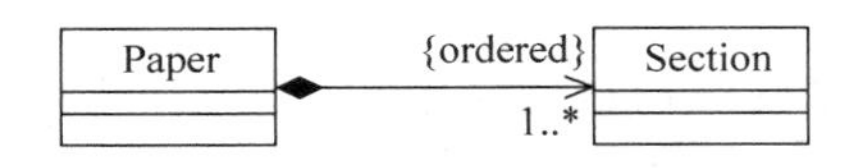

图 9-31 使用约束细化关联语义

图 9-31 中描述了一篇论文（Paper）由多个章节（Section）组成，显然对于论文对象来说，其内部的各章节之间是有严格顺序的，因此通过在关联的一端加上{ordered}约束来表达这一含义。

9.3.8 使用聚合和组合关系

在分析阶段，对于那些存在整体和部分含义的关联关系，可以将其描述为聚合关系。在设计时，同样可以做类似的工作，而是还可以进一步考查整体和部分的含义，将那些具有很强的归属关系和一致的生命周期的整体和部分关系表示为组合关系。

组合（Composition）关系是一种特殊的聚合关系，在整体拥有部分的同时，部分不能脱离整体而存在；当整体不存在时，部分也没有存在的意义。从实现的角度来说，聚合表示一种引用（by reference）关联，即整体保存部分的引用，部分本身可以相对独立地存在；而组合则表示一种值关联（by value），整体直接拥有部分的值，并负责部分的创建和删除。图 9-32 给出了一个组合关系的示例。

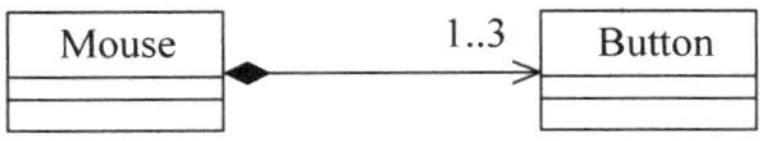

图 9-32 组合关系

图 9-32 中描述了鼠标（Mouse）和鼠标上面的按键（Button）之间的关系，一个鼠标拥有 1～3 个按键（左键、右键和中键），作为整体的鼠标，负责作为部分的按键对象的创建和删除；同时按键不能脱离鼠标而独立存在（即脱离鼠标后，单独的按键没有任何存在的意义）。

组合是一种通过值关联实现的强聚合关系，虽然 Java 等语言中已经不支持值对象类型，然而在设计中，如果强调部分不能脱离整体而独立存在，则应定义为组合关系。

9.3.9 引入依赖关系

关联定义了类之间的一种结构化关系，类对象之间通过关联的实例(即对象间的链接)来完成对象间的交互(即消息传递)。除了关联外，类对象之间还存在一种短暂的、非结构的使用关系，这就是依赖关系。

依赖(Dependency)是一种使用关系，表示一个类对象使用另外一个类对象的信息和服务，被使用对象的变化可能会影响到使用对象。它是类之间耦合度最低的一种关系，通过带箭头的虚线来表示，箭头表明了依赖的方向。

可以通过对象间的引用类型有效地区分关联关系和依赖关系。对象之间为了进行消息传递，源对象(表示为 A)需要通过某种途径获得对目标对象(表示为 B)的引用，有以下 4 种方式来获得对 B 对象的引用。

(1) 属性引用：B 对象作为 A 对象的某个属性。这样 A 对象可以随时通过这个引用属性向 B 对象发送消息。这个引用属性就是对象间的链接，而类 A 就有到类 B 的关联关系(导航性也是由 A 到 B)。

(2) 参数引用：B 对象作为 A 对象某个操作的参数。这样在 A 的这个特定操作中就可以向作为参数的 B 对象发送消息，而在 A 的其他操作中不可以使用 B。这种 A 和 B 之间短暂的、临时性关系即表示为类之间的依赖关系。

(3) 局部声明引用：B 对象作为 A 对象某个操作内部临时构造的对象。A 对象可以在这个操作内部作用域中使用临时创建的 B 对象，并向其发送消息；当 B 的作用域结束后，A 对象就不可以访问它。这也是一种临时性的关系，也表示为依赖关系。

(4) 全局引用：B 对象是一个全局对象，任何其他对象都可以直接向 B 对象发送消息。因此对于全局对象来说，可以理解为系统中任何其他对象都有到该全局对象的依赖关系。为了简单起见，只需要把 B 对象标识为全局对象即可，并不需要添加其他类对象到 B 对象的依赖关系。

图 9-33 给出了订单系统中两个使用依赖关系的典型场景。按照前面已经介绍的分析和设计步骤，可以很容易地定义出图中的组合和关联关系，即订单(Order)由若干个订单项(OrderItem)组成，每个订单项对应一个特定的产品；此外，还有一个税费计算类(TaxCalc)用来计算当前订单所对应的税额。在图 9-33 中，发现订单和产品之间、订单和税费计算之间还存在两个依赖关系。这两个依赖关系是在前期分析和设计过程中没有发现的。

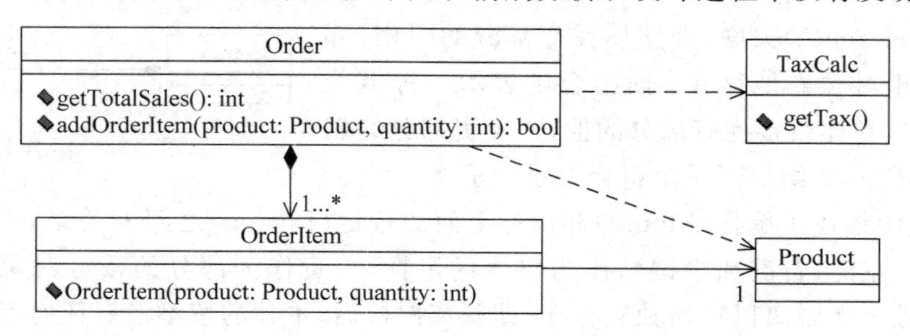

图 9-33 依赖关系

订单和产品之间的依赖关系源于在订单类中存在添加订单项(addOrderItem)的操作,该操作根据外部(如控制类)传入的产品和数量,在当前订单中新增一个订单项。由于该操作的参数是产品对象(注意参数表中的第一个参数“product:Product”),由此带来了订单和产品之间的依赖关系。

订单和税费计算之间的依赖关系则需要进一步考查操作的代码。在计算订单总额(getTotalSales()操作)时,需要根据当前产品的总额和相应的税率计算出所收取的税额;为此,该操作内部需要新建 TaxCalc 对象,并调用其 getTax()操作进行计算(示例代码如下)。这就意味着订单在当前操作内部引用了税费计算对象,这种局部声明的引用也需要在两个类之间添加依赖关系。

```
public class Order{
    public int getTotalSales(){
        …
        TaxCalc tx = new TaxCalc();
        long includeTax = tx.getTax(sales);
        …
    }
}
```

与从对象间的语义联系和交互图中的消息来发现关联关系不同,依赖关系更多地需要从底层的实现细节(包括操作的签名和操作内部的实现)中定义,因此相对来说,更难以发现依赖关系。然而,由于依赖关系也反映了类之间的耦合,因此在有可能的情况下还是需要描述类之间所存在的依赖。对于设计者来说,交互图也提供了发现依赖关系思路:对于参数引用所带来的依赖,通过关注交互图中的消息参数来发现;而对于局部声明引用,需要关注那些通过创建消息创建的对象,如果这些对象只在当前执行发生中使用(即只在当前操作的作用域中使用),则可以表示为依赖。考虑图 9-15 所描述的申请控制(ApplicationServlet)和参加人(Attendee)之间的消息传递,申请控制对象首先创建参加人对象,然后将所创建的参加人加入申请(Application)对象中,这以后就不再直接向参加人发送消息(如果有消息,也可以通过申请对象转发)。因此,此时申请控制和参加人之间原有的关联关系(分析阶段,参见图 5-46)可以退化为依赖关系,从而降低类之间的耦合,如图 9-34 所示。

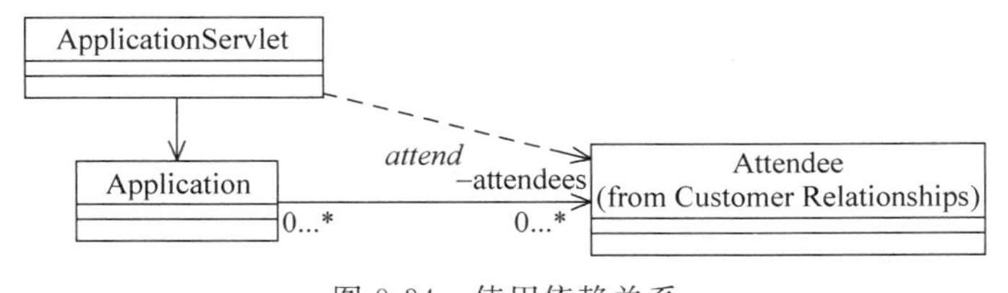

图 9-34 使用依赖关系

依赖的语义较弱,为了区分不同类型的依赖,可以通过引入构造型来细化不同类型的依赖关系。典型的依赖构造型有以下几个。

(1) 绑定(<< bind >>):用给定的实际参数实例化目标模板。在对模板类建模时,通过绑定关系表明模板容器类和该类的实例之间的关系。

(2) 导出依赖(<< derive >>):可以从源(被依赖)事物导出目标(依赖)事物。

(3) 允许(<< permit >>)：表明源事物允许目标事物访问其私有成员(类似于 C++中的 friend 关系)。

(4) 实例(<< instanceOf >>)和实例化(<< instantiate >>)：是两个语义相对的依赖，描述了对象实例和类之间的依赖关系，即对象为类的实例，而类实例化为对象。

(5) 精化(<< refine >>)：表明源事物是对目标事物进一步细化的产物。如设计类是对相应分析类的精化。

(6) 使用(<< use >>)：表明源事物的语义依赖于(使用)目标事物的公共部分语义。这是一种最普通的依赖关系，可以用来区分上述那些特定的依赖关系。

除了类之间常用的这些依赖关系构造型外，第 4 章介绍了用例之间的包含和扩展依赖，第 8 章还介绍了包之间的合并、导入依赖关系等构造型。在建模过程中，合理地使用这些构造型可以更精确地描述目标模型。

9.3.10 设计泛化关系

分析阶段的泛化关系主要来自对领域对象之间亲子关系的描述。在设计时，通过使用泛化关系可以实现对代码的复用和对多态的支持。然而，由于泛化关系自身存在缺点，因此需要在充分考虑设计质量和设计原则(如 LSP)的基础上合理地使用泛化。泛化关系的缺点主要包括以下几个方面。

- 类间最可能耦合的形式。子类会继承父类的所有的属性、方法和关系。
- 类层次中的封装是脆弱的。父类的改动会直接波及下层的所有子类。
- 在大多数语言中，继承是不能轻易改变的。这种泛化关系是在编译时确定的，运行时是固定的，不能改变的。

1. 使用泛化关系

泛化关系虽然可以实现对代码的复用，但对于设计者来说，不应该为了这个目的而去构造不必要的泛化；因为在面向对象的技术中，有很多方式都可以支持代码的复用。泛化关系的设计应严格遵循“is a”的设计理念，并充分考虑 LSP 所描述的可替换性。

针对“is a”的设计理念，考虑窗口(Window)、滚动条(Scrollbar)与带滚动条的窗口之间的关系，图 9-35 给出了两种设计方案。

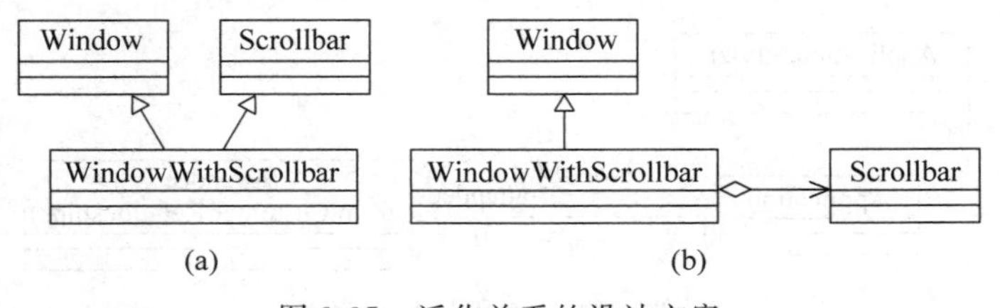

图 9-35 泛化关系的设计方案

图 9-35(a)所示的方案采用多重继承，即带滚动条的窗口同时具有窗口和滚动条的属性和行为，从实现上来说，这是可行的。然而，从业务上来说，带滚动条的窗口“是一个”窗口，但它不是滚动条，而应该是“包含一个”滚动条(或者说滚动条是带窗口滚动条的组成部分)。因此，前面的“是一个”的关系应该采用泛化，但后面的“包含”关系则应该采用聚合关系，其设计方案如图 9-35(b)所示。显然，右边的设计方案更合理，更能体现业务本质。

有关 LSP 的考虑，可以参见第 6 章的内容。此处再以数据结构中链表(List)和堆栈(Stack)的概念来讨论泛化关系的设计。虽然堆栈是一种链表，满足“is a”的关系，但是此处显然违背了 LSP，因为堆栈添加了链表没有的约束——只能在栈顶插入和删除元素。这个附加的约束使得类之间没有可替换性，因此图 9-36(a)中的设计方案是不合适的。而图 9-36(b)则是按照第 6 章所阐述的设计思路，将公有的行为提取出一个抽象类(SequentialContainer)(或接口)后的设计方案。该方案满足了 LSP，虽然从代码实现上来说可能更复杂一些，但设计质量更高。

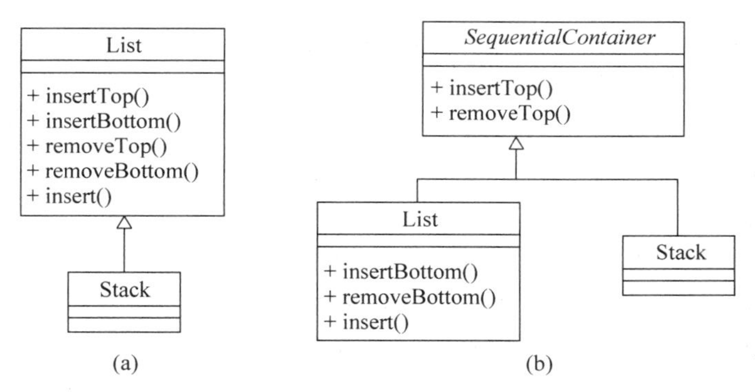

图 9-36 遵循 LSP 的泛化关系设计方案

关于链表和堆栈的设计，图 9-37 给出了两种更好的设计方案。图 9-37(a)所示的方案完全抛弃了泛化关系，而通过聚合来实现代码的复用，这种方式称为委托(Delegation)，即堆栈提供了相应的接口(栈顶插入和删除，分别对应 push 和 pop)，但具体的实现委托给 List 类，从而实现了对代码的复用。图 9-37(b)所示的方案则采用了另一种特殊的继承——实现继承(构造型<< implementation >>，参见第 6 章)。通过实现继承，在堆栈类中屏蔽了链表类中提供的不合适的函数接口，重新公布满足自己要求的接口，而这些新的函数接口的实现直接引用了原有的函数接口。从设计的角度来说，这种实现方案更优，既保留了继承的语义，又屏蔽了由于不可替换性带来的隐患(当然也失去了多态的特征)。然而，目前大多数面向对象的编程语言都不支持这种继承机制的实现，如 Java、C# 等。因此当决定采用上述语言来实现时，此设计方案就没有任何意义了。只有当采用 C++这种通过私有(或保护)继承来支持实现继承的语言，才可使用本方案。

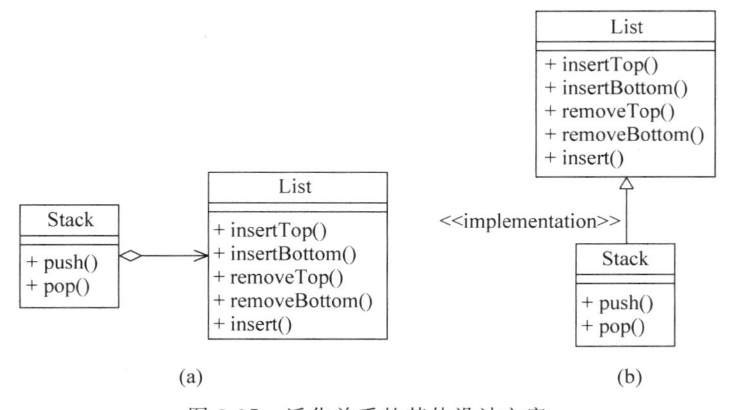

图 9-37 泛化关系的其他设计方案

2. 变形

变形(Metamorphosis)是指事物在结构或行为上发生很大的变化,如蝌蚪变成青蛙。这意味着一个对象会从某个类对象转换为另一个类对象,而目前的高级语言大多数是强类型语言,实现起来这种变形非常麻烦。为了适应变形的过程,需要设计一个合理的类层次结构来解决这个问题。

考虑在大学里有全日制学生(FullTimeStudent)和非全日制(PartTimeStudent)学生的情况。其中,全日制学生有可预期的毕业时间(gradDate),但非全日制学生没有;非全日制学生有最大选课数量(maxNumCourses)的限制,而全日制学生没有。图 9-38 给出了针对该场景的建模方案,图中将学生的基本信息抽象为学生类(Student),而通过派生两个不同的子类处理这两类学生。此处采用泛化关系可以很方便地处理这两类学生不同的业务需求。但当发生变形情况时,处理起来就比较麻烦。例如,当一名全日制学生转为非全日制学生后,需要删除原来的全日制学生对象,再重新构造一个新的非全日制学生对象;虽然只是部分信息发生变化,但在变形过程中所有的内容都需要重新构造。

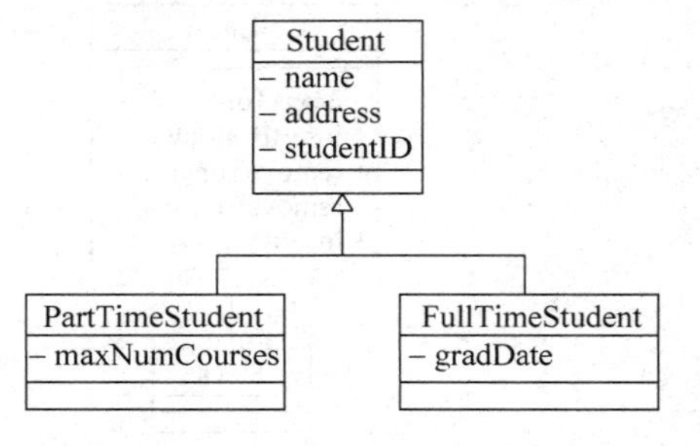

图 9-38 采用泛化关系建模变形

为了简化变形的实现过程,需要分离变形过程中那些发生变化的部分,将可能的变化点分离出来,形成单独的继承层次结构;再将这些分离的变化点作为"部分"聚合到"整体"中。这也符合第 7 章模式思维部分所介绍的优先使用聚合的策略。图 9-39 给出了更合理的处理变形的方案:针对变化点定义相应的抽象类(Classification)或接口,而各种变形则为相应的子类。这种设计既保留了针对变化点的多态处理能力,又极大地降低了变形所产生的成本。

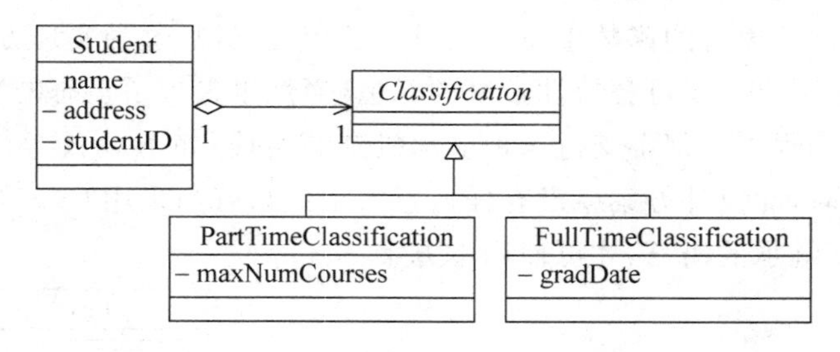

图 9-39 采用聚合和泛化建模变形

9.3.11 其他问题

构件设计的目标是得到构件的基本组成单位"设计类"的定义,因此类设计过程是整个构件设计的核心。开发人员通过对设计类自身的操作、方法、状态和属性的定义,再到类之间各种关系的定义,即可完成整个类的设计过程。除了对这些设计类的基本要素定义外,类设计期间开发人员还需要从设计的角度考虑各方面的细节问题。

(1) 用例间的冲突问题:很多时候,类设计都是从单个的用例设计出发,各个用例的行为对设计类提出不同的要求，可能会造成类的内聚度很低。因此需要结合相关的设计原则，重新构造设计类，从而提高设计质量。此外，在分布式系统中，还可能存在两个或多个用例通过不同使用方式同时访问设计类实例所导致的并发冲突等问题，都需要结合相应的设计机制进一步进行设计。

(2) 非功能需求问题：与分析过程主要关注功能需求不同，类设计时还需要充分考虑非功能需求。需要结合架构设计时所提出的设计机制来充实和完善设计类的定义。

9.4 数据库设计

视频讲解

在面向对象的方法中，数据以对象的形式进行了封装。因此，在分析阶段并不需要像结构化方法那样进行单独的数据建模，分析所得到的实体类直接承载了数据模型(即那些具有持久化分析机制的实体类)。然而，由于目前数据存储主要采用关系型数据库来实现，这种传统的关系型数据库与面向对象技术之间存在很大的差别，因此在构件设计后，需要针对持久化对象设计其对应的数据模型，即进行数据库设计。数据库设计主要包括以下几个方面的工作。

(1) 确定设计中需要存储的持久性类：这部分工作在前面的分析和设计中已同步开展，通过持久化架构机制对持久化类进行说明。

(2) 设计适当的数据库结构以存储持久化类：数据库设计阶段的核心内容，是需要根据已有的对象模型设计对应的数据模型(实体关系模型)。

(3) 为存储和访问持久化数据定义机制和策略，以满足系统的性能要求：遵循架构设计中的相关设计机制所提出的策略，实现数据的存储和访问。

9.4.1 数据模型

目前虽然已有一些面向对象的数据库系统，但关系型数据库依然是主流。与面向对象的系统强调封装不同，关系型数据库直接暴露数据，数据以字段的形式存储在实体中；而操作则独立于数据，通过结构化查询语句(SQL)来实现数据访问操作。因此，在设计阶段，需要建立独立的数据模型以描述关系型数据的物理结构。

数据模型的核心概念包括实体(物理模型中的表)、属性(物理模型中的字段)、关系等，采用实体关系图(Entity-Relationship Diagram，ER 图)进行建模。图 9-40 是使用数据库建模工具 PowerDesigner 绘制的订单场景的部分物理模型。该图中给出了订单(Order)、订单项(Item)和产品(Product)3 个物理实体(表)，每个表包含一定的字段描述其数据信息，表之间的关系通过主外键约束来表达。

主键(Primary Key)是表中的一个或多个字段，用来唯一地标识表中的某一条记录，在图 9-40 中采用下画线标识主键，字段类型后面标记为＜pk＞。对于数据表来说，只能定义一个主键；此外，主键是可选的，但好的设计方案应保证每个表都定义主键。外键(Foreign Key)也是表中的一个或多个字段，用来标记当前表与另一个表的关系，它的值引用另一个表的主键，在字段类型的后面标记为＜fk＞。图 9-40 中，表 Order 的主键为 order_id，表 Item 的主键为 item_id，表 Product 的主键为 product_id。而在表 Item 中存在两个外键(order_id 和 product_id)，分别引用另外两个表的主键，以表示图中的两个关系。

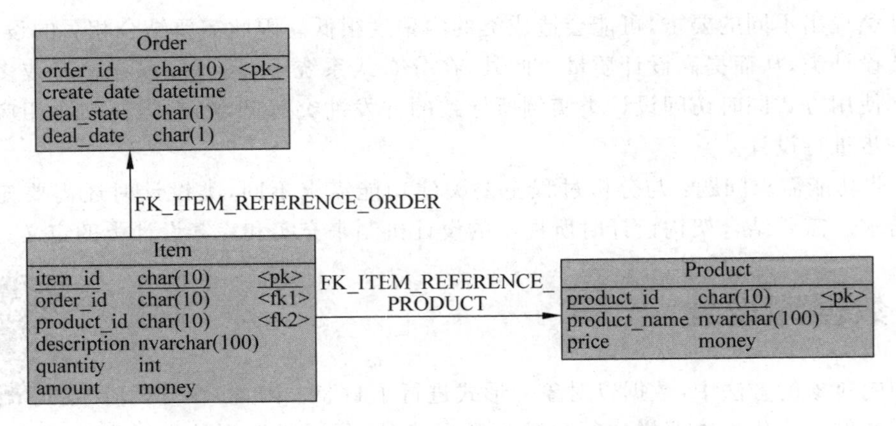

图 9-40 数据模型

9.4.2 从对象模型到数据模型

我们可以按照传统的概念模型、逻辑模型和物理模型的顺序进行数据库建模,完成数据库设计过程。然而,在面向对象的方法中,数据模型来自对象模型,因此可以利用一定的映射规则从对象模型中直接构造数据模型,从而简化数据建模过程。目前很多 UML CASE 工具也支持从对象模型到数据模型的转换过程。例如在 Rose 中,只需要设定哪些类需要持久化(Persistence),即可利用 Data Modeler 中的 Transform to Data Model 功能将这些类转换为相应的数据模型。

1. 映射类和属性

通常,把每个需要持久化的实体类映射成一张表,持久化属性对应表中的字段,类的对象对应表中的记录。图 9-41 中将订单类映射为订单表,对属性映射为字段。此外,针对表的主键的设计方案有以下两种,可以根据具体情况选择合适的方案。

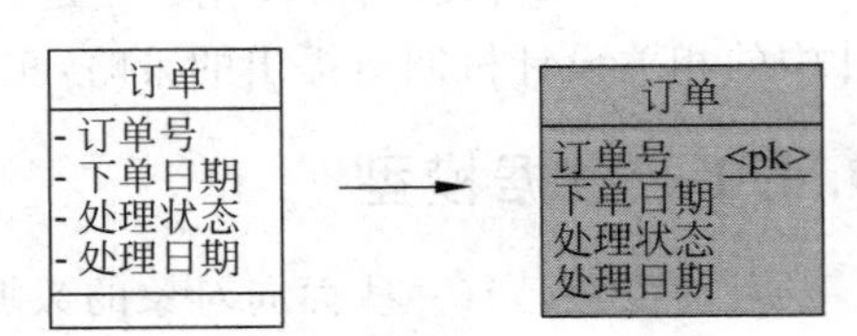

图 9-41 映射类和属性

- 选择表中能唯一标识记录的字段作为主键,如将订单号作为订单表的主键。
- 增加独立的无意义字段作为主键。可以采用数据库提供的自增长的数据类型。

2. 映射关联关系

类之间的关联关系在数据模型中通过主外键的约束来表达,根据多重性的不同,有如下几个映射规则。

- 一对一关联:可以在任何一方设置外键,引用对方主键;也可以考虑把它们合并成一张表来实现。
- 一对 0...1 关联:在“0...1”的一方添加外键,引用对方主键。
- 一对多关联:在多的一方添加外键,引用对方主键。
- 多对多关联:需要添加新的关系实体表(类似在类关系上添加关联类),将其转换为两个一对多的关系来处理。

在图 9-42 中,为了表示订单项和订单、订单项和产品之间的两个多对一的关系,在订单项表(多的一端)中添加了两个外键,分别引用对方的主键。同时,由于原订单项实体类没有可唯一标识对象的属性,因此添加了订单项ID作为订单项表的主键。

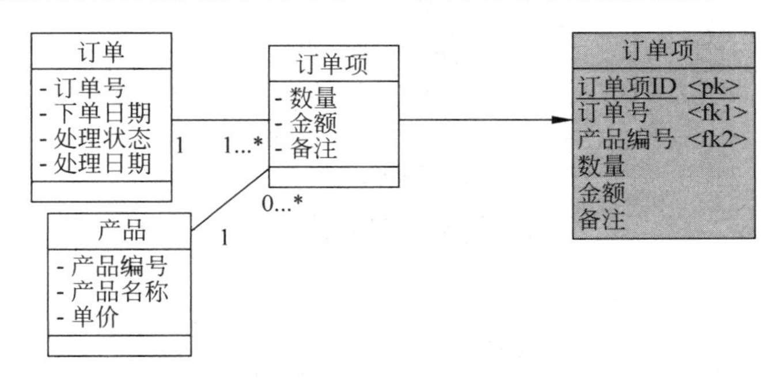

图 9-42 映射关联关系

图9-43给出了映射自反关联的情况,其规则与普通关联相同,只不过添加的外键在同一个表中。

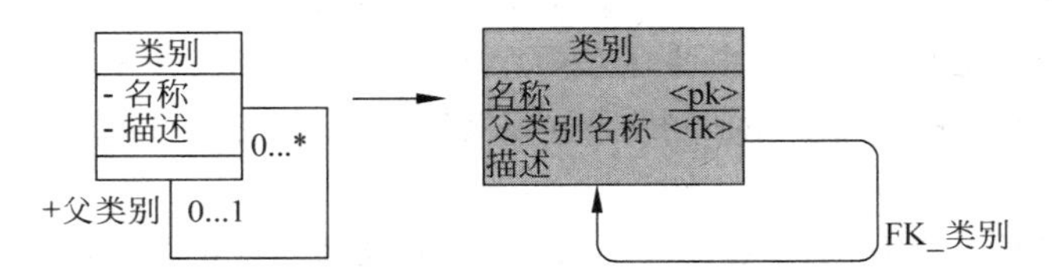

图 9-43 映射自反关联

此外,由于聚合关系和组合关系都是特殊的关联关系,所以其映射规则与关联关系的相同。而针对组合关系中部分不能脱离整体而存在的问题,可以通过参照完整性来表达,定义级联更新和删除规则。

3. 映射泛化关系

数据模型没有提供泛化关系的直接实现机制,可以通过以下3种设计方案来实现泛化关系。

- 方案1:只针对父类设计一张表,在该表中定义父类和所有子类的所有属性;同时,可以针对不同的子类定义不同的视图。
- 方案2:只针对子类设计对应的表,父类的属性直接放在相应的子类表中实现。
- 方案3:针对父类、子类设计各自的表,同时子类表中应引用父类的主键,以实现表连接;为了构造子类的视图,需要连接子类和父类的表。

图9-44描述了设计模型中的个人顾客、企业顾客与顾客之间的泛化关系。顾客类中记录了账号、姓名等公共属性,而子类中记录了各自特有的属性,如个人顾客中的身份证号、性别等,以及企业顾客中的企业代码、信用度等信息。图9-45给出了数据模型中3种泛化关系的实现方案。

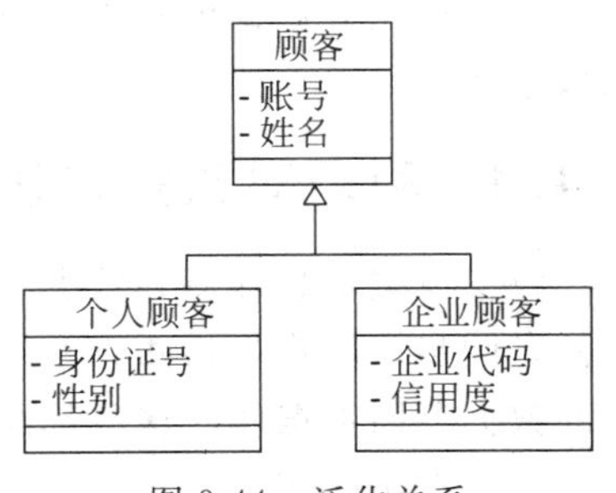

图 9-44 泛化关系

方案1中只有一张表,实现较为简单,通过增加顾客类别字段区分不同的子类,这样可以很方便地实现角色的

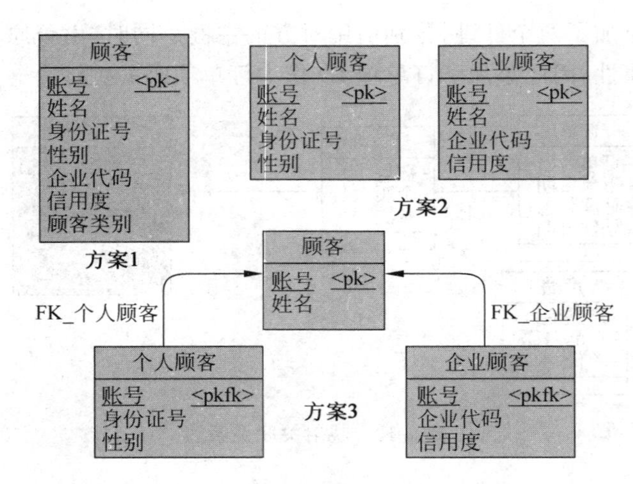

图 9-45 泛化关系的 3 种实现方案

变化。此外,还可以针对不同类型的顾客建立相应的视图,报表操作也比较简单。然而,该方案并不满足数据规范化的要求,主要存在两个方面的缺陷:其一是存在严重的空值现象,浪费空间(如针对个人顾客,企业代码和信用额度字段均为空);其二是任何子类的修改都会影响整个表的结构。

方案 2 完全抛弃了原有的泛化关系,只针对子类设计相应的表,每个表中包含了具体子类的所有信息,针对子类的操作比较方便。该方案也存在几个方面的缺陷:其一是父类的修改会影响到所有的子类;其二是主键的维护比较麻烦,需要保证每个子类中的主键不冲突;其三是针对原有父类的操作实现较为麻烦,如顾客登录时需要账号、密码这些保存在父类中的信息,但此时需要访问多个子类表。

方案 3 是最规范化的设计方案,其保留了原有的泛化关系,可维护性高。但该方案的缺点是,因为表的数量较多,各子类操作实现较为麻烦、效率较低,每次都需要关联父类表才可以获得完整的子类信息。

从上面的例子可以看出,上面 3 种实现方案均有各自的优缺点,在具体应用中需根据应用场景的不同,选择合适的实现方案。

此外,类之间还存在一种依赖关系,由于它是一种非结构化的关系,因此并不需要在数据模型中实现。而类的操作可以映射到存储过程,也可以不在数据模型中实现。

最后需要说明的是,上面所介绍的映射规则只是给出了对象模型到数据模型映射的基本思路。在实际应用中,还需要结合业务场景和数据库设计理论灵活应用,特别是主键、约束、索引、视图等数据模型中特有的概念,更需要进一步考虑,在保证设计质量的同时提高访问效率。

9.4.3 利用对象技术访问关系数据

将实体类信息存储到数据库后,带来的新问题就是如何将数据库中的数据与实体类中的信息同步。同步包括两方面的内容:从数据库中获得数据以更新实体类和将实体类中修改的数据存回数据库。这些都需要相应的操作来支持。

与数据访问相关的操作设计方案有两种:一种是将这些操作直接放在实体类中,即在实体类中添加有关数据库增、删、改、查操作，实现数据库访问；另一种则是设计单独的数据库访问类，完成数据库操作。第一种方案实现起来较为简单，但该方案将实体类的业务逻辑和数据库操作耦合在一起，设计质量不高。第二种方案是目前比较流行的方案，一般将这些数据库访问相关的类定义为独立的数据访问对象(Data Access Object，DAO)，前面介绍的采用 JDBC 实现持久性架构机制即采用此方案实现的，通过增加相应的 DB 类实现数据库访问的操作。此外，由于对数据库访问的操作模式基本相同(都是增、删、改、查操作，通过标准的 SQL 来实现)，因此目前已有很多数据访问层实现的通用框架，如 Java 应用中的 Hibernate，开发人员只需要进行简单的配置，就可以完成数据访问。目前，采用这种成熟的框架实现对象关系映射(Object Relationship Mapping，ORM)已成为一种趋势。

9.5 练习题

一、选择题

1. 在分析阶段，建立了类 A 到类 B 的单向关联；在用例设计过程中，出于其他原因，将类 A 封装到子系统 S1 中，而将类 B 封装到子系统 S2 中，此时子系统 S1 和 S2 之间(　　)。

A. 建立从子系统 S1 到 S2 的依赖关系

B. 建立从子系统 S1 到 S2 的关联关系

C. 建立从子系统 S1 到 S2 的接口之间的依赖关系

D. 建立从子系统 S1 到 S2 的接口之间的关联关系

2. 在进行类设计时，类之间共有 5 种关系，它们之间的耦合度也各不相同。下列 4 个选项中，(　　)的耦合度最高。

A. 关联关系　　B. 组合关系　　C. 泛化关系　　D. 依赖关系

3. 当需要描述一个类的对象跨越多个用例所表现出的不同行为时，应该考虑(　　)。

A. 对象图　　B. 顺序图　　C. 状态机图　　D. 通信图

4. 下列类关系中，(　　)不能在类自身之间建立。

A. 关联关系　　B. 依赖关系　　C. 聚合关系　　D. 组合关系

5. 已知类 A 需要类 B 提供的服务。下列所描述的 4 种情况中，(　　)一般不会把类 A 和类 B 之间的关系定义成依赖关系。

A. 类 A 中存在两个操作都需要访问类 B 的同一个对象

B. 类 A 的某个操作内部创建了类 B 的对象，而其他操作均与类 B 无关

C. 类 A 的某个操作的参数是类 B 的对象，而其他操作均与类 B 无关

D. 类 B 是一个全局变量

6. 关于关系数据库和面向对象系统之间的差别，下列论述中错误的是(　　)。

A. 关系数据库集中在数据上，而面向对象系统则集中在行为上

B. 关系数据库直接对外暴露数据，而面向对象系统则封装数据

C. 面向对象系统比关系数据库更先进，更高效

D. 面向对象系统适合处理复杂行为，而关系数据库则适合数据报表系统

7. 数据库设计过程就是将对象模型映射成数据模型，下列 4 个选项均给出了两个术语，其中前一个为对象模型中的术语，后一个为数据模型中的术语，那么(　　)术语不是对

应的。

A. 类、实体　　B. 关联、关系

C. 属性、主键　　D. 操作、存储过程

8. 在下面的状态机图中，描述了两个状态 State1 和 State2 之间的转移，该转移上面所描述的 4 个选项中，(　　)代表转移发生时需要满足的条件。

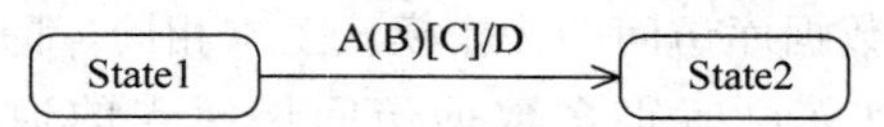

9. 下图是某系统用例的早期用例实现(设计)的顺序图。

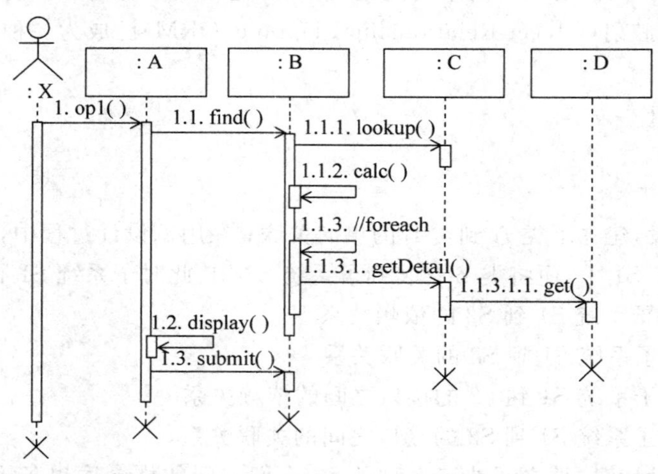

随着设计过程的深入，基于多方面的原因，设计师将类 B、C 封装成了一个子系统 S。在子系统设计阶段，采用顺序图对该子系统的职责 find()进行详细设计，则下列消息不会出现在该顺序图中(选项中采用的是上图中的消息编号)的是(　　)。

A. 1.1.1　　B. 1.1.3.1　　C. 1.1.3.1.1　　D. 1.3

10. 下图是类 C 的状态模型，其状态的变化主要是受该类的属性 x(整数类型)的影响。

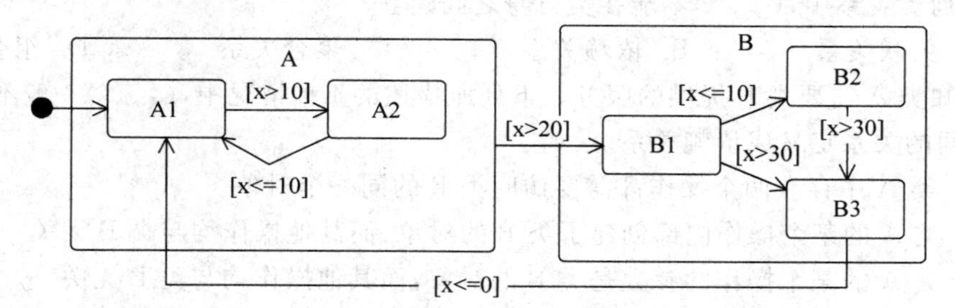

当类 C 的对象 c1 处于 A2 状态时，若将 x 值修改为 25，则该对象将转入(　　)状态。

A. A1　　B. A2　　C. B1　　D. 无法确定

11. 根据下面所示的类图，完成第(1)～(4)题。

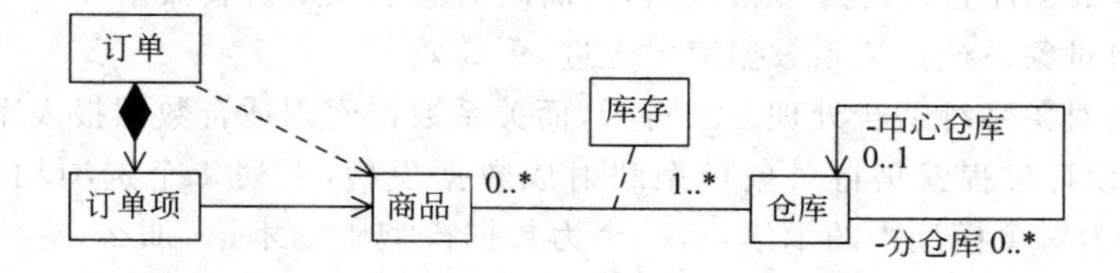

(1) 上图中订单和订单项之间的关系是(　　)。

A. 依赖关系　　B. 关联关系　　C. 聚合关系　　D. 组合关系

(2) 上图中订单和商品之间的关系是(　　)。

A. 依赖关系　　B. 关联关系　　C. 聚合关系　　D. 组合关系

(3) 针对上图中类的关系论述,错误的是(　　)。

A. 订单项不能脱离订单独立存在

B. 一件商品至少存储在 1 个仓库中

C. 一个中心仓库可能没有,也可能有多个分仓库

D. 仓库类的自反关联意味着每个仓库对象之间存在着自反链接

(4) 在类设计期间,需要将上图中商品和仓库之间的关联类设计为普通的类。下列设计方案中,正确的是(　　)。

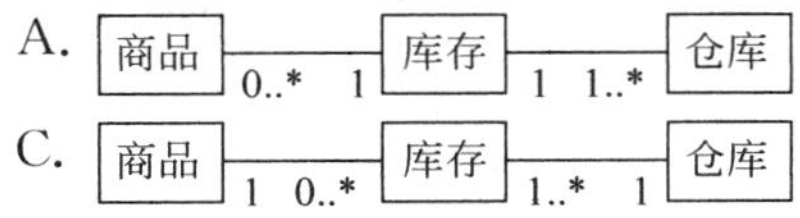

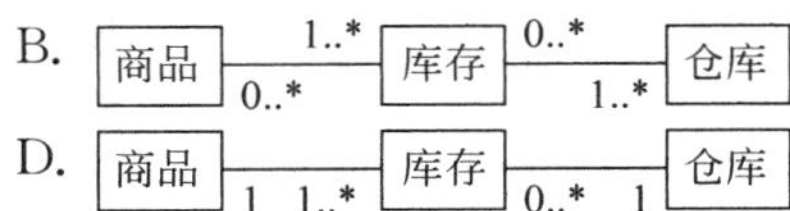

二、简答题

(1) 用例设计和用例分析有什么区别和联系?

(2) 什么情况下可以将用例事件流中的交互封装为独立的子系统,封装后有什么好处?

(3) 什么是子系统的代理类,子系统的接口和代理类有什么区别和联系?

(4) 子系统设计主要包括哪些工作?

(5) 在类设计阶段,针对 3 种分析类有什么不同的设计策略?

(6) 什么是操作和属性的可见性,有哪几种可见性?

(7) 什么是类的操作,什么是类的方法,它们有什么区别和联系?

(8) 什么情况下需要进行类的状态建模,如何进行状态建模?

(9) 什么是关联的导航性,如何设计导航性?

(10) 什么是类间的组合关系,与聚合关系有什么区别和联系?

(11) 什么是类间的依赖关系,哪些情况下定义为依赖关系?

(12) 类间的泛化关系有什么优点和缺点?

(13) 面向对象的设计中,数据库设计阶段需要考虑哪些问题?

(14) 如何将对象模型映射为数据模型?

三、应用题

1. [综合案例:员工考勤系统]基于已经完成的分析和设计工作,完成该系统的构件设计。

(1) 针对系统的核心用例,完成用例设计工作,每个用例实现模型至少应包括:

1.1 描述基本路径的交互

1.2 用例实现的参与类类图

(2) 完成系统的数据库设计。

2. [综合案例:医院预约挂号系统]基于已经完成的分析和设计工作,完成该系统的构件设计。

(1) 针对系统的核心用例,完成用例设计工作,每个用例实现模型至少应包括:

1.1 描述基本路径的交互

1.2 用例实现的参与类类图

(2) 完成系统的数据库设计。

CHAPTER 10

第 10 章

从模型到代码

软件的最终形式是代码，再好的设计方案如果不能转换成有效的代码也是毫无意义的。将设计模型映射成代码将为整个设计过程画上圆满的句号。

本章目标

本章从代码实现的基本原理入手，介绍从各类设计模型到代码的正向和逆向转换过程，并由此介绍模型驱动开发等相关概念。

主要内容

(1) 掌握从类图、顺序图生成代码的基本原理和方法。

(2) 了解逆向工程的基本概念和使用场景。

(3) 了解模型驱动架构和模型转换的基本思想。

10.1 正向工程

视频讲解

正向工程是指按照软件开发的基本过程，将抽象层次较高的模型转换为相对具体的模型的过程。将设计模型转换为实现模型就是一种典型的正向工程。

在面向对象的方法中，设计模型以各类 UML 图(和相关文档)的形式存在；而实现模型则需要以一种面向对象的编程语言(如 Java、C♯、C++等)来表达。因此，从设计模型到实现模型的正向工程就是根据 UML 模型生成相应代码的过程。

(1) 从类图生成框架代码。这种转换比较简单，将类图中针对类结构的定义转换为目标语言的语法。目前绝大部分 UML 建模工具都提供了此功能。

(2) 从交互图(主要指顺序图)生成方法中操作调用代码。这种转换将交互图中的消息转换为对操作的调用，目前已有部分 UML 工具支持此功能。

(3) 从状态机图生成状态转换控制代码。不同于前面两种简单的模型映射，由于状态机图有完整的状态机语义支持，因此可以基于这种精确的语义构建无二义的代码实现。其转换算法较为复杂，本书不再展开介绍。这种转换一般用于那些由状态驱动的嵌入式系统，目前有些专门用于嵌入式建模的 UML 工具提供了从状态机到代码的转换，如 IBM Rational 的 Rhapsody。

10.1.1　从类图生成框架代码

框架代码是代码在设计上的初步实现，主要包括类定义的基本信息，不包括方法的实现细节，可以理解为 C++代码中的头文件信息。具体来说，框架代码主要包括：属性（包括名称、类型、默认值等细节）、操作（包括名称、参数、返回类型等细节）和关系的定义几个方面。这些内容在类设计阶段已经给出了详细的方案，可以直接转换为目标代码。图 10-1 是“旅店预订系统”中预订房间场景的参与类类图，该图中包括实现该场景所需的界面类（ReservationForm）、控制类（ReservationFlow）、数据访问类（DBCustomer、DBRoom 和 DBReservation）和实体类（Customer、Room、Reservation 和 Payment）。本节将以该场景为例说明代码生成过程（目标代码以 Java 为例）。

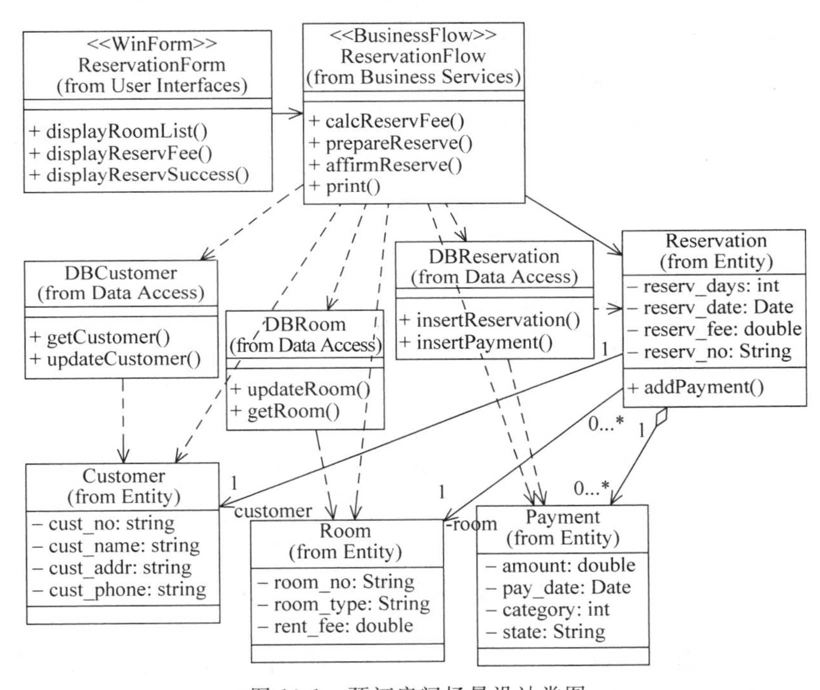

图 10-1　预订房间场景设计类图

考虑图 10-1 中 Reservation 类，为了生成框架代码，首先利用在类图中定义的属性和操作生成类的基本结构（操作签名已在建模建模工具中进行了定义，但未在图中显示），如果严格按照类设计阶段的要求对属性和操作进行了准确的定义，这部分代码就可以通过简单的映射生成（只需要将 UML 语法转换为目标语言的语法即可），图 10-2 展示了此映射过程。

有了类的基本结构后，下一步需要考虑类关系的实现。在类之间（含接口）的 6 种关系中，泛化和实现关系一般由专门的语法来支持，实现起来较为简单（Java 中的 extends 和 implements 分别表示这两种关系）；依赖关系是一种非结构化关系，在类结构中不需要实现（该关系是在方法实现中体现出来的）；关联（包括聚合和组合）关系是一种结构化的关系，

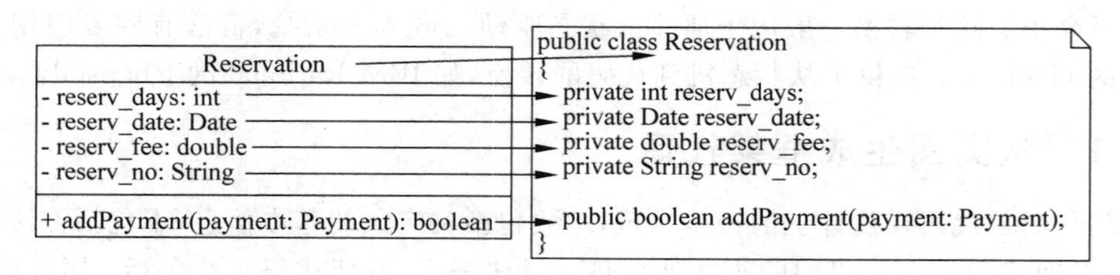

图 10-2 通过属性和操作定义类基本结构

需要在类结构中实现这种关系。图 10-1 中 Reservation 类与 ReservationFlow、Customer、Room 和 Payment 4 个类之间存在关联关系。其中从 Reservation 到 ReservationFlow 没有导航性，不需要在 Reservation 类中实现。而其他 3 个关联都有从 Reservation 起始的导航性，需要实现代码的支持：通过添加引用属性，提供对目标对象的访问；该引用属性的类型为目标类类型，名称为对方引用的端点名(没有定义端点名则采用一种默认的规则生成属性名称)，可见性为端点的可见性。此外，对于导航性为多情况，还需要添加合适的容器类来实现(参见类设计部分)。图 10-3 描述了为类 Reservation 生成引用属性的过程。针对 Reservation 包括多个 Payment 的情况，可以通过 LinkedList < T >容器对象来实现。

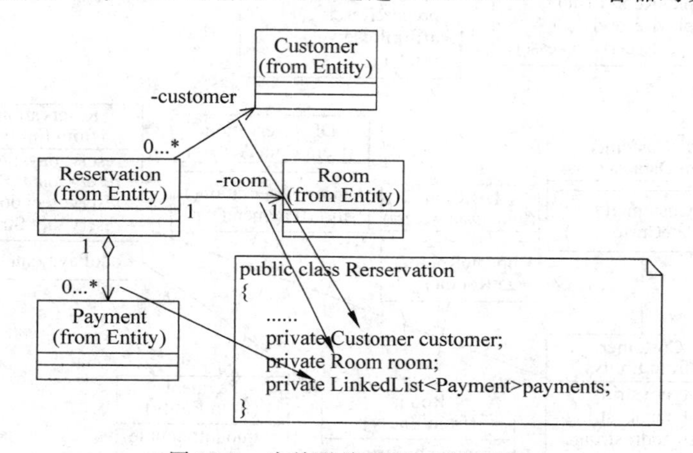

图 10-3 为关联关系添加引用属性

需要说明的是，此处的关联关系是通过添加目标对象的引用来实现的，这是一种很简单且容易理解的实现方式。在实际应用中，还可以采用类似数据库主外键的方式来实现，即只包含可以表示唯一目标对象的键值，例如在 Reservation 中只包含顾客号(private String customer_no)来表示对顾客对象的引用。在实际代码实现中，可以根据需要选择一种合适的方案。

从类模型中生成类的核心结构后，还要根据实现的需要，添加那些辅助的属性和操作，如构造和析构、访问私有属性的 getter 和 setter 等，从而形成完整的类定义。

10.1.2 从交互图创建操作调用代码

交互图用于描述对象间消息交互的过程，这种消息交互在代码上表现为对操作的调用。因此，在交互图中可以通过分析消息之间的调用关系，为方法生成相应的操作调用代码。图

10-4 给出了预订房间场景设计顺序图的片段，该片段描述了服务员在预订界面提交预订房间的请求后的控制类操作 affirmReserve()的实现细节。该操作负责从界面上取出客户、房间、预订和支付的信息，创建相应的实体类，并最终通过数据访问对象存储到数据库中。

通过顺序图中的执行发生可以很容易看出消息之间的调用关系。图 10-4 中由消息 1.1 affirmReserve()的执行发生引发了消息 1.1.1～消息 1.1.6 共 6 条消息，这 6 条消息就是 affirmReserve()方法内部的调用代码，实现对消息接收方的对象相应操作的调用。为了生成调用代码，需要为图中每个匿名对象指定对象的名称(程序中的变量名)，也可采用默认规则生成对象名。

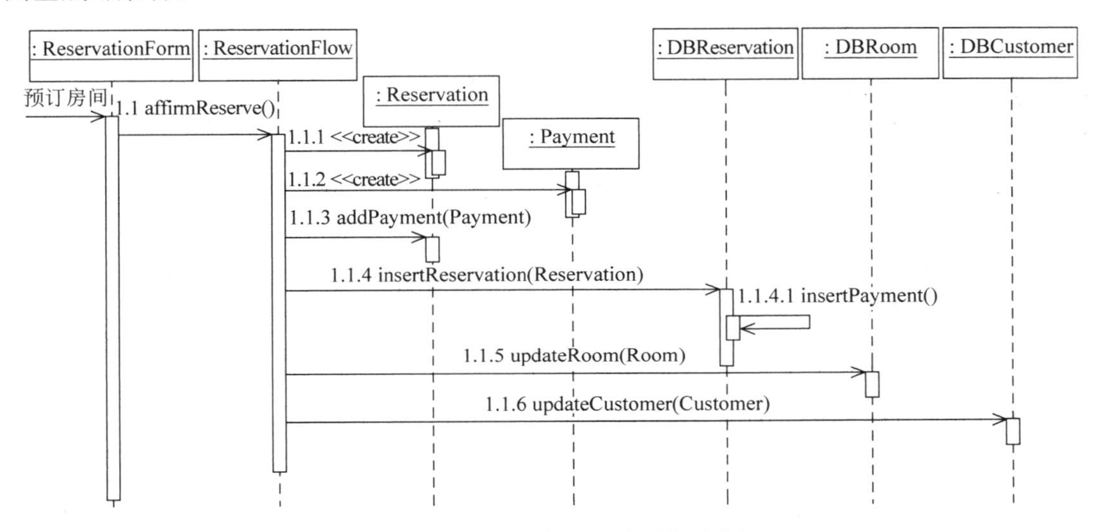

图 10-4 预订房间场景设计顺序图片段

下面列出了该方法的实现代码，每条代码对应一个消息，对象名采用类名首字母小写的规则(如 Reservation 类的对象为 reservation)。

```
public class ReservationFlow
{
    …
    public void affirmReserve()
    {
        Reservation reservation = new Reservation();     //1.1.1 创建消息,创建目标对象
        Payment payment = new Payment();                 //1.1.2 创建消息,创建目标对象
        reservation.addPayment(payment);                 //1.1.3 消息,调用 reservation 的操作
        dbReservation.insertReservation(reservation); //1.1.4 消息
        dbRoom.updateRoom(room);                         //1.1.5 消息
        dbCustomer.updateCustomer(customer);             //1.1.6 消息
    }
}
```

通信图与顺序图同构，为此也可以从通信图中获得操作的调用代码。但由于通信图中没有执行发生的概念，因此很难有效地观察到消息的调用关系。为了生成操作调用代码，只能通过消息的层级编号方式来实现，即找到其下一层级相应的消息(如消息 1.1，找到下级

的消息 1.1.1、消息 1.1.2 等消息)。

当然,方法内部的实现代码除了对其他对象操作的调用代码外,还可能包含很多基本的结构化语句(顺序、选择、循环等语句),这些语句并不能在顺序图中体现出来,也不能生成代码,需要开发人员在编码阶段自主实现。

从原理上来说,正向工程相关的转换比较简单,其实现方法也不困难。但往往由于设计模型的原因而很难细化到可以直接实现的程度(抽象层次高、工作量大等原因)。这造成通过正向工程生成代码时总会缺少很多细节,从而也使得正向工程很难有效地得到应用。因此,总体来说,目前由设计模型直接生成代码并不是很现实,但设计模型还是提供了一个规范,用来指导编码人员按照要求去编写代码。

10.2 逆向工程

逆向工程是正向工程的逆操作,即根据已有的源代码获得设计模型。逆向工程的转换原理与正向工程完全相同,只不过是相应技术的逆向应用。逆向工程主要有两种使用场合。

(1) 在编码时,可能会存在和设计模型不一致的地方,可以通过逆向工程更新原有的设计模型,从而需要保持设计模型的有效性。

(2) 针对已有的系统,在缺少或丢失了设计文档时,可以通过逆向工程重新获得系统的设计模型,以便理解程序和完善文档。

目前,逆向工程的应用更倾向于后面一种场合。借助逆向工程,开发人员可以从旧系统或第三方开源软件中获得设计模型,从而快速理解目标系统。很多 UML 建模工具都提供了这种逆向工程的功能,其应用也较为广泛。目前主要的应用还是从代码中获得类模型,有少部分工具可以生成顺序图来描述对操作的调用。

与正向工程相反,逆向工程所存在的问题是由于代码中涉及的实现细节过多,从而造成获得的设计模型也包含太多的实现。这些实现细节容易掩盖那些关键的设计方案,如某个类中存在大量私有属性的 getter 和 setter,而其核心业务操作被淹没其中,从而使得开发人员难以有效地理解设计模型。

在 Enterprise Architect 中,通过 Package|Code Engineering 菜单中的功能,可以实现 UML 和各种主流面向对象编程语言间的正向工程和逆向工程。在正向工程中,可以生成某个包中所有类的框架代码,并能够在修改代码后实现与模型的同步。而逆向工程中,通过指定目录或文件,可以支持从源代码或二进制代码中获得设计类的定义及描述类关系的类图。当然,建模工具自动生成的设计模型可能不够友好,如图形布局比较混乱。设计类中存在很多与实现相关的操作,读者可以根据自身的需要,简化设计类的定义或重新调整设计类图,以体现核心设计方案。

10.3 模型驱动架构

视频讲解

在传统软件开发过程中,代码占据着最重要的地位,需求、分析和设计建模更多地起到辅助作用,目标是构造出合适的代码。然而,正如前文所看到的,当采用 UML 构造出一个完整的设计模型后，完全可以生成核心的业务代码，代码只是模型到一定阶段后的产物。为此，在现代软件开发过程中，模型完全可以扮演整个开发过程的核心角色，这就是模型驱动架构的思想。即在整个开发过程中，以模型为核心，通过构造各个阶段的模型，并最终形成可执行的代码，而此时代码也可以认为是一种实现模型。

模型驱动架构(Model Driven Architecture, MDA)是 OMG 提出的一种独立于特定平台和软件供应商的软件设计与开发方法，它适用于需求、设计、部署等软件开发的整个生命周期。在 MDA 中，模型不再是一种辅助工具，而是一种开发过程的产品，模型之间通过模型转换系统实现自动转换，从而简化了软件开发过程。为支持 MDA 的开发方法，OMG 制定了一系列的开放标准，主要包括 UML、MOF(Meta Object Facility，元对象设施)、XMI(XML Metadata Interchange，XML 元数据交换)和 CWM(Common Warehouse Metamodel，公共仓库元模型)。其中 UML 用于创建各阶段软件模型；MOF 用于描述元模型的语言，来统一模型的底层含义；XMI 用于实现模型间数据交换，统一各类模型的存储格式；CWM 用于数据仓库构建和应用元数据建模，以统一数据模型的表示方法。此外，OMG 还在 MOF 基础上，定义了用于模型查询和转换的规范 QVT(Query/View/Transformation)，从而为模型转换提供了一种标准方法。与这些相关的规范，可以到 OMG 官方网站下载。

在 MDA 开发过程，可以从 3 个不同的层次建立系统模型。第一个层次模型是计算无关模型(Computational Independent Model, CIM)，该模型关注业务环境和需求，而不考虑计算环境。该模型通常由业务分析人员创建，展示了系统的业务模型，可以理解为系统需求。第二个层次为平台无关模型(Platform Independent Model, PIM)，该模型考虑在计算系统环境中的业务逻辑表示，但不关注具体的实现平台。该模型通常由系统架构师创建，关注系统功能，可以理解为分析模型。第三个层次为平台相关模型(Platform Specific Model, PSM)，该模型关注于如何在特定平台(如 Java EE)下实现业务逻辑，可以理解为设计模型。MDA 的价值在于，CIM 可以通过简单的映射转换成 PIM；同样地，PIM 也可以映射成不同平台的 PSM，而 PSM 则可以最终转换成具体的实现代码。图 10-5 描述了基于 MDA 的开发过程，业务人员首先通过业务领域的分析和建模构造 CIM 以描述需求；然后结合相关的标准规范将 CIM 转换为 PIM；在 PIM 基础上，针对不同的实现环境，可以构造出不同的 PSM；最后将 PSM 转换成目标代码，完成开发过程。

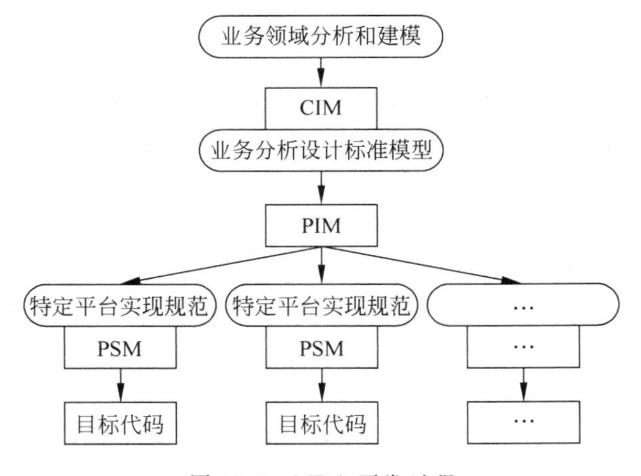

图 10-5 MDA 开发过程

从MDA开发过程可以看到,掌握MDA的关键在于两个方面:其一是各类模型的表示;其二是模型转换技术。模型的表示目前主要采用UML,但在不同的业务领域或开发阶段,存在着各类UML扩展或其他建模语言,如目前在业务分析和建模方面,存在着各类领域描述语言(Domain-Specific Language, DSL)。模型转换在MDA中发挥着至关重要的作用,是目前MDA领域研究的热点,主要集中在转换方法、规则、语言等方面的研究,QVT规范是模型转换技术的事实标准。

作为建模技术未来的发展方向,有关MDA的研究项目有很多。但由于技术尚不成熟,成功的商业CASE工具并不多。比较流行的MDA工具有AndroMDA、ATL等。AndroMDA是一个MDA规范的代码生成框架,它可以从CASE工具中获得一个UML模型并生成一个完全可部署的应用程序和其他组件,可以直接生成SSH(Struts Spring Hibernate)架构的系统;ATL(ATL Transformation Language)是一种支持MDA框架的模型转换语言,它通过一种抽象的语法描述转换过程。读者可以通过运用这些工具去尝试体验MDA开发模式带来的改变。

10.4 练习题

一、选择题

根据设计类图(见下图),产生类X的框架代码,下列选项中完全正确的是(　　)。

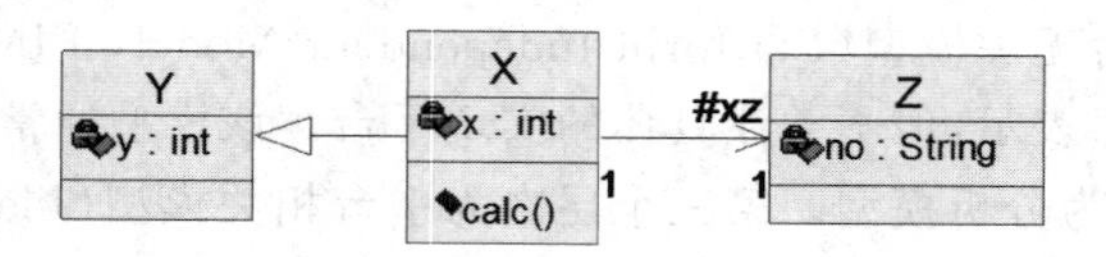

A.
```
public class X{
    private int x;
    public int calc();  }
```

B.
```
public class X extends Y{
    private int x;
    public int calc();  }
```

C.
```
public class X{
    private int x;
    protected Z xz;
    public int calc();  }
```

D.
```
public class X extends Y{
    private int x;
    protected Z xz;
    public int calc();  }
```

二、简答题

1. 什么是正向工程?一般可以对哪些UML设计模型进行正向工程操作?

2. 由类图生成代码时,类(或接口)之间的依赖、关联、聚合、组合、泛化和实现这6种关系分别如何处理?

3. 什么是逆向工程?一般什么时候使用逆向工程?

三、应用题

1. 下图是某项目设计模型中一个用例实现的顺序图,请仅根据图中所能看到的信息,完成下面要求的操作。

(1) 写出EPG类所有的操作名称。

(2) 写出Control类的start()操作的内部代码(采用"类.操作()"的形式表示即可)。

(3) 画出下图中所见的5个类之间的关系。

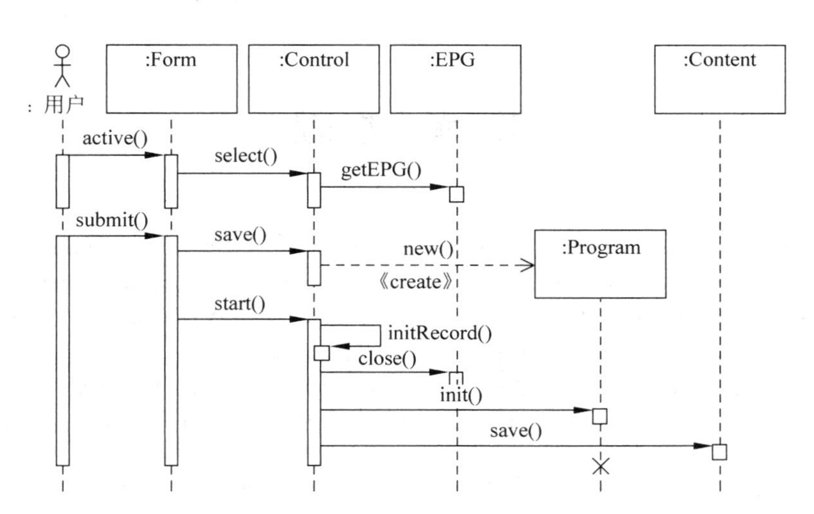

2. 结合你所使用的UML建模工具，找一个开源系统进行逆向工程操作，得到设计模型，再在设计模型中修改某些设计方案，并同步到代码中。

3. 调研现有的模型驱动架构相关技术的发展现状和趋势。

参 考 文 献

[1] Object Management Group. OMG Unified Modeling Language (OMG UML), Infrastructure(Version 2.4.1)[EB/OL]. (2011-08-05)[2018-6-12]. https://www.omg.org/spec/OML/2.4.1/Infrastructure/PDF.

[2] Object Management Group. OMG Unified Modeling Language(OMG UML)(Version 2.5.1)[EB/OL]. (2017-12-05). https://www.omg.org/spec/UML/2.5.1/PDF.

[3] 严悍,刘冬梅,赵学龙. UML 2 软件建模：概念、规范与方法[M]. 北京：国防工业出版社,2009.

[4] Michael Blaha, James Rumbaugh. UML 面向对象建模与设计[M]. 车皓阳,杨眉,译. 2 版. 北京：人民邮电出版社,2011.

[5] Grady Booch, et al. 面向对象分析与设计[M]. 王海鹏,潘加宇,译. 3 版. 北京：人民邮电出版社,2016.

[6] Grady Booch, James Rumbaugh, Ivar Jacobson. UML 用户指南[M]. 邵维忠,等译. 2 版. 北京：人民邮电出版社,2013.

[7] Grady Booch, James Rumbaugh, Ivar Jacobson. UML 参考手册[M]. UML China,译. 2 版. 北京：机械工业出版社,2005.

[8] Martin Flower. UML 精粹：标准建模语言简明指南[M]. 潘加宇,译. 3 版. 北京：清华大学出版社,2012.

[9] Craig Larman. UML 和模式应用[M]. 李洋,等译. 3 版. 北京：机械工业出版社,2006.

[10] Erich Gamma, Richard Helm, Ralph Johnson, et al. 设计模式：可复用面向对象软件的基础[M]. 李英军,等译. 北京：机械工业出版社,2004.

[11] Robert C. Martin. 敏捷软件开发：原则、模式与实践[M]. 邓辉,译. 北京：清华大学出版社,2003.

[12] CT Arrington. Enterprise Java with UML：中文版[M]. 马波,李雄锋,译. 2 版. 北京：机械工业出版社,2003.

[13] Martin Fowler. 重构：改善既有代码的设计[M]. 侯捷,熊节,译. 北京：中国电力出版社,2003.

[14] Philippe Kruchten. Rational 统一过程引论[M]. 周伯生,等译. 2 版. 北京：机械工业出版社,2002.

[15] Alistair Cockburn. 编写有效用例[M]. 王雷,张莉,译. 北京：机械工业出版社,2002.

[16] Chris Raistric, Paul Francis, John Wright, et al. MDA 与可执行 UML[M]. 赵建华,张天,等译. 北京：机械工业出版社,2006.

[17] IBM Rational University. Essentials of Visual Modeling with the UML,2003.6.

[18] IBM Rational University. Mastering Object-Oriented Analysis and Design with UML 2.0,2007.4.

[19] IBM Rational University. Fundamentals of Rational Rose,2003.6.

[20] IBM Rational University. Essentials of Rational Software Architect,2007.4.

图书资源支持

感谢您一直以来对清华版图书的支持和爱护。为了配合本书的使用，本书提供配套的资源，有需求的读者请扫描下方的“书圈”微信公众号二维码，在图书专区下载，也可以拨打电话或发送电子邮件咨询。

如果您在使用本书的过程中遇到了什么问题，或者有相关图书出版计划，也请您发邮件告诉我们，以便我们更好地为您服务。

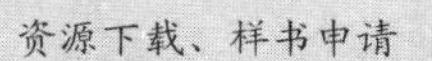

书圈

我们的联系方式：

地　　址：北京市海淀区双清路学研大厦 A 座 701

邮　　编：100084

电　　话：010-83470236　010-83470237

资源下载：http://www.tup.com.cn

客服邮箱：2301891038@qq.com

QQ：2301891038（请写明您的单位和姓名）

扫一扫，获取最新目录

课程直播

用微信扫一扫右边的二维码，即可关注清华大学出版社公众号“书圈”。